学科发展战略研究报口

矿业与冶金学科发展战略研究报告

（2021～2025）

国家自然科学基金委员会工程与材料科学部

科 学 出 版 社

北 京

内 容 简 介

本书是国家自然科学基金项目"矿业与冶金学科发展战略与'十四五'规划"的研究成果。通过广泛调研和系统分析矿业与冶金学科国内外发展趋势，就"十四五"期间矿业与冶金学科发展战略进行了深入研究和顶层设计。书中对矿业与冶金学科所涵盖的矿业工程、石油工程、安全科学与工程、矿物分离、冶金工程、材料工程及交叉前沿七个学科领域分别进行了研究和阐述。主要包括学科战略地位、学科发展规律和发展态势、学科发展现状与发展布局、学科交叉发展与国际合作前沿等内容。根据矿业与冶金学科发展的自身特点和未来我国经济社会发展的需求，提出了"十四五"期间矿业与冶金学科的发展目标，梳理出各分支学科应加强的优势方向、需培育的发展方向、应促进的前沿方向和鼓励交叉的研究方向，并凝练出"十四五"（2025年）优先发展领域和"中长期"（2035年）优先发展领域。最后，从政策层面和学科层面提出了促进矿业与冶金学科发展的若干举措和建议。

本书是国家自然科学基金委员会"十四五"发展战略研究系列报告的组成部分。经过本学科领域数十位两院院士、数百名中青年专家历时近两年的研究、讨论和反复修改完成，它将是矿业与冶金学科"十四五"期间乃至2035年前遴选优先资助领域的重要参考依据，可供高等院校、科研院所科研人员开展研究参考。

图书在版编目（CIP）数据

矿业与冶金学科发展战略研究报告. 2021～2025/ 国家自然科学基金委员会工程与材料科学部编著.—北京：科学出版社，2023.4

ISBN 978-7-03-074936-9

Ⅰ. ①矿… Ⅱ. ①国… Ⅲ. ①矿业工程-发展战略-研究报告-中国-2021-2025 ②冶金工业-发展战略-研究报告-中国-2021-2025 Ⅳ. ①TD ②TF

中国国家版本馆CIP数据核字（2023）第033120号

责任编辑：李 雪 李亚佩 / 责任校对：王萌萌
责任印制：师艳茹 / 封面设计：王 皓

科学出版社 出版
北京东黄城根北街 16 号
邮政编码：100717
http://www.sciencep.com
中国科学院印刷厂 印刷
科学出版社发行 各地新华书店经销
*
2023 年 4 月第 一 版 开本：720 × 1000 B5
2023 年 4 月第一次印刷 印张：26 1/2
字数：535 000
定价：258.00 元
（如有印装质量问题，我社负责调换）

《矿业与冶金学科发展战略研究报告
（2021～2025）》专家组

领导小组：

　　组长：谢和平，中国工程院院士、深圳大学教授

　　　　　谢建新，中国工程院院士、北京科技大学教授

　　　　　苗鸿雁，国家自然科学基金委员会工程与材料科学部副主任

　　成员：康红普，中国工程院院士、中国煤炭科工集团有限公司首席科学家

　　　　　苏义脑，中国工程院院士、中国石油勘探开发研究院钻井工艺研究所教授级高工

　　　　　范维澄，中国工程院院士、中国科学技术大学教授

　　　　　刘炯天，中国工程院院士、郑州大学教授

　　　　　毛新平，中国工程院院士、北京科技大学教授

　　　　　黄小卫，中国工程院院士、有研科技集团有限公司教授

　　　　　聂祚仁，中国工程院院士、北京工业大学教授

　　　　　潘复生，中国工程院院士、重庆大学教授

　　秘书：周宏伟，中国矿业大学（北京）教授

　　　　　刘新华，北京科技大学教授

　　　　　刘　顺，西安石油大学

矿业工程组：

　　组长：康红普

　　成员（按姓氏拼音排序）：毕银丽　曹亦俊　陈佩佩　董东林
　　　　　高明忠　葛世荣　顾大钊　金　星　鞠　杨　琚宜文
　　　　　来兴平　李井峰　李茂林　李夕兵　梁　冰　梁卫国
　　　　　刘洪涛　刘见中　刘志强　马念杰　聂百胜　任世华
　　　　　谭云亮　王　虹　王家臣　王卫军　伍永平　杨仁树
　　　　　杨胜利　张瑞新　赵毅鑫　周宏伟　朱万成

秘书：周宏伟（兼）

石油工程组：

组长：苏义脑

成员（按姓氏拼音排序）：陈 勉　戴彩丽　窦益华　高德利　宫 敬　郭旭升　何利民　侯 健　姜汉桥　金 衍　琚宜文　蒋官澄　李根生　李克文　李勇民　刘清友　罗平亚　王琳琳　王香增　姚 军　杨 进　张劲军　赵 辉　赵金洲　周德胜　周守为　周 文　朱军龙　祝效华　庄 茁

秘书：陈 勉（兼）

安全科学与工程组：

组长：范维澄

成员（按姓氏拼音排序）：陈长坤　程卫民　邓存宝　范维澄　高建良　郭立稳　何学秋　侯恩科　胡千庭　黄 弘　蒋军成　金龙哲　来兴平　李树刚　林柏泉　刘 剑　刘乃安　刘泽功　聂百胜　钱新明　申世飞　施式亮　石必明　宋世杰　谭云亮　王 秉　王恩元　王双明　吴 超　吴 强　吴仁彪　邢志祥　修光利　杨明河　袁 亮　张保勇　张和平　张来斌　钟茂华　周福宝

秘书：刘乃安（兼）

矿物分离组：

组长：刘炯天

成员（按姓氏拼音排序）：卜显忠　曹亦俊　池汝安　董宪姝　段晨龙　高 鹏　高志勇　桂夏辉　韩跃新　李国胜　李 振　刘广义　吕宪俊　邱廷省　宋少先　孙 伟　童 雄　徐龙华　张传祥　张海军　张 覃　张一敏　赵跃民

秘书：曹亦俊（兼）

冶金工程组：

组长：毛新平　黄小卫

成员（按姓氏拼音排序）：安胜利　白晨光　柴立元　车小奎
陈　靖　储满生　冯宗玉　郭学益　胡文彬　蒋开喜
蒋训雄　姜周华　李家新　李　劼　刘凤琴　吕学伟
闵小波　倪红卫　齐　涛　潜　伟　任忠鸣　孙志强
王成彦　王　华　王万林　吴　杰　徐盛明　薛正良
闫柏军　杨　斌　杨　超　张建良　张利波　张立峰
张廷安　张玉柱　赵中伟　钟云波　朱国森　朱立光
朱苗勇

秘书：张立峰（兼）　冯宗玉（兼）

材料工程组：

组长：潘复生

成员（按姓氏拼音排序）：冯吉才　胡文彬　李元元　刘新华
刘　咏　刘永长　娄花芬　马宗青　聂祚仁　曲选辉
宋晓艳　苏彦庆　孙宝德　汤慧萍　王昭东　席晓丽
谢建新　徐　磊　杨　斌　易建宏　张　荻　张国庆
张　豪　张丽霞　郑　亮

秘书：刘新华（兼）

交叉前沿组：

组长：聂祚仁

成员（按姓氏拼音排序）：段晨龙　付华栋　顾大钊　姜　涛
金　星　鞠杨　琚宜文　赖延青　李光辉　李　劼
李井峰　李茂林　疏　达　孙宝德　汪东红　王志兴
尹海清　袁铁锤　张元波　钟云波

秘书：孙宝德（兼）

前　言

在 2018 年 5 月召开的两院院士大会(中国科学院第十九次院士大会、中国工程院第十四次院士大会)上,习近平总书记指出,"自主创新是我们攀登世界科技高峰的必由之路","基础研究是整个科学体系的源头",要"夯实世界科技强国建设的根基"。作为我国资助基础研究的主渠道之一,国家自然科学基金必须承担起新时代赋予的重大历史责任,进行科学规划,提升我国源头创新能力,为实现"两个一百年"奋斗目标提供有力支撑。当前,新一轮科技革命蓬勃兴起,创新驱动发展已经成为全球共识,新的科学研究范式正在形成,学科交叉融合更加紧密,基础科学研究面临着重要的发展机遇和挑战。

为了推动我国基础研究的快速发展,国务院印发了《关于全面加强基础科学研究的若干意见》,对加强基础研究作出系统部署。面向建设世界科技强国的伟大目标,国家自然科学基金委员会坚持以习近平新时代中国特色社会主义思想为指导,深入分析我国基础研究和科学基金发展面临的新形势、新任务、新要求,在反复研究并广泛征求意见的基础上,形成了新时代科学基金深化改革的总体目标和改革思路,即按照党中央、国务院部署,全面加强党对科学基金事业的领导,通过确立基于"鼓励探索、突出原创,聚焦前沿、独辟蹊径,需求牵引、突破瓶颈,共性导向、交叉融通"四类科学问题属性分类的资助导向,建立"负责任、讲信誉、计贡献"的智能辅助分类评审机制,构建符合知识体系逻辑结构、促进知识和应用融通的学科布局,争取在未来 5~10 年,建成理念先进、制度规范、公正高效的新时代科学基金体系,为增强源头创新能力、夯实世界科技强国建设的根基作出根本性贡献。

"十四五"时期是我国全面建成小康社会、实现第一个百年奋斗目标之后,乘势而上开启全面建设社会主义现代化国家新征程、向第二个百年奋斗目标进军的第一个五年和建设创新型国家的攻坚期。深入开展战略研究,科学谋划科学基金"十四五"规划发展,对于繁荣基础研究、提升我国原始创新能力、服务创新驱动发展战略,具有十分重要的意义。为此,国家自然科学基金委员会开展了"国家自然科学基金'十四五'规划战略研究工作"。

矿业与冶金学科涵盖了矿业、石油、安全、冶金、材料等多个领域,学科跨度大。根据国家自然科学基金委员会工程与材料科学部的统一部署,谢和平院士负责矿业、石油、安全学科,谢建新院士负责矿物分离、冶金、材料及交叉学科,于 2019 年 7 月开展学科发展问卷调查;同年 7 月和 8 月分别召开了学科发展战略与"十四五"规划项目启动会议,制定了矿业工程、石油工程、安全科学与工程、矿物分离、冶金工程、材料工程及交叉前沿学科研究报告提纲;2020年3月,综合各学科发展报告,形成了《矿业与冶金学科发展战略研究报告(2021～2025)》初稿;2020年5月,学科处邀请专家对报告进行了修改;2020年9月,《矿业与冶金学科发展战略研究报告(2021～2025)》初步定稿;2020年12月,《矿业与冶金学科发展战略研究报告(2021～2025)》进一步修改,形成终稿;2021年11月,联系科学出版社出版。

我国矿产资源总产量占全球总产量的31%,位居世界第一。同时,我国已成为全球最大的矿产资源消费国,在全球矿产资源生产、供应方面起到了重要作用,在全球矿业中的地位非常显著。矿业学科的发展不仅受自然科学规律的约束,而且受资源赋存条件、经济发展水平、社会发展需求的综合影响。矿业学科的不断发展和人类对丰富物质文明、挑战自然的无限追求,导致矿业工程学科日渐受到来自资源开采环境的各种"极限"挑战,极端性、复杂性、非线性、不确定性等问题逐渐显现。根据国内外矿业工程学科的发展趋势和需要解决的科学问题,应加强矿业工程学科基础理论研究,调整完善矿业工程学科体系,促进智能化、信息化相关学科交叉与融合,培养一批国际知名的矿业工程学科学者、专家、学术带头人,使我国真正成为世界上的矿业大国和矿业强国。

2020年我国天然气消费量约为3200亿 m^3,国内产量只有1890亿 m^3,进口依存度达到41%。同年我国石油产量为1.95亿 t,进口量为5.4亿 t,我国原油对外依存度高达73%,远高于国际公认的50%的安全警戒线。石油工程学科不仅面临着继续提高老油田采收率的难题,同时还面临着非常规油气开发、超深油气和深水油气开采以及未来智慧油田建设的挑战。

安全科学与工程学科是研究人类生产及生活过程中事故、灾难的发展机理和规律及其预防与应对的科学体系,是贯彻总体国家安全观的重要实践。安全科学与工程学科综合性强,涉及领域广,是以矿山安全为起点,发展面向冶金、石油、化工、材料等工业生产为导向的生产安全,面向工业生产职业危害因素防治为导向的职业危害防控,并结合矿山地下工程拓展到城市地下空间和隧道、地铁、燃气管道、桥梁等重大基础设施安全;此外,风险评估、监测预警和应急救援是安全科学与工程学科共性的内涵和研究基础,和其他相关学科间存在明显的相互交叉、相互支撑和促进特征。目前我国社会正处于高速发展期,工业化、城镇化进程加速,产业不断转型升级,安全事故、灾难易发领域及职业危害增加,致使安全科学与工程学科不断突破传统学科局限,进入全新的发展阶段。根据国内外安全科学与工程学科的发展趋势和需要解决的科学问题,急需加强安全科学与工程学科基础理论研究,形成支撑生产安全、公共安全、城镇与重大基础设施安全、综合应急的基础理论体系;加强相关学科理论与技术交叉,实现安全科学理论系统化、安全工程技术智能化、人才平台国际化；培养一批国际知名的安全科学与工程学科专家，建成一批国际一流的安全科研平台，引领世界安全学科发展。

矿物分离学科当前的发展着眼于未来矿产资源的开发和二次资源的回收，不断拓展与之相关的安全环保研究领域。近几十年来，物质分离及相关学科的科技工作者在矿物加工学科及交叉学科领域进行了大量的基础理论与工艺技术研究。随着相邻学科的发展，如材料科学、岩石力学、化学、电磁学、生物学、计算机科学与技术在矿物分离学科领域的应用逐渐广泛，一些新的矿物加工学科领域已初露端倪。与各种功能性矿物材料、无机非金属材料、金属材料、有机高分子材料等学科知识相融合，如超细矿物粉体材料应用于石油化工行业中，矿物材料在污水处理和气体监测行业应用，煤炭为化工行业提供气化、液化原料等。未来，矿物分离学科的发展将围绕高效、精细、低耗矿物分离过程及过程强化而展开，并将逐步形成新的学科领域，为建立新的分离学科理论体系提供基础条件。

冶金行业是支撑我国现代化建设和社会发展的重要行业。冶金既是一个历史悠久的行业，也是一个与时俱进、不断创新和发展的行业。钢铁材料具有生产规模大、易于加工、性能多样可靠、性价比高、使用方便和便于回收等特点，是人民生活和工业生产中广泛使用的基础材料，也是国防工业必需的基本材料。有色金属材料具有特殊性能，是当今国防军工、航天航空、核工业、电子、机电、医药、农业等领域不可缺少的重要材料，是关系国家安全的战略物资以及高新功能材料的重要原料。经过几十年的发展，我国冶金工业取得了巨大的成就，成为名副其实的世界冶金大国。2019 年的粗钢产量达到 9.96 亿 t，占世界粗钢产量的53.3%；铝、铜、锌、铅等十余种有色金属产量居世界第一，稀土产量和消耗量居世界第一，这对国民经济发展和国家安全保障具有十分重要的战略意义。

材料工程学科主要研究材料的熔化、凝固过程与控制，包括金属材料和无机非金属材料。材料加工过程的一个重要技术途径是熔化与凝固，表象上看熔化与凝固过程就是固态加热转变为液态、液态冷却转变为固态，但当涉及高品质材料制备时，熔化与凝固问题得不到有效控制将无法满足重大工程应用，因此成为高品质材料制备的瓶颈问题。金属材料熔化与凝固是制备高质量材料重要的基础，是支撑国家重大工程建设，促进传统产业转型升级，构建国际竞争新优势的重要保障。21 世纪以来，我国在装备制造、航空航天、海洋工程、轨道交通、能源和机电等产业飞速发展，使得国民经济、国防军工和国家综合实力水平显著提高，对金属材料的性能和功能提出了重大需求。但是，我国在高品质金属材料的生产和新型功能金属材料的开发和制造上仍与国际先进水平有一定的差距，严重制约了我国高新技术产业的发展。传统材料制造和加工方法已无法适应工业快速发展的步伐，甚至可能成为制约我国产业进步的瓶颈。大幅度提升金属结构材料的使役性能和开发金属功能材料的新型功能成为解决问题的关键，进而对金属材料的制造和加工技术提出了持续优化和创新的新要求和新挑战。

　　本书对矿业与冶金学科所涵盖的矿业工程、石油工程、安全科学与工程、矿物分离、冶金工程、材料工程及交叉前沿等学科领域分别进行研究和阐述。同时围绕未来五年我国基础研究相关学科的总体发展态势，从矿业与冶金学科的研究特点、发展规律和发展现状出发，分析和辨识我国矿业与冶金学科及其重要方向所处的发展阶段，提出了本学科的发展目标及发展方向，勾勒了学科发展的"学科树"。

　　本书在撰写过程中，尽管广泛征求了行业专家的意见，但仍存在不足，敬请广大读者批评指正！

谢和平　　谢建新　　苗鸿雁

矿业与冶金学科发展战略与"十四五"规划项目组

2021 年 10 月

目 录

第1章 学科发展战略

1.1 矿业工程学科

1.1.1 学科的战略地位

1. 学科定义及特点

矿业工程学科是关于矿物资源安全、高效、环境友好地开采以及矿物资源有效加工和利用的工程技术科学，其研究分支包括矿山压力与岩体力学、采矿工程、矿井建设、矿山安全、新能源开发。伴随新时期我国能源政策的调整，关停矿井的特殊地下空间利用形成了新的研究分支，拓展了矿业工程学科的外延。由于大自然矿藏及矿业生产地质条件的多样性、复杂性，矿业工程学科的发展经历了漫长艰难的道路，至今已是学科综合度和交叉关联度很高的一门工程技术科学。矿业工程学科涵盖了煤炭资源、金属与非金属矿产资源、地热资源、海洋矿产资源以及人类尝试涉足的其他星球资源的开采，包含了煤炭资源、金属与非金属矿产资源的采掘、洗选、加工，涉及了资源开采的环境、安全和矿产资源的储存、运输等众多科学与工程领域。矿业工程学科下设的采矿工程、矿物加工工程、安全技术及工程三个二级学科之间存在相互依赖、共同发展的内在联系。随着国民经济的发展，安全的重要性越来越强，安全科学与工程已经升级为独立的一级学科。

矿业工程学科的研究对象是以地质体为主的自然物质系统，与人工设计的工业系统不同，对于地学系统的复杂性，人类目前尚不能完全认知，使本学科的基础理论比其他工程学科更为复杂和困难。它具有以下特点。

(1)它的对象是天然赋存的地质矿体，矿体的上覆地层多变，开采加工对象不能自由选择。

(2)开采对象、开采工具及生产人员随开采而不断转移，没有固定场所，工作条件随时变化，与一般加工工业截然不同。

(3)以人类社会、经济发展需求为驱动，研究和解决生产中的实际问题，实践性和应用性较强。

(4)研究对象具有多尺度性与耦合性，既包括诸如煤岩介质中微观尺度的瓦斯吸附/解吸问题，又包括细观尺度的流体运移、裂纹扩展及岩石损伤问题，还包括宏观尺度的岩体变形、破坏与流体运动问题等。特别是在深部工程中，流体的运移、岩体的变形、由温度场产生的物理化学反应过程是高度耦合的。

(5)学科的交叉性是矿业工程学科的突出特点。矿业工程学科重要的基础理论之一是开采岩体力学,与土木工程一级学科下的二级学科岩土工程、结构工程下的三级学科地下工程交叉,与地质资源与地质工程一级学科下的二级学科地球探测与信息技术、地质工程交叉,并逐渐与智能化、信息化领域的相关学科交叉、融合、渗透。

2. 学科的战略地位及需求

矿产资源是人类社会生存、发展和国民经济建设中不可替代、不可缺少的物质基础,矿业是工业的命脉并被誉为"工业之母",是国民经济的基础产业。当前,人类所耗费的自然资源中,矿产资源占80%以上,地球上每人每年要耗费3t矿产资源。其中,能源占矿产资源生产、消费的绝大多数。当前,全球矿产资源总产量为227亿t,能源、金属和非金属产量分别占68%、7%和25%,体现出人类对于能源的高度依赖。

目前,我国90%以上的能源、80%以上的工业原料、60%以上的农业生产资料来源于矿产资源。我国已发现矿产170余种,已探明资源储量的有159种,已查明的矿产资源总量和20多种矿产的查明储量居世界前列,其中煤炭查明资源储量居世界第3位,铁矿储量居第4位,铜矿储量居第3位,铝土矿储量居第5位,铅锌、钨、锡、锑、稀土、菱镁矿、石膏、石墨、重晶石等储量居第1位。我国矿业工程的规模在国际上具有举足轻重的地位,是一个典型的矿业大国,原煤、铁矿石、钨、锡、锑、稀土、菱镁矿、石膏、石墨、重晶石、滑石、萤石开采量连续多年居世界第一。

约占地球表面积71%的海洋蕴藏着极其丰富的矿产资源。国际海底区域赋存着多金属结核、富钴结壳、多金属硫化物等金属矿产资源,其中镍、钴、铜、锰等重要金属的资源储量分别高出陆上相应储量的几十到几千倍;分布在深海大陆坡的天然气水合物所含有的有机碳是地球上所有煤、天然气及石油储量所含有机碳总数的两倍。海洋矿产资源是人类21世纪的重要接替资源,海洋矿产资源的开发是21世纪乃至今后若干世纪国际竞争最激烈的领域。其中,对国际海底区域资源的开发和占有,不仅是增加我国资源储备的重要途径,也是维护我国海洋权益的重要内容。海洋矿产资源开采科学为未来海洋矿产资源的商业开采提供技术储备,对增进人类对深海大洋的认识和了解、推动深海战略高技术发展有着重要和现实意义。

我国矿产资源的赋存条件、资源质量等与国外矿产开采大国有很大区别,主要是赋存条件复杂、资源质量差,迫使矿业工程学科的基础理论研究要有针对性、特殊性,同时研究成果要有实用性,以保障我国赋存条件复杂、受各种灾害威胁的矿产资源大量安全开采。改革开放以来,我国矿产资源的大规模开发、利用对矿业工程学科的基础理论和技术研究起到了非常大的带动作用,经过全国矿业工程领域科技工作者的共同努力,我国矿业工程学科整体水平进入了世界先进行列。在我国经济发展新常态阶段下,对矿产资源的需求仍将维持在相当大的规模,矿产资源开采、加工带来的生态环境问题,以及延伸至深部开采以后的工程地质灾害等问题,都对矿业工程学科提出了新的需求,同时也彰显了本学科在国民经济发展中的重要地位。

最新报告显示,2020 年,全球主要矿产品总产量 218 亿 t,其中,能源、金属和非金属产量分别为 147.4 亿 t、16.7 亿 t 和 56.7 亿 t,总体出现供不应求的局面(《全球矿业发展报告(2020—2021)》)。从产业看,全球共有 60 多个重要矿业国家。11 个国家矿业产值与本国 GDP[①]之比大于 50%,17 个国家矿业产值与本国 GDP 之比介于 20%~50%,21 个国家在 10%~20%。可以看到,矿业对国家经济发展的重要作用和地位。

从能源消费结构上看,中国、印度、东盟[②]等亚洲新兴经济体、美欧日韩等发达经济体和其他国家分别消费了全球 35%、36% 和 29% 的能源,全球能源消费总体呈现“三分天下”的格局。同时,气候变化促使全球能源消费结构调整加速,煤炭占比将持续下降,清洁能源占比将持续增加。

从矿业格局上看,美国、俄罗斯、中国是全球主要矿业大国。三国矿产资源总产量占全球 49%,总产值占全球 40%。其中,中国矿产资源总产量占全球总产量的 31%,位居世界第一。中国已经成为全球最大的金属矿产消费国,同时,在全球矿产资源生产、供应方面起到了重要作用,在全球矿业中地位非常显著。

1.1.2　学科的发展规律与发展态势

1. 学科的发展规律

矿业工程学科的发展不仅受自然科学规律的约束,而且受资源赋存条件、经济发展水平、社会发展需求的综合影响。随着人们生活水平的提高和社会进步,矿业工程学科和所支撑的工程实践持续地开发出大规模、多种类的矿产资源,这是与自然科学不断揭示自然规律截然不同的学科特点,由此也决定了矿业工程学科一系列的属性和发展规律。矿业工程在设计、建设、生产、保障系统功能的同时,越来越受到来自资源开采环境的“极限”挑战,各种极端性、复杂性、非线性、不确定性等特性和因素广泛存在于矿业工程系统及其运行过程中(图 1-1)。矿业工程学科的不断发展和人类对丰富物质文明、挑战自然的无限追求,导致矿业工程系统的服役环境越来越恶劣,矿业工程系统的行为规律也愈加复杂多变;另

---

①GDP 为国内生产总值。
②东盟为东南亚国家联盟的简称。

外,人类对不可再生资源的消耗和对环境生态的破坏使得可持续发展成为 21 世纪全球共同面临的重要课题。

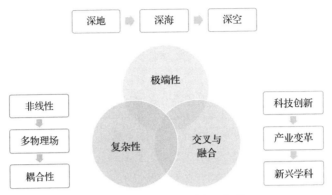

图 1-1　矿业工程学科发展规律

1)"极端性"成为矿业工程学科未来发展所面临的严峻挑战

资源和能源是支撑人类社会最重要的物质基础之一,随着浅部资源开采的枯竭,向深地、深海寻找更多资源已成为必然趋势,深部陆地和深水海洋矿产资源的开发成为解决人类资源和能源的有效途径,高地压、高地温、高水压、强海风、大海浪等极端开采环境是矿业工程学科发展必须面对的严峻挑战。在极端环境和自然灾害作用下,矿业工程系统的原位岩体力学行为、地应力环境与动力灾害演变机制、多相并存多场耦合作用下的渗流规律、强采动应力场-能量场演化特征、风浪流对采矿船的动力激励、集矿机在海底的行走特性、深海采矿系统的动力学行为已成为矿业工程学科的核心科学问题。此外,月球、火星等太空资源的勘探开发也列入国家计划。深地、深海、深空等极端环境下的资源勘探开发及转化利用给传统的矿业学科提出了严峻的挑战。

2)"复杂性"成为矿业工程学科未来发展所需解决的重要难题

深部岩体材料非线性、大形变的几何非线性、各种非线性的耦合效应等复杂的非线性行为与机制给矿业工程学科带来了挑战。20 世纪微分几何的发展使系统非线性动力学取得突破,系统的混沌、分岔、分形等非线性行为与机制获得了数学上的解释和描述,并在简单系统的工程实践中初步实现了对非线性行为的控制或利用,然而,复杂工程系统的非线性行为与机制仍然无法很好地被解释和把握。深部资源开发过程中涉及的岩体非线性行为是矿业工程学科需要面对和解决的重要课题。同时,随着深部资源开采的深入,不同物理场之间的耦合效应也越来越强烈,深部陆地资源开发存在的热-力耦合场、液-固耦合场、气-固耦合场,深水海洋资源开采存在的气-液-固耦合场、海底多相资源耦合共生现象,以及不同物理-化学-生物耦合场、资源型矿体与外部介质界面的耦合作用等使得矿业工程学科的研究内容变得极为复杂。

3)"交叉与融合"成为矿业工程学科未来发展的必然趋势

当前,新一轮科技革命蓬勃兴起,各种先进理论、先进技术大量涌现,信息化、智能化产业正在迅速崛起,通过信息技术与工业相融合以提升国家工业水平的产业战略已经成为全球共识,德国、美国、日本等世界工业大国相继提出了"工业4.0""工业互联网""第四次工业革命"等概念并开始付诸实施,当前形势下的工业变革以物联网和智能制造、智能控制为主导,正在深刻影响今后的全球工业产业布局。信息化、智能化、绿色化迅速向各学科领域渗透,不断冲击着传统矿业工程学科的界限,不同学科相互渗透、相互融合,带动产生各种新的活动领域和合作形式。矿业工程学科既要按照生产、矿井的地质条件和经济特性来完善和发展传统的矿业工程科技,又要吸收和融汇现代科学技术的最新成就使矿业工程科技不断提高和更新。以信息化、智能化、绿色化为创新驱动的学科融合发展将极大提升矿业工程学科的科学内涵,促使矿业工程学科进入快速发展阶段。

2. 学科的发展态势

1)煤炭能源基础科学未来发展走向

煤炭作为基础能源,为经济和社会发展做出了巨大贡献。以美国、英国、德国、澳大利亚和俄罗斯等国家为代表的煤炭生产和利用大国,在煤炭理论与技术研究方面开展了大量基础研究工作。我国基于欧美技术体系建立的煤炭开发模式主要存在以下四大问题。

(1)煤炭及其共伴生资源浪费问题。由于煤柱留设,大量煤炭资源浪费,矿井平均采出率不足50%。同时,煤层中含有大量的煤层气资源,通过通风排出,不仅造成资源浪费,更会产生瓦斯灾害隐患。

(2)巷道掘进量大,生产成本高。按照配套煤巷掘进率34m/万t计算,每年约掘进巷道13000km,比地球的直径还要多出200余千米,耗资巨大。

(3)煤矿灾害频发。开采引起的力学状态和物理化学状态的改变,导致顶板事故、冲击地压、煤与瓦斯突出等灾害频发,造成大量人员伤亡和设备损坏。

(4)生态环境破坏严重。传统开采方法导致地面大面积的环境损伤和地下深层含水层破坏,民用和工业煤的燃烧导致区域性的环境污染。

因此,针对上述问题,从改进传统理论及配套装备与技术入手,建立具有我国特色的平衡开采理论及配套装备与技术,是"十四五"煤炭能源基础科学研究的重要发展走向。

一是通过煤炭开采地质保障探测基础理论和方法研究,建立数字矿山,实现智能开采。

英国、加拿大等国家开展了各向异性介质理论、岩石物理基础与地下流体运移监测等基础研究,美国、日本、澳大利亚等国家研究了以采煤机、掘进机、大地脉动被动震源为基础的探测理论与方法,大力推进地质雷达、无线电成像(radio imaging,RIM)、横波地震、槽波地震、地-空航磁以及立体填图等多种手段的交叉融合,实现了地质构造及灾害源的精细探测;同时,结合三维数字建模技术,开展了数字化矿山建设,研发了采矿机器人,实现了无人化、智能化开采。

二是通过对现有开采方法的基础理论与技术研究,研发先进的掘进和采矿装备,提高掘进和开采效率,发展绿色开采。

目前,我国煤矿 90%采用井工开采方式,深部煤炭资源的开发,多采用立井方式开拓。不同地域的煤矿覆盖地层不同,但都十分复杂,东部地区冲积层达到千米,西部弱胶结富水地层同样具有极大的施工难度,现有的特殊凿井方法,如冻结法虽然能够适用所有含水不稳定地层,但是在能量转化效率和安全可靠性方面还存在一定问题。竖井钻机机械破岩钻进井筒还只适用于以冲积层为主的软岩地层,对于弱胶结富水软岩地层,在钻进破岩、多相流排渣、井壁泥浆护壁机理、井壁结构及下沉充填方法方面还需要研究和实践。对于深竖井常用的钻眼爆破方法,其不连续的施工工艺和爆破的不可控性,决定了其难以实现智能化。国内研制的首台套 5.8m 直径的有导井竖井掘进机,还需进行工业性试验;国内反井钻井还需向大型化发展,在解决钻孔偏斜控制和地层改性、封堵地层涌水和加固不稳定的基础上,达到一次成井 6～8m,逐渐形成竖井钻机、竖井掘进机和反井钻机等适合不同地层条件和工程条件的机械破岩钻井装备体系,为井筒智能化施工打下基础。在井下巷道硐室施工方面,以悬臂掘进机、挤压部分断面掘进机和全断面隧道掘进机为基础,逐渐实现无炸药施工。

基于现有长壁开采技术的基础理论研究主要集中在对巷道和采场覆岩结构运移规律及支护理论方面。代表性的有,俄罗斯学者提出的巷道围岩自然平衡拱理论,该理论认为巷道开挖后,上方一定范围内的顶板逐步垮落,未垮顶板自然形成一个类似"拱"的结构,拱高与岩体强度和巷道宽度有关;德国学者提出的压力拱理论,该理论认为工作面始终处在一个拱结构的保护之下,拱的前脚在煤壁、后脚在采空区,并且该拱随工作面推进而向前移动;比利时学者提出的采场预生裂隙梁理论,该理论认为回采工作面上覆岩层会形成一系列预生裂隙梁,岩梁自身抗拉能力基本消失,主要靠水平挤压产生的摩擦力来维持平衡,回采工作面支架压力正是裂隙梁平衡遭到破坏产生的结果;苏联学者提出的采场铰接岩块理论,该理论认为根据上覆岩层的破坏形式,可将其分为垮落带和规则移动带,垮落带又可分为上、下两部分,下部岩块垮落后形状不规则且杂乱堆积,而上部岩块较大且排列整齐,规则移动带内的岩块可以相互铰合且形成类似铰链的结构,并规则地产生下沉，该理论描述了工作面上覆岩层变形运动过程，指出了工作面液压支架存在的状态。

在开采技术方面，主要是通过研发新材料提高巷道安全性，减少资源浪费。苏联学者提出了充填沿空留巷技术体系，通过改进和研发巷旁充填材料，减少煤柱留设。英国学者研发了高水材料巷旁充填技术，通过在巷旁充填新型材料，减少巷道变形。德国学者提出了水泥灌浆、速凝材料巷旁充填等技术，以达到稳定巷道和提高采出率的目的。在提高开采效率方面，主要是基于现有长壁开采技术，研发先进的采煤装备系统，重点集中在采煤机、刮板输送机和液压支架等三机配套装备的研发。2009 年，我国第一套 7m 大采高综采设备在神华集团神东补连塔煤矿应用，采煤机采用的是美国久益 7LS7 改进型。2015 年，世界首套 8.2m 大采高设备在兖矿集团金鸡滩煤矿联合调试，采煤机采用的是美国久益 7LS8 型。世界首台垛式支架在英国研发成功，之后法国又研制出了节式支架，开启了煤矿井下支护设备的技术革命。此外，国外采煤技术和理论研究一直向着绿色开采、生态保护方面发展，智能化开采、共伴生资源协同开采等也是国外煤炭领域基础研究的主攻方向。

在露天开采方面，随着设备大型化、开采集约化水平的不断提高，露天开采在发达国家煤炭资源开采中的占比越来越高。露天开采理论的发展将更加关注露天矿山的综合要求，充分考虑资源、生态、环境、人文、社会等诸多方面的需求，同时新的采矿理论将树立动态循环的理念，充分考虑新技术、新工艺、新装备、新材料的应用，不断完善理论的系统性、科学性、综合性，充分体现"既要金山银山，又要绿水青山"的设计理念，实现露天开采理论的持续发展。未来发展方向主要集中于：①剥采比理论。剥采比理论的核心是境界剥采比和均衡剥采比，未来会充分考虑一定超前量，逐步调整贴近自然剥采比，降低均衡剥采比。②分区分期开采理论。分期境界的提出促进了矿区分区分期开采理论的发展，结合当下合理经济效益，对未来资源回收与利用提出相应设计，充分结合剥采比与内排时间的最优化布置。③时效边坡动态稳定性设计理论。打破传统边坡静态设计弊端，充分考虑时间、空间、效应、气候环境、疏干水和开采工艺技术的影响，结合区域特征等多种因素建立全新动态边坡理论模型。④拉斗铲倒堆工艺转向相关理论。研究露天煤矿拉斗铲倒堆工作线"分段-交替推进"推进方式，建立拉斗铲倒堆转向方式选择评价方法，形成"分段-两区错开推进"转向方式，保证生产剥采比的稳定和设备总体效率的发挥，解决拉斗铲倒堆工艺(刚性开采工艺)条件下采区的转向问题。⑤端帮压煤回收理论。针对枯竭型露天矿山需研究提高矿山的可采储量、降低开采成本、实现安全最大化与风险最小化的端帮回采技术(陡帮开采技术、端帮采煤机开采技术、露井联合开采技术)，构建与采区过渡方案相结合的开采理论体系。⑥绿色开采智能化理论。核心内容是采矿工艺与设备选型合理化和智能化,开采程序与开拓运输系统化,资源回采与综合效益最大化,露天采矿与生态重建一体化,经营管理科学化,防尘降噪绿色化。⑦露天边坡平衡开采理论。改变传统非平衡开采露天边坡下留煤柱井工开采的理论体系,建立露天边坡下无煤柱井工开采理论体系,实现平衡开采目标,以降低开采成本、提高资源回收率。

三是通过煤化工基础理论与方法研究,实现煤炭从燃料向原料的转化,改变煤炭消费方式。

涉及的理论和技术如下:①煤基碳氢氧原子化学键定向调控理论,包括煤热解挥发分原位重整定向制备轻质芳烃关键理论与技术、煤碳氧桥键定向加氢裂解理论、煤基稠环芳烃定向脱烷基理论、煤基小分子化学键的定向活化和选择性转化调控原理。②煤转化与可再生能源制氢耦合技术,包括煤与生物质共气化制氢、煤与生物质协同气化化学链转化制氢、可再生能源与煤气化耦合热化学循环分解水制氢。③煤基精细与高值化学品的制备新方法,主要为产物精准分离及 C—C 键、C—H 键、C—O 键的精准调控理论。目前,发达国家在煤化工关键催化剂、核心设备、过程设计及软件控制系统等方面已处于领先地位,为进一步确保和扩大领先优势,对国内产业及技术研发形成挤压态势;发达国家部分已完成实验室开发的技术则借中国煤化工项目为其工业示范提供廉价的示范基地,实现"1→N"中最关键的一步,即工业示范;发达国家在"0→1"研究上选题精准、研发效率比国内高。

2) 金属与非金属矿产资源基础科学未来发展走向

金属与非金属矿产资源是国民经济的命脉。金属与非金属矿产资源开发包含的资源类型广、开采方法及技术难题众多,现从露天开采、地下采矿、绿色开采和矿山安全开采四个方面予以说明。

在露天开采方面,国外先进矿山可根据矿山地质、资源、生产、环境和经济等因素的实际情况,合理确定极限深度、深部开拓系统、边坡防灾治理与监控、深部开采时期产量的相对稳定等综合技术措施。国内露天铁矿在陡帮开采、高台阶开采、分期开采穿爆技术方面发展迅速并具有一定的技术优势,基本是跟随国际研究趋势,甚至部分技术达到了世界领先水平。自主开发的"铁矿陡坡运输工艺"和"间断-连续运输工艺"推动了矿山运输体系的发展。自主开发的乳化炸药连续化、自动化生产技术,有效提高了我国工业炸药的生产水平和爆破效果。但在数字矿山、智慧矿山以及矿山现代管理等方面差距较大。

在地下采矿方面,国外先进矿山通过建立矿体与岩体力学模型,并借助微震监测等手段,实现了深部资源的高效安全开采。同时与采场结构大型化相适应,采矿装备大型化、系列化、自动化趋势明显，尤其在自动控制、优化控制及远程控制方面取得了较大突破，遥控采矿、无人工作面等已在加拿大、瑞典、美国、澳大利亚等国成为现实。国内地下铁矿在大结构参数采矿方法、全尾砂高浓度充填技术、高强预应力支护技术和智能开采等方面取得了重要进展，但在采矿机械化和智能化方面与国际先进水平尚有差距。

在绿色开采方面，近年来我国推出了一系列矿山环境保护方面的法律法规，从而使得矿山的绿色开采也愈加重要。绿色矿山建设是实现节能减排与环境保护的重要手段。就矿山开发来说，当前绿色矿山技术手段主要包括："剥离-排土-开采-复垦"一体化工艺，高压喷淋、喷雾抑尘和封闭式运输技术，"采矿-选矿-充填"一体化工艺，水循环利用技术，生态重建技术等。未来 15 年，因法律法规的约束和政策引导、环境污染等成本上升、地表不允许塌陷等以及充填采矿技术、矿产资源二次回收技术等日益成熟和普及等诸多种因素的影响，金属与非金属矿产资源开采理论、开采技术和开采装备等必然引起革新。

在矿山安全开采方面，借助先进的实时监测技术进行矿山灾害发生过程的监测，有利于认识矿山灾害的孕育和发生机理；借助大规模的数值计算使采矿过程的模拟成为可能。国内学者开发了现场监测与数值模拟相结合的矿山灾害监测预警方法。然而，关于岩石力学问题分析计算的软件均被国外垄断，如 ANSYS、ABAQUS、FLAC3D 和 Adina 等，虽然国内单位在岩石破裂过程分析方法 RFPA、数值流形元法、基于 GPU 矩阵的离散元等软件研发方面具有一定的进展，但应用面不够广，市场占有率偏低。岩体稳定性微震监测系统现在还主要是国外设备，如加拿大的 ESG、澳大利亚的 IMS、美国物理声学公司的声发射监测等，虽然国内单位也在研发，但总体性能及可靠性方面劣于国外系统。我们也需要以此为契机，开发自主知识产权的基于数值分析的矿山动力灾害智能预测软件系统。

因此，针对上述问题，从改进传统理论及配套装备与技术入手，建立具有我国特色的安全、绿色、高效和经济的金属与非金属矿产资源开采理论及配套装备与技术，开发自主知识产权的现场岩体监测系统和数值分析软件系统，是"十四五"金属与非金属矿产资源科学研究的重要发展走向。

金属与非金属矿产资源科学的基础前沿研究主要包含以下 5 个方面。

(1) 深部开采岩体力学与地压控制基础理论的研究。研究内容：深部岩体赋存环境及结构的多尺度表征与三维建模技术，深部采动岩体损伤的多场和多应变率响应与致灾机理，深部岩体诱导冒落与岩石断裂机制，深地高温环境与深井降温基础理论，深部岩体变形与失稳的释能支护原理与技术，充填体控制深部岩移的力学机理及岩层控制技术。研究目标：建立深部开采岩体力学与地压控制基础理论体系，形成拥有自主知识产权的深部岩体三维建模技术与虚拟现实系统，基于云计算的深部岩体损伤与破裂过程分析系统，物联网监测与云计算分析相结合的深部矿山灾害实时预警系统,为我国深部大型铁矿山的安全高效开采提供理论与技术支撑。

(2)基于大数据的金属矿山安全高效开采设计理论研究。研究内容:矿山多源异构数据的获取、传输与存储技术,多源异构矿山大数据的预处理与整合方法、相关性挖掘及数据标准,支持生产指标优化与过程参数的隐式动态真三维集成建模与模型动态更新方法,基于细节层次(level of detail,LOD)模型与全息可视化的矿山空间信息动态可视化,露天开采、地下开采以及露天-地下联合开采矿山的边界品位确定及产能衔接优化模型,多目标协同优化与动态设计方法。研究目标:揭示金属矿山开采流程中多源异构大数据之间的内在联系,实现矿山生产的动态反馈与智能推演,实现矿山边界品位在时间和空间上的动态优化,建立接续采矿、选矿、冶炼多阶段的地下开采边界品位优化数学模型及算法,为金属矿开采的多目标协同优化与动态设计奠定理论与技术基础。

(3)深部资源采选(冶)一体化及原位转化研究。研究内容:矿产资源流态化开采的储层评价理论与方法,原位固体资源流态化开采条件下近场围岩温度场-渗流场-应力场-裂隙场-化学场耦合作用机制,深部资源多组分、多相介质原位多元转化的冶金动力学原理与方法,深部资源的原位智能化分选与有用矿物提取方法,深部资源原位流态化开采的冶金动力学与分选理论。研究目标:建立流态化开采的深部资源原位采选(冶)一体化理论与技术体系,实现对深地矿产资源的原位、实时开发,提高深地矿产资源的开发效率、运输效率和利用转换效率,开辟新型采矿工业模式,引领固体矿产资源流态化开发技术革命,实现深地矿产资源清洁高效和生态友好开发利用。

(4)露天转地下开采和露天-地下联合开采设计方法。研究内容:露天-地下联合开采时的露天开采大数据获取及知识图谱构建,基于大数据挖掘的矿山露天-地下联合开采极限境界的生态化和经济化设计方法,露天转地下联合采矿方法及智能化开采设计方法,露天坑底缓冲垫层(安全顶柱)厚度的确定方法,复杂环境下高效低成本爆破关键技术,露天采场边界内地下矿房的位置及参数确定方法,露天转地下开采边坡滑移监测预警及防控技术。研究目标:实现基于大数据技术大规模智能化开采设计,形成露天-地下联合开采矿山灾害预警系统。

(5)深部硬岩高效低成本的破岩技术。金属矿井筒深度最大1526m,正在建设和准备建设的井筒接近2000m,深部地层的高地温、高地压、高水压以及岩爆风险大,钻爆普通凿井作业方式,下井作业人员多,施工安全难以保障,需要研究硬岩高效低成本的破岩技术,大力发展竖井掘进机和反井钻机,以地面预注浆地层改性技术,解决深部地层高水压、岩爆等问题,保证施工安全和井帮稳定,逐步实现无人智能凿井,为开发深度3000m的资源提供技术装备。

1.1.3　学科的发展现状与发展布局

1. 国际矿业形势发展现状

矿业为人类提供基本物质与能源保障,支撑世界经济社会繁荣发展。当今全球经济、政治、科技、产业格局处于百年未有之大变局,全球矿产资源生产消费格局加快重塑。从短期看,全球经济增长放缓、中美贸易摩擦、地缘政治冲突等因素将增加全球矿业发展的不确定性,矿业市场将持续振荡调整。从中长期看,中国矿产资源需求仍将处于较高水平,印度、东盟等国家和地区矿产资源需求将持续增长,其他发展中国家的矿产资源消费也将不断增长,有望带动全球矿业的持续发展。

最新年度报告显示,当前主要经济体贸易摩擦升级,世界经济复苏乏力,全球矿业持续分化调整,呈现新的发展趋势。

(1)亚洲发展中国家强化矿业支撑工业化进程,美欧发达国家加强矿业对高端制造业的支持。矿业是亚洲发展中国家的支柱性产业,通过大力发展矿业推动下游冶炼产业发展,加速工业化进程,大力发展经济。美欧发达国家重新振兴制造业,尤其是加强高端制造业,提出重新重视矿业,特别是大力加强稀土、锂、钴、镍、萤石等关键矿产的勘查开发。矿业在全球经济社会发展中的地位愈发凸显,矿业为人类提供了 227 亿 t 的能源、金属和重要非金属矿产,总产值高达 5.9 万亿美元,相当于全球 GDP 的 6.9%。其中,能源矿业产值 4.5 万亿美元,占世界矿业总产值的 76%。

(2)经济格局重塑、美国能源独立、全球气候变化,加快重塑全球能源格局。2020 年,美国已成为天然气净出口国和石油净出口国,基本实现能源独立,对全球能源格局产生深远影响。气候变化促使全球能源消费结构加速调整。煤炭占比将持续下降,清洁能源占比将持续增加。

(3)亚洲新兴经济体已成为全球金属矿产消费中心,重塑全球矿产资源供需格局。中国、印度、东盟等亚洲新兴经济体铁、铜、铝消费全球占比分别为 59%、59% 和 61%,美欧日韩等发达国家和地区全球占比分别为 28%、35% 和 29%。未来一定时期内,亚洲新兴经济体金属矿产需求仍将持续增长,美欧日韩等发达国家和地区需求总量呈持续下降态势。澳大利亚、南美洲地区是全球最重要的矿产资源供应地。澳大利亚和巴西是主要铁矿石出口国,占全球出口总量的 80%。智利、秘鲁是主要铜矿出口国,占全球出口总量的 40%。随着亚洲矿产资源需求的不断增加,非洲、东南亚等国家和地区逐步成为重要的矿产资源供应地区,几内亚已成为全球第一大铝土矿出口国,刚果(金)成为全球第一大钴矿和第四大铜矿出口国,菲律宾、印度尼西亚的镍矿出口占全球出口总量的 84%。

(4)国际大型矿业公司高度金融化,拥有全球优质资源。美国、澳大利亚、加拿大、日本、巴西、英国等国的矿业公司金融机构持股比例一般在 50%以上。美国金融机构在必和必拓、力拓、淡水河谷以及三井物产株式会社等矿业公司中持股比例也比较高。全球 2395 家上市矿业公司中,大型矿业公司数量占比不足 4%,但其市值占比近 80%。国际大型矿业公司占有全球优质资源,各矿种前十大公司生产了全球 82%的铁矿石、60%的铝土矿、46%的铜矿、42%的镍矿、96%的铂、94%的钯和 85%的铀矿。

(5)全球经济增速放缓促使国际大型矿业公司加强风险管控,推进战略调整和转型发展。国际大型矿业公司不断剥离处于开发前期、高成本、高风险的非核心项目,聚焦禀赋好、成本低、现金流充裕的项目,加快业务结构调整,布局金、铜等抗周期、抗风险矿种,以及铂、锂等清洁能源矿产,剥离煤炭等传统矿产。部分国际大型矿业公司逐步减少在非洲、东南亚等地区勘查开发投入,回归澳大利亚、美洲等地区。

(6)主要国家和地区加快矿业政策调整,推进全球资源治理。美国已基本实现能源独立,正加快推进关键矿产资源安全供应保障,推进全球资源治理。欧洲加强区内矿产资源开发,强化关键原材料安全供应与全球资源治理。加拿大和澳大利亚推进绿色矿业,提高矿业发展质量与效益。印度尼西亚、菲律宾、老挝、刚果(金)、坦桑尼亚、赞比亚等亚洲、非洲国家通过调整税费等政策,延伸矿业产业链,强化本土矿业权益。智利、秘鲁等拉美国家改善矿业投资环境,愈发重视矿业发展。

(7)科技创新正在引领传统矿业转型升级,加速向绿色、安全、智能、高效方向发展。大数据、人工智能、云计算、移动互联等现代信息技术与矿业发展开始融合,智能勘探、智能矿山、矿业物联网等快速兴起;精细化采矿技术有望实现矿业生产"零排放";选冶新技术突破大幅提高资源利用效率;生态修复技术加快发展;深部探测技术发展推动地球深部资源开发利用。

(8)中国是全球矿产资源生产大国和消费大国,对世界矿业市场具有重要影响力。当前,中国能源总产量占全球 19%、铁矿石占 11%、铜占 7%、铝土矿占 21%,能源总消费量占全球 24%、钢铁占 49%、铜占 53%、铝占 56%,石油进口量占全球 16%、天然气占 13%、铁矿石占 64%、铜矿占 56%、铝土矿占 76%。中国将坚定不移地贯彻创新、协调、绿色、开放、共享的新发展理念,积极参与全球矿业开放合作,共同促进全球矿业繁荣发展。

2020 年,中国煤炭产量占世界总产量的 50.40%,世界上煤炭生产大国有中国、印度、印度尼西亚、美国、澳大利亚、俄罗斯、南非、哈萨克斯坦、德国和波兰。在前十名国家中,印度尼西亚超越美国居第三位,仅中国和印度煤炭产量较上年上涨,其余国家煤炭产量均下降。

中国在过去 30 年里，一直是最大的煤炭生产国。就煤炭储量而言，中国是世界第四大煤炭储量国，最新的统计数字估计为 143197Mt。据估计，中国一半的煤炭用于发电，占全国发电量的 63.2%。

美国的煤炭产量位居第四位，约占全球煤炭产量的 6.26%，它是第三大煤炭消费国。据估计，美国的煤炭消费量占世界总消费量的 6.08%，全国 19.1% 的电力生产依赖于煤炭。

印度成为全球第二大煤炭生产国。印度消耗了世界煤炭总量的 11.58%，成为全球第二大煤炭消费国。总进口量为 211Mt，仅次于中国。印度 70% 以上的发电量依赖于煤炭。

印度尼西亚煤炭产量位居第三位。目前，煤炭生产的形势已经逆转，煤炭发电占印度尼西亚电力产量的 60%。

澳大利亚煤炭产量位居第五位。除此之外，澳大利亚还保留着 150227Mt 的储备。全国约有 100 所私营煤矿厂进行露天开采，这种开采方式占澳大利亚煤炭总产量的 74%。

俄罗斯在全球煤炭生产方面排名第六，同时，俄罗斯也是第六大煤炭消费国。俄罗斯的煤炭储量高达 162166Mt，居世界第二位，露天矿开采占俄罗斯煤炭产量的一半以上。

南非作为世界十大煤炭生产国之一，产量约为 248.3Mt，居全球煤炭产量第七位。南非主要向印度、巴基斯坦、中国、韩国、欧洲出口煤炭，据估计，南非86% 的电力生产依赖于煤炭。

哈萨克斯坦煤炭产量居第八位。在消费方面，哈萨克斯坦排在第 12 位，煤炭发电占全国总电力容量的 85%。据估计，哈萨克斯坦有 400 多个煤矿。煤炭行业保障了哈萨克斯坦 70% 的电力供应。

2. 国际主要创新型国家煤炭能源基础研究学科发展现状与布局

1）基础研究学科发展现状与布局

a. 煤炭资源探测基础研究方面

围绕煤炭资源赋存条件精细探测方面，国外开展的基础研究较少，但是可以提供借鉴国际上针对石油天然气勘探开发的研究工作，如美国休斯敦大学开展的超声地震物理模拟、岩石物理基础研究，英国爱丁堡大学开展的地震各向异性介质研究以及加拿大卡尔加里大学开展的碳捕获、利用与封存(carbon capture, utilization and storage，CCUS)项目、热蒸驱替开采稠油等基础研究工作。

虽然地应力在地下工程和深地开采方面具有重要的作用，但美国、澳大利亚、俄罗斯等国由于深部工程开展缓慢或者停滞，均将地应力测量作为地下工程建设和相关科学研究的辅助学科，研究中将地应力测量作为既有技术进行应用。

对于四维大数据建模相关的基础研究，一些发达国家研究起步较早，早在20世纪90年代就开始拟定数字矿山发展计划，着手研究并成功运用遥控采矿技术，如1994年澳大利亚发起了采矿机器人研究项目，1996年挪威、加拿大、芬兰合作发起了采矿自动化计划。目前，美国、澳大利亚、加拿大、瑞典等国家已经逐渐实现遥控采矿、无人工作面甚至无人矿井开采。美国已成功地开发出一个大范围的采矿调度系统，采用最新计算机、无线数据通信、调度优化以及全球卫星定位系统技术，进行露天矿生产的计算机实时控制与管理。

b. 煤炭开采基础研究方面

澳大利亚、加拿大、美国、英国等国家在煤炭开采基础理论方面的研究较多，现有研究多集中在以下几个方面。

(1)煤系三气(煤系地层煤层气、页岩气、致密砂岩气)的增渗理论。煤系三气是煤炭的主要共伴生资源，资源量极大。目前增加煤系三气渗透率的方法主要包括水力压裂与无水压裂。围绕这些方法，主要研究新型的渗透率理论，研发先进的数值模拟软件，开发独特的实验仪器等基础研究。

(2)深部开采灾害防治理论。深部开采灾害主要包括：冲击地压、煤与瓦斯突出、突水、深部热害等。对于冲击地压、煤与瓦斯突出、突水灾害事故，主要研究这些灾害监测预报机理与方法(微震、瞬变电磁等)，并研究相应的防治措施。对于深部热害，一是单纯的降温，二是不但降温而且充分利用深部地热资源。

(3)煤炭地下气化理论。煤炭地下气化把物理开采变为化学开采，是煤炭开采方式颠覆性的变革。煤炭地下气化的基础研究主要包括气化的机理与方法、煤的燃烧动力学、CO_2减排与燃空区处理等。

(4)矿区生态保护。矿区生态保护主要研究水资源保护与利用，地表塌陷的机理与防治，植被保护，矿井"三废"(废水、废气、固体废弃物)的处理等。

(5)废弃矿井再利用。废弃矿井是一座座宝库，合理地利用将会变废为宝。废弃矿井可用作抽水蓄能发电站开发、残余非常规天然气开采、油气资源与废弃物存储、建造地质公园等。

c. 煤炭转化基础研究方面

美国积极打造化石能源、核能和可再生能源的多元能源组合，并发展清洁能源技术。欧盟以应用为导向打造能源科技创新全价值链，从而加速能源转型。日本以能源安全为前提，把保障能源稳定供给放在首位，在提高经济效益、降低成本的同时，实现与环境协调发展。

2) 基础研究支持体系

a. 资金支持

美国设立国家科学基金会、能源部等相关部门，支持研究发展。美国把科学研究大体分为基础研究、应用研究和开发研究。联邦政府、各部门机构和科学家群体都清楚基础研究的重要地位。基础研究并不单独作为一项申请计划，而是与应用研究和开发研究共同合成一个计划，每年的基础研究、应用研究和开发研究的经费比率在联邦政府、部门机构中变化不大，基础研究经费占总经费的比例为15%～19%。

美国、澳大利亚、加拿大等国家的基础研究中心设立在高等院校的重点实验室，其资金来源主要是大型财团或企业以及政府资助项目，支持自由探索，鼓励企业积极参与，如美国的矿业安全和健康管理局在采空区项目研究中面向全美招标，最后动用了包括军方的地下隧道工程作为科学研究的基地。

美国能源部通过"小企业创新研究"和"小企业技术转移"计划推动研发成果转移和转化，并通过贷款项目办公室为大型项目提供贷款或贷款担保，具体有两种资助方式：设立领域主题研究计划和定期开展开放式申请。欧盟能源研究平台汇集了本领域产学研专家，通过发布研究报告、技术路线图等前瞻领域发展前景，建议研究和创新优先事项。

为了提高煤炭对石油、天然气等的竞争力，政府投入巨资进行煤炭科研。澳大利亚政府除了设有专项拨款外，还从每吨煤价中提取 0.05 澳元建立煤炭科研信托基金，资助煤炭科研。

b. 政策保障

美国政府为煤炭企业征收的税收分为两类，一类是企业税，另一类是特殊税。通过税收优惠给能源生产补贴，或达到特定的正常目标。此外，美国为洁净煤科研项目提供资金，对采用洁净煤技术的企业和单位，将减征 10%～20%的所得税，通过市场竞争淘汰落后的、污染大的生产技术等。

澳大利亚的州政府负责矿山设计的审查，对矿山生产、矿山环境和矿山安全进行监察工作。澳大利亚是世界上最大的煤炭出口国，政府主要采取政策鼓励和基础设施支持等措施保护国内煤炭工业的国际市场竞争力，如政府出资修建铁路、港口、装卸设施，放宽出口限制，简化出口手续，下放出口审批权等。近些年来，政府在政策法规方面取消了一些对煤炭工业的限制，包括放松对金融和外汇市场的控制、降低税收及费用、降低外资进入标准、取消煤炭出口限制等。

3) 基础研究团队和人才培养支持体系

煤矿复杂地质构造与矿井灾害源精细探测的主要研究团队：美国的斯坦福大学 SEP(斯坦福勘探项目)研究小组，科罗拉多矿业大学 CWP(波现象中心)研究小组，休斯敦大学的超声物理模拟实验室；加拿大的卡尔加里大学 CREWES(弹性波勘探地震)研究小组等。德国海德堡科学及人文学院组织德国、澳大利亚、美国等国学者开展世界地应力图研究，研究数据向世界公开。澳大利亚联邦科学与工业研究组织开发了第一款空心包体应变计，ES&S 公司生产了世界第一个数字化空心包体应变计，在世界普遍应用。美国明尼苏达大学在水压致裂和岩石力学研究方面处于世界领先水平，相关研究主要与深部岩石力学研究相配合。

煤炭开采主要研究团队：澳大利亚 Mining3 是一家世界领先的研究机构，其团队致力于露天开采和井工开采的爆破、开采、运输、自动化、地质力学等方面的研究。还有致力于采矿信息化理论与技术研究的美国采矿信息化研究小组，罗马尼亚克卢日-纳波卡技术大学绿色矿业研究小组。德国弗劳霍恩夫环境安全和能源技术研究所主要研究低浓度矿井瓦斯的高效利用。

煤炭转化主要研究团队：欧美国家支持大型国家实验室及资源禀赋型高校发展产学研研究基地，并组建了一系列平台，包括光伏技术、风能技术、可再生能源供热与制冷技术、电池技术、智能电网技术、能源平台等。

在人才培养方式上，澳大利亚在矿业方面的高等教育主要以著名高校的采矿工程专业为中心，提供全面的课程学习，使学生全方位掌握采矿业相关的理论知识与实践技能。同时设置资源评估及矿山管理规划等管理学课程，培养学生的专业素养和矿山管理、项目规划等方面的理论，为复合型人才的培养奠定了基础。

美国矿业方面的高等教育主要有科罗拉多矿业大学，该校是依托当地采矿业而创立的公立高等学府，是世界上资源开发、开采及利用方面研究实力最强的机构之一。美国国家科学基金会设立了"青年科学家与工程师总统奖"，是美国政府奖励领先科学技术领域精英的，也是美国政府给予独立研究的青年科学家的最高荣誉。其奖励对象是目前在美国大学科学工程类学系研究成果丰硕的新生代，每位得奖人在未来 5 年内将分期获得国家科学基金会总额 30 万美元的研究奖助金，每年颁发 200 个名额。

加拿大有一项"加拿大首席科学家"计划(Canada Research Chair)，接近于国内重大研究项目的首席科学家，它分为两类，Tier-Ⅰ和 Tier-Ⅱ，Tier-Ⅰ是用于支持在某个领域最有潜力的、研究成果在世界前沿的年轻研究人员，类似于国内的国家杰出青年科学基金获得者；Tier-Ⅱ则是终身的，获得者的研究必须是公认的世界领先。

4) 基础研究基地

煤炭开采方面，在美国排名前 10 的科研机构中，有 4 所高校(如西弗吉尼亚大学、肯塔基大学等)和 6 所科研院所(如宾夕法尼亚州高等教育系统、美国疾病预防控制中心等)；在澳大利亚排名前 10 的科研机构中，有 9 所高校(如昆士兰大学、新南威尔士大学、柯廷大学等)和 1 所科研院所(联邦科学与工业研究组织);在波兰排名前 10 的科研机构中,有 7 所高校(波兰矿业冶金大学、西里西亚工业大学等)和 3 所科研院所(波兰中央矿业研究院、波兰科学院、波兰技术创新研究院)。可见在各国煤炭开采领域研究中,高校都具有举足轻重的地位,而美国在高校研究的基础上,科研院所也承担了相当的科研任务。

5) 基础研究项目设置结构和框架

在煤矿复杂地质构造与矿井灾害源精细探测方面,国际主要创新型国家依靠其突出的科技创新能力和相对雄厚的科技基础,投入大量资金对项目支撑,较早进行了资源探测与大数据建模的研究,采用多种地质手段,获取海量的数据,建立三维数字地质模型。早在 1981 年,英国开始实施"反射地震计划",探测完成深地震反射剖面 2 万 km;1984~2003 年,加拿大实施了"岩石圈探测计划",对该国矿产蕴藏丰富的地区建立了新的构造模型;1999 年,澳大利亚提出"玻璃地球"的概念,获取地下的构造、岩层、矿产及成分,预期使澳大利亚大陆地表以下 1000m 以内变得透明;2001 年,美国国家科学基金会、美国地质调查局和美国国家航空航天局联合发起了一项名为"地球透镜"的计划,该计划总投资约为200 亿美元,为期 15 年;美国能源部耗费 4 年时间构建了一个百亿亿次地球系统模型(E3SM),用于模拟地球的地壳、大气、冰山及海洋运动,从而预测地壳、大气及水循环系统相互作用的方式。

在煤炭开采基础研究方面,美国能源部、国家科学基金会、国家标准和技术研究所作为美国三大关键基础研究机构,2016 财年能源部在能源应用领域上的预算为 48 亿美元,其中 27.2 亿美元用在能源效率和可再生能源办公室上,相比 2015财年提高 42.3%,以大力发展可再生能源发电技术;但化石能源研发的预算出现了削减,只有 5.6 亿美元,美国的目标是加速向清洁能源经济转型,为美国在 21世纪成为能源产业的世界领袖奠定基础。澳大利亚基础研究机构主要是国家创新和科学局,自 2015 年 12 月澳大利亚政府启动"国家创新及科学计划"以来,创新更成为这个国家巨大的力量。为支持澳大利亚的创新技术走向世界,"创客登陆计划"应运而生,并作为澳大利亚全球创新战略中较为重要的部分。欧盟通过"地平线 2020"投入近 250 亿欧元开展基础研究,成为欧洲基础研究核心资助主体,其基础研究经费主要集中在卓越科研领域,基本涵盖前沿科学、未来新技术及重大科技基础设施。英国资助的科学研究领域十分广泛,涵盖从基础研究、前沿科技到全球热点的几乎所有领域,并能够根据自身优势和特点选择重点资助对象。此外,英国还十分重视与发展中国家特别是新兴经济体之间的合作,希望通过这种合作共同应对全球性挑战,扩大自己的影响力并开拓新的市场。日本政府在第三期《科学技术基本计划》(2006~2010 年)中,把重视人才培养作为基本理念，强调将研发投资重点从"物"转移到"人"上来，在发展科研基础设施的同时，吸引和培养国内外一流科技人才。2011～2015 年实施第四期"科学技术基本计划"时，日本政府将加强基础研究与人才培养比作"车之两轮"，强调以此实现可持续增长和社会发展，并提出着重培养具有独创性的优秀研究人才；提倡"技术立国"，建立引进消化吸收再创新的机制；依靠"科学技术创造立国"，向创新型国家跨越发展；通过"产学官"合作产生重大成果。日本和韩国的企业在基础研究活动中具有重要作用，企业支出的基础研究经费占全社会基础研究经费的比例分别超过 40%和 55%。

在煤炭转化方面，美国把研究和创新放在能源政策的重要位置，形成了多套行之有效的协同创新机制，有力推动了技术向市场转化。欧盟把研究与创新置于低碳能源系统转型的中心地位，通过组建技术平台和资助研发项目等多种形式促进产学研合作。日本把科技研发作为能源政策的重要内容，通过新能源产业技术综合开发机构在政府与大学、产业界、研究机构之间架起合作桥梁。

3. 国际主要创新型国家金属与非金属矿产资源基础研究学科发展现状与布局

随着浅部资源的开采殆尽，向深地、深海寻找更多资源已成为必然趋势。矿产资源开采向深部进军后，开采难度加大、生产成本增加，传统资源开发方法不再适用，亟待研究新的深部资源开发方式，以提升深部资源获取能力。

(1)智能矿山：利用大数据存储与分析平台和矿山物联网平台，实现生产管理的网络化、远程化、遥控化乃至无人化，采矿作业环节实现智能化，选冶过程实现自动化乃至智能化，运输调度实现无缝化，来提高资源利用率、经营效率和生产力，最终实现高效、节约、安全的矿山新模式。

(2)无人驾驶矿车：无人驾驶矿车可以合理规划布局和消除行驶误差，大大提高矿区生产效率，避免事故的发生，同时可以降低人工和整车适用成本，减少车辆本身的磨损与消耗。

(3)矿山物联网技术：该技术可以使矿山的产品、流程和人员以前所未有的方式整合在一起，从而改善矿山安全性、降低运营成本、提升效率。

(4)矿山大数据分析技术：该技术将对矿山设备传感器所记录的大量数据进行评估，从而根据市场来调配整个矿山的生产。

深部矿产资源采选(冶)一体化及原位转化是一种新的深部资源开发模式，将传统的地下采矿、地面分选、地面冶金三个相对独立的生产链紧密衔接为地下采选(冶)一体化生产系统，仅提取有用矿物及电热气，将分离出的废弃物就地充填，实现固体废弃物无害化处理，推进矿区生态文明建设，实现绿色矿业、智能矿山、循环经济和可持续发展。

设备系列化、生产连续化、管控智能化是采矿技术及装备发展的总趋势，尤其在大型铁矿床高效开采、无废开采、海底采矿、智能化采矿、非传统采矿等方面将不断取得突破。采矿工艺将逐渐适应各类矿体特点，岩体力学将进一步发展应用，安全生产监控系统逐步完善，地质雷达、微震监测、三维激光扫描等技术在采矿过程中将得到实际应用。围绕快速增大铁矿石自给能力与环境友好需要，大型铁矿床环保型大规模地下开采技术将是未来研究的重点方向，其中高效采矿工艺与设备系列化研制是地下采矿技术发展的主流。

同时，研究先进环保的采矿、选矿、废水处理、废石和尾矿处理等技术和装备，对生产过程中产生的有害气体及粉尘、废水、固体废弃物、噪声、土地复垦等环境和安全问题进行治理，是矿山生态环境保护和安全技术的发展趋势。如降低矿石贫化率、尾矿/废石充填矿山废弃空间、环保型选矿药剂及生物选矿、废水处理及循环利用、尾矿膏体排放、矿区生态和尾矿库土地复垦与生态修复、排土场复垦固化抑尘等技术。

综上所述，铁矿资源开采技术发展的总体趋势是：①以节能降耗为原则，生产规模与装备大型化、控制自动化、管理信息化；②面向复杂难采选资源，发展高强采矿技术与特色选矿工艺，力求高效高质；③以环境友好为目标，发展清洁采选工艺、生态环境保护及修复技术。

4. 我国矿业工程学科发展现状与布局

我国矿业工程学科基础研究项目设置以国家自然科学基金项目为前沿原创先导，进行自由探索；以国家重点研发计划为桥梁，衔接基础研究与应用技术，从工程实践中发现、凝练出基础科学问题形成新概念、新理论，将对未来发展和科技进步具有战略性、前瞻性、全局性、带动性的重大基础研究进行研发，以解决制约我国经济社会发展的关键科学瓶颈；以国家科技重大专项为引领，通过对国家重大工程的建设，实现重大装备与共性关键技术突破。矿业工程学科领域先后设置国家自然科学基金重大项目、国家科技重大专项、国家科技基础性工作专项、国家重点研发计划等一系列基础研究项目约 40 项。

我国在矿业工程方面的人才培养和科学研究主要分布在高校和研究院。在人才培养方面，矿业工程专业主要学习矿产资源开采及利用的理论和方法，发展矿业新技术。国际上矿业工程专业出现较早，在西方产业革命期间已初具规模，具有悠久的历史。

中国最早在 1909 年中国矿业大学成立该专业，当时的名称是焦作路矿学堂。东北大学早在 1926 年就设有矿冶系，1950 年沈阳工学院改为东北工学院，焦作工学院采矿系、抚顺矿山工业专门学校与鞍山工业专门学校的采矿系合并入东北工学院采矿系。北京科技大学于 1952 年也成立该专业，但专业历史可追溯到 1895 年成立于天津的北洋大学，此后重庆大学、太原理工大学、湘潭大学等高校也相继成立矿业工程专业。

随着经济社会的不断发展，矿业工程学科发展迅速。目前，全国开设矿业工程专业的本科院校达到 57 所，以培养掌握煤炭、金属矿产资源领域的专业人才为主。设立矿业工程学科的主要高校有：中国矿业大学、中南大学、北京科技大学、东北大学、重庆大学、太原理工大学、山东科技大学、河南理工大学、辽宁工程技术大学、安徽理工大学、武汉理工大学、武汉科技大学、昆明理工大学、西安科技大学、江西理工大学、湖南科技大学等。根据全国第四轮学科评估结果，主要高校矿业工程学科层次及学科水平见表 1-1。

表 1-1 主要高校矿业工程学科层次及水平

序号	学校名称	最新学科评估结果	学科层次
1	中国矿业大学	A+	国家重点学科(矿业工程)
2	中南大学		国家重点学科(矿业工程)
3	北京科技大学	B+	国家重点学科(矿业工程)
4	东北大学		国家重点学科(采矿工程)
5	重庆大学		国家重点学科(采矿工程)
6	太原理工大学	B	国家重点(培育)学科(采矿工程)
7	山东科技大学		国家重点(培育)学科(采矿工程)
8	河南理工大学		省级重点学科(矿业工程)
9	辽宁工程技术大学	B-	国家重点(培育)学科(安全技术及工程)
10	安徽理工大学		省级重点学科(矿业工程)
11	武汉理工大学		国家重点(培育)学科(矿物加工工程)
12	武汉科技大学	C+	国家特色专业(矿物加工工程)
13	昆明理工大学		
14	西安科技大学		国家重点学科(安全技术及工程)
15	江西理工大学	C	国家特色专业(采矿工程)
16	南华大学		省级重点学科(矿业工程)
17	华北理工大学	C-	省级重点学科(采矿工程)
18	内蒙古科技大学		教育部特色专业(采矿工程)
19	湖南科技大学		省级重点学科(采矿工程)

在科研机构方面，由国家重点实验室、国家工程实验室、国家工程研究中心、国家工程技术研究中心、国家级研究所、省部级研究机构共同构成了从基础研究、

技术开发到成果转化的组织体系。我国建有矿业领域直接相关的国家重点实验室
8个(表1-2)，分别依托中国矿业大学、中国矿业大学(北京)、重庆大学、国家能
源集团、华中科技大学、浙江大学、中国科学院武汉岩土力学研究所、煤炭科学
研究总院而成立。目前发展的主要问题是实验室独立运行、开放不足、资源利用
效率低，缺乏基础理论原始创新研究。

表 1-2　矿业工程领域国家重点实验室和国家工程实验室

序号	实验室名称	依托单位	部门
1	煤炭资源与安全开采国家重点实验室	中国矿业大学	科技部
2	深部岩土力学与地下工程国家重点实验室	中国矿业大学(北京)	科技部
3	煤矿灾害动力学与控制国家重点实验室	重庆大学	科技部
4	煤炭开采水资源保护与利用国家重点实验室	国家能源集团	科技部
5	煤燃烧国家重点实验室	华中科技大学	科技部
6	能源清洁利用国家重点实验室	浙江大学	科技部
7	岩土力学与工程国家重点实验室	中国科学院武汉岩土力学研究所	中国科学院
8	煤炭资源高效开采与洁净利用国家重点实验室	煤炭科学研究总院	科技部
9	煤矿采掘机械装备国家工程实验室	煤炭科学研究总院	发展改革委
10	煤矿深井建设技术国家工程实验室	北京中煤矿山工程有限公司	发展改革委

我国矿业工程领域的杰出人才主要分布在中国矿业大学(北京)、中国矿业大
学、北京科技大学、煤炭科学研究总院、重庆大学、东北大学等单位，如钱鸣高(中
国矿业大学教授、中国工程院院士)、宋振骐(山东科技大学教授、中国科学院院
士)、韩德馨(中国矿业大学教授、中国工程院院士)、鲜学福(重庆大学教授、中
国工程院院士)、蔡美峰(北京科技大学教授、中国工程院院士)、谢和平(深圳大
学教授、中国工程院院士)、袁亮(安徽理工大学校长、中国工程院院士)、何满潮
[中国矿业大学(北京)教授、中国科学院院士]、顾大钊(国家能源集团正高级工程
师、中国工程院院士)、武强(中国矿业大学教授、中国工程院院士)、康红普(煤
炭科学研究总院研究员、中国工程院院士)、王国法(煤炭科学研究总院研究员、
中国工程院院士)、冯夏庭(东北大学教授、中国工程院院士)、王运敏(中钢集团
马鞍山矿山研究院院长、中国工程院院士)等优秀人才。经过矿业工程领域优秀科
学家与工程技术专家的共同努力，一大批高质量的科研成果相继问世，对中国采
矿业的发展产生了巨大的推动作用，极大地促进了矿业工程向自动化、安全化、
高效化的方向迈进，奠定了采矿业的高质量高素质发展的基础。

但是，矿山生产企业多分布在工业基础薄弱、交通条件较差的山区或偏远地

区。受传统观念和就业环境等多因素影响,人们普遍对矿业工程专业认识比较片面,矿业工程专业的第一志愿报考率较低,招生形势不容乐观。调查显示,有 76% 的学生对矿业工程专业缺乏足够的认识和了解,因为调剂或者其他原因被动选择矿业工程专业。从近年的就业形势来看,矿业工程专业的就业率在 170 个"工学"类本科专业中排名 80。此外,采掘业/冶炼、专业服务(咨询、人力资源、财会)、建筑/建材/工程分别位列矿业工程专业就业行业分布的前 3 位,职位数占比分别为 31%、14% 和 11%。2013 年至今,煤炭行业、钢铁行业的重大变化,对矿业工程专业学生的就业形势无疑是雪上加霜。

人才培养的创新性和实践性是当前矿业工程学科改革与发展的难题。一方面,矿业工程专业的开办院校培养水平参差不齐,开办矿业工程专业本科院校的师资队伍、办学条件和人才培养质量差异较大。另一方面,矿业工程专业人才培养方案亟待更新。在现行的矿业工程本科层次人才培养方案中,普遍采用的是基础课+专业课+毕业论文(设计)的培养方案与模式,学生对自然科学、技术科学和本专业及相关专业的基本知识和基本理论学习仅局限在理论层面,创新性、实践性表现不突出,培养方案并没有随着经济社会发展的变化进行动态调整,体现出一定的滞后性。

5. "十三五"期间取得的标志性成果

1) 2016 年标志性成果

a. 急倾斜厚煤层走向长壁综放开采关键理论与技术

该课题由中国矿业大学(北京)、冀中能源峰峰集团有限公司、甘肃靖远煤电股份有限公司、湖南科技大学承担,经过十余年联合科技攻关,建立了急倾斜厚煤层走向长壁综放开采放顶煤的 BBR 理论及放出体理论方程,研制开发出急倾斜厚煤层综放开采专用支架与采场围岩控制新技术,并形成了围岩"蝶形"破坏理论模型与层次支护技术。研究成果解决了我国 60°以下急倾斜煤层安全高效开采的技术难题,最大限度地提高了煤炭资源回收率。在最大倾角 60°的煤层工作面,顶煤回收率 85%,实现了急倾斜厚煤层走向长壁综放开采年产百万吨的目标。该成果获得 2016 年度国家科学技术进步奖二等奖。

b. 煤层瓦斯安全高效抽采关键技术体系及工程应用

该课题由中国矿业大学、河南理工大学、平安煤矿瓦斯治理国家工程研究中心有限责任公司、淮南矿业(集团)有限责任公司、西山煤电(集团)有限责任公司承担,针对井下瓦斯抽采工程长期以来一直存在的工程设计依赖经验,产出投入比低,钻孔"钻不深、留不住、封不严",抽采管网"易堵塞、联不畅、能耗高"等重大共性难题,从瓦斯流动与致灾机理、钻护封联一体化技术、成套装备及工程示范等方面开展了系统深入的研究,实现了煤矿井下瓦斯安全高效抽采,为攻克松软煤层安全高效抽采这一世界难题提供了基础理论、技术体系和工程示范，对防范和遏制煤矿瓦斯事故做出了巨大贡献，为我国能源安全、促进经济平稳增长提供了保障。该成果获得 2016 年度国家科学技术进步奖二等奖。

c. 智能煤矿建设关键技术与示范工程

该课题由神华集团有限责任公司、天地科技股份有限公司、神华和利时信息技术有限公司、北京天地玛珂电液控制系统有限公司、神华神东煤炭集团有限责任公司、陕西煤业化工集团有限责任公司、阳泉煤业(集团)有限责任公司承担，为解决我国煤矿用人多、事故多发、效益差的问题，通过研制综采成套装备智能系统和智能一体化管控系统，开创了智能+远程干预的采煤新模式，攻克了采煤机智能调高和工作面智能矫直控制技术，采用惯导级的航空激光陀螺仪，研发出工作面高精度惯性导航系统，实现了采煤机滚筒自动调高、液压支架自动精确推溜拉架，解决了工作面直线度控制难题。开发出以煤流系统负荷为决策依据的采煤机、液压支架、刮板输送机动态分析、智能决策联动控制软件，根据工作面落煤、运输、支护装置间的煤流传递关系，应用激光测量煤流系统煤量检测技术，融合图像识别和分析技术，实现煤流负荷平衡智能控制，覆盖煤矿采、掘、机、运、通各专业，以及洗选、装车、安全监控、人员定位、工业电视、无线通信、网络互连协议(internet protocol，IP)广播等子系统，对煤炭生产"人、机、环"全面监测、监控，形成地理信息系统(geographic information system，GIS)和监视控制与数据采集系统(supervisory control and data acquisition，SCADA)组态高度融合的煤矿综合智能监控系统。研究实现了智能采煤工作面、一体化控制智能矿井、亿吨级协同控制智能矿井群三个层次的智能化，减少煤矿井下作业人员 20%，提高全员工效 16%。该成果获得 2016 年度国家科学技术进步奖二等奖。

d. 大型高效水煤浆气化过程关键技术创新及应用

该课题由兖矿集团有限公司、华东理工大学、中国科学院山西煤炭化学研究所等单位承担。煤炭清洁高效利用是国民经济和社会协调发展的重大需求，煤气化是煤炭清洁高效利用的核心技术，2005 年具有我国自主知识产权的多喷嘴对置式水煤浆气化装置开发成功，打破了国外技术的长期垄断。但是水煤浆气化技术还存在单炉规模小、关键设备寿命短、运行稳定性差以及气化效率有待提高等技术与工程难题，亟须进行成套关键技术的升级与创新，以满足现代煤化工行业大型高效、清洁低碳、可持续发展的迫切需要。在国家科技计划项目的支持下，通过系统的基础研究和技术开发，突破了水煤浆气化大型化、高效率、长周期稳定运行等关键技术瓶颈，形成了国际领先的大型高效水煤浆气化成套技术。揭示出大型水煤浆气化炉内三维温度场及火焰脉动特征，发现了气化炉撞击流驻点偏移规律，确立了基于速度场、温度场和停留时间分布等多目标耦合的气化炉放大准则。发明了基于气化炉流场、温度场调控和混合过程强化的大型高效水煤浆气化炉,建成了国际上最大的水煤浆气化装置。建立了气化炉数学模型,开发了气化过程模拟软件,对水煤浆气化大型化成套工艺进行了系统创新和优化集成。与国际先进技术相比,有效气成分提高 3 个百分点,碳转化率提高约 4 个百分点,比氧耗降低 10.2%,比煤耗降低 2.1%,显著提升了我国现代煤化工行业的技术水平和国际竞争力,推动了行业转型升级。该成果获得 2016 年度国家科学技术进步奖二等奖。

e. 深部隧(巷)道破碎软弱围岩稳定性监测控制关键技术及应用

该课题由武汉大学、中国科学院武汉岩土力学研究所、山东大学、中国平煤神马能源化工集团有限责任公司、淮南矿业(集团)有限责任公司、福建省高速公路建设总指挥部、中国矿业大学承担。我国从 21 世纪初开始研究 800～1000m 深部巷道稳定控制技术,虽然取得了显著进展,但许多难题仍待解决。随着矿井开拓向超千米深部发展,巷道稳定控制面临的难题更多。由于地质历史上多次构造运动的反复剪切挤压作用,大量断层和裂隙带密集分布的破碎软弱围岩频频大范围出现,其稳定性监测控制面临极大的技术挑战。与此同时,深埋大断面多支洞国防洞库隧道和高速公路隧道群的大规模发展,对其稳定性监测控制也提出了新的技术难题。针对深部隧(巷)道破碎软弱围岩地应力和变形状态实时监测、破裂碎胀大变形灾害预测模拟和稳定控制等难题,提出了深部破碎软弱围岩地应力测试的流变应力恢复法,建立了严密的解算分析方法,能够有效监测破碎软弱围岩的应力状态及其时空演化过程,研发出碎裂岩体破裂碎胀大变形过程的非连续变形分析(discontinuous deformation analysis for rock failure,DDARF)法,突破了深部破碎软弱围岩非连续大变形灾害数值与物理模拟的瓶颈,形成了从数值分析到物理模拟的系统方法和技术体系。研究得出深部巷道稳定性分步联合控制理论,研发了深部破碎软弱围岩"管幕超前支护+锚注一体化分步支护+格栅拱架衬砌永久支护"分步联合控制技术及"底板注浆锚索+底角注浆管桩+帮角抗剪锚杆"底臌控制技术,形成了深部巷道破碎软弱围岩稳定控制的基础理论与关键技术,整体提升了我国深部隧(巷)道破碎软弱围岩稳定性控制的技术水平。该成果获得 2016 年度国家科学技术进步奖二等奖。

f. 红土镍矿生产高品位镍铁关键技术与装备开发及应用

该课题由中国有色矿业集团有限公司、中国恩菲工程技术有限公司、太原钢铁(集团)有限公司、中色镍业有限公司、沈阳有色金属研究院、中国有色(沈阳)冶金机械有限公司、四川省自贡运输机械集团股份有限公司承担。该项目开发了红土镍矿生产高品位镍铁的熔炼关键技术,攻克了炉渣泡沫化控制、熔池高热流冲击等难题,研发了与之配套的国内最大的、连续长周期安全稳定运行的 72MV·A 矿热电炉,实现了自熔渣熔炼、高电压操作,镍铁品位(10%～38%)可调,全程自动化控制,具有原料适应性强、作业率高、环境友好、单位产能投资低等特点,填补了中国高品位镍铁生产的空白，镍回收率达到国际领先水平。开发了窑内温度场及还原性气氛可控的红土镍矿回转窑强化焙烧工艺，并开发了与之配套的国内体量最大的焙烧回转窑，实现了高温、高还原度焙砂大规模连续生产。首创了喷吹与化学升温相结合的镍铁精炼技术，实现了单工位、高效率、低成本脱硫、脱磷和升温，脱杂效率提高一倍。自主开发了低热损输送高温焙砂的机电一体化成套装备，攻克了自动定位、自动挂钩、自动输送的难题，实现了焙砂清洁化安全运输，降低电炉吨焙砂电耗 20% 以上。结合项目建设的复杂地形条件，开发了管状带式输送高黏性红土镍矿新技术，实现了红土镍矿长距离（4.6km）、大高差（509m）、低成本、安全密闭输送，其运输成本仅为汽车运输的 1/20。回转窑强化焙烧、高温焙烧输送一体化成套装备，高电压密闭电炉熔炼等技术被国内镍铁生产企业广泛采用，2014 年，全国采用该项技术生产镍铁含镍量达 29.2 万 t，占国内镍铁含镍量 65% 以上，年节约电力 52 亿 kW·h 以上。仅达贡山镍矿生产销售收入达 33.3 亿元，实现利润 3.43 亿元。该技术使我国镍铁行业快速淘汰落后产能，冶炼技术迈入世界先进水平行列，对国家资源开发"走出去"战略的实施具有重要的示范作用。成果鉴定委员会意见为："整体技术达到了国际领先水平，开创了中国镍铁资源开发的新格局"。该成果获得 2016 年度国家科学技术进步奖二等奖。

g. 有色金属共伴生硫铁矿资源综合利用关键技术及应用

该课题由昆明理工大学、北京矿冶研究总院、云南冶金集团股份有限公司、铜陵化工集团新桥矿业有限公司、江西铜业股份有限公司德兴铜矿、南京银茂铅锌矿业有限公司、深圳市中金岭南有色金属股份有限公司凡口铅锌矿承担。该项目首次提出了"深度选硫不选渣"的学术思想和全新的技术路线。世界范围内历经近百年的硫铁矿烧渣选铁研究到此而止，开创并引领着有色金属共伴生硫铁矿深度选硫、高品位硫精矿制酸、直接联产铁精矿的新技术发展趋势。基于密度泛函理论的量子化学计算，并与浮选研究相结合，首次开发了多晶型硫铁矿表面性质调控与同步回收新技术。通过对被抑制过的硫铁矿表面解抑活化、组合捕收剂强化捕收，实现了多种晶型硫铁矿的高效同步浮选。深入研究了硫铁矿精选过程中因表面氧化导致的疏水性衰减规律，首次开发了表面疏水性控制与深度精选新技术。通过控制矿浆弱还原电位、弱酸性环境，在确保硫铁矿回收率的情况下，深度精选获得了高品位的硫精矿。创新性地研发了高品位硫精矿高温过氧焙烧深度脱硫新技术。在较高温度和过量空气条件下，对多晶型硫铁矿高品位精矿沸腾焙烧，显著降低了烧渣的含硫品位，使硫铁矿烧渣全部成为合格铁精矿。整体技术于 2009 年逐步在云南、江西、安徽、江苏、广东等省份得到广泛应用，获得了硫化铁矿物含量 90%~95% 的高品质硫精矿和铁品位大于 60%、含硫小于 0.4% 的合格铁精矿。成果应用至 2016 年,累计新增经济效益 101.64 亿元。应用该技术成果的部分企业在 2013~2016 年累计新增销售额 34.56 亿元,新增利税 26.91 亿元,新增利润 21.84 亿元,新增平均成本利税率高达 352%。该项目将硫铁矿从化工矿产拓展为铁矿资源,为我国增加了 5%~8%的铁矿资源量,据地质专家测算,潜在价值超过 1.2 万亿元。该成果获得 2016 年度国家科学技术进步奖二等奖。

2)2017 年标志性成果

a. 矿井灾害源超深探测地质雷达装备及技术

该课题主要由中国矿业大学(北京)承担,针对矿井地质构造和隐伏灾害源导致煤矿安全事故频发、现有矿井物探仪器装备探测深度浅、探测精度低等问题,课题组开发了矿井灾害源超深探测地质雷达装备及技术,研制出大功率低频组合矿用系列地质雷达天线,提出基于反射和透射工作方式的灾害源识别算法。在国内外首次实现了 80m 范围内的地质构造和灾害源的精细探测,探测距离提高 1.6 倍以上;研发出矿井低频地质雷达探测系统及 CT 透视反演软件,实现了透射法 300m 跨度工作面的地质构造和灾害源的精细探测,探测精度提高 30%以上;提出了基于维纳预测和二维小波变换的干扰信号滤波算法和基于现代滚动谱技术的病害识别算法,实现地质灾害源的智能化解释;建立了灾害源信息管理系统,可实现灾害源动态跟踪。该成果获得 2017 年度国家技术发明奖二等奖。

b. 矿山超大功率提升机全系列变频智能控制技术与装备

该课题由中国矿业大学、中国平煤神马能源化工集团有限责任公司、开滦(集团)有限责任公司、中国矿业大学(北京)、徐州中矿大传动与自动化有限公司、冀中能源邯郸矿业集团有限公司、郑州煤炭工业(集团)有限责任公司承担。矿井提升机是矿山生产的核心技术装备,大功率、大载荷、自动化、智能化是矿井提升设备的发展方向。针对国内矿井提升设备电力驱动和控制系统功率小、效率低、振动大、谐波重和自动化水平低等问题,研发了矿山超大功率提升机全系列变频智能控制技术与装备,攻克了重载平稳启动、宽范围精确调速、高精度定位、整流器无网侧电动势传感器电网优化接入、低开关频率整流器柔性启动、超大功率三电平高功率密度变频调速等核心技术,建立了基于物联网的二维远程故障预测诊断系统,实现了矿井大型提升机的智能化控制、提升机无人化运行和远程监控,引领了矿山提升机控制领域发展潮流,多项重要指标超越国外最先进产品,为我国矿山深地开采提供了重要技术储备。超大功率变频智能控制技术也适用于轧机传动、机车牵引、新能源发电和国防等领域,有助于提高工业和国防现代化水平,是"中国制造"在矿山大型机电装备领域的典型代表,对贯彻"中国制造 2025"、"互联网+"的发展战略,推动矿山重大装备与电气控制系统的技术进步具有重要作用。该成果获得 2017 年度国家科学技术进步奖二等奖。

c. 煤矿深部开采突水动力灾害预测与防治关键技术

该课题由山东科技大学、中国矿业大学(北京)、肥城矿业集团有限责任公司、武汉长盛煤安科技有限公司、兖矿集团有限公司、新汶矿业集团有限责任公司、华北科技学院承担。我国华北、华东地区煤矿水文地质条件复杂，随开采深度增加，底板高承压水突出威胁日趋严重，2007~2017 年发生重特大突水事故 52 起，死亡人数近千人，直接经济损失 30 多亿元，突水已成为煤矿安全生产的重大隐患。深部开采岩体高应力-强渗流突水灾变过程极其复杂，以往浅部开采突水理论及防治技术体系不能适应深部高承压水及其复杂的地质力学环境，难以实现重特大突水灾害的有效防治。通过建立基于深部采动应力场转移的深部岩体结构形变演化底板突水致灾动力学模型，给出了高应力-强渗流复杂条件岩体断裂面滑剪与裂隙尖点突变判据，揭示了采动岩体突水通道时空演化规律，提出了突水孕育过程水-岩-应力相互作用致灾机理和灾变模式。研制了煤岩应力在线监测、分布式广域网微地震及地音监测系统、底板三维电法水文动态监测及岩体破裂导水智能监测系统，实现了水-岩-应力相互作用时空在线综合监测与突水点的精确定位，形成了深部突水灾害综合防治工程技术体系，实现了我国矿井水害防治技术整体更新换代，有力推动了我国矿山水害防控科技进步。该成果获得 2017 年度国家科学技术进步奖二等奖。

d. 超大规模微细粒复杂难选红磁混合铁矿选矿技术开发及工业化应用

该课题由太原钢铁(集团)有限公司、长沙矿冶研究院有限责任公司、中冶北方(大连)工程技术有限公司、中钢集团马鞍山矿山研究院有限公司、武汉理工大学承担。微细粒红磁混合铁矿在我国储量约 60 亿 t，此类矿物中铁矿物和脉石矿物种类多，可浮性差异小，选矿难度大，长期得不到工业利用。为缓解国内铁矿石资源紧缺，太原钢铁(集团)有限公司联合国内相关单位经过 8 年技术开发和研究，在微细粒红磁混合铁矿选矿技术及装备集成创新方面取得重大突破：自主开发的矿石利用界定标准体系、多因素多目标采场配矿数学模型、半自磨-球磨-再磨高效短流程、耐泥耐低温高选择性新型铁矿捕收剂、浓缩-溢流澄清-深度净化三级水处理等一系列生产工艺技术，并通过装备高效集成创新，解决了微细粒磨矿、分级、选别、浓缩等一系列工业应用难题。该项目建成了亚洲规模最大的 2200 万 t/a 红磁混合铁矿特大型选矿厂，在最终磨矿粒度 P80≤28μm 的条件下，获得了铁精矿 TFe 品位 65.16%、SiO_2 含量 3.24%、金属回收率 73.04%的优异指标。该技术应用以来，精矿产量达 2468 万 t，新增利润 14.75 亿元，经济效益巨大。该成果获得 2017 年度国家科学技术进步奖二等奖。

3)2018 年标志性成果

a. 煤矿岩石井巷安全高效精细化爆破技术及装备

该课题主要由中国矿业大学(北京)承担。我国煤矿年掘进岩石井巷约

3000km，工程量巨大，90%以上的岩石井巷采用钻爆法施工，岩石井巷高效掘进是世界性难题。针对岩石井巷钻爆法施工中存在"周边成型差、炮孔利用率低、围岩损伤严重"等问题，研发出切缝药包定向断裂控制爆破及中深孔准楔形复式掏槽和硬岩巷道超深大直径空孔直眼掏槽爆破，实现了对爆生裂纹扩展的"精准"控制和爆破能量的"高效"利用。通过研究合理利用炸药能量和有效控制爆生裂纹扩展，开发出井巷掘进爆破新工艺及井巷爆破掘进智能设计系统，研制出钻装锚一体机，实现了"精准、高效和安全"的精细化控制爆破，实现岩巷钻爆法全断面一次成巷安全快速施工，保障了煤矿岩石井巷安全快速掘进，岩巷掘进速度提高了1～3倍。该成果获得2018年度国家技术发明奖二等奖。

b. 煤矿柔模复合材料支护安全高效回收开采成套技术与装备

该课题由西安科技大学、神华神东煤炭集团有限责任公司、山西潞安矿业(集团)有限责任公司、神华宁夏煤业集团有限责任公司、陕西煤业化工集团有限责任公司、陕西开拓建筑科技有限公司、中煤科工集团武汉设计研究院有限公司承担。资源损失、环境损害和开采安全是煤炭开采领域的重大问题。采区预留煤柱造成资源损失11%～23%；建(构)筑物及水体压煤数量巨大，采煤沉陷区累计达200万km²以上；复杂条件巷道支护困难，顶板事故占比超30%，严重制约复杂地层煤炭安全开采。通过开展无煤柱开采巷旁支护、充填开采采空区支护和复杂条件巷道支护研究，揭示了柔模复合材料承载机理，发明了由外部纤维布和内部结构筋组成的纺织结构柔模增强体，创造性地将柔模增强体与混凝土基体复合，形成了柔模复合材料。建立了巷旁支护"承载梁"理论模型，研发出柔模混凝土巷旁支护沿空留巷、沿空掘巷和沿空留回撤通道无煤柱开采及综采和巷采充填技术。研制出具有自动铺网、躲避锚头、挡矸切顶和遥控自移功能的沿空留巷围护装备和充填工作空间的综采充填支架，保障了巷旁作业安全和千万吨级矿井沿空留巷工作面快速推进，利用柔模封闭采空区，实现了回采与充填平行作业，采区回收率提高了7%～17%。充填材料固化时间缩短25%以上，地表下沉系数降至0.015，解决了流态充填不适合水平和俯斜开采难题，实现了充填开采的新突破，显著推动了煤炭行业科技进步。该成果获得2018年度国家科学技术进步奖二等奖。

c. 煤炭高效干法分选关键技术及应用

该课题由中国矿业大学、唐山市神州机械有限公司、神华新疆能源有限责任公司承担。我国原煤质量差、加工利用程度低，造成严重的资源浪费和环境污染。选煤是洁净煤的源头技术，长期以来，选煤以湿法为主，我国2/3以上的煤炭分布在西部干旱缺水地区，难以采用湿法选煤技术；褐煤等遇水易泥化的低阶煤不宜采用湿法分选。传统干法分选技术存在分选效率低、适应性差等问题，迫切需要高效干法选煤技术。为此，经过长期科技攻关，建立了系统的气固流态化干法分选理论，为煤炭高效干法分选关键技术提供了理论支撑。揭示了浓相高密度气固分选流态化的形成与调控机理，提出了大压降低流化数稳压布风方法和分选流态化质量的压降准数判别准则，建立了床层密度的定量调控模型。揭示了煤炭在振动与气流复合力场中的分选机制，建立了分选流态化中多组分、多尺度颗粒的动力学模型。研发出大型复合式干法分选和干法重介质流化床分选工艺及模块式高效干法选煤装备，形成了煤炭高效干法分选关键技术，具有不用水、工艺简单、适应性强、分选精度高、成本低等特点，解决了长期影响干法选煤工程化的技术难题，实现了煤炭大规模干法分选提质，是世界选煤技术的重大突破。该成果获得 2018 年度国家科学技术进步奖二等奖。

d. 钨氟磷含钙战略矿物资源浮选界面组装技术及应用

该课题由中南大学、洛阳栾川钼业集团股份有限公司、湖南柿竹园有色金属有限责任公司、云南磷化集团有限公司承担。该课题针对白钨矿、磷灰石和萤石等含钙战略矿物资源清洁高效利用过程中的共性科学问题，建立了含钙战略矿物资源浮选界面组装理论，开发了一系列关键技术，为该类资源的规模化高效开发利用提供了理论和技术支撑。基于金属离子在矿物表面吸附活化浮选机理的全新认识，组装开发出新型阳离子金属-有机配合物捕收剂，显著提高了含钙矿物浮选分离的选择性，成功应用于我国最典型钨矿山——湖南柿竹园，钨回收率整体提高 8% 以上，并在行洛坑钨矿和香炉山钨矿等矿山推广应用，大幅提高了我国复杂钨资源的利用率；基于含钙矿物表面活性质点物理化学性质差异，对不同链长、双键数目和作用基团的捕收剂进行功能协同组装，实现了捕收能力、选择性和泡沫特性的整体改善，该技术分别在洛阳栾川钼业集团股份有限公司、云南磷化集团有限公司、湖南鑫源矿业和郴州氟化学萤石选厂工业化应用，极大地提高了超低品位白钨矿、胶磷矿和高钙萤石矿综合利用率；发现尾矿、废石中含有大量铁铝钙活性位点可选择性吸附残余药剂、硅酸根和固体悬浮物，据此发明了以尾矿和废石为吸附材料的低成本水处理技术，该技术在洛阳栾川钼业集团股份有限公司我国最大的钨选厂工业应用，水处理成本大幅下降，钨金属冬季回收率提高 18.2%。该成果获得 2018 年度国家科学技术进步奖二等奖。

4) 2019 年标志性成果

a. 煤矸石山自燃污染控制与生态修复关键技术及应用

该课题由中国矿业大学(北京)、中国矿业大学、生态环境部南京环境科学研究所、山西潞安矿业(集团)有限责任公司、北京东方园林环境股份有限公司、中国平煤神马能源化工集团有限公司、阳泉煤业(集团)股份有限公司承担。该课题针对煤矸石山自燃导致矿区大气污染严重的难题和生态环境管理需求，提出了污染控制与生态修复技术，研发的自燃监测诊断技术可实现表面与内部着火位置的精准定位，在国内外首次实现矸石山自燃立体监测定位及预警，表面自燃位置定位精度为 0.15cm，温度偏差±3℃，内部自燃位置点预计偏差 0.15～0.5m，解决了煤矸石山自燃的精准定位难题；发明的煤矸石山浅层喷浆与钻孔注浆相结合的灭火技术、材料及大流量可变压力专用装备，可实现安全灭火，灭火效率提高近 3 倍，解决了控火阻燃、防爆炸的难题；创立的煤矸石山抑制氧化和隔氧防火技术，可实现长效防火，杜绝复燃，将该技术应用于新排矸石山，形成了分层碾压、燃区隔离、格室堆储的防止自燃的新排矸石山堆放新方法；研发了生态防燃型植被恢复技术及材料，形成了煤矸石山一体化综合治理技术，植被恢复后覆盖率在 90%以上，养护工作量减少 30%。该成果获得 2019 年度国家科学技术进步奖二等奖。

b. 复杂地形下长距离大运力带式输送系统关键技术

该课题由中国矿业大学、山东科技大学、力博重工科技股份有限公司、山东欧瑞安电气有限公司、湖南科技大学、泰安英迪利机电科技有限公司承担。带式输送是煤炭、金属与非金属等矿山物料运输的主要方式。传统带式输送系统难以适应复杂地形下的长距离大运力物料输送的要求，多采用接力运输方式，转载次数多、故障点多，污染大；在大坡度大转弯地形条件下甚至采用车辆运输方式，增加了运输距离和道路建设投资，生态环境破坏严重，安全问题频出，不能满足国家发展大型现代化矿山的战略需求。该课题通过产学研联合自主创新，突破了长距离大运力带式输送系统永磁电机直驱、沿线张力控制、空间转弯和安全保障等共性关键技术难题。发明了长距离大运力带式输送系统永磁电机直驱、分布式张力调节、空间转弯等本体关键技术，解决了传统大型带式输送系统起动力矩小、冲击大、张力波动大等问题，增强了对复杂地形的适应能力。研发了长距离大运力带式输送系统控制与监测技术，实现了带式输送系统的自适应控制、实时自主巡检和事故超前预警，输送带张力波动幅度显著减小，提高了带式输送系统运行的可靠性。发明了长距离大运力带式输送系统安全保障技术，解决了输送带反弹控制、物料防滚滑、断带抓捕保护等难题，为带式输送系统的重载高速运行提供了安全保障。该成果获得 2019 年度国家科学技术进步奖二等奖。

c. 矿井人员与车辆精确定位关键技术与系统

该课题由中国矿业大学(北京)、天地(常州)自动化股份有限公司、中煤科工集团重庆研究院有限公司、江苏三恒科技股份有限公司、深圳市翌日科技有限公司共同承担。矿井人员定位和车辆精确定位是矿井安全生产和应急救援等工作的需要。矿井无线电信号传输衰减严重、无线电传输衰减模型复杂多变、卫星定位信号无法穿透煤层和岩层到达井下等制约着地面定位技术直接在矿井应用，存在着区域位置监测不能定位、无便携式搜寻器、无双向紧急呼叫功能、无生命感知功能、无机械和车辆伤害报警与控制功能、缺少煤矿井下电磁兼容研究等诸多问题。通过该课题研究，发明了无须时钟同步与距离无关的高精度矿井人员定位方法，将定位精度提高到 0.3 m；发明了基于信号达到时间和信号衰减的非视距信号判别方法和双向抵消非视距定位误差方法；研制成功第一个矿井人员精确定位系统；研制成功定位准确且具有搜寻、双向紧急呼叫、生命感知、机械和车辆伤害报警与闭锁控制、根据人员位置发布避灾路线等功能的矿井人员定位系统，解决了矿井人员和车辆精确定位共性和关键性技术难题，市场竞争力强，成果转化程度高，对行业技术进步具有很大的推动作用。该成果获得 2019 年度国家技术发明奖二等奖。

1.1.4　学科的发展目标及其实现途径

1. 学科发展目标

根据国内外矿业工程学科发展趋势和需要解决的科学问题，加强矿业工程学科基础理论研究，形成支撑现代矿业工程技术进步的基础理论体系，加强相关理论、学科、技术等交叉，实现自动化、智能化开采，统一矿区环境保护与治理，减少或消除开采引起的环境破坏，使矿产资源开发与矿区环境协调发展。形成一批国际知名的矿业工程学科学者、专家、学术带头人，广泛推进国际性学术交流，使我国真正成为世界矿业大国和强国，成为矿业工程学科理论研究、技术开发和学术交流的中心，引领世界矿业工程学科发展(图 1-2)。

1)到 2025 年目标

a. 加强关键共性基础理论研究

通过共性、关键性理论、方法的研究，培育对矿业工程学科发展具有推动作用的重大科研成果。加强矿业工程学科基础理论研究，形成支撑智能采矿技术体系的矿山压力基础理论，根据资源禀赋特征、开采方法，建立相应的、完善的岩石力学及采动岩石力学基础理论。在岩体原位保真取心原理与方法、近零生态损害的开采理论与方法、面向智能化无人开采的理论与方法、深地矿产与地热资源共采基础理论与技术、关停矿井综合利用理论与方法等领域取得重大突破。

b. 调整完善矿业工程学科体系

根据我国经济社会发展对矿业人才的需要，调整完善矿业工程学科体系，广泛吸收基础科学与相关学科的知识与技术，促进智能化、信息化相关学科交叉与融合，调整完善本科、硕士和博士培养方案，建立与时俱进的学科知识体系、知识结构，满足社会经济发展的需求，服务于我国新时代经济社会的全面发展。

c. 建设一流研究平台和科研基地

充分发挥国家重点实验室、高校和研究院所在基础研究方面的优势，加强研究平台建设，建设一流的科研基地，加强社会合作交流和开放共享，提高资源利用效率，促进基础理论原始创新研究。充分发挥国家重点实验室在产业技术创新战略联盟中的关键作用，促进产学研合作，提高我国产业的自主创新能力和国际竞争力。

2) 到 2035 年目标

a. 形成一批前沿领域重大科研成果，提升原始创新能力

建立绿色、高保、低损开采的新理念、新模式和新技术体系，促进智能化、无人化、透明化采矿理论与技术的发展，使我国的矿业工程学科达到国际一流水平；建立我国深部固体资源原位流态化开采理论与技术、深部煤炭资源原位流态化开采原理与透明化方法，通过资源原位采、选、充、发电一体化及固体资源流态化，实现固体资源的单一开采模式向热、电、气多元化绿色能源开采模式的根本转变；建立深海资源开发理论与方法，解决复杂海洋环境下低扰动开采、长距离大载荷管道力学分析、声学定位导航的基础理论；开展月球、火星等深空资源探测与开采的探索研究，形成月球、火星地下空间开发利用的新理论、新技术、新方案。

b. 培养一批在国际上有影响力的科学家和创新群体

加强矿业工程学科人才培养力度，推进国际合作与交流，培养一批在国际上有影响力的科学家和创新群体，提升我国科学家的国际影响力；结合国家科技重大专项，建设重点领域创新团队，加大对优秀创新团队的培育和支持；形成一批支撑我国成为采矿强国的国际知名的矿业工程学科学者、专家、学术带头人，构建若干矿业工程学科领域的国际级科学创新中心，引领世界矿业工程学科发展。

2. 应加强的优势方向

1) 特厚煤层开采理论与方法

大采高开采和放顶煤开采是厚煤层高效开采方法。目前，放顶煤一次开采厚度达到了 20m，大采高一次开采厚度也已接近 9m。但是，随着机械制造水平和设备可靠性的提高，放顶煤和大采高一次开采的厚度还有加大的趋势。随着一次采出厚度的增加，会带来新的科学问题和技术难题，以下几个研究重点是实现特厚煤层绿色、安全、高效开采的基础。

a. 9m 以上特厚煤层大采高开采采场与岩层控制理论

研究特厚煤层大采高开采强扰动条件下煤壁破坏机理，识别围岩失稳前兆信息，开发采场煤岩体失稳监测装备与防治方法；研究特厚煤层大采高开采支架与围岩作用原理，揭示大采动空间顶板破断失稳与动载荷发生机理，创新顶板动载荷计算方法，探索"顶板、煤壁"二元协同控制方法；研究特厚煤层大采高影响工作面矿压显现主要因素，开发控制岩层大范围移动的方法。

b. 20m 以上特厚煤层综放开采顶煤破碎、放出与围岩控制理论

研究特厚煤层顶煤裂隙发展规律，揭示特厚顶煤渐进破碎机理；研究定量反映顶煤冒放性的力学指标，创新顶煤块度预测方法；研究特厚散体顶煤流动规律，探讨顶煤放出体、煤矸分界面和放出率之间的关系；分析顶煤厚度、割煤高度对顶煤放出体和煤矸分界面空间形态的影响，确定最优采放工艺；研究特厚散体顶煤对支架与围岩关系的影响规律，确定支架载荷计算方法，优化液压支架选型方法，提升采场围岩控制水平。

c. 特厚煤层开采岩层运动规律与地表沉陷预测方法

研究特厚煤层开采顶板破断岩块运动轨迹和运动速度，分析岩块运动特征对岩层结构稳定性的影响；研究特厚煤层开采条件下覆岩"三带"发育特征，探讨新的开采条件下覆岩"三带"发育高度影响因素及其预测方法；研究特厚煤层开采地表沉降、破坏特征，探讨一次开采厚度对地表损伤程度的影响；研究顶板破断岩块下沉量、裂隙带下沉量与地表下沉量之间的关系，分析裂隙带和弯曲下沉带对地表下沉量的影响，从岩层运动角度提出地表下沉量预测模型。

2) 矿产及伴生资源共同协调开采

我国乃至世界很多国家均发现矿产与多种矿产资源共伴生赋存。在矿产与多种矿产资源共伴生赋存条件下，资源综合开发利用效率低、难度大。我国是矿产资源大国，矿产及伴生资源共同协调开采面临的挑战主要有以下几方面。

a. 矿产及伴生资源综合勘探水平亟待提高

以鄂尔多斯盆地为代表的共伴生资源勘探开发问题，凸显出现有基于力、声、光、热、电、磁与核变理论的地质雷达勘探方法、高密度电法、地震勘探法及地球物理测井法等单一矿种勘探技术在多资源综合勘探协调度、精度等方面的不足。大力提升空、天、地一体化综合勘探手段，透视化资源赋存环境，揭示隐蔽灾害因素，方可为资源科学开采规划提供大力支撑。

b. 矿产及伴生资源协调开采技术亟待建立

基于现有共伴生资源单一矿种开采工艺系统，破解基于时空的多种资源协调开采工序，降低资源、地下水、岩层、地表生态的负外部性，保障经济及战略价值，成为制约矿产及伴生资源精准开采的关键。

c. 矿产及伴生资源开采动态叠加多相多场耦合灾害孕育演化规律仍需深入研究

强化矿产及伴生资源精准开采多相多场耦合机理研究,揭示资源开采动态叠加多相多场耦合灾害孕育演化规律,实现耦合灾害的超前感知、精准定位、高效预警,为矿产及伴生资源精准开采提供保障。

d. 矿产及伴生资源精准开采理论及技术体系有待建立

构建矿产及伴生资源精准开采理论及技术体系,为矿产及伴生资源有序开采提供保障,规避经济、社会、环境及战略资源储备的巨大损失。

e. 矿产及伴生资源退役矿井统一开发修复技术有待研发

加强矿产及伴生资源退役矿井统一开发修复技术研发,为降低矿产及伴生资源开发引发的环境负外部性、提高退役矿井资源利用率提供保障,同时保障矿产及伴生资源可持续开发。

f. 矿产及伴生资源协调精准开发、生产、修复标准有待制定

开发标准、生产标准及退役后环境修复标准的制定是实现矿产及伴生资源开采统筹工程开发的保障。共伴生资源单一开采、协调共采的地质评价标准、安全开采标准、采后可修复标准等均处于空白状态,具体开采模式的选取尚无理论依据,无法对现场工程实践形成具体指导,理论滞后于工程实践。矿产及伴生资源协调精准开发、生产、修复标准有待制定。

3) 近零生态损害的开采理论与方法

近零生态损害开采以"采前有规划、采中能控制、采后可修复"的煤炭绿色开采技术体系为基础,从"勘探-生产-加工"全过程产业链系统控制生态破坏,提高煤炭绿色安全开采、清洁煤开发与资源可持续保障水平。在已有技术基础上,还需开展以下理论和技术攻关。

(1)煤炭超低损害开采机理研究。研究西部煤炭高强度开采对土地及生态环境的损害机理,揭示煤炭开采扰动区生态演变机理,形成基于区域地表土地及生态保护的超低损害开采方法;研究干旱半干旱区煤炭高强度开采沉陷区生态自修复机理,研发煤炭开采扰动区人工干预及自修复诱导促进机制;研究超低损害开采岩层移动控制理论。

(2)煤矿重大灾害防治基础理论研究。研究煤与瓦斯突出阶段孕灾机制,提出煤与瓦斯突出区域预测量化关系模型及突出灾变分析新方法;研究深部矿井顶板垮落与冲击地压灾害致灾激增机理;研究煤炭大空间高强度开采条件下采空区自燃机理;研究露天煤矿边坡破坏规律及采空区变形失稳规律,建立边坡滑坡灾害预报、预警模型及采空区动态失稳模型;研究高强度采掘工作面粉尘生成特征及水介质多组分捕尘机理,露天煤矿阵发性开放尘源产尘机理及粉尘扩散特征,建

立矿山作业人员尘肺病预警模型。

（3）采选充一体化技术与装备。目前在充填开采设备配套和工艺体系完善、煤矿地质采矿条件的适宜性、操作规程与技术标准、提高充填效率和增加示范应用规模等方面，还存在较多问题。还需要做进一步的探索，深入研究充填开采覆岩运移规律、高效充填工艺、采选充系统的自动化、装备的故障自动诊断及自动处理等技术。

（4）地表生态环境恢复治理技术。主要包括：采矿对地表生态环境影响的机理与诊断技术；减轻地表生态环境损伤的开采设计与技术；酸性废石堆治理技术；生态系统重构与土地复垦关键技术；复垦质量监控的标准化与可持续维护技术等。

（5）煤矿动力灾害防治与动力能量利用技术。冲击地压是一种动力灾害，也是一种能量形式。该能量虽品位较低，但可加以利用。在煤体或巷道布设特殊支撑装置，一方面辅助煤体承载上覆岩层载荷，避免出现过度应力集中；另一方面采集煤体应力集中或巷道大变形释放的能量。该能量可由工作面安装的蓄能器加以储存，通过能量采集系统充分采集煤体应力集中转移或释放的能量。将蓄能器与工作面支架泵站系统相连，实现能量就地转化，变害为宝。

4）深部开采矿山压力与岩石力学基础理论

（1）深部煤岩体多尺度矿山岩体结构特性，包括微观、细观损伤演化与宏观断裂破坏之间的本质关系，各种尺度缺陷演化和协同作用机制，煤岩体物理力学参数与结构形式间的定量关系，煤岩体跨尺度结构的数学表征方法，可描述煤岩体结构的非均质、非连续、非线性、动态特性的力学模型、数学模型与数值方法，复杂煤岩体结构的突变失稳理论、岩石力学系统稳定性理论、煤岩体滑动系统的负阻尼现象和蠕变稳定性理论等。

（2）深部煤岩体多场耦合作用下材料特性，包括深部煤体、岩体及煤岩组合体不同介质材料在应力场、能量场、渗流场、温度场等多场耦合作用下的力学特性，不同介质材料在多场耦合作用下的岩石力学行为，多场耦合作用下基于不同介质材料属性的损伤演化及宏观破裂本构模型。

（3）深部高应力煤岩体卸荷条件下的力学特性、破裂块度分布及能量耗散和释放规律，构建深部煤岩体卸荷损伤本构模型，揭示深部卸压开采下应力场、能量场、裂隙场时空演化规律，建立深部卸压开采理论。

（4）深部原岩应力及支承压力叠加作用下煤岩体损伤演化规律、宏观破裂机制、多相-多过程耦合致灾机制，揭示深部高应力下煤岩体峰后破坏力学行为及力学响应规律，发展和完善深部高应力煤岩体峰后破坏的本构理论，建立多相-多过程耦合作用下煤岩体的本构理论和失稳判据。

（5）建立深部不同开采方式下的强扰动和强时效力学模型，探索开采扰动作用下深部煤岩体采动应力场、能量场、裂隙场的时空演化规律,揭示深部开采扰动作用下的煤岩体动力灾害发生机理。

5) 深部采动应力演化和覆岩运移规律

随着煤炭开发强度逐渐增大,浅部优质煤炭资源逐渐减少,开采深度逐年增加,引起的“三高一扰动”问题对开采影响越来越大,研究采动应力的演化规律和覆岩运动规律是采场围岩和高位岩层控制、设备选型等的基础。

a. 深部采动应力演化与动态迁移规律

研究深部工作面采动应力分布特征,分析采动应力随工作面推进的动态演化特征;研究覆岩运动引起的采动应力动态迁移特征,建立覆岩破断与采动应力分布特征的定量关系,构建采动应力分布预测模型;研究工作面布置、开采顺序、煤柱宽度等因素对深部开采工作面采动应力分布特征的影响,确定有利于围岩保持稳定的采动应力分布模式。

b. 深部开采裂隙切割岩层破断机理与运动规律

深部开采条件下,岩层中原生裂隙发育程度升高,裂隙影响下覆岩断裂类型向裂隙诱导型转变,研究覆岩破断模式向裂隙诱导型转变的临界裂隙分布条件;探究深部开采条件下覆岩分区破断模式、结构形态及其影响因素,建立顶板结构模型并进行稳定性分析,提出裂隙诱导顶板破断条件下液压支架选型方法;研究深部工作面覆岩采动影响范围,确定裂隙诱导条件下覆岩“三带”发育特征,得到深部开采条件下覆岩运动规律。

c. 深部开采工作面围岩失稳前兆信息识别与控制技术

研究深部开采条件下围岩失稳条件和失稳类型,分析深部开采工作面围岩失稳特征与常规工作面的差异;研究深部开采条件下围岩失稳前兆信息,揭露煤岩表现出的声、光、电、磁等信息,开发适用于深部地层的高精度无损检测装备,实现围岩失稳前兆信息快速识别;研究高地应力和原生裂隙对围岩失稳条件的影响,提出超前卸压为主、局部加固为辅的深部开采围岩控制技术。

6) 深部强动压巷道大变形破坏机理

深部强动压巷道大变形破坏机理及其控制问题是我国深部煤炭资源开发亟须解决的问题。为破解深部强采动下大变形巷道的控制难题,必须研究复杂应力场中应力与围岩的相互作用机制,建立深部岩体力学基础理论,并发展相应的关键控制技术。重点研究内容包括以下几点。

a. 深部采动叠加应力场分布规律

深部煤层开采破坏了原岩应力场的平衡,在采空区周围形成采动影响带,需充分研究处在采动影响带内巷道围岩的应力场分布规律。采动应力受工作面参数影响大，随工作面的移动不断演化变换，要深入研究深部采动应力场三维矢量的时空演化规律。

b. 深部强采动条件下巷道围岩的变形破坏规律

巷道围岩变形破坏是围岩在一定应力条件下破坏区形成与发展的结果，破坏区的形态、范围决定了巷道破坏的模式和程度。需要深入研究深部强采动条件下巷道围岩的变形破坏规律，揭示深部采动巷道围岩大变形的力学机制。

c. 深部大变形巷道的控制理论与技术

针对深部大变形巷道的变形破坏规律，研究相应的控制理论，研发适应巷道大变形的支护材料。目前常规锚索由于延伸性能不足，难以适应围岩大变形而破断；普通锚杆因受巷道断面限制而长度有限，不能锚固到破坏区之外的稳定岩体。针对深部大变形巷道的支护材料应满足最大限度地适应围岩变形，还能充分发挥支护体的强度来控制破坏区的恶性扩展。

7) 基于钻锚一体的巷道快速支护原理

根据井巷所处的岩石条件、地层压力和岩石水化和风化等因素，井巷支护可采用锚杆主动支护，以及混凝土浇筑、钢棚、钢管混凝土等被动支护，对于深部开采，面临高地压、高地应力或受到采动影响的巷道或硐室工程，研究自钻式锚固方法；研究钻进过程中岩石和锚杆的作用机理，钻进排渣缓凝泥浆加固围岩及钻孔孔壁的护孔方法，钻进裂隙地层随钻随注技术；研究锚杆结构和专用钻机和专用泵。

8) 基于强采动围岩松动圈控制的掘进方法

为解决受强采动巷道支护难题，须从强采动巷道围岩松动圈破坏演化规律出发，以围岩松动圈调控为核心，从巷道掘进-支护与支护修复两方面构建强采动围岩松动圈控制理论体系与关键技术。重点研究内容包括以下几点。

a. 强采动下巷道围岩松动圈演化规律

围岩松动圈形成时间及范围与围岩特征、应力环境及支护技术密切相关，而在强采动影响下应力环境变化显著。需研究不同强采动条件下围岩松动圈演化规律，揭示强采动围岩松动破裂时空演化机制。

b. 基于强采动围岩松动圈的掘-锚-注一体化掘进支护方法

基于强采动条件下围岩松动圈演化规律，从掘进施工、锚固支护与注浆加固三方面出发，探究合理的断面尺寸、掘进工艺、锚固支护参数与注浆加固参数及时机等，提出相应的掘-锚-注一体化掘进支护方法。

c. 基于强采动围岩松动圈的补强+复修理论与技术

针对强采动条件下巷道围岩松动圈叠加破坏演化规律，构建强采动条件围岩松动圈调控卸-固耦合控制理论，提出以超前卸压与加固+滞后修复相协调的强采动围岩松动圈控制方法与技术。

9)深部软岩巷道锚固-架棚-充填耦合协同支护原理与方法

在深部软岩环境下，岩层的承载力低且稳定性不足，这就给巷道围岩稳定性带来了诸多不利因素，造成了巷道支护困难、返修率高等问题，严重阻碍了煤矿安全生产，给煤矿安全造成了巨大的威胁。传统的巷道支护技术难以维护深部软岩巷道的稳定，尤其是在软岩巷道中，围岩承载能力低，支护难度大，仅仅靠某种单一形式的支护方法，往往难以达到理想的支护效果，需要锚固、架棚、充填等多种支护形式相配合对巷道围岩进行联合支护。无论是新开巷道还是翻修巷道，其破坏都是一个渐进的力学过程，当围岩和支护结构的强度、刚度、变形不耦合时，往往先从某一个或某几个部位开始变形、损伤、破坏，进而导致整个支护体系失稳。实现深部软岩巷道的有效控制，需要多种支护形式并协调围岩变形的耦合协同，需要强化研究深部软岩巷道锚固-架棚-充填耦合协同支护原理与方法。重点研究内容包括以下几点。

a. 深部软岩巷道变形破坏规律

深入研究深部软岩的力学特性，建立深部软岩岩石力学基础；研究在高应力条件下软弱岩层的蠕变机制，掌握深部软岩巷道变形破坏规律；建立应力-围岩-支护体相互作用机制，研究水及风化作用对岩石性质的作用机制，建立应力场、裂隙场、温度场等多场耦合下巷道围岩的变形机制。

b. 锚固-架棚-充填耦合协同支护原理

深入研究锚固-架棚-充填耦合协同支护下对巷道围岩的控制原理，掌握不同支护形式在围岩控制中的作用机制，研究锚固-架棚-充填耦合协同支护下巷道围岩的变形规律。

c. 锚固-架棚-充填耦合协同支护方法

研究锚固-架棚-充填耦合协同支护参数、工序配合、时空协调；研究适应不同地质条件下的锚固-架棚-充填耦合协同支护方法；建立锚固-架棚-充填耦合协同支护的标准化工程示范。

10)机械破岩理论及井巷智能掘进技术

井工开采的技术是建设满足各种功能要求的地下工程结构，包括从地面到达矿体用于提升、通风的多条井筒，以及为采矿布置的大量巷道和硐室工程。井巷工程建设的辩证关系是破岩和防止岩石破坏，既在岩体中高效开挖出空间，又要保证周围未开挖岩体不受破坏。目前常用的钻爆法虽然能够实现高效破岩，但同时对围岩也形成了不同程度的破坏，影响井帮的长期稳定，增加了支护结构和维修工作量，需要研究机械破岩方法，实现精准破岩，减少对围岩的破坏。

　　机械破岩包括冲击、截割、刮削和挤压等传统破岩方法，建立标准的岩石样本和标准刀具形式，研究形成大体积破岩的岩石可钻性及磨蚀性分类；研究破岩刀具和岩石的相互作用，岩石裂隙发展和破裂机理，岩石颗粒的流动形态，岩石及岩屑对刀具的力学及模式作用，形成高效率、长寿命的破岩刀具及刀具合理布置。针对岩石的特性创新非接触的激光、微波、热力等破岩方法，研究能量在岩体中的传递规律，各种矿物微波破碎频率，岩石固有裂隙在微波作用下的发展演化机理。

　　针对竖井工程研究机械破岩全断面钻进方法，包括有钻杆的竖井钻机钻井法；针对含水复杂地层研究泥浆环境下钻头高效破岩、排渣，钻进过程井帮稳定，地面预制井壁结构，井壁安装方法，井壁的固定，工程质量探测等技术，实现井筒无人下井作业智能凿井；针对岩石地层为主的井筒，研究地层地面预注浆或地层人工冻结等改性技术，实现对围岩涌水的封堵和对岩石的加固；针对具有下部巷道的井筒，形成反井钻机钻井方法，研究反井钻机导孔精确轨迹控制、钻进安全监控、岩石自主识别和破岩刀具的智能选择，达到深度 2000m、直径 8m 的井筒一次成井，或采用导井竖井掘进机一次钻井直径 12m；针对地面改性没有下部巷道的井筒，还需要研究上排渣式竖井掘进机，利用流体井筒管道排渣或局部排渣的方式，实现井筒机械破岩钻进，形成竖井掘进机、竖井钻机和反井钻机机械破岩钻井技术体系。针对各种类型的巷道和硐室，研究全断面和不分断面钻进方法，实现钻进和支护平行作业，研究横轴和纵轴截割破岩部分断面掘进支护一体化机组，实现软岩非圆形巷道的高效掘进，利用挤压破岩试验硬岩高效掘进，研究适合井下的全断面掘进机和新型管片支护方式，实现圆形巷道的高效掘进和支护。

　　11) 井下采空区储水基础理论与技术体系

　　采空区储水技术以煤矿地下水库储水为主，围绕煤矿地下水库建设运行理论体系，未来将在以下五个方面继续开展深入研究。

　　(1) 水源预测方面：核心是地下水库来水量预测。开展覆岩"三场"演化机理研究，揭示地下水流场演化规律；构建基岩裂隙水 (煤矿地下水库关键来水量) 的定量计算模型；建立煤矿地下水库水量平衡模型。

　　(2) 水库选址方面：包括首采煤层、下煤层地下水库选址两个方面。进一步完善首采煤层、下煤层地下水库选址评价体系；开展煤层底板破坏损伤机理分析，揭示底板渗流场演化机理和程度；开展下煤层开采作用下，上下煤层之间覆岩"三场"演化机理，提出安全距离设计准则和定量化计算模型。

　　(3) 库容设计方面：核心是储水系数的精准计算。应用散体动力学，研究地下水库内冒落岩体分布和运移规律，揭示冒落岩体之间空隙时空变化机理；开展试验研究，研究长期水岩作用下岩体孔隙率变化规律；构建不同时空条件下储水系数计算模型；构建煤矿地下水库底板高程的精准化模型，包括开展已有地下水库底板的精准探测研究、新建煤矿地下水库底板高程的实时测量，优选插值算法，结合储水系数构建煤矿地下水库库容的精准计算模型。

(4)坝体构建方面：核心是人工坝体结构参数优化及煤柱坝体尺寸合理留设。采用理论分析、模拟试验和现场测试相结合的研究方法，揭示多场作用下煤柱坝体和人工坝体破坏损伤机理；建立煤柱坝体尺寸优化计算模型；开展不同结构形式(工字形、T 形、拱形等)的人工坝体受力分析和参数优化，提出人工坝体合理计算模型；开展人工坝体和煤柱坝体连接处结构参数优化研究，包括掏槽深度、锚杆密度和长度等相关研究；开展坝体防渗技术工艺和材料研发工作。

(5)安全运行方面：核心是人工坝体和煤柱坝体的安全监测及预警。应用理论分析、数值模拟、相似模拟等多种方法，开展坝体(煤柱坝体和人工坝体)破坏性模拟试验，揭示坝体破坏的极限条件；完善地下水库"三重防护"理论体系和关键技术，包括上下煤层垂直输运水管道安全稳定性研究，应急泄水孔的结构参数优化以及地下水库监测实时预警体系；开展长期水岩作用下地下水库淤积变化规律研究，覆岩突然垮落作用下水体产生的冲击波对坝体的损伤程度；优化设计库间调水管网。

12)矿区生态损伤传递理论及自修复诱导方法

采矿伴随着土壤的贫瘠化、水分的损失及生态退化，导致土壤生态系统的功能丧失，矿区受损生态难以恢复，生态更加脆弱。损伤生态如不及时采取有效生态恢复措施，将造成严重的土壤退化、水土流失、塌陷及地表裂缝等现象，生态损伤具有逐渐加剧的趋势。矿区生态损伤具有逐级递减的规律，这与开采过程中裂缝具有自修复的功能有关，矿区裂缝发育经历了裂缝发育-裂缝闭合-裂缝再次发育-裂缝稳定-裂缝再次闭合的过程。超大工作面对地表环境扰动次数明显减少，有利于动态裂缝的自修复和植物生长。同样地，在土壤自修复作用下，裂缝对周围土壤含水量均得到恢复。裂缝区水分的恢复主要取决于裂缝的闭合，随着裂缝的闭合和错落面消失，裂缝周边土壤表层孔隙恢复，减少水分蒸发，表层含水量得到恢复，塌陷1年后，基本可以恢复至采前状态，表现出"自修复"现象。

从变化趋势来看，在采空区沉实后，均匀沉陷区土壤物理性质可以恢复到采前状态，但是非均匀沉陷区地表裂缝存在难以自我愈合。而土壤化学性质对采煤扰动的响应时间节点具有一定的滞后性，出现湿热交替频繁的阶段，导致化学指标特征在一个自然年内尚不能恢复至采前水平。采煤对土壤化学性质的影响时间较长，应该辅以人工措施，修复地表裂缝，阻断流失通道。因此，生态修复是使被干扰生态系统的逆向演替转向正常演替，利用大自然的自修复能力，辅以人工措施，恢复其原有的生态功能并不断完善。

在西部生态脆弱区采煤沉陷地的治理与修复应该遵循生态修复的内涵与要

求，充分发挥土地损伤的自然修复特征和能力，辅以人工修复，以"差异化分区修复模式"进行修复工作。在均匀沉陷区以自然封育为主，采取全面的禁牧封育措施，增加封沙育林力度，不进行任何整地工程措施，自然修复。可辅助进行乡土先锋植物优化配种，提升生态系统的整体生态功能。修复过程中保留乡土植物物种，通过栽植生态演替后期的建群种，提高植物群落的覆盖度，并结合乡土植物物种演替次序，以草本植被为主，灌木次之，乔木为辅的复垦原则。非均匀沉陷区地表裂缝分布密集，增大了潜在的风蚀程度，土壤水分散失程度增加，导致水土流失的风险加剧，采取"边缘裂缝填充+优选植被配种+根基环境改良"的植被恢复为主，工程为辅的人工诱导修复模式。近年来采用微生物复垦技术改良植物根际环境，促进植物根系生长，实现最佳的修复效果。

13) 特大型露天矿开采滑坡灾害演化过程及其预测理论

露天矿山在国内固体矿床开采中占有重要的地位，我国铁矿石产量 80%，有色金属矿石 50%、化工原料矿石 70%、建筑材料 100%、煤炭 18% 都采用露天开采。随着露天开采的不断延深，采场各个边帮会形成各种形式的高陡边坡，目前我国设计的最高露天矿边坡达 800 余米，已形成的露天矿边坡高度已达 400 余米。露天矿山尤其特大型露天矿山开采边坡与其他岩土边坡相比具有高陡、受爆破运输等生产影响较大、动态开挖具有时效性、边坡工程地质条件与矿山开采位置相关、复杂性变化性大且无法避让等特点，发生的滑坡事故往往对人员及经济财产造成巨大损失。因此研究不同工程地质条件下露天矿山滑坡发生的机理和演化过程，以及相关的确定性及不确定性预测预警理论，提高滑坡灾害防治的效率和效果，对于露天矿山安全生产保障及丰富浅部开挖岩层控制理论具有重要的意义。

重点研究内容包括以下几点。

a. 复杂开采条件下露天矿山边坡滑坡机理及演化过程

露天矿山开采矿种不同、地域不同、开采设计参数不同、生产现场影响因素不同、工程地质条件不同，造成滑坡的机理及形式也不同。以典型露天矿山为实例，从宏观、微观等不同视角，重点研究复杂条件下露天矿山边坡滑坡动态演化过程、演化机理及相关的岩土力学基础理论，以及实验方法和技术手段。

b. 动态开挖条件下时效边坡稳定性评估及控制理论

露天矿场边坡是随着采矿工程的延深和推进而逐渐形成的，内排露天矿又随着内排土场发展边坡逐步消失，具有明显的时间效应。以经济、安全为目标，重点研究时效控制变量下，露天矿边坡稳定性评估评价理论及提高露天矿边帮边坡角的设计基础理论和工程加固关键技术。

c. 露天矿山滑坡预测预警基础理论

安全预控是目前矿山安全防范的主要思路和手段，以大数据、物联网、云计算技术为依托，研究不确定性滑坡预测预警方法、算法。以岩土力学、流体力学等力学方法为依托，研究确定性的滑坡预测模型和模拟计算理论。重点研究基于确定性及不确定性分析理论的综合预测方法和预警模型，形成一套在我国适用性强的露天矿山滑坡预测预警基础理论及方法体系。

14) 深海矿产低扰动开采方法与高效安全输送机理等

在深海矿产资源开采中，开采过程会对海底层沉积物产生扰动，即采矿机的水力开采和行走过程会将海底沉积扰动成混浊的固体悬浮物场，这会影响深海生态环境。严重的话，可能引发深海局部大量生物的死亡，导致特定地区独有的生物群落消亡，造成深海传承数亿年之久的某些物种绝迹。为解决深海矿产资源开采的这一难题，我们必须寻找低扰动的开采方法与高期效安全输送机理。重点研究内容包括以下几点。

a. 水力开采低扰动作业设计

鉴于采矿车对深海地质土的扰动仍然巨大，可采用水力开采的方法对多金属结核进行开采。在探测到多金属结核的具体位置后，在两侧用高速水流对结核进行冲刷，使结核滚动起来脱离地质土的黏附，再利用正上方的吸头，将滚动的多金属结核物通过管道运送到海面。对比深海底质接触式开采的方法，水力开采具有更强的环境保护针对性，不会对目标矿产区域做不必要的污染。另外，水力开采具有机构简单、工作可靠、设备寿命长、扰动小的特点，达到了高期效的要求。

b. 深海采矿车低扰动结构设计

鉴于采矿车的行走易造成深海底质土的巨大扰动，故需要基于深海底质土的特殊力学特性(微粒径、高黏性、高含水率、低渗透性等)，结合仿生学概念，从提高采矿车履齿牵引力(降低土的扰动)和减少履齿表面黏附力(自清洁)两个方面开展深海采矿车履齿的优化设计，重点关注履齿的形状、履齿的高度、履带板的间距、履齿表面减黏脱附等方面，保证采矿车行走过程中具有高牵引力和自清洁效果，有效避免采矿车行走过程中的打滑现象，从而减少开采过程中对深海底质土的扰动。

c. 富钴结壳、硫化物矿的切削低扰动开采设计

从采集头的齿尖尖角、齿身锥角、齿尖直径、安装角度、截齿排列、截齿间距等方面，深入研究高围压下的破岩机理，在保证海底沉积物低扰动的情况下提高期效。与此同时，还需要探索先进科学的岩性识别方法，简单高效地识别海底矿产的类别。

d. 管道高期效安全输送机理

海底输送管道从硬度上分为软管和硬管，从形状上分为竖管和波管。它们在输送不同的载体时有各自的优劣。在高效输送中，为了防止管栓、应急反流，可以从运输物料的粒径、比重、流速、浓度、湿密度、管径等方面来研究管内流动

状态，分析输送的安全性；研究阻损机理及管内压力负载特性，分析输送的稳定性，建立稳定性准则；在上述工作的基础上，建立智能化运行的约束条件。

3. 应扶持的薄弱方向

1) 岩体原位保真取心原理与方法

深部岩体原位应力状态与地应力环境作用更加凸显，深部岩体的力学性质与原位赋存环境息息相关。目前岩体力学的研究体系中，基于标准岩心、经典实时加载路径、弹塑性本构关系的经典岩体力学理论和实验方法，所获得的参数、模型、理论等都与赋存深度无关。亟须突破高保真取心原理与技术瓶颈，实现原位保真取心测试与分析，构建原位保真岩体力学实验取心和测试新标准，建立真正与深部环境相适应的、能够解决深部资源开采技术问题的取心和测试新理论及新技术。重点研究内容包括以下几点。

a. 深部原位保真取心原理和技术

随着深度不断增加，岩体在高温度、高压力、高渗透压的情况下，深部岩体的力学性质与深部岩体原位赋存环境息息相关。目前岩体力学取心技术中，无论试样取自多深，试样都是在取心过程中解除了原位真实的赋存环境，导致获取的岩心已经不包含深部岩体的原位应力、温度等深度信息，无法指导深部资源开采。迫切需要突破考虑深部岩体原位赋存环境的保真(保压、保温、保质、保光……)取心的原理与方法，发展原位保真、原位恢复保真取心原理与技术，从而形成一整套深部岩体原位高保真取心技术与工艺。

b. 深部岩体原位保真测试的原理与技术

目前岩体力学的研究体系中，基于标准岩心、经典实时加载路径、弹塑性本构关系的经典岩体力学理论和实验方法，获得的是岩体材料的基本物理力学属性，几乎都是在解除原位应力与赋存环境失真条件下开展的实验研究，无法考虑深部原位的赋存状态，所获得的参数、模型、理论等都与赋存深度无关。所以现有的岩体力学理论与方法很难有效指导向深部资源开发和深部工程实践。迫切需要系统探索原位保真取心测试、移位保真测试、原位恢复保真测试的原理与技术，开展静动、三轴、渗透、破裂、愈合、流变等高保真岩心力学试验与分析，从而实现对原位环境岩体试件力学行为的监测、测试与分析。

c. 不同赋存深度原位岩石物理力学行为差异性规律

随着深度不断增加，岩体在高温度、高压力、高渗透压的情况下，工程灾害以更加明显的方式显现出来，深部岩石表现出的基本力学特性与在浅部时岩石表现出的基本力学特性截然不同，且一些基本的力学参数取值也发生了变化，如弹性模量、泊松比等。基本力学参数的变化导致整个岩体表现出不同于浅部的力学特性。因此亟须对不同深度岩石物理力学行为规律进行探索研究，发现新规律，以此为基础对不同深度工程岩体的变形破坏等力学行为提供可靠的分析指标，为地下资源能源开采提供更加科学合理的指导。

2) 深部煤炭资源原位流态化开采原理与透明化方法

深部煤炭资源原位流态化开采能够突破煤炭资源开采深度的限制，使其像油气资源一样以流态化的形式进行开采，并且能够实现对深地煤炭资源采、选、充、电、气、热的原位、实时和一体化开发。流态化开采理论和技术构想，开辟了新的采矿工业模式，引领了煤炭资源开采技术革命，颠覆了传统的煤炭资源的开发模式和运输模式，提高了深地煤炭资源的开发效率、运输效率和利用转换效率，最终能够实现"地上无煤、井下无人"的无人智能化绿色环保开采终极目标。然而，传统的岩体力学理论与方法不再适用于深地煤炭资源原位流态化开采，尤其是缺乏深部原位流态化开采条件下，考虑原位开采、转化与输运特点的多场耦合的深部原位岩体力学行为的研究，需要考虑深地环境与流态化开采方式的新的原位岩体力学理论、深地灾害的原位超前预警理论与技术，实现深地煤炭资源原位流态化开采引发灾害的定量表征与超前预警，实现深部煤炭资源原位流态化开采的力学理论和开采技术方法上的突破，有效预防和治理深部灾害。重点研究内容包括以下几点。

a. 深部原位流态化开采、转化与输运的原位岩体力学理论

针对深部原位流态化开采的技术特点，建立适用于深部原位液化、气化和电化的矿井开拓与开采设计布局理论，构建深部原位流态化开采的建井、开拓、充填、支护的一体化全新岩体力学理论。

针对深部原位流态化转化的技术特点，建立深部原位流态化转化机理与控制方法，考虑深部原位转化与围岩的相互作用，揭示深部岩体在原位状态和流态化转化时的应力重分布特征及演化规律，构建深部矿产资源原位流态化开采的岩体力学理论体系。

针对深部原位流态化输运的技术特点，建立深部原位流态化开采的液化、气化原位转化的动力学方程，研究和揭示深地原位不同地应力、不同温度、不同流态化开采与转化方式下岩体的热-固-流耦合力学特性，构建深部原位环境下热-固-流耦合力学理论体系。构建原位黏稠煤浆、精细化煤粉的远程管路输送的多相流体动力学理论。

b. 深部原位流态化开采采动应力场的透明可视化表征理论与方法

构建能直观显示和定量表征深部原位岩体复杂内部结构的透明化物理模型，准确地表征深部原位岩体的非连续结构。建立深部原位流态化开采应力场演化特征的数学描述和可视化方法，实现深部原位流态化开采围岩应力场的透明化、定量化与可视化表征。

c. 深部原位流态化开采岩层控制与灾害的透明推演理论与方法

基于深部原位岩体结构-应力场-能量场-裂隙场-渗流场演化的定量表征与可视化方法,真实地再现流态化开采条件下深部岩体的灾变、渗流、能量转化的过程,实现深部原位流态化开采围岩灾变的多因素耦合致灾机理与控制因素的定量与透明化表征,建立渗流突变-温度-结构失稳综合效应的深部资源流态化开采下岩体动力灾变的能量机制与力学准则,提出深部围岩灾害的能量致灾预测模型及能量调控技术。

3) 关停矿井综合利用理论与方法

我国因能源和资源开采后留下的特殊地下空间体量巨大,以及传统产业转型升级去产能、去库存导致大量矿井关闭,如直接简单封井将造成数万亿地面地下固定资产的废弃和浪费,间接造成宝贵的地质和矿业遗址的损坏。同时,地下水位上升会直接造成地下水系污染,威胁水源地安全。为破解目前矿区传统式、低水平、不可持续的关停并转升级难题,必须寻求关停矿井特殊地下空间资源利用基础理论的突破,建立岩体工程力学与围岩适建性约束下地下空间二次利用的基础理论,并发展相应的关键技术。重点研究内容包括以下几点。

a. 岩体工程力学与围岩适建性

关停矿井地下空间的二次利用必须考虑围岩岩性的影响,其是否适合开发利用或适合何种功能的利用与岩性密切相关。地下空间功能不同,对岩性的要求也有所不同,岩体的强度、流变、渗透等工程力学特性决定着地下空间围岩结构的长期稳定性及其适用功能。从人与特殊地下空间围岩相互作用的视角,重点研究不同围岩类型对地下空间综合利用适建性的影响规律,指导不同关停矿井地下空间的分类利用。

b. 地下空间与城市融合发展规划

在充分调查研究我国关停矿井地下空间分布的基础上,研究地面-井下遗留资源的二次利用方法,将关停矿井地下空间利用与城市(尤其是资源枯竭型城市)中长期发展需求相融合;研究废弃空间资源化利用与外部附加效益对城市发展的提升作用,促进资源枯竭型城市转型发展;根据城市发展需求,研究关停矿井地下空间综合利用的功能定位和建设模式,做到特殊地下空间的科学规划、整体设计和有序利用。

c. 深地空间基础前沿科学探索

利用关停矿井形成的特殊地下空间,围绕关系国家全局的深部地下实验室、深地医学与康复、战略能源储备、核废料处置等国家长远战略,超前布局,抢占深地研究高地,积极推动深地基础前沿大科学问题探索;研究促进城市、民生和社会事业发展的井下抽水蓄能发电、地下数据中心、生活与工业废物地下处置、地下生态农业、地下自循环生态系统等不同功能空间的系统布置与关键技术，推进科学利用地下空间、地热、地下水资源与生态资源，构建深地自循环生态系统的深地科学理论与技术体系。

4)低扰动截割破岩理论与技术

目前煤矿巷道掘进方式主要有炮掘、机掘两种，随着掘进理论与技术的发展，机掘现在所占比例明显提高，机掘又包括横轴滚筒、纵轴炮头截割。由于掘进扰动较大，巷道掘进工作面时常发生片帮、冒顶等问题，严重制约了巷道掘进速度，造成采掘接替紧张和安全风险。因此需要研发低扰动截割破岩理论与技术。重点研究内容包括以下几点。

a. 掘进工作面围岩综合应力场、裂隙场、位移场演化规律

研究不同原岩应力下巷道掘进前后围岩应力场演化规律；研究掘进迎头顶板、侧帮、煤壁前方至后方围岩稳定区采动应力场分布范围与演化规律；研究掘进迎头原岩、采动及支护所形成的综合应力场相互作用与演化规律；研究不同岩层条件下掘进时巷道变形规律；研究不同掘进速度下巷道裂隙场、位移场演化规律，研究掘进迎头至巷道围岩位置围岩破坏特征与破坏范围。

b. 低扰动掘进破岩方式及智能化截割与控制技术

基于掘进工作面的特点，研发新型截割方式，研究并优化截齿形状、材质，提高截齿的效率和寿命；研究截齿布置方式，提高截割效率和能量转化效率；研究破碎围岩条件下新型破岩方式，减少截割过程中的片帮冒顶；研究截割过程中截齿布置对粉尘的影响，通过优化截齿布置减少粉尘数量；研究截割转速交流变频调速控制理论与技术，实现掘进机在不同工况下截割参数自动调节；研究截割岩石动载荷特征提取及识别算法；采用模糊控制理论，研究破岩截割智能决策理论与技术，实现实际截割过程中自动调整截割参数来适应工况的变化。

c. 低扰动截割破岩巷道快速封闭加固理论与技术

截割破岩扰动后，对巷道表面快速喷浆封闭，减弱截割扰动对巷道掘进迎头围岩的持续破坏，这是从另一个角度解决低扰动破岩问题。需要研发早强、阻燃、防静电、大延伸率的喷涂材料、技术与设备。研究喷层材料的力学性能，以及喷层与煤岩体的黏接性能等力学指标，建立低扰动截割破岩巷道快速封闭加固理论与技术，提高掘进迎头围岩的完整性，减少掘进扰动对煤岩体的持续破坏。

5)深部无煤柱留巷绿色开采理论

无煤柱开采的核心是在开采过程中，预留采区巷道，减少巷道掘进工作量，通过切顶实现采区顶板的有效控制冒落，减轻采区巷道压力，同时留出下一开采工作面的准备巷道，减少巷道开掘工作量，实现无煤柱绿色开采。根据开采工作面的推进，适时进行切顶是形成巷道的关键。根据开采过程压力显现，研究切顶

时间和地压转移规律、切顶时机，以及不同岩石条件的切顶工艺、方法和装备。

根据顶板岩石条件和采区开采工作面布置特点，研究适合切顶的方法，切顶方法包括机械切顶、爆破切顶和流体切顶。通过形成的槽孔或岩体中的破裂面，随着开采过程地压作业，使开采过得顶板整齐垮落，预留出处于悬臂的巷道顶板，经过一定的支护、加固和封闭，形成下一开采工作面的准备巷道，切顶的参数影响切顶效果。机械切顶以大型岩石锯等装备，以刮削破岩方式，按照设计角度，切出一定宽度和深度的槽孔，有利于顶板垮落和巷道成型。爆破切顶包括化学爆破和物理爆破，爆破之前需要按照一定的间距、角度和直径钻出爆破孔。化学爆破是采用传统的炸药，在钻孔内以一定的装药方式和装药结构装药，控制起爆顺序，通过爆破形成爆破孔之间的裂隙面。物理爆破采用液体二氧化碳，通过其相变由液体变为气体，实现对岩石的冲击产生裂隙面，物理爆破的优势可以确定爆破发展方向。流体切顶是通过泵产生高压流体，利用其致裂作用，在岩体中产生破裂面实现切顶。

6) 深部静动载叠加作用下围岩力学行为

深部岩石在开采前处于三维初始静应力作用状态，开挖、爆破和出矿等开采活动相对于初始静应力状态来说，均可看作动力扰动，因此从本质上说深部岩石在开采活动中始终承受动静载叠加作用。研究深部岩石破坏的一些特殊现象，如岩爆、冲击地压、板裂、分区破裂等，也应该从岩石动静载叠加作用的思路出发，深入把握深部岩体在开采过程中的受力特征和复杂应力环境，研究岩石在动静载叠加作用下的破裂行为与力学特征。动静载叠加作用机理涉及静力和动力两个方面，而且静力先于动力存在。根据深部岩石开采应力路径并考虑围岩结构和受力模式，静力和动力互相组合后可以映射出不同的组合形式，归纳起来大致包括：①"高静力+卸载扰动"下岩石材料特性的研究。模拟深部岩石在开挖卸荷下力学特性以及能量释放规律，具体研究方式包括常规三轴和真三轴下卸载试验，研究过程中可以考虑初始围压、围压组合、卸载路径和卸载速度的影响。②"高静力+加载扰动"下岩石材料特性的研究。模拟深部岩石开挖后承受加载扰动的力学特性及能量释放规律，具体研究方式是对承受一定高应力或高静载的岩石施加扰动荷载，试验方式包括压缩（单轴压缩、常规三轴和真三轴压缩）、劈裂、断裂等试验类型，研究过程中可以考虑初始静应力（静荷载）、扰动荷载类型和加载速度的影响。③考虑空间效应的深部硐室围岩破坏特性的研究。模拟三维条件下深部硐室围岩的破坏特性和演化机理，考虑空间断面类型（圆形、直墙拱形和矩形等）、三维应力组合形式、加载方式等。④动静载叠加作用下岩石能量规律的研究。目前多数研究从围岩的受力状态考虑，实际上能量始终贯穿着深部岩石的破坏过程。深部岩石在初始应力状态下，内部储存了大量的弹性应变能，开采过程带来的应力状态或应力路径变化，都会影响围岩内部能量的存储、消耗、转移和释放。岩爆、冲击地压等深部围岩的动力破坏现象,从力的角度研究只能提供某些应力阈值或判据,无法定量刻画动能大小和破裂本源机制。因此,考虑初始受力状态和应力路径下的深部围岩能量规律将是未来研究的一个重要方向。

7) 深部强采动巷道支护-改性-卸压"三主动"协同控制理论

深部矿井地应力高,采动影响更加强烈,导致巷道围岩变形大、持续时间长、破坏严重,同时出现冲击地压等动力灾害的风险显著增大;传统浅部低应力、弱采动条件下的支护技术已无法解决深部强采动巷道围岩控制难题。将锚杆支护、注浆改性与卸压技术有机结合,形成"三位一体"的巷道围岩控制技术,实现"三主动"协同控制:特性锚杆实现主动支护,精准注浆实现主动改性,水力压裂实现主动卸压。重点研究内容包括以下几点。

a. 深部强采动下巷道围岩大变形控制机理

深部强采动下巷道围岩会出现非对称大变形,给围岩稳定性控制带来巨大挑战。需要深入研究回采巷道不同服务时期围岩变形规律和破坏特征,从巷道围岩破坏区形成和发展的角度研究巷道围岩变形破坏的机理,揭示采动引起巷道围岩破坏区发展的力学机制;研究支护、巷道围岩破坏区形态与围岩变形三者的关系,获得适应深部围岩变形特征的主动让压控制原理;研究具有较大的极限承载能力、较大延伸率、抗冲击性质的新型特性支护材料。

b. 基于巷道围岩破坏区形态分布规律的精准注浆机制

高应力与强采动叠加作用下,巷道围岩破坏区会出现非连续、非线性的异化扩展,掌握高应力采动巷道围岩破坏区分布及扩展规律,针对破坏区在三维空间的分布状态进行精准注浆,进而实现对巷道围岩破坏区的主动改性。需要研究高应力与强采动条件下巷道围岩破坏区异化扩展规律;研究注浆浆液在破坏区中的渗流机制;研究围岩注浆后改性机理,建立注浆改性材料的性能与技术指标体系。

c. 强采动巷道水力压裂卸压机理

水力压裂技术近年来在煤矿发展很快,在坚硬顶板控制、高应力巷道卸压中逐步得到应用,在水力裂缝扩展研究方面国内外取得了较多成果。但是,强采动巷道水力压裂卸压机理目前仍不清楚,需进一步深入研究。研究煤岩体尺寸、应力条件、煤岩体强度与结构面对水力裂缝起裂、扩展及交汇的影响规律;研究不同钻孔布置下水力裂缝在巷道围岩中的扩展路径、扩展形态与演化规律;研究水力裂缝对巷道顶板结构的弱化效应,对围岩高应力的转移作用,进而揭示深部强采动巷道水力压裂卸压机理。

8) 深地矿产与地热资源共采基础理论与技术

地热能是指由地壳中提取的天然热能,包括天然出露的温泉、通过热泵技术开发利用的浅层地热能、通过钻井开采利用的地热流体以及干热岩体中的地热能等(或简称浅热能、水热能和干热能)。矿井地热能则是指在矿山开采过程中所揭露的地热能。地热能是可再生能源，是一种清洁能源，不排放温室气体，不造成污染，且具有存量巨大、来源稳定、利用率高、运行经济等显著优势。

矿井中存在着复杂的热交换、扩散和热动力过程，废弃热能比较丰富。当开采深度达到 700m 后，温度随着深度增加呈非线性递增的趋势。矿区地热能的研究范围包括矿区天然温泉热能、矿区浅层地热能、矿区深层地热流体、矿区干热岩地热能等。重点研究内容包括以下几点。

(1)矿区地热能成因与评价方法研究。

(2)矿区天然温泉热能的开发利用及环境保护基础研究。

(3)矿区浅层地热能开采、回灌、储能、热利用及环境保护基础研究。

(4)矿区深层地热流体的开采、回灌、储能、发电、热利用及环境保护基础研究。

(5)矿区干热岩体地热能的高温超深钻探、地热流体输送、发电、热利用、环境保护及恢复周期等基础研究。

9) 适应深部条件的工作面端头、超前自适应支护理论与方法

工作面端头及超前段处在开采空间的特殊位置，往往矿压显现剧烈，容易发生顶板灾害，是煤矿井下围岩稳定性控制的关键区域。在深部高应力条件下，端头及超前段围岩将发生持续性流变大变形，加之工作面的动态往复扰动，围岩处在时刻调整变换中，工作面端头及超前段围岩稳定性控制是困扰深部安全开采的技术难题。目前很多矿区主要采用工作面端头支架和超前支架进行支护控制，但是在实际使用中出现了支架适应性不强，与巷道锚护系统匹配性不佳，具体表现为支架支护强度出现过支护或欠支护现象。如何提高工作面端头、超前支架的适应性，减少支架对顶板和锚护系统的破坏已成为当前迫切需要解决的问题。重点研究内容包括以下几点。

a. 深部条件下端头及超前段围岩应力、变形、破坏演化规律

掌握应力场演化规律及围岩变形破坏规律是实现围岩自适应支护控制的前提。需要深入研究高应力条件下随着工作面的开采，采场周围应力场分布演化规律，尤其是端头及超前段附近围岩应力场的演化规律；研究随着工作面的开采及采场围岩应力场的动态变化，以及端头及超前段围岩变形破坏演化规律，包括破坏区形态及范围的演化规律。

b. 支架与围岩的耦合作用机制

支架与围岩是一个相互作用的整体，构建液压支架与围岩相互作用的空间力学模型；构建顶板动压外载在支架结构体中的传递关系；研究支架与围岩强度、

刚度及围岩稳定性之间的耦合机制;研究支架、顶板、锚护系统的协调匹配关系。

　　c. 支架的自适应调整实现方法

随着工作面的开采,顶板压力处在时刻调整变换中,根据巷道载荷变化与围岩变形自主调整支护阻力、支护状态与支护方式,进而实现支架的自适应性调整。研究顶梁姿态自适应、整体支护状态自适应;研究支护阻力大小自适应、支护阻力分布形式自适应和支护阻力升降速度自适应;研究移架方式自适应和行走方法自适应。研究相关的自适应结构与控制装置,以减少超前支架对巷道顶板与锚护系统的破坏,更好地维护巷道顶板,实现端头支架与超前支架高可靠性支护。

　　10) 多种资源共伴生矿床高效智能开采理论

我国资源赋存情况及消费结构,决定多种资源共伴生矿床高效智能开采的现实需求,多种资源共伴生矿床高效智能开采在相当长的一段时间内将成为我国资源开发的主导方向。创新互联网+物联网+科学开采技术,将大数据、云计算、人工智能、VR/AR 技术等,推向多种资源共伴生矿床资源勘探开发、多相多场耦合致灾机理研究、开采工艺技术创新、生产管理模式优化、开采设备升级,集成创新监控预警平台与智能决策系统,指导模态化的多种资源共伴生矿床资源防灾减灾、安全高效开采,将成为破解多种资源共伴生矿床高效智能开采的必由之路。重点研究内容包括以下几点。

　　a. 创新多种资源共伴生矿床资源透视化地质保障

该方向将地理空间服务技术、互联网技术、CT 扫描技术、VR/AR 技术、物联网技术、5G 通信技术、区域链技术等积极推向多种资源共伴生矿床资源透视化勘探开发,构建煤及共伴生资源多源多相多场的多维全息知识数据库,打造具有资源赋存透明化、灾害信息可视化的透明矿山,实现多种资源共伴生矿床资源基于时空的赋存、勘探开发、扰动多相多场耦合演化动态精准掌控。

　　b. 多相多场耦合演化机理与灾害孕育演化规律

多相多场耦合演化机理与灾害孕育演化规律研究可为多种资源共伴生矿床资源高效智能开采提供理论支撑。该方向借力互联网+、物联网、移动互联技术,消除多种资源共伴生矿床资源现场监测(历史实践经验数据、实时多源海量数据)、模拟试验(可视化数值仿真模拟数据、多尺度物理相似模拟试验数据)与基础研究试验(微-细-宏观地质岩层样本内部结构、力学属性、物性的力热耦合扰动响应表征参量数据)信息中存在的信息孤岛、系统封闭、异构融合、标准滞后现象,实现"三位一体"研究下多维多源数据的全息实时动态多向传输、共享、互馈。

　　c. 精准协同开发方式与创新工艺工序

精准协同开发方式与创新工艺工序是保障多种资源共伴生矿床资源高效智能开采的关键。形成考虑多种资源共伴生矿床资源赋存环境、多相多场耦合演化机理与灾害孕育演化规律、开拓开采工艺的多种资源共伴生矿床资源精准协调开发、生产管理、采后修复全生命周期标准指标及技术体系，指导多种资源共伴生矿床资源协同开发科学规划，深度融合互联网、通信技术，满足共伴生资源需求及环境负外部性容量。

11) 西部矿区急倾斜煤层"高保低损"开采理论

急倾斜煤层在我国储量中占比超 1/4，但产量却不足 10%，另外，随着新疆、青海等西部资源的开发，急倾斜煤层开采的强度越来越高。目前，厚度大于 20m，倾角大于 70°的急倾斜煤层，可以采用水平分段放顶煤开采，顶板破断致灾机制和顶煤破碎机理已经有了初步探索，但是急倾斜特厚煤层群水平分段综放还有很多科学问题和技术难题需要攻克；另外，厚度小于 5m，倾角大于 70°的煤层，现在除急倾斜俯伪斜柔性掩护支架开采以外，没有其他高效的采煤方法，这类煤层的回采是世界性的难题，可以探索这类煤层的自动化和流态化开采。重点研究内容包括以下几点。

a. 急倾斜特厚煤层群水平分段综放开采覆岩破断致灾机制与控制

研究急倾斜特厚煤层群开采时，合理的水平分段高度确定方法、集中开采巷道布置位置与布置方式；研究急倾斜特厚煤层全水平分段上行开采和下行开采时，岩层破断形式、破断位置、破断后可能形成的结构以及结构的失稳形式；研究覆岩破断以后动载荷计算方法，水平分段综放开采支架与围岩作用关系以及合适的架型与选型方法。

b. 急倾斜薄及中厚煤层新型无人化开采理论与技术

针对急倾斜薄及中厚煤层开采中的技术难题，研究斜向长壁、伪俯斜综采条件下采动岩层力学行为与响应机理，以及在其影响下的非对称大尺度空间支架-围岩多维耦合作用特征，提出适应该类煤层无人化开采的岩层控制关键技术；融合常规开采智能控制技术，研发具有自适应、自进化功能的核心开采装备稳定性控制技术，为实现复杂地质条件的急倾斜煤层智能化开采提供理论与技术指导。

c. 急倾斜煤层流态化开采基础理论与关键技术

研究急倾斜煤层流态化开采区域划分与巷道布置方法；研究急倾斜煤层流态化开采可控制地下气化、生物质能等原位转化基础理论与关键技术；研究流态化开采原位转化产物的采集、输送关键技术与装备；研究急倾斜煤层流态化开采岩层破坏机理与控制方法，以及地表沉陷规律和预测方法。

12) 矿井水运移和储水中的水-岩耦合作用机理

a. 煤层开采后覆岩裂隙带发育规律与地下水运移机制研究

针对大规模高强度煤炭开采方式，采用三轴渗流实验、理论分析、物理数值模拟等方式，对复杂条件下矿井采动进程中上覆岩层导水裂隙带发育规律进行系统研究；基于对采空区岩体空隙的三维空间力学分析、不连续软件 MDDA 模拟分析，以及实验室声发射力学实验，得出采空区垮落岩体空隙空间分布与时空演变规律；建立煤层开采地下水运移物理试验模型，基于对采空区垮落岩体裂隙发育和空隙分布研究，得出矿井水在采空区和覆岩中的渗流路径和运移规律。

b. 矿井采动进程水-岩耦合作用下地下水水质变化规律研究

基于矿区实测和收集资料，针对常规离子和微量元素进行数据分析，研究主要含水层的水化学离子特征分布特点，通过 AquaChem 的 Durov 三线计算、Schoeller 指印计算、Stiff 折线计算，研究控制矿区地下水水文地球化学特征的主要地球化学作用模式、环境同位素特征及水循环规律，分析地下水稳定同位素的漂移特征与水力联系，揭示地下水形成、循环和水化学演化规律，并建立典型地质和开采条件下水-岩耦合作用模拟方法，进而探究矿井开采地下水-岩体相互作用下溶质迁移模式和变化特点，分析矿井采动进程水-岩耦合作用下地下水水质变化规律。

c. 矿井水储水的水-岩耦合化学作用机理研究

以矿井水储水的水-岩耦合化学作用为研究对象，在揭示矿井采动进程水-岩耦合作用下地下水水质变化规律的基础上，采用第一性原理分子动力学计算方法，从纳米尺度研究矿井水化学组分的迁移转化路径，分析不同离子在水中的自扩散系数以及与岩石的活性作用位点；通过热力学与动力学函数探讨矿井水自净化过程的自发趋势，深入揭示矿井水储水的水-岩之间的作用机制，为矿井水存储提供理论依据和应用指导。

13) 复杂埋藏条件优质与稀缺煤层智能化开采理论基础

我国煤炭地质和开采条件更为复杂恶劣，未来我国针对优质与稀缺煤层资源的开采深度与难度也越来越大，深部埋藏作业空间更为狭窄、地质构造更为恶劣、煤岩性质更为复杂，这种苛刻环境对智能化开采实现的工艺理论性、装备适应性、机械可靠性及测控精准性提出了严峻挑战，必须解决以下三大基础问题。

(1) 复杂煤层机械-煤岩耦合作用规律及恶劣工况下开采装备高可靠性设计方法。

(2) 赋存高危环境下无人开采智能化群组机器人作业工艺及方法。

(3) 作业面全场景透明传输与远程数字孪生虚拟在线操控原理及方法，进而实现复杂埋藏条件优质与稀缺煤层的智能化开采。

重点研究内容包括以下几点。

a. 复杂赋存煤层与采掘机械的对抗敏感性及自适应控制方法

复杂赋存优质稀缺煤层开采空间特别狭小、地质构造特别繁杂，无人采掘是基于智能机械与煤岩对抗的复杂力学过程，包含煤岩截割和悬空围岩支护的自适应、高效作业，前者是外力自动破碎固体煤岩，后者是外力自适应支护采空围岩。

由于优质稀缺煤岩性状复杂且突变,为了实现无人化的安全高效采掘作业,必须揭示煤岩高效破碎作用机理,建立适应复杂煤岩性质的高效截割机具设计理论,同时还要掌握岩层与支护设备的作用敏感性规律,建立支护装备自适应控制理论及方法。

b. 机器人化装备群组联动工艺与多机协同控制方法

深部复杂煤层的采掘作业环境极为恶劣,置于瓦斯、粉尘的易爆环境,处于高湿、高温、强振、冲击工况,这种条件下采掘装备的机器人化作业是必要手段,信息准确获取和采掘装备稳定可靠调控是实现无人化采掘的技术瓶颈,也是深部复杂煤层无人采掘装备特有的关键技术难题。为此,必须揭示复杂煤岩性状突变的特征参数,揭示煤岩性状和采掘作业状态的信息感知原理,建立无人采掘装备自主定向和纠偏的智能控制理论和方法,建立机器人化装备群组联动工艺方法,研究并行多机设备无人自主协同控制机理与方法。

c. 智能化工作面数据倍生、透明传输、孪生在线方法与决策机理

复杂赋存条件的煤层开采因空间和环境制约,必须无人化开采,这就要求开采装备的成组自动化与智能化,利用联合机组各装备的动作响应和相应的时间修正技术实现对各装备延迟系统的时延补偿,通过可视化界面显示得到远程数字孪生预测状态,并与真实工作状态参数叠加、修正,用以判断当前工况与预测未知工况,达到降低时间延迟与提高工作可靠性的目的,实现控制算法与人工经验的有机结合,构建作业面场景全透明化数据传输模型,建立遥控模式与程控模式融合的异端远程共享控制模式。

14) 井下作业场所生态环境保护与评价模型

空气中颗粒物(particulate matter, PM)污染是影响人体健康的主要成分,井下采掘工作面为受限作业空间,受到井下通风能力的限制以及开采条件、开采方法的复杂性影响,井下空气质量难以保证。其中,颗粒物问题是矿工职业健康的头号杀手,也是困扰采矿行业的传统技术难题。我国矿山产量大、从业人员多,颗粒物污染控制仍处于高投入、低效果的起步阶段,以煤矿工为例,尘肺病患者超过 44 万人,占全国尘肺病患者的 60% 左右,形势十分严峻。尤其是随着我国矿山资源的大规模开发,以柴油为动力的无轨胶轮车等设备大量进入井下,导致井下的柴油机颗粒物(diesel particulate matter, DPM)污染严重,井下局部 DPM 浓度超标几千倍,严重影响井下工作人员的健康。重点研究内容包括以下几点。

a. 采掘工作场所细颗粒物(PM2.5)及 DPM 产生和扩散运移规律

针对煤矿、非煤矿、金属矿等不同类型矿山井下作业场所,研究 PM2.5 及 DPM 的产生规律及分布特征,分析作业方式、地质条件、环境特点等因素对 PM2.5 和 DPM 产生的影响,构建 PM2.5 或 DPM 扩散运动的数学物理模型,数值模拟及

实验研究不同条件下的 PM2.5 和 DPM 扩散运移规律。

　　b. 粉尘及颗粒物监测技术原理及装备

　　井下环境湿度大，严重干扰粉尘及颗粒物的精确测试，大部分以光散射原理的测量设备受井下湿度和温度影响严重，测量误差很大。目前还没有针对井下DPM 浓度的测量设备及标准。煤矿井下受煤尘的影响，实时测量 DPM 浓度成为世界难题。因此，需要研发国产以振荡天平为主要工作原理的可携带式实时粉尘监测技术及装置和高精度、纳米级、便携式 DPM 实时监测装置。

　　c. 井下粉尘及颗粒物防治理论与方法

　　过去几十年，我国矿山在喷水、泡沫降尘以及柴油机尾气过滤装置研发方面取得了一定进展，但未从根本上解决问题，亟须对突破已有防控技术，研究新型技术原理的粉尘及颗粒物抑制技术及方法。

　　d. 矿山井下作业场所生态环保系统及评价方法

　　优选培育能够对粉尘和颗粒物、噪声等显著吸收的可在井下环境生长的矮生植物，研究井下作业环境下的植物生长规律及井下巷道壁的栽培方法，考察植物与作业产生的有害物质相互作用规律，构建全新矿山井下生态系统。分析矿山井下作业场所生态环保评价指标体系，构建评价数学模型，评价不同种类矿山及不同作业方式条件下的井下生态环保优劣。

　　15) 金属矿山露天转地下开采理论与方法

　　露天转地下开采是一项庞大而复杂的系统工程，涉及多个学科。针对目前过渡期产量衔接困难、安全生产条件差和露天地下生产相互干扰等技术难题，建立露天转地下开采平稳过渡的协同开采及安全控制的理论方法与技术支撑体系，运用多学科理论，建立露天转地下开采模式综合评判模型及优选方法，确定露天转地下过渡期的时空值域，拓展露天地下共同协调开采的时间与空间，形成露天开采境界优化方法。研究露天转地下平稳过渡方式、一体化开拓及最佳衔接技术，提出露天转地下安全高效协同开采方法及工艺。

　　研究多因素耦合作用下露天边坡及地下采场的变形破坏规律及其动力响应特征，露天转地下协同开采的应力场、位移场及能量场等的时空分布规律及多因素耦合动力灾害孕育机制，构建露天转地下灾害协同防控理论体系，结合先进的 5G通信、无人机与人工智能等技术手段，研发露天转地下协同监测预报新方法及新理论，实现对露天转地下灾害全过程的实时监测及预警目标，促进露天转地下的平稳过渡与安全开采。在全尾砂膏体充填工艺及设备核心技术突破的基础上，以露天转地下露天坑治理为主线，研究膏体回填露天坑及地下开采相互协同的关键技术及相应装备，最终形成系统的露天坑治理及生态恢复关键工程技术体系。

16)深海金属矿产资源开采系统对多变海洋环境响应机理与模型

采矿船、扬矿管道和集矿机组成的深海金属矿产资源开采系统是人类工程史上最大尺度系统之一。深海金属矿产资源开采系统所处工作环境包括海底地形地质条件、非线性波浪、非定常海流以及扬矿系统内部固液两相流动等。复杂的工作环境对深海金属矿产资源开采系统作业安全威胁极大,因此亟须开展深海金属矿产资源开采系统对复杂工作环境的响应研究。重点研究内容包括以下几点。

a. 复杂流场环境模型研究

结合我国东北太平洋矿区的风、浪、流等实际环境特点,在现有海洋和气象要素观测资料基础上,开展理论研究并建立三维数值模型,模拟波浪场的时间和空间分布特性、海流的空间分布特征以及流速、流向等三维流场参数。针对深海粗颗粒矿物管道输送特点,开展理论和实验研究,建立矿物输送两相流动力学模型,提供扬矿管道内部流动环境,分析管道内部流动对扬矿管道(主要是柔性软管)系统整体动力特性的影响。

b. 强运动约束下深海金属矿产资源开采系统动力学响应研究

在我国矿区深海水文、海底沉积物原位测试数据等勘探资料基础上研究分析我国矿区海底流体环境、沉积物土力学特性、海底典型地形等环境特征,针对集矿机深海采矿作业路径和行走控制要求,开展复杂流体、地形地质环境下集矿机海底行走动力学仿真研究,预测集矿机在矿区海底行走的典型运动形式。基于我国矿区复杂海洋环境特征,并根据海面采矿船随动运动控制要求(采矿船跟随集矿机采矿路径运动),开展计算分析,揭示复杂流动环境下的海面采矿船非线性运动响应形式。开展集矿机和采矿船(大刚体)强运动约束和深海扬矿管道系统(变柔度结构,包括硬管、中间仓、软管等)大尺度刚柔耦合动力学研究,以及扬矿管道与内外部流场间的流固耦合研究。通过模型实验和计算模拟相结合的方法,研究扬矿管道系统从属运动等管道系统动力学响应特性。

c. 深海金属矿产资源开采系统在多变海洋环境的前沿科学探索

建立深海金属矿产资源开采系统所处的复杂流场环境的数值模型;基于波浪、海流等长期的观测资料,建立矿区三维海洋流场数值模型,给出矿区海域波浪、水流的时空分布特性以及相应流场参数,满足深海工程设计的需要;建立扬矿管道内部粗颗粒矿物稀疏固液两相流动力学模型,揭示扬矿管道内部流动工作特性。将理论数值模型推广应用于深海采矿系统研究。围绕战略能源开采储备国家长远战略,构建深海采矿系统在多变海洋环境的成熟理论与技术体系。

17)深海采矿系统水动力学分析

在深海研究领域,一个国家管辖海域范围之外的海床、洋底等称为深海海底区域。它的面积占到地球表面积的49%,达到将近2.517亿 km^2。在其范围内,包含储量巨大的油气以及多金属结核和硫化物等资源。随着《中华人民共和国深海海底区域资源勘探开发法》的出台，深海矿开采成为社会关注的焦点。而水动力学在深海采矿实际开采中有着十分重要的理论奠基作用，必须建立深海采矿系统水动力学分析的基础理论，并发展相应的关键技术。重点研究内容包括以下几点。

a. 多金属结核矿的水动力学分析理论

多金属结核分布在世界大洋底部水深 3500～6000m 的海底表层。它是暗褐色形如土豆的结核状软矿物体，直径一般为 10cm 左右。多金属结核含有锰、铁、镍、钴、铜等几十种元素。据科学家分析估计，世界大洋底多金属结核资源为 3 万亿 t，仅太平洋就达 1.7 万亿 t。作为国家未来重点发展和投入的领域，有必要对深海矿产开采进行深入的研究。在充分考虑水和其他液体的运动规律及与边界相互作用的基础上，重点研究结核本身的水动力学行为的统计规律；研究开采过程中，水动力作用对深海多金属结核矿的迁移和控制；研究在平行底部交汇流场作用下多金属结核矿的脱附机理。指导在不同情况下水动力作用对多金属结核矿的实际开采。

b. 发展型水动力学的 RAO 分析

幅值响应分析算子(response amplitude operator，RAO)，在船舶或者浮体设计领域，RAO 是一个工程统计的概念，可以用来计算船舶在海中工作时的行为，当计算浮体在规则波中的响应时，在一些运动情况中，是可以忽略水流的黏性影响的。通过势函数理论可以精确计算 RAO，其本质是一个由波浪激励到物体运动的传递函数。在深海采矿系统中，应在 RAO 的研究基础上，利用流体力学、固体力学分析船舶-采矿系统响应耦合，建立一种发展型的 RAO，可以促进在水动力学方向研究过程中的科学计算和规划。

c. 深海采矿系统水动力学前沿科学探索

水动力学研究促进深海采矿系统发展，围绕促进国家发展的资源开采战略，在这个世界各个国家都开始将视野面向海洋这个聚宝盆，争相投入人力、物力将海底矿产资源作为未来的储备资源，把海洋矿产资源的开采技术作为未来的战略目标的时代，积极推动深海矿物开采事业，建立完善的深海矿物开采体系和成熟的理论支撑。

(1)利用发展型 RAO 工具研究系统的运动学特性，结合动力学分析，对设计进行安全性、可靠性评估，建立体系运动的智能化约束条件，为智能采矿系统开发提供设计基础。

(2)结合准静止约束或强运动约束分析，研究船舶与采矿系统柔性或弹性连接机理，为采矿系统的关键部位提供设计基础。

4. 鼓励交叉的研究方向

1) 深部固体资源(煤炭、金属、可燃冰等)原位流态化开采理论与技术

基于智能化无人综合掘进机的采矿模式,通过原位采、选、充、发电和固体资源流态化理论突破,将固体资源转化成气体、液体或气液固物质的混合物,实现深部固体矿物资源的原地、实时和集成利用;发展深部原位流态化开采与灾变超前预警的透明化理论与方法,实现深部开采与灾变全过程的动态透明与超前预警。促进地学、物理化学、机电、人工智能等学科的深度交叉与融合,培育新的学科增长点。

2) 透明矿井构建的基础理论

研究基于矿山地质体结构模型的地质信息透明表征方法与理论,建立不同地质构造及其参数的透明化表征理论与方法;研究基于不同地球物理探测方法的地质信息透明化表征理论与方法及技术;针对不同灾害属性,探讨透明化表征方法与参数;研究地质体表征与透明矿井表征之间的关系。通过矿井地质学、地球物理学、采矿工程学、智能控制技术等多元异构数据融合与挖掘,研究井上下三维采矿空间条件下地震弹性波、电磁波场的传播规律和多场耦合机理,形成断层、陷落柱、煤层变薄带、应力集中区等不良地质体的精确定位方法与技术,揭示工作面内部隐蔽地质构造和潜在致灾地质体的赋存特征,煤矿隐蔽高温火区的蔓延规律、探测理论与方法基础,矿井地应力、围岩强度及结构数据库构建方法,构建透明化的 4D GIS 高精度三维地质几何模型和物理模型,为煤炭资源智能化、无人化开采提供"地质电子地图"导航。

3) 面向智能化无人开采的理论与方法

促进资源开采技术与大数据、人工智能、物联网等技术的深度交叉与融合,促进智能开采成套技术与装备、基于 5G 的智能协同控制、矿山大数据的分析与利用等领域有突破性的进展,形成世界范围内具有引领性的研究方向。

4) 深海采矿系统定位、导航、智能协同控制理论

研究基于水面移动节点的声学定位理论、高精度组合导航技术与方法、声学定位系统抗干扰原理与方法、导航定位多数据融合、基于虚拟现实的采集系统-输送系统-水面系统的协同控制方法、系统风险与故障诊断及预测方法。

5) 矿区大尺度灾害与生态修复协调发展机制

矿区大尺度灾害时空发展中的生态系统破损过程及演变特征;矿区废弃物、废弃能量的回收和综合利用机制;矿区生态环境损害的综合治理方法与生态重建模式;井下 PM2.5 产生特征及其有效控制理论与方法;煤田火灾演化形成过程、

热能提取与生态修复方法；资源枯竭矿井的环境退化机理及地空协同监测预警机制；废弃矿井的浅地层失稳及水系统污染演化过程；废弃矿井地下空间综合利用与生态修护的协同作用机理。

5. 应促进的前沿方向

1) 深部原位岩石力学理论

深地资源开发工程活动普遍存在着一定程度的盲目性、低效性和不确定性，广泛影响到深地矿产资源开采。其根本原因在于深部岩体介质的物理力学行为显著异于浅部的力学行为，深部岩体力学理论尚未建立，沿用传统的材料力学方法出现理论失效，无法体现赋存深度对岩体介质物理力学性能的影响。此外，传统的岩石力学理论缺乏考虑深地开采扰动条件下多场耦合的原位岩体力学行为的研究，对深地资源开采过程中能量演化特征和能量特征的原位理论认识不清。因此，迫切需要发展考虑"深部原位物理环境+深部原位应力环境+深部原位扰动环境"的深部原位岩石力学研究，破解深部能源开发、资源开采、空间利用的共性基础科学难题。重点研究内容包括以下几点。

a. 不同赋存深度原位岩石物理力学行为差异性规律

系统开展深部原位地应力场与原位扰动应力场探测，反演重构深部工程岩体三维地应力场与扰动应力场力学模型，构建实验室尺度不同赋存深度岩石原位应力环境和岩石物性的双因素模拟方法，揭示不同赋存深度岩石物理参数差异性规律及深度影响机制，探索不同赋存深度岩石力学行为特性、损伤演化及能量演化过程差异性规律，发展考虑深度效应的岩石损伤本构关系模型。

b. 深部岩石原位力学强度准则与本构

构建原位保真岩石力学实验新标准，拟结合"分子动力学-细观结构探测-宏观力学测试"等研究手段，诠释不同尺度原位状态下岩石力学参数的非常规变化、非常规力学行为以及非常规本构理论，从而探索深部岩体原位力学行为，探讨深部岩体非线性力学行为响应机制，构建深部原位岩石力学强度准则，从力学机理层面真正揭示深部岩体和浅部岩体在力学行为特征上的本质差异，实现深部条件或者极深条件岩体力学行为初步预判与描述。

c. 深部岩石原位多相多场耦合力学

研究深部多场耦合对岩石原位物理力学特性的影响规律，建立深部岩石在高地应力、高地温度和高孔隙压力多场耦合的损伤力学模型，定量表征多场耦合作用下岩石的变形、损伤、破坏全过程，定量捕捉多相多场耦合作用下深部岩石原位应力场、裂隙场、渗流场时空演化规律。构建深部强扰动和强时效作用下固、液、气多相并存、多场耦合模型，建立深部岩石"原位环境+原位扰动环境+时间效应"的多相多场耦合力学理论。

d. 基于深部工程扰动的深部原位岩石力学

工程尺度捕捉深部工程三维扰动应力路径时空演化过程，概化深部真实扰动应力路径模型，开展基于深部开采扰动应力路径的动静组合加卸载试验以及动力学试验，从能量角度出发，分析在不同开采扰动应力路径下岩石的破坏规律与机理，以及室内实验尺度下还原并捕获开采扰动作用下岩石破坏全过程，从而建立开采扰动作用下岩体动力灾害致灾判据，为深部资源开采奠定理论和试验基础。

2) 超千米深井围岩大变形智能防控理论

超千米深井地质条件复杂，其探测感知、信息传输以及巷道围岩状态一直处于信息不透明、行为不确定、系统不关联的状态，造成了巷道灾害预测难、监控难、效率低、事故多等问题，因此如何实现大变形巷道大规模、多层次、非线性的时间、空间信息沟通及耦合成为超千米深井围岩大变形智能防控面临的重大难题。重点研究内容包括以下几点。

a. 超千米深井围岩变形破坏机理

从围岩自身角度研究超千米深井围岩物性细观劣化机制、深部节理围岩物性劣化判据、深部节理围岩强度衰减规律。研究深井强采动岩石的突变力学行为特征、巷道围岩应力分布与演化特征、巷道围岩裂隙场演化及其与应力场的关系。研究高地应力与强采动叠加作用下巷道围岩结构失稳机制、深部破裂围岩巷道突发性非连续大变形机理。

b. 超千米深井巷道围岩智能控制原理

对于超千米深井巷道围岩结构大变形的特点，在高地应力及强采动影响下单一棚式支架或锚杆支护无法解决巷道围岩控制难题，需要多支护形式、多工程手段协同控制，同时需要结合大数据分析、人工智能等技术手段，研究围岩-支护协调变形规律。

c. 超千米深井大变形巷道灾害智能预警系统

对于超千米深井高地应力、强采动和复杂地质条件的特点，巷道灾害智能预警系统必须考虑地质条件与矿压规律。需开发超千米深井超长工作面多信息融合的围岩稳定性监测预警平台，以地质条件、开采技术条件、设备工况、支架工作阻力及围岩变形量等实测数据为基础，建立多信息融合的围岩稳定性监测预警海量数据中心，基于智能化数据分析模型和预警准则开发超千米深井大变形巷道灾害智能预警系统。

3) 面向智能绿色开采的岩石力学理论

智能绿色开采的实现离不开岩石力学理论的支撑，面向智能绿色开采的岩石力学理论需要解决以下几个关键科学问题。

a. 基于深度学习的采场矿压分析理论及模型泛化

采场矿压具有极强的混沌性、动态性与非线性特征，目前采场矿压分析理论及模型面临的准确性、实时动态性、经济性和安全性问题，对突发矿压问题的分析解决较为迟滞，深度学习可以基于数据训练建立动态非线性关系的精准描述，针对深度学习与采场矿压分析具有的高度契合性，研究运用深度学习理论建立采场矿压分析理论模型，并研究模型泛化方法，实现模型的迁移。

b. 基于大数据分析的动力灾害智能判识理论模型

动力灾害是一种非线性复杂问题，是煤岩体中应力场、裂隙场、渗流场和温度场形成的一个相互影响不断耦合的作用过程，风险精准判识及监控预警在该方面涉及的关键科学问题包括多尺度多物理场耦合条件下高地应力在加卸载过程中力学效应与损伤演化关系、外部应力和内部渗流场叠加作用下局部变形和裂隙扩展、气固两相多物理场动态耦合致灾机制等。针对动力灾害预警所涉及的时空数据、感知数据、生产数据、灾变数据等数据的大范围、多类型、多维度、多尺度、多时段等特征，建立面向动力灾害预测前兆信息模态的数据挖掘方法与模型，实现灾害预测前兆信息模态的自动更新，实现对动力灾害可能涉及的危险区域进行快速辨识和动态圈定，开发基于云计算及深度机器学习的区域性动力灾害风险智能判识理论模型。

c. 低生态损害开采的岩石力学理论

针对多尺度多场耦合、岩层采动裂隙分布、含瓦斯煤岩体力学-渗流响应等涉及绿色开采相关的岩石力学理论，研究开采扰动条件下岩体破裂、失稳的能量机制与判别准则；分析开采中应力、裂隙、渗流等因素对岩体失稳破坏的协同作用和不同加卸载应力路径下岩体损伤破坏的驱动机制；建立应变率、多尺度条件下岩体失稳破坏多因素协同作用的力学模型；提出岩体失稳的响应机制和触发条件；研究高强度大扰动开采支架围岩关系，建立特定赋存条件覆岩结构理论计算模型；研究采动岩体"孔隙-裂隙-采空区"多尺度地下流体渗流机制和影响控制参数。

4) 深海资源开发理论与方法

自 20 世纪 60 年代开始，西方发达国家开始纷纷投入巨额资金用于深海多金属结核矿床的勘探，以及采矿技术与冶金工艺的研发。此后，德国、日本、法国、印度、韩国等国相继建立海洋开采研究机构，已研发出了多种开采系统，如连续绳斗式采矿系统、海底遥控车采矿系统、集矿机与提升管道组合的采矿系统。

连续绳斗式采矿系统，该系统主要由拖船和水下部分组成，其中水下部分采用铰接数量众多的索斗形式，索斗按一定的间隙(约 25m)均匀分布于拖缆上。在实际操作中，将索斗和部分拖缆沉到深海目标采矿区，通过卷扬机或开动拖船来使拖缆带着索斗连续做下行、挖取、上行的循环运动，源源不断地将深海矿物被索斗带到拖船上。

海底遥控车采矿系统的概念设计是 20 世纪 80 年代法国所提出的采矿系统，由多台海底遥控车(无人驾驶的潜水采矿车)进行多金属结核的采集和提升。采矿车由质量很轻但强度很大的浮性材料制成，由集矿机构、自行推进、浮力控制和压载等四大系统组成，能在海中自由运行并深潜到海底。采矿车入水前先用压舱物堆满，随后自动伸入海底进行采矿。在海底采满矿物后，弃掉压舱物，这时便可浮到母船处卸掉矿物，再重新装上压舱物潜入海底进行下一个作业循环。

集矿机与提升管道组合的采矿系统，核心部分是自行履带式集矿机，外加输送系统和海面采矿船。在该系统作业过程中，集矿机在海底自由行走的同时采集矿物，并对收集到的矿物进行清洗和破碎，再通过输送管道源源不断地把矿物输送到海面的采矿船上。集矿机行走控制方式主要有拖拽式和海面电子控制自行式，其中海面电子控制自行式技术较复杂但效率高，是目前主要采用的控制行走方式。按驱动方式的不同，自行式又可分为轮式、阿基米德螺旋式和履带式。集矿机集矿方式从最早的机械式，到后来的水力式，现在常用的是复合式方法。

针对上述三种方式，通过研究分析，得以保留的是第三种。随后的方法研究重点在于：①技术方面，根据系统运动动力学分析，建立关于矿物采集、输运的一整套智能采矿系统基础理论；②经济方面，运用运筹学理论和数理统计分析方法，综合分析市场需求、采矿设备服务年限、固定资产投入规模、采集输运费用、冶金流程运行费用、人员配置等。

5) 月球、火星等深空资源探测与开采的探索研究

随着地球资源的短缺，特别是一些地球上稀有的资源如氦等，使得人类将获取资源的渠道拓展到了卫星和行星。开展月球及火星等深空资源探测与开采的研究成为矿业工程学科的前沿课题。随着地月及地火输运系统的完善，人类开展了关于深空资源探测与利用的前瞻性研究，但仍存在诸多技术瓶颈。重点研究内容包括以下几点。

a. 月球及火星资源探测(包括水、氧等人类生存必要资源)的获取技术

针对月球及火星特定矿产资源，采用遥感探测及原位取心矿产分析综合手段分析资源的存在形式及分布。研究资源的具体分布及采掘方法，通过理论研究与实验对比，形成太空资源采掘新理论、新方法、新技术。研究月球及火星特殊环境下水、氧等人类生存必需物质的制备方法，形成月球及火星水、氧的制备与提取理论体系。

b. 月球及火星大深度原位保真自动取心机器人技术

人类在月球和火星尚无法实现原位保真取心，致使岩心的原位信息丢失。针对以上问题，迫切需要大深度保真取心关键技术，通过开展智能大深度保真取心

机器人技术研究，实现月球及火星的大深度保真取心，了解月球及火星真实地质信息，为构建人类月球及火星基地提供理论参考。通过大深度原位保真取心机器人系统理论研究与技术突破，形成月球及火星大深度取心及返回的理论体系及技术实施方案，为人类类地行星大深度保真取心提供技术参考。

c. 月球及火星地下空间利用具体实施技术方案

针对月球及火星表面恶劣的自然条件，开展月球和火星地下恒温层空间利用构想及技术实施方案研究，开展可适宜人类居住、科学探索、旅游等月球和火星地下基地技术实施方案研究。通过月球和火星地下人类居住空间、地球物种/基因库、地下飞行式轨道交通、地下热量存储、温差发电等技术研究，形成月球和火星地下空间开发利用的新理论、新技术、新方案。

6) 智能化无人工作面开采理论与技术

我国煤炭以井工开采为主，长壁综合机械化开采是井工煤矿的高效开采方法。近年来，通过对智能化开采技术与装备的创新，突破了多项关键核心技术，逐渐形成了近 200 个智能化综采工作面。由于缺少煤层精细地质资料、综采装备开采决策理论以及控制算法可靠性、健壮性的验证等关键技术，目前的智能综采工作面在智能化程度上参差不齐，难以实现智能化综采工作面的常态化运行。为提升我国煤炭开采智能化水平，实现智能、少人(无人)、安全的开采目标，仍需开展以下重点攻关内容的研究。

a. 工作面煤层地理信息系统构建与精细预测方法

煤层是综采装备的作业对象，综采装备无法适应煤层，在开采过程中必然需要人工干预。因此，缺少对煤层赋存条件的认知，智能化综采难以实现常态化运行。研究基于前期地质勘探和煤层物探数据的煤层地理信息系统构建技术，形成煤层地质由"黑箱"向"灰箱"的转变方法；研究以赋煤地质知识为导引，以勘探数据、物探数据与综采装备开采数据为驱动的煤层地质精细化预测方法，促进煤层地质由"灰箱"转变为"白箱"，为综采装备提供较为准确的作业对象信息。

b. 智能化无人工作面开采决策方法

智能化无人工作面以综采装备为基础，根据开采决策确定的控制目标进行综采装备的协同控制。开采决策是对人高级思维决策的替代，其性能决定了工作面智能化程度。研究综采装备状态信息智能感知与深度挖掘方法，建立开采装备与煤层在时间、空间上的作业耦合模型；研究融合煤层信息和装备状态信息的工作面开采空间规划方法，形成工作面回采率、割岩量、推进率最优化的开采决策机制和方法，显著提高智能化无人工作面的自主决策水平。

c. 工作面智能化控制系统评估方法

工作面智能化控制系统适用性评估尤其是其自主能力评估是研发具有自主感

知、自主规划与自主行为能力的工作面智能化控制系统的必要环节。由于装备体量、煤岩环境、生产任务等多方面因素，工作面智能化控制系统无论是在井上还是在井下未能进行全面系统地评估就投入生产使用。这也是影响智能化工作面常态化运行的关键因素。研究工作面智能化控制系统的评价指标体系构建方法，形成工作面智能化控制系统分级评价指标体系；研究工作面智能化控制系统试验评估方法，既实现工作面智能化控制系统分级评价，又促使工作面智能化控制系统的智能化水平不断完善与提升。

7) 煤矿巷道智能化掘进理论

煤矿综采技术装备与矿井配套设施的快速发展加剧了采掘失衡的矛盾，发展巷道快速掘进成套技术装备、提高掘进智能化水平已经成为保障煤炭生产企业安全高效生产的先决条件。当前智能化掘进技术工业化应用尚未取得实质性突破，成套智能快速掘进装备应用尚处于起步阶段；掘支运不平衡、掘锚后配套系统能力差、成套系统智能化程度不高、各设备间无法协同联动是制约巷道掘进效率的关键。需在快速掘进系统的配套技术与方法、成套装备的地质适应性匹配方法、掘进机智能截割技术、智能锚护技术、输送带多点驱动功率平衡技术和张紧力自动控制技术、辅助工序自动化技术、物联网集成技术等方面进行深入研究。重点研究内容包括以下几点。

a. 煤矿智能掘进装备关键技术

主要包括以下关键技术：①悬臂式掘进机及其智能化关键技术，主要涉及状态监测、故障诊断、通信技术、截割轨迹规划；②连续采煤机及其智能化关键技术，加强与成套设备间的协同控制和智能安全防护功能是连续采煤机快掘装备的发展方向；③掘锚一体化装备及其关键技术，结合井下实际地质条件提高掘锚一体化效果；④掘进装备定向截割与导航技术，是实现自动化甚至无人化的基础，其关键在于获得掘进装备实时坐标值用以确定掘进装备的空间位姿信息。

b. 巷道快速支护技术

我国对于掘进巷道支护方式主要有锚杆支护、锚索支护、单体液压支柱配合铰接顶梁支护、超前液压支架支护、掘进机机载临时支护等，锚杆支护、锚索支护和单体液压支柱配合铰接顶梁支护已经难以满足综采工作面安全高效生产要求，需加强对掘进机机载临时支护、锚杆支护、锚索支护、超前液压支架支护等巷道支护装备等的研究。推动掘进掩护支架的研发，杜绝空顶作业，保障掘进中施工人员的绝对安全。

c. 智能化多机协同控制系统

构建智能化多机协同控制系统，实现快速掘进成套智能装备各子系统的联合动作，减少掘进面施工人员数量，实现连续、快速、稳定、安全的智能化巷道掘锚运作业；通过掘锚机和锚护设备的协同作业，实现掘锚平行、分段支护、连掘连运等功能。加强百米无人掘进系统与装备的研发，实现多类别钻机平台"实时三维场景"远程自动控制，将人员撤离掘进面最危险的百米范围。

8) 井下精准定位与智能导航

井下精准定位与智能导航是实现地下固体资源自动开采、智能开采的关键技术。地下封闭环境给开采装备定位提出了很大的技术挑战。井下精确定位与智能导航的主要任务是确定开采装备在井下的相对位置，并实现开采装备自动智能导航。因此需要重点解决以下三个问题。

a. 井下空间高精度导航地图

利用深地钻探、地表震波等深地勘探技术，获取深地资源分布基础数据；以地质精细勘探资料为基础，利用工程地质专家知识、计算机处理、数学拟合技术及计算机图形学理论与相关算法，建立深地资源三维地质模型，实现对复杂地质特征的模拟；通过三维地质建模，建立完善的深地资源储层地质数据库，完成各项基础数据集成及标准化处理，能够直观显示深地开采装备所处地质环境条件，包括矿层起伏变化、厚度、顶底板岩层性质等地质条件，为深地开采装备提供导航地图与开采工艺参照基础。

b. 分布式深地局部定位系统构建方法与技术

提出以次声波、(超)低频电磁波为传输介质的分布式深地局部定位系统；研究不同频率次声波、(超)低频电磁波在不同岩层的传输特性，建立次声波、(超)低频电磁波发射频率、能量、传播距离、衰减特性与地质条件的关联规律与定位算法；研发次声波、(超)低频电磁波发射装置、接收装置及其在地表、浅埋深的开采装备安装布置方法，创造以地表、浅埋深发射装置为基准(卫星)，深地开采装备机载接收装置为客户端的深地类全球定位系统(global positioning system, GPS)，为深地开采装备自主定位提供校准基准。

c. 深地开采装备全源多信息融合自主导航技术

深度挖掘可作为导航源的开采装备自身传感数据，建立即插即用的传感器数据源，研究自适应全源兼容滤波器算法；构建以深地地理信息系统、分布式深地局部定位系统、惯性导航系统为主的深地开采装备全源多信息融合自主导航技术架构及其相关算法，建立多信息融合导航半实物仿真系统，提出验证导航算法的导航性能的方法，为导航算法移植工程应用提供理论依据。研究基于开采工艺的开采装备导航路径规划与定向纠偏控制策略，研发深地开采装备全源多信息融合自主导航系统，实现深地开采装备在GPS拒止环境的精确定位，为深地资源精准开采提供准确导航信息。

9)深海资源岩性识别和选择性采掘剥离机制与方法

普遍为人们所认识的深海矿产资源有多金属结核、富钴结壳和多金属硫化物三大类。多金属结核矿石赋存于海底沉积物上，没有矿-岩界面，只需在沉积土上收集矿石，采矿即是集矿。富钴结壳是赋存于基岩上的薄层矿，厚度通常为 10cm左右，也有个别厚度达 25cm。由于矿和基岩岩性差别较大，可以认为它是一个有明显矿-岩面的薄层矿体。多金属硫化物是一种厚层矿体，矿体边界复杂，矿石本身力学特性没有一致性。矿体和矿石的采掘剥离工艺要求各有特点。对于富钴结壳的采掘剥离，可以归结为基岩上剥离破碎采掘。而采掘多金属硫化物则可能在开采境界内，对不同岩性的矿石进行剥离破碎。

a. 富钴结壳

在采掘剥离中，精细的岩性识别可以测量矿层厚度、矿岩硬度和基岩硬度。在采掘作业时及时预报岩性测量数据，给采掘机智能决策提供依据，通过实时调整采掘方法，实施最优采矿工艺，实现高效采掘。具体包括：①富钴结壳岩性探测方法与数值在线分析；②富钴结壳高围压下的破岩机制；③自适应及智能采掘剥离方法。

b. 多金属硫化物

在线测定矿岩浅表层(10~20cm 厚)岩性，对变化的矿岩特性进行实时预报，为采掘机智能决策提供依据，通过更换刀头，调整采掘方法，实现高效采矿。具体包括：①多金属硫化物岩性探测方法与数值在线分析；②多金属硫化物工艺矿物学分析及高围压下的破岩机制；③智能"柔性"采掘剥离方法。

6. 学科优先发展领域

1)"十四五"规划(2025 年)优先发展领域

(1)岩体原位保真取心原理与方法。

(2)近零生态损害的开采理论与方法。

(3)面向智能化无人开采的理论与方法。

(4)深地矿产与地热资源共采基础理论与技术。

(5)关停矿井综合利用理论与方法。

2)中长期(2035 年)优先发展领域

(1)深部固体资源(煤炭、金属、可燃冰等)原位流态化开采理论与技术。

(2)深部煤炭资源原位流态化开采原理与透明化方法。

(3)深海资源开发理论与方法。

(4)月球、火星等深空资源探测与开采的探索研究。

1.2　石油工程学科

1.2.1　学科的战略地位

1. 学科定义及特点

石油工程，就是围绕油气资源的钻探、开采及储运而实施的知识、技术和资金密集型工程，是油气勘探开发的核心业务，包括油气藏工程、钻井、完井、采油采气及储存与运输等主要工程环节，是一项复杂的系统工程，涉及多个学科领域。在世界范围内，石油与天然气勘探开发的巨额花费主要用于油气工程方面，包括油气勘探总成本的大部分(55%～80%，用于钻探)及油气田开发与储运工程的全部花费。

随着地下油气资源钻探、开采及储运的主客观约束条件日趋多样化和复杂化，不断对石油工程领域的科技创新和人才培养提出越来越高的新要求，促使本学科与地质、力学、物理、化学以及材料、机械、电子、控制、海洋、环境、管理等相关学科的联系更加紧密，学科交叉与渗透的作用对本学科发展的影响越来越大。由于人类对"健康、安全、环境"更高目标的追求，进入 21 世纪后，伴随信息、材料、人工智能、机电液一体化等学科领域的科技进步，石油工程学科必然向着信息化和智能化方向加速发展。

根据石油工程的学科内涵和专业属性，该学科主要由油气井工程、油气田开发工程和油气储运工程三个二级学科构成。

油气井工程，是人类勘探与开发地下油气资源必不可少的信息和物质通道。油气井工程，就是围绕油气井的建设(钻井与完井)、测量(测、录、试)及防护而实施的技术和资金密集型系统工程，涉及多个学科领域。它不仅是贯穿于油气勘探开发全过程的关键工程之一，而且对地热、地下水等流体资源的开发，以及管道穿越工程、地球科学钻探工程等都具有重要的实际意义。

油气田开发工程，是指从油气田被发现后开始，经过储层评价、地质储量计算、编制开发方案、产能建设与投入生产、动态监测与管理、开发方案调整等，直到油气田最终废弃的全过程，是一项复杂的系统工程，其主要的学科内涵包括油气藏工程、油气生产及提高采收率等。

油气储运工程，是围绕油气的矿场集输与处理、长距离输送、储存与储备、城市输配及军事油料供给等生产过程的复杂系统工程，涉及多个学科领域，具有广阔的技术、地域及社会覆盖面。油气储运设施不仅是油气工业的重要组成部分，而且其作为国民经济的重要基础设施，也是现代能源体系与现代综合交通运输体系的重要组成部分，并与国防建设和人民生活息息相关。

　　2. 学科的战略地位及需求

　　在世界范围内，石油与天然气资源(简称油气资源)既是主要的优质能源，又是保障一个国家政治、经济、军事安全的重要战略物资。从"柴薪时代"发展到"煤炭时代"，再发展到"油气时代"，并向未来"新能源时代"发展(未来的"新能源"主要是指风能、水能、太阳能等可再生能源)，世界能源结构不断向好变化。目前，人类的能源开发利用仍处在"油气时代"，特别是北美的页岩油气革命(其实质是油气资源开发的工程技术革命)，显示出"油气时代"广阔的发展空间。然而，我国的能源结构还比较落后，目前仍处在"煤炭时代"，这种落后的能源体系造成空气污染和生态破坏，在我国发达地区已接近环境容量的极限，迫切需要推动能源结构向清洁化加速转变甚至革命。

　　目前，在全球一次能源消费中，石油、天然气、煤炭等化石能源的占比达到80%以上，大部分国家在90%左右。在2003～2013年，全球一次能源消费量增长了28%，其中石油消费增长12%，天然气消费增长29%。在可以预见的未来20～30年里，化石能源的占比会有所下降，但作为主体能源的地位不会发生根本性改变，特别是油气消费将继续增长。

　　我国油气供需矛盾日益加剧，油气消费对外依存度逐年增加。2018年，我国石油消费对外依存度高达69.8%，天然气消费对外依存度也达到了45.3%，油气资源短缺已成为制约我国社会经济可持续发展的主要瓶颈之一。按照"在保护中开发，在开发中保护""环保优先"的原则，加快低品位资源的有效动用，做好勘探开发提速。同时，必须立足于全球资源，大力实施"走出去"战略，按照合作双赢的理念来促进国际油气合作，弥补国内油气资源不足。显然，国家正在积极实施石油与天然气勘探开发战略，从而对石油与天然气工程(简称石油工程，其英文名称为 Petroleum Engineering)提出了新的重大需求，同时也彰显出本学科未来建设与发展的重要战略地位。

　　随着国内油气勘探开发程度的不断提高，剩余的油气资源大多分布在山地、沙漠、高原、黄土塬和海洋(尤其是深水)覆盖地区，地面环境和地质条件都比较复杂，而且大多为非常规、低(特低)渗透及深层、深水等难动用油气资源，勘探开发的难度不断加大，油气储运工程学科发展迫切需要解决油气储运各生产系统中工艺、设备、安全等方面的理论和技术难题，并通过交叉学科创新发展油气储运工程的理论与技术。

　　1)低渗透油气资源的高效开发

　　国内新增油气储量的70%、新增产量的70%以上为低渗油气藏(含特低渗)，长庆油田是典型的低渗油气田,其 2013 年产量超过了 5000 万 t 油气当量。因此,低渗油气藏的有效动用程度及后续的提高采收率水平,直接影响到我国的原油产量。与中高渗油藏相比,低渗油藏的开发目前仍以水驱为主,研究集中于渗流规律的认识,但随着油田综合含水率的上升以及特低渗油藏的开发,对提高采收率理论方法及相关技术措施提出了新的更高要求。低渗油藏的储层非均质强和多孔介质结构复杂,相应的开发特点与方式具有多样化,且难以控制。因此,在前期研究的基础上,今后应重点研究低渗油气藏的微观特征与渗流机制,开发提高单井产能及最终采收率的先进井型和井网;研究复杂结构井设计与钻采控制技术,以及改善水驱、优化气驱及控制窜逸等提高采收率,等等。

2) 非常规油气资源的高效开发

非常规油气是指难以用常规技术手段进行有效开采的油气资源,主要包括页岩油气、致密油气、重油和油砂、煤层气、天然气水合物等,其资源量远大于常规油气,已成为战略性接替能源,在国内外备受关注。我国的非常规油气资源十分丰富,但品位极低且客观条件复杂,采用现有的理论方法和技术手段难以实现经济有效动用的高效开发目标,照搬国外技术难免"水土不服",而且国外关键技术被严格垄断。因此,迫切需要针对非常规油气工程科技发展的国际前沿及制约我国非常规油气有效动用的重大科学问题开展创新性基础研究,建立相适应的高效开发理论和钻采与集输处理新技术,要求今后的研究重点是:非常规油气高效开发模式及其技术经济可行性;以水平井为基本特征的复杂结构井优化设计与钻采控制;水平井分段体积压裂;以及"工厂化"作业模式及安全环保等。

3) 深层油气资源的安全高效开发

井深为 4500～6000m 的油气井,称为深井,超过 6000m 井深的油气井则称为超深井。我国发现的剩余油气资源有 40%左右埋藏在深层,近年发现的特大型油气田,如塔里木油田、川东北油田、松辽深层油田等均处于超过 4500m 垂深的深部地层,一些海外合作区块油气藏也埋在深层。深层油气资源是目前和未来我国油气资源战略接替的重要领域之一。因此,加快深层油气勘探开发已成为保障我国能源安全的重大需求之一。深层地质环境的复杂性(如高温高压、酸性气体、盐膏层、高陡构造等复杂地质条件),严重制约了深层油气资源的勘探开发进程,仍需深入研究深部岩石破碎机理与高效破岩方法、井筒压力系统与井眼稳定控制方法、钻井设计与风险控制机制等关键问题。

4) 海洋深水区油气资源的安全高效开发

在海洋石油工程中,小于 300m 的水深称为浅水;大于或等于 300m 而小于500m 的水深称为次深水;大于或等于 500m 而小于 1500m 的水深称为深水;达到或超过 1500m 的水深则称为超深水。党的十八大报告提出:"要提高海洋资源开发能力，发展海洋经济，保护海洋生态环境，坚决维护国家海洋权益，建设海洋强国。"过去几十年我国海洋油气勘探开发主要集中在近海浅水区，导致远海深水区的石油工程理论和技术较为匮乏，亟须开展相关的基础研究与技术创新。深水石油工程具有技术难度大、作业费用昂贵、安全环保要求高等风险特征，迫切需要高科技支撑。

5) 老油田剩余油分布与提高采收率

全球原油产量的 70%依靠老油田挖潜，老油田仍将是未来全球石油供给的主力油田。如果全球老油田采收率提高 1%，就会增加可采储量 50 多亿吨，约为全球两年的石油消费量。就我国而言，提高老油田采收率 1%，就相当于全国一年的产量。然而，目前我国老油田平均含水率高达 90%，而平均采收率只有 35%。因此，老油田进一步挖潜的空间很大，同时开采难度也不断增大。围绕老油田剩余油分布与提高采收率问题，今后需要重点研究：老油田剩余油赋存规律与分布预测，水驱优势通道描述与深部调控，复杂油藏化学驱油和微生物采油，多元复合、纳米智能、气液超临界等四次采油驱油体系，以及通过井网调整、老井侧钻等工程方法提高单井产量和最终采收率，等等。

6) 油气管网系统的安全高效运行

油气长输管道既是国家能源大动脉，也是国民经济重要基础设施。我国境内现有油气长输管道 14.4 万 km，已形成了横贯东西、纵贯南北、连通海外的网络系统。一方面，庞大的管网连接油气田(或港口、跨国管道)与众多工业用户与市政设施，其经济与高效的调运是油气供应保障所必需的。另一方面，由于高压输送、介质易燃易爆、地域覆盖面广，油气管道属于高风险设施。其中，天然气不仅易燃易爆还极易扩散，且管网压力高(12MPa 以上)、口径大(1422mm)、规模大(目前约占我国油气长输管道总里程的 2/3)、覆盖面广；天然气资源-管网-用户一体化的特点使得干线管网一旦发生重大事故将造成供气能力严重缺失，产生非常严重的社会后果。因此，油气管网系统的运行安全已成为迫切需要解决的问题。

1.2.2　学科的发展规律与发展态势

随着国际形势的变化尤其是中美贸易摩擦，以及新一轮科技革命的兴起，信息化、智能化、绿色化迅速向各学科领域渗透，不断地冲击着传统石油工程学科的界限，不同学科相互渗透、相互融合。以信息化、智能化、绿色化为创新驱动的学科融合发展将极大丰富石油工程学科的科学内涵，促使学科进入快速发展阶段。

石油工程学科是基于机械、材料、化工和电机这四大工程支柱学科并结合石油天然气工业的具体特点衍生而来，数学、物理、化学、力学、地质等基础学科为该学科的可持续发展提供了不竭的源泉和支撑，智能化、数据化为本学科的与时俱进提供了智慧的启迪和动力。

我国油气资源开采向深层、深水、非常规发展对石油工程学科安全、高效、集约、低耗、绿色、环保等提出新要求，激发了一批新兴工程科技问题，并成为本学科关注的热点。随着东部主力油田开采年限的不断延长、油藏区块含水率的不断上升以及对提高采收率的永恒追求，致使油井采出液和采出水的性质日趋复杂多变，降本增效、节能环保对传统油气开发理论与技术提出新的要求。

1. 学科发展规律与态势

近代石油工业发展已有 120 多年的历史。自 20 世纪以来，人类对石油与天然气的需求迅速增长，石油与天然气工业获得了高速发展，从而促进了石油工程理论与成套技术的形成和发展，逐步从采矿工程中分离形成了相对独立的学科。为了加强能源基础工业建设，促进国民经济快速发展，使学科建设更为科学、规范，在 1997 年颁布的《授予博士、硕士学位和培养研究生的学科、专业目录》中，将原"地质勘探、矿业、石油"学科分解为三个一级学科，其中包括石油与天然气工程一级学科(隶属于工学门类)，并下设了油气井工程、油气田开发工程、油气储运工程等二级学科。

石油工程学科的发展不同于数理化等自然科学基础学科，它不仅要受自然科学规律的约束，而且要受地下资源条件和经济社会发展的综合约束。因此，石油工程学科的发展水平，不仅取决于本学科以往发展的积累，而且要与经济社会的发展和需求密切相关。近年来，由于各国对石油和天然气不断增长的巨大需求，国际性的石油与天然气勘探开发事业呈现出空前繁荣的发展局面。从地下油气资源钻采的难易程度来看，人类的油气勘探开发活动总是遵循"先易后难"的基本规则，迄今已对埋藏于中浅层、近浅海等相对容易钻采的常规油气资源进行了大规模勘探开发，相应的科学研究与技术发展水平也比较高，但对低渗透、非常规、深层及深水等低品位或难动用的油气资源勘探开发程度则较低，后者也是未来国内外油气勘探开发的重点和热点，因此石油工程学科面临许多新的挑战和发展机遇。所谓"低品位油气田"主要是指低(特低)渗透、致密、重油、页岩油气等难动用油气储量，具有"量大、质差、难开采"的基本特征；所谓"老油田"主要是指我国东部已实施过三次采油的高含水油田，其进一步挖潜与提高采收率的技术难度很大。

从学科发展态势来看，虽然全球油气资源丰富，但容易勘探开发的常规资源比例越来越小：全球原油产量的 70%依靠老油田挖潜；美国的页岩油气产量已占到总产量的 40%；2015 年以来全球重大油气发现的 70%来自深水；北极圈油气资源量约占全球未开发油气资源的 20%。因此，未来的油气勘探开发要求工程作业更加安全环保、更优质快速及更经济有效等，从而对信息化、智能化及自动化不断提出新的重大技术需求。为此，石油工程学科发展必须更加注重与相关学科交叉融合，以便为解决日趋复杂化的工程技术瓶颈问题提供有效的科学动力。

2. 学科主要基础科学问题

根据上述学科发展战略需求，针对低渗透、非常规、深层、深水及老油田等难动用剩余油气资源的安全高效开发难题，以及开发利用国外油气资源的客观要求，石油工程学科"十四五"涉及的主要基础科学问题可概括如下。

(1) 实钻地层物理化学特性和岩石力学问题：实钻地层的孔隙度、渗透率、流体饱和度、理化特性及"声、电、核"特性等，地应力分布、地层安全钻井压力窗口、地层可钻性、地层脆性及地层各向异性、岩石破碎力学与高效破岩方法等问题，特别是地层物理力学特征的多尺度多场耦合问题等。

(2) 油气藏开发问题：低渗透及非常规油气藏多场多尺度耦合渗流机理，提高采收率方法，低成本高效驱替介质，复杂油气藏开采的物理模拟与数值模拟，储层高效改造与油气高效举升，储层物性长期变化的精细描述，剩余油形成机理与分布规律，稠油热动力学热化学驱替方法，水动力学方法的油气田开发调整决策等问题。

(3) 复杂工况管柱与管线问题：力学和环境行为，密封完整性，适用管材，失稳失效，安全寿命周期，以及技术功能等。

(4) 复杂油气工程中的相互作用问题：包括钻头与地层相互作用，井下管具、流体与井眼相互作用，井下流固耦合及力学与化学耦合，油气输送中的流动、传热、传质及相变耦合，井筒和油气输送管线完整性，等等。

(5) 油气田化学问题：入井工作液的作用机理与性能调控、环保与资源化再利用问题，大规模压裂液返排处理与循环利用，水驱优势通道描述与深部调控，老油田化学驱油和微生物采油，原油改性及水合物抑制，以及石油工程设备和结构腐蚀与防腐，等等。

(6) 油气工程复杂流动问题：复杂条件下钻井与完井多相流，人工举升多相流，油气管道输送多相流及非牛顿流，新型射流及其技术特性，等等。

(7) 油气工程信息化与智能化问题：分布式光纤传感技术(包括分布式光纤温度监测系统、分布式声波监测系统、分布式光栅温度监测系统、光纤永久式温度压力监测系统、分布式应变监测系统等)、随钻测量(包括测斜与测距、地质测井、储层界面探测、近钻头测力等)、油气井筒和管线安全检测与诊断，智能化钻井与完井，智能化复合人工举升，智能油田，钻采机器人以及智慧管网等。

1.2.3 学科的发展现状与发展布局

1. 学科发展现状

油气井类型已从浅井、中深井发展到深井、超深井,同时从直井发展到定向井、水平井、丛式井、大位移井、双水平井、多分支井等;油气开采方式已从单纯依靠天然能量和人工补充能量开采方式,发展到利用物理、化学和生物等综合方法以经济有效地提高油气田单井产量及最终采收率;油气储运已经从孤立的管道、铁路油罐车、油库发展到衔接油气工业上中下游的综合网络体系,从小口径、短距离、低压力、人工操作的小型、地区性管道发展到大口径、超长距离、高压力、全自动远程控制的大型跨国管网,处理的油气介质及相应的工艺技术也日趋多样化和复杂化。

迄今为止,全球石油工程理论与技术的综合发展现状可使油田最终平均采收率达到35%,未来老油田挖潜的提升空间仍然很大,我国在化学驱提高采收率方面具有一定的综合技术优势。在国际上,垂直钻探的最大垂深为12289m(俄罗斯科拉半岛),大位移钻井的最大水平位移为12700m,海洋钻探的最大水深超过了3000m,不同垂深和水平位移的海洋钻井世界纪录大多保持在美国墨西哥湾钻井纪录中。在我国,垂直钻探的最大垂深为8882m(新疆塔里木油田轮探1井),大位移钻井的最大水平位移为8222m(南海西江24-1油田),海洋钻探的最大水深约为2451m(南海荔湾21-1探区)。

我国现有油气长输管道总里程近14万km,基本形成全国性的网络,并且在"十四五"期间仍将有快速发展。中俄、中亚、中缅等跨国油气战略通道,对提高我国能源安全保障水平已发挥重要作用。目前,我国油气储运科技总体上处于国际先进水平,其中在X80高强度管线钢断裂控制理论及应用技术、易凝高黏原油流变性理论及改性方法与输送技术等领域处于国际领先地位。然而,在高压大口径油气管网安全及高效运行、深水和非常规油气田的集输与处理等领域还迫切需要加强。

需要特别指出,在世界范围内,随着社会经济的发展,陆地资源的开发利用日趋枯竭,从而使海洋矿产资源的开发利用受到广泛关注,尤其是海洋油气资源的勘探开发更是如此,目前已从近海浅水区发展到远海深水区,如墨西哥湾、西非、巴西、北海(大西洋东北部的边缘海)及我国南海等海域。在海洋石油工程方面,我国的技术装备水平在近海浅水区已接近国际先进水平,但在深水区与国际先进水平仍存在较大差距,今后既要加大相关技术装备的研发力度,又要重视加强相关的基础理论研究。

我国剩余油气资源中,难动用储量的比例不断增加,包括低(特低)渗透、非常规、深层、深水等油气储量,同时还面临山前构造、高温高压、岩膏地层、酸性气层、页岩和致密砂岩地层以及深水、山地、沙漠等复杂地层和环境的严峻挑战，对石油工程科技创新和人才培养不断提出新的更高要求。

2. 学科发展布局

在石油工程专业教育方面，美国等西方发达国家已有较长的发展历史。1912年美国在大学里首次开设石油工程专业课程，1916年美国第一次授予石油工程专业的学士学位，石油工程开始作为一门独立的新兴学科正式发展起来，其科学体系也开始形成。目前，在欧美国家的一些名牌大学里都设置了石油工程系，如美国的斯坦福大学、得克萨斯大学奥斯汀分校、得克萨斯农工大学、塔尔萨大学等，专门培养石油工程领域的学士、硕士和博士等高层次人才，同时开展相关科学研究。以 1953 年成立的北京石油学院为主要标志，我国的石油工程高等教育已有60 多年的发展历程，为国家培养了一大批石油工程学科领域的高层次专业人才，基本满足了不同时期我国油气工业对专业人才的迫切需求，同时在科学研究方面也取得了丰硕的创新成果。目前，中国石油大学(北京)、中国石油大学(华东)和西南石油大学的石油工程学科进入国家一流学科建设高校行列，标志着我国在石油工程学科领域的发展水平不仅达到国内一流，而且已迈入争创世界一流的国家优势学科行列。

除了上述大学以外，还有中国石油勘探开发研究院研究生部及多所相关高等学校，都在石油工程学科领域开展科学研究与人才培养工作。相关高等学校主要有：中国人民解放军陆军勤务学院、长江大学、西安石油大学、重庆科技学院、河北石油职业技术大学、辽宁石油化工大学、成都理工大学、中国地质大学(北京、武汉)、常州大学、延安大学、北京大学、北京科技大学、北京师范大学、西安交通大学、西北大学、燕山大学等。另外，还有其他一些学术单位，在石油工程学科领域设有专门的科研机构。

未来应以国家重点学科、国家重点实验室等国家级创新平台为中心，动员全国的石油工程学科队伍，充分发挥各有关单位在本学科领域形成的特色和优势，积极开展协同创新研究，重点解决国内及海外合作区块复杂油气田(难动用油气储量)的钻探、开采及储运等工程科技难题，为我国油气增储上产提供理论指导及核心技术支撑。

3. "十三五"期间取得的标志性成果

1) 2016 年标志性成果

a. 延长油区千万吨大油田持续上产稳产勘探开发关键技术

该课题由陕西延长石油(集团)有限责任公司、中国石油大学(华东)、中国科学院地质与地球物理研究所、中国地质大学(北京)、西安石油大学承担。建立了特-超低渗油藏"差异成储、多期运聚、源导共控"多期成藏理论,揭示了中生界原油在源外地区长距离运移、广泛分布、甜点式聚集的成藏机理与分布规律,指导在远离生烃中心源外地区取得重大勘探突破,勘探成功率由28%提高到56%,相继发现了3个亿吨级油田和21个中小型油田。发展了特-超低渗油藏渗吸-驱替渗流理论,揭示了渗吸-驱替双重渗流作用转换机制,建立了毛细管力、渗吸速率分形预测等模型,构建了渗吸与驱替双重作用的"适度温和"注水开发技术。建成年产100万t以上油田4个,自然递减率由18.22%下降到12.60%。发明了高螯合度液态硼交联、微生物降残渣、纳米乳液助排等6种协同增效添加剂,研发了超低浓度低伤害胍胶和"携砂-驱油"多功能无残渣等高效压裂液体系,开发了纤维加砂高导流缝网压裂和小间距水平缝不动管柱"一层多缝"精细压裂技术。规模应用42300多井次,平均单井产量由0.5t/d提高到1.2t/d。研发了自适应深部调控、"催化媒"复合耗氧低温空气泡沫驱油、润湿性/界面张力协同增效生物活性驱油和 CO_2 捕集-埋存-提高采收率一体化等技术。规模应用4812井组,累计增油470万t,综合递减率由14.72%下降到8.03%。该成果获得2016年度国家科学技术进步奖二等奖。

b. 古老碳酸盐岩勘探理论技术创新与安岳特大型气田重大发现

该课题由中国石油天然气股份有限公司西南油气田分公司、中国石油天然气股份有限公司勘探开发研究院、中国石油集团川庆钻探工程有限公司、中国石油集团东方地球物理勘探有限责任公司承担。该成果提出并发现了晚震旦世—早寒武世克拉通内裂陷,明确了生烃中心,创建了两类沉积新模式,并揭示了成储机理,突破了克拉通内资源分散、缺乏规模储层的传统认识;建立了以裂陷为核心的古老碳酸盐岩"四古"成藏理论,有效指导了安岳特大型气田发现;自主研发6项关键技术,攻克了古老碳酸盐岩地球物理技术瓶颈,保障了高效勘探。该成果应用效益显著。截至2016年,探明天然气地质储量8102亿 m^3,三级储量超1.5万亿 m^3。该气田的发现对改善国家能源结构、保障能源安全意义重大。该成果获得2016年度国家科学技术进步奖二等奖。

c. 复杂结构井特种钻井液及工业化应用

该课题由中国石油大学(北京)、中国石油集团钻井工程技术研究院、西南石油大学承担。课题组发明了复杂结构井特种钻井液新材料和新体系,揭示了强力胶结岩石有效稳定井壁、高润滑降摩阻的机理,发明了将特殊化学结构接枝到聚合物链、提高抗温性的方法和增强岩石颗粒间内聚力防塌新材料、增强金属/金属和金属/岩石间键合性润滑新材料。以两种复杂结构井钻井新材料为核心,创建了钻井液新体系,井塌事故率降低82.6%,钻速提高27.7%;摩阻和扭矩同国际先进指标相比分别降低35.3%和26.5%。发明了岩心应力变化承压堵漏评价新方法与高磨阻防漏堵漏新材料。揭示了堵漏材料与地层裂缝壁面吸附、滑脱、压力传递机理，指导建立了基于岩心承压、破裂、裂缝重新开启和裂缝延伸压力测定的堵漏评价新方法，发明了强吸附、高磨阻改性环氧聚酯堵漏新材料，与国外先进技术相比，压力分别提高 8MPa、10MPa、5MPa、4MPa。井漏事故减少 80.6%。发明了双疏和贴膜保护油气层新方法和新材料。创建了油气层气湿性与成膜保护油气层新理论，建立了反映复杂结构井油气层损害各向异性强、损害程度大等特征的损害数学模型和分段评价法，指导发明了保护油气层的双疏、贴膜新方法和新材料。与以前复杂结构井相比，平均日产量提高 1.6 倍以上，损害评价方法入编美国大学教材，成为国际公认方法。上述发明构成了复杂结构井特种钻井液的有机整体，对推动行业技术进步和钻井主体技术升级换代发挥了重要作用。该成果获得 2016 年度国家技术发明奖二等奖。

　　d. 深层超深层油气藏压裂酸化高效改造技术及应用

　　该课题由西南石油大学、中国石油化工股份有限公司西北油田分公司、中国石油化工股份有限公司胜利油田分公司承担。该项目组历时近 10 年攻关，发明成功深层超深层油气藏压裂酸化高效改造技术，实现了从 4000m 深层到 7500m 超深层改造的重大技术跨越。研发成功世界上第一套 180～200℃瓜尔胶压裂液体系，抗高温能力比国内外提高 40℃以上，发明的超高温压裂技术将温度从 160℃提高到 200℃。首次提出并揭示酸损伤降低破裂压力技术的思路和机理，建立油气层岩矿酸损伤理论，发明酸损伤降低破裂压力预测方法和加重减阻液，建立网络裂缝酸损伤工艺，抗高压能力比国内外提高 42MPa，发明的超高压压裂技术将安全高效施工压力从 95MPa 提高到 137MPa。首次提出高闭合压力下定量描述和测试支撑剂嵌入深度的原理和分析方法，创造性发明抗闭合支撑剂高效铺置清洁压裂技术。首次提出缝洞型储层蚓孔发育及滤失测试表征方法，创造性发明粉陶压裂与酸压交替联作的高温深井抗滤失深穿透复合酸压技术，温度 140℃以上、井深 7500m、连通缝洞储集体距离可达 200m，比国内外已有技术提高 80m。该成果获得 2016 年度国家技术发明奖二等奖。

　　e. 陆域天然气水合物冷钻热采关键技术

　　该课题由吉林大学、中国地质科学院勘探技术研究所、中国地质调查局油气资源调查中心承担。该项目针对中国高海拔、严寒地区冻土带天然气水合物勘探开发重大战略需求，历经十多年的技术攻关，攻克了冻土层井壁坍塌、井内涌气和井喷、低品位天然气水合物开采和天然气水合物样品易分解等一系列钻采技术难题，成功研发了国内外首创的具有自主知识产权的天然气水合物冷钻热采关键技术。主要技术发明如下：发明了低温钻井流体强化制冷技术。研制了同轴套管式和螺旋板式换热器，换热效率达 90%，有效解决了冻土层井壁坍塌、井内涌气和井喷技术难题。发明了高温脉冲热激发开采技术。研制了井内热敏式多段封隔器和脉冲热蒸汽发生装置，蒸汽脉冲压力达 4MPa，温度达 255℃，成功实现了裂隙型低品位天然气水合物的试开采。发明了孔底快速冷冻取样钻探技术。研制了FCS 型干冰法和液氮法孔底快速冷冻取样装置，冷冻样品的表面温度最低达–23.5℃，解决了天然气水合物样品易分解技术难题，实现了孔底快速冷冻天然气水合物样品。发明了仿生减阻降热钻头技术。研制了仿生减阻孕镶金刚石钻头和仿生降热 PDC 钻头，钻进速度提高 26%～46%，实现了快速钻进天然气水合物地层，避免了钻进过程中天然气水合物分解。该成果已为我国首次钻取陆域天然气水合物和成功试开采提供了技术支撑，为国家专项的实施提供了保障，可进一步推广于深部资源勘探开发，推广应用潜力巨大，前景广阔。该成果获得 2016 年度国家技术发明奖二等奖。

2)2017 年标志性成果

a. 涪陵大型海相页岩气田高效勘探开发

该课题由中国石油化工股份有限公司勘探分公司、中国石油化工股份有限公司江汉油田分公司、中国石油化工股份有限公司石油工程技术研究院、中国石油化工股份有限公司石油勘探开发研究院、中石化中原石油工程有限公司、中石化江汉石油工程有限公司、中石化石油机械股份有限公司、中国石油化工股份有限公司石油物探技术研究院、中石化胜利石油工程有限公司、国土资源部油气资源战略研究中心承担。该项目通过理论、技术创新和关键装备研制，发现并成功开发了我国首个也是目前最大的页岩气田——涪陵页岩气田，使我国成为北美之外第一个实现规模化开发页岩气的国家，走出了我国页岩气自主创新发展之路。形成了我国南方海相页岩气富集规律新认识，建立了页岩气战略选区评价体系，发现了涪陵海相大型页岩气田，并探明页岩气地质储量 6008 亿 m^3。形成了海相页岩气地球物理预测关键技术，实现了页岩气层的精细预测，在预测的高产富集带内 94.4%的井，获日产超 10 万 m^3 高产页岩气流，技术指标明显优于国际先进水平。形成了页岩气开发设计与优化关键技术，全面支撑我国第一个商业开发的大型页岩气田建设，开发井成功率 100%。形成了页岩气水平井高效钻井、压裂关键技术，以及水土资源保护和废弃物处理技术，实现了涪陵页岩气田高效、绿色开发。研制了页岩气开发关键装备和工具，实现规模生产应用，大幅降低了成本，并批量出口中东和北美地区。涪陵页岩气田已建成国家级页岩气示范区，目前已建成产能 74.64 亿 m^3，累计产气 123.26 亿 m^3，经济和社会效益显著。气田的高效勘探开发，为我国页岩气大规模勘探开发奠定了理论和技术基础，对保障国家能源安全具有重要意义。该成果获得 2017 年度国家科学技术进步奖一等奖。

b. 南海高温高压钻完井关键技术及工业化应用

该课题由中海石油(中国)有限公司湛江分公司、中海油研究总院、中海油田服务股份有限公司、中国石油大学(北京)、中海油能源发展股份有限公司、西南石油大学、长江大学、深圳新速通石油工具有限公司、华油阳光(北京)科技股份有限公司、深圳市远东石油钻采工程有限公司承担。该项目历经近 20 年攻关和实践，在四个方面取得了重大技术创新：①首创了多源多机制异常压力精确预测方法，研发了极窄压力窗口连续循环微压差定量控制钻井技术，实现了南海高温高压钻井成功率 100%。②首次研发了"五防""自修复"高温高压水泥浆体系，构建了多级井筒完整性安全保障技术，实现了南海所有高温高压井环空"零"带压的世界纪录，解决了环空带压的世界级难题。③首创了智能应急关断、备用应急放喷等八大因素 98 个控制点的本质安全型测试系统，实现了海上平台狭小空间下的高温高压高产气井安全测试作业。④研发了环保型水基双效钻完井液和系列提速工具，创建了优质高效作业技术体系，实现了南海高温高压井工期由 175 天降至 52 天，费用降低 70%。该项目形成了完整的海上高温高压钻完井技术及工业化应用体系，引领和推动了行业技术进步，使我国成为继美国之后第二个具备独立开发海上高温高压油气能力的国家，为全面开发南海油气、践行"一带一路"倡议和海洋强国战略奠定了坚实基础。该成果获得 2017 年度国家科学技术进步奖一等奖。

c. 三元复合驱大幅度提高原油采收率技术及工业化应用

该课题由大庆油田有限责任公司、中国石油天然气股份有限公司勘探开发研究院、东北石油大学、中国石油大学(北京)承担。在国家持续支持下，大庆油田从 1991 年起经过 20 多年攻关，创新了三元复合驱油理论，自主研发出三元复合驱用表活剂工业产品，独创了高碳数宽分布烷基苯磺酸盐原料和产品定量分析方法、专有磺化工艺及中和复配一体化技术；创建了三元复合驱油藏工程方案优化设计和全过程调控方法，揭示了三元复合驱渗流机理，建立了定量表征方法，自主研发了数值模拟软件；创建了多参数量化、多因素控制的油藏工程方案设计方法和不同驱油阶段四大类 27 项跟踪调控技术，实现全过程追踪调控，方案实施符合率达 90%以上。发明了三元复合驱采油井复杂垢质清防垢举升工艺技术。工业应用比水驱采收率提高 20 个百分点以上，2016 年产油 407 万 t，累计产油2056 万 t，使我国成为世界上唯一拥有成套技术并工业应用的国家，践行了中国创造。该成果显著提升了我国在石油开发领域的国际竞争力，对参与世界石油资源再分配、保障国家能源安全具有重大战略意义。该成果获得 2017 年度国家科学技术进步奖二等奖。

d. 深层油气藏靶向暂堵高导流多缝改造增产技术与应用

该课题由中国石油大学(北京)、中国石油天然气股份有限公司勘探开发研究院、中国石油天然气股份有限公司塔里木油田分公司承担。经过 10 年攻关，发明了提高储层改造程度的靶向暂堵形成多缝技术，揭示了暂堵形成多缝机理；发明了提高支撑剂铺置效率的高导流压裂技术，与国内外先进技术相比，裂缝纵向铺置率提高 32.2%，导流能力提高 25.7%；发明了双酸梯次全裂缝刻蚀的高导流酸压技术；发明了靶向暂堵改造设计方法与工艺装备。上述技术已成功应用 211 井次，累增天然气 99.71 亿 m³、原油 50.85 万 t，新增利润 55.92 亿元。在塔里木克深气田应用最大井深 7780m、最高井温 191℃，改造后平均单井测试日产天然气 100 万 m³，增产效果是常规技术的 3.5 倍，实现了稀井高产，突破了深层油气藏改造形成高导流多裂缝的世界级难题，为深层油气藏安全经济增产开辟了一条新的途径。该成果获得 2017 年度国家技术发明奖二等奖。

e. 海相碳酸盐岩缝洞型油藏精细描述、数值模拟及高效注水开发技术

该课题由中国石油化工股份有限公司、中国石油化工股份有限公司石油勘探开发研究院、中国石油化工股份有限公司石油物探技术研究院、中国石油大学(华东)、中国石油化工股份有限公司西北油田分公司承担。经十余年基础研究与技术攻关，解决了超深层缝洞体精细描述、开发过程模拟预测、高效注水开发三大关键技术难题。发明孔-缝-洞地球物理检测及高精度成像、多元约束岩溶相控地质建模方法，解决了深埋 5500～6500m 储集体精细描述难题；发明渗流与自由流耦合的物理模拟和数值模拟方法，解决了开发过程模拟预测难题；发明空间结构井网设计及注采优化、堵水封窜技术，实现了高效注水开发。上述发明成功开发了我国第一个特大型海相缝洞型油田——塔河油田，在塔里木塔河、渤海湾埕岛等十多个油田应用，储量动用率提高 42%，新增动用储量 6.4 亿 t，注水采收率已提高 2.9 个百分点，增加产油量 5220 万 t，实现了我国油田开发由陆相碎屑岩油藏向海相碳酸盐岩油藏的重大跨越，并成功应用于俄罗斯伊热夫斯克、伊朗雅达等海外油田。该发明得到了国内外学术和工程界高度评价，提升了我国在海相油气田开发领域的国际竞争力。该成果获得 2017 年度国家技术发明奖二等奖。

3) 2018 年标志性成果

a. 凹陷区砾岩油藏勘探理论技术与玛湖特大型油田发现

该课题由中国石油天然气股份有限公司新疆油田分公司、中国石油天然气股份有限公司勘探开发研究院、中国石油集团东方地球物理勘探有限责任公司、中国石油集团工程咨询有限责任公司、南京大学、中国石油大学(华东)、长江大学、西南石油大学、中国石油大学(北京)、中国石油集团测井有限公司承担。玛湖特大型砾岩油田的发现是我国石油界近年来的大事件，为我国石油年产量不低于 2 亿 t 的红线和国防稀缺环烷基原油的持续供给提供了保障，对我国能源安全和边疆稳定意义重大，也为世界砾岩油气勘探创建了成功范例。世界上凹陷区源上砾岩油藏勘探无先例可循。针对碱水湖盆能否规模生烃、远物源区能否发育规模砾岩储集体、源储大跨度分离能否规模成藏、低渗砾岩油藏能否效益勘探等难题，新疆油田历经十余年持续攻关，突破经典单峰式生油模式，发现了碱湖烃源岩成熟-高熟双峰式高效生油规律，重新评价了石油资源量从 30.5 亿 t 提高到 46.7 亿 t；突破了砾岩沿盆断裂带分布的传统认识，建立了凹陷区大型退覆式浅水

扇三角洲砾岩满凹沉积模式, 开辟有效勘探面积 6800km^2; 突破源储一体大面积成藏理论认识, 创建了凹陷区源上砾岩大油区形成模式, 指导了十亿吨级特大型油田的发现, 支撑了储量规模有效动用。该成果丰富发展了陆相生油与粗粒沉积理论, 推动了石油地质学发展, 在碱湖生烃机理、优质砾岩储层成因与砾岩油藏研究方面处于国际领先水平。技术创新特别突出, 社会经济效益特别显著, 大力推动了油气行业科技进步。该成果获得 2018 年度国家科学技术进步奖一等奖。

b. 高酸性活跃厚沥青层复杂碳酸盐岩油田钻完井技术及应用

该课题由中国石油化工股份有限公司石油工程技术研究院、中国石化集团国际石油勘探开发有限公司、中国石油大学(北京)承担。针对碳酸盐岩油田地层压力预测理论方法缺失、高酸性腐蚀介质危及工程安全等难题, 建立了基于流体声速的碳酸盐岩孔隙压力预测方法, 形成了活跃厚沥青层安全钻井技术, 创新形成了高酸性环境井筒完整性一体化保障技术, 形成了复杂地层高效钻井技术, 创建了孔隙型碳酸盐岩储层长井段均匀改造技术, 创新形成了高酸性活跃厚沥青层复杂碳酸盐岩油田钻完井技术体系, 成功建成我国海外首个自主设计与开发的大型碳酸盐岩整装新油田——伊朗雅达油田, 理论创新、技术创新引领作用突显。该成果为海外大型能源合作项目起到了重要的引领与示范作用, 原伊朗总统鲁哈尼在雅达油田一期商业投产庆典上给予充分肯定与赞赏。该成果获得 2018 年度国家科学技术进步奖二等奖。

c. 油气管道系统完整性关键技术与工业化应用

该课题由中国石油大学(北京)、中油管道检测技术有限责任公司、中国石油天然气集团公司管材研究所、中国石油化工股份有限公司承担。历经 10 年持续攻关, 实现了 4 项重大技术发明, 成果在西气东输等国内外 6 万 km 管线广泛应用, 管道事故率降低了 40%, 社会经济效益显著, 形成管道完整性首部国标《油气输送管道完整性管理规范》(GB 32167—2015)。发明了管道三维三轴高清漏磁内检测器及高精度变形检测装置。攻克了早期二维单轴检测器对轴向沟槽、螺旋焊缝缺陷不能检测的难题, 突破了抗抖抗震性能弱、背景噪声大的技术瓶颈, 实现了管体缺陷检测全方位、全覆盖、高精度、一体化, 检测深度门槛值由壁厚的 10% 提高到壁厚的 5%, 识别率由 85% 提高到 95%; 可信度由 80% 提高到 85%; 国内外管道多轮次检测里程达到 15.8 万 km, 实现了 200mm 到 1219mm 口径内检测漏磁全系列装备系列化。发明了油气生产大型动力机组精确诊断系统。解决了动力机组信号复杂、故障特征微弱、工况多变导致的全面、早期、准确诊断难题, 建立了故障因果链的定量风险演化模型, 突破了信号隐含特征提取技术, 提出了混杂特征降噪和变工况自适应故障诊断方法, 系统最低可检幅度信噪比达 0.01, 比国际最高水平(0.1)提高了 1 个量级, 诊断准确率由国际最高水平 80% 提高到 95%。

发明了管道及动力设施完整性评价技术，揭示了非饱和磁场下复杂缺陷动态耦合激励化机理，建立了管体缺陷三维励磁表征模型，提出应力和应变双重判据的管道失效评估方法，以及管道剩余强度和寿命预测新方法；揭示了大型动力机组故障特征规律，提出了多融合参数可靠性模糊评价方法；管道剩余寿命预测精度、大型机组可靠性评价精度分别由 80%提高到 88%和 90%以上。发明了管道不停输修复技术，突破了含缺陷管体不停输、非焊接、永久性修复的难题，研制了新型管道多米诺夹具装备及环氧注入工艺，浸润式碳纤维修复材料、工艺和装备，完成 2900 余处管体缺陷不停输修复，避免了以往管道修复过程中油气介质降压、降量或放空等操作，同比天然气增输近 50 亿 m³。该成果推动了管道完整性技术进步，大大提升了我国管道完整性领域的国际竞争力。该成果获得 2018 年度国家技术发明奖二等奖。

4)2019 年标志性成果

a. 中东巨厚复杂碳酸盐岩油藏亿吨级产能工程及高效开发

该课题由中国石油国际勘探开发有限公司、中国石油天然气股份有限公司勘探开发研究院、中国石油工程建设有限公司承担。通过近 10 年攻关，创新了巨厚复杂碳酸盐岩油藏高效开发关键技术，解决了国际能源巨头久攻不克的世界难题，实现了作业产量亿吨级的跨越，取得四项主要创新成果：揭示了巨厚碳酸盐岩油藏内部具有隐蔽隔夹层、贼层的内幕结构，颠覆了相对均质块状油藏的认识，为利用隐蔽隔夹层分层系开发奠定了基础；创新了多模态储层差异渗流理论，创建了利用隐蔽隔夹层分层系开发技术，为巨厚油藏全面均衡动用开辟了新途径；攻克了钻井漏卡诊断、差异酸压改造、动态防腐阻垢及快装化关键地面工程等四项配套关键工程技术瓶颈，保障了快速建产；形成了多井型立体井网开发模式，建立了不同合同约束下多目标协同建产模式，实现了规模上产，中石油中东地区作业产量从 107 万 t 增长至 9610 万 t，是"一带一路"油气领域合作的成功典范。该成果获得 2019 年度国家科学技术进步奖一等奖。

b. 薄储层超稠油高效开发关键技术及应用

该课题由中国石油化工股份有限公司胜利油田分公司、中国石油化工股份有限公司石油勘探开发研究院承担。研发了薄储层超稠油高效开发关键技术，形成了浅薄储层精细预测、高效热力复合采油、水平井防砂免钻塞钻完井一体化、注汽水平泵采油一体化、高干度循环流化床环保锅炉、产出水低温多效机械压缩蒸发及智能油田高效管理运行等七项企业技术标准和四项科技创新成果，为大幅提高石油资源利用率提供了优势核心技术，技术应用 9 年来，新增动用薄储层超稠油储量 1.88 亿 t，累计增产原油 1846 万 t。该成果获得 2019 年度国家科学技术进步奖二等奖。

c. 顶部驱动精准控压科学钻探装备关键技术及应用

该课题由吉林大学、四川宏华石油设备有限公司承担。该项目对全液压顶部驱动钻井技术、自动化摆排管技术、钻杆柱自动拧卸技术、钻具自动送进技术等油气资源装备领域的多项关键技术、共性技术进行了攻关，成功实现了大直径钻井长行程液压驱动钻探取心，实现了钻杆柱在井口与排放架之间的移运、定位和排放等自动化作业的远程操作，实现回转、伸展、升降、夹持、上/卸扣、旋扣、浮动等功能，解决了钳体空间移动技术难题，完成了钻杆柱的自动上、卸扣操作，实现了不同类型钻具由地面到钻井平台面的无人自动运移。填补了我国在深部大陆科学钻探领域的空白，提升了行业整体竞争力，使我国成为继俄罗斯和德国之后第三个具备万米大陆科学钻探能力的国家，为国家的能源战略做出了巨大贡献。标志着我国深部科学钻探装备研制进入了一个以高新技术为引领的新的可持续发展阶段，不但为我国将要开展的超万米大陆科学钻探工程提供了重大科研装备和技术支持，也为人类探求地球深部奥秘提供了高科技技术手段。该成果获得 2019 年度国家技术发明奖二等奖。

d. 海洋天然气水合物分解演化理论与调控方法

该课题由大连理工大学、华南理工大学承担。天然气水合物是最具开采前景的非常规天然气资源，全球储量巨大，我国南海储量达 800 亿 t 油当量，是我国石油、天然气已探明储量的总和，实现海洋天然气水合物资源开发是保障国家能源供给安全与建设海洋强国的重大战略需求。天然气水合物资源开发过程中天然气水合物相变、运移、储层变形演化极其复杂，其安全高效开采是世界性难题。该项目以揭示海洋天然气水合物分解过程中相态转化、多相渗流、胶结弱化的本质规律为突破口，创建了天然气水合物分解运移与储层变形演化理论，提出了天然气水合物分解强化调控方法，突破了天然气水合物高效、安全开采的理论与方法瓶颈；建立了具有自主知识产权的海洋天然气水合物开采模拟系统与安全评价系统，为天然气水合物试采工程中气、水高效产出及储层稳定性评价提供了理论方法。该成果获得 2019 年度国家自然科学奖二等奖。

1.2.4　学科的发展目标及其实现途径

1. 学科发展目标

根据国内外石油工程学科发展的趋势和我国油气开采与油气储运工程技术面临的科学问题，加强石油工程基础理论研究，形成支撑现代石油工程技术进步的基础理论体系，保障我国油气高效、经济、绿色、环保开发及提高采收率。积极推动协同创新研究，有效促进交叉学科方向和本学科前沿方向的创新研究工作，形成一批国际知名的石油学科领军人才，在难动用、特深层和天然气水合物等领域产出一批国际领先的标志性科学研究成果，广泛推进国际性学术交流，引领世界石油工程学科发展。

1) 到 2025 年目标

加强石油工程基础理论研究，形成支撑我国复杂地质和运行环境下油气智能开采与储运的基础理论；老油田挖潜与提高采收率技术有新进展(具有引领作用)，与 2019 年相比，力争使全国老油田平均采收率再提高 3～5 个百分点；低渗透、特低渗透油气藏高效开发与提高采收率取得明显成效，储量和产量均有大幅度增加；远海深水油气工程科技取得重要进展，基础理论与技术取得突破；特深层油气钻采理论与工程技术更加完善，为增储上产提供重要的支撑作用；非常规油气高效开发技术全部突破，产量和效益均有较大幅度增加；复杂运行环境下油气管网系统智能化安全高效运行技术取得突破，为油气能源供应保障提供有力支撑。

2) 到 2035 年目标

在超万米特深层、深水、极地油气钻采工程方面形成成熟的科学理论与技术体系，突破非常规油气提高采收率关键理论与技术，力争深水、超万米特深层和非常规油气在我国油气储量和产量中成为主要组成部分；极地油气全面进入工业化开发阶段；建立完备的天然气水合物钻采与储运理论体系和开采技术体系，保障我国海域天然气水合物商业化开采；开展老油田临废弃评价和生命延续的关键理论和方法研究，油田地面、地下设施有效综合利用方法研究，攻克有效开采临废弃油田提高采收率技术、经济绿色环保关停达极限采收率油藏技术；形成油气管网系统安全与智能运行理论及技术体系。

2. 应加强的优势方向

1) 非常规油气藏高效开发基础理论与钻采关键技术

油气资源开发事关国家经济社会可持续发展和能源安全。目前我国已成为世界第二大石油消费国和第一大油气进口国，21 世纪以来我国原油对外依存度逐年提升。2018 年原油产量 1.92 亿 t，原油表观消费 6.1 亿 t。油气对外依存度高(原油逼近 70%，天然气高达 45%)，油气资源供需矛盾突出，危及国家能源安全。我国主力油气田目前大多已进入开发中后期，常规油气剩余可采储量和产量逐年下降，不能满足我国逐年增长的油气需求。页岩油气、致密油气、天然气水合物等非常规油气资源储量丰富，为常规油气储量的 3 倍以上，因此非常规油气的勘探开发成为提高我国石油供应能力的必然选择。据估计致密油、页岩油等非常规油全球可采资源量约为 4120 亿 t，我国约为 440 亿 t；致密气与页岩气全球可采资源量为 665.8 万亿 m^3，我国约为 38 万亿 m^3；天然气水合物全球可采资源量约为 3000 万亿 m^3，我国约为 70 万亿 m^3。由此可见我国非常规油气资源丰富，如能突破技术限制，实现高效开发，对构建油气安全保障体系、保障国家能源战略安全意义重大。

根据《国家中长期科学和技术发展规划纲要(2006—2020 年)》，非常规油气的开发利用已成为国家能源接替的重大战略选择。非常规油气藏具有多尺度储集空间，裂缝与层理发育，孔隙压力高，非均质性与各向异性特征显著，且赋存方式多样、流体相态复杂的特点，特别是大规模压裂之后再造油气藏，地应力复杂，缝网发育，在钻采工程中力学-化学及固体-流体等多重耦合作用强烈，亟待开展非常规油气藏高效开发基础理论与钻采关键技术的研究。

依靠水平井多级压裂、重复压裂等储层改造技术的迅猛发展，以页岩气为代表的非常规油气率先在北美取得重大突破，并引发了世界范围内的能源革命。页岩气、致密油气等非常规油气在北美取得了重大成功。目前国内外对中浅层页岩气藏的研究已比较成熟，我国也实现了对四川盆地涪陵威远页岩气藏的商业化开发，同时也形成了相对成熟的页岩气藏渗流机理、储层改造及高效开采的基础理论。在页岩油/致密油方面，目前对其多相多尺度渗流机理、储层改造机制等方面的认识还不清楚，尚缺少页岩油/致密油高效开发基础理论。天然气水合物开发的基础研究处于你追我赶的激烈竞争状态。我国的天然气水合物研究正逐步从跟随、验证转向创新、引领，某些领域处于国际领先水平。我国于 2017 年首次成功试采海洋天然气水合物，计划建设勘查开采先导试验区，2030 年产能达到 10 亿 m^3。拥有工程依托和集体攻关的组织模式是我国天然气水合物研究的明显优势。

目前，非常规储层主要依靠水平井钻井结合大规模多级水力压裂技术开采。钻井方面的发展趋势：形成精确制导配合自动化智能化钻完井技术，有效提高优质储层的钻遇率，建立高性能的钻井液体系，保障工程进度的同时极大降低对储层的伤害。开发方面的发展趋势：通过非常规油气藏多相多尺度多物理场渗流机理及数值模拟、非常规油气藏裂缝扩展等储层改造机制及高效排采等理论的突破，形成页岩油/致密油等非常规油藏高效开发基础理论与钻采关键技术，逐步形成地质-工程一体化储层改造技术，提高非常规油气开采效率。尽管我国非常规油气开发起步较晚，技术上相对落后，但我国目前经济基础良好、投资充足，且前期已经具备一定的技术储备。当前，正处于技术发展的关键时期，有美国等发达国家非常规油气开发的先进经验可以借鉴，以非常规油气高效开发基础理论与钻采关键技术为优先发展领域，不断寻求基础理论和技术突破，能够实现我国非常规油气资源的高效开发。

立足国家油气重大需求和国际学科前沿，围绕非常规油气藏开采过程的多相多尺度多物理场渗流机理、强化开采物理-化学耦合机制、复杂条件钻井多场载荷与地层相互作用机制等亟待解决的科学问题，聚焦非常规油气藏渗流理论与模拟方法、高效储层改造技术及开采工艺技术、苛刻环境钻完井理论与技术等关键领域开展研究。综合应用先进的数学、物理、力学和化学等理论和方法,结合地质学、岩石与流体力学、油田化学、计算机与信息科学、人工智能等相关理论,着力解决我国非常规油气开发的工程技术难题,不断完善非常规油气高效开发理论与技术,提升我国非常规油气开发领域的整体研究水平,为国家能源安全提供保障。

页岩油/致密油方面的主要研究内容:储层特征与储集机理研究以及储层精细描述;实际地质条件下岩石力学特征及其在复杂开发环境下的响应机制;非常规油气多相多尺度多物理场耦合渗流机理、表征及数值模拟;抗超高温、抗盐、环保等复杂地层钻完井液体系及多重耦合下井壁失稳机制;复杂储集层深度改造和开采、人工举升理论和技术;深井超深井井筒-地层复杂耦合流动规律及井筒安全高效构建工程基础理论与方法;储层能量补充方式、高效驱油体系及提高采收率技术。

页岩油/致密油方面的核心科学问题:建立储层"甜点"预测的综合评价方法与识别技术;高温、高压、高应力环境及长时间作用影响下岩石多物理场耦合作用机制;基于多相微纳尺度多物理场耦合数值模拟的非常规油气非线性渗流机理及表征;工作液与储层耦合作用机理及高应力环境下多重耦合作用对安全高效建井的影响机制;考虑热流固耦合以及弹塑性变形的深层非常规油气藏的裂缝扩展机制及其大规模数值模拟方法;高应力环境下多重耦合作用对安全高效建井影响机制与调控方法;微纳尺度多孔介质内原油流动的物理-化学-力学条件。

2) 深水、极地油气资源高效开发模式与关键工程技术

我国经济社会的高速发展对油气的需求逐年增加,2019 年石油的对外依存度已超出 70%,严重威胁国家能源安全(图 1-2),寻找新的油气资源是国家重要战略需求。海洋石油资源量约占全球石油资源总量的 34%,累计获探明储量约400 亿 t,探明率 30%左右,尚处于勘探早期阶段,而我国南海是世界四大油气聚集地之一,深水区蕴藏了约 210 亿 t 的石油地质储量,油气开采潜力巨大、战略价值极高。开发深水油气资源是保障国家能源安全的迫切需要,也是缓解目前油气供需矛盾的重大举措。但是深水钻井相对陆地多了海水段,造成深井孔隙压力与破裂压力之间的安全窗口窄,常规钻井技术面临井涌和井漏等一系列问题。并且现行工艺采用多层套管来封隔海底浅表层和易漏产层,单井成本达 2 亿元以上,特别是近年来我国完成深水井近 50 口,因井涌、井漏等复杂事故造成的损失超10 亿元。另外,由于深水高压低温环境极易生成天然气水合物,而开采过程中由于打破了天然气水合物的赋存条件,天然气水合物一旦分解就会引起地层的弱化,同时引发地质灾害。这些问题表明深水油气开发是一项高科技含量系统工程,其钻井装备及技术的水平直接决定了一个国家的深水开发水平,尤其是深部地层高

温高压环境对油气开采中的钻采工艺提出了极高的要求。因此，开展南海超高温超高压高效破岩提速理论与技术研究，是南海复杂油气资源经济高效开发的有力支撑。

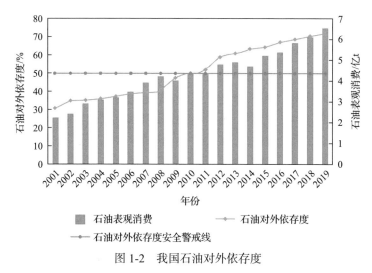

图 1-2　我国石油对外依存度

极地油气资源丰富，其中北极油气资源总储量约占全球未开发油气储量的22%，已探明石油储量约 2150 亿桶，年产量占世界石油产量的 1/10，天然气储量约 4700 万亿 m^3，年产量占世界天然气产量的 1/4。因此，极区资源的开发不仅是解决能源短缺的有效途径，也是发展海洋事业、维护国家安全和权益的重要表现。近十几年来，北极气候变暖导致了极地冰川的持续萎缩和夏季海冰的减少，促进了航运流量的增加，并使大规模油气和矿产资源出口成为可能。但极地油气开采的技术要求极高，最主要的原因在于开采过程中出砂堵塞、沉降垮塌等极大破坏了井筒完整性，从而导致钻井作业的困难和开采后期的乏力，甚至停产。低温开采过程中，由于温度和压力的变化，上覆地层会发生相变，使本来属于固体骨架的冰或天然气水合物分解，造成地层颗粒胶结作用减弱，承载力降低。这些因素使极地土层发生较大沉降，从而严重破坏地层稳定性，给钻井、开采过程带来巨大的风险。另外，极地储层开采极易出砂，造成井筒淤堵。因此，开采过程中井筒完整性得不到有效保障是制约极地钻井作业的瓶颈性难题。为确保极地油气资源安全、高效开采，就必须保证开采过程中的井筒完整性，出砂堵塞和沉降垮塌等问题必须得到有效应对。

国内外针对钻头破岩机理方面的研究，主要集中在常温常压或常温高压，在超高温超高压条件下的破岩机理研究未见报道。我国深水油气开发处在一个初步向中步发展阶段，深海油气钻井技术及装备与国际先进水平相比还存在很大差距，但南海海域辽阔，资源丰富，提供了有力的地理优势和资源优势。

世界各国对于极地地区的油气钻探才刚刚起步。据统计,在总计 34 个北极油气田开发的生产系统中,11 个位于俄罗斯。而我国对于极地油气资源的开发缺乏完整的理论体系和技术支持,需要积极借鉴其他国家现有的技术条件,结合目前油气资源开发模式,打造极地油气资源高效开发体系。2019 年中国石油天然气集团有限公司完成北极 LNG2 项目 10%股份收购,标志着中俄两国在北极油气合作中又迈出实质性步伐,大大加速了我国对于极地油气资源开发的进程。

深水、极地关键工程技术的主要研究内容如下。

a. 深水高温高压钻柱系统动力学及井眼轨迹控制技术

深水浅部地层具有沉积速度快、压实程度低以及高含水量问题,南海超高温超高压巨厚泥岩地层地质条件复杂、横向变化快,海底岩石的活性大,地层压力系数高达 $2.30g/cm^3$,井下温度高达 $212.5℃$,海底隔水管将受到海水冷却,从井底循环出的高温流体等温度变化明显,性能不易控制;钻井液温度变低迅速导致塑性黏度、胶凝强度上升,导致管道或者井筒内的压力损耗变大。在深水环境下,一部分上覆岩层压力被海水所替代,导致上覆岩层压力偏低;浅部地层压实程度不够、成岩性差,导致井筒具有偏低的破裂压力,出现窄泥浆密度窗口问题,从而致使巨厚泥岩地层钻头适应性差、刀齿难以吃入,钻速较慢($<2m/h$),钻井作业难度世界罕见。

针对以上科学问题,深水油气资源开发的关键在于研发超高温超高压高效破岩及个性化钻头,提出深水高温高压钻柱系统动力学及井眼轨迹控制技术以及解决流动保障问题。具体的研究内容包括:超大型吸力基础结构安装贯入过程中地层土体演化规律;高温高压介质与海洋油气装备的耦合作用机理;装备零部件之间的连接与密封技术;高温高压下复合结构管道整体屈曲机理;内外流全耦合深水立管局部强度及整体寿命预测;深水油气田集输流动安全保障技术;柔性立管缺陷智能检测技术;海洋立管姿态及动力行为监测技术;异常工况下油气流动控制及水处理过程优化。

b. 高效低温钻采装备及井筒完整性维持技术

极地地区极端的天气条件及常年广泛分布的海冰对人员和设备安全造成极大影响,同时基地距离较远,航线长,后勤补给成本高、困难大;冻土层钻井时,由于浅层温度较低,其中包含了大量的冰和天然气水合物,钻进过程中一旦钻井液配合不当,低温环境极易发生冻钻事故,同时钻井液循环热量使冻土冻岩胶结性丧失,井壁稳定性差,因此作业难度和作业风险极大。

针对以上科学问题,极地油气资源有效开发的关键在于研发极地复杂地层高效低温钻采装备,解决复杂环境下井筒完整性难以维持问题。具体研究内容包括:平台结构在冰激载荷下的响应规律及基础稳定性;极地冻土层基础抗压抗拔承载力;极地海洋装备与结构的断裂与疲劳机制以及自升式平台桩腿设计方法;冰凿击作用下海床沟槽演变机理及管道损伤机理；极地油气输运管道加热和监测技术；相变对冻土层影响以及开采扰动下冻土层 THMC (温度-渗流-应力-化学) 耦合机理；极地钻采井壁失效模式及其成因；极地油气开采井筒完整性评价体系；极地开采热能分析。

3) 老油田极限挖潜理论与纳米智能驱油技术

目前，我国新的优质储量发现越来越困难，老油田数量越来越多，开发难度也越来越大，老油田总体已进入高采出程度和高含水的"双高"阶段，可持续发展面临重大挑战。因此，开展老油田的极限挖潜理论研究，采取行之有效的提高采收率技术手段，是保证老油田稳产、增产的必然选择。然而，经过长期开发，老油田的剩余油多以高度分散、非连续相存在，只有搞清微观剩余油赋存状态量化表征及动用条件、非连续油相多相渗流机理与传质理论，才能采取相应的极限挖潜措施。同时，随着智能油田概念的提出，纳米智能驱油剂(材料)和智能驱油技术的研究已成为一个重要的热点课题。当老油田极限挖潜遇到瓶颈时，纳米智能驱油技术将是老油田提高采收率技术的革命性产品和研究新方向，有望为老油田极限挖潜做出重要贡献。因此，老油田极限挖潜理论与纳米智能驱油技术的研究工作具有十分重要的科学意义。

目前老油田剩余储量丰富，依然是我国原油产量主力军，加快开展老油田极限挖潜理论与纳米智能驱油技术研究，提高老油田的原油采收率，是未来 10~20 年保持原油产量平稳的国家能源战略需求。

针对老油田，全球石油企业正在积极行动，为达到更高的采收率目标而努力。挪威国家石油公司 2014 年专门成立提高原油采收率的业务部门，以期将海上原油采收率提高至 60%。马来西亚 2012 年启动了世界上最大的提高原油采收率项目，该项目用于巴兰三角洲(Baram Delta)油田和北沙巴(North Sabah)油田，使这两个油田的石油采收率提高到 50%左右，开采期延长到 2040 年。俄罗斯实施了老油田税优惠政策，规定采出程度越高，优惠幅度越大；对难采石油储量实行开采税级差征收办法，对亚马尔-涅涅茨自治区内的老油田免征自然资源开采税。同时，一些大型国际石油公司早已把提高已开发油田的采收率作为公司的重要发展战略。经过多年的努力，国内外研究人员开发了许多新型智能结构型高分子材料、智能纳米材料等新型材料，基于这些新型材料形成了一些特殊的驱油技术并探索其在油气田开发中的应用潜力，极大地推动了智能驱油技术的发展与进步，也为老油田特别是双高油田的进一步解放提供了物质基础和技术支撑，有助于老油田产能提高。可见，实现老油田极限采收率的探索和研究，将是未来提高采收率领域日益增长的需要和必然趋势。

当前，我国石油产量的 70%仍来自老油田，前十大油气田中有 7 个是已经开采 30 年以上的(图 1-3)。如何提升老油田的采收率,让"老树生新芽"成为我国石油科技重点攻关课题。近 10 年来,依靠国家科技重大专项和中国石油重大科技专项等项目攻关,提高采收率幅度显著,特别是以大庆油田、胜利油田为代表的主力油田集成完善了水驱无效循环高效治理技术,形成了成熟的聚合物驱、二元复合驱和三元复合驱技术;同时攻关了低分子量化学驱、新型耐温耐盐抗剪切聚合物、化学驱后多介质复合驱和小尺度剩余油定向挖潜技术;利用创新机制和项目引导发展了纳米智能驱和新型分散体系驱等技术。通过多学科和多层面的交叉和互联,我国已形成了世界先进水平的油田注水开发理论和提高采收率技术,尤其在化学驱提高采收率等方面已处于世界领先地位。

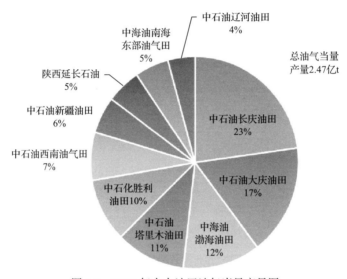

图 1-3　2019 年十大油田油气当量产量图

再认识老油田长期开采后的微观剩余油赋存状态量化表征及动用条件,构建适宜老油田实现极限采收率的基础理论;建立非连续油相多相渗流机理与传质理论,弄清高度分散剩余油的启动、富集和运移机制;构建不同类型油藏的优势渗流通道描述理论与方法,对优势渗流通道形成机理、存在性识别、模式识别、参数计算及空间展布预测,形成堵、调、驱一体化调流控水决策方法。

基于老油田剩余油的开发特征,以超分子化学结构流体理论或纳米智能理论为指导,研发调堵驱用多功能剂及智能型新材料;应用智能驱油技术增加驱替效率、提高不可动原油的流动性,增加原油的采收率,形成老油田挖潜智能化技术。建立老油田极限采收率理论,形成地面/井下监控、决策、控制一体化的极限采收率智能监控与决策理论。基于大数据融合与模式识别理论,打破材料和技术应用界限,形成老油田极限挖潜评价与调控技术。

主要研究内容如下。

a. 微观油赋存剩余状态量化表征及动用条件

发展量化描述高含水油藏微观剩余油分布的技术和方法，预测剩余油的赋存规律与分布特征，构建多尺度的物理模拟和数字岩心模拟技术手段，从微观角度多尺度表征高含水油田的剩余油分布赋存状态和动用的力学条件。针对高度分散、非连续相剩余油，明确其复杂非线性流动特征，研究非连续油相多相渗流机理与传质理论，为发展极限挖潜对策措施提供理论基础。

b. 水驱油藏渗流优势通道形成机理与描述技术

构建不同类型油藏的水驱后渗流优势通道描述理论方法，对优势渗流通道形成机理、存在性识别、模式识别、参数计算及空间展布预测，构建水驱油藏渗流优势通道形成机理与描述技术。研发适应于不同储层特征及剩余油类型的满足调、堵、驱目标的多功能剂和智能型新材料，有效提高老油田驱油波及效率，实现老油田以堵、调、驱为挖潜技术的多功能智能化新材料的研究与构建。

c. 老油田智能化开采技术研发及机理研究

开展老油田智能化开采机理研究，包括多尺度智能流度控制、智能仿生与纳米驱油和智能驱油材料与表面活性剂协同增效等机理，建立老油田压力流量等参数的智能化动态监测开采技术。针对不同成因、不同分布类型的剩余油，建立一套老油田极限采收率机理与理论，实现老油田极限挖潜方法和技术的突破。确定因地制宜的剩余油极限挖潜方式，形成适合油田特点、剩余油分布特点、工艺技术适应性强、经济高效的极限挖潜对策。

d. 基于大数据融合的老油田极限开采评价与调控

基于大数据融合与模式识别理论，研究老油田的分段注入体积、注采状态与监测参数的特征相关性理论，构建智能驱油大数据监控、决策、控制一体化的方法，形成老油田极限开采评价与调控的提高采收率智能驱油体系。

核心科学问题：特高含水期非连续油相条件下的多相渗流机理与渗流理论；微观剩余油赋存规律及启动力学机理；驱替非连续油相的智能化新材料分子设计研发与作用机理；水驱后期宏观与微观油藏非均质性形成机理与适控机制。

4）特深层钻探成井理论与关键技术

当前我国石油对外依存度超过 70%，这严重威胁国家能源战略安全，同时对国内油气资源开发，提出了前所未有的挑战。随着国家"深地"项目的实施，我国对油气资源勘探开发不断深入，油气勘探将进一步向地球特深层挺进，特深层油气资源将成为我国油气资源战略接替领域。

油气埋藏深，超高温度、孔隙压力、地应力及地质结构复杂将给钻井作业带来极大的困难，特深层钻井涉及的科学和技术难题如何突破，成为我国特深层钻探成井的最大挑战之一。针对上述极端问题，探索研究一批可以走向国际市场的钻完井高端自主品牌技术装备,实现我国特深层钻探成井系列技术,对于突破和扩展我国油气特深层钻探与开发,保障我国油气稳产和能源安全,推动我国从钻井技术大国变成强国具有重大意义。

目前,全世界已钻成超过9000m的特超深井8口、超万米特超深井2口(苏联卡拉3井12262m、美国泰博探井10685m),全世界已钻成的超过10000m的大位移井20余口、超过11000m的大位移井约15口、超过12000m的大位移井约6口[俄罗斯萨哈林岛(库页岛)Z-42井12700m、Z-43井12450m、OP-11井12345m、Z-44井12376m、ZGI-3井12325m、ZGI-41井12020m]。由此可见,美国及欧洲超万米井钻探技术处于世界领先水平。"十二五"和"十三五"期间,我国研制了一批具有自主知识产权的工具、仪器、装备、工作液和工艺技术,钻成了10多口超过8000m的超深井(克深7井8023m、克深902井8038m、五探1井8060m、克深21井8098m、塔深1井8408m、马深1井8418m、川深1井8420m、顺北评1井8430m、顺北评2H井8433m、顺北蓬1井8450m、顺北5-5H井8520m、顺北鹰1井8588m、轮探1井8882m),钻成2口超过9000m的大位移井(西江24-3-A14井9238m、西江24-3-A22ST01井9292m),我国已经初步形成8000m超深井和9000m大位移井钻探关键技术体系,但是,在超万米井钻探技术方面尚未取得实质性进展。虽然我国在超万米钻探成井基础理论与关键技术方面与国外仍有一定差距,但随着我国大数据、云计算、物联网、智能制造等高新技术的快速涌现和发展,我国已迎来了钻完井技术高速发展的时代契机。

开展超高温度、孔隙压力和地应力条件下工程地质参数测井、地震响应、岩石变形特征与破坏机制、钻井工作液等基础科学问题的研究,创新完成特深层岩石力学理论与工程地质评价方法,超高温智能钻完井工作液理论、材料与体系,极限钻探温压条件下钻完井工具和装备基础理论与技术,特深层钻探智能监测、调控及决策理论与技术等系列配套技术,攻克特深层钻完井工程技术难题,为确保特深层油气安全、低成本、高效钻探提供基础理论与关键技术。

主要研究内容如下。

a. 超万米深层岩石力学理论与工程地质评价方法

针对超万米深层岩石破坏机理和规律不明确、井壁失稳机理和失稳规律预测困难的核心科学问题,开展岩石应力、孔隙压力的声学响应特性及岩石物理力学性质的地球物理解释,地质力学参数(地应力、孔隙压力)的预测与监测方法,超高温、超高压、超高应力条件下岩石变形与破坏的力学机理与规律研究,岩石后效变形的有限变形理论与本构方程的建立,超高温、超高压、超高应力条件下井壁围岩变形及破坏机理与规律,基于地震速度谱的高精度地层坍塌压力、破裂压力预测方法研究,超高温、超高压下地层漏失机理与钻井安全泥浆密度的设计理论等研究内容。

b. 超高温智能钻完井工作液理论、材料与体系

针对超高温条件下井下材料失效快，钻井液、完井液材料耐温性差、性能控制难等技术问题，开展超高温条件下钻完井工作液材料研究，研究钻完井液处理剂高温失效机理，揭示超高温条件下水-黏土-处理剂相互作用机制，通过分子结构智能化设计，研发耐高温降滤失剂、流型调节剂等核心处理剂，研发耐高温封堵防塌剂与防漏堵漏新材料，明确高密度钻完井液高温高压流变性，研究钻井液流变性、造壁性、强度衰退及沉降稳定性协同调控方法，形成超高温、超高压下地层漏失机理与钻井安全泥浆密度的设计理论，长裸眼防塌钻井液体系，超高温超高密度钻井液体系，复杂地层井筒耐高温高强度防漏堵漏技术，超高温高密度水泥浆体系。

c. 极限钻探温压条件下钻完井工具和装备基础理论与技术

针对极限钻探温压条件下井身结构复杂、钻完井工具适应性差、作业风险高等核心科学问题，开展极硬、强研磨性、复杂地层的超硬破岩材料研发，优化设计钻头类型与结构，拓展钻头的适应性和功能性，研发 200℃ 以上耐高温井下动力钻具、钻井提速工具、完井工具，建立特深井钻井工程设计与实时优化系统，研发超高压井筒压力安全控制装备与技术，研究超高地应力下井身质量控制技术，形成超长封固段固井完井耐高温工艺等研究内容。

d. 特深层钻探智能监测、调控及决策理论与技术

针对钻探风险智能识别与防控的核心科学问题，开展超万米钻探井下测量传输技术与高性能仪器，基于大数据和人工智能的钻井安全监控及预警技术，基于人工智能的钻井实时优化技术及可视化协调决策技术，高温高压气井井筒完整性检测、评估及治理技术，高性能完井传感器与井下信息永久监测、分析与调控技术等研究内容。

5) 油气储运系统安全与可靠性关键理论和技术

油气长输管道是国家能源大动脉。我国现已建成包括三大陆上油气进口战略通道的近 14 万 km 油气管网系统，但与美国、俄罗斯还有较大差距。根据国家发展改革委和国家能源局 2017 年发布的《中长期油气管网规划》，2025 年我国油气长输管道总里程将达到 24 万 km。2019 年 12 月 9 日，国家石油天然气管网集团有限公司成立，我国长输油气管道将形成"全国一张网"。此外，为了保障油气能源供应，我国已在沿海建成超过 7000 万 t/a 的液化天然气接收能力，以及 9 个国家石油战略储备基地。

与此同时，我国油气储运系统面临的技术挑战也不断提升。陆上管道覆盖极寒地区、地质灾害频发地区以及经济发达地区，近年来油气储运设施的安全问题

越来越受到政府和公众的关注；随着油气开发走向深水，油气管道的流动安全保障问题也更加凸显。大规模的液化天然气接收设施和国家战略储备库等大型油气储运设施的安全可靠运行直接关系到国家能源安全和公共安全。为此，必须在油气储运系统安全与可靠性关键理论上取得突破，为提升安全保障技术水平奠定理论基础。

油气储运设施的安全受到世界各国的高度重视。在本质安全方面，通过推行完整性管理，油气储运设施的安全水平得到大幅提升。目前研究聚焦于风险预警与定量评价、可靠性评价及管理的理论与技术。在流动安全保障方面，随着深水油气、非常规油气开发，油气水混输管道的天然气水合物问题，以及易凝高黏原油输送过程中的蜡沉积、凝管等问题等受到越来越多的关注。

我国在 X80 高钢级管道应用技术及相关基础理论、易凝高黏原油输送技术及相关基础理论方面处于国际领先地位，油气水混输管道流动安全保障研究处于国际先进水平；油气管网系统可靠性评价与增强的理论与方法、石油战略储备库安全保障的理论与技术等方面的研究发展迅速。

推进油气储运学科与系统工程、安全科学及工程以及大数据、人工智能等新理论、新方法的深度融合，创新基础理论，为突破油气储运系统安全与可靠性关键技术奠定基础。具体包括：突破大型油气管网、大型储备油库等复杂油气储运系统可靠性评价与增强理论；创新内流与外部环境多因素耦合下管道强度分析理论，发展管道机械损伤、腐蚀、裂纹等缺陷的适用性评价方法；突破大型油气储库、液化天然气设施的安全保障理论；创新深水油气输送一体化、智能化及流动安全保障的理论与方法，创新易凝高黏原油流动改性、固相沉积防控、低温集输等关键技术难题的相关基础理论与方法。大型油气管网和储库等复杂油气储运系统可靠性评价及安全保障的关键理论与方法；外部环境、内部流体物理、化学协同作用下高钢级管道管材与焊缝破坏的基础理论与失效预防技术；基于全生命周期的管道多元数据信息预测方法，多源感知条件下管道及储存设施安全评估新理论；深水油气水混输管道流动安全保障理论与方法；易凝高黏原油新型改性理论与方法；油气管网运行状态智能感知与推理方法；数据与模型协同驱动的油气管网调度优化与控制理论。

3. 应扶持的薄弱方向

1) 工程-地质-生态一体化油气开采方法

随着国内新发现油气资源品质的劣质化和老油田开发进入中后期，生态环境保护要求严格，勘探开发面临巨大挑战，急需破解这些难题的新理念、新技术、新实践。美国非常规油气大规模开发的成果，极大地推动了多学科融合、多技术集成的一体化创新和发展之路。面对目前挑战和"效益勘探开发"的基本要求，工程-地质-生态一体化模式应运而生,有望为中国油气田(特别是非常规油气田和复杂油气田)高效勘探开发探索出一条新途径。

随着北美地区页岩油气成功的开发和地质理论的发展,人们逐渐认识到暗色页岩发育丰富的纳米-微米级孔隙可以大量成烃、储烃,形成自生自储型油气聚集。通过优选核心区、实验分析、测井评价、水平井钻探、多级水力压裂、体积压裂等先进技术的应用,成功实现了页岩中的油气开采。目前,页岩已成为全球油气勘探开发的新目标,在北美、亚太甚至中东地区,已经开始得到重视,各个区域的不同作业者,借鉴北美已经取得的大量经验,采用地质-工程一体化的思路,正在对非常规油气勘探开发进行积极的探索。页岩气和致密油的开采给世界油气勘探开发带来了重大变革,正逐渐影响着世界能源供需的格局。北美页岩油气开采技术的不断突破,长段水平井和多级压裂等技术的应用带来了平均单井产能的提升,使原来认为没有效益的低品位资源得到效益动用,激励了世界各国的油气工作者纷纷启动了对于非常规油气的探索和实践。与此同时,我国也进入了多种非常规油气勘探开发的实践阶段。我国非常规复杂油气藏资源丰富,同时复杂的地表条件、多变的地下储层,为我国油气勘探开发工作增添了更多的挑战。

吸收北美地质-工程一体化的经验,建立复杂油气的工程-地质-生态一体化开采方法,实现在相对脆弱生态环境下以地质资源、工程手段、生态友好综合度量的多目标优化,开辟适合于我国地质、生态条件的油气开发工程理论与技术体系,带动我国老油田、非常规油气、超深层油气和海洋油气等复杂油气资源的高效开发,促进石油工程领域的新一轮技术革命。

我国海上油田产量在油气生产中占据越来越大的比例,未来若干年原油生产的增量也将以海上油田为主。但由于受钻井平台巨大投资和寿命的限制(设计寿命一般 25 年),海上油田必须以更高的采油速度开采才能在平台寿命期内获得更高的采收率。海上油田开采初期采油速度可以达到 2%以上,但由于井距大、驱油能量补充困难、水驱稠油含水上升速度快,导致严重的产量递减,在平台寿命期内采收率达到 30%都异常困难。攻克基于工程-地质-生态一体化的高速开采技术,对海上油田大幅度提高采收率至关重要。

主要研究内容:以安全、高效和低成本为目标,构建工程-地质多源数据融合方法与一体化协同机制,重点研究油气资源地质评价、钻完井工程、开采工程与生态保护的一体化设计,建立以工程科学与地质科学、环境科学、材料科学、力学、化学、统计学和机械科学等协同的油气资源开发新模式。

核心科学问题:重点研究复杂油气藏钻井成井与高效开采相关的多场耦合力学模型,发展复杂结构井型、立体缝网、井网、储层压力调控等高效开发模式,研发基于物联网的钻采风险精准预警及储层压力调控技术,研究海上油田快速补充油藏驱动能量、大幅度降低含水率、显著提高采油速度的方法,开发环境友好的新型材料和钻采方法，实现全生命周期油气安全高效绿色开采。

2) 页岩油流动机理与智能开采关键技术

我国已经在准噶尔、松辽、鄂尔多斯等盆地发现了丰富的页岩油资源，初步研究表明其可采资源量为 30 亿～60 亿 t。近年来，长庆、大庆、胜利和大港油田积极开展了成熟-高成熟页岩砂岩互层段孔隙型石油开发试验技术的攻关，获得了工业油流或良好的油气显示，展现了较好的资源潜力，但仍存在单井产量低、产量递减快、开发成本高等难题，亟须对页岩油流动机理与智能开采关键技术开展攻关。

页岩油气藏具有多尺度储集空间、赋存方式多样、流体相态复杂的特点，且页岩储层一般位于高地应力状态下，受到复杂地应力场、多相渗流场的共同作用，油气在开采过程中的运移是应力、多相渗流的动态耦合过程，常规的油气相变机理、油气渗流理论不再适用于页岩油气藏。由于页岩储层孔渗极低，必须进行大规模水平井压裂产生缝网才能进行有效开发。钻井中的井壁围岩破坏，以及页岩储层的岩石破裂及裂缝扩展机理是页岩油藏高效开发的基础。因此揭示页岩油气的相态演化规律，分析页岩全生命周期井壁失稳机理，阐明页岩岩石破裂及裂缝扩展机理、建立页岩油气的多相多尺度多物理场耦合渗流机理对于准确预测页岩油气藏的开发动态具有至关重要的作用，是其高效开发的基础。

存在四方面的关键科学问题：陆相页岩油气相态演化机制与表征方法、陆相页岩油气裂缝扩展机理及演化规律、陆相页岩油气多相多尺度多物理场耦合渗流机理、陆相页岩油气全生命周期井壁稳定机制。

主要研究内容如下。

a. 陆相页岩油气/CO_2 体系相态演化机制研究

页岩储层主要发育微纳米级孔喉，以及其基质内矿物种类复杂，导致页岩储层与常规储层内的流体相态存在较大的差异。基于 X 射线衍射技术，表征页岩内矿物的微观分布特征，采用高温高压可视化 PVT 测试，开展竞争吸附作用对页岩油气/CO_2 体系相态影响机理的实验研究及 P-T-x 相图的构筑；基于全原子分子动力学模拟方法及分子密度泛函理论，预测页岩油气/ CO_2 体系在不同矿物不同尺寸微纳米孔喉中的相态特征，阐述微纳米孔喉中页岩油气/ CO_2 体系的相态演化机制；基于热动力学理论，建立页岩储层油气/ CO_2 体系在微纳米受限空间内的相平衡计算理论模型，为页岩油气微观数值模拟提供基础理论依据。

b. 深层页岩岩石破裂及裂缝扩展机制

页岩储层基质渗透率极低，压裂等储层改造手段是其有效开发的关键。考虑页岩油气储层微观矿物分布特征，采用尺度升级方法计算弹性模量、泊松比等宏观等效岩石物理性质；开展基于真三轴试验平台的页岩力学参数测试及破裂实验，分析不同矿物成分对岩石破裂的影响机制；建立准确考虑细观损伤演化及其破坏机理的页岩储层 THMD（温度-渗流-应力-损伤）耦合模型，模拟页岩在外力作用下的裂缝扩展过程；以陆相页岩裂缝网络系统形成机制创建裂缝扩展数值模拟方法，揭示页岩储层水力压裂及无水压裂（如液氮、CO_2 压裂）储层改造机制，探索页岩油气有效压裂方法。

c. 页岩储层多相多尺度多物理场耦合渗流机理及数值模拟

借助聚焦离子束显微镜（FIB-SEM）、纳微米 CT 等扫描手段及智能重构算法，构建表征单元体尺度陆相页岩多尺度多组构数字岩心，考虑微纳米孔隙相变、吸附解吸、微尺度及界面效应，建立分子模拟、格子玻尔兹曼方法及孔隙网络模型耦合的页岩油气跨尺度流动模拟方法，并开展微纳米尺度及岩心尺度流动实验，揭示页岩油气微观流动机制；基于尺度升级方法建立陆相页岩油气基质孔隙宏观流动模型，研究基质孔隙-微裂缝-大裂缝不同介质间的传输机制，形成应力场、温度场与渗流场全耦合的页岩油气宏观数值模拟方法，对页岩油气藏的开发动态进行预测。

d. 页岩井壁围岩破坏与全生命周期安全控制

页岩中多种矿物颗粒导致的各向异性叠加效应使不同区域的岩石力学属性差异较大，易引起井壁失稳等井下复杂事件。通过分子动力学及数字岩心模拟技术，从微尺度探究钻井液流体在泥页岩井壁中的运移规律，分析页岩水化过程中的传质传热行为，研究地层强度变化和微裂缝时空多尺度演化特征；结合页岩强度参数的非线性弱化规律，建立考虑页岩层理发育性质的钻井井眼稳定性判别准则，构建力学-化学-热力学多场耦合及工程扰动影响下的井壁失稳模型，研究复杂地质条件下的井壁围岩破坏及时变动态失稳规律，分析井眼破坏临界条件，形成页岩储层井壁全生命周期安全控制方法，为致密储层井筒液柱压力设计及开展井壁失稳控制提供科学基础。

揭示微纳米孔喉内的页岩油气相变机理，分析页岩储层裂缝扩展机制，阐明页岩油气微观流动机制，形成页岩油气多场耦合数值模拟方法，形成陆相页岩井壁安全控制理论，为页岩油气高效开发提供理论支持。

4. 鼓励交叉的研究方向

以安全、高效和低成本为目标，重点研究复杂油气藏钻井成井与高效开采相关的多场耦合力学模型，创新复杂油气藏有效动用的地质甜点和工程甜点理论，发展复杂结构井型、复杂缝网、井网、储层压力调控等高效开发模式，研发基于物联网的钻采风险预警及储层压力调控技术，实现全生命周期油气安全高效开采，促进地学、物理、化学、人工智能等学科的深度交叉与融合，培育新的学科增长点；突破复杂地质力学特征智能探测与表征、钻采智能闭环调控与智能决策理论及技术，研发以探测、采集、决策为核心的满足我国复杂油气工程环境的智能装备；发展油气输送工艺、管道材料与环境的物理和化学耦合作用、系统工程以及人工智能多学科交叉的理论与方法，建立大型管网智能化运行与保供理论及方法。

5. 应促进的前沿方向

1）天然气水合物开发理论与技术

通过深入研究南海海域天然气水合物钻采过程中多场耦合基础科学问题，建立天然气水合物钻采过程动态实验和数值模拟方法，揭示地层失稳机理、工作液与储层相互作用机理、相变-渗流动态演化机理、储层改造与强化机理，创建井筒工作液、储层骨架强化和渗流能力的调控方法，形成天然气水合物安全高效钻采理论与方法，抢占天然气水合物钻采研究国际前沿，为解决天然气水合物商业开采面临的世界性重大技术难题提供支撑。

2）智能、生态、安全、高效油气开发与储运交叉科学

开展随机分析、量子力学、物理化学、界面化学、物化渗流力学、纳米材料、计算机科学与技术等多学科交叉研究，为进一步大幅度提高老油田采收率以及对非常规油气田高效开发新理论、新方法、新技术的研究奠定理论基础。开展大型油气管网和储库等复杂油气储运系统可靠性评价及安全保障的关键理论与方法研究，构建外部环境、内部流体物理、化学协同作用下高钢级管道管材与焊缝破坏的基础理论与失效预防技术，提出基于全生命周期的管道多元数据信息预测方法和多源感知条件下管道及储存设施安全评估新理论，为实现智能、生态、安全、高效、快速油气开发提供支撑。

3）3500m 以深页岩油气、8000m 以深油气安全开发理论

针对我国 3500m 以深深层页岩油气资源的特点，开展不同级次孔喉流体流动规律、多尺度介质非线性渗流机理、开发新技术等研究，为页岩油气与致密油气开发提供理论技术储备。同时，围绕地质-工程一体化目标开展井筒轨迹优化与完整性基础研究，建立水平井复杂裂缝产生、扩展与优化理论，探索储层对压裂过程的物理、化学响应，为页岩油气与致密油气资源开发安全高效井筒构建与储层改造提供理论支撑。

重点研究安全、高效、低成本的 8000m 以深钻探成井相关的多场耦合力学理论，建立超万米深层工程地质与钻探力学表征方法，研发超万米钻探工程地质评价、高效破岩、井筒稳定与增产改造的工具、流体体系与装备，形成超万米极端环境条件下的安全高效成井技术系列。

根据深层、超深层油气资源开发面临的高温、高压、高应力特征，研究深层、超深层油气资源开发面临的岩石力学、井筒复杂多相流动及地层渗流规律等，为深层油气资源开发奠定理论基础。

4）深海、极地油气资源及地热能开发理论

着眼于深水、极地油气资源高效开发模式与关键工程技术的开发，目标在于对深水、极地油气安全高效勘探开发的基础理论以及深水、极地油气勘探开发关键装备研制方面取得突破，研制相应深水、极地开发装备。同时提出深水、极地油气勘探开发安全风险评价体系与管控方法。

5）井下智能工具和仪器

将人工智能与石油工程进行跨界融合，建立完善的油气智能地质、油气智能物探测井、油气智能钻完井、油气智能开采、油气储层智能改造、油气井完整性智能设计与管控、油气管道完整性智能设计与管控理论和技术体系，实现复杂油气的超前探测、闭环调控、精准制导、实时监控和智能决策，提高油气井和油气输送管道的完整性，提高石油工程关键仪器的检测/监测精度，提高石油工程关键装备的自动化水平，提高油气产量和采收率，提高复杂油气资源开发的安全性、经济性，直至建立智慧油田管理系统。

6. 学科优先发展领域

1）"十四五"规划（2025 年）优先发展领域

（1）老油田极限挖潜理论：开展微观剩余油赋存状态量化表征及动用条件，建立非连续油相多相渗流机理与传质理论、水驱后油藏渗流优势通道构建与表征方法，研发调堵驱用多功能剂及智能型新材料，构建老油田极限采收率理论。

（2）万米钻探成井理论：开展万米深层岩石力学理论与工程地质评价方法研究，构建超高温智能钻完井工作液理论、材料与体系，研发极限钻探温压条件下钻完井工具和装备基础理论与技术，形成超万米钻探智能监测、调控及决策理论与技术。

（3）深水油气资源高效开发模式与关键工程技术：建立深水油气安全高效勘探开发的基础理论，研制深水油气勘探开发关键装备，提出深水油气勘探开发安全风险评价体系与管控方法。

（4）页岩油/致密油高效开发基础理论与钻采关键技术：以高产高效为目标，重点研究页岩油/致密油流动的力学控制机理，建立页岩油流动力学模型，创新页岩油有效动用的地质甜点和工程甜点理论，构建复杂结构井型、复杂缝网、井网、储层压力调控等高效开发模式，创建页岩油工程-地质一体化的钻采方法和技术，实现页岩油高产高效开发，促进地学、物理、化学、人工智能等学科的深度交叉与融合，培育新的学科增长点。

(5)极端苛刻环境下油气管网系统安全与智能调控理论：开展大型油气管网和储库等复杂油气储运系统可靠性评价及安全保障的关键理论与方法研究，研发外部环境、内部流体物理、化学协同作用下高钢级管道管材与焊缝破坏的基础理论与失效预防技术，形成全生命周期的多源感知条件下管道及储存设施安全评估新理论。

2)中长期(2035年)优先发展领域

(1)天然气水合物高效开发基础理论与钻采关键技术：针对深水天然气水合物商业化开采面临的关键理论与技术难题，开展规模开发条件下天然气水合物储层力学特征演化规律研究，建立天然气水合物储层复杂井结构钻采关键理论与技术，提出开采过程中多场时空演变对储层天然气水合物相变及渗流特征的影响与调控方法，形成天然气水合物安全高效钻采理论。

(2)超万米特深层成井工程力学理论与关键技术：重点研究安全、高效、低成本的超万米钻探成井相关的多场耦合力学理论，建立超万米深层工程地质与钻探力学表征方法，研发超万米钻探工程地质评价、高效破岩、井筒稳定与增产改造的工具、流体体系与装备，形成超万米极端环境条件下的安全高效成井技术系列。

(3)复杂油气智能开发理论与关键技术：基于智慧油田开采模式，通过钻井、测井、完井与开发人工智能理论及算法的突破，发展油气开采地质体与钻采风险的智能表征、超前探测、动态预警、智能调控，构建复杂油气开采智能监控、诊断与决策系统，实现油气智能、高效、安全开采，促进地学、物理化学、机电、人工智能等学科的深度交叉与融合，培育新的学科增长点。

(4)综合能源系统背景下油气管网的安全智能运行调控技术：开展大型油气管网和储库等复杂油气储运系统可靠性评价及安全保障的关键理论与方法研究，建立深水油气水混输管道流动安全保障理论与方法、易凝高黏原油新型改性理论与方法，探索构建油气管网运行状态智能感知与推理方法、数据与模型协同驱动的油气管网调度优化与控制理论。

(5)老油田延续与再开发技术：目前大庆油田采出液中含水率已高达95%以上，原油已采出40%，按照目前的含水上升趋势和年产量3000万t的采油速度(实际上会逐年递减)，到2035年将采出47.5%的原油，但含水率将达到油田技术上废弃的98%，此时仍有52.5%的原油无法采出。全国老油田与大庆油田的情况类似。根据我国油田实际，开展老油田临废弃评价和生命延续的关键理论和方法的研究，油田地面、地下设施有效综合利用方法的研究，攻克有效开采临废弃油田提高采收率技术、经济绿色环保关停达极限采收率油藏的技术。

1.3　安全科学与工程学科

1.3.1　学科的战略地位

1. 学科定义及特点

1) 学科定义

安全科学与工程学科是研究人类生产及生活过程中事故、灾难的发展机理和规律及其预防与应对的科学体系。研究对象为工业生产、自然环境、社会生活等领域的各种事故、灾难。研究内容主要包括事故、灾难的孕育、发生、发展的机理和规律，预防、控制、应急等技术原理和方法，后果及其影响分析、防控方法优化等。

2) 理论基础

安全是人类生存和发展的基本要求。对于安全基础理论的探究要寻找科学安全与精准安全的平衡点。精准安全追求安全与文明社会人的价值与尊严的一致性，安全、效率、舒适、愉悦的一致性，个体与群体安全的一致性。而找到这些一致性中的最佳平衡点是科学安全的目标和着力点。科学安全支撑精准安全，创新引领精准安全。

安全保障正在从科技与管理双轮驱动向科技、管理和文化三足鼎立支撑转变。科技是安全保障的重要基础，管理是安全保障的重要手段，文化是安全保障的重要方式。科技、管理和文化的三足鼎立理论是本学科的重要支撑理论。

3) 研究方法与目的

安全科学与工程学科的理论体系是在认识与解决人类生产及生活过程中事故、灾难等安全问题的过程中逐步形成的，因此，自然科学和社会科学的通用研究方法亦适用于本学科，且须考虑人为因素。同时，安全科学与工程学科也有其自身特点的研究方法，主要包括如下。

(1) 基于公共安全科技"三角形"理论的系统工程方法。安全科学与工程学科是公共安全领域的骨干支撑学科，涉及自然灾害、事故灾难、公共卫生、社会安全等。按照突发事件、承灾载体、应急管理三条主线及其相互作用，分别研究突发事件的孕育、发生、发展到突变的演化规律及其产生的能量、物质和信息等风险作用的类型、强度及时空特性；研究承灾载体在突发事件作用下和自身演化过程中的状态及其变化，可能产生的本体和(或)功能破坏及其可能发生的次生、衍生事件；研究在上述过程中如何施加人为干预，从而预防或减少突发事件的发生，弱化其作用。

(2)大数据挖掘。安全科学与工程学科是人类在与事故、灾难的斗争过程中产生、发展并不断完善的学科。因此，通过大数据挖掘分析，可全面、深化认识事故、灾难的发生机理及其发展规律，从而为科学预测事故、灾难的发生及其发展趋势，以及制定应急预案和其他安全管理等工作提供支撑。

(3)高精度数值模拟。事故、灾难通常具有巨大的破坏性和危险性，直接威胁人的生命、财产安全，乃至自然环境、社会安全等。因此，通过高精度数值模拟研究，既可再现事故、灾难过程，又可节约研究成本等。它将是全方位、深层次研究事故、灾难的机理和规律必不可少的研究手段之一。

(4)大尺度物理模拟。事故、灾难的致灾机理及其发展规律通常受多种因素及复杂工况条件的影响。因此，通过大尺度物理模拟研究，可获取真三维、高相似比的模拟结果，既可丰富对相关事故、灾难认识的实验数据，又可对相关的高精度数值模拟结果进行验证，它将是本学科推荐的主要研究手段之一。

(5)工程验证试验。事故、灾难的发生、发展及其防治技术或方法的作用机制等，通常受多种复杂机制和工况条件等的影响，难以通过缩尺度实验模型进行模拟验证。因此，在条件许可的情况下，通过工程验证试验对相关防治技术或方法进行有效性验证等，将是本学科必将坚持的研究手段之一。

4)学科结构

本学科针对研究对象的侧重点不同，主要设置安全科学、安全技术、安全系统工程、安全与应急管理、职业安全健康五个二级学科方向。

a. 安全科学

安全科学学科是研究人类生产及生活过程中事故、灾难的孕育、发生机理及其发展规律的科学体系，其隶属于安全科学与工程学科。研究对象为工业生产、自然环境、社会生活等领域的各种事故、灾难。研究内容主要包括事故、灾难的孕育、发生机理和发展规律等。

b. 安全技术

安全技术学科是研究人类生产及生活过程中事故、灾难的防治技术和方法的科学体系，其隶属于安全科学与工程学科。研究对象为工业生产、自然环境、社会生活等领域的各种事故、灾难。研究内容主要包括事故、灾难的预防、控制、应急等技术原理和方法，以及防控方法的优化等。

c. 安全系统工程

安全系统工程学科隶属于安全科学与工程学科，其主要运用系统论的观点和方法，结合工程学原理及有关专业知识来研究生产安全管理和系统工程。研究内容主要包括危险的识别、分析与事故预测；分析构成安全系统各单元间的关系和相互影响，协调各单元间的关系，取得系统安全的最佳设计等。

　　d. 安全与应急管理

　　安全与应急管理学科隶属于安全科学与工程学科，其主要应用科学、技术、规划与管理等手段，研究突发事故的事前预防、事发应对、事中处置和事后恢复过程中必要的应对机制和应采取的必要措施。研究内容主要包括安全决策理论与方法、安全风险评估与预警、应急救援与恢复重建、安全心理与行为等。

　　e. 职业安全健康

　　职业安全健康学科主要研究各行业工作人员的生理、心理受到的损害原因及其预防对策，目的在于保护工作人员的健康不受危害因素伤害。该学科主要包括安全健康毒理学、卫生工程学、职业病(伤害)统计学、职业安全健康管理等。

　　5) 学科特点

　　安全科学与工程学科是一门综合性学科，涉及人类生产和生活的各个方面，并与理论科学、技术科学和应用科学产生交叉，并以这些学科为理论基础，如物理学、化学、地球科学、计算机科学、工程学、毒理学、心理学、经济与管理学等。随着现代安全科学理论与工程技术的不断发展，目前已形成了较为完备的安全科学与工程学科理论体系，主要包括安全科学学、安全技术学、安全系统学、安全心理学、安全人机学、安全法学、安全经济学、安全管理学、安全教育学等。

　　6) 资助范围

　　与安全科学与工程学科相关的科学基金的资助范围主要包括如下几个方面。

　　(1)安全科学理论：跨区域大尺度火灾动力学理论与防控方法；立体空间、有限空间次生-衍生与多灾种耦合致灾机理；承灾载体灾变机理；多灾种耦合灾害动力学演化与在线预测理论及方法；典型事故灾害情景构建与推演；极端条件多介质反应性安全机制与监测预警模型等。安全系统是繁杂开放的巨系统，要重视复杂系统科学、非线性动力学的研究。

　　(2)城市公共安全：突发事件条件下城市地下空间灾害演化；城市重要基础设施风险评估、安全运行与安全保障理论；城市事故灾害大尺度实验与仿真理论；公共安全综合保障的关键理论；城市生命线安全保障技术等。

　　(3)生产过程安全：工业制造流程中化学物质的反应性安全机理、化工园区灾害应急救援；工业生产过程危险化学品反应安全机理与防控机制；重大矿区与园区生态安全与修复技术；化工园区安全预警与智慧精准防控；国家危险化学品动态储运风险防控方法等。

　　(4)职业安全健康：职业健康与卫生防护；高危环境机器代人作业；各类职业危害产生机理、致病成因及源头控制；灾害及职业安全防护理论；受限空间有害元素迁移及职业危害防护；职业健康实时监测方法等。

　　(5)应急管理与救援：应急管理理论的研究；应急救援装备研发、快速响应机制；城市立体空间智能消防与应急救援理论；遇险人员生命安全保障基础及灾害医学；重大灾害事故综合协同联动应急与疏散保障基础理论；信息化和智能化预防监控、快速反应和应急决策方法等。

(6)能源开发与利用安全：深部资源开发中复合动力灾害；矿山灾害监测、分析研判、预测预警、防灾减灾、救灾与避险系统；矿井深部热害防控与地热利用；新能源利用过程中的安全防控理论；受限空间新能源动力的燃爆特性及有效控制理论等。

2. 学科的战略地位及需求

进入新时期，我国公共安全形势依旧复杂严峻，特别是随着2019新型冠状病毒(2019-nCoV)在世界范围内的扩散，我们对公共安全的认识仍需进一步加强。党的十八届三中全会通过的《中共中央关于全面深化改革若干重大问题的决定》强调："全面深化改革的总目标是完善和发展中国特色社会主义制度，推进国家治理体系和治理能力现代化"，"健全公共安全体系"。党的十八届四中全会强调"贯彻落实总体国家安全观"。2018年4月17日，习近平总书记在十九届中央国家安全委员会第一次会议上强调，全面贯彻落实总体国家安全观，构建集政治安全、国土安全、军事安全、经济安全、文化安全、社会安全、科技安全、信息安全、生态安全、资源安全、核安全等于一体的国家安全体系，切实做好维护政治安全、健全国家安全制度体系、完善国家安全战略和政策、强化国家安全能力建设、防控重大风险、加强法治保障、增强国家安全意识等方面工作。2018年4月20日，习近平总书记在全国网络安全和信息化工作会议上发表重要讲话时又强调，没有网络安全就没有国家安全。总体国家安全观是新时代建设中国特色社会主义的重要战略思想，总体国家安全观的贯彻落实需要丰富的专门人才储备与理论积淀，需要以人才培养与理论发展为主要任务，培养适应当前国家安全、安全生产、公共安全形势发展需要的安全专门人才，开展安全学科基础理论研究，是践行总体国家安全观的重大实践问题，有助于准确把握安全科学与工程学科所处的历史方位和当前面临的形势，进一步提升安全科学与工程学科的战略地位。

1.3.2 学科的发展规律与发展态势

1. 学科发展规律

1)学科发展的自身需求

安全科学与工程学科虽然是一门新兴的综合性交叉学科，但我国对事故、灾难致灾机理、发展规律及其防治等方面的研究越来越重视。特别是近年来，我国在一些典型行业事故、灾难的发生、发展规律和致灾机理等方面的研究取得了较为系统深入的研究成果。例如，在煤矿和建筑等行业火灾和爆炸等事故防治方面的研究，处于国际先进或领先水平，并引领若干研究方向。但是，作为一门新兴的综合性交叉学科，其涉及众多行业和研究方向，知识体系极具复杂多元性特征，因而仍面临不同行业或方向之间的发展不均衡、学科体系不够系统完善、人才培养模式单一等问题。因此，亟须明确学科战略定位与发展目标，进一步加快学科体系的建设与完善，优化人才培养模式，强化"强强合作"与"帮弱扶小"的合作机制，以尽早实现本学科的跨越式发展。目前，我国在煤炭瓦斯爆炸事故防治、大空间火灾智能探测、清洁高效灭火等技术的研究和工程应用方面已处于世界先进水平，但尚缺乏针对单一灾种防治的多技术协同、多灾种防治的多技术协同作用机制及其影响因素的系统研究；应急方面还需加强多灾种情况下应急决策方法、应急处置及救援技术、人在危险状态下的心理和行为特征以及疏散诱导技术等的研究；此外，除尘抑爆、危险化学品泄漏事故洗消、环境修复等防治技术方面的研发亦应加强。

2) 社会经济发展对学科的需求

安全生产关系到社会稳定大局，关系到社会经济快速健康持续发展。本学科近期亟须加强以下四个方面的建设和研究，以满足社会经济发展的需求：①深化认识高危险行业事故、灾难的致灾机理及其发展规律，并向多灾种、多参数耦合影响的研究倾斜。②强化大数据应急体系建设，提升公共安全领域的应急救援关键技术及救援保障系统的水平。③突出职业健康与安全层面的技术研发，解决典型生产场所职业健康危害的形成机制及防治方法的关键科学难题。④加强安全与环境的学科交叉，为保障安全生产环境提供安全、高效、环保的先进防治技术。

2. 学科发展态势

我国安全科学与工程学科是从中华人民共和国诞生之后的劳动保护等学科逐渐发展起来的。1981年开始了安全类硕士学位研究生教育，1986年实现了安全类学士、硕士、博士三级学位教育。在 1992年11月1日国家技术监督局颁布的国家标准《学科分类与代码》(GB/T 13745—1992)中，"安全科学技术"被列为一级学科。1997年国家人事部确立了安全工程师职称评审制度，2002年建立了注册安全工程师执业资格制度。2006年安全工程获批为工程硕士培养的一个新领域。2011年安全科学与工程学科获批增设为一级学科。

安全科学与工程学科既不单纯属于自然科学领域，也不单纯属于社会科学领域，其具有很强的学科综合交叉性。安全科学与工程的应用领域涉及公共卫生、行政管理、检验检疫、能源、消防、冶金、矿业、土木、交通、运输、航空、机电、食品、生物、农业、林业等多个行业乃至人类生产和生活的各个领域,并且与上述各学科相互交叉。具体单从自然科学范畴来看,本学科应归属于矿业、冶金与安全领域,和其他与安全相关的学科之间亦存在明显的相互交叉、相互支撑和促进特征。如系统科学与系统工程为自动化学科的二级学科,其成果积累和发展经验可直接或间接地为安全科学与工程学科的建设和发展提供支持,同时安全科学与工程学科在理论、方法、技术等方面的相关创新成果又可为系统科学与系统工程学科的发展提供支撑等。

　　1)安全技术学科的发展态势

　　随着现代科学技术的进步与发展,现代安全技术与方法在国内外日益受到关注和应用。安全技术是辨识、预测和控制工业生产中的危险、有害因素和事故隐患,改善作业条件,以保障生产顺利进行的主要实现方法及途径。安全技术学科是为了避免和减少人员伤亡、财产损失、系统破坏,应用安全科学原理,研究解决安全问题的工程技术、装备、设施、系统和过程的学科,该学科基于事故灾难规律,寻求控制风险、预防事故灾难发生和减少其损失的技术解决方案。综合国内外安全技术领域的研究内容和成果,该学科总体发展趋势可总结为:安全监测与探测的智能化及深入化;安全预测技术的大数据智能定量化;安全急救技术的高度信息智能动态化;事故灾难防控技术交叉化。

　　a. 安全监测与探测的智能化及深入化

　　安全监测与探测技术的理论基础更加深入。技术发展离不开理论支持,因此要提高安全监测与探测技术需要首先打好坚实的理论基础。目前主要使用的安全监控预测模型有统计模型、灰色理论模型、神经网络模型、卡尔曼滤波模型、混沌理论模型等,但这些模型均存在使用"盲区",未能形成系统的理论方法,直接制约着安全监测与探测技术的跨越式发展。

　　安全监测与探测的自动化与智能化。随着工业生产过程的复杂性、自动化程度加大,相应地对安全监测的自动化要求有所提高。结合数据仓库、物联网、数据挖掘等新技术,安全监测与探测技术不仅包括数据的自动采集、获取和储存,更深入到自动处理海量数据,进一步改进连锁控制,最终实现智能决策。为此,需要自动化、信息论、控制论、数学逻辑、计算机科学等多门学科的交叉与综合。

　　安全监测与安全评价技术交叉融合。安全检测的数据信息不仅可以直接用于安全监管,还能够为安全评价工作提供充足的数据来源。在安全监测数据的基础上,进一步分析、挖掘数据潜在含义及关联,从量化的角度对危险、有害因素进行辨识与分析,辅助安全评价的实施。反过来,安全评价中系统工程的原理和方法,可为安全监测提供方向指导。为此,安全监测与安全评价技术的交叉融合,能够为安全技术的整体发展带来曙光。

远程安全监测与预警技术研究。近年来随着"西气东输""川气东送""南水北调"等大型工程项目的制定和实施，安全监测的远程化技术成为新的研究热点。远程安全监测与探测不仅对传感器等硬件监测仪器的要求提高，而且对数据的完整性、冗余性、延迟性等问题的敏感度提高。因此需要从软件和硬件两个方面同时考虑，开展远程安全监测与预警技术的研究。

b. 安全预测技术的大数据智能定量化

安全预测技术的多学科交叉更加明显。安全预测技术与物理、化学、数学、电学、力学、机械、材料科学、系统工程、控制论、信息论、非线性系统科学、计算机技术、监测监控技术、系统动力学等学科和理论有着密切的联系，是综合性强、学科交叉特色鲜明的研究领域。在学科交叉过程中，还可能形成新的学科和研究方向。

安全预测技术向非线性化和智能化发展。工业生产过程具有时滞性、非线性、时变、强耦合等特征，只有建立非线性思维基础，构建安全动态演化体系，推进安全预测智能发展才能实现安全预测的实时、精确和强泛化应用，所以安全机理辨析及灾害智能预测一直是研究的重点，而智能预测与非线性系统科学理论有关。另外，在现有研究基础上，通过人机安全动态演化模型的构建，揭示安全预测机理也是研究的重要方向。

安全预测技术研究存在安全基础数据海量化的特点。安全生产数据量极大，分属不同的监督、管理职能部门，海量安全数据的清洗、集成、梳理和规律挖掘是安全预测的重要基础，随着大数据时代的到来，对海量数据的处理是提高安全预测效果的重要手段，近年来的研究热点主要集中在数据挖掘、机器学习、人工智能、模式识别等方面，建立安全生产数据集成平台也是研究的重要方向。

c. 安全急救技术的高度信息智能动态化

安全应急决策及通信的智能化及有效性更加突出。安全应急决策及通信是保证应急行动是否成功的关键环节，在应急决策领域重点研究决策的动态特性，使应急决策更加智能、快速及科学；在通信技术方面重点研究复杂条件下的通信技术，如事故条件下的无线视频通信技术等，使应急通信更加便捷有效。

事故调查更加科学准确。事故调查主要是为获取有关事故发生原因的全面资料，找出事故发生的根本原因，防止类似事故再次发生。事故调查技术重点研究物证分析条件下的分析技术，研究事故灾难智能诊断和仿真模拟技术等，以提高事故分析的科学性、准确性和结案的及时性。

安全应急装备精确集成化。安全应急行动过程中，应急装备是保证救援是否可靠的关键。在安全应急装备技术方面，今后需要重点研究高精确度生命探测仪、移动应急救援集成装备等，确保应急过程中的精确性、及时性、安全性。

d. 事故灾难防控技术交叉化

事故灾难防控技术融合了相关基础知识及理论,采用物理、化学、生物、信息等科学对危险源进行预防和控制,并逐步向智能化、本质安全化转变,从被动预防向主动预防发展。重点研究矿山、石油化工等高危行业的防控技术,如煤矿瓦斯、火灾、水灾等灾害的预防和控制技术,石油化工企业涉及的危险有毒物品泄漏扩展的检测控制技术等。

2) 安全系统科学的发展态势

我国安全系统科学的发展总体上表现为:①安全系统科学由于其综合性和与学科间普遍存在的交叉性,其所依据的基本理论,已由传统的系统理论向更为复杂的现代系统理论发展;②研究对象已由之前的简易系统向规模庞大的系统再巨型规模且日益复杂的系统转变;③应用范围也从安全系统组织管理、技术工程应用等范围逐渐向社会经济、自然系统与社会系统结合等范围迈进,并且安全系统也逐渐地从常规工程系统向软工程系统发展,从微观分析向宏观战略方向发展。

另外,公共安全作为国家安全和社会稳定的基石,进一步提高公共安全领域的基础研究水平意义重大。因此,应从安全系统科学的角度出发,重点揭示突发事件的致灾机理、动力学演化过程、耦合衍生机理与规律,研究重大突发事件对承灾载体的作用机理,提供解决公共安全问题的理论基础和技术手段。而在安全系统工程方面,主要涉及系统安全评价理论、系统风险控制、安全模拟与仿真、安全预测和决策以及系统可靠性五个方面的发展。

a. 系统安全评价理论的发展态势

目前系统安全评价方法可以分为三大类别:定性方法、半定量方法和定量方法。未来一段时间内,系统安全评价理论的研究将主要解决系统的时序动态性,失效事件发生概率的波动性、多态性,系统不同要素之间相互耦合及风险扩散规律等方面的问题。

b. 系统风险控制的发展态势

风险控制是指在风险识别和风险衡量的基础上,针对企业所存在的危险、有害因素,积极采取控制技术,以消除风险因素或减少风险因素的危险性。风险控制的本质是减少风险损失发生的概率和降低损失程度。随着社会和科学技术的进步,人们将面临更多、更为复杂的新风险,如核技术风险等。随着城市化进程的加剧,社会人口、财富、生产力越来越集中,而各类灾害事故导致的损失程度越来越大,自然因素和社会因素叠加形成的风险也就越来越大。因此,在当今社会发展的大背景下,无论是对于某个经济单位,还是社会大系统,各类风险因素的耦合和风险传播扩散研究对实现良好的风险控制效果都显得越来越重要。

c. 安全模拟与仿真的发展态势

安全模拟与仿真是一种建立在计算机基础上,利用计算机软件模拟实际环境进行安全系统工程实验的技术。随着科学技术的发展，在社会生产实践中，安全模拟与仿真可以解决无法实施的问题，以及不易为人们所了解的复杂的大系统问题及安全方面的危险现象。安全模拟与仿真的领域主要有火灾模拟、爆炸模拟、泄露模拟、扩散模拟及设计模拟。安全模拟与仿真技术在感知研究领域、人机交互界面、高效的软件和算法、廉价的模拟仿真硬件系统以及智能虚拟环境等方面都有很广阔的发展前景。

d. 安全预测和决策的发展态势

安全预测与决策是安全系统工程的两个重要组成部分，安全决策的前提是安全预测。在环境日益复杂多变的情况下，如何科学地安全预测，进而合理地做出安全决策已成为当今安全科学与工程学科人才必须具备的能力。今后，安全预测的关键仍然是建立安全预测模型。安全决策将用"令人满意"的准则代替传统决策理论的"最优化"准则，进一步提出目标冲突、创新程序、时机、来源和群体处理方式等一系列有关决策程序的问题。

e. 系统可靠性的发展态势

可靠性理论从电子技术领域发展起来，近年来发展到机械技术及现代管理领域，成为一门新兴的边缘学科。可靠性问题大致可以分为三种：硬件可靠性、软件可靠性和人的可靠性。尽管很多系统同时包括硬件、软件和人的因素（如设计者、操作者和维修者），但目前大多数研究停留在硬件即部件及系统的可靠性。今后，关于人的可靠性的研究将日益突出。

3) 安全与应急管理

传统安全与应急管理注重和局限于对突发公共事件的应对，一定程度上把安全与应急管理研究范围限制在减灾范畴，随着安全与应急管理涉及领域延伸，及其面临的问题日趋复杂，其研究范围与方向正在呈现以下态势。

(1) 从对单一事件(事故)的静态个案研究逐步发展为多事件叠加的动态系统性研究。从对突发事件的相应主管部门独立与行政应对转变为多部门联合与专业综合应对；从国内事件逐步演化为国际事件；从只关注大城市社会突发事件管理问题逐步延伸到农村和小城镇安全与应急管理的研究。

(2) 从仅仅注重安全应急现象与工程应用研究逐步延伸到对其基础理论与一般科学问题研究。如应急管理动力学机制、灾害形成机理与演化动力学机制，突发事件触发与演变机理、应急决策与指挥、应急处置与救援、安全与应急监察、安全与应急审计、安全与应急经济、安全与应急心理、安全与应急法律等应急全部环节。

(3) 安全与应急管理属于综合性交叉学科，多学科理论与多技术方法的综合交叉是其发展的主要研究态势，涉及自然科学、工程科学、管理科学、社会科学、系统科学、安全科学与人类学等。

(4)逐步建立应急管理全过程化与基础理论系统化的系统集成研究模式,从对突发事件灾害的直接应对发展为事前预防、事中救援减灾与事后重建全过程综合研究模式。从对突发公共事件的应急响应与救援等应对研究逐步发展为对突发公共事件的事前风险评估、事件过程控制与决策评估、应急救援与过程优化、减灾减损控制与灾后重建等全过程的综合研究模式。

(5)安全与应急管理从侧重安全与应急管理的工程应用研究与政府主导的宏观管理体系与法治建设,转移到基础研究、交叉研究、综合研究与微观研究,以满足当代安全与应急管理的系统化、科学化、动态化、法治化、信息化与国际化的需要。

(6)重视新的信息技术与智能化监控手段在安全与应急管理领域的应用;积极推进事故灾害机理、安全决策、风险评估与应急救援等相关基础理论,以及事故灾害演化机理的仿真研究,特别重视对新形势下新出现的事故灾害的基础理论研究,以及采用计算机技术进行各类灾害关联链发生、发展规律与仿真研究。

(7)基于安全管理与应急救援新理论与技术的发展,积极推进新理论与新技术在应急救援领域的应用,拓展应急救援研究视野,开发应急救援更高效和可靠的技术手段与设备,研究各领域重大毒气泄漏致灾机理及公众保护策略,研发突发事件应急演练与评估系统技术,研发灾后重建技术与关键设备设施,研发针对特定事故的高效应急救援技术及方法,以及形成各种安全管理与应急救援信息数据库等。

(8)高度关注重大事故与突发事件的紧急避险体系和技术研发与应用,特别重视基于各类灾害下人的心理行为特性来研发紧急避险体系与关键设备设施等;随着数字化、大数据、人工智能与网络技术不断发展,安全应急平台间整合技术(不同事故类型、不同国家地区、不同部门等平台信息整合)、智能化决策支持技术与应急救援信息可视化技术逐渐成为该领域的研究热点。

(9)公众应急行为研究与心理干预逐步得到重视,成为新的研究热点。如公众的应急行为响应、安全心理及行为测试与干预,以及重大灾害及事故后的心理救援和灾后心理干预等。此外,还应关注城市化问题(如城市大型化、老龄化、工业化、信息化、生态环境等)引起的可能风险及其应急管理,如城市公共安全事件等。

4)职业安全健康

目前职业安全健康的发展趋势主要包括以下几个方面。

(1)注重职业安全健康立法,系统研究职业安全健康行政法学体系;系统研究职业安全健康管理的理论、方法及应用。

（2）在安全健康毒理学方面，重点关注环境中持久性有机污染物、内分泌干扰物、纳米材料等方面的研究，突出毒物低剂量的混合暴露和联合作用；推动使用替代试验和计算机模型进行毒性测试。

（3）继续强化粉尘有害因素检测技术和限值标准、职业健康监护与职业病诊断技术的研究，加深工程和个体防护等方面的研究；推进新技术在化学危害因素检测领域的应用，建立各类行业和各类化学品的职业危害风险评估体系，为控制和消除职业危害提供技术保障。

（4）加强个体噪声暴露测量评价与数值仿真、个体噪声暴露模型、云平台等新技术结合在个体噪声暴露测量上的应用，推动多种降噪技术结合和噪声控制新材料的研发；开展大量的实验室和现场职业人群的研究，掌握各类电磁辐射和纳米技术的危害特征，为开展风险评估和控制提供依据；研究相关职业危害对女性在特殊时期的健康影响。

（5）加强职业工效学的研究；个体防护工效学将会朝着参与设计、产品评估鉴定、制定标准和规范的方向发展，为工人健康和行业发展提供有力保证；完善工作场所健康促进与教育系统。

1.3.3　学科的发展现状与发展布局

1. 学科发展现状

安全科学与工程学科分为五个二级学科，即安全科学、安全技术、安全系统工程、安全与应急管理和职业安全健康。

安全科学理论体系的发展经历了三个阶段，即工业社会到 20 世纪 50 年代的事故学理论，20 世纪 50 年代到 80 年代的危险分析与风险控制理论和 20 世纪 90 年代以来的现代安全科学理论。到 20 世纪初许多西方国家建立了与安全科学有关的组织和科研机构，涉及安全工程、卫生工程、人机工程、灾害预防处理、预防事故的经济学、职业病理论分析和科学防范等。美国的安全教育发展较快，部分大学设立了安全工程、安全管理、消防工程、卫生工程等方面的硕士和博士学位。2011 年安全科学与工程被国务院学位委员会增设为研究生培养一级学科。我国安全工程本科专业发展迅猛，全国已有 200 多所高校开办了安全工程本科专业，全国有硕士点 52 个、博士点 27 个，每年招收本科生、硕士生、博士生分别约为 6000 名、1200 名和 220 名左右，办学规模居世界首位。

安全技术是安全科学理论与实践相结合的体现，在国内外各个行业得到充分的重视，也是安全业界关心的首要问题。安全技术学科包括安全监测探测技术、安全预测预警技术、事故灾难防控技术、安全急救技术以及行业安全技术等。2010 年以来，安全技术在国内外得到迅速的发展，使用 Web of Science 以 "safety technology"为检索词进行检索,结果表明世界范围内 2010～2019 年的论文数量为 1900 年以来的 70%。2010～2019 年,我国发表相关论文 8534 篇,占论文总数的 23%,位居世界第二位,美国发表相关论文占论文总数的 27%。说明我国在安全技术领域已位居世界前列,但与世界第一位的美国仍存在一定的差距。

我国在安全技术分支研究领域的国际地位仍处于世界第二位。以灾害应急方面为例,2010～2019 年美国在灾害应急(检索词"emergency response")方面的研究成果占世界的 40%,我国在该方面占 12%的比例,处于世界第二位,与美国存在巨大差距。我国在理论、技术、方法和模型方面需要开展创新性研究,进一步提高对事故灾难的防控能力。

安全系统工程学科的应用已从最初的军事领域渗透到对生产系统各个环节的安全分析当中,它包括系统安全评价理论、系统风险控制、安全模拟与仿真、安全预测与决策、系统可靠性。从 Web of Science 的数据统计可以看出,2010～2019 年我国在安全系统工程(检索词"safety system")方面的成果产出占世界的 20%,居世界第二位,美国占比为 27%,因此,我国在安全系统工程理论和应用方面和美国仍存在一定差距。但从发展趋势来看,我国处于增长阶段,而世界其他国家则处于平稳发展阶段。

安全与应急管理学科设立安全决策理论与方法、安全风险评估与预警、应急救援与恢复重建、安全心理与行为四个研究方向。总体来看,近年来国内外应急管理理论、技术、管理的研究发展较快,在安全决策理论与方法、安全风险评估与预警、应急救援与恢复重建、安全心理与行为等领域取得了一系列进展,提升了人类应对各种突发事件的能力。从 Web of Science 的数据统计可以看出,2010～2019 年我国在安全管理(检索词"safety management")的成果产出占世界的 15%,居世界第二位,美国占比为 30%;相应地,在应急管理(检索词"emergency management")方面的成果产出占世界的 7.9%,位居世界第三位,美国和英国的占比分别为 34.0%和8.3%。可以看出,我国在安全管理方面虽然位居第二位,但与美国仍存在很大差距;在应急管理方面,与美国的差距更大,与位居第二位的英国差距较小。总体说来,我国安全与应急管理水平在理论和应用方面与美国及英国仍存在差距,且近几年增长速度较为缓慢。

职业安全健康学科的研究方向主要包括职业安全健康行政管理学、安全健康毒理学、卫生工程学(粉尘、化学、噪声等危害控制及职业工效学)、个体防护、女工劳动保护、工作场所健康促进与教育、职业病及职业伤害统计学、新材料及新技术(纳米技术)职业安全健康管理。从 Web of Science 的数据统计可以看出,2010～2019 年我国在职业安全健康(检索词"occupational safety and health")的成果产出占世界的 4.6%,位居世界第六位,美国、加拿大、澳大利亚、英国和意大利位居前五位。因此，我国对职业安全健康方面的重视不够，其成果产出远落后于西方发达国家。

2. 学科发展布局

我国在安全科学与工程方面的人才培养和科学研究主要分布在高校和研究所。

在人才培养方面，安全工程本科专业试办于 1984 年，是在工业安全技术、工业卫生技术和矿山通风与安全本科专业的基础上发展起来的。随着经济社会不断发展，安全学科发展迅速。目前，全国开设安全工程本科专业的院校达到 200 多所，培养掌握矿业、化工、环境、交通、建筑等安全技术专业的人才。此外，应急管理培养公共安全管理方向的人才，职业安全健康培养职业危害预防方面的人才。

设立安全科学与工程专业的主要高校有中国矿业大学、中国科学技术大学、清华大学、北京科技大学、中南大学、西安科技大学、太原理工大学、辽宁工程技术大学、中国石油大学、东北大学、北京交通大学、北京理工大学、南京理工大学等(排名不分先后)。这些高校各具特色与优势，在安全领域的不同方向具有各自优势，如中国矿业大学、北京科技大学、中南大学等在矿业安全方面具有优势，中国科学技术大学在火灾安全方面具有优势，清华大学在公共安全方面具有优势，中国石油大学、南京工业大学在化工安全方面具有优势等。

在科研机构方面，由国家重点实验室、国家安全监管监察科技支撑工程、国家工程研究中心、国家工程技术研究中心、国家级研究所、省部级研究机构共同构成了从基础研究、技术开发到成果转化的组织体系。

我国建有安全领域直接相关的国家重点实验室 7 个，分别为火灾科学国家重点实验室(中国科学技术大学)、煤炭资源与安全开采国家重点实验室(中国矿业大学)、爆炸科学与技术国家重点实验室(北京理工大学)、轨道交通控制与安全国家重点实验室(北京交通大学)、煤矿灾害动力学与控制国家重点实验室(重庆大学)、煤矿安全技术国家重点实验室(煤炭科学研究总院沈阳研究院)、化学品安全控制国家重点实验室(中国石油化工股份有限公司青岛安全工程研究院)等。

国家安全监管监察科技支撑工程主要有：城市安全重大事故防控技术支撑基地、国家安全工程技术实验与研发基地、矿山重大事故防控技术支撑基地、危险化学品重大事故防控技术支撑基地、金属冶炼重大事故防控技术支撑基地等。

国家工程研究中心主要有：国家煤矿安全技术工程研究中心、煤矿瓦斯治理国家工程研究中心等。

国家工程技术研究中心主要有：国家消防工程技术研究中心、国家压力容器与管道安全工程技术研究中心、国家救灾应急装备工程技术研究中心、国家大坝安全工程技术研究中心、国家应急交通运输装备工程技术研究中心等。

主要研究所包括中国安全生产科学研究院、清华大学合肥公共安全研究院、北京市科学技术研究院、中国疾病预防控制中心、中钢集团武汉安全环保研究院等。另有多个省部级重点实验室、校级重点实验室或研究中心等，共同构成了安全科学与工程的研究体系。

3. "十三五"期间取得的标志性成果

1)煤矿典型动力灾害风险判识及监控预警技术

项目以实现煤矿典型动力灾害灾变隐患在线监测、智能判识、实时准确预警，全面提升我国煤矿动力灾害风险判识及监控预警能力为总体目标，取得了以下创新成果。

(1)揭示了应力场-能量场-震动场耦合条件下冲击地压孕灾机理。提出了冲击地压孕育和发生过程中的应力场-能量场-震动场耦合诱冲机理，揭示了应力场-能量场-震动场耦合条件下冲击地压孕灾机理。

(2)揭示了多场耦合条件下煤与瓦斯突出灾害孕育及演化机制。构建了应力场-扩散场-渗流场多场耦合模型，揭示了煤与瓦斯突出多场耦合孕育机制；开展了煤与瓦斯突出下煤粉-瓦斯固气两相流动力学试验，揭示了煤与瓦斯突出发展演化与衰减规律。

(3)研发了多种煤矿动力灾害前兆采集传感装置/装备。研发了双震源一体化探测预警装备、光纤微震监测装备、三轴应力传感装置；研制了分布式多点激光甲烷监测装置，改进了无线钻屑瓦斯解吸指标测量装置、无线钻孔瓦斯涌出初速度测量装置；研发了非接触式供电、取电调制装备和具有数据融合与智能管理功能的区域协同控制器等。

(4)建立了冲击地压风险智能判识与综合预警模型及远程预警云平台。建立了冲击地压临界判据和冲击危险的多参量归一化无量纲监测预警模型及准则；引入了动态权重法，建立了动力灾害多参量时空强预警模型及指标体系；研发了冲击地压监控预警系统与远程预警云平台，实现了冲击地压"灾源"远程定位与识别。

(5)建立了煤与瓦斯突出远程监控预警系统云平台。设计了跨平台远程预警系统总体结构、系统数据库、预警信息采集接口、预警分析服务、远程展示及运维平台，实现了煤与瓦斯突出灾害的远程监测预警。

2)重大事故灾难次生衍生与多灾种耦合致灾机理与规律

项目面向重大事故灾难综合风险防范的总体目标，重点研究灾害次生衍生与多灾种耦合的动力学演化和风险防控,取得了以下创新成果。

(1)揭示了大尺度火灾的形成与演化机理。揭示了火旋风的多种燃烧模式(图1-4)及其速度和温度分布等燃烧特性变化规律;揭示了上坡火蔓延及其诱发的爆发火的物理机制;建立了大尺度浮力扩散火焰与线性火焰高度模型;建立了大尺度湍流火旋风火焰高度模型和辐射分布模型。

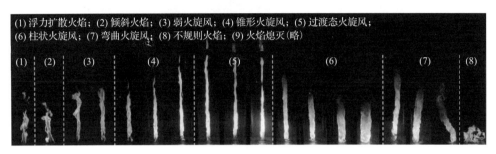

(1) 浮力扩散火焰;(2) 倾斜火焰;(3) 弱火旋风;(4) 锥形火旋风;(5) 过渡态火旋风;
(6) 柱状火旋风;(7) 弯曲火旋风;(8) 不规则火焰;(9) 火焰熄灭(略)

图1-4 火旋风的九种燃烧模式

(2)形成了泄漏与爆炸及其次生衍生事故演化模拟及风险评估技术。建立了高压气体泄漏次生喷射火模型、高压液体泄漏闪蒸喷雾扩散和爆炸极限判据;建立了喷射火次生爆炸、火灾和爆炸次生储罐破损的临界条件或判据;建立了复杂事故链演化概率模型和后果模拟技术。

(3)形成了油气管网和电网地磁暴灾害风险评估技术。提出了一种地磁暴感应地电场计算方法;建立了电网地磁感应电流作用下特高压变压器的场路耦合模型及涡流场计算模型;建立了地磁暴对管道干扰的计算模型;提出了一种基于地磁暴等级的电力系统风险评估方法。

(4)建立了发展重大事故灾难次生衍生与多灾种耦合致灾的理论体系。建立了灾害次生衍生的临界条件和概率描述方法;提出了输电线路山火跳闸概率计算方法并开发了模拟软件;揭示了单灾害诱发单灾害,以及多灾害诱发单灾害的灾害链模式,发展了多灾种脆弱性和风险分析的理论模型。

(5)形成了基于多信息融合与大数据挖掘的重大危险源的识别评价、监测预警与管控技术。发展了基于城市数据环境的多信息融合动态监测技术;建立了重大危险源多判据辨识评价模型;提出了基于深度学习技术的深度扫描和异常检测方法;构建了重大危险源管控和次生衍生事业预警示范平台。

(6)开发了重大事故灾难风险动态预测评估系统(图1-5)。建立了多灾种综合风险评估框架及灾情风险评估指标体系;构建了重大事故次生衍生风险评估的规范化流程;开发了支持两个灾种动态演化的灾害仿真过程,开发了灾害演示的仿真平台。

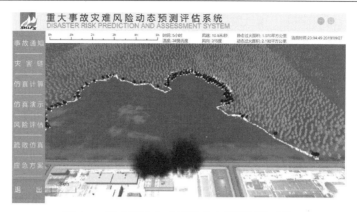

图 1-5　重大事故灾难风险动态预测评估系统

3) 城镇安全风险评估与应急保障技术

项目面向城镇公共安全国家重大需求，突破城镇安全综合风险评估、重大基础设施风险管控、应急保障等方面的理论、方法、技术、装备和标准，研究城镇安全风险评估、风险管控、应急保障全过程风险应对理论、城镇公共安全共性关键技术和重要基础设施风险管控技术，并取得了以下创新成果。

(1) 城镇重点场所和关键设施安全风险诊断与监测技术。研发了利用多源高分辨率遥感影像监控空间立体化风险监测技术，实现了对城市风险的准确快速识别；提出城市排水与防洪抗涝系统风险评估技术；构建了完整的城市防洪抗涝风险管控体系，建立了耦合城市排水及河湖调度的安全监控技术；建立了包含低影响排水系统与河湖联控的排水防涝安全监控系统平台，实现了风险预警、风险评价、系统调度与控制。建立了大型活动场所信息精确化传递模型，提高了大型活动人群管控效率；建立了大型活动场所密集人群在突发爆炸事故下的伤害准则；建立了大型活动场所风险评估指标体系，提出了城镇大型活动场所风险识别和快速评估技术。上述成果已在湖北宜昌、河南鹤壁和浙江杭州等地区开展应用示范。部分成果已被国家标准《城市排水工程规划规范》(GB 50318—2017)、《大型活动安全要求》(GB/T 33170.1—2016, GB/T 33170.2—2016, GB/T 33170.3—2016, GB/T 33170.4—2016, GB/T 33170.5—2016, 共 5 项)和《重点场所防爆炸安全检查》(GB/T 37521.1—2019, GB/T 37521.2—2019, GB/T 37521.3—2019, 共 3 项)采纳。

(2) 网络化城市轨道交通监测预警、风险评估与管控技术。研发建立了城市轨道交通信号、车辆、轨道等关键装备的数据采集监控系统，实现了对城市轨道交通信号联锁设备、车载气隙、轨道设施的实时监测、故障诊断与报警；发展了基于分布式红外多光谱测量的轨道交通车辆轴温非接触测量方法；研发了临近、穿越施工时地铁既有线路结构内力与变形的智能分析系统；提出了城市轨道交通网络化运营危险源辨识与评价技术方法；制定了全自动驾驶条件下重大风险的分析与评价方法；提出了新线开通对既 s 有线网客流叠加风险分析技术；提出了城市轨道交通网络化运营隐患分级指标体系和评估技术；研发了地铁防灾系统现场全尺寸检测技术和装备；建立了城市轨道交通四线换乘枢纽火灾烟气扩散的物理预测模型及火灾风险的网络化传播模型；重点解决了多个防烟分区通风系统联动开启进行烟流控制的复杂模式。上述成果已在广州地铁、深圳地铁、北京地铁等国内地铁线网进行示范应用，部分成果被国家标准《地铁安全疏散规范》（GB/T 33668—2017）采纳。

（3）面向人员安全和物资保障的城市群综合风险应急保障技术。提出了面向常态的城市群多因素风险评估技术和面向紧急状态的城市群跨区域应急信息共享与联动技术，保障各城市应急指挥人员全面掌握风险态势信息；建立了基于灾害扩散蔓延的情景构建方法；形成重大突发事件下人员转移安置应急保障技术平台；建立了灾害场景下应急物资需求预测技术和损毁道路提取定位与城市(间)道路动态情景构建技术；构建了应急物资选址-配送集成优化技术与智能规划求解系统；建立了考虑交通流和信号灯的配送时间评估技术与配送路径支路交通限流协同技术，实现了快速制定应急资源配送方案及保障其高效实施的交通组织方案，从而显著提升我国城镇的救灾效力和抗灾损能力。上述成果已在京津冀城市群、呼包鄂榆城市群、湖北省十堰市等应用。部分成果已被国家标准《公共安全　大规模疏散　规划指南》（GB/T 35047—2018）采纳。

（4）城镇生命线系统安全运行与应急处置关键技术。研发了城镇生命线系统脆弱性分析、城镇生命线系统动态监测和反演预警、城镇生命线系统重大灾害事故情景构建、城镇生命线系统重大灾害事故应急协同处置等关键技术；提出了典型城镇生命线系统(燃气/供排水/供热等)关联性风险分析模型，建立了"物理-社会"相结合的城镇生命线系统脆弱性分析方法，实现了对城镇生命线系统的综合脆弱性评估；研发了地上车载式和地下分布式燃气泄漏监测终端，建立了基于贝叶斯推理的、综合考虑土壤和大气扩散动力学耦合的反演溯源预警方法，实现了地上地下-固定移动多方式、多尺度的动态监测与耦合反演预警；提出了物理模型-链式过程-情景构建的技术路线，并以时间、空间、业务三个维度为切入点，建立了城镇生命线系统点、线、面灾害事故情景构建方法；提出了"监测反演-情景仿真-协同决策"集成的城镇生命线系统灾害事故多主体应急协同处置技术。在此基础上形成了城镇生命线系统应急决策一体化云平台，并开展应用示范，为城镇生命线系统的风险评估、动态监测、应急决策提供了重要科技支撑。

4)典型危险化学品储存设施安全预警与防护一体化关键技术研究与应用

项目针对我国危险化学品储存设施安全监测预警与管理存在的关键科学技术问题，研发基于声光一体化的监测技术、基于太赫兹和红外的事故监测预警技术以及燃爆毁伤效应及事故调查技术，阐明典型危险化学品储存设施事故全过程灾变机理，实现安全监测预警及防护一体化，为我国典型危险化学品储存设施技术升级和无缝隙化管理模式提供支撑。

(1)声光一体化的危险化学品储存设施健康监测系统。基于脉冲调制原理，融合 φ-OTDR 和 B-OTDR 方法，实现振动、温度、应变等参数的实时监测，开发了声光一体化储存设施健康监测系统；研究基于聚类分析的腐蚀识别技术，对模拟储罐腐蚀声发射信号进行分析，系统腐蚀源识别准确率达85%以上。

(2)面向储存设施安全预警的太赫兹雷达系统。完成危险化学品储存介质状态监测和无损泄漏检测、储存设施沉降、振动等空间成像探测，以及储存设施周边泄漏化学品的大气扩散轨迹、不明移动对象、撞击、雷击现象的探测，实现储存设施的内部介质、自身和外部环境的探测。

(3)危险化学品存储设施爆炸承载能力评估技术。国际上首次通过数值模拟成功复现了球壳、管道等结构瞬态爆炸断裂形貌。

(4)储罐法拉第静电在线检测技术。采用法拉第电荷测量法直接测量动态输油管线油品静电荷密度，研发的油品静电在线检测试验平台可以实现电导率、电荷密度、静电电位同时检测，具有改变不同油品电导率、流速的功能，实现油品静电起电与在线监测功能，是国内目前最为先进的油品静电在线检测试验平台。

1.3.4 学科的发展目标及其实现途径

1. 学科发展目标

根据国内外安全科学与工程学科发展的趋势和需要解决的科学问题，加强安全科学与工程学科基础理论研究，形成支撑安全工程智能化的基础理论体系，加强相关理论、学科、技术等交叉，实现安全科学理论系统化、安全工程技术智能化、人才平台国际化。产出一批国际领先的安全科技成果，形成一批国际知名的安全科学与工程学科的学者、专家、学术带头人，建成一批国际一流的安全工程学院平台，广泛推进国际性学术交流，引领世界安全科学与工程学科发展。

1)到 2025 年目标

a. 完善安全科学与工程学科体系，满足社会发展的需求

进一步完善学科知识体系、知识结构，初步建成科学合理的学士、硕士和博士培养目标和培养方案，适应我国社会发展对安全人才的需要。优化合并或新建

相关的学科方向，推动安全科学与工程学科的持续创新发展。

b. 产出一批重大科研成果，原始创新能力大幅度提升

产出对安全科学与工程学科发展具有推动作用的重大科研成果，在风险评估与预防技术、监测预测预警技术、应急处置与救援技术、综合保障技术等方面取得重大突破，构建安全技术体系，建立突发事件下地下空间灾害演化平台，形成公共安全生命线安全保障技术体系。

c. 形成一批安全技术成果，对事故、灾难控制能力明显提升

全面提升灾害事故风险评估、防治方法、应急救援、决策指挥、恢复重建等应用技术水平；全面形成与国家防灾减灾目标相适应的科技支撑能力；初步建成高等院校、科研机构、中介服务机构、企业和政府部门联动的安全科学与工程创新体系，加快安全生产科技成果产业化，满足国家安全发展的需要。

d. 建设一流的科研基地，科研条件显著改善

充分发挥国家重点实验室、高校和研究院所在基础研究方面的优势，加强研究平台建设，到 2025 年形成 8～10 个国际一流水平的安全科学与工程研究中心。

e. 培养一批优秀人才，国际影响力显著提升

加强安全科学与工程人才培养力度，到 2025 年培养 30～50 名在国际上有影响力的科学家。加强人才的国际合作与交流，提升我国科学家的国际影响力。

2) 到 2035 年目标

a. 形成完善的人才培养机制及学科技术标准

建设完成安全科学、安全技术、安全系统工程、安全应急与管理、职业安全健康等方向完善的科学理论体系和成熟的学科人才培养机制。形成 15～20 个创新研究群体，在清华大学、中国科学技术大学、中国矿业大学、中南大学、中国石油大学及其他科研院所形成具有一流创新能力的研发队伍。建设完成一批适用于各行业安全相关的技术、管理标准。

b. 建立跨区域大尺度火灾动力学理论与防控方法

从立体空间、有限空间次生-衍生与多灾种耦合致灾机理、承灾载体灾变机理、多灾种耦合灾害动力学演化与在线预测理论及方法上取得突破，建设完成典型事故灾害情景构建与推演、极端条件多介质反应性安全机制与监测预警模型等。

c. 形成公共安全综合保障的关键理论及技术

针对突发事件条件，建成城市地下空间灾害演化、城市重要基础设施风险评估、安全运行与安全保障理论、城市事故灾害大尺度实验与仿真理论和城市生命线安全保障技术。

d. 建立生产过程安全综合保障技术

建设完成化工园区灾害应急救援、工业生产过程危险化学品安全防控机制、

重大矿区与园区生态安全与修复技术、化工园区安全预警与智慧精准防控、国家危险化学品动态储运风险防控方法等，为我国生产过程安全精准防控提供关键技术及方法。

e. 研究公共安全智能防控技术原理

以大数据平台和人工智能技术为依托，形成重大灾害事故综合协同联动应急与疏散保障基础理论、信息化和智能化预防监控、快速反应和应急决策方法、城市立体空间智能消防与应急救援理论等，实现灾害信息实时快速交换和信息共享，搭建全国范围内的应急救援社会服务平台，建成自然灾害应急救援指挥体系，提升应急救援能力和水平，为自然灾害的应急救援和灾后恢复工作提供动力；完善"政府主导、部门联动、社会参与"的社会应急响应机制和社会危机管理，实现公共安全事件的智能化精准管理。

f. 建设有国际影响力的研究基地

建设 15～20 个具有国际影响力的安全科学与工程研究基地,开展国际交流与合作。另外，我国目前安全科学的研究已走向跨部门、跨专业、跨地区的联合模式，因此要加强科技资源的整合，提高组织重大科技活动的能力。

2. 应加强的优势方向

1) 地下工程重大事故防控理论与技术

随着世界经济的持续发展，地下工程(城市地下空间开发与利用、矿山资源深部开采)已成为未来世界工程建设的重点和发展趋势。在这些地下空间工程建设中，由于建设规模大、地质条件复杂，岩爆、突水、地表沉陷、冲击地压、热动力灾害(火灾与爆炸)等灾害事故频发，造成重大人员伤亡和经济损失。地下工程重大灾害孕育演化规律与成灾机制、监测预警技术、关键控制理论与技术等已成为地下工程面临的关键科学与技术难题。通过多学科交叉与融合探究地下工程重大事故防控理论与技术，对推动我国乃至世界地下工程灾害预测预报、灾害防治的新理论、新方法、新技术的创新与突破具有重要战略意义。

由于地下工程中的复杂地质特征，地下工程重大事故灾害防控理论与技术是世界各国必须共同面对的重大问题。发达国家高度重视并不断加强地下工程重大事故灾害风险防控科技创新能力建设，主要表现在：地质条件下事故灾害风险识别评估与预警理论模型持续发展，地下工程建设与生产智能化能力不断提高；事故灾害全过程信息感知技术不断完善，高精度、多维动态数据获取能力持续提升；重大事故灾害防控技术装备不断发展。目前，我国在地下工程建设和安全保障技术方面位居世界前列，在地下工程建设与生产中重大事故的防治与应急管理、风险评估、预测预报等安全科技方面得到了快速发展，应急处置能力不断提升。

阐明城市地下工程建设与矿山深部资源开采的重大事故灾害耦合成灾机制，

推进复杂地质条件下灾情隐患超前识别、灾中快速准确预测预警和高效应急处置技术发展，形成深部资源开采的复合动力灾害、热动力灾害的防控体系。培养一批高素质地下空间重大事故防控研究队伍，建设一定数量的地下空间重大事故防控理论与技术研发平台。

主要研究内容：地下空间重大事故灾害耦合成灾机制，复杂地质条件下灾情隐患超前识别、灾中快速准确预测预警和高效应急处置技术，深部资源开采的复合动力灾害、热动力灾害的防控技术，采空区热动力灾害耦合演变规律及多元混合气体爆炸危险性防控机制；地下工程通风动态系统在线监测与智能控制，城市地下空间在线风险防控与应急救援方法。

关键科学问题：复杂地质条件下地下空间重大事故灾害形成、演变、传播与致灾动力学机理与模型，地下空间重大事故多灾种、多因素、跨尺度耦合作用机制及防控理论等。

2) 职业安全与健康防护

职业健康促进是一个多学科交叉的研究方向，与其相交叉的学科包括预防医学、社会医学、教育学、健康传播学、健康行为学、心理学、医学、安全科学等，因此作为优先发展的跨学科研究方向予以提出。在我国，传统的职业病危害尚未得到根本控制，社会心理因素和工效学因素等致新的职业病危害已经产生，并伴有越来越严重的趋势，广大职业人群正遭受着双重威胁。传统的职业卫生着重于劳动者职业危害的防护和职业病的防治，关注的对象主要是职业场所中有危害暴露的劳动者，而职业场所健康促进关注的是全体劳动者及其家庭生活的健康相关行为，其目的不只局限于预防劳动造成的伤害，而且积极地利用工作场所的相关资源，为劳动者营造健康的支持性环境。传统的职业卫生概念已不能有效应对未来职业发展的需求，而必须引入健康促进的概念，这样才能满足新时期国家的战略需求。

国外职业安全健康管理较完善的国家包括美国、德国、英国、日本、澳大利亚及俄罗斯等。以美国为例，美国职业安全与健康管理局成立以来，在职业安全与健康领域已取得实质性进展：职业场所死亡率降低了 62%，职业伤害和疾病率减少了 42%。美国职业安全与健康管理局的使命就是保护职业场所的每一个人包括企业主和员工的安全和健康。以此为出发点，通过推行强制性标准，加强安全检查与企业自检，强化职工安全与自我保护意识，鼓励工作场所的持续改进，最大限度地减少工作场所的事故和对职工的职业伤害。我国职业安全健康研究相对薄弱，目前主要是基于《中华人民共和国职业病防治法》《中华人民共和国安全生产法》等确立了职业安全健康的法律框架，虽然近些年在职业健康配套规章、职业安全卫生标准、建设项目职业危害评价、职业病诊断、职业健康监护及各行业职业危害防护指南等研究方面取得长足进步，但与国外先进国家相比有较大差距。

面向新形势下我国职业安全与健康防护的重大需求，完善职业安全健康相关法律法规、规章制度及科学合理的政策评估指标体系；建立符合我国国情的、针对不同行业特点、不同规模用人单位的职业健康管理体系；建立符合实际生产情况的毒理学计算参数和参数数据库，结合法规和标准的需求，提出安全健康领域风险预警和风险管理的分级策略；建立粉尘(纳米级)危害、化学品危害、有害物理因素的评价体系；开展职业工效学、个体防护、女工劳动保护等研究；开展职业病监测、健康风险评估及预警系统评估等。

主要研究内容：①职业安全健康毒理学；②职业卫生工程学(粉尘、化学、噪声等危害控制及职业工效学)；③个体防护与女工劳动保护；④工作场所健康促进与教育；⑤职业病及职业伤害统计学；⑥新材料、新技术(纳米技术)职业安全健康管理。

关键科学问题：噪声的生理效应与作用机制；有害物理因素的危害及评估技术；产品设施与工作场景布局的三维模型；与工作空间及产品进行交互使用的数字人体模型；职业危害因素辨识、风险评估与控制；职业健康最佳的监测指标和特异性检测方法；新型生物检测材料的应用和新型采样方法，研制更多的化学危害的标准检测方法。

3. 应扶持的薄弱方向

1) 多源信息融合的城市安全评价理论与韧性构建方法

近年来，国际组织和发达国家在安全领域开始广泛使用韧性(resilience)的概念，美国、英国、日本等发达国家积极推进安全韧性城市建设。安全韧性城市可定义为具有吸收未来的对其社会、经济、技术系统和基础设施的冲击和压力，仍能维持基本的相同的功能、结构、系统和身份的城市。城市是经济社会发展的"火车头"，做好城市工作，加强城市治理，解决好城市发展中的问题，是推进国家治理体系和治理能力现代化的重要内容。安全是城市的生命，是现代化城市的第一要素。通过构建科学客观的评估体系，有序推开城市综合应急能力评估，以评估找短板、抓整改、促提升，全面增强我国城市韧性，对于坚守城市安全运行的民生底线和红线具有重要意义。

韧性城市的构建需要收集和运用大量基础资料、致灾因子和承灾载体等多源数据，数据标准不统一、数据安全风险大，使得城市风险评估、预测预警、应急应对等方面的技术在多灾种耦合集成应用层面存在较大困难。利用5G、物联网、大数据、云计算、人工智能、移动互联等信息化技术，基于增强城市韧性理念，开展多源信息融合的城市安全评价理论和韧性构建方法研究势在必行。

在韧性建设方面，一些国家、城市的韧性建设正在开展。国家层面，日本提出了构筑"强大而有韧性的国土和经济社会"的总体目标；美国在 2010 年《国家安全战略》、2014 年《国土安全报告》中均提出增强国家韧性，强调建设一个安全韧性的国家，使整个国家具有预防、保护、响应和恢复能力；英国制定了国家韧性计划，由首相担任部长级韧性小组组长，旨在提高英国遭受突发紧急情况时的应对和恢复能力；澳大利亚在 2011 年实施了《灾害韧性国家战略》，旨在提高民众应对野火、洪涝、暴风等灾害的能力；我国在 2013 年发布了《国家适应气候变化战略》，主要目标在于增强我国的适应能力，落实基础设施、农业、水资源等重点任务，形成适应区域格局等。城市层面，2013 年纽约市政府发布"A Stronger, More Resilient New York"计划，该计划是纽约城市应对气候变化所采取的重要举措之一，以城市规划的方式确保城市能够更好地抵御自然灾害，适应气候变化，提高城市应对自然灾害的能力，提高城市的韧性。伦敦向来注重城市规划，在应对气候变化领域也有着《管理风险和增强韧性》的规划。

国内外韧性城市相关研究主要分为对于韧性城市概念的探讨和对系统韧性进行评价两个方面。对于韧性城市概念的探讨，目前学界对于安全韧性城市的内涵尚未形成统一的认识，在城市安全韧性构建方面也尚未提出具有普适意义的模型，理论研究还较为欠缺。我国先后发布《河北雄安新区总体规划(2018—2035 年)》《粤港澳大湾区发展规划纲要》《长江三角洲区域一体化发展规划纲要》等城市群发展规划，为全面加强城市安全评价理论和韧性构建方面的研究提供了机遇。

面向城市安全评价理论突破和韧性提升的重大需求，建立安全韧性城市相关理论体系，构建完整的安全韧性城市评价指标体系与方法，形成体系化的安全韧性城市增强关键技术体系。并以此为基础，以公共安全技术为支撑，充分利用人工智能、物联网、大数据、云计算、互联网+等先进技术，在智慧城市框架内注入和增强城市韧性，打造具备冗余性、多样性、多网络连通性、适应性、恢复力、学习力等特征的安全韧性城市。

主要研究内容：城市安全韧性构建基础科学问题，城市多源信息融合理论与技术，基于多源信息融合的韧性城市综合评价指标体系，城市区域及典型基础设施安全评价指标体系，多风险耦合影响机理与情景构建理论。

关键科学问题：针对我国大城市、特大城市和城市群安全韧性提升，研究安全韧性城市基本特征与运行机理、安全韧性城市评价指标体系与方法、涵盖技术-管理-文化的城市安全韧性体系；研究城市大型建构筑物、地下管线管廊、城市人员密集场所等典型灾害事故的大尺度安全韧性评估实验与建模技术；研究城市/城市群关联基础设施系统的相互关联关系、级联失效机理和仿真技术；研究城市人员行为和城市安全韧性的关系；研究城市/城市群安全韧性评估与安全韧性增强技术；研究城市基础设施运行大数据信息化综合管理系统架构、系统大数据接入标准、数据库标准；研究城市多源异构数据的平台集成和自动处理技术；研究城市综合风险指标体系构建和风险评估技术；研究城市灾害次生、衍生发展及多灾种耦合情景下的风险预评估分析技术；研究多尺度城市精细化风险动态评估平台；研究基于大数据的城市基础设施综合风险评价模型、方法和平台。

2) 重大突发公共卫生事件基层社区安全评价理论与方法

我国乃至世界范围内重大突发公共卫生事件对社会和国家的安全保障体系不断提出更高的安全需求，基层社区安全始终发挥重要作用，基层社区承灾能力和安全防御呈现出前所未有的特点和新问题，重大突发公共卫生事件下基层社区的风险辨识、评价及预警已成为我国公共安全建设的核心内容。建立符合我国国情的基层社区安全评价理论与方法，对提升我国应对重大突发公共卫生事件的能力具有重大意义。

1989 年，第一届世界事故与伤害预防大会上正式提出了"安全社区"的概念，来自 50 个国家的 500 名代表在会上一致通过了《安全社区宣言》，宣言指出：任何人都平等享有健康和安全的权利。世界卫生组织社区安全促进合作中心在对全球安全社区进行综合分析后认为，成功开展安全社区建设的社区，事故与伤害可减少 30%～50%。近年来，安全社区计划在欧洲、亚洲、美洲的发达国家和发展中国家得到了广泛的认同和快速发展。

在安全社区建设中，根据我国的国情、体制、国民素质、安全基础等特点，于 2006 年 2 月颁布了《安全社区建设基本要求》。随着社会经济的发展和城市化进程的加快，以前的"单位"模式被打破，被"社区"模式所替代，"单位"的职责和功能逐步弱化，"社区"的安全管理功能逐渐加强。截至 2018 年底，我国已建成 600 多个全国安全社区、112 个国际安全社区。

开展安全社区评价体系研究，构建安全社区评价标准与方法、安全社区事故与伤害风险辨识方法、安全社区应急管理模式，形成安全社区动态管理及评价体系，培养一批高素质安全社区评价研究队伍，建立适应可持续发展的安全社区评价科学体系。

主要研究内容：安全社区重大突发公共卫生事件的安全评价要素、评价标准、评价方法；安全社区重大突发公共卫生事件风险管理、安全社区公共卫生风险辨识理论与方法、安全社区脆弱性评价理论与方法、安全社区公共卫生风险控制方法；安全社区应急管理模式、安全社区应急管理信息集成方法、安全社区应急管理动态系统。

关键科学问题：针对重大突发公共卫生事件，开展基层安全社区认证与评价，主要涉及安全社区评价标准与方法、安全社区事故与伤害风险辨识方法、安全社区脆弱性评价方法、安全社区应急管理体系等。

4. 鼓励交叉的研究方向

1)重大事故应急响应控制理论与技术

随着经济发展和人类活动增加,重大事故风险加剧,灾害损失呈现上升趋势。国内外实例表明,快速、高效的应急响应体系和科学的应急处置技术是降低人员伤亡和财产损失的有效途径。

随着我国社会、经济、文化、政治的不断发展,防灾减灾越来越成为民生改善、社会和谐的重要保障。在全球变化背景下,重大事故风险加剧,开展应急响应体系及处置技术是减少事故损失的关键,是构建国家公共发展战略的需要。

国外对重大事故应急响应已有显著成果。美国、澳大利亚、日本等建立不同等级的应急响应联动体系,应急资源信息系统,快速、高效的应急响应系统,为应急救援与现场处置、应急资源调配提供技术支撑。

在"十二五"与"十三五"期间,加强对突发公共事件快速响应和应急处置的技术支持,开展了"国家公共安全应急信息平台""突发公共卫生事件防范与快速处置"等主题研究,建立应急响应联动机制,构建国家公共安全早期监测、快速预警与高效处置一体化应急决策指挥平台,开发个体生物特征识别、无证溯源、远程定位跟踪、实时监控等快速处置技术及装备,为应急管理提供支持。

重大事故应急响应体系及处置技术研究,构建重大事故应急资源系统、应急资源优化配置模型、应急响应辅助决策系统,形成高效协作、科学决策的应急响应技术体系,培养一批高素质的应急响应与处置技术研究队伍,建立适应可持续发展的应急决策科学体系。

主要研究内容如下。

(1)重大事故应急救援动态响应理论与方法:重大事故应急规划与预案设计方法;重大事故优化处理逻辑方法;重大事故跨部门、跨区域应急协同联动机制;重大事故急救援数据库及信息动态管理系统。

(2)多层次应急资源统筹优化配置理论与方法:多灾种耦合应急资源需求预测;多层次应急资源统筹优化配置理论;多层次应急资源统筹优化配置模式;多层次应急资源统筹优化配置智能优化算法。

(3)重大事故应急响应辅助决策系统:重大事故应急响应动态信息采集技术;重大事故应急响应势态评估理论与方法;不完全信息下重大事故应急资源动态调度理论与方法;重大事故应急保障能力评价理论与方法。

2)高危行业事故灾害孕育成灾机制及防治技术原理

我国针对事故灾难已开展了包括应急预案、应急组织、救援保障、应急平台和法律法规等方面的研究。目前我国制定了多部相关法律法规和规章制度,各个省份和多个部门已经建立了一些各有侧重、各具特色的应急组织、救援保障和预案体系。我国在事故灾难安全急救技术方面也开展了许多研究工作,已有较好的研究基础,这些工作都发挥了重要作用,但在事故灾难安全急救过程中仍然有大量的问题没有解决,原因在于事故灾难安全急救技术涉及领域较多,包括工程技术、管理科学、信息技术等多学科领域,需要不同学科间开拓、交叉、渗透与融合,而目前我国的安全急救体系及其支撑体系建设相对落后,尤其是高危行业事故灾难安全急救关键技术的研究远远不能满足我国安全发展的需要。从目前的实际情况看,我国对事故灾难形成机理与演化规律还缺乏基础理论层次的深刻认知,安全急救救灾决策技术、救灾通信技术、灾害重现技术、事故调查技术及灾害评估技术等仍需要研究,尤其是针对各类重大突发事件,以及诸如矿山、建筑、石油化工等危险行业重大事故所急需监测预警、精确定位、应急通信和应急决策指挥等技术深入和系统研究。

安全技术的基本属性应该是应用科学研究的范畴,是以新方法、新材料、新技术、新工艺流程和原型技术为主要内容,融合各学科基础知识,结合各应用领域的特点和实际情况,减少事故灾难发生,保障生产生活的安全健康可持续发展。安全技术涉及多个领域,如建筑、能源、材料、环境、化工、轻工、土木、矿业、交通、运输、航空航天、机电、视频、生物、农业、林业、城市、旅游、检验检疫、消防、公共卫生等行业和事业。事故灾难防控技术的发展必然是学科基础知识(安全科学、安全技术、安全系统工程、安全与应急管理、职业安全健康等)、自然科学基础知识(数学、化学、物理、生物、生态学及医学等)、工程科学基础知识(力学、电学、工程图学、系统工程学、相关工程技术科学基础等)、通识类基础知识(计算机、外语等)和社会科学基础知识(经济学、社会学、法学与管理学等)在以上各个领域的交叉融合应用与发展,通过各学科、各领域的交叉促进事故灾难防控技术学科整体水平的提高,拓展学科内涵。

事故灾难防控技术的发展基本遵循生产实践和社会需求,并随着生产进步及社会发展在解决实际问题的过程中不断深入。

主要研究内容如下。

(1)危险源的辨识与评价,根据各个领域的特点和差异,辨识确定危险源,并对其风险进行评价,为掌握和防控事故奠定基础。重点研究矿业、石油、化工等行业重大危险源及各类重大自然灾害的辨识技术及其危险性的定量评价方法。

(2)事故灾难预测预报技术,研究事故灾难的发生、发展及演化规律,研究不同领域事故定量预测、预报技术手段和方法。安全预测技术今后要重点研究工业生产事故的发生、发展规律及其定量预测方法或技术。

(3)事故灾难防控技术融合了相关基础知识及理论,采用物理、化学、生物、信息等科学对危险源进行预防和控制,并逐步向智能化、本质安全化转变,从被动预防向主动预防发展。重点研究矿山、石油化工等高危行业的防控技术,如煤矿瓦斯、火灾、水灾等灾害的预防和控制技术，石油化工企业涉及的危险有毒物品泄漏扩展的检测控制技术等。

（4）安全防护技术主要研究高危行业工人操作过程中的人员防护技术，如防尘、降噪、个体防护装备等，从个体防护向综合防护转变。

在重特大事故灾难监测、预警、防治、应急救援、调查处理技术等方面，取得一批重大成果，总体接近或达到国际水平；安全技术装备满足安全生产及人们生活的需要，形成安全技术标准体系，在矿山、危险化学品、建筑等重点工业领域及公共安全领域与国际接轨。建立学科交流机制，积极拓展国际合作空间，提升学科国际影响力，进一步形成重点高危行业灾害防治关键技术体系。

3）重大事故与事件安全心理与行为

随着国民生活水平和质量的不断提高，对应对自然灾害和事故灾难提出更高的要求。快速、有效的应急响应是控制灾害和降低灾害损失的关键，公众应急能力对应急响应效率具有极大影响。研究重大事故与事件安全心理与行为是提升应急管理水平的基础问题。

我国的经济发展和城市化进程的推进，人口聚集度增加，各种灾害风险加大，研究重大事故与事件安全心理与行为对提高应急管理水平、防灾减灾具有重要意义，也是经济和社会可持续发展的需要。

发达国家对公众应急方面能力做了大量研究。美国开展"减少地震风险项目""社区家庭应急准备项目""社区灾难教育项目"等，在全国范围内指导和教育公众进行应急物资准备、制定家庭逃生计划、准备家庭逃生包等，还制作了大量免费的宣传资料。日本也高度重视公众应急能力建设，多年来一直将防灾减灾知识普及纳入国民教育体系，这些项目的实施提升了公众应急能力。

近年来，我国在提升公众应急行为方面做了大量基础性工作，出版了《公众应急管理知识与急救常识》《公众应急手册》《公众应急常识》《公众应急应对常识》等一系列公众应急知识与行为手册、宣传资料；从行为安全角度研究人机活动中事故致因，构建了生产活动中行为安全模式，对安全生产管理提供了基础。

重大事故与事件安全心理与行为应急行为与心理干预研究。构建安全生产人机交互活动中的行为模式，建立公众应急能力评价方法、突发事件公众心理干预模式，形成高效的公众参与协作的应急响应行为体系，培养一批高素质的应急行为与心理干预研究队伍，提升公众应急能力。

关键科学问题：典型灾害事故环境下人体生理损伤机理、群体心理创伤发生机制与群体行为演化，重大事故心理危机评估与干预，重大事故应急行为引导及安全职业适应性检测、评价与提升问题。

主要研究内容如下。

（1）重大事故心理干预方法及效果评价：个体灾难事故恐惧感知定量分析方

法；重大事故心理损伤特性与评价方法；重大事故心理危机的评估与干预；重大公共卫生事件心理干预。

(2)重大事故人员行为评价理论与应用对策：重大事故群体行为的形成与演化机制；重大事故群体行为建模理论基础与建模方法；基于智能计算机、监控设备、信息管理系统的人员行为干预方法。

(3)灾害事故中个体与群体安全行为作用关系：灾害事故环境下个体损伤机理；灾害事故中个体和群体行为特点规律综合分析建模方法；突发安全事故个体-群体安全行为决策模型。

(4)重大事故应急行为模式：重大事故特性与应急行为模式；重大事故应急行为引导方法；基于虚拟技术的应急行为实训平台开发。

5. 应促进的前沿方向

1)全方位、立体化城市公共安全网建设理论与方法

未来智慧城市的建设就是以智慧化为导向，以大数据、物联网、云计算、人工智能等技术为支撑，从根本上改变城市的运行、管理、服务方式，通过建设智慧城市，可以提高全球竞争力、创新力和城市生活品质。从安全科学与工程学科自身发展需求看，城市发展的安全风险评估与预防方法正逐步由单灾种向多灾种综合风险评估转变；监测预测预警技术向综合感知、多灾种耦合与跨领域智能预警方向发展；安全应急处置与救援技术装备正朝着多技术集成、多功能、智能化及成套化方向发展；综合安全网更注重基于云计算和大数据的综合决策、多灾种耦合的平台建设，这些颠覆性变革技术的集成应用，也已成为21世纪以来美国、日本、英国等发达国家公共安全科技发展的新趋势。

针对新技术发展变革带来的城市安全发展潜在问题，需要我们全方位、立体化的公共安全网建设，加速不同领域(城市、矿山、石油、化工等)安全科技融合、科技-产业-管理协同发展。紧跟世界公共安全科技发展的新潮流、新趋势、新动态，增强引进、消化、吸收再创新能力，缩小与发达国家差距，实现从"跟跑"到"并跑"再到"领跑"的跃升。通过前期积累的城市、矿业、化工等行业的大量的基础和运行时空数据、典型事故灾害等，多系统融合各种复杂安全问题，实现城市多维安全领域技术的一体化集成和各行业、各领域信息化的深入应用。利用智能遥感、信息化、人工智能和学科交叉技术对未来智慧城市公共安全进行有效保障，力争我国走到未来智慧城市公共安全的世界前列。

主要研究内容如下。

(1)开展城市立体空间、有限空间次生-衍生与多灾种耦合致灾机理和动力学演化、承灾载体灾变机理、应急管理理论的研究。

(2)构建基于AIoT、5G、云计算、大数据等的公共安全预防准备、监测预警、

态势研判、救援处置、综合保障的关键理论。

(3)研究以现代高科技集成创新为主的信息化和智能化预防监控、快速反应和应急决策方法。

2)智慧城市安全运行与安全保障理论

随着我国城市化水平明显提升和城市人口规模日益庞大,城市基础设施的功能和体量不断扩大,城市的发展方式、区域布局和承载能力发生了深刻变化,新材料、新能源、新工艺广泛使用,新领域、新科技、新产业大量涌现,城市的系统结构日益复杂,运行风险不断增大。近年来,发生在我国城市的大量突发事件,给人民生命财产、基础设施造成重大损失和破坏,暴露出我国城市在高层及超高层建筑、大型综合体、地下空间、工业园区、人群密集公共场所、生命线工程等重要基础设施乃至城市系统以及城市群整体的规划建设、运营标准和管理水平上的短板和脆弱性,城市安全水平与新型现代化城市发展要求不相适应,亟须强化城市重要基础设施风险评估、安全运行与安全保障等方面的理论研究。全面提升城市重要基础设施风险评估、风险防范能力和安全运行综合保障能力,大力推进城市化进程中的安全发展,为人民群众营造安居乐业、幸福安康的城市生活环境提供保障。

发达国家高度重视城市本身及其所包含的基础设施的风险防范。英国伦敦对城市可能发生的重大灾害事故进行了风险应对能力评估,制定了能够适应承受和快速决策响应的方案;美国提出迈向韧性智慧城市,开发的地理信息数据库HAZUS-MH(灾害美国——综合灾害灾损评估系统)的数据涵盖城市建筑、基础设施和生命线工程资料,以及详细的人口、地形地质等数据资料;此外,系统还内置了地震、洪涝灾害、飓风的灾损评估模块,用户可进行灾害风险评估并以地图、报表形式输出评估结果。美国国土安全部非常重视城市基础设施的保护和灾害的管理,在持续监测、数据融合、巨灾预警、实时决策、安全规划方面,在各个环节实施对于基础设施的保护。在欧盟第七研发框架计划(FP7)中设置了关于城市安全空间设计的项目,包括了建立城市空间安全事件数据库、安保和恢复整合设计框架,建立了一系列综合设计方法和支撑工具,以及基于网络决策的支撑系统。FP7还重点支持城市关键基础设施风险预测、分析与应急反应工具的研究,保障基础设施不至于受到网络侵犯和攻击,使基础设施能够正常地运行。EP7还有关于安全理念和运行的虚拟演播室系统,把平常的讨论、分析、研判与数据通过虚拟现实显示和交互,包括自动的情景在线、虚拟安全编辑器、安全知识共享等。

在国内外技术发展格局上,我国基础设施与城市风险防范领域的技术与国际先进水平相比,我国总体上处于"并跑"阶段,部分技术处于"跟跑""领跑"阶段。在风险评估与预防技术和监测预测预警技术方面，我国总体上处于"并跑"和"跟跑"阶段，部分技术与国外领先水平差距较大。在综合保障方面，我国与国外先进水平相比整体处于"并跑"，部分处于"领跑"阶段。

面向我国基础设施与城市风险防范的重大需求，以打造我国城市韧性为基本导向，依托科技、管理、文化三足鼎立支撑，在城市风险评估、预防与应急准备、重大风险监测预警、重大灾害事故应急救援和恢复重建的全链条、全环节，建立城市重要基础设施风险评估、安全运行与安全保障基础理论与技术体系；自主研发一批重大城市应急技术装备，提升安全与应急产业经济增长；建设一批高水平城市安全科研基地和高层次科技人才队伍，为健全我国城市安全科技创新体系、全面提升我国城市安全保障能力提供坚实的科技支撑。

关键科学问题：城市高(超高)层建筑、大型综合体、重要建筑和工程设施等风险监测、诊断、评估、防控的基础理论、技术与装备；城市重大交通基础设施、城市生命线、地下综合管廊全服役周期内监测预警、诊断评价、风险评估、风险管控、应急处置等关键安全保障理论、技术与装备；城市工业园区、城市社区等重点部位、关键目标、风险区域安全智能感知、监测预警、管控与应急救援基础理论、技术与装备。

主要研究内容如下。

(1)城市重要基础设施风险感知与监测技术：基于智能物联的城市生命线风险感知及监测技术；城市轨道交通系统运行重大风险监测预警与管控；城市重要能源基础设施质量安全与风险控制技术。

(2)城市重要基础设施综合风险评估理论：城市建筑及复杂空间风险评估与安全保障理论；城市建筑多灾害风险监测及韧性评估技术；城市更新中建筑群风险评估智能体系。

(3)城市重要基础设施风险防控与安全保障理论：城市高风险建筑风险防控技术及应急平台；城市复杂建筑灾害防御理论与风险防控技术；城市地下空间突发事件应急及防控技术；城市生命线安全运行、安全保障关键技术与风险防范理论；城市地下综合管廊安全运营与智慧管控技术及应急装备；公路桥隧基础设施安全性能提升技术；城市工业园区风险防控关键技术。

6. 学科优先发展领域

1)"十四五"规划(2025年)优先发展领域

(1)多灾种耦合孕灾演化机制及超前识别方法：揭示事故和灾难孕育、演化机理；揭示事故链触发临界条件及各类衍生、次生灾害的传播机制；建立安全预测基础理论体系，运用神经网络、模糊理论、灰色理论、熵理论、人因安全理论、耗散结构理论、支持向量机、遗传算法、专家系统等人工智能技术和方法建立灾害超前识别预测数学模型，发展科学的多因素耦合安全智能预测方法。

(2)重大事故安全风险精准预警技术：重大事故孕育、发生、发展规律和演化机理，重大事故监测预警方法，重大事故预警模式，基于网络技术的重大事故预警信息编码方法、预警信息发布的技术标准，重大事故预警信息发布模式等关键科学问题。

(3)重大事故应急响应体系及辅助决策系统：重大事故应急救援动态响应体系、多层次应急资源统筹优化配置、重大事故应急响应辅助决策等关键科学问题。

(4)矿区大尺度灾害与生态修复协调发展机制：矿区大尺度灾害时空发展中的生态系统破损过程、演变特征；建立矿区废弃物、废弃能量的回收和综合利用机制；矿区生态环境损害的综合治理方法与生态重建模式。

(5)矿井安全智能化与灾害精准应急关键技术：矿井多灾种耦合致灾链演化过程及防控机制；矿井灾变流场参数精准获取技术；矿井安全避险六大系统综合信息集成与智能运维；井下人员安全导航及信息智能交互技术与装备；井下全域风险评估与安全智能分级管控技术；多灾种灾害超前辨识与精准应急关键技术；CO主动预警闭锁及自动快速消解技术。

2) 中长期(2035 年)优先发展领域

(1)开展智慧城市全生命周期安全、城市生命线安全保障、职业健康和工程防护、典型事故灾害情景构建与推演、复合动力灾害防治与综合应急方面的前沿基础研究，形成未来智慧城市公共安全网理论体系。

(2)全过程事故情景分析、风险评估与综合研判理论及方法：以多维度风险评估理论为基础，对事故全过程开展多维度风险评估，发展突发事件综合应急理论与方法，建立多主体多向交叉应急信息交互与反馈机制。

(3)发展公共安全精准监测技术：以大数据、云计算为基础，完善灾害预警信息发布机制，实现灾害信息实时快速交换和信息共享，完善"政府主导、部门联动、社会参与"的社会应急响应机制和社会危机管理，提升危机管理水平；搭建全国范围内的应急救援社会服务平台，建成自然灾害应急救援指挥体系，提升应急救援能力和水平，为自然灾害的应急救援和灾后恢复工作提供动力。

(4)发展灾害事故条件下生命安全保障技术基础：当前仍难以杜绝高危行业的事故，应采取有效措施保护重要生产设备和人民生命财产安全。根据高危行业事故发生、发展规律和演化机理，在重大灾害现场勘察、无线救灾通信、遇险人员定位等方面取得重大突破，减少事故损失。

1.4　矿物分离学科

1.4.1　学科的战略地位

1. 学科定义及特点

1) 学科定义

矿物分离学科是利用矿物之间物理、化学、生物学性质的差异，借助各种分离工艺和设备富集或分离有用矿物，将矿物资源分离、提取、加工成有用产品，同时实现过程中二次资源再利用与环境友好的方法与技术。

该学科研究对象复杂、种类繁多，包括金属矿物、非金属矿物、煤炭、固体废弃物等，以矿物富集或分离的基础研究和工程应用为特色，涉及矿物学、矿物加工工程、冶金工程、化学、生物学、环境科学、物理学、化学工程、材料科学与工程、力学等学科的交叉融合。

2) 学科结构

根据学科中涉及的科学和工程问题及其相互之间的逻辑关系，可以将矿物分离学科分为以下六个研究方向。

a. 矿物分离工艺矿物学

该方向主要是运用各种先进的测试技术与模拟计算方法，研究矿物的化学成分、晶体结构、形态、性质在时间与空间上的分布规律，以及形成与演化过程中的历史因素对其结构和性质的影响，重点涉及矿物三微(微量、微区、微观)的现代矿物学研究。其研究范围包括地壳矿物、地幔矿物、其他天体的宇宙矿物、天然矿物和人工合成矿物。研究内容由宏观向微观纵深发展，包括由主要组分到微量元素，由原子排列的平均晶体结构到局部具体的微观晶体结构及性质的拓展。

b. 矿物分离的热力学机制及方法

该方向以矿物分离的表界面特征为重点，具体涉及颗粒与颗粒相互作用及分离机制、界面与界面相互作用及分离机制和药剂与矿物颗粒界面相互作用机制，为实现矿物的高效精细化分离提供理论基础。

c. 矿物分离的过程动力学及强化

该方向主要通过加热、加压、还原、外场、工艺优化等强化方式改变矿石的组成、性质、内部结构、表面特性、颗粒形貌及粒度分布等，从而优化物质的分离过程。重点研究力学、化学预处理、外场作用、工艺优化、高效药剂作用及数值模拟等对分离过程的强化。

d. 矿物分离工程科学

该方向主要是在矿物分离过程特征研究的基础上，以矿物处理过程控制与优化为主要研究内容，建立精确描述整个过程稳态与动态特征的数学模型，真正实现矿物处理过程的控制与优化，同时进行选矿工程的"数字化、最优化、自动化"机制研究，实现选矿工业生产过程的优化与自动化控制。

e. 矿物材料加工

该方向主要是从矿物学和岩石学角度出发，根据天然矿物（包括部分岩石）的物理和化学性质的研究，运用选矿、深加工、人工合成或晶体生长等技术手段，研制出各种用途的矿物材料，实现矿物资源的多元化、高值化和功能化利用。

f. 矿物分离与加工的绿色化

该方向主要以分离过程强化为研究切入点，针对二次资源的高效分离机理、矿山固体废弃物资源综合利用、矿山重金属污染治理、矿山废水处理及循环和矿山有害气体监测及处理等共性基础问题，围绕微细颗粒界面调控、流体流动过程强化和溶液化学特性、矿业安全用气体传感器的作用机制与防控技术等方面开展研究工作，为实现环境友好资源节约的绿色矿物分离提供基础理论和关键技术支持。

2. 学科主要基础科学问题

重视新兴和交叉学科的融合，完善学科发展方向和内涵，充分利用我国资源优势和特点，以基础研究为重点，融合多学科领域，形成具有自主创新能力、多学科交叉融合的矿物分离新理论及技术体系。

基础科学问题一：矿物赋存物理与化学。

针对传统矿物学在矿物学性质与矿物可选性之间关系的缺陷、矿产资源"贫""细""杂"的特点及人工合成矿物学的发展现状，亟须开展矿物晶体结构、表面特性研究，研究主要矿物的嵌布粒度和嵌镶规律，开展和完善人工合成矿物学的热力学原理、矿物相变及组分分离基础研究；研究多组元体系中矿物相变的热力学计算模拟、矿物相变强化机制的基础理论研究及相变过程中组元的迁移及分离理论。

基础科学问题二：矿物分离机制与方法。

研究颗粒、气泡、水、药剂等固-液-气三相界面间的相互作用原理与分离机制。包括：颗粒在各种分离力场（磁场、电场、离心力场、特殊重力场等）中的动力学行为及相互作用；浮选胶体界面化学，气泡与颗粒、气泡与气泡的界面相互作用，具体包括颗粒-气泡及气泡-气泡的多尺度液膜薄化破裂动力学原理及热力学作用机制，颗粒在气泡表面脱附的界面力学原理等；基于界面调控的新型环保高效浮选药剂分子设计、界面组装机制和绿色合成方法。

基础科学问题三：矿物分离过程强化。

矿物分离过程强化是实现粗粒及微细粒矿物高效分离的有效手段。在多相多尺度分离条件下,研究矿物分离过程强化的基础理论与方法;研究粗粒、微细颗粒分离过程强化的能量作用机制,重点聚焦复合力场作用下的粗颗粒高效分离回收理论与方法;微细颗粒界面调控;流体流动过程强化以及力学;化学预处理等外场过程强化机理研究。

3. 学科的战略地位及需求

矿物分离学科的发展应着眼于未来矿产资源的开发和二次资源的回收,并开展前瞻性基础科学问题的研究,不断拓展与之相关的安全环保研究领域。近几十年来,物质分离及相关学科的科技工作者在矿物加工学科及交叉学科领域进行了大量的基础理论与工艺技术研究。同时,随着相邻学科的发展,如材料科学、岩石力学、化学、电磁学、生物学、计算机科学与技术在矿物分离学科领域的应用逐渐广泛,一些新的矿物加工学科领域已初露端倪。与各种功能性矿物材料、无机非金属材料、金属材料、有机高分子材料等学科知识相融合,如超细矿物粉体材料应用在石油化工行业中,矿物材料应用在污水处理和气体监测行业中,煤炭为化工行业提供气化、液化原料等。

未来,矿物分离学科的发展将围绕高效、精细、低耗矿物分离过程及分离过程强化而展开,并将逐步形成新的学科领域,为建立新的矿物分离学科理论体系提供基础条件,主要体现在以下几方面。

矿物分离学科的研究对象呈现资源低品质化。从远古时代的淘金,到现代的各种矿物分离技术,大致经历了三个阶段。第一阶段(生长期),从远古至20世纪20年代前后,经历了从天然矿石中分离出有用矿物的"选矿"技术的起源与形成;第二阶段(发展期),从20世纪20年代至60年代前后,为矿物分离技术、理论与矿物分离学科的初步形成;第三阶段(成熟期),从20世纪60年代至今,随着世界经济的快速发展,一方面人类对矿物资源的需求不断增加;另一方面矿物资源中富矿减少、贫细杂矿物资源增加,常规的矿物分离技术与理论已不能完全适应并解决这些问题。进入21世纪以来,环境意识的空前增强和新材料产业的蓬勃兴起,对于矿物资源利用模式的变革和矿物分离学科的发展产生了广泛而深远的影响。因此矿物分离学科的发展应着眼于未来矿产与低品质资源开发,并进行前瞻性基础科学问题的研究,同时拓展新的学科交叉研究领域,以发现更为高效的分离理论与方法。

精细化深度分离是矿物分离学科的发展方向。近年来,随着物质分离交叉学科的快速发展以及社会经济发展对矿物产品的高品质要求越来越高,促使了矿物分离学科向精细化的深度分离发展。矿物分离学科的发展将围绕高效、精细、低耗、智能矿物分离、绿色环保展开,并将逐步形成新的学科领域,为建立新的矿物分离学科理论体系提供基础条件。

强化矿物分离基础研究是矿物分离学科发展的战略关键。我国对于矿物分离技术的基础理论研究起步较晚，相关的创新技术发展受到严重的限制。近年来，我国在工艺矿物学和界面相互作用的微观机理研究方面具有一定优势。其中，在工艺矿物学研究方面我国实现了定量分析，在矿物颗粒的分割与矿物识别方面取得了突破性进展，并在国际上率先提出和开展基因矿物学研究；在矿物加工设备基础研究方面，在高梯度磁选、超导磁选、磁系设计、浮选机多相流 CFD 模拟与大型化等研究方面，均处于国际先进水平，并开发出一系列先进和大型化的磁选和浮选设备；在浮选晶体化学和界面化学领域，我国在晶格缺陷、流体包裹体、界面分子组装、原位微纳米力学测试等方面开展了创新性研究；在微细粒分离过程强化研究方面，基于对能量与过程的认识，我国也取得了创新性研究成果，并提出了最低能量原理与微粒-微泡-微涡的"3W"浮选理论。从矿物分离学科面临的对象越来越复杂，越来越难分离等共性问题出发，通过强化矿物分离学科微观层次的基础理论研究，重点研究矿物分离过程及强化的基础性科学问题，完善环境保护和资源综合利用等方面相关的系统化基础理论研究。加强矿物分离基础理论研究对于提升学科原始创新能力和长远发展能力均具有重要意义，为创新与升级矿物分离技术提供理论基础和技术储备。

1.4.2　学科的发展规律与发展态势

1. 学科发展规律

1）矿物分离工艺矿物学

矿物分离工艺矿物学，主要研究与矿物分离工艺有关的矿物学问题，主要包括矿物原料中矿物（或元素）的状态、性质和行为规律。其中矿物的状态主要是指它们在矿物原料中的存在形式和分布状态，如元素含量多少及存在的形式、矿物含量的多少、矿物粒度的大小、矿物之间的结合形式等；矿物的性质主要是它们与分离工艺有关的性能，如矿物晶体结构、化学稳定性、密度、磁性、导电性、表面润湿性能等；而矿物的行为规律则是指它们在加工过程中的走向、性能和状态的变化规律等。因而，矿物分离工艺矿物学可概括为：以矿物原料为研究对象，通过对矿物原料中矿物或元素的状态、性质和行为规律的研究，为矿物的分离性能评价、矿物分离机理研究、矿物分离技术开发和矿物分离生产工艺流程的故障诊断提供矿物学解析。

矿物分离工艺矿物学是矿物学、矿物分离工艺学以及现代测试技术之间的一个交叉学科方向。因此从事矿物分离工艺矿物学研究，不仅要具备扎实的矿物学基础，而且还需要掌握相应的矿物分离工艺学知识和相关现代测试技术。

矿物分离工艺矿物学是随着矿物分离对象的变化、矿物分离技术的发展以及现代测试技术的发展而不断发展的,总体发展规律呈现"由宏观到微观、由定性到定量、由人工到智能"。

随着矿产资源开发利用规模的不断增大,矿物分离学科的研究对象已由易处理高品位矿产资源逐渐过渡到低品位复杂难处理矿产资源和二次矿产资源。随着处理对象的多元化和原料性能的复杂化,必须将矿物分离技术研究与工艺矿物学研究紧密结合才能创造性地解决低品位复杂矿物原料的分离难题,因此工艺矿物学的重要性也日益凸显。尤其是随着现代测试技术的不断进步,工艺矿物学的研究手段和研究程度也不断充实发展,逐步实现由宏观到微观、由定性到定量、由人工到智能的发展。

(1)由宏观到微观的发展表现为高分辨率电子微束技术对微区微量元素及矿物的分析检测已得到了成功应用,推动工艺矿物学研究由宏观到微观发展。以电子探针为代表的电子微束技术,具有纳米级空间分辨率和强大的微区元素检测功能,能够获得元素的含量、分布及结构等信息;采用离子探针能够检测矿物表面10^{-6}级元素的含量及分布,填补了电子探针元素分析范围有限及灵敏度偏低的不足,而且可进行表面分析、近浅表面的深度分析、体积分析和图像分析;通过LAM-ICP-MS(激光消熔微探针感应耦合等离子体质谱)和 SIMS(二次离子质谱)对原位痕量元素分析,特别适合用于系统分析铂族元素和微量金。

(2)由定性到定量的发展表现为采用现代测试技术和自动图像分析技术,在矿物学参数(矿物含量、粒度组成、解离度等)定量检测方面取得了明显进展,使矿物分离工艺矿物学开始由定性走向定量。采用扫描电子显微镜定量分析系统(澳大利亚联邦科学与工业研究组织研发的 QEM*SEM、QEMSCAN)和矿物参数自动定量分析系统(澳大利亚昆士兰大学 JKTech 研发的 MLA),能够快速精确地确定微量元素分布,矿物的成分、形貌、含量及粒度大小,目的矿物的解离度等工艺矿物学参数,能够对选冶工艺参数的选择及分离指标的预测提供有益借鉴。

(3)由人工到智能的发展表现为伴随着计算机技术和现代测试技术的发展,工艺矿物学自动化和智能化测定系统开发取得了快速发展。有代表性的测试系统为澳大利亚昆士兰大学 JKTech 的 MLA 和我国北京矿冶研究总院的工艺矿物学参数自动测试系统(BPMA)。MLA 由扫描电子显微镜、能谱仪及分析测试系统软件组成,其基本原理是利用背散射电子图像划分不同矿物相,运用矿物能谱分析及能谱产生的 X 射线数据与矿物标准库的数据对比来实现智能识别矿物,运用现代图像分析技术及分析测试软件,自动采集不同物相的能谱数据、图像数据,经过计算机自动拟合计算后获取矿物种类和含量、样品中各矿物粒度分布、矿物解离度等工艺矿物学参数。北京矿冶研究总院研发的 BPMA 是一种通过应用程序接口(application programming interface, API)控制扫描电子显微镜和能谱仪自动运行的自动测试系统。该系统通过背散射电子图像处理技术实现矿物分相，通过矿物实测能谱与矿物理论合成能谱模式匹配来识别矿物，通过图像分析技术自动获得矿物含量、目标矿物解离度、目标矿物粒度分布、目标元素赋存状态等各种工艺矿物学参数。除此之外，许多研究机构都在发展自动测试系统，如丹麦和格陵兰地质调查局(Geological Survey of Denmark and Greenland, GEUS)的计算机控制扫描电子显微镜(computer controlled scanning electron microscope, CCSEM)；澳大利亚联邦科学与工业研究组织的自动地质扫描电子显微镜 Auto GeoSEM；加拿大矿产能源技术中心的采矿和矿物科学实验室开发了一种基于电子探针分析的图像分析系统；挪威科技大学开发出一种基于自动扫描电子显微镜的颗粒结构测定系统(particle texture analysis, PTA)，等等。工艺矿物学参数自动测定系统的出现，不仅使工艺矿物学研究实现了自动化，而且也使工艺矿物学参数测定的准确性和可靠性大幅提高，使之能够在解决复杂难处理矿产资源分离方面发挥更大的作用。

2) 矿物分离的热力学机制及方法

矿物分离的核心是研究矿物/药剂/溶液/气泡相互作用的界面物理化学问题，涉及矿物颗粒在各种分离力场(磁场、电场、离心力场、特殊重力场等)中的动力学行为及相互作用、矿浆中矿物颗粒表面溶解与水化等反应性、药剂的设计组装与研发、药剂在矿物表面选择性吸附与反应、矿物颗粒间的聚集与分散、矿物颗粒与气泡的碰撞与黏附等表界面相互作用问题。从基础研究层面厘清矿物分离最本质的热力学机制，对后续工艺流程的开发、装备的研制、技术的形成都具有重要意义。而矿物颗粒与颗粒、界面与界面、药剂与界面相互作用及分离机制方向的研究正是根本了解矿物分离热力学机制的关键所在。

重选的基础研究起步较早，这主要得益于流体力学的发展。19 世纪下半叶，奥地利人 Rittinger 提出了"等降现象"；Monroe 等进一步提出"干涉沉降"；20世纪 40 年代，苏联学者 Jiriiiehko 提出了跳汰是在上升水流中"按悬浮体的相对密度分层"的学说；德国学者 Mayer 从床层位能降的角度解释了分层过程；英国学者 Bagnold 在 20 世纪 50 年代观察到了剪切运动下层流斜面流中多层粒群的松散分层现象。这些学说奠定了重选的理论基础。

在电磁选矿方面，由于物理学的发展，人们早就认识到可用永久磁铁选别磁铁矿石。当有了以电磁铁为磁选机的磁场和各种工业生产的电磁选矿机后，电磁选矿理论也初步确立。

在浮选方面，从 20 世纪 30 年代开始，美国的 Taggart 及苏联的 Plaksins 等学者先后提出了捕收剂的"化学反应假说"或"溶度积假说"，以解释重金属硫化矿的可浮性顺序。美国的 Gaudin、苏联的 Bogdanov 及澳大利亚的 Wark 等着重研究了矿物的润湿性与可浮性的关系、浮选药剂的吸附作用机理、浮选过程的活化等。美国的 Fuerstenau 等系统研究了矿物表面电性与可浮性的关系。到 60 年代前后，浮选的三大基本理论(润湿理论、吸附理论及双电层理论)已初步形成。

从 20 世纪 20 年代至 60 年代前后，经过几十年的发展，选矿已从一门纯工程技术向工程科学转化，具备了较为独立的工程科学体系，有其明确的学科方向。其中，重选是以流体力学为学科基础，根据不同矿物密度的差异在一定的介质中进行不同矿物的分选；磁选是以电磁学为学科基础，根据不同矿物磁性的差异分选不同矿物；浮选是以表面化学为学科基础，根据不同矿物表面物理化学性质的差异，实现不同矿物的分选。

20 世纪 60 年代以来，随着世界经济的快速发展，一方面人类对矿物资源的需求不断增加，另一方面矿物资源中富矿减少、贫细矿物资源增加，而且矿山、冶炼厂排出的废水、废气、固体废弃物等环境污染与治理问题也开始受到重视，传统的选矿技术与理论已不能完全解决这些问题。

为了从贫细矿物资源中有效地分离、富集有用矿物，充分合理地利用资源，并能解决环境问题，选矿科技工作者开始认识到，通过选矿技术的创新有效解决贫细矿物资源的分离问题是关键，而实现选矿工艺的自动化、资源的综合利用也是更重要的课题。这就需要综合利用多学科的知识与新成就，寻找新的学科起点，开发新的科学技术，以实现矿物资源的综合利用。选矿技术的创新包括分离、富集贫细杂矿物资源的新技术、工艺和设备；对矿物的提纯与精加工；环境的综合治理；矿物新用途的开发；矿物加工过程参数检测与工艺控制等。即矿物资源的利用不单纯是通过"选矿"得到矿物产品的问题，而是智能化综合"加工"利用的问题。

为此，近几十年来，选矿及相邻学科的科技工作者在选矿学科及交叉学科领域，进行了大量的基础理论与工艺技术的研究。而且，由于相邻学科的协同发展，如电化学、溶液化学、量子化学、表面及胶体化学、流体力学、微生物学、冶金学、材料科学、计算机科学、控制科学在选矿学科领域中的应用，形成许多新的学科方向和各种加工利用矿物资源的新技术，支撑形成了"矿物加工"乃至"资源加工"的大学科方向。

3) 矿物分离的过程动力学及强化

现代科学和技术的发展极大地改变了矿物分离学科的研究内容和方法，矿物分离学科呈现出多学科相互交叉融合的发展局面。现代矿物分离的研究致力于对分离过程更本质、更深入地认识，以期对分离过程给予更精准的揭示和调控。矿物分离的过程动力学和强化是矿物分离学科的重要方向，也是国内外科研工作者的研究热点。目前，矿物分离的过程动力学研究在宏观层面主要集中于矿石的解离、分级和分选过程的机理与调控机制，而从微观尺度揭示矿物分离的过程动力学机制的相关研究较少。

矿物分离过程基础研究的作用不仅在于对工程实践的指导和研究方向上的把

握，还在于对衍生新的矿物分离技术、装备和理论，从而实现强化矿物分离过程的目的。例如，将化学冶金原理应用到矿物分离领域，形成了铁矿石磁化(还原)焙烧、低品位铜矿石浸出提取、难处理金矿(加压)氧化预处理等矿物分离过程强化新领域；将层压理论引入矿石破碎过程，成功研制了更高效的破碎机和高压辊磨机；将概率论应用到矿石筛分过程，促成了概率分级筛的产生。这些革新性的矿物分离方法和设备的出现，无疑是学科交叉强化矿物分离过程最好的诠释。学科间的深度交叉和分离过程的微观动力学是矿物分离学科的发展规律与未来发展方向。

4) 矿物分离工程科学

矿物分离工程是传统的基础工业，也是典型的流程工业过程，存在能耗高、工艺条件复杂、设备落后、自动化水平低、操作条件不稳定、选矿技术经济指标不理想等问题。矿物分离工程科学是依据矿物分离工程发展的需求，在矿物分离机理研究的基础上，针对矿物实际处理过程中遇到的关键工程问题提出科学解决方法。该方向的发展经历了从最初的矿物处理过程简单控制与工艺优化研究，到实现过程实时监测及动态调控、过程数字化及自动化研究的快速发展与突破阶段，再到分离过程模型建立与全流程的仿真模拟与预测研究以及设备大型化、智能化、机电一体化、多力场(复合力场)、多学科交叉发展研究的攻坚阶段三个过程。

5) 矿物材料加工

总体来看，矿物材料领域研究经历了从简单提纯与分级到复杂改性与处理，从简单利用其物化性质到深加工与复合材料制备的发展过程。

不仅矿物材料是冶金、机械、建筑、轻工、石化、农业、国防工业重要的基本原料，而且非金属矿物晶体材料及矿物制品又是现代计算机、集成电路、核能、激光、航空航天等领域必不可少的新型功能材料。近十多年来，随着世界范围内对矿物材料科学研究的逐步深入，矿物材料也逐渐成为现代材料科学的重要组成部分，成为与材料相关的众多工业领域和相关学科关注的热点。矿物材料所具有的多种多样的优异性能，可以制造出各种功能材料，主要包括节能材料、新能源材料、半导体材料、航天材料、绝热材料、摩擦材料、电子材料等。这些材料在国民经济和科学技术等方面发挥着越来越大的作用，可以说对实现中国梦具有重要推动作用，新材料产业发展已经与矿物材料学的发展息息相关。

国外对于矿物材料的研究及利用兴起时间较早，在基础理论研究和应用研究方面主要有以下特点和动向。

(1)国外在矿物材料提纯工艺上拥有领先技术，但仍存在巨大的提升空间。

国外对天然矿物高值材料化的研究起步较早。美国、新加坡等发达国家较早就开始了矿物材料制备方面的相关研究，并且建立了较为完善的理论和技术体系，为矿物材料的深远发展奠定了基础。20 世纪 50 年代中期，为满足航空航天、精密通信、清洁能源等高精尖行业产品对原料的新要求，国外发达国家率先开展了矿物材料提纯加工工艺研究。针对传统工艺的技术瓶颈，国外提出了一系列改良措施，极大地提高了矿物材料的纯度，并形成了较为完善的技术系统。例如，土耳其某公司通过膨润土钠化改性和添加枸橼酸钠等药剂辅助除杂的工艺，高效地富集了膨润土中的蒙脱石，同时该工艺获得的蒙脱石粒度小于 2μm，阳离子交换容量达 102mmol/100g 以上，有助于后续蒙脱石产品的使用。英国某公司研发了无载体浮选除杂技术，利用高速搅拌及捕收剂对杂质的靶向吸附，选择性地使杂质颗粒团聚，并伴随泡沫被清除。国外学者通过研发与使用新型浮选药剂，实现硅藻土杂质中 Al_2O_3 和 Fe_2O_3 的含量分别由 11.2% 和 0.93% 降低至 1.1% 和 0.13%。除对传统提纯工艺的改进，国外也研发了大量新型的矿物材料提纯工艺。例如，斯洛伐克利用微生物浸出提纯法将长石中赤铁矿等脉石矿物的含量降至 0.114%。加拿大开发的熔碱法和日本开发的 Battle Hydrothermal 法，可大幅提高石墨中的固定碳含量。尽管与中国相比，国外在矿物材料提纯工艺上具有领先技术优势，但仍然无法满足航空航天、精密通信等高精尖领域产品对原料的纯度要求。因此，未来仍需大力研发新型高效的矿物材料提纯工艺，以满足高新技术及尖端产品的发展需求。

(2)国外具有先发的矿物材料精细制备优势，但技术单一。

由于纳米矿物材料具有独特的性质及广泛的应用领域，国外率先对天然矿物纳米技术进行开发。美国在 1936 年首次研制了扁平式气流粉碎机，从而开启了气流粉碎的时代。随后德国 Alpine 公司开发了流化床式气流粉碎机，中国也成功研制了超音速气流粉碎机。气流粉碎可将天然矿物破碎到 1μm，甚至 100nm 以下，但进一步粉化矿物材料的可能性较小。为进一步减小材料的粒度，液体粉碎技术应运而生。美国、日本、德国等发达国家开发的高速高压液相粉碎机，可实现矿物材料的纳米级粉碎。除此之外，日本在机械力化学方面贡献突出，通过机械合金化工艺能够较轻松地制备出常规方法难以实现的纳米金属复合材料。物理技术如电弧放电法、激光气化法、高温电阻丝法等可将矿物晶体气化-凝结为纳米级矿物颗粒，是应用前景广阔的矿物精细化制备技术。尽管如此，目前矿物材料精细制备技术复杂且单一，仍有巨大的提升空间。

(3)矿物材料微观设计迅速崛起，但物化结构属性亟待整合。

随着计算机的蓬勃发展和理论方法的逐步完善，模拟计算已成为矿物材料基础研究的重要组成部分，对矿物材料的发展发挥着极其重要的作用。英国、美国等发达国家于 20 世纪 80 年代初，率先提出运用计算机技术预测矿物结构，以能量最优化原则，模拟研究压力改变对晶格以及晶胞参数的影响。而后 10 年，在研究晶胞参数、层间结合能、弹性常数和吸附能等参数与矿物材料微观结构及界面性质关系方面做了大量工作。我国学者于 20 世纪 80 年代末提出了将分子模拟作为一种理论工具，并用于矿物材料的微观研究。首次计算模拟中主要采用了从头计算法，在分子轨道理论基础上，较精确地模拟出各种硅酸盐、硼酸盐、硫酸盐以及氧化物等矿物的键长、键角以及它们的相互关系和变化趋势。虽然与国外相比，国内的理论计算基础薄弱、技术装备落后，但进入 21 世纪后，特别是近 10 年，科研经费与人员投入迅速增长，我国在矿物材料计算模拟上的研究迅猛发展，该技术已被广泛应用于矿物材料的基础研究。例如，基于密度泛函理论、非平衡态格林函数方法等理论，计算预测矿物材料的电子能带结构、态密度、光学性质等，指导矿物材料在电化学产氢、光催化降解污染物等领域的应用。总体来说，我国在运用计算模拟手段研究矿物材料的结构、性能、应用等方面已取得了显著进步，与国外发达国家的差距在持续减小。但目前国内外主要将计算机技术应用于独立矿物的界面及性质研究，未见对同类型矿物材料的界面属性及物化性质进行归纳与预测，使得新型矿物材料的微观设计和属性开发的研究进展缓慢。

(4) 功能矿物材料发展迅速，但整体开发与应用效率偏低。

20 世纪 50 年代，国外已有部分学者对矿物材料进行研究并加以利用。例如，将矿物制备成光催化剂用于降解有机染料。我国于 20 世纪 80 年代才开始矿物材料的研究，进入 21 世纪后，矿物材料特别是功能矿物材料的研究才取得巨大突破。例如，在环境治理方面，研发了各种用于处理污染废水的光催化剂、用于去除重金属离子的超级吸附剂及检测有毒气体的高灵敏传感器等复合材料；在能源电池方面，开发了产氢产氧的可见光催化剂、高容量锂离子电池及储能材料等；在人体健康领域，研发了可检测人体内癌细胞行踪的生物传感器、用于身体健康监测的应变传感器及新型杀菌过滤器等；在生物传感领域，研发了单细菌分辨率生物器件、高灵敏度电化学发光 DNA 传感器及预吸附血凝素/离子液体/青霉素酶的青霉素生物传感器等。尽管功能矿物材料的发展迅速，但已开发应用的矿物材料仅 200 多种，而具有优越理化性质和工艺性质的天然矿物材料超过 3000 种，矿物材料的利用率偏低。对于 2000 多种仍未开发利用的矿物材料，如何采取经济、合理的方式以开拓发展应用领域是未来亟待解决的问题。

6) 矿物分离与加工的绿色化

矿物分离学科在解决我国大体量矿产资源的回收与利用方面发挥着不可替代的作用，然而，随着我国贫细杂难选矿石入选比例的不断增加，不但造成在矿产资源回收与利用过程中所用药剂种类和用量逐年增多，也引起废渣、废气和废水排放量逐年增多，严重威胁周边环境的安全。因此，矿物分离与加工的绿色化成为矿物分离学科可持续发展的关键。矿物分离与加工的绿色化涉及矿物加工、冶金工程、化学工程、环境工程、材料工程和安全工程等学科，经过长期的发展已经逐步形成矿冶、化工、环境、材料和安全多学科的协同发展体系，且其受关注度程度逐年提高。现阶段我国提出"绿水青山就是金山银山"的环保要求,致使加快矿物分离与加工的绿色化进程势在必行。

2. 学科发展态势

1)矿物分离工艺矿物学

随着矿物分离学科研究对象的多元化和矿物原料性质的复杂化,矿物分离工艺矿物学的发展态势表现为研究领域不断拓展、学科交叉日趋广泛。

(1)工艺矿物学研究领域不断拓展,目前已渗透到矿业领域的各个方面。①工艺矿物学、矿物加工工艺学和采矿优化的融合。澳大利亚昆士兰大学的 JKMRC 开展了地质选冶绘图及采矿模拟项目,旨在开发一种实用方法来定量化整合地质特征、工艺矿物学特性与矿物加工行为及采矿优化,它的实现方法为通过 MLA 和 QEMSCAN 对矿山岩心进行广泛系统地测试,获得丰富的工艺矿物学数据后开展小型试验,结合工艺矿物学数据得到矿石的可加工性质,建立三维模型统计获得矿体每个部位的矿石可加工性质,应用此模型进行采矿模拟,实现采矿最优化。②工艺矿物学在二次资源开发中的作用日益凸显。对尾矿、冶金渣、城市及工业固废等二次资源进行工艺矿物学分析,并指导利用各种矿物加工和冶金方法进行资源化利用探索和材料深加工。③工艺矿物学与矿物材料学的融合,成为工艺矿物学发展的又一充满生机活力的研究领域。随着矿物材料的制备和天然矿物改性技术的发展,高技术矿物材料的出现也将成为可能。工艺矿物学与矿物材料学的融合,不仅促进了材料学现代研究手段在工艺矿物学中的成功应用,而且对于新型矿物材料的研发和应用具有重要作用。例如,同步辐射 X 射线吸收光谱(SRXAS)及其在工艺矿物学中的应用,体现了新技术在矿物物理及工艺矿物学方面的应用成果,已应用于以矿物为载体的环境催化剂的研究、固-液界面的微观机制研究、毒性痕量元素在矿物中赋存状态的研究、核废料的矿物处置研究等。固体高分辨率魔角旋转核磁共振技术(MAS NMR)等材料学测试技术,在无机-有机复合柱撑黏土的微结构研究、高岭石-莫来石热转变及蒙脱石酸活化过程中的微结构演化研究等工作中得到了成功应用。这种发展趋势,体现出工艺矿物学正在与材料学、应用矿物学深度融合。

(2)工艺矿物学与相关学科的交叉融合日趋广泛是其重要发展态势之一。①工艺矿物学与数学模型结合将会发挥更重要的作用。比如通过对块状矿石的工艺矿物学研究预测碎矿产品性质;通过对碎矿产品工艺矿物学性质的研究预测磨矿产品解离度;通过对已有选矿流程的元素平衡、矿物平衡、粒度平衡及解离度平衡等研究,预测相似矿石新流程可能的指标。②基因选矿(基因矿物加工)研究方向的提出,为工艺矿物学与相关学科的交叉融合提出了更高的要求。我国学者针对传统选矿工艺研究存在的开发周期长、成本高、效率低、重复试验工作容易造成浪费等问题，提出了"基因选矿"的概念及研究方向，并提出了主要研究内容及技术路线包括：矿物、矿石和矿床基因特性的研究与测试，矿石和矿物基因应是决定可选性的重要因素，利用现代工艺矿物学的多种研究手段，对矿物、矿石的基因特性进行系统研究测试，提出磨矿分级流程和选别流程，推测理论选矿指标；建立并利用大数据库技术，基因选矿的技术关键在于，将庞大的矿石工艺矿物学研究，矿床、矿石和矿物的基因测试，选矿工艺试验研究，选矿厂生产实践数据以及选矿厂工程设计资料等历史的、现今的、国内的、国外的大量资料进行收集、研究、建立数据库；现代信息技术与基因矿物加工技术深度融合，根据矿物、矿石和矿床的基因研究测试结果并借助于已建立的数据库，经过智能选择，初步提出选矿流程方案和预定的工艺指标，再经过虚拟选矿厂的模拟仿真，推荐出工艺流程及指标；有限的选矿试验验证，对所推荐的选矿工艺流程及指标，开展有限的选矿试验研究，目的是对基因测试研究、大数据技术和信息技术三位一体推荐的工艺流程及指标进行验证，验证成功的经确认后转入应用，反之反馈到虚拟仿真和数据库再循环推出；工程转化及数据反馈，对确认的选矿工艺流程和选矿指标正式用于选矿厂建设或技术改造的工程设计，投产后的实际生产数据必须反馈到虚拟仿真和数据库中。

由此可见，工艺矿物学的总体发展态势为研究领域不再局限于天然矿物资源而与相关学科交叉融合日益紧密。

2) 矿物分离的热力学机制及方法

资源加工过程中物料的碎解、分离、富集、纯化、提取、超细、改性、复合等过程，涉及矿物学、物理学、化学、化学工程、冶金工程、材料科学与工程、生物工程、力学、微生物学、计算机科学、控制科学等多学科领域，体现不同的学科基础，形成不同的研究方向。

(1) 工艺矿物学：与矿物学、岩石学交叉，研究资源物料组成的分析、鉴别、表征，物料的基本物理、化学特性，为"加工"提供基本信息。

(2) 粉碎工程：以岩石力学、断裂力学、晶体化学为基础，对处理物料进行选择性碎解、解离或超细加工。

(3) 重力场、流体力场中的分离：以流体力学、流体动力学为基础，根据处理物料的密度、粒度及形状差异，分离、富集不同物料。如煤炭与矸石的分离，黑钨矿与石英的分离，聚氯乙烯和聚乙烯的分离，城市垃圾中重物料与轻质物料的分离，铜线与橡胶包皮的分离等。

(4) 电磁场中的分离：以电磁学、静电学为基础的磁力分选和静电分选，根据处理物料的磁性质或导电性的差异来分离不同物料。如磁性矿与非磁性矿物的分离，导电矿物与非导电矿物的分离，磁性炭粉与废纸的分离，红细胞与白细胞的分离,带电塑料与不带电塑料的分离,铜线与铝线的分离等。

(5)浮选:是资源加工中最重要的技术,可加工处理各种矿物资源、二次资源及非矿物资源,涉及无机化学、有机化学、表面化学、电化学、物理化学等几乎整个化学学科领域,形成了浮选电化学、浮选溶液化学、浮选剂分子设计、浮选表面化学等交叉研究领域。如硫化矿及非硫化矿的浮选、废纸及废塑料的浮选、废水中的离子浮选、油污水及油污土壤处理等。

(6)生物提取:涉及生物工程、冶金反应工程、矿物工程及采矿工程等多个交叉学科,主要处理各种低品位矿物资源、难选难冶矿物资源、海洋矿物资源及非传统矿物资源,直接从这些资源中提取有价金属。如铜、铜金矿的生物堆浸、地下溶浸,重金属污泥、海洋锰结核的处理等。

(7)化学分离:包括溶剂萃取、离子交换、膜分离、化学浸出等,涉及化学、化学工程、冶金反应工程等,用于处理复杂矿物资源、海洋矿物资源、工业废水等。

(8)化学合成:涉及化学、化学工程、材料科学与工程领域,包括矿物材料的化学合成、矿物复合材料、矿物-聚合物复合材料等。

(9)表面改性:通过表面化学反应、选择性溶解、溶蚀、刻蚀、涂层等对矿物表面进行化学处理,可制备功能矿物材料,涉及化学工程、材料科学与工程领域。

(10)聚集与分散:细颗粒的聚集与分散,矿物胶体体系的稳定与分散,溶液萃取,球团、型煤、水煤浆制备等,涉及表面化学、颗粒学等领域。

(11)资源加工过程计算机及自动化技术:涉及计算机科学与技术、自动控制等领域,主要研究资源加工过程的数学模型、仿真、优化与自动控制。

3)矿物分离的过程动力学及强化

矿物分离过程主要包括矿石粉碎、分级、磨矿、分选(磁选、重选、浮选、电选)、浸出等环节,涵盖了宏观、介观、微观全尺度的过程动力学与强化调控,对这些问题的研究有助于对矿物分离过程进行更深入的定量认识和更精准的调控优化。矿物分离过程动力学的提出和解决对于把握正确的研究方向,揭示分离过程的本质起着至关重要的作用。矿物分离属于一门工程技术性很强的学科,但随着科学技术发展的需要,矿物分离过程的研究正在逐步摆脱单纯的技术研发,开始转变为对过程机理的描述与应用。

随着经济的快速发展,人类对矿产资源的需求不断增加。然而,矿产资源中优质易选资源日益枯竭,复杂难处理矿产资源的开发利用不断增加,常规的矿物分离技术与理论已不能完全适应并解决复杂难处理矿产资源高效利用的问题。为了从复杂难处理矿产资源中有效地分离并富集有用矿物,近年来相关科技工作者在矿物分离学科及交叉学科领域进行了大量的基础理论研究与技术创新工作,形成了一系列高效、低耗、绿色、安全、智能的矿物分离过程强化理论与技术，并逐步形成了基于力学理论、化学冶金原理、外场作用、药剂构效关系与协同效应、数值模拟等强化矿物分离过程的研究领域，成为矿物分离学科发展的新方向。

4) 矿物分离工程科学

随着矿产资源禀赋越来越差(品位低、嵌布粒度细、矿物组成复杂、性质差异大)，低品位难处理资源入选比例日益增大，导致选矿分离富集难度加大，同时待处理新物料对象持续增加和复杂化，使得传统的人工手动控制方式不能及时检测和调整生产过程中的重要变量，难以使生产维持在最优状态，从而对矿物分离过程的自动化控制技术提出更高的要求。因此，发展矿物分离工程科学，将工程问题转化为科学问题，进行矿物分离工程的"自动化、最优化、智能化"机制的研究，发展选矿过程工艺系统理论，开发智能化生产设备，实现选矿工业生产过程优化与自动化控制，是解决当前问题的重要途径。

由于历史原因，许多选矿生产工艺流程不合理，更新较慢，学科发展应重视工艺设计标准统一化，因矿制宜，制定系统合理的工艺流程，以便于实现大数据统计分析及全流程系统仿真模拟。

智能化设备的开发利用是实现过程实时检测调控、系统自动化控制的基础，不同的设备及操作参数设置对矿物分离生产效率起关键作用，因而需加强对矿物处理设备性能的模拟与控制等科学问题的研究，进一步阐明矿物分离设备性能的主要影响因素、影响机制和优化控制方法，从而实现矿物分离设备自主创新研发，是矿物分离工程科学发展的另一个重要目标。

矿物分离过程控制向智能化、数字化、集成化和网络化方面发展迅速。矿物分离自动化系统已从对某个单独系统的管理监督逐渐向网络集成方向发展，智能化和集成化是选矿企业的重要研究方向。此外，随着选矿企业将信息管理局域网和各个独立的生产控制网络有机地连接起来，实现了底层的控制信息、中间层的管理信息及高层的决策信息高度集成，从而实现数字化管理。

过程自动化与智能化以矿物处理过程控制与优化为主要研究内容，因而建立精确描述整个操作过程稳态与动态特征的数学模型是实现数字化与自动化控制的根本。目前矿物处理相关模型大多是基于单元操作的数学模型和数值模拟，且经验模型较多；而真正涉及过程机理(如不同矿物的破裂机制、破裂速率、颗粒的受力状态、磨矿进程中颗粒尺寸与形状的变化规律、泡沫特征与物料性质之间的量化关系、泡沫与颗粒之间的相互作用等)的模型，将是未来矿物分离过程建模研究的主导方向。同时，突破现有模型的应用限制，不断推广其应用范围，例如粗颗粒粒径分布计算模型在全粒径范围内的有效应用，也是建模研究的重要发展趋势。

总之，矿石性质(粒度、形状、解离度、硬度、磁性、电性、表面物理化学性质等)的差异,直接影响工艺流程过程控制及生产效率,因而过程控制及自动化的目标是根据矿物性质及全流程控制参数进行优化集成。此外,全流程仿真模拟数学模型的建立也对选矿厂设计起着参考及指导作用。

5) 矿物材料加工

a. 高纯化矿物材料的制备与利用

航空航天、精密通信等领域的高技术产品对原料具有较高的纯度要求,因此高纯化、精细化的矿物材料是未来高精尖工业发展的前提与保障。未来将充分利用交叉学科中的优势技术,根据化学化工、机械力学、固体物理等研究领域所涉及的先进理念,大力研发新型高效的矿物高纯化技术,为矿物材料的高纯化、精细化提供技术支持。通过探究不同地区矿物原材料的结构组成及其性质特点,结合机械力学的知识体系及自动化的流程工艺,研制稳定高效的矿物材料高纯化加工设备,并完成工业生产的规模化以及参数可调节化,以实现对矿物原料"因地制宜"的机械化生产。加强相关高校、研究机构及企业之间的交流合作,建立健全超高纯矿物质量检测技术平台,为超高纯矿物材料的制备与发展提供有力保障。展望未来工业应用的需求及发展规划,研究超高纯矿物材料的物化性能,开拓新功能、新属性及新应用领域。

b. 纳米化矿物材料的开发与应用

低维度纳米颗粒具有独特的表界面效应、量子尺寸效应、介电限域效应以及宏观量子隧道效应等,是 21 世纪重点发展材料之一,但低维化、纳米化技术尚未能规模化应用,未来将大力推进低维化、纳米化进程。研究常见矿物晶体结构、表面特性等,建立低维化、纳米化通用技术,为后期大宗化生产利用提供理论技术支持。充分利用现有技术研究基础,借鉴前沿尖端技术,研发出有效的特种矿物纳米化技术,并进一步完善技术工艺,降低生产成本,实现纳米化技术的覆盖性推广与使用。研究矿物材料间协同效应,厘清材料间作用机理,建立健全新型复合材料理论体系与制备技术,研发一系列多功能、高性能纳米矿物材料。理论指导实际,加大企业与机构的交流合作,研制新型高效的矿物纳米化设备,建立健全纳米矿物制备生产线。大力研发稳定高效、简单快速的纳米颗粒分散技术,保证纳米矿物在介质中的高分散性,为材料制备的均一化提供技术与设备支撑。研究纳米颗粒对生态环境的危害及补救措施,同时开发一整套纳米材料回收系统,包括回收技术及设备,实现绿色无害化生产与使用。

c. 智能优化策略的构建

现代科学技术的发展,需要功能属性复杂多样的材料,因此复合多功能矿物材料的开发是未来矿物高值化的重点,同时这对矿物材料的设计也提出了新要求。目前矿物材料设计停留在传统的"试错式"法,实验工作量巨大且存在潜在危险,导致矿物材料研发速度跟不上日益增长的需求。未来将借鉴人类基因组研究方法，通过构建矿物材料数据库平台，实现资源共享，总结目前已有矿物材料的晶体结构、分子结构、电子结构，存储矿物材料的组分、处理、实验条件以及应用评价等内容。通过讨论矿物材料体系的量子状态方程，掌握体系的状态及其转化规律，建立能够应用的矿物材料设计数据库，进而预测矿物材料的结构与性质的关系，实现最优化的矿物材料设计。通过调整矿物材料的原子或配方，改变材料的堆积方式或搭配，结合不同制备工艺，得到具有特定性能的新矿物材料。加快对矿物材料本质和规律的认识，达到矿物新材料研发周期缩短一半、研发成本降低一半的目的，加速新的矿物材料开发生产应用进程。

d. 新功能、新属性矿物材料的开发与利用

天然矿物达 3000 多种，但矿物材料化比例非常低，且应用领域狭窄，因此开发新型矿物材料并拓展已知矿物材料的新功能属性是提升矿物高值化的有效途径。对于已应用的 200 多种矿物材料，未来将侧重于全面开发其潜在的新属性和新性能，以扩展其在新兴产业领域的应用。根据已有的理论基础、功能属性，借助计算模拟等先进手段，研究材料的新性能属性及应用。针对尚未开发的功能矿物材料，未来将全面研究其属性，以制备出更多性能优越的功能型矿物材料，在有限的资源内创造最大价值，满足高科技发展的需求。从最根本的矿物晶体结构出发，总结归纳已开发矿物材料的属性，找出其中的理论支撑依据，分析不同晶体结构对属性及应用领域的影响，实现其他矿物的开发与利用。

6) 矿物分离与加工的绿色化

矿物分离与加工的绿色化应该由当前的后端绿色化处理改为前端无害化和减量化，以矿物加工过程源头减量为主要目标，通过矿物加工过程的药剂高效和无害化、生产清洁和减量化、产品低杂质和高质量化，实现矿物加工、冶金、化工、环境、安全和材料过程的绿色分离和加工。包括：①新型高效环保型矿物加工药剂分子设计；②矿物加工废水废气绿色循环与利用技术；③矿物加工固废精准分离的过程强化与界面调控；④矿物加工精矿产品降杂提质技术开发与应用。

总体来看，矿物分离与加工的绿色化研究主要集中在工程实践方面，在基础研究方面仍然缺乏系统的理论研究。矿山药剂的无害化生产主要集中在传统黄药、黑药等药剂的无害化生产方面，煤炭浮选药剂还停留在传统的烃类油和化工副产品的应用，对广泛使用的其他大宗系列药剂并没有系统的生产使用过程无害化研究；工艺流程的清洁化领域则集中在组合使用冶金工程、环境工程、材料工程的相关技术应用于复杂难处理矿产资源的分离加工过程，但是对该过程矿物资源特性与多学科协同发展创新的机制认识不清，导致我国矿物分离与加工的绿色化发展受限。随着大量复杂难处理矿产资源的进一步开发与环保要求的细化，矿物分

离与加工的绿色化发展将围绕药剂生产使用无害化、工艺流程清洁化、操作过程安全化而展开，并将逐步形成新的学科领域，为建立新的绿色分离理论体系提供基础条件。

1.4.3 学科的发展现状与发展布局

1. 学科发展现状

随着我国经济的高速发展和矿产资源的大规模开发利用，我国在矿物加工的应用基础研究和工艺理论研究方面处于世界领先水平。但与西方发达国家相比，我国的矿物分离学科在理论、技术和工艺研究方面仍然存在以下不足：在工艺矿物学和界面相互作用的微观机理研究方面仍处于"跟跑"阶段；在矿物分离工程科学涉及的分离过程控制及优化、过程自动化、设备智能化、全流程集成优化等方面与国外差距明显；在先进矿物材料研发方面，我国矿物材料提纯工艺与技术整体落后于西方发达国家，精细制备技术单一，功能矿物材料虽然发展迅速，但整体开发与利用效率偏低；工艺流程的清洁化和固体废弃物的资源化利用作为矿物分离绿色化的重要内容虽然近年来取得了长足的进步，但仍落后于发达国家。

虽然在许多理论和技术领域与国外发达国家存在一定的差距，但近年来我国矿物分离学科在基础理论研究、关键技术研发及人才培养等方面均取得了进步。现代测试技术极大丰富了工艺矿物学的研究手段，我国在世界上也率先提出基因选矿的理念；浮选三相界面和胶体化学方面的理论研究推动了矿物分离热力学机制的进展；流体力学测试手段及相邻学科(化学化工、电磁学、冶金学等)的交叉融合促进了业内对矿物分离过程强化理念的重视和发展；检测技术、大数据、人工智能等技术的发展创新使我国在矿物分离过程控制与优化、设备自动化及智能化发展方面与国外先进水平的差距逐步缩小。

图1-6统计了2009~2019年我国学者在 *Minerals Engineering*(ME)和 *International Journal of Mineral Processing*(IJMP)两大高水平行业特色期刊发表论文的情况。2009~2019年，两大期刊刊文总数为3787篇，其中我国学者刊文726篇，占比19.17%。可以看出，10年间，我国学者的刊文数量和占比整体呈现明显增长趋势，说明我国矿物分离学科对基础性科学问题的研究越来越注重，国际影响力也不断提升。图1-7为世界主要矿业大国在两大期刊发表论文的数量，其中澳大利亚以904篇位列第一，中国为726篇，位列第二。此外，澳大利亚、中国、加拿大和南非，作为世界主要矿业开发和矿业科技大国，2009~2019年发表论文数量为2387篇，占两大期刊刊文总数的63%，这与其相应的矿业开发规模和矿业技术发展相对应。

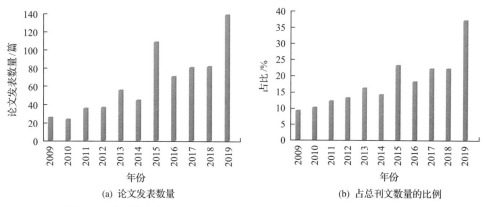

(a) 论文发表数量　　　　　　　　　　(b) 占总刊文数量的比例

图 1-6　我国学者在 ME 和 IJMP 期刊的论文发表情况(2009～2019 年)

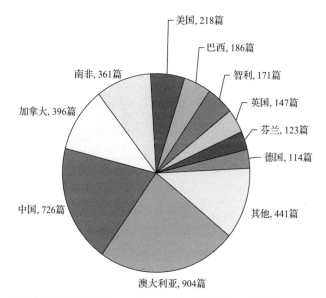

图 1-7　世界主要矿业大国在 ME 和 IJMP 期刊的论文发表数量(2009～2019 年)

　　浮选是矿物分离领域最为重要的加工方法，在工艺矿物学、矿物分离的热力学机制、动力学过程及过程强化、矿物绿色化分离、矿物分离工程科学等方面都是重要的研究热点，如矿物晶体与表面结构对浮选过程的影响规律、矿物分离过程中三相界面与胶体化学行为、矿物分离过程的流体强化及界面调控强化理论与方法、复杂资源及工业固废资源的绿色净化与处理、磨浮过程的控制与优化等。因此，浮选理论、技术与工艺控制过程的发展一定程度上代表了行业整体技术的进步。以浮选为例，统计了国际上 15 种矿物分离相关高水平期刊 2009～2019 年有关浮选主题的报道，统计的期刊包括矿冶类(*Minerals Engineering*、*International Journal of Mineral Processing*、*Physicochemical Problems of Mineral Processing*、

Minerals、*Journal of the Southern African Institute of Mining and Metallurgy*、*Mineral Processing and Extractive Metallurgy Review*)、能源类(*Fuel*、*International Journal of Coal Preparation and Utilization*)、胶体与界面类(*Colloids and Surfaces A: Physicochemical and Engineering Aspects*、*Applied Surface Science*、*Journal of Cleaner Production*、*Journal of Colloid and Interface Science*)和分离科学与技术类(*Separation and Purification Technology*、*Powder Technology*、*Separation Science and Technology*)。表 1-3 列出了上述期刊有关浮选主题的刊文总篇数和我国学者的发表论文数。15 种期刊中有关浮选主题的刊文总篇数为 3169 篇,其中我国学者刊文总篇数为 1213 篇,贡献率达 38.28%。这说明,我国在浮选领域的研究在世界矿业领域占有重要地位,特别是近年来我国学者在有关胶体与界面科学方面的基础理论研究,丰富了浮选理论,促进了浮选技术的进步。

表 1-3　矿物分离相关高水平期刊有关浮选主题的刊文篇数统计(2009～2019 年)

期刊分类	期刊名称	总篇数/篇	我国学者发表论文数/篇
矿冶类	*Minerals Engineering*	1104	287
	International Journal of Mineral Processing	304	64
	Physicochemical Problems of Mineral Processing	284	151
	Minerals	204	146
	Journal of the Southern African Institute of Mining and Metallurgy	140	13
	Mineral Processing and Extractive Metallurgy Review	94	16
分离科学与技术类	*Powder Technology*	167	94
	Separation and Purification Technology	164	68
	Separation Science and Technology	143	62
能源类	*Fuel*	82	53
	International Journal of Coal Preparation and Utilization	97	48
胶体与界面类	*Colloids and Surfaces A: Physicochemical and Engineering Aspects*	156	73
	Applied Surface Science	90	79
	Journal of Cleaner Production	83	46
	Journal of Colloid and Interface Science	57	13
合计		3169	1213

　　矿物材料作为领域的新兴方向,近年来的相关研究异常活跃,尤其是特殊功能矿物材料极具发展潜力。我国矿物材料在建材节能、环保矿物材料、化工矿物材料、矿物填料涂料、废弃矿物岩石再生利用等方面发展迅速,也具有相对优势。统计了国际上 9 种材料提纯和应用领域的相关高水平期刊 2009～2019 年有关矿物材料主题的报道,统计的期刊包括:*Journal of Hazardous Materials*、*Applied Clay*

Science、*Fuel*、*Minerals Engineering*、*Waste Management*、*Minerals*、*Powder Technology*、*International Journal of Mineral Processing* 和 *Colloids and Surfaces A: Physicochemical and Engineering Aspects*。图 1-8 为上述 9 种期刊中矿物材料主题的刊文篇数统计。2009 年以来，矿物材料主题刊文总篇数 6361 篇，其中我国学者发表 2020 篇。随着矿物材料在经济和社会发展中的地位日趋重要，2015 年以来，矿物材料方向的理论和应用研究方面的论文大幅增加。图 1-9 给出了 2009～2019 年我国学者在矿物材料主题中的论文贡献率，可以看出，在统计的 9 种期刊中，我国学者的贡献率由 2009 年的 16.47%逐年递增至 2019 年的 43.36%。特别

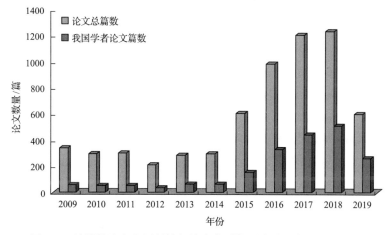

图 1-8　材料提纯和应用领域相关高水平期刊有关矿物材料主题的
刊文篇数统计(2009～2019 年)

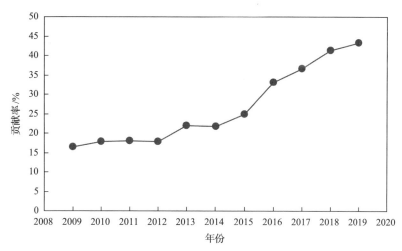

图 1-9　材料提纯和应用领域相关高水平期刊有关矿物材料主题
我国学者的论文贡献率(2009～2019 年)

是，我国在环境材料和能源材料方面发展较快，在环境类期刊 *Journal of Hazardous Materials* 和能源类期刊 *Fuel* 中，我国学者的论文贡献比例均超过 40%。但整体而言，我国的矿物材料研究大多是跟踪性研究，鲜有自主知识产权的技术和产品，高新矿物材料的研究和建设项目极少，需不断加强。

1) 矿物分离工艺矿物学

矿物分离工艺矿物学的发展是伴随着人类对矿物资源认识水平和利用水平的不断提高而发展起来的。从远古时期，人类只能认识和利用少数几种的矿产，如铜、铁、黄金等，发展到目前，已有 170 余种矿物资源得到了大规模开发利用。与此同时，随着人类对矿物种类、成分、结构和性能的认识程度不断提高，一方面，促使矿物加工技术从早期的人工拣选、手工作坊式生产，发展成为包括众多分选方法的现代矿物加工工业；另一方面，随着对新型矿种和复杂矿物资源的开发利用需求，矿物分离工业也不断地向工艺矿物学提出新的研究课题。因此，工艺矿物学与矿物分离科学技术的发展是相辅相成、相互渗透、密切相关的。

矿物分离工艺矿物学是一门发展历史较短的边缘学科，其早期的工作可以追溯到 20 世纪 20 年代 X 射线衍射技术在矿物学研究中的应用。Kerr 是美国工艺矿物学先驱者，他是美国第一批安装 X 射线衍射装置并将其应用于矿物学的研究者之一，被尊崇为美国应用矿物学之父。Kerr 于 1922 年在斯坦福大学安装了第一台 X 射线衍射装置，1924 年在哥伦比亚大学安装了另一台 X 射线衍射仪，较早开展了利用 X 射线衍射技术对各种矿石矿物和黏土矿物的鉴定，并将研究结果用于阐述矿物的工程应用性能等方面。在苏联，金兹堡和亚历山大罗娃等学者也是工艺矿物学的较早倡导者。此外，在南非、澳大利亚等国家也较早开展了矿物分离工艺矿物学研究。我国的矿物分离工艺矿物学研究，最早见于 20 世纪 60 年代岩相学和矿相学研究在冶金工程和矿物分离工程中的应用，最早称为"岩矿鉴定""矿石物质组成研究"等，1966 年西安冶金建筑学院地质教研组编写了《矿物分离工艺矿物学》讲义，作为矿物分离工程专业本科生的一门专业基础课。然而，在世界范围内矿物分离工艺矿物学概念的形成和广泛应用则出现在 20 世纪 70 年代末期，其主要标志是，专业学术组织的组建、专业学术交流的兴起和专业出版物的出现。

美国于 1979 年 4 月在冶金学会(隶属于采矿冶金和石油工程师协会)成立了工艺矿物学委员会，并在 1979 年冶金学会年会上召开了工艺矿物学专题讨论会，于 1981 年首次将在 1979～1981 年冶金学会年会上的工艺矿物学专题讨论会的论文集合，出版了工艺矿物学论文集，之后每年都编辑出版工艺矿物学专题讨论会的论文集。此外，Park 和 Hausen 于 1985 年出版了《应用矿物学》，Vassiliou 等于 1988 年出版了《工艺矿物学》。这说明，在 20 世纪 70 年代末期，工艺矿物学在美国已逐渐成为一个相对独立的研究领域。

　　此外，苏联于 1983 年 12 月在圣彼得堡召开了以"苏联原料基地发展中的工艺矿物学的作用"为题的研讨会。国际地质学会应用矿物学委员会于 1981 年在南非和 1984 年在美国分别召开了第一届和第二届国际应用矿物学会议，并出版了相应的论文集。

　　我国最早于 1979 年在中国金属学会选矿分会内成立了工艺矿物学专业委员会，并于 1980 年 11 月在四川峨眉召开了首届工艺矿物学学术会议，并出版了会议论文集。之后，在国内不同行业和学术机构又成立了多个工艺矿物学专业学术组织。与此同时，国内相关高等学校和科研院所先后出版了工艺矿物学方面的教材和著作，如《工艺矿物学》(1990 年)、《冶金工艺矿物学》(1996 年)等。此外，我国在一些重要矿产资源的工艺矿物学研究方面，也取得了长足的发展，出版了相关专业研究著作，如《山东金矿工艺矿物学概论》(1995 年)、《中国伴生银矿床银的工艺矿物学》(1996 年)、《华南钨矿工艺矿物学》(1997 年)、《攀枝花钒钛磁铁矿工艺矿物学》(1998 年)等。这些情况说明，我国工艺矿物学的发展历程与国际上基本保持同步，已成为我国矿物资源开发利用的一个重要研究领域。

　　近年来，随着现代测试技术在矿物分离工艺矿物学中的应用，矿物分离工艺矿物学的研究手段更为丰富，研究深度和精度得到了明显提升。当前，矿物分离工艺矿物学研究已从微米级转入纳米级，传统光学显微镜的大部分工作已被电子显微镜、电子探针、显微红外光谱和显微拉曼光谱等微区微束分析技术所取代。一方面，矿物微区微束分析技术的发展和应用，使矿物微观成分和结构的研究成为可能，从而能够为矿物分离基础理论研究和新工艺的开发提供更为深入的矿物学研究支持；另一方面，新型自动化分析测试技术的应用和定量工艺矿物学新方法的出现，使得工艺矿物学定量分析检测的效率和精度不断提高，从而能够为矿物资源的评价、矿物分离试验研究提供更为准确的基础数据，能够更好地服务于矿物资源的合理开发利用。此外，随着量子化学理论的逐步完善及计算机技术的高速发展，量子化学在矿物学领域已经广泛应用，成为矿物学研究的一个重要研究方向，其研究方法与传统的矿物学研究方法相比具有难以替代的优势，可获得其他传统研究方法难以获取的有用信息，二者可以相互补充相互验证。目前，矿物量子化学的密度泛函理论计算被广泛地应用于矿物晶体结构、原子结构、表面电子结构、晶体缺陷及晶体表面重构等领域的研究中，并取得了丰硕的研究成果。总体来看，国外无论是在量子化学计算，大型计算机服务器的开发，还是现代先进检测方法和研究手段在矿物学研究领域的应用已经走在了我国的前面，而我国尚处于初级阶段。

　　可以预计，随着矿物分离工艺矿物学基础理论、研究方法的不断完善和进步，矿物分离工艺矿物学在矿物资源开发利用中将发挥越来越重要的作用。

2)矿物分离的热力学机制及方法

针对复杂难处理矿产资源加工利用,矿物分离方法目前仍是世界上最为经济与高效的方法。矿物分离可以实现复杂矿产资源的有效分离,可显著降低矿物后续处理成本,作业流程相对于反应剧烈的冶金与化工过程,更加清洁环保。随着矿产资源的"贫、细、杂"程度加剧,现有的矿物分离方法与技术逐渐面临分离精度降低、成本增加、污染加重等问题。

a. 颗粒与颗粒相互作用机制方面

近年来矿物颗粒与颗粒相互作用及分离机制方向的基础研究主要集中于以下两个方面。

(1)颗粒间相互作用及动力学研究。沉降理论推导和先进的测试技术(如高速摄像、原子示踪、颗粒追踪技术)相结合,揭示颗粒的运动规律和相互作用过程。

(2)仿真技术在矿物分离科学中的应用。采用基于有限元分析的大型流体力学及电磁力学软件,对特定物理场内颗粒受力情况及运动轨迹进行仿真研究,预测矿物颗粒在特定物理场内的分离效率。

b. 界面与界面相互作用机制方面

自 20 世纪 90 年代以来,国外在浮选界面相互作用机制的基础研究方面处于领先地位,特别是粉碎过程的粉碎效率及能量性能方面,矿浆计算流体力学 CFD 模拟,颗粒与颗粒、颗粒与气泡、气泡与气泡相互作用微观机制,矿物/溶液/浮选药剂界面相互作用过程及机理的先进测试手段(如 TOF-SIMS、QCM-D 和 XPS 等)表征等前瞻性研究方面,形成了较为系统和成熟的理论和方法,促进了矿物加工基础理论的创新发展。

我国几十年来在界面相互作用方面取得了显著成就,如浮选药剂结构-性能构效关系及分子设计、浮选溶液化学、硫化矿电化学等理论研究处于国际领先或国际先进水平,形成了一系列国际先进的原创矿物加工技术和工艺,如低铝硅比铝土矿浮选选择性脱硅技术、氧化铅锌矿原浆浮选技术、硫化矿电位调控浮选技术、难选镍钼矿强化浮选技术、金属离子配位组装技术等,初步解决了一些矿物资源加工利用难题。

但是,在硫化矿浮选电化学,复杂多金属硫化矿、氧化矿高效分离、浮选溶液化学的热力学研究,微细粒矿物热力学分离机制与方法,废水回用方法与热力学反应机制等方面的研究仍然有大量的基础与工程科学问题需要深入研究。

c. 界面与药剂相互作用机制方面

浮选药剂的作用极大地推动了浮选的发展过程。国内外许多学者都曾经对矿物浮选药剂的开发、设计和合成进行过广泛而深入的研究,并取得了丰富的成果。从最早的硫化矿浮选剂与矿物表面作用的溶度积假说,离子交换吸附和中性分子吸附学说，硫化矿浮选剂与矿物表面的电化学作用，发展到近年来的药剂结构要素及其选择和设计药剂的规则和方法。在国内，王淀佐院士针对浮选药剂结构与性能的关系提出了一些标准判据，如 CMC 值、HLB 值、等张比容、负电性、分子轨道指数等，在此基础上总结出了一套适用于分子设计的理论和方法。

浮选药剂在固、气、液三相体系与矿物表面的作用机理，浮选药剂自身结构与调控矿物浮选行为之间的内在联系，尚未形成一套有效、全面的药剂分子定量设计开发技术，浮选药剂的发展应朝着高选择性、原子经济性和环境保护性三大趋势开拓。在现代浮选药剂的 QSAR 设计技术(高效浮选捕收剂、调整剂、起泡剂的设计开发)、药剂分子设计和界面组装技术、浮选药剂的绿色合成技术和浮选药剂的检测与表征技术上聚焦人才，凝练技术。

3) 矿物分离的过程动力学及强化

传统的矿物分离理论相当一部分属于对过程的定性解释与简单刻画，并没有太多关于过程动力学的定量描述与微观解释，已不能满足现代矿物分离学科发展与工程实践的需要。随着现代科学的进步与技术的发展，矿物分离领域呈现多学科相互交叉与渗透的局面，极大改变和拓宽了矿物分离领域的研究内容和方法。

浮选过程及动力学研究一直是矿物分离领域研究的热点。过去对于药剂在矿物表面吸附机理的研究，一般采用红外光谱分析、动电位测试、接触角测试等分析手段结合经典浮选理论进行分析和解释。近年来，随着原子力显微镜、分子动力学模拟技术等在浮选药剂与矿物界面作用的应用，浮选药剂与矿物颗粒的作用本质研究上了一个新的台阶。然而，浮选动力学研究大多仍处于宏观过程层面。与浮选过程有所不同，筛分、碎磨、重选、磁选和电选等过程属于单纯的物理处理过程，这些过程的分离效果完全由其动力学属性决定。随着计算流体力学理论、有限元法、离散元法和高速计算机等的发展，数值模拟方法广泛应用于矿物分离领域的动力学研究方向。近年来，国内外从事矿物加工技术的研究人员针对矿石筛分、磨矿、重力分选(旋流器分级、螺旋溜槽分选、跳汰分选、气固流态化分选)、磁选(筒式弱磁分选、高梯度磁选)、电选等过程动力学进行了一些数值模拟分析，研究了矿物颗粒在重力场、离心力场、电场等复合力场中的运动规律，并建立了相关过程的动力学模型，研究结果为强化矿物分离过程及优化分选设备结构提供了理论支撑，但相关的矿物分离过程动力学基础研究依旧偏少，仍然无法满足矿物分离工程实践的需要。

随着相邻学科的交叉与融合，冶金学、化学、生物工程、电磁学、计算机等学科理论和技术在矿物分离学科得以应用，形成了一系列矿物分离过程强化新技术，如矿物浮选、重选过程流体强化，矿石电脉冲、磁脉冲、微波、超声波预处理，难选铁矿石深度还原、悬浮磁化焙烧，难浸金矿石加压氧化、生物氧化、石煤钒矿流态化焙烧等。目前，我国在复杂难处理矿产资源的开发及其分离过程强化新技术装备研发领域具有一定的优势，处于国际领先水平。然而对矿石粉碎和矿物分离等过程的微观、介观动力学本质与作用机制认识不清，关于矿物分离过程中的强化机制研究不深，限制了矿物分离过程强化新技术的进一步发展和工程应用。

4) 矿物分离工程科学

矿物分离工程科学涉及矿物分离过程控制及优化、仿真模拟系统的开发、过程自动化及设备智能化、矿物处理的全流程集成优化、过程控制中的数据采集与管理等方面。矿物分离过程控制的发展始于20世纪60年代初，经过近60年的发展取得了显著的进步，但在各生产过程中自动控制的研究水平不平衡，破碎、磨矿过程的自动化控制水平较高，而后续分选过程相对滞后，这主要是由过程特点和数学模型的发展水平所决定。

在矿物分离过程数学模型建立与仿真方面，国内外研究者基于单元操作的工艺流程数据采集，设计和开发了针对特定矿物分离工艺模块的仿真预测系统。例如，法国地质矿产调查局开发的 USIM PAC 选矿流程稳态模拟软件(包括破碎、磨矿、分级、浮选、重选、磁选、湿法冶金等方面的数学模型)、美国犹他大学开发的 MODSIM 选矿过程模拟软件以及中信重工开发的 CITIC SMCC 粉磨流程模拟软件等，尤其是澳大利亚昆士兰大学 JKMC 在破碎磨矿和分级模型研究方面积累了广泛经验，利用数学模型和数值模拟来描述、分析和优化破碎和磨矿回路，开发的 JKSimMet 粉磨流程模拟软件系统，可以用来灵活构建各种磨矿流程，通过模拟可以较为准确地预测矿石物料在各磨矿作业段以及系统整体运行中的处理量、固体浓度、运行功率与产品粒度分布等情况，使磨矿分级产品更好地满足后续选别作业的要求。浮选回路模拟软件 JKSimFloat 综合考虑了矿浆相和泡沫相中矿物颗粒回收机制的双相浮选模型，不仅可进行回路流程图绘制和过程模拟，还拥有物料平衡数据协调的功能，可用于模拟包含众多浮选设备单元的浮选回路稳态运行状况。此外，还有用于重介质选矿流程的 JKSimDM 以及专门用于物料平衡数据协调计算和金属流向审计的 JKMetAccount 等。但是，由于原矿性质及所涉及的分离工艺流程的复杂多样性，国内外至今还未建立起基于矿种分类的全流程分离过程模型与仿真系统。此外，这些基于单元模块的仿真预测系统由于所采集到的工业数据的局限性，其预测的准确性、针对不同性质矿石的通适性等还有很多需要改进和优化的地方。总之，矿物分离过程中的模型建立与仿真方面的研究仍远远不足，要实现单元仿真模块的集成及分离过程全流程的仿真模拟尚需大量工作。

在矿物分离过程控制与优化、自动化及设备智能化发展方面，国内外开展了大量的研究工作，尤其是我国近些年矿山自动化水平迅速提高。在碎矿、磨矿、浮选、浓密等工艺流程中有效实现了工艺过程的控制与优化。目前国内在碎矿过程自动化控制方面以连锁控制为主，通过对破碎机负荷的检测和分析，实现破碎机优化给矿控制；通过对料仓料位的检测和各种破碎机能力的分析，实现自动给料和破碎机负荷优化平衡控制。国外如美卓(Metso)公司的 DNA 控制系统可以通过检测破碎机的给矿量、压力、功率、油温、排矿口尺寸等来动态调整排矿口尺寸和给矿速率；随着控制理论的发展，磨矿过程控制的研究也由经典控制延伸到智能控制领域，取得了重要的研究成果，如 DCS 控制、PID 控制、模糊控制、多变量控制、智能控制、模型预测控制等方法已经应用于磨矿过程。

在矿物分离过程自动化及设备智能化方面，主要体现在矿浆浓度、粒度、品位、磨机负荷、浮选泡沫、浮选槽液位等关键工艺参数的在线分析检测技术。如矿浆粒度、品位的在线检测技术(新型多流道浮选矿浆浓度粒度分析系统、载流 X 荧光品位分析系统)；半自磨/球磨机负荷在线监测技术取得突破进展，将动力学仿真、数据建模和多变量统计监控技术有机结合，实现集成控制；基于机器视角的浮选泡沫图像处理技术能实现对浮选泡沫层状态的实时自动监测和识别；浮选自动加药控制系统能远距离定时、定量、多点地自动给药。此外，在线湿度检测技术、矿石块度自动图像分析、光电拣选技术等一系列先进技术已应用于工业生产。总体而言，得益于科学技术整体水平的突飞猛进，我国矿物分离过程控制与优化、设备自动化及智能化发展方面与国外先进水平的差距正在逐步缩小。基于大数据和新一代人工智能的矿物分离过程优化控制与诊断技术、分离过程智能化将是今后重点发展的方向。目前，尽管我国在矿物分离一些关键参数工艺的检测和关键工艺信息的在线分析上已经取得了良好的研究成果，但要实现矿物分离过程的自动化及智能化还有很长的路要走，主要的困难如下。

(1)难以实现选矿过程中相关数据和信息的采集广度和深度。要实现选矿过程的优化与控制，必须获得大量同类或不同矿山矿石原料的基本物理化学性质、生产过程状态以及产品质量等基本信息，而这正是选矿过程控制中的瓶颈，这些差距难以实现精确描述整个操作过程稳态与动态特征的数学模型，以及对矿物处理过程的控制与优化。

(2)难以建立精确的过程控制模型，控制过程理论和方法的研究不足。

(3)难以实现矿物分离工艺技术专业与选矿设备专业、自动化专业、人工智能专业等多交叉学科体系下的深度融合。

5)矿物材料加工

近年来，由于新理论、新技术的出现和引入，矿物材料研究异常活跃，尤其是特殊功能矿物材料极具发展潜力。我国矿物材料在建材节能环保矿物材料、化工矿物材料、矿物填料涂料、废弃矿物岩石再生利用等方面具有相对优势，但与国外发达国家相比，总体相对落后，集中表现如下。

(1)研发条件、科研成果转化规模生产的不足。我国的矿物材料研制和开发研究力量分散、创新能力不足，往往在国外产品出现以后才启动、借鉴和进行跟踪性研究，鲜有自主知识产权的技术和产品；矿物加工技术装备(分析、检测、控制系统)的引进受资金、技术、企业科技实力的限制，高新矿物材料建设项目极少；科技创新激励机制不完善，科研研发资金投入不足，研发与产品脱节都制约了矿物材料开发工作的进展，此外在军工及其他高科技领域的运用与国外差距较大。

(2)产品少、档次低、质量差、结构乱。我国矿物材料的总体情况是：初级产品过剩，中档产品质量不稳定，高档产品缺乏。在产品的系列化、标准化、规模化等方面还不能完全按用途、规格形成标准化系列产品，大部分企业存在"一流原料、二流设备、三流产品"的现象，达不到"精细化"。

开展矿物材料的深入研究和开发，针对目的矿物的晶体化学和结构特征，需要开发高性能的功能型矿物材料，研制高效环保的选矿药剂和分离提纯工艺以及节能降耗的矿物加工设备与技术，不断拓宽矿物材料的应用领域。

6)矿物分离与加工的绿色化

矿物分离与加工的绿色化具体体现在药剂生产使用无害化、工艺流程清洁化、工艺过程安全化、矿物加工过程固体废弃物复杂组分的分离精准化等方面。

国内外药剂生产与使用的无害化研究均有限。基于"自溶剂法"的黄药清洁生产工艺，显著减少了传统黄药生产过程中的污染问题，但是缺乏对于该行业大量使用其他有毒有害药剂的清洁生产系统的生产设计理论；目前已经开始大量使用绿色无毒环保型高分子有机物药剂逐步替代传统的如水玻璃、盐化水玻璃、酸化水玻璃等药剂，但是对于完全取消传统的有毒有害药剂的药剂开发并不彻底。例如，形成了基于"金属离子配位调控分子组装"的浮选药剂设计理论，通过使用金属离子与配体的配位形成具有特定捕收能力的配位浮选药剂，显著减少了白钨矿浮选过程中水玻璃的用量，但是对于引入的羟肟酸类药剂如何进行催化降解以使其达到安全排放的标准，目前还没有深入的研究。

国内外对于工艺流程清洁化和工艺过程安全化的研究较多。国内在该方面的优势集中在工程实践方面。在复杂难选菱铁矿、褐铁矿、极微细粒铁矿、鲕状赤铁矿等劣质铁矿资源的清洁分离与加工研究过程中，组合使用流态化磁化焙烧技术等冶金方法与磁力选矿等矿物加工方法，形成了特色鲜明的选冶联合处理工艺，避免了采用单一矿物分离加工技术导致的流程长、环保压力大等问题，但中间环节的粉尘排放和有害气体检测仍需进一步深入研究。

矿物加工过程中固废复杂组分的资源化利用已成为基础研究和工业的热点,主要受到国家对环境保护的高标准要求,但目前固体废弃物资源化利用更多停留在采用多学科交叉,直接利用固体废弃物中的有价组分,而采用矿物加工方法,预先精准分离固体废弃物中的有价组分,对于固体废弃物资源化利用的加工成本、利用效率均有显著的积极作用。

总的来说,与发达国家相比,我国矿物分离与加工的绿色化呈现良好的发展趋势,但是面临的工程问题仍然严峻。

2. 学科发展布局

1) 矿物分离工艺矿物学

矿物分离工艺矿物学的发展应重点从以下几个方面布局。

(1) 微粒微量矿物的定量工艺矿物学研究。随着对矿物微观领域研究的深入,现代微区分析技术和波谱学技术在工艺矿物学中的应用更加普遍。一些物理学和材料学中采用的最新测试技术将逐步移植于矿物分离工艺矿物学领域,如激光显微分析技术、离子探针、隧道显微镜、同步 X 射线荧光显微探针、核磁共振、拉曼光谱等技术开始应用于矿物学研究。此外,计算机和自动化技术在矿物分析测试中的应用,使工艺矿物学研究向定量、准确、快速的方向发展。近年来,自动显微图像分析技术的出现和不断完善,大大提高了定量分析的工作效率和测定数据的精度。而且,分析的图像信息,不仅利用光学显微图像,而且还可以利用扫描电子显微镜图像,从而使微粒微量矿物的准确鉴定和测试取得突破。已经获得成功应用的定量工艺矿物学测试技术包括:QEMSCAN、MLA、PTA,加拿大矿产能源技术中心的采矿和矿物科学实验室开发的一种基于电子探针分析的图像分析系统等。可见,随着定量方法学和定量测试手段的改进和完善,自动化定量分析技术将是工艺矿物学测试技术的一个重要发展方向。然而,在微粒微量矿物的定量工艺矿物学理论与技术方面,目前还比较薄弱,应进一步加强微粒微量矿物的测试技术与统计科学研究。

(2) 工艺矿物学与大数据技术和信息技术的交叉融合,建立矿物基因特性数据库。矿物、矿石和矿床基因特性是制约矿物分离工艺技术和分离指标的根本因素,包括矿床成因和类型、矿石的结构构造、矿物组成、嵌布特性、结晶粒度、解离特性、矿物的晶体化学特征,以及元素组成、化学键特征、晶体构造类型、表面和内部缺陷、矿物表面特性等。利用大数据技术,将庞大分散的矿石工艺矿物学研究(矿床、矿石和矿物的基因测试)与选矿工艺试验研究和选矿厂生产实践数据相结合,建立工艺矿物学参数与矿物分离工艺技术及指标相关性数据库,挖掘出它们与选矿工艺之间存在的内在联系。在分析、归纳前人研究成果的基础上进行总结和提炼,建立工艺参数数据库,通过合理的数学模型将工艺矿物学参数与选矿工艺及指标相结合，实现对选矿流程和指标进行有效的预测，指导矿物分离工艺研发和实际生产。目前，关于矿床、矿石和矿物基因方面的研究是零散的、不成体系的，尚未见到用基因矿物加工工程研究方法所选择的工艺流程用于选矿工业实践的报道。今后这方面的工作重点，一是对于制约选矿工艺技术的根本因素——矿物、矿石和矿床的基因特性，进行深入系统的研究、测试和总结；二是对大量工艺矿物学数据、选矿工艺技术研究数据、生产实践数据以及设计资料等建立大数据库；三是将现代信息化技术与选矿工艺技术研发、工程设计深度融合。

(3)促进矿物分离工艺矿物学与量子化学等学科的交叉融合，从微观层面揭示矿物在分离加工过程的变化机制。矿物学与量子化学的融合衍生出量子矿物学研究方向，其基本思想是以量子理论为基础，以谱学为主要研究手段，研究矿物的成分、结构、物理性质、化学性质及其相互关系，应用于矿物成因研究、工艺矿物性能与矿物材料的改性等。将矿物的晶体化学、矿物物理学、量子矿物学与工艺矿物学紧密结合，不仅用于指导选、冶等有价组分提取，而且用于指导新兴矿物材料的研发及性能控制。

2)矿物分离的热力学机制及方法

未来矿物加工处理的对象复杂多样，包括传统的矿产资源、城市垃圾、废旧电子物料等固体废弃物资源。固体废弃物资源化是实现资源可持续利用的重要手段之一。为了有效缓解日益严峻的资源供需矛盾和适应未来环保的新要求，必须使资源物尽其用，虽然现阶段已经有部分技术可以实现城市固体废弃物的有效分类，但仍然不能满足资源有价组分的全回收利用及产业化的要求。固体废弃物处理困难的最大原因是其种类繁多，多种材料、物质以不同的形态混合在一起，极大阻碍了各组分的高效回收利用。因而有价组分提取与回收利用的最根本前提是实现不同种类的固体废弃物之间的有效分离，基于资源物性可以借鉴或综合运用矿物加工分选富集过程中的破碎、筛分、重选、磁选、浮选、光电拣选等多种技术。此外，需要开发与资源物性相匹配的选择性解离技术，实现资源中有价组分的选择性定向解离，降低能耗，减少物料的过粉碎，因此超细粉体分离装备与技术应运而生，如超细磨装备(搅拌磨、气流磨、胶体磨等)、超声粉碎技术、热分解技术、化学法等。复杂难处理矿产资源的高效清洁利用从设备开发、工艺融合、技术创新等方面继续发展，开发精细化和深度分离新技术与新装备，开拓固体废弃物高效分离及元素回收利用的新方向。

a. 复杂难处理矿产资源的选择性解离与超细粉体制备

矿物的解离是分选的前提，解理面是矿物在碎磨过程中产生的晶面，其作用贯穿矿物分选全过程。根据复杂难处理的低品位矿石、尾矿、冶炼渣、城市垃圾、废旧电子物料等物性特征，研究不同物料的解离热力学机制，以矿物解理面反应性解析与调控为核心，通过磨矿方式和介质的精确优化调控能量输入，开发出与资源物性相匹配的选择性解离技术，实现资源中有价组分的选择性定向解离，扩大复杂难处理物料的界面差异，降低能耗，减少物料的过粉碎，建立基于解理面反应性调控的选择性分选原理与方法。

b. 基于原子识别的矿物界面组装与精细分离

复杂有色金属元素通常以元素对的形式在自然界中出现(如钨钼、钽铌、锆铪、镁锂)，它们元素间半径相近、电荷相近或相同，化学性质极其相似，这对元素分离提出了更高的精度要求。事实上，生物地球化学发现，生物与各种有机质在成矿元素的选择性迁移与富集中，特别是沉积矿床、层控矿床等的成矿过程中曾起到重要作用。如藻类细胞中的各种配体对海水中金属离子的富集可以达到几十万倍，甚至对同位素都有生物分馏效应，这种生物配体的选择性对我们寻找选冶试剂的先导化合物有着极其重要的启发意义。另外，药剂与组元的作用是一个复杂的微观过程，该过程很难定量化。传统选矿试剂的寻找和筛选，主要是借助于溶度积、解离常数、水油度、量子化学参数等判据，由于稀有金属元素对键合性质高度相似，很难得到高精度的选冶试剂。其实，生物医学领域药剂和蛋白的相互作用研究已可以达到分子识别的精度。比如利用分子对接工具可以精确模拟顺铂在治疗癌症过程中铂金属离子与 DNA 嘌呤分子的相互作用机制。复杂有色金属选冶过程实际上也是金属离子与分离提取试剂之间的作用过程，因此可以借鉴生物医学药剂设计理论对先导化合物进行筛选、类型衍化和优化设计，开展基于原子识别的矿物界面组装与精细分离研究，以提升复杂体系下矿物加工的分离精度。

c. 多力场作用下复杂资源的精细分离

贫、细、杂矿产资源的开发利用一直以来都是世界性的选矿难题，原有的常规浮选设备在处理高品质矿石时可以获得较好的效果，但是其单一的分选物理场使得其难以适应在复杂共伴生矿石的分选。现今随着高品位易选别资源的日渐枯竭，复杂难处理矿产资源逐渐成为资源开发的主要对象。复合力场分选获得比单一力场选别更高的精度，具有很强的开发价值及良好的发展前景。目前离心力-重力复合力场、重力-磁力复合力场、疏水力-磁力复合力场、机械力-磁力复合力场、磁力-离心力复合力场和磁力-重力-离心力复合力场都是研究的方向，并产生了诸如离心磁选机、磁选柱、磁水力旋流器和磁浮选柱等设备。

d. 多学科交叉选-冶融合深度分离

针对复杂低品位矿石、冶炼渣、城市垃圾、废旧电子物料等，单用常规矿物加工方法将难以获得理想的效果，甚至难以分选。此时，就需要结合物料特性，通过开展与地球化学、化学分离与提纯、冶金学、材料学、生物化学等多学科交叉研究，做到有价组元间的高效分离富集。根据资源特点，选择适宜的选冶结合点，充分发挥冶炼和选矿的优势，往往能发挥更大的优势。非常规资源的有价提取，既要考虑有价组元的分离精度，又要兼顾资源回收的综合成本。因此，多学科交叉选-冶深度融合将是实现上述非常规资源高效提取的重要方式。

3) 矿物分离的过程动力学及强化

随着矿产资源日趋贫、细、杂以及人类对矿物原料需求不断增加，未来矿物分离的过程动力学及强化方向将围绕过程的高效精准化、低耗智能化和绿色资源化三个层面来开展研究工作。通过与相邻学科的交叉与融合，国内外科研人员进行了大量的矿物分离过程动力学基础理论与过程强化研究，并逐渐形成了以下五个新的研究领域。

a. 基于力学理论与工艺矿物学的矿物精确解离过程强化

研究矿物不同组分的微观晶格结构、介观力学特性与嵌布失稳机理，提出与矿物不同组分物性特征相匹配的精确解离理论。以岩石力学、断裂力学为学科基础，通过施力方式的改变与调控，改善矿石解离过程中的晶格破裂方式，降低粉碎能耗，改善矿物解离状态，提高可选性。

b. 基于化学、生物冶金原理的矿物分离过程强化

研究矿物有用组分的物性特征与原子尺度界面性质，整合和建立矿物基因物性数据库，构建化学、生物冶金过程强化的理论和方法体系。

c. 基于外场作用的矿物分离过程强化

研究外加激励下，矿物与分离环境不同尺度上(微观、介观、宏观)的能量输配机制和跨尺度响应机理，探索复合力场、多相、多尺度复杂物料分离过程的全尺度精确模拟与原位表征方法，提出矿物界面微结构的精准调控策略。以电学、磁学、微波物理学、声学、机械学、流体力学等学科为基础，采用电脉冲、磁脉冲、微波、振动、超声波等外场对矿石进行处理，弱化矿石中矿物颗粒之间的构造力，强化不同矿物组分的差异性作用效果，改善矿物分离过程。

d. 基于药剂构效关系及协同效应的矿物分离过程强化

基于量子化学、表面化学原理研究药剂的结构及其与矿物界面作用机理，揭示药剂-矿物之间的协同强化机制。

4) 矿物分离工程科学

矿石性质的不稳定性、分选过程的复杂性和过程参数的敏感性等问题对矿物分离工艺流程的可靠性挑战很大，严重制约着矿物分离过程控制的实施。结合我国矿物分离生产现状及矿物分离工程应用过程中存在的问题，矿物分离工程科学主要在以下方面展开研究：结合矿物性质及生产目标进行工艺流程优化；分离过程在线监测及调控，探明其原理，开发新技术；结合统计学原理，开发矿物性质表征模型、矿物处理过程控制模型；矿物处理过程全流程的集成控制与优化；矿

物分离过程虚拟仿真与智能决策；矿物分离设备全生命周期检测和智能控制。

5) 矿物材料加工

(1) 尖端矿物材料的高纯化制备技术。结合现代矿物加工测试技术，通过工艺矿物学系统研究天然矿物的晶体结构、赋存形式、粒度分布、掺杂状态和物相分析等基础特性，建立合理的分选提纯理论基础。充分结合物理分选、化学提纯和高温处理等现有技术，融合物理、化学、机械等多学科的知识，大力开发新型高效的矿物材料高纯化技术。例如，开发新型的除杂药剂并辅以相应的工艺路线，设计高性能的自动化分选设备，等等。加强企业和科研单位之间的合作，通过各机构之间的大数据共享，建立健全高纯矿物质量检测技术平台，并最终指导天然矿物高纯化加工新装备、新药剂、新技术等研发。

(2) 绿色环保、节能高效的天然矿物纳米化技术。为突破现有纳米技术普适性差、单一、规模小等难题，从天然矿物原有属性出发，通过微观结构、表面性质等的系统研究，对现有矿物的通性总结归类，结合现有物理化学粉碎技术，大力发展绿色环保、节能高效的天然矿物纳米化技术，提升技术的普适性。改变能量的输入形式，如通过激光、电能、热能、化学能等使矿物吸收足够的能量，进而使晶格解离纳米化，建立天然矿物纳米化技术理论，健全天然矿物纳米化技术。通过理论计算建立能量输入与矿物晶格解离间的关系，结合实际应用，探究介质、能量强度等对天然矿物纳米化的影响，优化产能结构，扩大生产规模。建立健全纳米化表征系统，对纳米矿物的微观结构开展质量评级。加强企业和机构的合作，联合开发新型节能高效的矿物纳米化设备，为天然矿物纳米化提供保障。

(3) 多尺度矿物材料计算与基因库构建。利用第一性原理、分子动力学和有限元法等，将多粒子构成的矿物材料体系分解为由电子和原子核组成的多粒子系统，从原子尺度模拟矿物材料相关性质，进而通过统计试验实现目标量的计算。深入、系统研究矿物晶体结构、界面特性、电子结构等性质，借助于相关学科理论及实际成果，整合和建立矿物性质及矿物材料物性数据库。以矿物材料基因组计划为基础，借鉴互联网+的新基础设施架构，即云-网-端体系，融合大数据等技术，应用于矿物材料领域的协同合作平台建设，有助于矿物材料领域重大问题解决和数据共享。从矿物组成与结构及其相关性质出发，针对特定要求的矿物材料开展定量和定性预测性研究，构建矿物材料计算与设计的理论和方法体系，建立计算分析矿物材料模型，实现高效制备满足特定功能性的矿物材料，推动矿物材料科学发展。

(4) 矿物材料结构功能一体化技术。开展矿物材料与其他领域材料交叉研究，围绕热点领域开展新型环境功能材料、能源功能材料、健康功能材料、国防航空特种功能材料等研究，采用结构化学与界面化学研究矿物材料与其他材料统一性，建立新型复合矿物材料的晶体化学模型，为应用于高端制造业、高新技术和新领域开发提供理论依据。

环境功能材料：开发自然储量丰富的天然矿物，大力研究矿物的晶体结构，结合矿物的自然属性，研发一系列绿色高效环境功能材料，如二维黏土复合吸附剂、二维辉钼矿吸附催化复合材料、石墨烯复合催化材料、半导体矿物气敏材料及土壤修复材料等。

能源功能材料：以天然矿物为载体，降低生产成本，实现能源的高效转换；开发层状矿物，用于燃料的包覆，实现相变储能；开发半导体矿物，实现光电的高效转化；开发多孔矿物，用于能量的储存运输等。

健康功能材料：研究如何在不破坏天然矿物结构的前提下，协同多种物理方法使矿物颗粒中的纳米级杂质从孔道中解离，突破物理方法解离和分选超高纯多孔矿物的技术瓶颈；加强矿物粉体表面改性技术研发，以解决在应用中的分散及相容性问题；开发天然矿物复合吸附剂以提升天然矿物对病毒、毒素等的高效脱除，同时加快相关产品制备及推进国家与行业标准的性能检测方法建设。

国防航空特种功能材料：提升矿物晶须的品质并对矿物晶须进行改性研究，提高矿物晶须/基底材料的复合材料性能，降低矿物复合材料的成本，使其满足性能需求及成本要求，以便应用于国防军工领域；系统研究天然多孔矿物，大力开发吸附容量高、稳定性好、体积小、耐磨性高的航空航天用分子筛，吸附过滤舱内的微量污染物及 CO_2。

6) 矿物分离与加工的绿色化

矿物分离与加工的绿色化应该由当前的后端绿色化处理改为前端无害化和减量化，以矿物加工过程源头减量为主要目标。矿物加工过程源头减量包括：①基于矿物表面性质的新型高效环保型选矿药剂理论和应用；②基于溶液化学调控的矿物加工废水绿色循环与高效利用理论及技术；③基于微泡调控的微细粒级矿物高效回收理论与应用研究；④基于多场-多相的矿物加工精矿产品降杂提质理论与应用研究；⑤矿物加工过程固体废弃物复杂组分精准分离理论与方法。

1.4.4 学科的发展目标及其实现途径

1. 学科发展目标

巩固工艺矿物学和界面相互微观机理优势方向，扶持多场联合强化矿物分离的能量作用基础方向，鼓励研究高性能的矿物材料研发的基础理论，促进低品质资源开发、微细粒分选的界面与流体动力学协同强化理论与方法研究。

1) 到 2025 年目标

(1) 矿物分离工艺矿物学。进一步完善微量元素及分散元素的赋存状态研究方法，解决好战略性稀散元素资源的工艺矿物学评价；完善微粒微量矿物的定量工艺矿物学理论与测试技术，为微粒微量矿物的分离提供科学依据。

(2) 矿物分离的热力学机制及方法。深入认识矿物微观本质结构，矿物分离研究领域由资源粗加工向精细化深度分离方向发展，实现矿物分离绿色化与高效化，提出矿物分离学科资源高效循环利用新方法。建立系统的浮选药剂分子组装与设计理论，发展出浮选药剂分子组装设计定量能量评价方程以及矿物选择性分离指数方程，建立新型浮选药剂结构-吸附机理-浮选性能的相互关系；建立基于溶液化学的难选氧化矿高效分离界面化学理论，确定不同矿物间选择性分离的最佳溶液化学-界面作用条件，建立微细粒矿物选择性聚集、分散及与气泡碰撞、黏附的界面力-流体动力学控制理论体系；建立高氧化率硫化矿物浮选电化学理论，揭示磨矿-浮选体系中硫化矿物-捕收剂或调整剂界面的电化学反应机理，确定使用药剂选择性捕收或选择性抑制硫化矿的电化学条件。

(3) 矿物分离的过程动力学及强化。针对我国矿产资源日趋贫、细、杂的矿石基因特性，研究外加激励下矿物与分离环境不同尺度上(微观、介观、宏观)的能量输配机制和跨尺度响应机理；研究矿物分离的过程动力学机制，探索重力场、离心力场、磁场、电场等复合力场内多相、多尺度复杂物料分离过程的全尺度精确模拟与原位表征方法，建立矿物分离过程动力学理论体系。

(4) 矿物分离工程科学。实现矿物性质(单体解离度、粒度、形状)等统计量化，预测指导生产过程控制；初步建立全流程控制过程仿真模拟系统；建立分过程(磨矿、重选、浮选、磁选等)预测多变量精准模型；实现磨矿分级过程的智能化控制以及浮选过程高级优化与控制；推进设备高效化智能化模拟及机理研究。

(5) 矿物材料加工。力争在矿物材料领域内开展长期研究，并在一些重要科学问题和关键技术方面取得重大突破；矿物材料科学成为由矿物学、材料、化工、无机非金属、冶金、高分子等相关学科密集交叉的前沿研究领域，进一步拓展现有矿物材料的科学内涵与应用领域，在重要非金属材料、钒铁等合金材料、稀土材料及盐湖金属等具体领域内展现其独特的优势。

(6) 矿物分离与加工的绿色化。深入认识矿物分离与加工的微观过程，促进矿物分离与加工研究领域由当前的后端绿色化处理改为前端无害化和减量化，以矿物加工过程源头减量为主要目标，建立矿物加工过程的药剂高效和无害化、生产清洁和减量化、产品低杂质和高质量化的矿物分离与加工绿色化开发利用的新方法。

2) 到 2035 年目标

(1) 矿物分离工艺矿物学。促进量子矿物学、矿物物理学研究，普及利用矿物物理学的知识和研究手段；利用量子矿物学研究，阐明矿物的成分、结构与性能的内在联系；加强与矿物分离特性相关的矿床、矿石和矿物基因特性研究与数据库建设，与大数据技术、信息技术相结合，构建矿物基因特性对选矿工艺及指标预测的理论与方法。

(2)矿物分离的热力学机制及方法。建立和完善现代微观矿物学基础理论体系，完善微细粒矿物分离机制与方法，形成具有国际影响的矿物分离强化学科理论体系。针对我国矿产资源特点，建立比较完善的复杂矿产资源高效清洁利用的界面化学基础理论，形成热力学和动力学调控的高效低成本的选冶技术模型，为扩大铜、铁、铝、铅、锌、镍等可经济利用矿产资源量提供自主知识产权技术，建立基本无废水无尾矿排放的示范矿山，实现复杂难处理矿产资源的高效综合利用，研究成果在国际上处于领先地位。

(3)矿物分离的过程动力学及强化。研究外场作用、矿物焙烧、化学浸出、药剂协同效应、智能作业等方式对矿物分离过程强化的基础性科学问题，形成矿物分离过程及强化理论与技术体系。

(4)矿物分离工程科学。涉及矿物处理过程机理、多变量的理论性数学模型在发展控制策略与优化算法中得到广泛应用；探明被处理矿物的嵌布特征、组成、可磨性、粒度分布、颗粒的疏水性等性质的在线监测原理，形成理论体系；将现代信息技术与矿物分离技术深入融合，发展适用于矿物处理全流程的控制策略与优化算法，建立精确的过程控制模型，实现矿物解离与分离过程全流程的优化与集成；发展并完善具有良好的、适用于不同原料性质的选矿厂全流程仿真模拟系统，实现工艺流程的智能决策与优化。

(5)矿物材料加工。建立各大院校、研究机构之间的合作交流平台；提出先进矿物材料制备的新思路、新方法、新设备；初步在实验室制备出多种新型纳米结构、复合组分的矿物材料，实现矿物材料与环境、安全、航空航天等领域的高度融合；开展矿物材料晶体、分子、电子等结构数据提取与研究，初步完成典型矿物的基因数据库建立；初步达到矿物材料与其他材料融合，开展基于矿物材料的新型材料的相关理论研究；全面开发目前已有矿物材料的新属性、新性能及新应用领域，实现从实验到大型工业应用的转变。

(6)矿物分离与加工的绿色化。进一步建立和完善资源分离与加工绿色化基础理论体系，实现矿物分离过程中复杂难选颗粒的微观界面化学调控与宏观流体流场调控，使复杂难选矿物的分选技术达到国际领先水平。

2. 应加强的优势方向

1)矿物分离工艺矿物学

进一步强化元素的赋存状态研究，为矿物分离工艺方法的选择和分离指标的预测提供科学依据。元素赋存状态是指元素在原料或产物中的存在形式及其在各种组成矿物中的分配比例。由于元素赋存状态的不同(独立矿物、类质同象和吸附状态)，一种元素可以存在不同矿物之中，而加工工艺通常是随矿物相的不同而改变的；而且呈不同赋存状态的元素，其可分选性也具有明显差异。因此，元素赋存状态研究对于矿物分离研究至关重要。研究重点是微量元素及分散元素的赋存状态。

2) 矿物分离的热力学机制及方法

基于矿物-水溶液界面相互作用的浮选剂分子界面组装设计与绿色合成，包括基于矿物晶体物理化学性质和表面活性质点价键特性差异，研究浮选剂各基团结构与活性的构效关系，以及与矿物表面的选择性作用机制，进行新型浮选剂分子界面组装和设计，研究新型、高效、低毒浮选剂的绿色合成方法；多元矿物体系固-液-气三相界面作用的物理化学基础研究，包括微细粒氧化矿物表面力与流体动力学力的界面相互作用及氧化矿物固-液(回水)-气三相界面相互作用与浮选机制；基于尾矿多组分特性的表面性质调节及结构/功能矿物材料的应用开发。

3) 矿物分离的过程动力学及强化

浮选是实现微细粒矿物高效开发利用的主要途径，应继续加强矿物浮选分离的过程动力学及其强化机理研究；矿物焙烧处理是实现贫、细、杂难处理矿产资源高效清洁利用的重要手段，应加强矿物焙烧预处理强化分离过程的机制研究；磁场、电场、声波、微波等物理外场预处理可以显著强化矿物分离过程，加强物理外场强化矿物分离的过程动力学及作用原理研究。无水化选矿是实现特殊环境与特殊矿物分离提质的有效途径，需着重研究宽粒级复杂颗粒在气固流态化体系中的混合/分离机制。

4) 矿物分离工程科学

加强矿物颗粒破碎、磨矿过程中的受力特性和破裂机制分析，采用数值模拟优化碎磨设备性能并建立相关数学模型，完善破碎理论；浮选泡沫图像形态特征(静态参数和动态特征)的提取分析与建模；矿物分离工艺流程优化与控制理论及方法；难处理矿产资源高效分离技术与装备；矿物分离过程虚拟仿真。

5) 矿物材料加工

(1) 加强节能绿色结构-功能一体化建筑材料与环境友好型非金属矿物功能材料研究。如硅灰石、石膏、蛭石、珍珠岩、长石、霞石、蒙脱石等具有节能、助熔、保温绝热、防水、防火等矿物材料。

(2) 加强二维黏土矿物功能材料研究，包括黏土纳米片复合水凝胶吸附剂、黏土纳米片复合相变储热材料、黏土纳米片制备硅纳米片、纳米黏土阻燃材料、纳米黏土复合气光电敏材料等。

(3) 通过对我国典型含钒页岩矿物组成、化学组成和钒的赋存状况的研究，建立含钒页岩系统的分类标准，从矿物加工角度划分不同含钒页岩类型，并通过选矿与当前提钒工艺的有机结合，进一步优化提钒工艺。

(4)加强高性能纳米矿物材料及其制备技术的研究。发展完善对典型矿物进行纳米化加工与结构改型的基本原理，探索层状矿物的插层改性与剥离原理，管状矿物的扩管与表面改性、负载技术及原理，棒状矿物的表面包覆与改性技术，纤维矿物的解离与分散机理；解析矿物结构改型过程的元素迁移与转变规律、表面性质转变与结构演变规律，查明矿物基体特性及改型处理对材料固定作用的影响与控制技术；为新型矿物材料的设计提供技术与理论支持以及产业示范。

6)矿物分离与加工的绿色化

复杂浮选环境中矿物界面化学调控机制和流体流场调控机制。复杂难处理矿物表面性质复杂，对矿浆体系中固-液界面的化学组分调控以及分离体系的界面相互作用机制提出了更高要求。微细粒分选尺度条件下，矿浆体系的流变效应更加复杂，聚焦微细粒矿物资源分选过程中微细颗粒的黏滞效应、流体流场强化调控作用机制，形成难选微细粒绿色化分选方法。

3. 应扶持的薄弱方向

1)矿物分离工艺矿物学

加强微粒微量矿物的定量工艺矿物学理论与测试技术研究，一方面提高测试技术与装备自主研发能力，另一方面解决基于统计学原理的测试样本量与测量误差的关系。

2)矿物分离的热力学机制及方法

微细粒复杂矿物分离过程参数的多因素耦合机制，包括研究矿物分离过程的多相界面行为，通过调控矿物的表面性质、分选介质的性质等，结合分离过程的多因素耦合作用及优化控制技术，强化矿物间的分选差异，实现不同矿物的高效分离；微细粒复杂矿物分离过程优化原理与调控机制，包括通过调控固-液、固-固界面的化学反应及质能传递行为，实现有价矿物的性能调控，强化有价矿物与脉石矿物、杂质元素的分选差异，形成微细粒复杂矿物高效分离提取的理论及关键技术。

3)矿物分离的过程动力学及强化

目前，我国矿物加工学科与国际上的差距主要体现在矿物加工基础理论研究的科学性和深入性。因此，我国矿物分离学科应研究外加激励下矿物与分离环境不同尺度(微观、介观、宏观)上的能量输配机制和跨尺度响应机理，从微观层面揭示矿物分离动力学机制。

4) 矿物分离工程科学

加强重选、磁选与浮选相结合,利用多力场的分选效应,发展复合力场矿物分离设备,强化分选过程,提高分选精度;针对重选、磁选、浮选过程中矿物颗粒运动轨迹、颗粒间相互作用力、力场分布,构建数学模型;对矿物分离过程控制模型、全流程仿真模拟系统、分选设备智能化模拟控制、矿物处理过程全流程的集成控制与优化。

5) 矿物材料加工

(1) 重点扶持高纯石英材料加工基础研发,包括天然石英矿物资源工艺矿物学研究、天然石英矿物资源中流体包裹体定量分析研究、提纯加工新工艺与新技术、产品质量标准及评价体系等。

(2) 重点支持硅藻土等健康功能矿物材料的物理提纯和结构调控、改性等深加工技术研发,提高石膏、碳化硅、碳酸钙、氢氧化镁等矿物晶须的品质并对矿物晶须进行改性研究。

(3) 扶持土壤修复和有害气体监测等环境矿物材料的研究,包括天然环境矿物材料、改性环境矿物材料、无机-有机复合环境矿物的土壤治理材料和气敏材料。

(4) 扶持矿物材料的高通量计算方法研究。矿物材料的高通量计算以量子物理、量子化学等理论知识为基础,从微观角度对结构材料的性质进行预测和解释,从本质上去突破和解决材料本身的问题,具有较强的前瞻性和指导性。

(5) 扶持高性能煤基材料微结构调控机制与可控制备技术研究,包括煤基材料表面化学的精准调控,煤基材料微结构设计,可控制备技术及其功能化应用基础理论。

6) 矿物分离与加工的绿色化

复杂难选矿物分离与加工过程中,在单一液相流场特性模拟计算的基础上,着力于流场特性的固-气-液三相体系模拟计算,提供难处理矿石分选过程中流场作用的测量、模拟、预测信息,为优化该类矿石分选过程中的流场分布提供信息;聚焦于矿浆流体在流场中的黏滞效应、团聚效应,围绕矿浆流变学性质与矿物资源分选效率的耦合作用机制,开展关于微细颗粒引起的矿浆宏观性质变化对分离过程的影响研究。

水是浮选的重要介质,其性质将影响矿物浮选效果。伴随着淡水资源的短缺以及对废水排放要求的日益严格,选矿废水处理与回用已经成为实现企业清洁生产、解决矿山废水污染的有力措施,同时也符合国家节能减排政策。然而,随着选矿废水的不断循环利用,残留的试剂和不可避免的离子会富集,势必影响矿物浮选效果。当前国外广泛采用脱除有害离子的高成本废水回用方式,实现复杂浮选废水的高效利用;而国内多采用直接回用的低成本废水回用方式,实现复杂废水的再利用，在废水再利用过程中影响矿物浮选的有害离子不断富集，造成矿产资源的流失。因此，有必要结合国内现状，以有害离子在矿物表面的存在状态为基础，聚焦基于矿物表面有害离子沉积的新型辅助捕收剂设计，提高复杂浮选环境中矿产资源的利用率。

4. 鼓励交叉的研究方向

复杂资源基因诊断方法；基于量子化学、反应分子动力学模拟与高精度原位测试表征方法联合的矿物分离过程机理；浮选胶体化学；矿物分离过程异常工况感知理论与方法；智能化矿物分离过程控制与虚拟仿真基础；高纯化、纳米化、新属性的矿物材料开发。

1) 矿物分离工艺矿物学

加强工艺矿物学与量子矿物学、矿物物理学的交叉融合研究，将矿物的晶体化学、矿物物理学、量子矿物学与工艺矿物学紧密结合，阐明矿物的成分、结构、物理性质、化学性质及其相互关系。

2) 矿物分离的热力学机制及方法

有价元素和杂质元素的赋存状态，基于基因排序与数据库的选矿方法优化，复杂难处理矿物预处理及其对物质分离的影响规律，分选过程的化学物理响应和界面调控规律，基于微细尺度的分选过程的强化研究，基于量子化学和分子识别的绿色高效选矿药剂设计理论，基于数值模拟与仿真的选矿工程技术的基础性科学问题。

3) 矿物分离的过程动力学及强化

随着计算流体力学理论的发展及有限元法和离散元法的广泛应用，采用数值模拟软件对矿物分离过程进行数学建模与计算仿真，能够极大弥补传统矿物分离物理试验的局限性，有助于深化矿物分离过程的实质性认识，揭示分离过程动力学机理，以及磁选、重选、电选、浮选等分离设备的改进和研制，应加强矿物分离过程的数值计算与仿真模拟研究。

4) 矿物分离工程科学

加强大数据和深度学习在选矿厂数据分析和智能决策中的应用，实现选矿数据获取和生产决策的智能化；将流体力学仿真与颗粒运动仿真相结合，用于模拟球磨机内部介质与矿浆颗粒的相互作用状态和效果；结合矿物分离过程机制，开发过程自动化控制模型；将统计学原理运用于矿物性质表征及过程参数控制。

5) 矿物材料加工

(1) 鼓励矿物材料与环境、农业等学科领域的交叉研究。重点围绕天然矿物开展水污染净化材料、室内空气净化材料、荒漠化治理材料、核废料处置材料、海上石油污染处置材料等，在未来研发中应通过不同学科交叉融合与创新，强化相关领域的基础研究和技术开发，支撑国家重大工程建设的需求。

（2）鼓励矿物材料与电化学、生物学、医学等学科的交叉研究。制备新型功能矿物材料，如新型功能陶瓷（抗热振性陶瓷、蓄热陶瓷、矿物抗菌陶瓷釉料等）、矿物电子电学材料（锂离子电池负极材料、超级电容材料、气敏材料、光敏材料等）、新型生物医学矿物复合陶瓷（骨代替材料）、矿物药（矿物止泻药、白血病抑制药物、复合止血剂、石磁性靶向药物载体材料等）。这些学科的交叉不仅可获得更多性能优异的材料，对矿物材料学科的发展也具有重要的推动意义。

6）矿物分离与加工的绿色化

计算流体力学 CFD 与矿物分离加工过程矿浆体系结合，预测该过程流场分布特性对分离效率的影响，从调控分选流场角度出发，促进分离加工过程的绿色化；流变学与矿物加工理论体系交叉，表征微细粒矿物分选矿浆体系中粒度变细引起的颗粒黏滞团聚效应，聚焦矿浆流变学与复杂难处理微细粒矿物分选过程之间的关联机制，着力于物理场调控促进该类矿物资源分离与加工的绿色化。

研究复杂浮选环境中难免离子在矿物表面沉积效应，探明难免离子沉积对矿物浮选的影响规律，从矿物表面化学调控角度，控制矿物表面沉积产物，结合新型价键理论，完善浮选药剂设计理论，聚焦基于矿物表面离子沉积的新型辅助捕收剂。

5. 应促进的前沿方向

浮选过程界面调控与流体动力学协同强化分离理论与方法；浮选胶体化学；工艺矿物学基础；矿物分离复杂力场环境气-液-固三相流场模拟与测试；矿物界面原子及电子结构的精准调控；极度复杂矿物加工体系的全尺度模拟、原位表征与界面精准调控。

1）矿物分离工艺矿物学

加强与矿物分离特性相关的矿床、矿石和矿物基因特性与数据库建设，与大数据技术、信息技术相结合方面的研究，利用工艺矿物学研究获得的矿床、矿石和矿物的基因特性，指导选矿工艺流程的选择和选矿技术指标的预测。

2）矿物分离的热力学机制及方法

针对矿物表面形态与性质，研究矿物溶解组分对矿物表面电性及浮选的影响；针对复杂难处理矿物，开展浮选溶液化学的研究，主要研究浮选剂在溶液中的溶解、解离、缔合及吸附平衡作用，用以确定浮选剂对矿物起浮选活性的有效组分及浮选剂与矿物相互作用的最佳条件，进而确定矿物浮选或抑制的最佳条件，为合理筛选和选择浮选药剂配方及用量提供理论依据;针对气泡与气泡以及气泡对微细颗粒作用的微观机制及界面作用等相关浮选行为进行研究,确定优化浮选动力学参数的合理途径,建立微细矿物浮选新理论和高效利用的技术原型;通过药剂分子定量构效关系研究,以建立分子自身结构与其物化性能之间的构效关系模型来推测和筛选药剂分子,结合浮选剂与矿物作用的最佳溶液化学环境,进行新型高效浮选药剂的界面组装设计与绿色合成。围绕浮选剂/矿物/界面溶液化学反应机制、矿物颗粒表面力与聚集分散行为机制等科学问题,建立基于矿物表面性质调控界面相互作用的理论,形成复杂低品位矿物高效浮选分离与精加工新方法,为矿产资源高效利用、废水循环利用和尾矿高值化利用提供重要支撑。

3) 矿物分离的过程动力学及强化

以电学、磁学、声学等为学科基础,针对矿物不同组分的微观晶格结构、介观力学特性与嵌布失稳特征,研究电脉冲、磁脉冲、微波等外场作用下与矿物不同组分物性特征相匹配的精确解离理论;提出复合力场、多相、多尺度复杂物料分离过程的全尺度(微观、介观和宏观)精确模拟与原位表征方法,实现矿物界面微结构的精准调控策略。

4) 矿物分离工程科学

建立虚拟选矿厂并对分选流程进行模拟仿真,开发决策模型,预测技术指标,初步推荐工艺流程;基于大数据和新一代人工智能的矿物分离过程优化控制与诊断技术、分离过程智能化等方向的探索研究;开展非均衡柱式分选过程及强化理论研究,从颗粒气泡的碰撞出发,研究气-固-液三相体系中影响颗粒气泡碰撞矿化及分离的流体特征及颗粒界面特性。

5) 矿物材料加工

(1)促进矿物基电池负极材料的基础研究。锂离子电池是一种广泛使用的电池,目前普遍使用碳作为负极材料,即采用球形石墨作为负极,球形石墨负极材料的性能需在基础研究的基础上进一步提升。硅碳负极作为潜在的更优的负极材料,需要在化学法多孔硅、硅藻基硅基体等方面投入大量的基础研究。

(2)促进石墨烯、浸硅石墨、半导体等新材料研究。新材料广泛应用于电子信息、新能源、航空航天以及柔性电子等领域。电动汽车锂电池用石墨烯基电极材料;海洋工程等用石墨烯基防腐蚀涂料;柔性电子用石墨烯薄膜;光/电领域用石墨烯基高性能热界面材料;光/电/气领域用半导体气敏材料等。

(3)促进具有双亲特性的霉菌毒素矿物吸附材料基础研究。以蒙脱石为代表的矿物吸附材料,用作霉菌毒素吸附剂具有无药物残留、无激素、无耐药性、无毒副作用等优点,是解决饲料中霉菌毒素问题行之有效的解决方案。应鼓励研发同时具有亲水性和疏水性(亲油性)双亲特性的霉菌毒素矿物吸附材料。

(4) 促进新型生物医用矿物材料的基础研究。应进一步深入研究相关矿物材料设计与制备的新原理与新方法、纳米尺寸矿物材料理化性质与生物学效应的关系、矿物材料微纳结构与医用性能的关系及稳定性；开发非金属矿物的纳米制备与精深加工技术，重点开展矿物基靶向药物精准治疗载体材料、辐射烧伤无痕修复材料、军用快速凝血止血材料、药物悬浮触变缓释增效材料，从而构建新型生物医用矿物材料产业体系。

(5) 促进航空航天用特种功能吸附材料研究，包括"憎水性"分子筛、"细石基"分子筛等航天分子筛和机载制氧分子筛。

6) 矿物分离与加工的绿色化

复杂难处理矿产资源分离加工过程中界面化学调控与流体流场性质调控，促进微细粒矿物资源高效分离回收。基于对微细颗粒体系表面性质的认识，针对矿物绿色化分离加工中微观界面化学尺度分离与宏观流体流场调控的共性基础问题，建立绿色化矿物分离与加工过程的调控方法与体系，实现难处理矿物资源的清洁分选。

基于复杂浮选环境中有害离子在矿物表面的沉积调控机制，结合新型价键理论，开发基于矿物表面离子沉积的新型辅助捕收剂，实现矿物加工废水中矿产资源的高效回收。

6. 学科优先发展领域

(1) 定量工艺矿物学方法学；矿物晶体化学及化学性质的微观谱学表征；稀散元素赋存状态研究理论与方法；矿物、矿石和矿床基因特性的研究与测试；典型矿产资源工艺矿物学数据库的构建及应用基础研究；典型矿物的量子矿物学与矿物物理学基础研究；矿物表面活性与吸附特性研究。

(2) 基于颗粒/溶液/药剂/气泡界面相互作用调控的精细化矿物分离机制。

(3) 选冶联合强化矿物分离过程的动力学及作用机制；外场强化矿物分离的动力学及作用机制；矿物分离过程的数值模拟；浮选过程微观尺度动力学。

(4) 过程自动化技术开发研究；矿物分离全流程数学建模与虚拟仿真；矿物分离过程控制集成与优化；在线检测原理及新技术研发；矿物分离设备大型化、智能化工程推进等。

(5) 尖端矿物材料的高纯化制备技术；绿色环保、节能高效的天然矿物纳米化技术和复合物应用技术；多尺度矿物材料计算与基因库构建和矿物材料结构功能一体化技术。

(6) 矿浆流变学性质与矿物资源分选效率的耦合作用机制；微细颗粒引起的矿浆宏观性质变化对分离过程的影响；物理场调控促进微细粒矿物资源分离与加

工过程的绿色化；基于矿物表面离子沉积的新型辅助捕收剂设计与开发。

1.5　冶金工程学科

1.5.1　学科的战略地位

1. 学科定义及特点

1)学科定义

冶金工程学科主要研究从矿石或二次资源中提取金属、非金属及合金的科学与技术，是工程学科的重要分支，对材料学科发展具有重要的支撑作用，与矿物加工、化学工程等学科交叉紧密。冶金工程学科是目前国内屈指可数的名列世界前茅的学科，对我国冶金行业科技进步、人才培养等方面具有举足轻重和不可替代的作用。

冶金行业是支撑我国现代化建设和社会发展的重要行业。尽管冶金是一个历史悠久的行业，但也是一个与时俱进、不断创新和发展的行业。经过几十年的发展，我国冶金工业取得了巨大的成就，成为名副其实的冶金大国。2019 年我国粗钢产量达到 9.96 亿 t，占世界粗钢产量的比例达到 53.3%；铝、铜、锌、铅等十余种有色金属产量居世界第一，稀土产量和消费量居世界第一，这对国民经济发展和国家安全保障具有十分重要的战略意义。然而，当前我国仍然存在很多"卡脖子"的关键金属材料，很多都是冶金方面的行业难题，因此，开展冶金科学相关基础研究非常重要，在建设制造强国的征程中，冶金工程学科应该提供更有力的理论和技术。

冶金工程学科资助范围包括冶金物理化学、冶金反应工程学、钢铁冶金、有色金属冶金、资源循环利用、冶金环境工程、冶金与材料新工艺、冶金热能工程等。

a. 冶金物理化学

冶金物理化学是冶金工程学科的基础，是将物理化学的理论和方法应用于冶金和材料制备过程的一门学科，与物理、化学、材料、环境、能源等诸多学科交叉融合。其特点是指明冶金过程中反应的方向、限度、效率和途径，以及金属提取过程中物质转换与环境的交互作用。

b. 冶金反应工程学

冶金反应工程学以实际冶金反应过程为对象，研究伴随各类传递过程的冶金化学反应的规律，以研究和解析冶金反应器和系统的操作过程规律为核心，最终实现冶金反应器和系统的优化操作、优化设计和比例放大，是设计开发新工艺、新流程，优化完善既有流程的核心环节，也是必不可少的环节。目前冶金工业面临资源、能源、环境保护的巨大压力，急需新工艺、新流程的研究开发，冶金反应工程学的深入发展具有重要意义。

c. 钢铁冶金

钢铁冶金是根据冶金物理化学的原理，结合冶金传输原理、冶金反应工程学、金属学等相关知识，研究钢铁冶金过程，包括炼铁和炼钢(含电冶金)工艺，钢的成分、生产工艺过程参数，钢产品微观结构、产品属性及应用需求之间复杂的相互关系的学科。钢铁冶金学科的特点是高温反应过程的不可见与复杂性，产品的性能与冶金过程决定的钢液成分及凝固组织紧密相关。同时，钢铁冶金制造流程在实现冶金产品制造功能的基础上，逐渐实现能源转换废弃物处理、消纳和再资源化的功能。钢铁冶金学科研究热点多，研究难度大，理论与实践联系紧密。

d. 有色金属冶金

有色金属冶金是研究从有色金属矿产资源和二次资源(包括冶金渣、废旧金属、冶金中间物料、废旧合金等)提取有色金属及其材料制备的学科。根据提取的对象，有色金属冶金可分为轻金属冶金、重金属冶金、稀有金属冶金和贵金属冶金四个分支。根据金属的提取方法，有色金属冶金可分为火法冶金、湿法冶金、电化学冶金、特殊冶金及材料制备五个方向。火法冶金一般包括熔炼、吹炼、火法精炼、电解精炼等单元操作；湿法冶金一般包括矿物焙烧、焙砂浸出、溶剂萃取、电解沉积等单元操作。

有色金属冶金的特点是有色金属种类繁多，物理和化学性质各不相同，在其富集、分离、制取和提纯等过程中生产工艺技术比较复杂。而且，有色金属矿大都品位不高，往往是多种矿物共生，在采矿、选矿、资源综合利用和环境保护方面需解决大量复杂的问题。

e. 战略性关键金属资源开发利用

战略性关键金属资源开发利用是研究从矿产资源、二次资源(包括冶金资源渣、废旧金属和合金)及伴生资源中提取化合物、金属及其材料的学科。

关键金属是指对新材料、新能源、信息技术、航空航天、国防军工等新兴产业具有不可替代的重大用途的一类金属元素总称。不同国家按照自身需求对关键金属有差异性划分，如美国关键金属研究所在 2013～2017 年将 7 个元素定义为"关键"或"近关键"金属，分别为钕、铕、铽、镝、钇、锂、碲；在 2018 年又将关键金属名单扩充到钴、镓、铟、锰、铂族金属(PGM)、钒和电池级石墨。欧盟在 2018 年发布的《关键原材料和循环经济》报告中将关键金属列为 27 种。我国按照《中国制造 2025》急需的关键金属，对关键金属在洁净能源(钆、铟、钇、铌、铀、锡)、光伏-电池(镓、碲、铟、锗、锂、钴)、信息产业(稀土、锑、铌、钨、锡)、航天航空(铼、铍)、国防安全(稀土、钨、铍、铌、钽)等方面的重要程度进行了划分。按照我国对关键金属矿产资源的依赖性，认定我国短缺型金属有锂、铍、钽、锆、铪、铼、铂族金属、铬、钴,我国优势型金属有钨、稀土、铟、锗、镓、硒、铊、碲等。虽然各国列出的关键金属种类和数量有所不同,但这些元素大致可分为四类:稀有金属、稀散金属、稀土金属、稀贵金属。

f. 资源循环利用

资源循环利用是从各类废旧二次资源中回收有价组分并制备产品的过程,是解决行业面临的资源-能源-环境问题的重要措施。现在数十亿吨的有色金属已进入人类社会系统,历史堆存和每年大量生产消费产生的有色金属废料为行业提供了可循环利用的资源。然而,与一次原生矿产资源不同,有色金属二次资源存在来源多样性、组分高度复杂性的特征,这决定了常规冶金分离提取方法难以适应该类物料处理。因此,针对其特殊性,亟须进行二次资源循环利用基础研究,开发高效清洁分离提取方法,实现资源的循环利用。

资源循环利用对象包括各种二次资源,如电子废弃物"城市矿产"、冶金废渣和尾矿、废催化剂等,因其产生量大、金属含量高,具有重要的回收利用价值。资源循环是以二次资源为对象,通过创新理论、方法和技术,采用清洁短流程工艺,高效分离提取其中有价组分并制备出高价值产品。有别于原生矿产资源开发利用,资源循环利用作为新兴学科方向,通过多学科交叉融合发展。

g. 冶金环境工程

冶金环境工程是利用物理、化学、生物学的科学原理及冶金工程、环境工程、生物工程等技术手段,解决冶金行业资源浪费、环境污染等问题的新兴工程学科,也是冶金工程、环境工程、工业生态等多学科的交叉学科。从资源高效利用、节能减排、生态环境保护的角度出发,研究冶金过程目标元素提取与有害元素定向分离的科学原理,"三废"治理、资源化及无害化新方法、新技术、新理论,冶金环境介质中污染物的传输机制及其控制技术和方法,建立可持续发展的冶金新模式。

冶金环境工程学科以重金属污染防治为牵引,具有实用性强、学科交叉的鲜明特征。有色金属共生、伴生矿床多,单一矿床少,80%左右的有色矿床中都有共伴生元素,尤其是铝、铜、铅、锌矿产,冶炼过程中除获得主金属外,还会排放大量重金属。据统计,全国废水中铅、镉、汞、砷、铬产生量约70%源于有色冶金行业。因此,重金属是有色冶金行业最具代表性的污染物。同时,由于有色金属冶炼过程也涉及酸、氟、氯等污染物,在冶炼"三废"治理过程涉及一些其他有机物的使用。随着我国环境政策、标准的日益趋严,以及"污染防治攻坚战"的打响,环境保护已经成为有色金属行业可持续发展的关键,是有色金属行业企业的生命线。发展和完善冶金环境工程的基础理论体系,是突破制约行业发展的资源、环境问题的共性技术、关键技术和核心技术的重要基础和保障。

h. 冶金与材料新工艺

由于国家发展循环型经济社会的战略和越来越高的节能减排目标要求，传统冶金工艺面临越来越大的挑战，实现传统冶金工艺的可持续和绿色化是未来有色冶金学科的必然选择。随着非常规外场技术发展和工艺的短流程智能化发展，非常规外场耦合强化作用的绿色冶金新工艺以及冶金材料制备短流程工艺的开发与应用得到前所未有的关注和快速发展，外场冶金与冶金材料制备一体化在"十三五"期间已被列为继火法冶金、湿法冶金和电化学冶金之后，有色金属冶金学科两个新的重要学科方向。

与传统的冶金过程相比，外场冶金具有效率高、能耗低、产品质量优等特点，其在低品位、复杂、难处理矿产资源的开发利用以及在复杂矿和二次资源尾矿的综合利用方面显示出强大优势，如电磁冶金、微波冶金、自蔓延冶金、加压浸出冶金、生物冶金等新工艺、新技术。而且，这些特殊外场技术在冶金-材料一体化制备方面也显示出广阔的应用前景。同时冶金与材料制备相结合而形成金属、合金及其化合物短流程绿色制备，已成为未来必然发展趋势。尤其是随着外场技术与传统冶金工艺的交叉融合，使得制备的有色金属材料的性能大幅提高。近年来，非常规外场(如电磁场、微波场、超高瞬变温度场或超重力、超高化学浓度场、特种介质场)获取技术与装备智能控制水平的发展，极大促进了外场冶金绿色新工艺、新技术的快速发展和突破。同时，冶金材料制备一体化短流程工艺技术的突破，提升了现代冶金过程效率和产品品质，对解决我国"卡脖子"的基础原材料开发和关键制备技术突破具有极大促进作用。

i. 冶金热能工程

冶金热能工程是研究冶金过程热能合理、高效、清洁利用和转换的学科，重点研究和开发冶金过程中能量的合理控制与调配，以及节能新工艺(流程)、新设备和新材料等，为开发高效低能耗的冶金炉窑和余热综合利用装置奠定科学理论和工程技术基础。

冶金热能工程的主要任务是全面地研究冶金工业的能源利用理论和技术，为冶金工业服务。主要针对冶金过程中燃料的燃烧、能量的传热传质、节能理论和技术，以冶金炉窑、工业锅炉、热交换设备、燃料转换、能量转换装置与各种涉及能量迁移和转换的部件单体设备为具体的研究对象，深入研究冶金企业"能量流"的运行规律和"能量流网络"的优化，以及能量流和物质流的相互关系和协同优化，包括能量流生产、回收、净化、存储、分配、使用和管网建设，上下工序之间"界面技术"的开发与应用，使相邻工序实现"热衔接"。冶金生产过程余热余能的高效回收、转换与梯级利用，掌握从设备部件到系统装备、生产车间、冶金企业及冶金工业全行业的热工理论和技术，从而降低冶金工业的能耗。

2)学科结构

冶金工程学科依其对应的行业可分为钢铁冶金(黑色金属冶金)和有色金属冶金,而冶金物理化学是冶金工程学科的基础。因此,传统上,冶金工程学科分为冶金物理化学、钢铁冶金和有色金属冶金三个二级学科。由于对冶金新流程、冶金新装备开发的重视,以及系统优化和过程强化的需要,冶金反应工程学也逐渐形成并发展成为一个重要的学科分支。近年来,日益突出的冶金资源、能源和环境相关问题极大促进了冶金反应工程学学科方向的发展,使其逐渐成为一个拥有稳定研究团队、具有内在发展规律和特色的学科分支。

a. 冶金物理化学

冶金物理化学的研究方向主要包括冶金热力学、冶金反应动力学、冶金电化学、冶金熔体理论、材料物理化学、冶金和材料计算物理化学等。主要研究从矿石或复合物质中选取、分离和提取金属或目标化合物复杂过程的化学反应、物质转换、能量传递和环境的交互作用,指明金属提取过程的反应方向、限度、效率和途径,其本质是将物质从一种物相(矿石为多组元共生相)通过化学反应(高温或湿法)转变成另一种物相(单一金属或化合物)。

b. 冶金反应工程学

冶金反应工程学的研究对象主要是各类冶金反应器,是研究冶金反应工程问题的科学。针对实际冶金反应过程,研究伴随各类传递过程的冶金化学反应的规律,又以解决工程问题为目的探讨实现不同类型冶金反应的各类冶金反应器和系统的操作过程特征和规律,并把二者有机结合起来,形成了独特的学科体系。重点关注冶金过程数学模型与操作解析、冶金反应器的设计与放大、冶金过程的优化与控制等。与冶金工艺学、冶金物理化学、冶金传输理论、系统工程和控制技术、计算机等学科密切相关。

c. 钢铁冶金

钢铁冶金研究从铁矿石中提取金属铁,经炼钢和精炼,再用各种加工方法制成具有特定性能钢铁材料的过程(图1-10)。按照冶炼流程,可分为炼铁(含焦化、烧结、球团、高炉炼铁)和炼钢(转炉炼钢、二次精炼与铸造)两个主要方向,同时以电弧炉、电渣炉、感应炉、等离子电弧炉、电子束熔炼炉等为研究对象的电冶金也是一个重要研究方向。冶金用铁合金及特殊铁合金产品的制备及相关资源、工艺环境问题等是铁合金学科分支的主要研究内容;面向各种非常规铁矿、非炼焦煤等资源高效利用而发展的非高炉炼铁工艺(含直接还原和熔融还原),成为炼铁分支的重要研究内容;另外,在炼铁和炼钢过程中都存在高性能耐火材料研发、耐火材料与铁液或钢液相互作用、废弃耐火材料循环利用等问题。

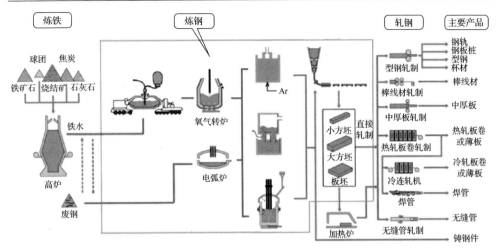

图 1-10　钢铁冶金工艺过程示意图

d. 有色金属冶金

按照提取对象的不同,有色金属冶金最有代表性的四个学科分支为轻金属冶金、重金属冶金、稀有金属冶金和贵金属冶金。而根据提取金属的方法,可分为五个学科分支:火法冶金、湿法冶金、电化学冶金、特殊冶金和材料冶金制备。火法冶金是在高温下从冶金原料提取或精炼有色金属的技术,一般包括炉料准备、熔炼吹炼和精炼三个过程,过程产物除金属或金属化合物之外,还有炉渣、烟气和烟尘。湿法冶金是利用浸出剂将矿石、精矿、焙砂及其他物料中有价金属组分溶解在溶液中或以新的固相析出,进行金属分离、富集和提取的技术。电化学冶金以电化学、熔盐化学、离子液体为基础,研究电解制备金属及其合金的冶金过程。特殊冶金是通过施加非常规外场(如电磁、微波、瞬变温度场或超重力)提高冶金效率以及改善产品质量的冶金新技术,生物冶金也可包含在本方向中。材料冶金制备是用传统的冶金方法或外场强化技术直接制备有色金属及合金的短流程新理论、新方法,符合当前冶金材料一体化的需求。

e. 战略性关键金属资源开发利用

战略性关键金属的特点为多种矿物共伴生、化学性质极其相近等,故对该类资源的开发利用包括有价金属的超常富集与提取、共伴生组元的综合利用、性质相近组元的精细分离。有价金属的超常富集与提取主要针对战略性关键金属原矿资源品位低的特点,开发不同于大宗金属冶炼途径的工艺,将矿物中低品位的有价组元富集并提取(表 1-4)。鉴于关键金属资源有价组元共伴生,需要考虑提取过程中有价组元的走向,避免过程损失,提高综合利用率。精细分离是指针对战略性关键金属资源中部分有价组元之间的化学性质极其相近,需要采取非常规手段进行深度分离。

表 1-4 部分战略性关键金属与大宗金属的资源品位和提取富集倍数对比

金属	资源品位/%	富集倍数
铁	20~30	3~5
铝	>29	3~4
锰	10~40	2~10
铅	0.7~2.0	50~142
锌	1.0~6.0	17~100
锗	0.002~0.13	770~50000
镓	0.001~0.1	1000~100000
铟	0.001~0.1	1000~100000
铊	0.001~0.02	5000~100000
铼	0.0001~0.031	3326~1000000

作为典型的战略性关键金属，稀土资源主要包括氟碳铈矿、独居石矿、混合型稀土矿(氟碳铈矿和独居石混合矿)、离子吸附型稀土矿等。根据开发利用涉及领域分为三个分支：稀土资源提取、稀土分离提纯、稀土金属及合金制备。稀土资源提取主要是利用湿法冶金方法从稀土矿产资源、二次资源和伴生资源中进行提取冶金并获得稀土富集物的过程；稀土分离提纯是利用溶剂萃取、离子交换等方法从混合稀土化合物中分离提纯单一稀土化合物的过程；稀土金属及合金制备是利用高温熔盐电解、金属热还原等方法从单一或混合稀土化合物中提取、提纯单一或混合稀土金属及合金的过程。

f. 资源循环利用

与原生矿产资源相比，二次资源具有许多特殊性，主要包括原料来源的不确定性、资源的丰富性和多样性、组分的高度复杂性、组元含量的高波动性、材料的高致密性和复合性、很高的综合回收利用价值，这导致现有学科体系难以适应二次资源循环利用的需求。因此，针对二次资源特征，需构建新的学科体系，支撑资源循环方向创新发展。

二次资源，特别是"城市矿产"资源，因其蕴藏于社会系统中，资源的形成规律和分布特征不明确，资源的开采过程也有别于原生矿产资源，资源中的有价金属提取及高价值利用可应用非常规工艺实现。因此，"城市矿产"等二次资源开发利用，包括明确资源特征与分布流向、资源富集、精细分选、金属提取和材料循环再制造等五部分，具体为：①通过多模型集成物质流分析方法，定量化评估二次资源形成规律、社会蓄积量、时空分布特征及演化趋势，明确"城市矿产"中有色金属物质流向、开采潜力以及资源环境效益，为有色金属二次资源循环利用提供指导。②利用"互联网+"技术，构建回收网络体系，实现二次资源的有序收集、分类回收与集中处置。③通过自动化智能识别与精细分选技术，实现二次资源的智能识别、快速分类及自动拆解，获得不同类型二次资源初级产品。④采用高温熔炼、强化浸出、电化学提取等创新技术，从二次资源初级产品中提取有价金属。⑤根据二次资源组成特点，开发资源循环与材料制备一体化技术，构建多金属的短流程提取方法与装备，提高产品附加值，如高端新能源材料再制造、高纯金属及光电材料制备、精细粉体材料制备等。

由此可见，资源循环利用需要冶金、能源、化学、化工、材料、环境、生态、信息、物理、机电和管理等多种学科交叉融合、协同创新，构建资源循环利用学科链，形成资源循环利用学科体系与系统技术及理论体系。

g. 冶金环境工程

冶金环境工程学科以金属冶炼过程资源高效利用、节能减排、生态环境保护为目标，分为冶金污染物形成与源解析、冶金污染物过程控制、冶金"三废"治理与资源化、废物利用与处置过程风险评估、冶炼污染场地治理与修复五个研究方向。冶金环境工程学科结构如图 1-11 所示。

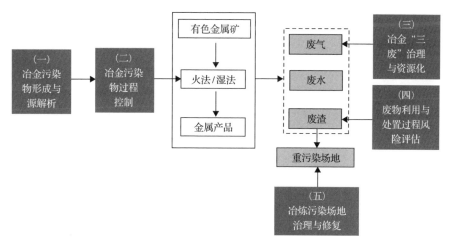

图 1-11　冶金环境工程学科结构图

(1)冶金污染物形成与源解析。瞄准有色冶炼过程污染源解析的重大需求，以铅、砷、汞等有害重金属元素及其污染物为对象，运用冶金物理化学原理及理论，结合先进的测试技术与模拟计算方法，重点研究高温冶炼、湿法浸出、溶液电解等冶金过程中重金属的分配行为、分布规律及其分配与分布的模拟与预测，研究含重金属颗粒物、重金属废渣等污染物形成过程的重金属形态转变规律、物相转变规律、微观结构演变规律、重金属的嵌布特征等。建立复杂冶金环境中污染物形成机制与源解析理论方法。

(2)冶金污染物过程控制。从冶金生产工艺出发，以全过程污染物减排为目标，重点研究冶炼过程中污染物形态调控、冶炼过程污染物定向富集、多污染物协同控制、有价资源高效富集的原理与方法，为冶金过程的清洁生产提供理论指导。

(3)冶金"三废"治理与资源化。以冶炼产生的废水、废气、废渣为研究对象，重点研究"三废"中污染物形态结构解析方法体系，研究"三废"中污染物及复杂物相在不同环境中的沉淀-溶解、吸附-解吸、氧化-还原、络合-破络、形成-分解等反应的历程与微观机制，研究污染物赋存形态、化学物相、赋存环境与其环境稳定性的"构效关系"，为冶金"三废"治理与资源化技术的开发提供理论指导。

(4)废物利用与处置过程风险评估。重点研究废物利用过程(如有价金属回收、建材化、材料化等)中污染物的溶出规律与机制、迁移转化规律与机制，研究常规环境条件和极端环境条件(如冻融循环、干湿交替等)下废物处置过程(矿井填充、安全填埋、土地利用等)中污染物的溶出规律与机制、迁移转化规律与机制，构建废物利用与处置过程风险评估指标体系、评估方法与评估模型，为我国废物管理决策、废物管理法律法规的制定与修改提供理论指导。

(5)冶炼污染场地治理与修复。针对冶炼场地多重金属污染问题，重点研究冶炼场地污染特征及形成机制，以及重金属污染物在场地土壤-地下水的迁移转化规律以及稳态/活性态转化与调控机制，研究多重金属同步稳定化绿色修复材料结构设计和合成方法，研究冶炼污染场地生物修复、物化-生物修复过程中关键科学问题，形成冶炼污染场地绿色修复理论体系。

h. 冶金与材料新工艺

经济利用难冶有色金属资源是缓解我国战略有色金属紧缺的重要途径，材料化冶金是经济、高效利用难冶有色金属资源的新思路，冶金与材料新工艺的根本目的是实现复杂资源的高效清洁提取和材料冶金短流程低成本制备。其主要学科研究领域包括：外场冶金新理论、新方法，外场冶金新技术与装备，冶金材料制备新方法与新技术，材料化冶金与增值冶金。

i. 冶金热能工程

冶金热能工程学科主要任务是全面研究冶金工业的能源转换利用理论与技术，为冶金工业实施三大功能(产品先进制造功能、能源高效转换功能、废弃物消纳处理和再生资源化功能)服务。冶金热能工程学科形成的研究方向：冶金炉窑与热工、强化冶炼与节能技术、冶金过程余热余能科学评价与梯级利用、冶金过程余热与气态碳资协同利用技术、新能源替代应用的低碳冶金技术、冶金炉窑系统协同优化及智能控制技术、冶金工业生态学等。

3)学科主要基础科学问题

a. 钢铁冶金

钢铁冶金学科的基础科学问题如下。

(1)冶金过程一次能源的梯级转化与利用。通过掌握碳素能源在冶金反应过程中的作用机制和利用效率,优化能源结构和操作工艺,大幅度降低对碳素能源的依赖;冶金二次能源的回收与存储,通过传统与新型能源回收工艺的系统耦合减少废气排放与一次能源消耗。

(2)焦炭高温特性及其在高炉中的行为。模拟高炉中温度(800~1500℃)、气氛($CO_2/H_2O/K$ 等)和停留时间,研究不同阶段焦炭高温化学反应、催化反应特性及焦炭热强度的变化,分析焦炭组织、结构、灰组成的反应催化演变规律,及其对焦炭热强度变化的作用机理,为常规高炉的入炉焦炭性能评价、适用选择和炼焦配煤提供依据,针对全氧高炉、富氢高炉的用焦提出差异性特点。

(3)复杂难处理铁矿资源的高炉炼铁流程与非高炉流程应用理论基础,多组元体系的造块理论、炉渣理论、炉内状态、相态和价态的协同规律。

(4)冶炼过程中主要合金元素、杂质元素的(包括粉尘)迁移、控制与利用基础理论。研究这些元素的迁移和控制机制,建立基于非平衡态的预测动力学模型与调控技术。

(5)钢中非金属夹杂物过程控制基础研究。研究脱氧过程夹杂物瞬态变化、精炼渣成分优化设计、气泡浮选夹杂物理论、非氧化物夹杂形成元素凝固偏析及其对凝固析出非氧化物夹杂行为的影响、连铸过程保护浇铸具体措施等方面的理论和技术。需从微米尺度来研究钢液流团的模拟与表征,从而深层次解析钢中非金属夹杂物的成因。特别是二次精炼过程中铝、钙、镁、稀土等活泼金属元素在钢水中的扩散机制及其对氧化物夹杂变形行为的影响。

(6)特种冶金的相关基础研究,如针对特殊钢材料的电渣重熔技术、真空自耗技术等相关基础研究。

b. 冶金反应工程

冶金反应工程学科的基础科学问题如下。

(1)冶金反应器内化学反应、质量与能量传输、相分离过程的耦合。包括反应器内的多相流动及流场分布,多颗粒体系填充床、流化床、多孔体内的质量与热量传递;反应器内传递现象的物理模拟,反应过程的数值模拟。

(2)冶金反应器数学模型和操作解析。结合传输现象和宏观动力学研究结果,对反应器内发生的各种现象和子过程及其相互关系进行综合分析,建立反应器操作过程数学模型。

(3)冶金反应器设计与放大理论。掌握冶金反应的"特性"与反应器的"特征"相"匹配"原则,研究其规律并建立数学方程。建立反应器放大过程中的核心相似准数,建立数值模拟、物理模拟与工程实践协调统一的方法。

c. 冶金物理化学

冶金物理化学学科的基础科学问题如下。

(1)多元复杂体系热力学、物质的转变、迁移与协同机制,元素在多相间的传输与分配机制,反应及界面传递的强化方法。

(2)冶金数据资源的获取与数据发掘,是目前冶金工程学科中最紧迫的基础问题之一,是资源利用、产品开发、工艺创新以及解决能源和污染问题最重要的基础保障。

(3)冶金反应热力学参数的测定。常规冶金体系热力学数据库的统一与优化,多元相图的完善;非常规冶金体系热力学数据的获取与挖掘,相图的构建,以及国内外存在争议的活泼金属和稀土元素热力学参数的准确测定。

d. 有色金属冶金

有色金属冶金学科的基础科学问题如下。

(1)火法冶金过程中复杂高温熔体的热力学性质,极端条件下热力学性质变化规律;复杂体系中不同熔体间界面的传质、传热规律;复杂矿物在高温熔炼过程中多相反应体系物质转化机理、矿相转变规律、界面迁移机制和高效分离理论等。

(2)湿法冶金过程中复杂溶液体系中离子溶液的热力学及动力学,极端压力条件下溶液离子热力学及动力学变化规律;复杂多相水溶液体系中界面冶金物理化学及传质、传热规律;不同组元在预处理、浸出、净化、萃取等过程中矿相转变规律、界面迁移机制和高效分离理论。

(3)电化学冶金新方法、新理论;氧化物直接电解的电化学理论基础;离子液体的电化学冶金新方法、新技术及理论基础;新型阳极材料、阴极材料开发及性能表征;复杂原料体系下新知电解质结构及电解工艺理论。

(4)非常规外场作用下有色冶金过程的热力学和动力学变化规律;非常规外场对传统冶金过程中界面冶金行为、界面传质和传热规律的影响机理;非常规外场作用下矿物中不同组元在冶炼过程中矿相转变规律、界面迁移规律和高效分离理论等。

e. 战略性关键金属资源开发利用

战略性关键金属开发利用的基础科学问题如下。

(1)矿物型稀土矿冶炼分离过程元素分布定向调控机制。不同矿物型稀土矿的矿物组成、矿相结构、赋存状态、表面形态及差异性;矿物分解过程的物相转变规律和元素走向分布,以及非常规外场作用下的热力学、动力学变化规律和界面迁移机制;湿法冶金过程复杂气-液-固多相体系的界面冶金物理化学和传质规律,以及不同组元的定向转化机制和高效分离理论。

(2)稀土提取、分离提纯过程基础理论。重点开展典型稀土矿及尾矿的组成、结构和表面状态及其对选矿和分离过程的影响规律研究；研究复杂低品位稀土矿高效绿色提取基础，复杂体系的串级萃取理论及应用，优化稀土分离流程；研究稀土冶金过程物理化学特性与传质动力学；构建稀土冶金过程多元多相复杂体系相图及物性体系；构建稀土冶金过程酸、碱、氯根综合利用循环体系；研究稀土冶金过程数字模拟与智能控制方法。整体上为稀土冶炼分离提纯新技术、新方法、新工艺开发提供理论指导。

(3)稀土二次资源物相重构与元素迁移转化规律。针对稀土二次资源与原生矿物的差异性和特殊性，通过物相重构实现深度解离，研究重构过程中元素走向分布与外部环境的依存关系，建立作用过程中元素、物质和能量输运机制的数学模型；查明化学转化过程中元素迁移的热力学和动力学机制，形成多元复杂体系回收稀土及有价元素的理论基础和关键技术体系。

(4)稀土金属制备及提纯新方法、新理论。研究新型稀土低温熔盐电解、低电压大电流稀土电解应用基础；研究稀土金属的高效、低成本和深度提纯新方法及应用基础，以及针对特定用途的高纯稀土金属关键敏感杂质去除机理；研究超高纯稀土金属及合金靶材制备与应用基础。

(5)战略性关键金属资源高效转化与利用的原子经济性新过程。运用资源利用生态化设计原理和绿色化学化工、冶金、材料、计算信息手段，在原子尺度上研究设计战略性关键金属资源高效清洁转化与利用的原子经济性化学反应/分离新过程、非常规介质、绿色催化、温和条件化学等，获得从源头最大限度利用资源、能源、削减废弃物关键技术。

(6)环境友好的战略性关键金属资源高效-清洁转化过程。由于资源的枯竭和能源的紧张，实现共伴生复杂矿物资源高效-清洁转化的湿法冶金新技术将成为战略性关键金属资源转化利用技术的主流。采用毒性原料替代、生物转化、可再生资源、外场及多外场协同、多过程耦合等强化手段，实现资源的高效-清洁转化，从源头解决金属资源转化过程的资源利用率低和环境污染严重的关键问题。

(7)非常规介质冶金体系的反应/流动/传递规律与装备量化放大。研究非常规介质冶金反应器内复杂多相过程气固液三相流动、混合、传递和反应的机理和规律，查明反应器内温度、压力、流场分布的尺度结构效应，发展反应器内多相流复杂传递过程的模拟计算新方法，建立复杂多相反应、流动、传递过程的微观-介观-宏观多尺度效应相互关联数学物理模型，实现多相复杂体系动力学过程精准调控。针对非常规介质冶金体系新过程反应分离关键设备，基于纳微尺度、颗粒和多颗粒尺度和宏观设备尺度的多相流动、微观和宏观混合和传递规律，建立多组分复杂体系反应分离设备的量化放大方法，强化设备的反应分离效率。

f. 资源循环利用

资源循环利用学科的基础科学问题如下。

(1)典型"城市矿产"资源特征与分布流向分析理论及方法。建立多模型集成物质流分析方法,明确"城市矿产"中物质流向、开采潜力及资源环境效益,为有色金属二次资源循环利用提供基础理论指导。

(2)高效自动化智能识别与精细分选方法。针对"城市矿产"等复杂多金属二次资源,目前的识别、分选水平仍有待提高,需要研究多方法协同识别分选处理过程中的科学问题。

(3)二次资源高效分离提取新理论、新方法。以我国典型二次资源为对象,综合冶金、化工、环境、能源等多学科知识,高效分离回收有价组分,提高有色金属二次资源综合回收率。

(4)二次资源与原生资源搭配协同处理理论及方法。将"城市矿产"、冶金废渣与原生资源搭配协同处理,综合回收有价金属,减少能源消耗,降低环境影响,实现二次资源高效清洁处理。

(5)资源循环与材料制备一体化方法及理论。根据二次资源组成特点,研究资源循环与材料制备一体化,构建多金属的短流程提取方法,提高产品附加值,形成高端新能源材料再制造、高纯金属及光电材料制备、精细粉体材料制备等方法及理论。

g. 冶金环境工程

冶金环境工程学科的基础科学问题如下。

(1)冶金污染物形成与源解析。冶炼过程污染物赋存形态解析及形成机制;原生矿物及复杂物料冶炼过程污染物物相分配规律、流向及分布行为。

(2)冶金污染物过程控制。冶金过程目标元素提取与有害元素定向分离理论;矿相调控机制;挥发性元素凝集结晶、气氛交互作用,调节机制;冶金过程污染物调控理论。

(3)冶金"三废"治理与资源化。颗粒物梯级分离与回收理论;气态污染物协同净化理论;复杂废水中污染物形态转化及资源化;固态污染物物相调控及资源化;多相多介质中污染物深度治理基础。

(4)冶炼污染场地治理与修复。场地重金属输入途径与源汇关系;场地重金属迁移归趋规律;稳态/活性态转化与调控机制。

h. 冶金与材料新工艺

冶金与材料新工艺学科的基础科学问题如下。

(1)非常规外场作用下冶金过程的热力学和动力学变化规律;非常规外场对传统冶金过程中界面冶金行为、界面传质和传热规律的影响机理;非常规外场作用下矿物中不同组元在冶炼过程中矿相转变规律、界面迁移规律和高效分离理论。

(2)新型冶金反应器设计、优化和放大规律;新型反应器的传质、传热规律、尺度效应和耦合强化规律;不同冶金新方法、新工艺中的冶金反应工程学。

(3)冶金-材料制备一体化新方法、新理论。

i. 冶金热能工程

冶金热能工程学科主要基础科学问题如下。

(1)冶金过程中"三传一反"的强化与调控方法。以我国的金属资源为对象，结合现代冶炼理论及技术，构建复杂体系中不同熔体间界面的流动、传热、传质规律，建立热过程数学模型的理论，为改进工艺、优化工艺参数和开发新工艺提供必要的理论基础。

(2)炉窑结构优化设计理论与方法。冶金炉窑的均匀加热与强化传热技术理论，炉窑设备结构和操作的优化方法，为研发高效节能的冶金新型炉窑结构和系统提供技术支撑。

(3)系统的节能理论与方法。冶炼过程中物质流、能量流、信息流的关联性，多组元、多相态、多层次、多尺度的物质流、能量流与信息流在流动中的相互耦合理论。冶金热工设备间、工序间物流和能流的规律和特性，明晰企业整体的能源结构，合理利用能源和余热余能梯级利用的理论和方法。

(4)节能减排新技术。研究冶金过程中燃料燃烧的污染物排放控制、含碳气源的回收与利用、高温炉渣能与质的系统利用等科学问题。

2. 学科的战略地位及需求

1)传统冶金工程

钢铁材料具有生产规模大、易于加工、性能可靠、价格低廉、使用方便和便于回收等特点，决定了钢铁材料是居民生活和工业生产中广泛使用的基础材料，也是国防工业必需的基本材料。有色金属是人类赖以生存和社会发展的重要物质基础。随着社会进步和生产力的发展，有色金属的应用领域越来越广。我国是全球最大的经济体之一，随着我国社会经济的快速发展，各行业对有色金属生产的要求和消费水平不断提高，对有色金属的需求量不断增加。目前，我国已成为世界有色金属工业中心，是推动世界有色金属产业科技进步的主要力量。经过几十年的发展，我国成为名副其实的冶金大国，钢铁及铝、铜、锌、铅等十余种有色金属产量居世界首位。冶金行业的发展和技术进步，离不开冶金工程学科的支持和发展。

当前，我国冶金行业正面临从量变到质变的巨大挑战。品种与质量的提升将是未来一段时间的重要战略任务，也亟须得到理论和基础研究的支持。以钢铁冶金为例，一些关系国家重大需求的高品质钢急需开发，如在海洋、能源、交通、重大装备领域，均对钢铁材料提出了更强韧、易焊接、耐腐蚀、长寿命等的性能要求，同时材料服役环境和服役安全更为严酷。海洋用钢需要满足在海水、大气等复杂腐蚀介质下，承受台风、巨浪、洋流等复合载荷作用下长寿命服役安全的要求；油气田开采、储运过程中的用钢也同样面临着高温高压、复合载荷作用及恶劣的固、气、液腐蚀环境下长寿命服役安全等一系列新的考验；锅炉用钢、核电工程用钢、交通运输关键钢铁材料、重大装备等对钢铁材料均提出了高强韧和承受严酷服役条件等要求。

另外，我国冶金行业也面临资源、能源和环境限制的严峻挑战。首先是资源问题。我国绝大多数金属矿资源具有"贫、杂、细"特点，品位低，多种有价组元共(伴)生，矿物结构复杂，分离和提取困难，如攀枝花钒钛磁铁矿、包头稀土铁矿、金川镍矿等。目前，我国铁矿石基本依赖进口，严重阻碍钢铁工业的可持续发展。然而，我国储量巨大的矿石资源还没有得到高效利用，这需要冶金工程学科的支持，解决其高效分离提取利用的基础理论问题。随着社会的进步，二次金属资源的循环利用受到重视，以"城市矿产"为代表的多金属资源的分离和回收利用，需要掌握绿色深度分离的科学基础。其次是能源和环境问题。冶金工业不但是一个资源消耗型的行业，也是一个高能耗和重污染的行业，不解决高能耗和重污染的问题，冶金行业就无法获得可持续发展。据统计，冶金工业的能耗占整个工业能耗的 30.4%(其中钢铁冶金占 16.0%，有色金属冶金占 14.4%)，约占全国能源消耗的 22.8%。CO_2 排放与能耗基本一致。为了解决这些问题，不仅需要研究高效的污染治理技术、新的低能耗生产工艺及节能降耗措施，而且需要从新的资源、能源和环境相协调统一的视角审视现有的冶金工艺和流程，通过包括冶金工程学科以及与其他学科的交叉，创新思想，建立新的冶金理论，促进冶金行业的健康可持续发展。

面对冶金行业不断出现的新问题和新挑战，一方面，冶金工程学科要积极为行业发展和技术进步提供有力支撑；另一方面，要积极调整学科结构，吸收其他学科最新的研究成果，引入新的实验技术和研究手段，促进本学科的发展。

冶金工程学科长期以来以应用和需求为导向，从问题入手研究和发现规律，提出解决问题的理论和方法，这是本学科的特色，对学科的发展也起到了重要作用。同时，我国冶金工程学科在不断跟踪、追赶国外冶金学科发展中，得到了长足的发展。然而，学科的作用不仅限于此，还需要发挥引领技术的作用，特别是面对新的问题，更需要强调这一点。同时，我国是冶金大国，需要承担起行业以及学科发展的重任，在由"冶金大国"向"冶金强国"的转变中，冶金工程学科应该走在前面(图 1-12)。

基于我国复杂难处理金属矿物资源与二次资源的特点，突破传统选冶技术思路，深入开展复杂共伴生金属矿产资源和二次资源利用高效清洁分离提取新理论、新技术的基础研究，是我国冶金新体系、新方法、新技术原始性创新的迫切要求，是突破资源环境约束瓶颈的基础和必然选择，也是国家和行业的重大战略需求。同时，这也是我国冶金工程学科的优势，能够在未来取得世界领先地位的主要方面。

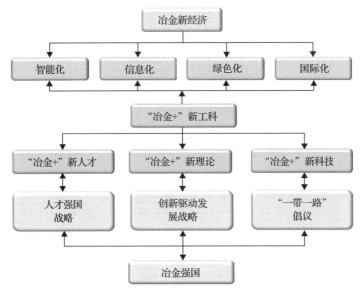

图 1-12　冶金工程学科发展战略示意图

2) 战略性关键金属资源开发利用

我国矿产资源丰富，已探明矿产达 171 种，钢铁、铝、铜、镁等十余种有色金属和稀土产量均稳居世界第一。但同时也应看到，我国在选矿、冶金分离等方面总体上与欧美、日韩还存在较大差距，突出表现为我国在冶金、材料领域还存在不少"卡脖子"的问题，国民经济和国防建设需要的关键材料和高端产品还严重依赖进口。围绕国民经济和行业发展需要，针对冶金资源、能源与环境等问题，冶金分离研究领域由资源粗加工向精细化深度分离方向发展。高效、精细、绿色是冶金分离及其过程强化的研究主题。

目前，金属资源的供应重心已由"量的保障"转向"质的支撑"，即转向新兴战略性关键金属，如锂、铍、锗、镓等金属高纯原材料。这些关键金属的量虽然较少，但其中一种的短缺就会影响整个工业，尤其是在高新技术领域，如信息产业、清洁能源等。

国家之间的竞争关系也会促使关键金属显得更为重要，如美国地质调查局 2018 年在《美国科学院院报》上发表了名为"中美新兴技术领域对资源的竞争"的文章，以中国、美国对 42 种主要资源的进口依赖程度为两个参考指标(图 1-13)，对中国、美国的进口资源的相互依赖和竞争关系进行了对比。如铌作为一种稀有金属，广泛用于超导材料、航空航天、原子能等领域，而全球铌矿藏和产地主要集中于巴西和加拿大，中国和美国对铌的进口依赖度几乎为 100%，因此在对铌的消费上，中美之间存在较强的竞争关系。再如广泛用于半导体材料及发光材料的金属镓，中国镓储量和产量均居世界第一，对粗镓的进口依赖度为 0，是我国一种重要的优势金属，美国100%进口粗镓，对粗镓的依赖度为100%，但用于生产的高纯镓，美国的进口依赖度为0，我国对其依赖程度达60%以上，其说明本应由我国占据主要资源优势的镓，在提纯技术方面的落后反而导致我国对高纯镓原料的短缺，甚至使我国下游产业发展受限于人。在铟、锗、稀土元素等方向上也存在类似的情况。

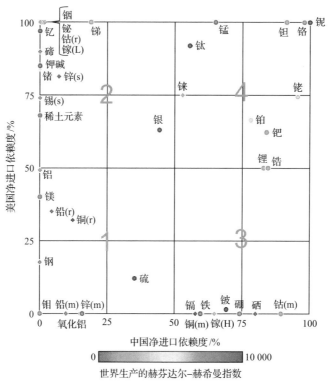

图 1-13　中美两国对 42 种主要资源的进口依赖程度

以稀土为例，稀土是宝贵的战略资源，被誉为"现代工业的维生素"和"新材料宝库"，在新能源汽车、电子信息、高端医疗、航空航天、国防军工等领域所需的高性能磁性材料、发光材料、催化材料、激光晶体等材料中不可或缺。例如，美国"关键材料战略"将 5 种稀土元素(镝、钕、铽、铕、钇)和铟定为最关键的材料(其中 4 种为中重稀土元素)；日本文部科学省"元素战略计划"、欧盟"欧盟危急原材料"均将稀土元素列为重点研究领域。世界稀土资源主要是轻稀土，中重稀土资源十分稀缺宝贵。我国稀土资源丰富，特别是南方离子型稀土矿中的铕、铽、镝、钇等中重稀土元素配分比国内外独居石、氟碳铈矿等轻稀土资源高数倍至数百倍，是具有绝对竞争优势的战略资源；包头混合型稀土矿(独居石和氟碳铈矿的混合型稀土矿床)是全球储量最大的单体矿山，世界公认的

难冶炼矿种。表 1-5～表 1-7 为 2016～2018 年我国和世界稀土供给情况，可以
看出，我国在稀土总产量和重稀土产量比值上占据绝对位置。

表 1-5　世界稀土供给情况　　　　　　　　（单位：t）

年份	总量	La_2O_3	CeO_2	Pr_6O_{11}	Nd_2O_3	Sm_2O_3	Eu_2O_3	Gd_2O_3	Tb_4O_7	Dy_2O_3	Y_2O_3
2016	177000	45045	65156	10363	32216	4567	677	3170	382	1964	10945
2017	179800	45689	62739	10720	33171	4950	736	3495	436	2265	12602
2018	202200	52972	73690	11712	35989	5158	765	3545	441	2274	12627

表 1-6　中国稀土供给情况　　　　　　　　（单位：t）

年份	总量	La_2O_3	CeO_2	Pr_6O_{11}	Nd_2O_3	Sm_2O_3	Eu_2O_3	Gd_2O_3	Tb_4O_7	Dy_2O_3	Y_2O_3
2016	160000	40729	57047	9462	29176	4202	612	3409	373	1947	10910
2018	160000	40617	53372	9702	29799	4562	664	3371	425	2247	12563

表 1-7　中国以外稀土供给情况　　　　　　（单位：t）

年份	总量	La_2O_3	CeO_2	Pr_6O_{11}	Nd_2O_3	Sm_2O_3	Eu_2O_3	Gd_2O_3	Tb_4O_7	Dy_2O_3	Y_2O_3
2017	19500	5072	9367	1018	3372	387	72	124	11	18	39
2018	41900	12355	20318	2010	6190	596	101	174	16	27	64

随着科学技术的不断发展，资源浪费和环境污染问题日益突出，已成为制约
稀土行业健康可持续发展的突出矛盾。我国开创的离子吸附型稀土矿铵盐浸取-
沉淀富集工艺，实现了超低品位矿的大规模开发利用，但开采矿区地表水氨氮超
标数十倍，部分生产企业被环保督察问责，停产两年多；同时，沉淀富集工艺流
程冗长、稀土回收率低，放射性核素富集进入酸溶渣，超标上百倍，须建专用渣库
堆存，存在严重安全隐患。另外，稀土元素化学性质相近、分离提纯难，化工材料
消耗高，产生大量氨氮或高盐废水，主要采用末端治理，其成本高、难以达标。

稀土作为一种典型的战略性关键金属资源，近期亟须加强以下几方面的建设
和研究，以满足现阶段行业可持续发展与美丽中国建设的需求。

(1)丰富混合型稀土矿、氟碳铈矿、离子吸附型稀土矿以及二次资源等的提取
分离理论，优化提升已开发的稀土绿色高效提取分离工程化技术及装备水平，进
一步提高稀土资源综合利用全流程绿色化、智能化水平，同时积极开发短流程、
低成本冶炼分离新工艺、新装备，推动行业实现资源高效开发利用、物料循环利
用、污染近零排放的全面绿色转型。

(2)制定离子吸附型稀土矿等资源开采技术标准和规范，建立源头防控与污染
治理技术体系，促进成果推广应用；同时，建立稀土矿采选、提取分离、金属冶
炼、新材料到器件回收全生命周期的绿色设计产品评价技术规范，并在此基础上
建立绿色供应链、绿色工厂标准和评价体系，逐步形成完善的稀土资源绿色提取

分离技术体系。

战略性关键金属开发利用的总体学科需求包含：提出冶金分离资源循环利用新方法，建立现代微观冶金学基础理论体系，完善微细粒矿物、多元多相复杂体系分离机制与方法，形成具有国际影响的冶金分离理论体系。

3)资源循环利用

资源循环利用对象包括各种含有色金属的二次资源，如电子废弃物"城市矿产"、冶金废渣、废催化剂等，因其产生量大、金属含量高，具有重要的回收利用价值。资源循环利用的意义主要体现在如下方面。

(1)弥补原生矿产资源不足。我国经济发展迅速，长期以来依靠粗放型经济增长方式，对资源需求量较大，然而资源紧缺制约了我国国民经济的发展。在矿物资源越来越少的同时，社会积存的各种金属废品、边角料和含有色金属的各种溶液、残渣等二次资源却越来越多。这些资源金属含量通常比原矿高，对这些资源进行回收利用，能够节约大量的原生矿产，减少对自然资源的消耗。目前，发达国家资源循环利用率达70%以上，我国仅为30%，差距明显。如果能很好地利用这部分二次资源，就可能取代大部分原生矿石，这是解决原生资源短缺的有效途径。

(2)减少环境污染。传统工业属于高污染行业，其排放污染物总量呈逐年上升的趋势，对生态环境造成了严重破坏。资源循环过程应用生态学的规律，把生产链条组成一个"资源-产品-再资源"的反馈式流程，从而把经济活动对自然环境的影响降低到尽可能小的程度，从源头上控制污染。目前，工业产生的"三废"大部分来源于矿石本身，如果我国有效提高有色金属资源循环比例，冶炼加工过程的废水、废气和废渣将大大减少，硫、砷、氟、汞、镉、铅等有毒元素的排放量也将明显下降，有色金属工业对环境造成的污染将从根本上得以改善。资源循环倡导减量化、资源化和无害化，强调过程清洁环保，有效控制污染源排放，有利于实现资源与环境的协调发展，在满足社会经济发展需求的同时，减少了对环境的危害。

(3)实现节能减排。冶金行业是高能耗工业，如随着有色金属产量的不断增加，有色金属工业能耗以每年8.8%的速度不断上升。在能源变得越来越紧张的今天，有色金属资源循环过程中降低的生产能耗，是一般的工艺和装备进步所无法比拟的。据估算，每生产1t原生有色金属，平均需要开采70t原生矿物，而利用有色金属二次资源，可节约能源85%～95%，降低生产成本50%～70%。例如，再生铝生产的能耗仅为原生铝生产能耗的4%,再生铜生产的能耗也仅为原生铜生产能耗的16%。因此资源循环的节能潜力非常明显，加大资源循环力度，将大大降低有色金属工业单位产量能耗及总能耗。

4)冶金环境工程

(1)冶金环境工程是保障行业可持续发展的前提。有色金属工业的快速发展，必然导致大量冶金"三废"的排放,如全国废水中铅、镉、汞、砷、铬排放量中约 70%源于有色行业,有色冶炼每年产生固体废弃物约 1.3 亿 t。冶金"三废"排放引起的资源浪费和环境污染问题已经成为制约有色金属冶金可持续发展的重要因素。冶金环境工程学科以解决行业资源浪费、环境污染等问题为目标,是保障有色金属工业可持续发展最为重要的前提和条件。

(2)冶金环境工程是实现重金属污染防治的关键。重金属污染具有长期性、累积性、潜伏性和不可逆性等特点,危害大、治理成本高。我国长期的矿产开采、加工以及工业化进程中累积形成的重金属污染近年来逐渐显现,污染事件呈多发态势,对生态环境和人民群众健康构成了严重威胁。2009 年 11 月,国务院办公厅转发了环境保护等部门《关于加强重金属污染防治工作的指导意见》;2011 年国务院批复了《重金属污染综合防治"十二五"规划》,成为第一个"十二五"国家规划;2016 年国务院印发的《"十三五"生态环境保护规划》第六章第二节明确指出"加大重金属污染防治力度"。可见,重金属污染防治是国家的重大战略需求。而有色金属冶金是我国最主要的重金属排放源,据统计,我国有色金属冶炼行业排放砷约 10 万 t 每年,占全国人为排放的砷一半以上。要实现国家的重金属污染防治战略目标,必须加强冶金环境工程学科的发展。

5) 冶金与材料新工艺

发展循环型经济社会和节能减排要求,给传统冶金工艺带来巨大挑战和压力,尤其是环境压力,因此实现传统冶金工艺的可持续和绿色化升级是未来有色冶金学科的必然选择。

特殊冶金也称外场冶金,是指通过施加重力场之外的非常规外场(如电磁场、微波场、瞬变温度场或超重力)对冶金过程予以影响,以达到提高冶金效率、改善产品的冶金新技术,习惯上又叫外场冶金。与传统的冶金过程相比,外场冶金具有效率高、能耗低、产品质量优等特点,其在低品位复杂难处理矿产资源的开发利用上,以及表外矿和尾矿的综合利用方面显示出强大优势。例如,电磁冶金、微波冶金、自蔓延冶金、加压浸出冶金等均显示出广阔的应用前景。同时其在冶金-材料一体化制备方面也显示出更广阔的应用前景。有色金属是现代高新技术、航空航天和军事工业不可缺少的关键基础材料,实现有色金属工业的可持续发展,具有重要的战略意义。

随着科技的不断进步,冶金与材料制备相结合成为金属、合金及其化合物材料制备的一大趋势。冶金与材料制备一体化是有色金属冶金学科中未来研究领域的热点和前沿,主要包括熔盐电解、湿法精细冶金、炉外热还原、自蔓延冶金、电磁铸造以及区域熔炼等方法,它们是一类典型的短流程绿色制备方法,具有投资成本低、生产成本低、操作简单等优点,而且制备的金属及合金具有纯度高等优点。尤其是随着外场技术与传统冶金工艺的交叉融合,使得制备的有色金属材料的性能得到大幅度提高。例如,随着区域熔炼(瞬变高温场)、电磁精炼(电磁场)等外场技术的应用,实现了有色金属及合金的高纯化,如高纯铜/无氧铜是航空航天领域急需的战略物资。采用自蔓延冶金制粉技术利用自蔓延快速反应形成超高瞬变温度场,实现了高熔点金属/难熔金属化合物的超细粉体/纳米粉体的规模化低成本绿色制备,极大地提高了冶金产品及技术的附加值,对实现有色金属工业的可持续发展,具有重要的战略意义。

多元材料冶金方法由多金属共生矿直接制备多元材料,如从镍钴复杂资源中制备镍钴锰酸锂、镍钴酸锂等锂离子电池多元正极材料,实现多种元素的同时利用,不需要进行镍钴元素及其有益掺杂元素的彻底分离,可以缩短工艺流程、提高资源中元素的利用率、减少排放,实现复杂难处理矿产资源的经济高效清洁利用。

6) 冶金热能工程

冶金工业是能源密集型工业,在冶炼去杂过程中消耗了大量的能源。2015 年钢铁工业每年消耗的能源就占全国能源消耗总量的 14.9%,其中能源费用占生产成本的比例为 30%~40%。有色金属工业能源消耗量为 20707.01 万 t 标准煤,占全国能源消耗总量的 4.8%。随着中国能源结构转型升级的加速、全球能源供需格局的变化,冶金工业出现了新的挑战和机遇。目前我国冶金行业低端过剩、短板突出、产业结构深层次问题凸显。部分冶炼行业为实现排放限值要求还缺乏产业化技术支撑,绿色冶炼、超低排放、废渣无害化处置、资源综合利用及污染防治仍是制约行业绿色发展的重要瓶颈。冶金产业必须从日益严峻的资源短缺、效益低下、能源紧张与环境污染严重的粗放型发展模式转型,大力发展循环经济,不断提升产业市场集中度和资源配置效率,努力打造冶金产业核心竞争力,以更加昂扬的姿态参与地区乃至国际冶金产业竞争。因此,对于冶金行业必须继续实施"开发与节约并举,把节能放在优先地位"的能源发展战略。指导冶金产业集聚区开展能源高效利用技术供需对接,引导企业加快绿色发展。

全面研究冶金工业的能源转换利用理论与技术,为冶金工业发展服务。冶金单体设备热工过程生产系统的热力学完善程度和能源有效利用程度等热工问题是我国冶金热能工程学科最基本的研究内容,冶金工业的能源利用效果也严重影响着整个行业的节能减排效果、循环经济发展速度、资源节约型环境友好型社会建设程度等目标的实现。为解决实行低碳环保措施时遇到的问题,"十四五"冶金热能工程的发展规划应将冶金能源革命与区域经济社会发展战略紧密结合。因此,冶金热能工程学科的发展战略目标是改进落后高能耗的冶炼技术,推行基于能源革命战略考虑的先进技术,建成"清洁低碳、安全高效"的绿色冶金能源体系。在冶金生产过程中,在致力于环境监测和能耗评估的同时也要积极开展环保与节能技术的革新,提高冶金工业的节能减排技术水平和意识,变被动为主动,合理控制排放量。

1.5.2　学科的发展规律与发展态势

1. 学科发展规律

1)钢铁冶金工程学科发展规律

冶金技术的进步是与人类文明紧密联系的。在新石器时代后期,人类开始使用金属。人类在寻找石器的过程中认识了矿石,并在烧制陶器的生产中创造了冶金技术。人类最迟于公元前 5 世纪掌握了冶铜技术,公元前 14 世纪发明了人工冶铁技术,公元 18~19 世纪大量金属元素被不断发现。鼓风技术的进步、以煤为燃料炼铁技术的实现以及电能在冶金中的成功应用,奠定了现代冶金技术的基础。伴随着冶金技术的发展,早期的人们在总结各种冶金经验的基础上,写成了许多重要著作。公元 8~10 世纪,一批炼金术著作相继问世。公元 10 世纪著成的《诸艺之美文》成为欧洲和阿拉伯地区的冶金技术手册。中国是世界上最早开始冶金的国家之一。在某种程度上来说,中国古代文明的发展史也是冶金技术的发展史。10~13 世纪中国宋代的《梦溪笔谈》记载了各种矿物和冶金技术。16 世纪初的《铁冶志》,详细记载了中国遵化铁厂生产技术状况。1510 年,德国正式出版《采矿手册》和《试金手册》。1540 年,意大利出版了最早关于冶金术的综合手册《火法技艺》。1556 年,《论冶金》在德国出版,影响西方采矿冶金业达 200 多年。1637年,中国的《天工开物》出版,系统记载了采矿、冶炼、铸造、加工等完备的冶金生产技术。

20 世纪初,大规模的冶金工业化生产已经形成,为理论认识提供了必要的实践经验和紧迫要求。同时相关科学理论的发展,为冶金工程问题的理解和定量描述提供了可能,至此冶金工程学科的出现已成为历史的必然。20 世纪 20 年代,Schenck、Chipman 等学者发展和应用活度概念,把化学热力学引入冶金领域,开始用热力学方法研究冶金反应,至此冶金开始从技艺走向科学。当代科学技术中如当代数学、物理、化学的成就,计算机技术的出现、发展和普及,材料科学的长足进步等都极大地推动了冶金工程学科的进步和发展。

冶金热力学借助化学热力学原理来讨论冶金过程,能明确冶金反应的方向和限度,并在一定程度上指导冶金工艺。但其不考虑物质微观结构,不涉及过程速率和机理,更无法预测实际产量。冶金反应动力学基于化学反应动力学理论,研究反应的微观机理、步骤和速度,主要涉及均相和非均相反应。随着研究尺度的扩大,后发展形成宏观反应动力学和冶金反应工程学。宏观反应动力学主要考察传质、流动情况下的冶金多相反应速度及机理。1957 年在阿姆斯特丹召开的第一届欧洲化学反应工程会议,促进了化学反应工程迅速发展,形成了"三传一反"为核心的学科内容。化学反应工程的原理和方法应用于冶金工程领域就形成了冶金反应工程学。它在各类传递过程和冶金反应规律研究的基础上,以反应器和系统操作规律的解析为核心，实现反应器和系统的优化操作、优化设计和放大。作为反应器的内衬，耐火材料直接参与冶金物理化学过程，对冶金产品的质量有重要影响。如今，冶金工程的领域已经扩展到产品的整个"生命周期"，即产品设计、原燃料供应、产品生产、产品使用，一直到产品报废后的回收等各环节。冶金工业大规模发展面临新的问题，资源、能源、环保压力巨大，为了获得高效发展、降低资源/能源消耗并实现环境友好，还需要科学解析冶金生产过程的物质流与能量流，并实现各反应器/工序与装置的有效衔接与配合，由此形成冶金流程工程学与大系统优化问题。冶金工程学科发展过程中不断与其他新兴学科交叉、融合，如信息技术、工程数学、耐火材料学的最新成果均为冶金工程学科的发展注入了新的活力。

鉴于研究问题所处的尺度不同、研究对象不同，冶金工程学科不断延伸、拓展、分化形成以下几个学科分支。

(1)冶金物理化学：在原子、分子微观尺度和介观尺度上，研究冶金过程的化学反应、物质迁移及物相转变的基础科学问题。

(2)钢铁冶金：解决从各种复杂铁矿石中高效绿色提取金属铁、净化、合金化及凝固成形过程中的技术科学问题，最终获得生产过程低碳化和性能高质化的产品。

(3)外场冶金和特种冶金：外场冶金学科方向是将外场施加于常规冶金工艺过程和材料制备过程，利用外场中多种力、能效应，来强化和调控冶金过程。特种冶金是区别于普通金属材料制备工艺过程的一类特殊的金属材料制备技术。特种冶金技术包括真空感应熔炼、电渣重熔、真空电弧重熔、等离子重熔以及电子束熔炼等熔炼手段。

(4)冶金反应工程学：研究冶金过程工序、装备及炉衬等大尺度上的单元工序级的技术科学问题。

(5)冶金资源、能源与环境：研究冶金过程资源、能源在产业尺度上的社会级的可持续发展、环境友好等大系统优化与协调发展问题。

(6)冶金耐火材料：研究耐火材料与冶金过程的相互作用机理，探明耐火材料资源综合利用等相关技术科学问题，开发多功能、长寿化、高效节能耐火材料，为新型优质高性能钢铁等金属品种的开发及冶金工业节能降耗提供保障。

(7)冶金史及古代矿物科学：它是产业与科技史研究的重要组成部分，既是冶金技术及矿物科学发展史，也是冶金生产的手工业史和工业史。

(8)冶金智能制造：研究冶金生产由自动化、数字化向智能化转变过程中涉及的大数据、人工智能、物联网、仿真等新技术，最终实现生产制造全过程的智能融合。

这些学科分支将会不断与相关其他学科交叉融合，为冶金工程学科增添新的内容。

随着经济社会的发展，我国冶金工业将进一步围绕降本增效、节能降耗、提高产品性能、控制污染排放等方向发展。目前面临如下突出问题。

(1)钢铁生产的能源结构和产品结构亟待优化。我国钢铁生产主要是依靠高炉-转炉长流程，铁钢比远高于世界其他产钢国，而且主体能源为煤基化石能源，导致严重的环境负荷和节能减排压力。因此，必须优化钢铁生产能源结构，积极发展基于多种能源的非高炉短流程，形成长短流程的优化组合，显著降低钢铁生产的碳排放。另外，钢铁产能已由区域性、结构性过剩逐步演变为绝对过剩。然而，我国目前还无法实现高技术船舶、海洋工程装备、先进轨道交通、电力、航空航天、机械等领域重大技术装备所需的高端钢材品种的有效自主供给，产品结构亟待优化。

(2)自主创新水平不高。我国冶金行业自主创新投入长期不足，远低于发达国家的水平，创新引领发展能力不强，尚未跨越消化吸收、模仿创新老模式。对我国关键瓶颈钢种生产工艺和产品质量关键理论与技术研究不足，阻碍我国钢铁产品质量水平和稳定性的有效提升。

(3)资源环境约束增强。我国冶金行业装备水平参差不齐，节能环保投入历史欠账较多，不少企业还没有做到污染物全面稳定达标排放，距离"超低排放"的要求更是差距很大。煤气精制脱硫等环保技术尚未突破，环保设施改造投入很大、运行成本将大幅度提升，必将成为影响企业竞争力的重要因素。部分地区属于产能集聚区，环境承载能力已达到极限，绿色可持续发展刻不容缓。

(4)智能制造关键技术。目前我国冶金工业在智能系统的设计、开发和管理等方面创新能力较弱，使用的软件和技术多数处于较低层次。对智能制造认识有待于提高，缺乏明确的战略规划，路径不清晰。冶金企业发展水平存在差异，绝大多数企业还没有实现智能冶金理论与技术的应用和落地。

2)有色金属冶金工程学科发展规律

有色金属冶金工程学科的诞生和发展也具有生产和理论两方面的基础。20世纪初，大规模的有色金属冶金工业化生产，对理论认识提出了迫切需求，也为理论认识提供了必要的实践经验；同时整个学科理论的发展，也为有色金属冶金工程问题从原理上进行解释提供了可能。因此，有色金属冶金工程学科的出现是历史的必然。与其他工程学科相比，有色金属冶金工程学科面临的研究对象和体系更为复杂，既研究宏观的反应过程，也研究微观的反应机理，需要结合学科自身和其他学科的成果不断发展。

此外，作为资源和能源消耗型的行业，优质矿产资源逐渐枯竭、能源供应日趋紧张、环境负荷以及排放标准更严苛的现状对有色金属冶金工业提出了更为严峻的挑战。为支持有色金属冶金工业的可持续发展，就要求有色金属冶金工程学科必须适应新的形势,为行业发展提供新的理论和技术基础支持。

a. 有色金属冶金

有色金属冶金围绕多种有色金属元素的提取与精炼展开,根据各种有色金属元素的性质不同,开发形成了多种冶炼工艺,相应的基础理论也获得了不断发展和提升。铜、汞、锡、铅等是人类最早由火法冶炼而获得的金属。后来采取金属热还原法来生产钛、锆、铪等金属。现代有色金属火法熔炼方法大致分为闪速熔炼和熔池熔炼两大类。1886 年熔盐电解法制取金属铝的发明,开创了全世界大规模熔盐电解法炼铝的先河,从此熔盐物理化学及熔盐电化学理论也得以快速发展。1887 年生产氧化铝的拜耳法开创了有色金属湿法冶金的先河。1945 年比利时Pourbaix 创立的金属-水系电位-pH 图,奠定了有色金属浸出、精炼的湿法冶金热力学基础。20 世纪 60 年代,国内开展溶液热力学研究,建立了无机热力学数据库,为湿法冶金的发展提供了理论基础。电化学的基本原理与冶金工艺相结合,形成了电化学冶金学科分支,涉及大多数有色金属材料的水溶液电解和熔融盐电解。通过施加非常规外场(如电磁、微波、瞬变温度场或超重力)对冶金过程予以影响,是 20 世纪后半叶有色金属冶金的一个重要方向。细菌浸出是生物技术应用于有色金属冶金的重要标志。次生硫化铜矿细菌浸出和难处理金矿生物预氧化已进行大规模的工业化生产。冶金与材料制备过程相结合制备金属及合金,成为有色金属冶金工程学科另一个重要方向,实现了冶金与材料制备一体化的目标。

目前我国有色金属行业由"快速发展期"转入"转型调整期",增速回落、产能过剩、竞争加剧、绿色发展、国际化经营将成为新常态,必须依靠自主创新与环境保护推动产业发展。我国通过自主创新、集成创新和引进消化再创新,已成功研发了一大批行业节能减排关键共性技术,并用于生产。

b. 战略性关键金属资源开发利用

随着高品位优质资源的日益枯竭,低品位多金属共伴生贫杂矿及复杂二次资源已成为我国有色金属工业的主要原料,其高效清洁综合利用是湿法冶金学科发展的方向。湿法冶金反应传统工艺资源利用率低、能耗高,难以支撑行业绿色可持续发展,亟须从反应原理进行原始性创新,开发全新化学反应体系及反应过程调控策略,实现有价资源的高效精准转化与清洁利用,大幅度提高资源利用效率,保障国家资源战略安全。图1-14 是短期和中期内战略性关键金属对清洁能源的重要程度,从图中可以看出,中重稀土的关键性始终处于较高级别。

"中国制造 2025"围绕经济社会发展和国家安全重大需求,不仅要完成对产品的制造,还需要完善材料制造,其中战略性关键金属原材料的制造是实现该目标的重要基础,也可以说没有高端原材料的支撑,"中国制造 2025"将成为空中楼阁。

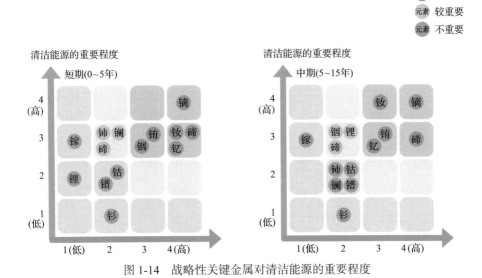

图 1-14　战略性关键金属对清洁能源的重要程度

盖施奈德(Gschncider)把稀土冶金及其应用开发分成三个时代：摇篮时代(1787～1949 年)，为第一次发现稀土至最后一个稀土元素钷面世这一历史时期；启蒙时代(1950～1969 年)，以美国改进离子交换工艺制备了公斤级的纯净单一稀土为开端；黄金时代(1970 年至今)，稀土学科的研究进入飞速发展时代，其中以我国稀土工业的崛起为最重大的历史事件。稀土的价值在于应用，稀土学科的每一次技术进步都带动了产业的跨越式发展，如图 1-15 所示，从欧洲对战略原材料的划分可以看出，大部分稀土元素都属于战略性关键金属。20 世纪 60 年代，以北京有色金属研究总院、中国科学院等为代表的科研单位集中力量攻克了稀土氧化物分离、稀土金属制备等技术难题，氧化钇、氧化镝、氧化铽、氧化铕等一批单一稀土化合物生产线陆续建成投产，为我国稀土工业起步奠定了基础；70～80年代，北京大学提出的串级萃取理论为我国稀土分离工艺打下基础，北京有色金属研究总院提出的包头稀土矿硫酸焙烧法冶炼分离工艺在包钢稀土、甘肃稀土等公司实现产业转化，大幅提升了我国稀土采选和冶炼分离效率，稀土产品产量快速增加，并于 1986 年正式超越美国成为全球第一大稀土生产国，我国稀土工业进入高速发展阶段；进入 90 年代后，稀土永磁、发光、储氢等材料制备技术陆续突破，带动了相关产业快速发展，主要稀土功能材料产量年均增幅 30%以上。目前我国已建立较完整的稀土采、选、冶、材料加工及应用产业链和工业体系，成为全球最大的稀土资源国、生产国、出口国和应用国。

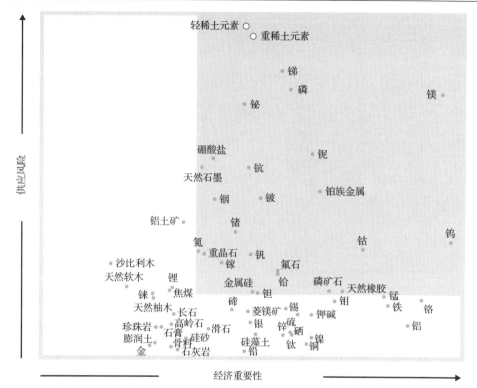

图 1-15　2017 年欧洲对战略原材料的划分

但随着稀土产业规模的发展，资源浪费和环境污染问题日益突出，已成为制约稀土行业健康可持续发展的突出矛盾。因此全生命周期绿色化成为新焦点，稀土资源高效清洁利用、均衡应用受到空前重视，将加速推动稀土的生产使用方式向精细化、绿色化、均衡化方向发展，解决"三废"对环境的污染问题，是我国稀土学科发展面临的重大研究课题。未来稀土提取分离将继续向提高资源利用率、降低单位能耗、物料循环利用、污染物近零排放的绿色化学方向发展。

c. 资源循环利用

无论是中国还是西方，回收利用生产、生活中产生的可再生资源古今有之。但是人们开始意识到资源回收利用的战略意义，则源于 20 世纪六七十年代出现全球性环境与资源危机之后。首先是从 20 世纪 60 年代到 70 年代中后期的废弃物资源回收利用时期，此时人们的关注重点在于对现有经济模式为何会导致环境资源问题，并开始采取行动；其次是从 20 世纪 70 年代中后期到 80 年代中期的可持续发展理念提出时期，人们的关注重点开始从污染的末端治理转变为对资源循环利用的全面控制，并且资源循环利用成为一种国际共识；最后是从 20 世纪 80 年代中期到 90 年代中期，此时出现了许多新思想，且着重点在于如何实现资源循环利用和人类社会的可持续发展。目前，世界各国都已十分重视低品位资源和多金属复杂资源中有价金属的高效提取与综合利用问题，许多国家已在经济和立法上对资源循环利用加以鼓励。

资源循环利用对我国冶金工业的可持续发展具有十分重要的意义。但要使资源循环所生产的金属在总产量中占有较大的比例，还需要做很多工作。同时现代科学技术的飞速进步，为学科交叉提供了更大的可能，为冶金工程学科的发展提供了动力。

d. 冶金环境工程

我国冶金工业环境保护标准经历了空白阶段、发展阶段和严苛阶段，目前我国冶金环境保护标准已是世界上最严苛的标准，因此，在我国冶金工业向规模化、绿色化迈进过程中冶金环境工程逐渐形成与发展起来。环境保护与冶金工业的发展如影随形，环境污染事件的发生影响了冶金企业的发展，而每一次环境保护标准的提高又倒逼并催生了一批冶金新工艺、新技术和新装备的诞生。提高自主创新能力，必须发展冶金环境工程的基础理论，突破制约冶金发展的资源、能源、环境共性技术、关键技术和核心技术，形成并示范推广一系列冶金二次资源综合利用新技术及冶金"三废"污染物治理新技术，解决影响产业发展的瓶颈问题，保障与促进冶金工业健康可持续发展。

1975 年，冶金工业部编译出版了《冶金工业污染及其防治》，汇集了国外冶金工业污染资料，标志着冶金环境工程学科在我国发展的起步；1984 年冶金工业出版社出版了《有色冶金环境保护》；中国有色金属学会在 1985 年成立了环境保护学术委员会；1992 年中南工业大学出版社出版了《有色冶金环境工程学》科学出版社出版了《无污染有色冶金》；2003 年中南大学设立了冶金环境工程博士学位授权点；2010 年科学出版社出版了《冶金环境工程学》；2015 年中南大学出版社出版了《有色冶金与环境保护》；2017 年科学出版社出版了《现代有色冶金环境工程》，逐步形成了冶金环境工程学科，学科的技术与理论体系日趋完善。

现代学科的发展表现出越来越强烈的非平衡混沌的特征，其发展的一个最重要特征就是在高度分化的基础上深度融合，是分化与融合的对立与统一。冶金环境工程是冶金工程、环境工程、物理、化学、生物学等一级学科的理论、方法和内容的交叉结合，研究冶金行业清洁生产与环境保护的相互依存与相互制约关系，具有以下发展规律。

(1)冶金环境工程以需求为导向而建立并发展起来。妥善解决冶金工业大规模发展和日益严峻的环境问题之间的矛盾是当前社会必须面对的重大问题。人类社会对冶金环境工程的需求不仅体现在优化传统冶金技术、开发冶金新方法来应对环境危机，而且也体现在源头减排、过程控制及末端治理全过程防控污染新模式。冶金环境工程学科是由行业发展和越来越严格的环境保护需求倒逼而建立并发展起来的。当前还处于学科建立的初期阶段，主要以社会需求为导向，积极适应经济社会发展及行业可持续发展的需求,以科学提升现有技术为主。当全面搭建学科框架并形成专业知识体系以后,再进入科学引领未来技术为主的阶段,如冶金环境大数据与智慧修复等颠覆性(变革性)的未来技术,进而拓展学科深度和广度。随着居民生活水平的不断提高,大众对环境的要求也越来越高,国家对于环境保护标准也逐步提高。2018年6月发布的《中共中央 国务院关于全面加强生态环境保护坚决打好污染防治攻坚战的意见》明确了蓝天、碧水和净土保卫战的目标,并明确了在2020年全国地级及以上城市空气质量优良天数比率达到80%以上;全国地表水I—III类水体比例达到70%以上,劣V类水体比例控制在5%以内;受污染耕地安全利用率达到90%左右。而冶金行业产生大量"三废",一直是环境污染的重灾区,这对行业提出了挑战性的要求。为使行业健康持续发展,必须大力推行清洁生产,这是实现我国由冶金大国转变为冶金强国、改善环境面貌的根本途径。所以,冶金环境工程学科是以社会需求、民生需求及行业需求为导向而建立并发展起来的。

(2)冶金工程的发展为环境工程开辟了新的研究领域。改革开放以来,冶金工业取得了飞速的发展,为国民经济建设做出了重大的贡献。但是冶金行业能耗大、环境污染比较严重,整个行业仍未完全摆脱高投入、低产出、重污染、高排放的生产状况。冶金过程的污染排放对环境工程提出客观需求。另外,日益严格的污染控制要求推动了清洁冶金技术的发展。冶金环境工程是若干冶金绿色高质量生产过程的先导和源泉,二者紧密相连、相互促进。冶金工业产品繁多,生产流程各成系列,"三废"产排量大。冶金废水按来源和特点分类主要有冷却水、酸洗废水、除尘烟气洗涤废水及冲渣废水等。冶金废水的主要特点是水量大、种类多、水质复杂多变。冶金废气污染源集中在冶炼工业窑炉,设备集中、排放规模庞大,有烟气细颗粒、易吸附有害气体,废气温度高,成分复杂。冶金行业固体废弃物排放总量巨大,如仅有色冶炼每年产生固体废弃物1.32亿t。冶金行业特殊的"三废"治理为环境工程开辟了新的研究领域。

(3)冶金环境污染控制严苛要求推动冶金清洁生产重大变革。冶金行业产生大量污染开辟了冶金环境工程,反过来,每一次冶金污染事件和越来越严格的排放标准又倒逼冶金生产行业的不断升级和变革,也产生了一系列清洁冶金及污染防治技术。新技术是一种对已有传统技术产生颠覆性效果的技术,能给经济体带来"创造性"变革,并导致传统企业被高新企业取代,如富氧熔炼技术、氧压浸出技术等。随着这些颠覆性的冶金新技术、新工艺的出现,冶金行业也将往超低排放、超高效能等方面发展。面对当今冶金技术面临的发展瓶颈与众多难题,必须重视冶金、环境、化学、材料、生物等多个学科的有机交叉才能有效推进解决。

随着创新、协调、绿色、开放、共享的新发展理念的提出,国家环境保护法律、政策、标准的完善与提升，冶金环境工程学科发展呈现出三大态势。

(1)由原生矿物向复杂物料冶金过程污染控制。随着我国高品位矿产资源的大量消耗，冶金原料将向来源多样化、低品位化和组成复杂化转变，目前我国低品位矿物、二次资源、"城市矿产"等在原料中的占比越来越大，冶金工艺流程也将相应调整，冶金工艺过程和重金属污染释放行为更加复杂，全面解析复杂物料冶金污染物形成机制，开发控制理论成为发展的必然要求。

(2)由污染物达标治理向资源化治理方向发展。目前有色行业污染控制指标相对宽松，当前控制技术主要是以达标治理为目标，深度治理和资源化治理研究相对缺乏。由于冶金过程污染物浓度高、种类多，特别是重金属含量高，随着国家排放标准的提升，废水零排放、废气超洁净排放等将成为行业的客观要求。冶金污染物的深度治理及资源化治理是实现行业更高水平环保要求的必由之路。

(3)由末端治理向全流程控制方向发展。冶金污染物如砷、铅、汞等，多在冶金过程中分散于各个环节形成大气、水、固体废弃物等各类污染物，导致末端治理环节多，处理难度大，成本居高不下。近年来冶金技术及相关基础理论逐步由原来的末端治理向全流程控制方向发展，通过源头控制与过程控制的强化，调控污染物的走向及赋存形态，减少并取代末端治理，日益成为冶金环境工程发展态势之一。

e. 冶金与材料新工艺

经济利用难冶有色金属资源新理论、新技术开发是缓解我国战略有色金属紧缺的重要途径。镍、钴、铜、锌、钛、锡、钒等战略有色金属广泛应用于国防、航空航天、电子电力、能源工业等各个领域。然而，我国有色金属资源短缺问题日益突出，资源自给率逐年下降，进口依赖性大幅增加。而我国已探明的有色金属资源中，目前无法经济利用的低品位矿、多金属复杂矿等难处理资源占 2/3 以上，其中大部分为难处理氧化矿。由于矿物界面特性相似、有价元素与杂质类质同相、碱性脉石含量高，导致选矿富集及分离提取困难，现有的各种提取冶金方法处理存在回收率低、能耗高、排放大等不足，由此造成资源利用率低、提取成本高、环境污染严重等问题。难冶有色金属资源的清洁、经济、高效利用是当前的国际难题。

材料化冶金是经济、高效利用难冶有色金属资源的新思路。传统方法从多金属矿制备多元材料包括两个主要过程，即通过传统冶金技术将多金属矿中的"有用元素"进行彻底分离而获得各种纯净组分的提取过程，以及通过材料制备技术将各种组分重新组合并实现材料化的合成过程。传统方法中，存在于多金属矿中作为多元材料的主元素需要完全分离；一些对多元材料有益的元素在传统冶金过程中却被视为"杂质元素"，需要彻底去除，而在其后的材料化过程中又需要重新添加。另外，还有一些"杂质元素"是构成多元材料的主体组元，但在传统冶金过程中却被完全分离后丢弃。传统方法造成多元材料合成工艺流程长、能耗大、资源利用率低,并可能制造大量废弃物造成严重的环境污染。从多金属矿制备多元材料的材料化冶金技术克服了以上缺点。一方面,矿物中作为多元材料的主元素不需要彻底分离,通过定向净化有机地形成多元前驱体;另一方面,对多元材料有益的"杂质元素"在定向净化过程中进入多元前驱体获得利用,被认为是无用的某些主要"杂质元素"亦可使之材料化得到高价值利用。材料化冶金技术实现了从多金属矿短流程、低能耗、元素利用最大化制备多元材料,从而达到难冶有色金属资源利用最大、化工原料及能源消耗最低、环境负担最小的目标。

f. 冶金热能工程

冶金热能工程学科是涉及燃烧学、传热学、热力学、流体力学等多学科,以及与烧结、焦化、冶炼、延压热加工、环保等多专业相互交叉的综合性学科,它的前身是 1959 年在苏联专家指导下我国首次建立的冶金炉专业。多年来,本学科坚持服务于国家、地方和行业建设的重大需求,不断地引入新的学术思想,与时俱进,形成了鲜明的学科定位和完整的理论体系,在全国同类学科中独树一帜,表现出良好的发展势头。本学科目标明确、方向正确、特色突出,在冶金过程中能源高效转换利用、工业系统节能、工业生态学和循环经济等学科方向上取得许多重要成果和突破;随着我国冶金工业的快速发展,本学科在我国建设资源节约型、环境友好型社会中发挥了突出作用,为我国冶金工业节能减排做出了重要贡献。

冶金热能工程学科主要针对冶金工业、冶金企业、生产车间(厂)、单体设备、设备部件五个不同层次的能源利用理论和技术问题,以及它们之间的相互关系进行研究。"单体设备"是本学科的研究基础,通常被划分为两类:一类是工艺性热工设备,即广泛用于干燥、加热、焙烧、熔化和精炼冶金物料(工件)的冶金炉或窑;另一类是能源转换设备,包括工业锅炉、余热锅炉、换热器或其他能量热交换装置等。就能源转换设备而言,受关注的是能源问题(即能量流)及其热工过程;对于工艺性热工设备,受关注的除能源问题及其热工过程以外,还有非能源问题(即物质流)及其工艺过程,如物料运动、化学反应、物相转变等。随着我国冶金工业的不断发展和壮大,基于能源、冶金、化工、环保和计算机信息等学科知识,冶金热能工程学科不断与其他学科交叉与融合,逐渐发展成重点研究冶金物质转化过程的综合性学科与工程,分析我国冶金工业的资源利用效率、优化用能及实现污染物减量化的关键问题与解决途径。

2. 学科发展态势

冶金工程学科具有鲜明的行业背景,其诞生之初即具有突出的应用性特征。冶金工业的快速发展促进了冶金工程学科不断丰富和完善。冶金行业面临的新问题和挑战,为冶金工程学科的发展提供了动力。学科交叉是冶金工程学科的一个重要特点。现代物理、化学等学科理论和方法在冶金中的应用,特别是物理化学原理与冶金工艺结合产生的冶金物理化学学科，奠定了冶金从技艺走向科学的基础。现代工程技术的新成就和其他相关学科的新理论在冶金工程学科中的应用和交叉，同样对学科的发展发挥了巨大作用，不断扩展学科的分支和方向，充实和丰富学科的内涵。根据 2018 年软科学世界一流学科排名数据，冶金工程学科世界排名前 100 的大学中，欧洲 26 所，北美地区 22 所（以美国为主），中国 19 所，日本、澳大利亚、韩国也有一些冶金院校，但是总体数量较少。可见，作为工业革命发源地的欧洲和美国，其冶金学科的实力仍较强。

当前，我国已成为世界冶金生产和消费的中心。我国冶金学科的水平在过去 15 年取得了快速发展。目前，全国设立冶金工程学科的高校有 47 所。另外钢铁研究总院、北京有色金属研究总院、北京矿冶研究总院、中国科学院过程工程研究所等也招收和培养了冶金工程学科的研究生，并开展了高水平的科学研究。每年我国获得冶金工程硕士、博士学位人数超 2000 人，在校本科生近万人。高校、研究院所、企业共建有冶金工程学科的国家重点实验室、冶金工程研究中心 20 余个，省部级研究基地数十个。2012 年和 2014 年成立的"有色金属先进结构材料与制造协同创新中心"以及"钢铁共性技术协同创新中心"，成为国内冶金关键共性技术、高端产品研发的重要基地和成果转化平台，以及聚集一流人才和培养创新人才的重要基地。对国际上声望最高的五大钢铁冶金期刊 *Metallurgical and Materials Transactions B*、*ISIJ International*、*Steel Research International*、*Ironmaking and Steelmaking*、*Metallurgical Research and Technology* 上发表文章的统计和分析表明，2012 年以来，我国学者在论文数量上超越日本成为发表高水平论文最多的国家，反映了国内冶金学科在国际学术界的学术地位显著提升，我国已经成为冶金研究领域最重要的国家。

冶金工业的快速发展，使得冶金工程学科各分支都获得了蓬勃发展。目前，冶金工程学科在原材料劣质化、生产过程低碳化、产品性能优质化、过程控制智能化的驱动下面临新的发展机遇。除了与物联网、大数据、人工智能、环境等学科交叉出现新的知识增长外，冶金工程学科自身也亟待突破，应该与资源和材料学科协调统一发展，也需吸收物理化学尤其是量子理论与多维原位表征技术，为冶金工程学科的发展提供充足动力。

1) 冶金物理化学

冶金物理化学学科的诞生是以 1925 年法拉第学会在英国召开的第一届炼钢物理化学会议为标志。此后，许多学者相继发表了开拓性的冶金物理化学学术论文，1932～1934 年德国学者申克(Schenck)出版了《钢铁冶金物理化学导论》，冶金物理化学形成了一门独立学科。我国从 20 世纪 50 年代起，由魏寿昆、邹元曦、陈新民等老一代科学家创立了冶金物理化学学科。魏寿昆先生所著的《活度在冶金物理化学中的应用》(1964 年出版)和《冶金过程热力学》(1980 年出版)两部专著,对我国冶金物理化学学科的发展起到了重要的推动作用。20 世纪 70 年代固体电解质技术在我国冶金中的应用和发展,是冶金工程学科发展中一次里程碑式的事件,极大地促进了冶金物理化学学科的发展。金属氧化物氧化还原过程中的氧势递增原理,选择性氧化还原理论和应用,新一代几何模型应用于多元体系热力学性质的计算,使得我国冶金物理化学学科的研究水平迅速赶上世界先进水平。在传统的矿冶领域,需进一步加强基础研究,从理论上深刻、系统地认识战略性矿产资源在提取分离和循环利用过程中的物理化学行为及其与环境的相互作用,这是创新突破的关键。在先进材料制备领域,强化学科交叉,将最新的物理化学理论和研究方法用于材料制备过程的研究,这是保持材料制备国际前沿地位的关键。

2)冶金反应工程学

20 世纪 60～70 年代,钢铁工业开始普及氧气转炉炼钢、钢包精炼和连铸技术。冶金反应热力学及微观动力学理论无法指导这类新工艺中生产效率的提升。国际冶金学科的研究开始从平衡实验转向流动、混合、搅拌等反应器内动力行为研究,并把冶金熔池中的速率与传输现象、单元操作的优化以及反应器的设计等综合起来,形成了冶金动力学研究的一个新领域。日本名古屋大学鞭岩教授在 1972 年出版专著《冶金反应工学》,标志着冶金反应工程学学科的正式形成。同一时期,欧美学者也开始将传输理论、宏观反应动力学及反应工程学的研究方法应用于冶金反应器内部现象的解析。冶金反应工程学是研究冶金反应工程问题的科学,以实际冶金反应过程为研究对象,研究伴随各类传递过程的冶金化学反应的规律。以解决工程问题为目的,研究实现不同冶金反应的各类冶金反应器的特征,并把两者有机结合起来形成一门独特科学体系,即以研究和解析冶金反应器和系统的操作过程为中心的工程学科。随着科学技术和国民经济不断发展,对冶金产品品种、质量和性能的要求日趋提高,对冶金过程环境友好的要求越来越高。在冶金新技术、新型反应器及新生产流程开发过程中,冶金反应工程学都起到非常重要的作用。冶金装备是用于炼铁、炼钢、轧制和性能处理等钢铁生产过程机械设备的总称,包括实现工艺过程的主体系统和辅助系统的机电液设备、控制设备和仪器仪表。冶金装备是钢铁生产工艺的物质条件、执行机构和质量保证,它的发展必须依靠国家、地方、行业、企业和研究院所长期不断投入重点科研力量,系统研究和运用最先进的设计、制造、运行、管理方法和手段,紧密跟进和全面满足钢铁冶金新理论、新工艺、新技术的高标准要求。多年来,以反应器优化设计/高效操作及过程强化单元技术开发为核心的冶金反应工程学研究渗透于冶金生产过程的各个方面,极大地促进了冶金工艺技术的进步。同时,以过程强化为目的的各种单元操作技术(如真空、喷吹、搅拌、加热、合金化等)不断融入并整合到炼钢及炉外精炼工序中,使生产过程及产品质量控制水平大大提升。特别是随着冶金工艺学、冶金物理化学、传输理论和实验技术、系统工程和控制技术、计算机科学等相关学科的迅速发展和相互融合，冶金反应工程学的理论和方法日趋完善，研究领域进一步拓宽。

3) 钢铁冶金

近百年来，世界钢铁工业，尤其是我国钢铁工业获得了飞速发展，这无疑得益于学科基础理论的发展和提升。钢铁材料的高强度、耐腐蚀、耐热、功能化等性能要求，使得冶炼过程对杂质含量严格控制，对钢中有益化学元素和合金含量的控制范围要求也越来越严格。相应开发出炼焦、烧结喷吹气体燃料、高炉富氧喷煤、铁水预处理、转炉炼钢、电炉炼钢、真空处理、钢包精炼、连续铸造等有效提升产品质量并降低消耗的工艺、工序装置。作为钢铁冶金学的基础，冶金热力学数据不断积累和完善，冶金热力学数据库和计算软件被广泛应用，有效指导了钢铁冶金反应终点成分预报。对冶金反应过程反应动力学的认识逐步加深，钢铁冶金过程多元反应耦合动力学计算数学模型结构不断完善，逐渐实现了钢铁冶炼过程实时成分预测，极大地促进了钢铁冶金学科的发展。我国钢铁工业已进入减量阶段、重组阶段、绿色阶段三期叠加的关键时期，钢铁企业既迎来减量化和高质量转型发展的重要机遇，又面临愈发严苛的环境约束和低碳发展的巨大挑战。大量使用碳素作为热源和还原剂的传统高炉炼铁工艺是温室气体排放的重点工序之一，前置工序高碳碳排放问题给高炉炼铁流程的生存和可持续发展带来危机，导致我国钢铁业长期承受巨大的碳减排压力。对于钢铁产业的低碳抉择，除了压缩产能、逐渐提高废钢比外，应逐渐由传统高炉-转炉长流程向"绿色生产"的钢铁生产短流程过渡，不断探索与研发具有自主知识产权的氢冶金短流程关键技术与装备，实现我国钢铁工业流程优化，促进钢铁产业绿色转型和低碳发展。另外，目前我国炼钢科技进步以"跟跑"为主，国内先进炼钢工艺技术与装备多从国外引进，高端关键钢材品种生产技术与先进产钢国相比存在明显差距。因此，实现钢铁冶金过程的洁净化、均质化和精准化成为关键钢种自主制造的关键问题。

4) 外场冶金和特种冶金

电磁冶金(技术)方向最初发展是在冶金过程的熔炼、精炼、连铸、凝固和热处理等阶段，施加不同性质(如交变、恒定、脉冲)和不同强度与分布的电磁场，利用金属及合金(或熔盐、组分)的导电性、介电性与磁性，使冶金熔体中产生加热、驱动、制动、振荡、悬浮、雾化、形状控制、相分离、取向、凝固和固态组织控制等物理效应，并与冶金工艺相结合，来强化冶金反应、优化冶金工艺、完善过程控制。人们利用这些物理效应，开发出冶金感应熔炼、熔体电磁搅拌、熔体电磁净化、冷坩埚悬浮熔炼、电磁雾化制粉、冶金熔体流动在线测量、连铸中钢水电磁制动、弯月面电磁振荡、电磁侧封、电磁铸造、液面波动抑制、凝固组织细化和控制、感应加热热处理，以及无结晶器电磁连铸和电磁软接触连铸等新技术，并逐渐在有色金属和钢铁工业中应用。利用电磁场的无接触力能效应和宽广的频域范围，还拓展到超音频、微波、射频电磁场领域，用于冶金矿物的分离、提取、矿相重构，以及冶金固废物处理、非金属原材料冶金等多个领域，更高频域的电磁场还应用于冶金及相关过程的监测、检测和表征等。进入21世纪以来，在超导强磁体技术进步的推动下，更将10T量级恒定磁场和强度更高的脉冲磁场应用到材料制备过程中，发展出强磁场下冶金过程和材料制备等新的研究方向。例如，金属凝固前沿热电磁流及其对溶质扩散和晶体生长的影响、纳米及晶须材料/化合物材料/生物材料/矿化材料的合成等，这将对未来金属、非金属凝固和材料组织、成分控制、新材料制备等带来理论创新和原创性技术。磁场的引入，还将磁吉布斯自由能引入到冶金过程，而冶金反应体系中各物相的磁化率的显著变化，结合磁场强度的大幅度变化(0～45)，将导致体系的磁吉布斯自由能变化剧烈，而这将影响到整个体系的吉布斯自由能变化，因此将影响到冶金反应的程度甚至方向，从而对冶金过程或反应的热力学产生显著的影响，这将极大地丰富电磁冶金学科方向的内涵，也将酝酿重大理论和技术的孕育和突破。

随着全社会环境保护压力的急剧增加和循环经济理念的深入，国民经济建设对冶金过程的环保和高效提出了更高的要求。而电磁场的无接触力能效应的传输，不会对冶金熔体和体系引入新的物质污染，对环境无固废排放，因此具有优异的环境兼容特性。而电磁场优良的操控性和可自动控制特性、高能量密度特性，又为实现冶金过程和冶金反应的高效控制和智能控制提供了可能。近年来，电磁冶金学科方向的发展态势是，引入可以预设和可调控裁剪的电磁场，结合现有的冶金过程和冶金反应中先进的调控手段，实现对冶金过程和冶金反应进行精细和高效控制，有望制备出综合性能更为优异的冶金产品，甚至开发出全新结构和性能的新材料。特种冶金技术水平是一个国家、一个地区科学技术发展水平和经济实力的重要标志。在世界上，凡工业化水平高和经济实力强的国家，其钢铁工业，尤其是特殊钢工业均比较发达。特殊钢特种熔炼的装备和技术水平是高端特殊钢生产的重要基础。因此，特种冶金学科的总体发展规律是通过高真空、无耐火材料污染、超高温、超快冷、控制流动和传热等特殊工艺和技术，实现金属材料的超纯化熔炼和均质化凝固，以及特殊成形等目标，满足各种金属材料在极端服役环境下高强度、高韧性、耐高温、耐低温、耐腐蚀和耐辐射等特殊性能要求。

5) 冶金耐火材料

耐火材料是服务和保障冶金高温过程安全运行、节能减排和技术进步的重要基础材料，其技术发展和进步与冶金工业的结构调整、节能降耗、产品质量、环保和清洁生产、效率和能效的提高等息息相关。自20世纪80年代以来，为适应产品质量、能耗以及新冶炼工艺的要求，在向国外先进技术学习的同时，结合我国资源优势及自身特点，经过长时间的摸索和实践，我国冶金用耐火材料取得了长足进步。耐火原料方面，由单品种、低品质向高纯、高品质、多品种发展，开发了高纯烧结镁砂、烧结刚玉、电熔致密刚玉、尖晶石、莫来石等系列耐火原料。耐火材料制品方面，正向着高性能、长寿化、无/低污染、节能、多功能化方向发展，开发了微孔/超微孔炭砖、非氧化物结合刚玉砖、反应结合碳化硅砖、氧化钙耐火材料、钢水过滤器等关键耐火材料。与此同时，随着微粉、超微粉、新型结合剂、外加剂等的开发，耐火材料的制备工艺也在不断进步，不定形耐火材料得到很大的发展，不仅使用性能及施工性能有较大幅度的提高，种类也日益丰富，预制块、火泥、捣打料、喷补料等诸多品种均取得良好应用效果。这些新产品及新技术的出现，对冶金工业的进步发挥了重要作用。随着冶炼工艺的不断发展，耐火材料研发的主要任务是拓展功能化、轻量化与智能化，适应并促进钢铁等智能化制造及产品高附加值化和质量提升。

6) 冶金资源、能源与环境

随着矿业开采、加工与利用规模的不断扩大，各国都不同程度地面临着资源与能源短缺以及环境恶化的问题。因此，自 20 世纪 90 年代以来，世界各国都十分重视低品位矿和多金属复杂矿等金属资源中有价金属的高效提取与综合利用问题。美国、日本和欧洲发达国家将资源加工的高效-清洁生产技术研发列入国家战略性高技术发展重要日程，普遍加强了低品位矿、多金属复杂矿、冶金固体废弃物等资源高效提取与综合利用的基础理论研究与应用。在冶金工业能耗方面经历了一个由浅入深，由局部到整体的进化过程，从开始的单体节能，到流程优化节能，再到余热余能利用及系统节能与能量流网络优化和建立工业生态链等几个阶段，这些研究极大改善了冶金工业的用能状况。但冶金工业固有的能源结构导致目前的环境问题成为冶金工业持续发展的严重制约。冶金资源、能源与环境学科随冶金产业的发展，不断与其他学科交叉融合，综合运用资源与材料、能源、环境、生化过程及计算机信息学等多学科知识，研究物质转化过程绿色化的综合性科学与工程，探讨冶金工业提高资源利用效率、优化用能及实现污染物减量化的有效措施与途径。

7) 冶金史及古代矿物科学

用现代科技手段对中国古代冶金史进行研究，约始于民国初年。现代冶金技术传入和冶金工业的兴起，开始形成一批具有科学知识的研究队伍，并有一批重要的冶金史研究论著发表。20 世纪 70 年代以来，结合文献考证与考古调查，利用现代科技手段分析古代冶金遗物及金属制品，诠释中国古代灿烂发达的冶金技术的发展，已经取得了丰硕的成果。目前本领域的发展呈现出如下态势：其一，多学科结合的研究路径已得到广泛认同，利用现代科技手段对古代冶金生产与矿物资源开发各类信息的挖掘，已成为对其价值科学认知的主要手段和前提条件，系统化、多层面科学数据的获取将是深化本领域研究的重要途径；其二，将器物研究与生产遗存研究相互结合，实现对采矿、冶炼、铸造、流通等矿冶产业关键环节的系统考察；其三，先进材料分析与表征方法正逐渐得到应用，实现对器物的微损采样与分析将是信息获取技术发展的重要趋势。

8)冶金智能制造

智能制造是一种由智能机器和专家共同组成的人机一体化智能系统，在制造过程中能进行智能活动，诸如分析、推理、判断、构思和决策等。它把制造自动化的概念更新扩展到柔性化、智能化和高度集成化。工业革命的到来为自动化的发展带来了巨大的动力，此后一百多年中，特别是 1934～1947 年的研究，最终提出了自动化的理论基础著作——控制论，标志着自动化技术的正式诞生。冶金工艺数学模型的发展，为冶金过程自动控制奠定了基础。此后，随着计算机、物联网、人工智能、大数据以及仿真等新型技术的出现，冶金自动控制从常规模拟式自动控制系统向分布式控制系统、现场总线控制系统发展，逐步实现了从离线计算分析到在线过程指导、到多目标管理再到人工智能控制的快速发展。模糊控制、最优控制、自适应控制、鲁棒控制、线性及非线性控制、PID 控制、预测控制、故障诊断、人工智能、专家系统、推理控制等前沿控制技术被广泛研究和利用，涌现出烧结专家系统、高炉专家系统、自动炼钢系统、轧制自动化系统等一批实用性的过程控制和诊断系统，由于冶金生产过程的复杂性、不确定性和滞后性等特点，这些系统在使用过程中仍不同程度地存在可推广性、实用性、开放性以及不能闭环等方面的问题。随着智能制造在世界范围内兴起，未来钢铁生产也必将走向智能化，新型传感技术、模块化、嵌入式控制系统设计、先进控制与优化技术、系统协同技术、故障诊断与健康维护技术、高可靠实时通信技术、功能安全技术、特种工艺与精密制造技术以及识别技术等将成为研究的重要支撑。

1.5.3　学科的发展现状与发展布局

1. 钢铁冶金工程学科发展现状

冶金是一项古老的技艺，关于金属材料的使用可追溯到人类文明的早期。20世纪 30 年代，Schenck、Chipman 等学者把化学热力学引入冶金领域，开始用热力学方法研究冶金反应，冶金开始从技艺向科学发展。与一切科学技术的发展规律相同，冶金学科的诞生和发展也具有生产和理论两方面的基础。20 世纪初，大规模的冶金工业化生产已经形成，为理论认识提供了必要的实践经验；冶金学科的理论发展。为冶金工程问题的理解和定量描述提供了可能。因此，冶金工程学科的出现已是历史的必然。尤其是当代科学技术，如当代数学的成就，计算机技

术的出现、发展和普及，材料科学的长足进步等都极大地推动了冶金工程学科的
进步和发展(图 1-16)。

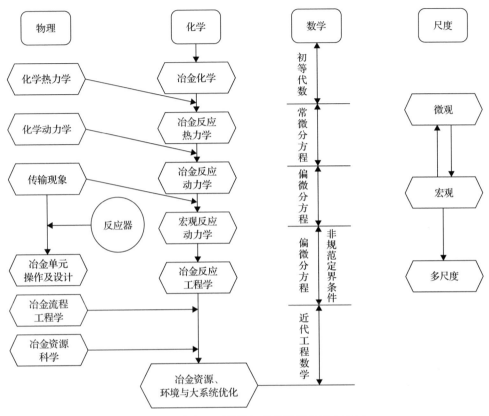

图 1-16　冶金工程学科与其他学科的融合发展

1)冶金物理化学

经过 60 多年的快速发展，我国冶金物理化学学科取得了长足的进步，为我国
冶金和材料制备产业的进步提供了理论支撑。冶金热力学方面，在相图计算和活
度测定等方面取得了不少成就。但近年来由于复杂资源利用和新型材料开发等的
需求，凸显相关基础热力学数据的缺乏，尤其是特殊钢、高端有色金属和低品位
特色资源提取和冶炼相关的关键热力学数据更是严重不足。在冶金熔体物性方面，
针对合金、熔渣、熔锍、熔盐等测定了大量的物性数据，包括黏度、电导率、密
度、表面张力及热导率等，并提出了一系列描述物性随成分和温度变化的计算模
型。但对含非化学计量元素、含稀有金属氧化物的体系、非均相体系以及高元体
系的测量十分有限。冶金反应动力学方面，做了一些在国际上有一定影响力的工
作，如描述气固反应动力学的 RPP 模型。电化学冶金具有过程可控、高效低耗、
绿色清洁等特征，在新技术开发、新理论探索、新领域拓展等方面获得了一定进

展，已成功用于矿物选择性浸出分离、矿浆电解、金属熔体的无污染脱氧、金属的提纯等工艺，如 USTB 法和 SOM 法等。在冶金物理化学研究方法和测试技术方面，从着眼于快速、准确、微量逐渐向在线、原位、极微量发展，从远离平衡态向近平衡态、平衡态发展，从单一的分析测试向与过程及控制相结合发展。以热重、气相质谱、同步辐射、高温 X 射线衍射仪、高温质谱和高温拉曼为代表的在线分析技术和高温激光共聚焦显微镜等原位观察技术广泛应用于冶金反应过程的研究。

2) 冶金反应工程学

冶金反应工程领域的研究比较活跃，取得了一批具有国际水平的研究成果，对推动我国的冶金科技进步和行业发展发挥了重要作用。其中以在冶金反应器内传输现象及流动模拟，金属凝固过程，强化过程新工艺、新技术，清洁冶金技术与冶金过程多尺度现象等方面尤为突出。我国高炉炼铁工作者系统地进行了炼铁新工艺的模拟与解析，为低碳高炉炼铁新技术的开发提供了有益参考和指导。

在炼钢方面，结合不同冶炼和精炼工艺，以及连铸过程，对反应器内的反应、流动、混合、夹杂物去除、金属凝固过程等复杂过程进行模拟和分析，构建包括薄带连铸等高效连铸技术在内的完整的洁净钢生产平台。外场冶金技术得到不断发展和应用。电磁冶金技术借助于电流与磁场所形成的电磁力，对材料加工过程中的表面形态、流动和传质等施加影响，能够有效地控制其变化和反应过程，已广泛应用于金属冶炼、精炼、铸造等工业领域。超重力、微波冶金分别在强化传质/强化相际分离、强化传热过程等方面具有很大优势，实验室研究中已显示出在特色资源综合利用方面的显著优势，工业化应用是未来的研究重点。真空技术、等离子技术的实施创造出了常规的冶金手段难以达到的极端条件，为复杂冶金过程的实施提供了可行的措施。针对各种非高炉炼铁新工艺，结合我国资源的特点，对其中关键工艺及参数进行详细地模拟与仿真。

为降低碳的使用和排放，我国冶金工作者开展了一系列非碳冶金的研究探索，如氢还原的低温冶金技术，氢还原与非高炉炼铁工艺的结合，电化学电解制铁和铁合金等。同时，冶金反应工程学的研究朝多尺度方向发展，不仅扩展到单元工序、整个流程乃至涉及环境和社会，而且关注更小尺度的冶金现象。针对微米级和厘米级铁氧化物颗粒的气相还原动力学反应模型的研究，为开发资源对应型新工艺提供了基础借鉴。

3) 钢铁冶金

a. 炼铁方面

针对炼铁生产的"高效、优质、低耗、长寿、环保"等目标，在资源高效利用和节能减排等方面进行了大量研究。

(1) 铁矿粉造块理论与技术。结合我国铁矿资源特点，开发了铁精粉高碱度烧结工艺技术；创立了铁矿粉的烧结基础特性新概念及特性互补配矿理论，烧结优化配矿技术处于国际领先水平；基于炼铁过程镁质熔剂优化配置的低碱度镁质球团生产技术已获得突破；以活性焦法为代表的烧结烟气脱硫脱硝处理和超低排放技术得到广泛应用，总体处于世界领先水平。

(2) 煤炼焦工艺理论与技术。实现焦炉大型化，开发干熄焦、煤调湿、捣固炼焦等技术，建立了煤岩配煤理论等，提高冶金焦生产效率和焦炭质量；基于原煤快速加热预处理、中低温出焦和热风改质、热回收等新一代炼焦工艺研发及应用已有长足进展。

(3) 高炉强化冶炼理论与技术。开发了自主知识产权的高风温获得技术，高炉富氧鼓风、喷煤技术处于国际先进水平；全氧高炉炼铁新工艺正在开发完善中；高炉的高煤气利用率、低燃料比技术达到国际领先水平。

(4) 高炉长寿理论与技术。通过采用结构设计、耐火材料配置、冷却方式选择、监测系统建立系统理论和集成技术。我国大型高炉炉役最高已达 19 年，大型高炉长寿技术处于国际领先水平。

(5) 智能化高炉。具有自主知识产权的高炉智能专家系统获得开发应用，开发了基于高炉料面、风口在线监测的可视化技术，取得了良好的应用效果；基于大数据挖掘和数据孪生理论方法、高炉信息物理系统和智能化高炉炼铁技术的相关工作正在积极开展。

(6) 非高炉炼铁新工艺。转底炉直接还原炼铁技术在山钢集团莱钢得以开发应用；宝钢 COREX-3000 熔融还原炼铁工艺经过多年的生产实际，在稳定生产、降低成本、提高铁水合格率等方面取得长足进步；HIsmelt 熔融还原炼铁和气基竖炉直接还原正在积极开展工业化试验和工程示范。

b. 炼钢方面

近年来钢铁产量快速增长，为满足优质、高效、低耗、低成本的生产需要，在提高钢材品质和生产效率方面进行了大量研究。

(1) 钢液洁净化理论和杂质组元行为。开展了极低含量条件下去除硫、氮、磷、氧等杂质的理论和实践研究，包括去除极限，去除反应的动力学限制性环节，炉渣和耐火材料与钢液的相互作用和影响，真空、喷吹、电磁等强混合搅拌的作用机理等，开发了机械搅拌式铁水脱硫预处理、"留渣+少渣"、转炉双联冶炼、转炉底吹、RH 真空精炼等工艺技术，使得钢液的洁净化水平不断提高，如汽车板用超深冲钢的碳含量可去除到 0.0012%以下，轴承钢氧含量可去除到 0.05%以下，抗 HC 管线钢硫含量去除到 0.0003%以下。

(2) 钢中非金属夹杂物控制理论(图 1-17)。这一方向是研究的热点，主要包括：夹杂物生成条件、形态和分布，钢中微小非金属夹杂物的行为(包括形核、长大、碰撞、聚合、上浮等),钢中夹杂物与基体的关系及对钢质量的影响,夹杂物控制和变性理论,氧化物冶金理论。目前,相关的研究成果和形成的技术已经广泛应用在汽车板、轴承钢、管线钢等生产中。

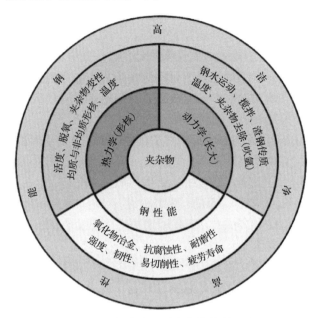

图 1-17　钢中非金属夹杂物控制理论

(3)连铸工艺理论。通过研究高速、强冷和电磁场等外力场下铸坯的凝固规律、缺陷形成机理和防治对策,获得均质无缺陷的合格铸坯。近年来,"恒拉速"连铸工艺在许多钢铁企业得到推广,高拉速连铸技术也已获得突破,薄板坯和薄带近终形连铸技术也在不断发展。

(4)炼钢工艺过程的系统模拟和优化。通过反应过程的模拟和仿真,实现炼钢流程的解析和集成,最终达到质量诊断和过程控制,形成炼钢企业生产指挥和控制的操作系统,提高炼钢生产运行效率。

(5)电炉冶金理论与技术。在电炉大型化、电炉顶底复吹、集束射流氧枪、电炉冶炼过程 CO_2 回收与利用等方面取得了一系列理论和技术上的进展。

我国钢铁冶金学科的水平在 2000~2015 年获得了快速发展。根据对国际上关于冶金领域声望最高的三大期刊 *Metallurgical and Materials Transactions B*、*ISIJ International* 和 *Steel Research international* 的发表论文情况进行统计和分析,我国已经成为钢铁冶金研究领域最重要的国家。2000~2015 年,三大期刊发表的论文总数 9019 篇,我国学者发表论文 1527 篇,居第二位。发表论文前五位的国家历年论文统计表明,我国学者 2013 年已在论文数量上超越日本,成为发表高水平论文最多的国家,2015 年我国学者发表论文数占比达到 33.76%。2011~2015 年,钢铁冶金领域发表论文最多的机构统计显示，北京科技大学、东北大学和中南大学这三所代表中国冶金最高学科水平的大学进入前十位，分别位居第一位、第三位和第十位。历年发表论文统计显示，北京科技大学和东北大学从 2014 年起成为发表论文最多的两个机构，这基本反映了国内钢铁冶金学科在国际学术界的学术地位得到显著的提升。

c. 冶金资源、能源与环境

冶金资源、冶金能源、冶金环境分别有各自独立的学科体系，这里强调的是三者的交叉和融合。随着冶金行业面临的资源、能源和环境问题日益凸显，该方向逐渐得到重视，逐渐形成自己特有的体系和发展规律。从 2000 年以来冶金资源和冶金能源领域发表论文的统计情况来看，冶金资源领域的研究迅速成为热点，其中我国学者的论文数量大幅增加并遥遥领先，冶金能源方面也有相似的趋势。在多金属复杂资源方面，红土镍矿和钒钛磁铁矿的研究成为国内研究的热点；在国外，研究主要集中在稀土矿、红土镍矿和钒钛磁铁矿。在二次资源方面，国内外的相关研究均呈增长的趋势。国外对电子废弃物的研究较多并呈明显的增长趋势，而国内对冶金炉渣的研究最为关注，电子废弃物的研究排在第二位。近年来，电子废弃物的研究呈爆炸式增长趋势。

2. 有色金属冶金工程学科发展现状

1) 有色金属冶金

我国有色金属冶金学科的发展不平衡，有些领域的发展处于世界领先水平，而在其他领域还相距甚远，总体上与国际先进水平还有一定差距，主要表现在原创性的重大理论和技术创新较少，不能支持关键先进装备开发的需要，清洁生产理论和技术方面虽有很大进步，但环境治理的任务还很艰巨。

(1) 火法冶金。为适应原料与能源结构发生的变化，低污染、低能耗、短流程的强化冶炼、高附加值冶金产品制备等新技术、新工艺、新设备及其理论基础研究受到重视。自主研发的底吹炼铜技术使我国的铜冶炼达到国际先进水平。三段炉炼铅法的炉体配置结构紧凑，热渣直流，占地少，投资小，工艺流程短，过程简单，自动化程度高，对环境友好。闪速熔炼和熔池熔炼炼镍工艺有了较大发展。

(2) 湿法冶金。铜、锌硫化矿的氧化浸出是目前的研究热点，硫化锌精矿的氧压浸出已得到工业化应用，硫化铜矿的氧压浸出仍处于实验室研究阶段。我国一水硬铝石型铝土矿生产氧化铝技术处于国际先进水平。钙化-碳化预处理中低品位铝土矿生产氧化铝的新方法，实现了低品位铝土矿的高效清洁利用。矿浆电解法为多金属复杂硫化锑矿的综合利用提供了一种新途径。硫酸选择性浸出精炼法技术已超过了硫化镍电解精炼工艺。开发了直接加压浸出全湿法提钒新方法，实验室效果良好。白钨矿及黑白钨混合矿的碱压煮、常压碱分解等多项技术处于世界领先水平。

(3)电化学冶金。国内在铝电解槽大型化、低温低电压节能理论、新型阴极结构电解槽等方面处于世界领先地位,平均吨铝直流电耗处于国际先进水平;自主开发的 600kA 等特大铝电解槽实现了系列化应用;惰性阳极材料的研究取得一定进展。镁电解技术已趋向完善。以固体氧化物为原料、氯化物为电解液的氧化物直接电解法得到快速发展,其中碳化钛可溶阳极电解新技术实现了氧化钛原料电解直接获取金属钛。基于固体电解质膜法实现了多种金属和合金的实验室提取。

(4)特殊冶金。电磁脱氧-电磁连铸生产高性能无氧铜,已完成批量生产;强磁场焙烧预处理一水硬铝石矿大大降低溶出温度,强磁场应用于铝熔体精炼实现了金属铝的高洁净化,细化了微观组织。微波加热硫化明显加快了铜精矿浸出速率,提高了闪锌矿在三氯化铁溶液中的浸出率,微波碳热还原可提高氧化物的碳热还原速率,对冶金渣的改性和金属回收利用起明显促进作用。低品位铜矿微生物浸出的生物冶金工艺进入实用化阶段,难处理金矿生物氧化预处理也取得了产业化的重要突破。利用自蔓延冶金制备无定型硼粉、钨粉、陶瓷微粉以及金属合金。加压湿法冶金处理重有色金属硫化矿技术发展迅速,在环境保护及强化金属提取方面显示了优越性。

从近年来有色冶金领域发表的 SCI、EI 论文变化趋势看,湿法冶金和特殊冶金无论是基础理论研究还是工程技术研究,都是有色金属冶金工程学科最活跃的研究领域。该领域所发表的论文无论是数量还是增长速度都明显高于火法冶金等领域。这与我国有色金属矿产资源品质逐渐变差的趋势是直接相关的。因为现有的能利用的资源多是贫、杂等难处理的共(伴)生矿,传统的火法冶金不再具有优势。

2)战略性关键金属资源开发利用

欧美国家针对战略性关键金属的冶金过程已不再是简单地从矿物中把金属提取出来,而是转向了资源高效利用和生产高品质原料。我国针对部分战略性关键金属的冶金技术虽然处于国际领先水平(如图 1-18 所示,紫色外圈表示该机构更倾向于合作,线表示合作关系),但在部分资源短缺型关键金属、高端关键金属原材料生产技术方面未跟上国际步伐,从而导致了我国在高质量原材料上大量依赖进口,以至于在各种高端产品生产上受制于人。

由于西方技术封锁和我国基础学科底子薄弱,我们不可能完全仿照西方国家的转型老路,而必须独立地寻找适合我国选冶现状的转型途径。为了实现这一目标,我们认为选冶不应固步于生产冶金粗产品,而要建立起生产出符合中国制造产业需求的高品质冶金产品的观念。针对我国战略性关键金属资源复杂性的特征,我们认为应综合考虑矿物全元素而非单一元素提取;针对我国对高纯金属原料的

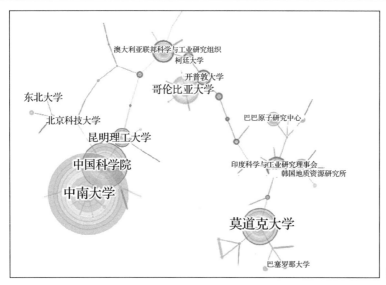

扫码见彩图

图 1-18　国内外机构在 *Hydrometallurgy* 发文量及相互合作关系

需求，我们提出应进行冶金过程调控以满足高端产品的制备要求。无论是提取金属还是纯化金属，关键点都在于对物相的调整，这恰恰是我国技术和学术的短板。因此我们认为，要对选冶过程中的物相进行深层次的认识，以应对选冶转型的发展。

目前我国在战略性关键金属冶金技术方面普遍存在高端冶金技术不足的缺点。如我国虽然具有最大的稀土、钨、镓储量和产量，但在高纯稀土原材料、高端硬质合金制造、高纯镓等依赖进口。然而在战略性关键金属矿产处理方面，传统冶金过程过度关注人为设定的某一主金属，常常忽视伴生金属资源的提取，使金属回收率下降，资源的总利用率低。

在产品方面，目前冶金粗产品已经越来越难满足现有高品质材料的要求。美国对中国出口管制的高品质金属材料多达 2400 种，如高纯钛、高纯靶材、高品质钨合金、超大规模集成电路用高纯金属；不只原材料方面，在技术方面，西方国家有较多的技术封锁，我国针对关键稀有金属的基础研究较差。

在具体技术方面，战略性关键金属发展现状体现在如下几个方面。

a. 高效、清洁冶炼(稀土)

由于环保及生产成本等问题，国外的稀土冶炼分离企业基本于 21 世纪初关闭停产，将精力主要投入于特殊稀土化合物材料的研制，掌握着稀土化合物材料高端市场的核心知识产权。但随着近年来稀土价格的升高，国外稀土冶炼分离企业陆续恢复生产。尤其是近年来，我国对稀土工业进行调整和政策管控，引起了美国、日本、欧盟等国家和地区的强烈反响和高度关注，各个国家开始前所未有地重视稀土资源开发，并从资源勘探、开采加工、采购、战略储备、回收利用到研发替代稀土的其他新材料，在各个环节寻求建立应对策略。

我国的稀土研究开发始于 20 世纪 50 年代，经过几十年的发展，以包头混合型稀土矿、四川氟碳铈矿、南方离子型稀土矿三大资源为主要基础原料，建立了较完整的采选冶和材料加工与应用工业体系，实现了从稀土资源大国到生产大国、出口大国及应用大国的跨越，稀土矿选冶及分离提纯技术处于世界领先地位。但与此同时，我国也存在产能扩张过快、生态环境破坏和资源浪费严重的问题，加之稀土矿物种类多，大多数品位低，多金属共生，成分复杂，而且稀土元素性质相似，分离困难，稀土冶炼分离工艺比较复杂，化工材料、水及能源消耗高，产生大量的废气、废水、废渣，环境问题成为制约稀土工业发展的瓶颈问题。

目前，稀土行业采选和冶炼关键工艺流程或工序中自动化控制水平低，生产线整体联动不足，生产能耗高，急需绿色制造关键工艺技术和装备的创新和集成应用。同时随着国家对环保的要求日趋严格，稀土生产企业的环保压力与成本压力逐渐增大。目前"三废"主要采用末端治理，投资大，运行成本高，而且由于稀土冶炼分离过程中产生的废水成分复杂，采用单一处理方法很难达到环保排放标准限值，特别是氯化钠、硫酸镁等高盐废水也开始限制排放，采用常规的浓缩蒸发结晶方法能耗很高，企业难以承受。此外，稀土采选冶行业普遍存在主体过多、分散，采富弃贫，稀土伴生资源未加利用，资源综合利用率低等问题。例如，包头混合型稀土仅作为副产品回收，利用率只有 10%左右，钍、铌等有价值资源未加回收；四川稀土矿中伴生有重晶石、萤石、天青石等矿物未有效回收利用等。

2010 年以来，在国家科技攻关计划、国家重点基础研究发展计划(973 计划)、国家高技术研究发展计划(863 计划)、国家科技支撑计划、国家自然科学基金等项目支持下，我国的稀土资源清洁高效开发利用技术取得了长足发展，产出了一些重要研究成果，部分成果已在稀土企业获得应用，推动了行业的技术进步。在稀土采选工艺技术方面，研发了离子型稀土原矿绿色高效浸萃一体化技术、包头混合型稀土矿稀土与铌等资源综合利用选矿技术、南方离子型稀土矿低浓度原地浸取液大相比萃取富集技术等。在稀土冶炼分离技术方面，研发了一系列高效、清洁的冶炼分离工艺，从源头消除"三废"污染，进一步提高资源综合利用率，减少消耗、降低成本。主要包括联动萃取分离技术、非皂化或镁(钙)皂化萃取分离技术、碳酸氢镁法分离提纯稀土新工艺、氟碳铈矿冶炼分离过程中伴生元素钍和氟综合利用技术等。

b. 高效转化提取(锂铍钽铌)

锂是一种重要战略能源金属，主要用于锂离子电池、新型热核反应堆，被誉为推动世界前进的金属。其来源主要有锂辉石、盐湖卤水和锂云母三类。其中，我国的盐湖锂资源品质和外部开发条件较差，导致开发难度大、成本高，供应能力较弱；现阶段锂辉石作为最富含锂的矿业原料，是全球最重要的矿业开发和应用的固体锂矿。

与锂辉石相比，锂云母的含锂量较低，大部分为长石型矿物，但由于储量巨大，锂云母矿仍然是重要的锂资源之一。我国锂云母矿主要分布在江西宜春，其成矿复杂，且与多种稀散金属伴生。以其为原料提取锂、铷、铯等有价金属的方法有硫酸法、硫酸盐焙烧法、石灰石法、氯化焙烧法、压煮法、碱溶法等，但多数仍处于试验中，尚未达到规模化工业应用水平。

c. 精矿的清洁转化（锑铋）

锑是我国十大有色金属之一，国民经济重要的基础材料，广泛应用于汽车、建筑、电子信息、国防军工等部门。锑矿作为我国的优势矿产，1991年被列为国家保护性开采的五个特定矿种（黄金、钨、锡、锑和稀土）之一。我国一直是世界上最大的锑冶炼和产品出口国。

目前，我国锑冶炼的主流工艺技术为"鼓风炉挥发熔炼-反射炉还原熔炼"工艺，它采用传统的 $FeO-SiO_2-CaO$ 渣型熔炼，将锑精矿制粒后与焦炭、铁矿石、石灰石、精矿或团矿和其他含锑物料等原辅材料顺序分层均匀布料加入鼓风炉进行熔炼作业，硫化锑直接气化挥发进入高温烟气，并氧化转化为氧化锑，经过冷凝收尘后，回收得到粗氧化锑粉，烟气则脱硫后排空，另外还产出锑锍和炉渣。虽然该工艺具有工艺简单、原料适应性强、处理能力较大等优点，但是鼓风炉采用"低料柱、薄料层、高焦率、高温炉顶"作业，因而焦炭消耗大，能耗高，还存在严重的低浓度 SO_2 污染问题，已无法满足新形势下环境保护要求，严重制约着锑业的可持续发展。

近年来，人们一直致力于将在铜（铅）火法冶炼行业普遍采用的富氧熔池熔炼工艺技术移植至锑精矿冶炼，开展了大量的试验研究工作，相继进行了富氧熔池顶吹、底吹、侧吹熔炼的工业试验，取得了一定的进展，但是，一直未能解决 Sb_2S_3 的挥发与 FeS 氧化造渣之间的协调匹配问题，无法实现技术产业化的突破。

d. 低品位二次资源中战略性关键金属的转化提取（铂族金属、稀土）

我国铂族金属矿产资源极其贫乏，90%矿产铂族金属来自金川公司，2011年从矿产资源中提炼的铂族金属量仅2.5t。与此同时，中国是世界铂族金属第一消耗国，2011年中国铂的需求量为62.8t，钯的需求量为57.5t，依靠矿产资源远不能满足工业发展的需要，开展二次资源回收，实现资源循环利用是发展的必由之路。

目前，我国废催化剂年产量巨大，其中汽车尾气净化废催化剂 800~1000t，石化行业废催化剂约1000t，已成为铂族金属提取的重要二次原料。废催化剂中的铂族金属冶炼过程可分为富集和精炼两段。富集通常根据催化剂所用载体的不同选择不同的工艺路线。例如，各种炭载体催化剂、树脂催化剂常采用高温焚烧炉焚烧富集法；以 γ-Al_2O_3 为载体的含铂族金属催化剂常采用选择性溶解法或载体溶解法;以堇青石为载体的含钯多元催化剂,载体几何表面积大、多孔、难溶,常用选择性溶解法然后树脂吸附实现多种贵金属的分离。在分离精炼方面,常用的技术有化学沉淀、溶剂萃取、离子交换、电化学沉积、高温熔炼等,近年来也开发了分子识别、双水相萃取法和生物吸附法等新方法。

稀土元素除了以离子化合物形式赋存于矿物晶格中或者呈离子状态被吸附在某些矿物的表面或颗粒间,还有相当大的一部分作为矿物的杂质元素以类质同象置换的形式与磷灰石和磷块岩矿共生。磷矿伴生的稀土资源相当丰富,按世界磷矿总储量约为 1000 亿 t,稀土平均质量分数为 0.05%估算,其伴生的稀土总量可达 5000 万 t。我国滇、黔、川、湘等地磷矿资源丰富,且磷矿中普遍富含稀土,根据调查,贵州磷矿中稀土质量分数为 0.05%～0.1%。磷矿中伴生的微量稀土已作为一种潜在的稀土资源而引起学术界和产业界的关注。

磷石膏是湿法磷酸冶炼的固体废弃物,它富集了磷矿中 70%～75%的稀土,因此有效提取磷石膏中的稀土具有重要的经济与环境效益。当前,实验室报道的磷石膏中稀土的提取方法有硫酸浸出、细菌浸出、生物酸浸出等方法,但都尚未工业应用。

e. 简单多元合金废料回收再生(硒、碲、碲化铋)

许多战略性关键金属,如硒、碲、钨等常以合金形式应用到高新技术领域,这些合金所含战略性关键金属的含量远远高于常规矿产资源,其废料是回收相关金属的重要二次资源。

碲化铋(Bi_2Te_3)基化合物是目前应用最成熟、室温附近性能最佳的热电材料,现已广泛应用于半导体制冷器件中,并在温差发电领域有着广阔的应用前景。随着热电转换器件报废后,将带来大量废弃 Bi_2Te_3 基热电材料。这类废料中碲和铋的含量分别高达 52%、34%,并含有 10%的锑和 1%的硒。碲和铋在其他领域的应用过于分散,基本不具备回收的条件,废弃 Bi_2Te_3 基热电材料成为当今回收碲与铋最主要的二次资源。因此,废弃 Bi_2Te_3 基热电材料的高效回收,对我国上述稀缺金属资源的可持续发展具有重要的战略意义。

废弃 Bi_2Te_3 基热电材料中碲的含量最高,且它的价格曾一度居高不下,因而这类废料的处理以回收碲为主。碲为稀散金属,自然界中碲的独立矿床极少,多伴生于铜矿中,目前世界上超过 90%的碲来源于铜冶炼企业的副产品阳极泥。因此,工业上常模拟铜阳极泥提碲工艺从废弃 Bi_2Te_3 基热电材料中回收碲等有价金属,常用的方法包括:硫酸化焙烧法、氯盐氧化浸出法、全溶法以及碱熔-湿法分离联合法。上述方法仍然存在着回收工序繁多、试剂消耗量大、有价金属综合回收率低等缺点。

f. 两性矿物亚熔盐转化(铬、铝、钛、钽、锰、钨、钼)

针对钒钛磁铁矿、铬铁矿等战略性关键两性金属矿物,提出了亚熔盐非常规介质活化矿物资源转化反应的新概念，创建了矿物资源亚熔盐转化的全新化学体系与实现原子经济性反应的新原理、新方法。研发出替代高能耗、高污染的高温钠化氧化焙烧、苛刻化学分解反应条件等传统工艺的亚熔盐清洁生产集成技术，从源头大幅度提高了资源利用率，降低了能耗，消除了毒性废弃物的产生，示范工程运行取得了优于国内外已有技术的经济、环境指标，实现了多种难分解两性金属矿物资源高效清洁转化、分离，形成了亚熔盐介质清洁化工冶金新理论和共性技术。

亚熔盐作为高活性 O^{2-} 给予体促进矿物反应分解和氧化的催化剂与可调控型介质，反应传递特性优越，大大降低了难处理矿物的转化提取条件，可在相对低温、不加辅料条件下实现近于 100% 的理想转化率和多组分的原子经济性利用。亚熔盐非常规介质中高活性 O^{2-}，可与氧化矿尖晶石相晶格中 O^{2-} 通过晶面滑移发生交互取代作用，导致晶格畸变，增加反应活性；另外，离子化亚熔盐介质的 O^{2-}，可在氧气作用下生成高活性过氧离子、超氧离子而催化氧化还原反应，以实现在相对低温下大幅度提高资源转化率。

运用亚熔盐高离子强度的盐析效应调控介质分离功能，与热力学相图和多元多相参数状态结合，通过对非常规亚熔盐介质多元复杂体系相平衡研究与相图计算，发现了反应/分离耦合特性、突破热力学平衡限制的强化机制和相分离特性，建立了节能的反应/分离耦合强化/相分离方法。

g. 高纯材料化(稀土、镓铟锗、钨钼钽铌)

随着我国经济社会的转型升级，集成电路、半导体、光伏、平板显示等战略新兴产业所需的高纯稀土、钨钼钽铌金属(金属氧化物)靶材、高纯镓铟锗等高纯材料的需求量迅速增加。虽然我国有色金属品种齐全，原材料和加工也具备相当实力，但是关键新材料开发远远滞后于战略新兴产业的发展需求，如集成电路用溅射靶材市场由欧美等发达国家企业牢牢把控。因此，提升有色金属的高纯化、精细化深加工技术，不仅可以带动我国传统有色金属材料产业结构升级，更能促进下游战略新兴产业的技术进步与可持续发展。

h. 真空冶金(铅、锌、锡、铟、砷)

有色金属真空冶金是在密闭低压环境中进行金属提取、提纯以及材料制备的过程；与传统的大气下进行冶金过程相比，该方法有利于体积增大的冶金物理化学过程，能够显著改善其热力学、动力学条件，是先进的清洁冶金技术。真空冶金主要包括真空蒸馏、真空还原、真空分解、真空熔炼、真空脱气等手段和方法。

3) 资源循环利用

资源循环利用是推动绿色低碳循环发展的客观要求，也是生态文明建设的重要内容，关系到经济社会的可持续发展和美丽中国建设。"十三五"期间，我国资源循环利用产业发展成效显著，产业规模快速增长。2020 年大宗固体废弃物综合利用率达56%,再生有色金属产量1450万t,占国内十种有色金属总产量的23.5%。预计到2025年,国内大宗固体废弃物综合利用率达到60%,再生有色金属产量达到2000万t,资源循环利用产业产值达到5万亿元。资源循环利用领域主要发展现状如下。

(1)复杂二次资源协同冶炼。开发高物料适应性的冶炼工艺是规模利用二次资源的关键。以铜为例,废杂铜、铜烟灰、黑铜泥、铜渣等物料元素组成各异、组分含量波动大,通过建立物料配比与炉渣成分演变之间的逻辑关系,开发了高物料适应性的渣型,结合炉渣碱度、温度、黏度自动监控,搭建了智能配料专家系统,多来源复杂二次资源协同冶炼技术得到长足发展。

(2)多金属梯级富集与深度分离。资源循环利用过程不可避免地需要解决多金属高效分离难题。根据元素及其化合物理化性质差异,合理设计多金属分组梯级富集,进而采用离心萃取、控电位浸出、真空蒸馏、吸附分离等技术实现多金属深度分离。国内在铜基固体废弃物、难熔金属废料、铝/黄金/锌冶炼渣、废弃催化剂、废弃线路板、电子废料、冶炼灰尘、镍钴/钨/锑冶炼固体废弃物等的循环利用方面做了大量工作,明晰了有价金属在资源循环利用过程的迁移分配规律,提出了一系列多金属梯级富集与深度分离方案。

(3)二次资源有价金属高值利用。二次资源有价金属高值利用是提升资源循环利用产业竞争力的关键,是资源循环利用产业的发展趋势。铜基固体废弃物提取高纯阴极铜、退役二次电池提取制备电池级活性物质、废弃催化剂载体高效重构与循环回用等技术不断进步。

(4)资源回收过程毒害组分无害化处置。废弃线路板、退役动力电池、重金属冶炼渣等二次资源均蕴含不同种类的毒害元素。国内外越来越关注毒害组分在资源循环利用过程中的演变规律和迁移行为,开发了针对不同有毒有害组分的稳定化和无害化安全处置技术,如二噁英释放抑制与高效解离、砷的稳定固化、氰化物的降解、氮氧化物的无害化处置等。

资源循环利用学科在国内逐渐发展,中南大学、北京科技大学、东北大学、昆明理工大学、江西理工大学、兰州理工大学、武汉科技大学、安徽工业大学、内蒙古科技大学等高校以及中国科学院过程工程研究所、有研科技集团有限公司、矿冶科技集团有限公司等研究院所都已有资源循环利用的特色方向或团队,围绕冶金和材料使用过程中重金属、轻金属、稀有稀散金属、贵金属资源的回收利用持续开展相关基础理论和技术的研究。我国资源循环产业已拥有从回收、破碎、拆解、分选、冶炼和再加工等环节的一些世界领先和先进技术,已实现和正在推进产业化应用,并逐步向国外输出。但是由于我国冶金企业较为分散,二次物料种类、成分差别大,具有国际竞争力的大规模再生企业和集团较少。

4）冶金环境工程

设置 "metallurgical environmental engineering" or "metallurgical pollution control" or "metallurgical pollution" or "heavy metal pollution"的主题检索词，在 Web of Science 中检索，2009～2018 年的 10 年间全球共发表论文 2084 篇 SCI 论文，论文年度分布如图 1-19 所示。其中，2014 年以前，本领域 SCI 论文的年发表量很少，从 2009 年的 20 篇到 2014 年的 44 篇，经历了 6 年的缓慢提升。之后年发表 SCI 论文数量呈现井喷式增长，到 2015 年快速增长至 254 篇，相比于 2014 年增加了近 6 倍。之后每年发表的 SCI 论文数量保持快速增加，至 2018 年发表 SCI 论文数量达到 683 篇。以上数据在一定程度上可以表明，2014 年以前本领域的基础科学研究偏少，且发展速度较慢，可能与本领域更重视工程技术开发有一定的关联。而 2015 年之后，随着对重金属污染等冶金环境污染的危害日益重视，基础研究投入保持了较高的投入，因此相关的 SCI 论文数量急剧增多。

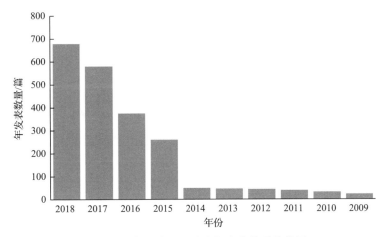

图 1-19　本领域 SCI 论文年发表数量趋势图

图 1-20 为本领域的主要研究方向分布，在所列出的前 22 个研究方向中，环境科学与生态学(environmental sciences ecology)处于绝对优势，SCI 论文数达到 1532 篇，占比超过 73%，远远高于其他的研究方向。此外，公共环境职业健康(public environmental occupational health)、农业(agriculture)、工程(engineering)、毒理学(toxicology)以及水资源(water resource)分列 2～6 位，SCI 论文高于 500 篇。另外，冶金与冶金工程(metallurgy metallurgical engineering)、气象与大气科学(meteorology atmospheric sciences)、数学(mathematics)等位列前 20 个主要研究方向。以上数据分析表明，冶金环境工程学科体现出较好的"高度分化、深度融合"特性，也显示出冶金环境工程对研究方向的全面覆盖度，是未来冶金工程技术领域发展的重要方向。

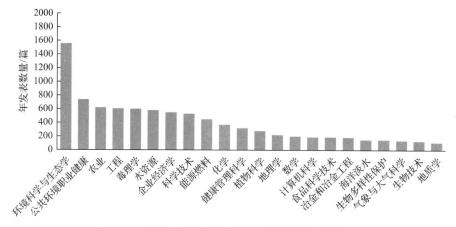

图 1-20　冶金环境工程领域 SCI 论文研究方向分布图

　　统计冶金环境工程领域研究论文数量的国家分布情况，如图 1-21 所示。我国是冶金环境工程领域发表论文最多的国家，达到 495 篇，占比达到 1/4，表明我国在该领域的研究占据重要地位，也可以看出我国在冶金环境工程领域的持续大力投入，保障了我国在该领域的绝对领先地位。其次为印度、美国、伊朗和俄罗斯。传统发达国家澳大利亚、西班牙、英国、德国、法国、日本、加拿大等也都排在前 25 位，表明这些国家也十分重视冶金环境保护。发达国家中比较重要的冶炼大国如芬兰、瑞典等相关研究较少，可能与其从事该领域的研究人员基数偏少有关。而发展中国家中重要的冶炼国家如智利、印度尼西亚等则可能由于重视程度及教育相对落后等原因，也未上榜。

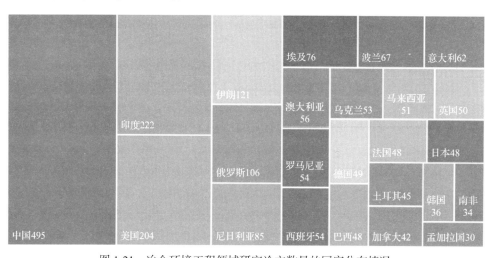

图 1-21　冶金环境工程领域研究论文数量的国家分布情况

a. 冶金污染物形成规律及源解析现状

冶金污染物形成规律与源解析是冶金环境工程学科的重要研究方向，其深入研究是解决冶金污染物"从哪里来？""到哪里去？"以及"怎么来？"的重要研究手段。根据统计的 SCI 文献，将该领域的每篇论文的关键词提取后，分国外、国内分别建立图 1-22 的网络可视化图谱。国外以美国、印度、伊朗、德国等为主，出现频率最高的关键词主要有重金属(heavy metal)、重金属污染(heavy metal pollution)、污染(contamination)、种类(speciation)、元素(element)、镉(cadmium)、铅(lead)以及源解析(source apportionment)等，其中以重金属(heavy metal)和重金属污染(heavy metal pollution)、污染(contamination)最为显著。但总体上，各热点关键词的相互关联性似乎比较分散，其中源解析(source apportionment)关键词，与主要高频率关键词之间的距离较远，而机理(mechanism)这一关键词未能体现在可视化图谱中，表明国外该领域的研究论文可能更集中将某一个问题阐述清楚。

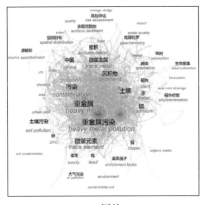

(a) 国外　　　　　　　　　　　　　　　(b) 国内

图 1-22　冶金污染物形成规律及源解析领域的关键词网络可视化图谱

国内在该领域的关键词出现频率及关联度的情况与国外大体上呈现相同的趋势。主要关键词重金属(heavy metal)、重金属污染(heavy metal pollution)、污染(contamination)等出现的频率也很高，表明该领域对重金属污染形成规律研究的重视。与国外研究的主要区别有：①总体上，国内研究中各关键词的关联性更强、更密集一些，尤其是风险评估(risk assessment)、健康风险(health risk)、生态风险(ecological risk)、污染评估(pollution assessment)等关键词出现的频率明显更多，且与主要关键词的联系更为紧密，表明国内在涉及冶金污染物形成规律及源解析的论文中，更喜欢将生态、健康、环境风险结合起来论述，这表明我国研究者更关注冶金污染物对生态与健康的影响，更注重民生；②一些重要关键词，如连续提取方法(sequential extraction procedure)、空间分布(spatial distribution)、多变量分析(multivariate analysis)以及污染源识别(source identification)等并未或者很少出现在国外研究论文中，但在国内研究论文中出现，且频率较高，表明我国研究者在该领域的研究更注重污染物解析方法以及污染源分布，而这是解析冶金污染物形成规律与源解析的重要内容。综上，可以在一定程度上判定，我国对该领域的研究更为重视，研究内容也更为合理，值得继续加大投入支持，引领该领域的发展。

b. 冶金废水污染控制基础研究现状

对比国内外在冶金废水污染控制领域的关键词网络可视化图谱(图 1-23)，可获取国内外在冶金废水污染控制领域基础研究的主要区别：①国内相关研究数量较国外明显较少；主要关键词重金属(heavy metal)、废水(waste water)、吸附(adsorption)、生物吸附(biosorption)、去除(removal)等出现频率均最高，但总体来说在国外论文中各高频率关键词出现得更集中，各关键词的关联性在论文中更密切，而相比之下国内论文则显得分散。②国外研究中，经常出现机理(mechanism)、动力学(kinetics)、平衡(equilibrium)等基础研究中常用的词汇，而国内则少或者未出现上述关键词，更侧重于具体的处理技术，表明我国在冶金废水污染控制领域的基础研究相对国外来说可能存在一定的距离，这也是未来我国需要重点加强的方向。③水中冶金污染物的毒性(toxicity)、生物有效性(bioavailability)以及六价铬(hexavalent chromium)等关键词经常出现于国外研究论文中，表明国外对水溶液中的六价铬等重金属的生物毒性以及重金属复合污染治理更为关注，而国内对于这一领域的研究偏少，这也是值得我们重视的一个方面。④纵观国内外的研究论文，发现有关冶金行业产生的络合物(如重金属-氨络合物、重金属-有机物络合物)、氟氯等难处理废水均未能重点关注，主要原因是这类废水污染物极难有效治理，相关的基础研究极其缺乏，通过大力支持这类废水的专利，有望引领该领域基础研究的发展趋势。

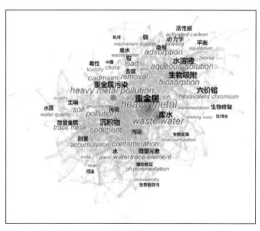
(a) 国外

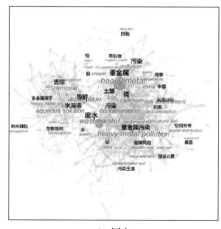
(b) 国内

图 1-23　冶金废水污染控制领域的关键词网络可视化图谱

c. 冶金气型污染物控制基础研究现状

同样,对比国内外在冶金气型污染物控制领域的研究论文关键词发现(图 1-24),我国在该领域的研究论文数量严重不足,相应的关键词也较少,表明我国在冶金气型污染物控制领域的基础研究相对薄弱,值得加大投入力度,加强该领域的基础研究。从统计的关键词来看,国内外都比较重视微结构(microstructure)和污染物在烟气中迁移转化行为(behavior)的解析,也比较关注烟气治理过程中的有关特性,如机械收尘装置的机械性能(mechanical property)、电除尘装置的热导电性能(thermal conductivity)以及烟气中有价金属的回收(recovery)等。

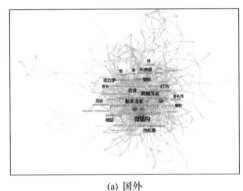

(a) 国外　　　　　　　　　　　　　　　　　(b) 国内

图 1-24　冶金气型污染物控制领域的关键词网络可视化图谱

d. 冶金固体废弃物资源化处理与处置基础研究现状

冶金固体废弃物资源化处理与处置领域的研究论文分析情况如图 1-25 所示。根据关键词的出现频次及相互关联度可以发现,国内外在固体废弃物领域更注重循环回收,这也是由冶金固体废弃物的资源属性所决定的,因此循环(recycling)、回收(recovery)作为出现频率最高的关键词存在于国内外文献中;主要处理方法集

(a) 国外　　　　　　　　　　　　　　　　　(b) 国内

图 1-25　冶金固体废弃物资源化处理与处置领域的关键词网络可视化图谱

中于萃取、浸出(extraction、leaching)。值得指出的是,相比于国外的研究,我国在冶金固体废弃物资源化处理与处置领域的研究论文数量还存在一定程度的不足;另外,国内对于冶金固体废弃物的减量、分离和去除的关注比国外更多。另外,对于冶金固体废弃物中的重要危废——含砷固体废弃物的关注,则在国内外研究中都体现得较少,说明对含砷固体废弃物危害的重视程度远远不够,含砷危废治理的基础研究任重道远。

　　e. 冶金污染场地修复基础研究现状

　　对冶金污染场地修复领域的研究分析发现(图 1-26),相比于国外,我国在冶金污染场地修复领域的研究论文数量更多,且关键词更为丰富,表明我国在该领域的研究在一定程度上可能领先世界水平。具体来说,土壤(soil)、沉积物(sediment)是国内外冶金场地修复比较关注的话题,其中国外比较关注铅(lead)、镉(cadmium),而国内还比较关注健康风险(health risk)、生态风险(ecological risk)、风险评价(risk assessment)等。值得指出的,国外关键词中出现频率较高的统计分析(statistical analysis)并未体现在国内高频关键词中。

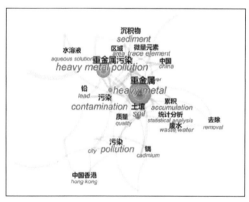
(a) 国外

(b) 国内

图 1-26　冶金污染场地修复领域的关键词网络可视化图谱

　　f. 重金属毒性与生态效应评估基础研究现状

　　如图 1-27 所示,我国在重金属毒性与生态效应评估领域的研究论文数量要多于世界其他国家的总和,这体现出我国在该领域的基础研究具有一定的实力,或者在一定程度上可能领先于世界。如前所述,在冶金环境工程领域,国内研究中更注重于风险评估(risk assessment)、健康风险评估(health risk assessment)、生态风险评估(ecological risk assessment)。主要关注的重金属污染物有锌(zinc)、镉(cadmium)铜(copper)和铅(lead)等,对铬(chromium)、砷(arsenic)的关注也比较少。值得指出的是,冶炼重金属污染物的形态(morphology)、结构(structure)与生物毒性(biotoxicity)及生物有效性(bioavailability)直接相关,是诱发生态风险

(ecological risk)、健康风险(health risk)的直接原因，但这两个关键词并未出现在国内外的高频关键词图谱中，在后续的规划中应加强对这一关键科学问题的持续资助。

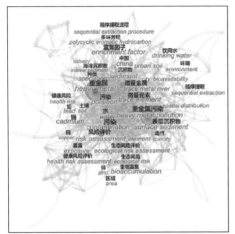 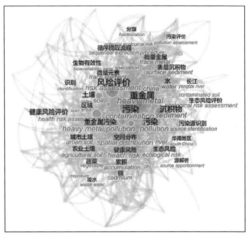

(a) 国外   (b) 国内

图 1-27   重金属毒性与生态效应评估领域的关键词网络可视化图谱

5)冶金与材料新工艺

冶金与材料新工艺包括特殊冶金与冶金材料制备两个学科分支。

a. 特殊冶金学科分支的发展

①电磁冶金

1983 年日本名古屋大学浅井滋生教授发表了"磁流体力学在冶金过程中的应用"一文，日本由于受到国际理论与应用力学联盟研讨会的启发，在日本钢铁协会研究委员会的下属组织——炼钢未来技术的调查、研讨委员会提出了将磁流体力学应用到冶金领域中的有关问题，并将其命名为电磁冶金。

东北大学材料电磁过程研究教育部重点实验室是国内最早从事材料电磁过程研究的单位之一。上海大学、大连理工大学等在电磁冶金方面也取得了许多研究成果。上海大学邓康等用电磁脱氧-电磁连铸法生产高性能无氧铜已完成工业试验和批量生产。电磁技术在冶金提取和分离过程的应用研究受到越来越多的关注。研究表明：电磁技术可以对矿物结构和冶金过程产生影响；磁场烧结和电场活化焙烧，可以提高合金致密度、显微组织演变和晶体长大速率；磁场强化浸出含砷难处理金矿；在相同浸出时间下，常规氰化的浸出率为 19.91%，而磁场氰化浸出率则提高为 53.01%。高频电磁场处理可提高含金硫化矿磨矿效果，大幅度降低磨矿的能量消耗，使有用颗粒单体解离程度提高一倍。磁场流化床是电磁技术在反应器方面的一个应用。作为一种新型高效的流态化技术，其应用领域正不断拓展。

从理论上讲,将强磁场(大于1T)应用于矿物的焙烧、浸出、分离等过程一定会发现激动人心的现象。研究表明:强磁场焙烧预处理作用机理是将强大的磁化能量输入到材料的原子尺度,改变原子和分子的排列、匹配、迁移等行为,利用磁场对矿物进行选择性加热,促进矿物的单体离解来增加矿物的反应面积。东北大学的张廷安等用磁场强度为6T强磁场焙烧预处理一水硬铝石矿(焙烧温度550℃,焙烧60min),与未焙烧的铝土矿相比溶出温度下降50℃左右。东北大学最先将强磁场应用于铝熔体精炼中,实现了金属铝的高纯净化,并细化了其微观组织,整体技术装备水平世界领先。

②微波冶金

作为一种新型绿色冶金方法,微波加热在磨矿、预处理、预还原、干燥、焙烧、金属提取和烟尘等废料的处理和利用等领域受到了广泛重视。

在微波辅助磨矿方面,传统磨矿大约消耗矿物加工过程总能耗的59%～70%,但能效却只有约1%。利用微波辐射可有效促使矿石中组分颗粒间断裂,甚至可以使钛铁矿等矿石的功指数迅速下降90%以上。Kingman的研究还表明,用大功率微波短时间预处理钛铁矿在迅速产生应力、降低矿石强度和提高磨矿产量的同时,还强化了其组分的磁学性质,对提高下游浮选和磁分离等过程的回收率非常有效。

在微波强化浸出方面,Yianatos等采用微波激活促进辉钼精矿中铜硫酸盐化浸出,结果表明,微波辐照温度为190～240℃,当辐射时间小于15min时,可以使辉钼精矿中铜的质量分数由3.6%降低为0.1%以下。Nanthakumar等研究了低品位难浸金矿的微波预处理,结果表明,经微波预处理后,矿石中的总碳可降低60%以上,致密硫化物则基本被氧化为结构更为疏松的氧化物。微波预处理后的矿石用氰化物浸出,金回收率可达95%以上,与不经预处理、常规氰化浸出26h的金浸出率相当。丁伟安研究发现,与传统加热搅拌浸出相比,微波加热浸出硫化铜精矿无须机械搅拌,浸出速率明显加快,反应时间大大缩短。彭金辉等研究了闪锌矿的微波辐射三氯化铁浸出发现,与传统浸出方式相比,微波辐射下的锌浸出率提高,浸出速率加快。

在微波辅助萃取方面,高云涛等在微波辅助聚乙二醇-硫酸铵双水相体系中研究发现,微波辅助萃取时极性溶剂比非极性溶剂更有利,因为极性溶剂吸收微波的能力更强,溶剂的活性更容易提高,极性溶剂与被萃物之间的相互作用更有效。

在微波碳热还原方面,微波碳热还原就是利用碳对微波的良好吸收性能来还原氧化物,从而得到有用的金属或化合物。Standish等研究了铁矿石的微波碳热还原时发现,微波加热可以解决传统加热方法无法解决的"冷中心"问题,而且氧化物的碳热还原速率明显提高。戴长虹等利用微波加热能够降低合成温度,减少合成时间,不但节能、省时,而且有助于得到高纯、超细的碳化硅(SiC)粉末。

③生物冶金

高效浸矿微生物菌种是生物冶金的关键。中南大学首先采用不同 Fe/S 值的磁黄铁矿筛选浸矿菌种，可以筛选到不同生态适应性的浸矿菌株。山东大学报道了异源抗砷基因在氧化亚铁硫杆菌中的表达，利用氧化亚铁硫杆菌抗砷工程菌 Tf-59(pSDX3)处理含砷金精矿，获得较好的抗砷效果。常用的生物浸出方法包括堆浸、渗滤浸出、搅拌浸出和就地浸出。在生物浸出过程中，有很多因素对金属的浸出速度和浸出率有影响，其中主要有：①菌种的选择；②浸出体系中微生物能否获得足够的营养；③浸矿体系的温度是否适合浸矿微生物的生长；④浸出液的 pH 范围；⑤介质的氧化还原电位，(浸出液的氧化还原电位主要取决于其中 Fe^{3+} 与 Fe^{2+} 浓度比)；⑥O_2 和 CO_2 的供给，一般还在溶液中补充空气；⑦阳、阴离子的浓度不能超过浸矿微生物的耐受程度；⑧矿料的粒度及矿浆的固体浓度(矿石粒度影响金属矿物表面的暴露程度及其氧化反应动力学)。其他危害微生物的因素还包括日光中的紫外线以及黄药等一些药剂成分。

目前，生物冶金技术的工业应用还仅限于铜、铀、金矿石。据报道，美国 30%(世界上 25%)铜产量是由(微生物)浸出-萃取-电积工艺技术生产的，主要解决了次生硫化铜矿及氧化铜矿的问题。世界上最大的次生铜矿浸出厂(23 万 t/a)已在智利投产多年，加拿大有相当一部分的铀采用微生物浸出生产，其他国家如南非、俄罗斯、澳大利亚和法国等也利用此法提取贫矿石中的铜和铀。2010 年以来，用微生物氧化法处理难浸金矿的技术取得进展，呈现取代传统焙烧法、加压氧化法的趋势，在美国、加拿大、澳大利亚、南非等国已建有十几个处理金精矿的微生物氧化试验工厂。

20 世纪 90 年代后，我国开始在矿冶生物技术的工业化应用上取得重要进展，如在江西铜业股份有限公司德兴铜矿成功地实施了铜废石的微生物浸出-萃取-电积新工艺，建成了一座规模为年产 2000t 电积铜的工厂，标志着我国低品位铜矿的微生物浸出法生产开始进入实用化阶段。我国在难处理金矿生物氧化预处理方面也取得了产业化的重要突破，先后在山东莱州与烟台建成了生物预氧化的黄金冶炼厂。

④自蔓延冶金

自蔓延冶金是将自蔓延高温合成技术与现代冶金过程(冶金分离技术)相结合，以制备陶瓷或金属微粉为目的的特殊冶金技术。该方法充分利用化学能(强放热体系)获得冶金熔体，再经过冶金过程可获得所需的金属或合金。

东北大学利用自蔓延冶金制备了无定形硼粉，硼粉纯度可达 92.43%，平均粒度为 0.5～0.8μm；以钨酸钙($CaWO_4$)、镁粉为原料制备钨粉，得到平均粒径 0.87μm、比表面积 $1.09m^2/g$、纯度≥99.0%的钨粉；张廷安等成功地制备了硼化物系列陶瓷微粉，其中六硼化钙(CaB_6)纯度达 98.5%，并且成功地制备出高纯度的碳化硼(B_4C)、二硼化钛(TiB_2)和六硼化镧(LaB_6)微粉,取得制备六硼化钙、六硼化镧粉末的发明专利。

东北大学在自蔓延高温合成技术方面还开展了基于铝热还原法制备铜铬合金触头材料的新工艺研究,即采用铝热还原-电磁铸造法制备铜铬合金铸锭,其显微结构和含气量均优于国内其他研究水平。在多年的研究基础上又提出了铝热还原-电渣精炼法制备铜铬的新工艺,并对合金铸锭的显微组织、夹杂物分布、电渣重熔过程中界面现象和界面传输问题进行了系统的基础性研究,开发了多级还原制备钛与钛合金的新理论、新方法。2018年建成世界上首条金属热还原法制备钛与钛合金的低成本绿色生产工业示范线,为钛材的短流程低成本清洁应用奠定了基础。

⑤加压湿法冶金

近年来,加压湿法冶金应用于处理重有色金属硫化矿发展迅速,在环境保护及强化金属提取方面显示了明显的优越性,加压氨浸、加压酸浸、加压碱浸和加压氰化等技术研究都得到发展。加压湿法冶金具有反应速度快,流程短,操作环境好,副产元素硫,能耗低,加工成本低,建设投资少等一系列优点,符合冶金行业可持续发展及走新型工业化道路的要求。山西铝厂高压溶出系统存在溶出温度偏低、溶出率降低、溶出赤泥铝硅比偏高、设备产能下降、铝土矿中氧化铝回收率低的问题,为了改善溶出时间延长、溶出温度提高,采用增加压煮器后,传热面积增大、传热效果好、溶出温度得以提高、结疤清理周期缩短。

⑥超声强化冶金

利用超声波辅助和强化发生在反应体系液体内部、固液界面的物理化学反应过程,可为改善有色金属冶金过程工艺及其产品提供新的有效手段。通过超声空化和振动效应,可强化液相反应体系中流动、传质和传热过程以及固相粒子和气泡运动,促进矿物中有色金属浸出、溶液中杂质分离以及分解结晶等多相反应过程,在氧化铝分解结晶、酸法提取氧化铝的溶出及溶液中杂质分离、粉煤灰制备白炭黑等过程中获得良好效果。在电化学冶金方面,北京科技大学和挪威科技大学研究人员采用超声波强化驱逐阳极气泡的方法,使铝电解槽电压显著降低而展现出新的节能途径。超声强化冶金的理论和技术应用,涉及物理、化学、声学、冶金、电化学、材料、信息技术等众多学科知识。近年来,国内外有关超声强化冶金的研究多数集中在超声波提高冶金工艺效率和优化参数方面,对于在不同反应体系和条件下超声作用的机理、反应过程调控模式及反应器设计和放大规律等基础科学问题,还有待于系统深入地跨学科研究。

b. 冶金材料制备学科分支的发展

冶金的最终目的是制造国民经济和国防所需材料。从产业生态出发,集冶金与材料一体化而直接制备成材;或借鉴冶金的方法和设备,进行新材料制备和开发，不仅可以降低能源消耗，而且可以得到各种特殊性能的新材料，由此产生了材料冶金这一新兴冶金学科方向。近年来几乎所有的冶金会议和发展战略研究中，都把材料冶金放在一个重要位置。通过冶金方法包括火法制备材料已成为当今冶金学科中一个活跃的发展方向。例如，自蔓延冶金、微波合成冶金、电磁冶金等外场冶金技术在高附加值冶金新材料的短流程制备中得到广泛的关注。

精细冶金是研究由金属矿产或再生资源直接制取精细冶金产品、精细化工产品及精细材料产品的工艺及理论的一门边缘科学，它是一门由冶金学、化工工艺学、粉体工艺学和材料工艺学相互交叉而形成的前沿学科。精细冶金也可以称为材料冶金，包括精细冶金单元过程、化工材料冶金、高纯材料冶金和超细纳米材料冶金、功能材料冶金及多元材料冶金等。随着科学技术的迅速发展，对材料提出越来越高的要求。为了制备性能优异的材料，综合应用各种化学、物理、冶金、化工、机械加工方法，使冶金从单纯的金属提取向新材料制备方向延伸发展，这是冶金和材料学科发展的趋势。液相沉积法是新型粉体制备的重要方法，特别是它与湿法冶金工艺联合，具有成本低、产量高等优点，因而得到迅速发展，形成独具特色的精细冶金新学科。精细冶金将湿法冶金的一些新技术，如金属的湿法提取和金属离子溶液的高度纯化技术、电沉积、还原沉积、化学沉淀、水热合成等应用于新型粉体材料的制备中，与相邻的学科和技术进行交叉、渗透，从而出现一系列新的制备方法、新的材料和新的应用领域。

金属材料是指金属元素或以金属元素为主构成的具有金属特性的材料的统称，包括纯金属、合金、金属间化合物和特种金属材料等。通常分为有色金属材料和特种金属材料。其中，有色金属材料制备过程主要包括冶金材料一体化、多孔材料、高纯金属材料、铝用惰性阳极材料的制备过程基础理论。冶金材料一体化是指采用传统的冶金方法与外场强化技术直接制备有色金属及合金的短流程新理论、新方法。其中最典型的是自蔓延冶金材料制备短流程新技术和新理论，具体包括镁热自蔓延和铝热自蔓延。铝热自蔓延是将铝热还原反应过程与冶金浇铸工艺相结合形成的铝热自蔓延制备中间合金的短流程新技术，已成功制备钒铁、钼铁以及铝基合金等。

高纯金属材料是现代高新技术发展的综合产物，是衡量一个国家或地区高新技术发展水平的重要指标。高纯金属材料以其特异的性能展示了广阔的应用前景，成为材料科学与工程领域发展最为活跃的重要分支之一，它为传统材料的提质升级提供了新的机遇，金属纯度的提高展示出了金属高纯及超高纯化后的特异功能。金属材料高纯化是指采用真空熔炼、区域精炼及电磁精炼等技术制备出高纯净化的金属材料。多孔/泡沫金属材料最典型的是泡沫铝、泡沫镍等泡沫金属。泡沫铝材料已经从一种概念性的物质转化为一种具有实际用途的新兴材料，并且开发出的制造技术可满足规模化生产的要求。

金属间化合物功能材料是新材料领域的重要组成部分,种类繁多,用途广泛,如能源转换及储能材料、高温氧化物超导体、生物医用陶瓷材料、生态环境材料等都是复杂多元金属化合物材料,相关产业正在形成一个规模宏大的高技术产业群,是国民经济、社会发展及国防建设的重要支撑。

6)冶金热能工程

传统的金属提取技术,一般都耗能高、耗材严重,同时会带来大量污染。所以,如何改进生产工艺,更大程度地将有限的矿产资源转变为更多的金属,是冶金产业中需要不断解决的问题。多年来,冶金热能工程学科坚持服务于行业建设的重大需求,以冶金过程能量高效利用和能级匹配的改革创新为宗旨,兼顾环境保护与资源利用最大化,不断地引入新的学术思想,与时俱进,形成了鲜明的学科定位和完整的理论体系,在全国同类学科中独树一帜,表现出良好的发展势头。本学科目标明确、方向正确、特色突出,在能源高效转换利用、炉窑冶炼过程强化、冶金工业系统节能、冶金工业生态学和循环经济等学科方向上取得许多重要成果和突破;在学科与行业的发展过程中,创立了系统的节能理论和方法,并得到冶金界的普遍认可,被确立为长时期内我国冶金工业节能降耗的指导方针,为我国冶金工业节能减排做出重要贡献。铝电解技术在国际上处于领先水平,伴随着产量的不断增长,铝电解节能技术同样取得了巨大进步,形成了一系列先进技术。如中国铝业股份有限公司郑州研究院开发了铝电解槽长期无效应状态下高效稳定运行的工艺、控制技术和低电压铝电解节能成套关键技术;东北大学、中国铝业股份有限公司等开发了新型阴极结构铝电解槽成套技术;新型稳流保温铝电解节能技术突破了传统铝电解低电压低效率的技术缺陷;采用单钢棒技术降低铝液水平电流和炉底压降;结合阴极结构阻尼技术的更低能耗铝电解节能技术及相匹配的低炉底压降磷生铁浇铸技术,实现铝电解更低能耗下电压平衡、能量平衡与工艺参数综合匹配及长期稳定运行。高效、节能和低污染的富氧强化熔炼技术,提升了熔炼效率和产能,充分利用精矿氧化反应热量,在自热或接近自热的条件下进行熔炼,产出高浓度的 SO_2 烟气以便有效地回收硫,制造硫酸或其他硫产品,减少对环境的污染,节约能源,获取良好的经济效益。以铜为例,富氧强化熔炼技术主要分为闪速熔炼和熔池熔炼两类,针对富氧强化熔炼过程的冶炼炉,建立了多元多相平衡数学模型,为冶金过程中详细物流信息和热平衡信息构建了预测模型,为工艺设计、放大提供理论指导,从而提高冶金工艺全流程设计计算效率。将基于黑色金属冶金能量流、能量流网络和网络优化等研究成果成功地引入有色金属冶金行业中,对建设资源节约型、环境友好型冶金工业提供了基础理论和技术支撑。

近年来冶金领域内与热能工程学科相关的 SCI、EI 论文情况,如图 1-28～图 1-30

所示，可以看出冶金热能工程科学的科技成果表现非常活跃，相关的科技论文无论从数量上还是增长速度上有非常突出的表现。这与我国冶金工业发展迅猛、存在部分冶金装备相对不够先进、自控程度不足、能源损耗问题突出和冶金行业强力推行的节能减排措施和政策有关。

3. 钢铁冶金工程学科发展布局

1) 冶金物理化学
冶金物理化学学科的发展布局如下。
(1) 洁净钢精炼的相关冶金物理化学研究。建立冶金反应过程热力学模型，通过热力学理论预测冶金反应组元变化，优化冶金过程操作，提升冶金质量和水平。

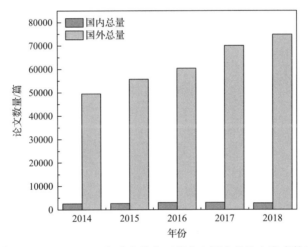

图 1-28 2014～2018 年冶金热能工程方向国内外论文发表数量

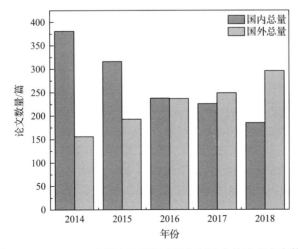

图 1-29 2014～2018 年冶金节能减排方向国内外论文发表数量

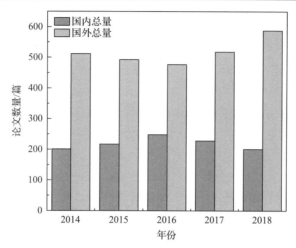

图 1-30　2014～2018 年有色金属冶金能源方向国内外论文发表数量

(2)冶金熔体原子尺度微观结构对熔体高温物理化学性质的决定机制、本构方程及可量化数学预测模型。尤其要关注适合挥发性冶金熔体高温物理化学性质研究的方法。

(3)贫矿的经济绿色利用问题。传统的冶炼富矿工艺很难利用我国的贫矿资源,或是生产的产品不达标,或是流程长、无经济效益。因此,针对我国贫矿利用新流程的研发,需开展相关的基础研究。

(4)多金属共伴生矿的绿色高效利用问题。多金属共伴生矿是我国矿产资源的一个特色,国外没有可以直接利用的研究工作,需要我国自力更生进行较长时间的研究积累,进行持续的支持。

(5)二次资源的充分利用问题。这是一个世界性问题,西方国家的经验和工作值得借鉴,考虑到我国的实际情况,仍有很多工作需要我们自己来完成。

2)冶金反应工程学

冶金反应工程学学科的发展布局如下。

(1)冶金过程多元反应动力学耦合计算。冶金过程反应非常复杂,同时发生且相互影响,有必要对冶金反应器内的各个组元间的反应进行耦合计算,预测不同时刻反应器内各个组元的成分变化。

(2)将冶金软科学与冶金物理化学结合进行过程动力学、过程优化与控制研究。将传输现象与物理化学反应计算结合,运用现代计算流体力学、物理化学的理论对冶金过程进行模拟与仿真是实现冶金过程优化与控制的重要手段。

(3)多金属协同强化分离的关键装备与科学问题。关键装备包括中间复杂物相的精细化识别与分选、反应过程原位活化与提取、多金属形态识别与高效分离等。

需要解决工业数据智能互联与交互、多元素多物相在线解析与反馈、过程耦合强化与反应器精准放大、过程和多场协同作用模拟与优化等科学问题。

(4) 低碳环保冶金装备研发。随着低碳生产工艺的深化，以及氢能源冶金生产的初见端倪，冶金装备的研发必须紧跟低碳、氢冶金等科学技术进步的巨大需求。

3) 钢铁冶金

钢铁冶金的发展布局如下。

(1) 氢气炼铁技术。高炉喷吹氢气技术可大幅提高高炉生产效率、减少 CO_2 排放，应重点研究高炉喷吹氢气的喷吹位置、喷吹量等喷吹方式，掌握喷吹氢气对炉料在炉内反应进程以及高炉操作的影响规律。然而，冶金反应器内复杂反应条件下的氢冶金相关理论还有待进一步深入研究。

(2) 超低硅炉料制备技术。研究低硅(<2.0%)球团矿还原膨胀机理及其控制措施，研究超低硅(<4.0%)烧结矿液相生成与控制机理、液相量与强度、粒度、低温还原粉化指数的关系。提出超低硅优质炉料制备工艺技术，为高炉低渣比冶炼创造条件。

(3) 新一代气基直接还原炼铁技术。气基直接还原炼铁工艺相比传统高炉工艺具有显著的环保优势，发展气基直接还原炼铁技术是改善我国钢铁工业能源结构、降低能耗、减少 CO_2 排放、改善钢铁产品结构、实现绿色可持续发展的重要途径之一。

(4) 钢中非金属夹杂物与钢材性能关联性研究。钢中非金属夹杂物直接决定钢材的性能，因此有必要针对夹杂物自身物理化学性质，以及夹杂物与钢材性能的关联性开展深入研究，确定不同钢种中最优的非金属夹杂物成分及尺度。

(5) 合金、辅料和耐火材料对钢水洁净度影响机理研究。为了提升钢水洁净度水平，炼钢过程中加入大量的合金和辅料，一方面，合金、辅料和耐火材料中的氧化物会与钢水发生反应；另一方面，其中的杂质元素还会直接导致钢水洁净度恶化，严重影响钢铁质量。因此有必要对其开展深入研究，确定有利于水洁净度水平提升的合金、辅料和耐火材料。

(6) 以新一代钢包冶金技术为代表的高效洁净钢冶炼过程所涉及的冶金动力学及反应工程学。

(7) 炉渣电解脱氧、感应钢包精炼、含氢等离子钢包精炼等无污染精炼技术中杂质元素和非金属夹杂物的行为。

(8) 以高锰钢、高铝钢为代表的新一代高强度、高延展性钢的热力学数据获取，连铸凝固特性与保护渣研发，铸坯质量控制，以及相关冶金理论基础的完善。

(9) 高效连铸技术特别是高拉速连铸、薄板坯连铸连轧、薄带铸轧一体化(近终形制造)过程中，初始凝固行为、凝固缺陷形成机理、连铸保护渣体系设计、初始凝固坯壳质量控制、冷却/压下与铸坯凝固组织及产品性能的内在关系以及在线检测、大数据模型建立。

(10)高废钢比炼钢理论与技术。国内废钢供应将会快速转向富余,预期未来会出现严重过剩,废钢价格大幅降低,其后电炉流程会较快发展,因此有必要开展高废钢比炼钢理论与技术研究,尤其是控制与去除废钢中残余元素的研究。

(11)冶金固废综合利用基础研究,重点是炼钢、铁合金炉渣及其他废弃物(如脱硫石膏等)。

(12)无间隙原子钢顶渣改质最大的问题是环保问题,研究基于环保型顶渣改质工艺的相关基础研究。

4)外场冶金与特种冶金

微波作为一种新型的前沿交叉学科,在过程强化方面体现出了巨大的优越性,尽管许多学者从事微波在钢铁冶金方面的研究,并取得了一定的研究成果,但微波冶金基础理论研究不深入,微波冶金反应器设计与放大工程基础问题欠缺,大型工程化应用更是鲜有报道。因此,微波在钢铁冶金中的应用急需在以下方面取得突破创新。

(1)微波物料电磁特性基础数据测定。准确采集物料的微波介电特性,是研究微波能应用技术、探索新工艺的必要依据和基础数据,也是构成处理物料微波特性的主要组成部分。建立较为齐全的金属矿物和废渣微波电介质特性数据库,可为合理制定微波应用新工艺的开发、装备设计以及仿真验证奠定基础。

(2)微波冶金反应器设计与放大理论。微波加热不同的"三传"模式,需要掌握微波冶金反应的"特性"与反应器的"特征"相"匹配"原则,研究其规律并建立数学方程。建立反应器放大过程中的核心相似准数,建立数值模拟、物理模拟与工程实践协调统一的方法。

(3)微波工程装备的模块化组合技术。目前国内的微波装备尽管实现了自动化,与其他技术装备组合后,其控制系统较为复杂,同时在组装和更换时略显烦琐,与冶金、新材料等行业产业化的要求还有一定差距,能否在最短时间内完成检修是拓展工业化应用的关键,因此将装备进行模块化设计,提高工业化应用的便捷性,需要进一步开展研究。

特种冶金的发展布局如下。

(1)深入开展理论研究,获得更多的基础理论数据。随着高端装备制造业对材料性能要求的不断提高,高端产品的冶金质量也需要不断改善,急需特种冶金基础理论的提升与支持。特别是在熔渣物理化学性能,渣-金之间的物理化学反应,渣池流动、温度场,以及熔池内金属流动、温度场,钢液凝固过程中溶质迁移行为和凝固组织控制,真空下元素的挥发和去除,坩埚材料与金属熔体之间的物理化学反应,脱氧和非金属夹杂物的形成和去除机理等超纯熔炼理论,电磁作用下金属熔池流动、温度场，钢液和合金凝固过程中溶质迁移行为和凝固组织控制等基础理论方面开展深入的研究是十分必要的。

(2) 开发高温合金铸锭的大型化、低偏析熔炼技术及装备。大飞机、重型燃气轮机、700℃以上先进超超临界火电机组等重大装备和重大工程对大型高温合金铸锭提出了更高要求。例如，需要研制直径大于 900mm，甚至达到 1200mm，重量接近 30t 的高温合金真空自耗铸锭。一方面需要 20～30t 大型真空感应炉和真空自耗炉装备，另一方面需要开发低偏析、高纯净度的合金铸锭熔炼技术。另外电渣重熔也是制备高合金铸锭的一种重要手段。但在电渣重熔工艺中金属熔池的深度与铸锭直径、电极熔化速度密切相关，钢锭直径越大，熔速越大，对应的金属熔池越深，枝晶间距越大，成分越容易偏析，尤其是电渣锭中心，金属熔池较深，特别容易出现元素偏析。而钢锭的合金含量越高，两相区越宽，非常容易出现元素偏析，在铸锭中形成大尺寸脆性金属间化合物。锭型越大成分偏析倾向性越大，组织均匀度控制难度越大，这一问题已经成为全世界仍然没有解决的一个难题。

(3) 特种冶金新方法的探索和开发，使特种冶金设备的特色得到充分的发挥。例如，真空设备中的电磁搅拌和惰性气体对熔池的搅拌作用将加强，电渣冶金技术对钢的洁净度控制、元素偏析和凝固组织的调控能力将得到进一步加强。一炉多用的特种冶金设备将得到更大的发展。冷坩埚悬浮熔炼技术与定向凝固技术、激冷技术、喷雾制粉技术等相结合，电渣技术将根据需要具备真空、保护气氛及加压熔炼能力。电渣表面复合技术生产双金属轧辊或多金属复合材料或梯度材料。电渣重熔与喷射成形技术相结合制备组织与粉末冶金相当，但纯净度大幅提高的铁基高温合金或镍基高温合金铸锭也将是未来有望产业化的技术方向。

5) 冶金耐火材料

开发与冶金过程配套的耐火材料设计与制备和评价技术，保障冶金工业的可持续发展，同时发展冶金固体废弃物资源化利用新途径，学科发展布局主要涉及如下几个方面。

(1) 冶金热工装备传质传热与耐火材料结构设计理论。

(2) 特殊钢及高温合金熔体与炉衬耐火材料界面物理化学。

(3) 低导热耐火材料显微结构控制与性能。

(4) 气基还原冶炼技术用关键耐火材料。

(5) 冶金固体废弃物组成与结构表征及资源化利用基础研究。

6) 冶金资源、能源与环境

作为资源和能源消耗型行业，冶金工业面临着优质矿产资源逐渐枯竭、能源供应日趋紧张、环境负荷逐渐增大等问题，节能减排是冶金工业可持续发展的主要方向与途径之一。节能，主要包括单体节能、界面技术、系统节能与能量流和工业生态链接四个层面的技术。"十四五"期间,重点研究余热余能回收利用,炉窑热过程智能化控制,冶金过程物质流、能量流和信息流耦合,冶金过程多相流,冶金过程低碳与新能源应用,电磁场技术等理论和技术。

7) 冶金史及古代矿物科学

需要布局的领域主要包括中国冶金术起源及其对中华文明早期形成的影响,中国古代钢铁技术体系形成及其经济社会影响,中国近现代冶金工业技术体系形成的因素及其特点,全球视角的中国冶金技术演变过程,古代冶金与生态环境。

4. 有色金属冶金工程学科发展布局

1) 有色金属冶金

为社会和其他行业提供高品质的有色金属材料是有色金属冶金行业及学科的基本任务,有色金属冶金面临的主要问题是资源、能源与环境等,学科发展应着眼于以下方面。

(1) 依靠学科交叉,吸收最新科学成果,有效利用资源,特别是特色有色金属资源和二次资源。

(2) 突出能源与环境问题,多层次发展无污染冶金、绿色冶金,研究可持续发展的冶金新模式。

(3) 加强基础研究和理论创新,为生产更多的、满足国民经济和社会发展所需的高端有色金属材料提供有力支撑。

(4) 以多层次科研基地建设为基础,稳定和培养高水平的研究人才队伍,实现学科的可持续发展。

根据国内外发展趋势和现状,有色金属应加强以下领域和方向的研究。

(1) 有色金属资源高效利用过程中的有价组分高效分离和循环科学。

(2) 冶金过程中多相界面反应动力学。

(3) 有色金属冶金新理论、新技术与新工艺。

(4) 有色金属冶金过程强化。

2) 战略性关键金属资源开发利用

战略性关键金属资源矿产丰度低,开发过程涉及冗长的物理化学过程。关键金属矿产开发利用目前存在开发利用效率低、低端产品居多、高端产品比例小、污染特征明显等问题。未来5~10年,在新反应介质的全新化学新反应路径设计、绿色催化技术、过程强化技术、化学场和物理场耦合的先进反应分离设备、资源循环与环境核心技术集成等方向开发新理论、新方法,建立大幅度提高资源利用率、降低能耗、源头削减废弃物的绿色过程工程基础与清洁生产集成技术示范应用平台,加速新技术产业化进程,催生战略性新兴产业是符合我国国情的战略选择。下一步的学科发展布局分为以下几个方面。

　　a. 高效转化提取过程的基础研究

　　(1)低品位、非传统矿产资源高效转化。如锂云母矿中的锂、铍、钽、铌高效综合提取的新理论与新方法。针对稀土资源，开展贫矿和尾矿稀土回收工作，推进复杂难处理稀有稀土金属共生矿在选矿和冶炼过程中的综合回收利用；重点研发氟碳铈矿及伴生重晶石、萤石、天青石、钍、氟等综合回收技术，包头混合型稀土矿及伴生萤石、铌、钍、钪等综合回收技术，硫酸化焙烧尾气净化回收硫酸、氟化物技术，伴生钍、氟资源的高值化利用技术。

　　(2)清洁冶炼。重点研究新的反应体系、工艺与装备涉及的基础理论；重点开发稀土分离提纯过程酸、碱、氯根综合利用技术，国外复杂稀土矿物低成本、低排放新工艺，稀土分离过程产生的废水、废气综合回收利用技术及装备。

　　(3)二次资源中战略性关键金属的转化提取。重点研究废催化剂中的铂族金属、伴生磷矿中的稀土提取所涉及的新概念、新理论、新方法。积极开展稀土二次资源回收再利用，鼓励开发稀土废旧物收集、处理、分离、提纯等方面的专用工艺、技术和设备，对稀土火法冶金熔盐、炉渣、稀土永磁废料和废旧永磁电机、废镍氢电池、废稀土荧光灯、失效稀土催化剂、废弃稀土抛光粉以及其他含稀土的废弃元器件等二次稀土资源回收再利用。简单多元合金废料中战略性关键金属的提取。

　　b. 溶液富集与净化过程的基础研究

　　重点研究新的萃取剂、新的稀释剂、新的交换剂，新的电化学(熔盐/溶液)净化体系所涉及的合成与反应体系的理论基础与工艺。

　　c. 真空分离与净化

　　真空蒸馏利用多元体系中组元间的蒸汽压差异，使易气化与难气化组元实现物理分离。目前已在锡基、铅基、锌基、铝基以及稀散金属等多元合金的分离和提纯领域得到应用，形成了多项真空气化分离关键技术。未来可以探索高真空高温度条件下，金属及各种化合物的气化特性，开辟金属分离、净化的新途径。

　　d. 高纯材料冶金工艺基础研究

　　重点研究制备信息材料、能源材料、生物材料、生态环境材料的理论和方法，包括检测理论和方法、材料应用性能控制理论和方法。

　　3)资源循环利用

　　资源、能源、环境的问题依然是有色金属冶金学科面临的主要问题，尤其是环境问题。因此，资源循环利用发展应着眼于以下方面：突出资源循环利用过程中的环境问题，监控有毒有害元素的物相演变和迁移路径，实现二次资源毒害组分全量无害化处置；依托国家和省部级资源循环利用基地，开展资源循环利用新理论、新方法和新技术的研究，推动有色金属资源循环利用领域科技创新及应用。

根据国内外发展趋势和现状，有色金属资源循环利用应加强以下领域和方向的研究：二次资源大数据系统及应用；资源循环利用新理论、新方法和新工艺；二次资源冶金-材料一体化理论及工艺；资源循环利用过程二次污染防治。

在上述研究领域和方向的基础上，优先支持的研究方向为现代资源循环利用清洁体系构建理论与方法，基于相场协同过程的强化理论与方法，高性能材料绿色再造理论与方法。

4) 冶金环境工程

a. 冶金污染物形成与源解析

冶金工艺流程复杂，反应条件剧烈，导致关于污染物成因与控制技术的基础理论缺乏；设立冶金污染物形成与源解析研究方向，引导开展冶金污染物形成机制及源解析的基础理论工作，不仅能有效指导行业污染控制技术研发和突破，而且可以为我国大气污染治理、水污染控制等综合环境治理提供理论支撑。本方向针对高温熔炼、高温电冶金等极端冶炼反应过程，以含铅、砷、汞等重金属污染物、硫化物、氟化物、细颗粒物等污染物为对象，重点突破复杂冶金环境中污染物形成机制与控制技术理论。

b. 冶金污染物过程控制

冶炼原料来源广、伴生元素复杂、技术装备参差不齐等，导致生产过程多以中间物料及以"三废"的形式排放的污染物量大、成分复杂，且存在大量能源消耗。这些物料有价金属富集率低，回收困难，资源浪费严重，且存在重金属污染隐患，是冶炼过程的重要污染源，也是影响冶炼资源高效利用的关键点之一。同时随着金属资源的日益贫乏，矿石原料成分也越来越复杂，进一步加剧了有价资源回收的难度及环境恶化。目前，如何有效开展冶炼过程污染物控制技术及相关原理机制，仍然是行业中需要解决的核心问题之一，是建立行业系统污染控制技术体系的关键。本方向围绕冶炼过程中的污染物形态调控、冶炼过程污染物定向富集、多污染物协同控制及有价资源高效富集等技术与原理展开研究。

c. 冶金"三废"治理与资源化

在冶炼提取主金属的同时，冶金工业产生大量的"三废"，造成严重的环境污染。冶炼工艺种类繁多，产生的"三废"具有量大、种类多、性质复杂的特征，围绕冶金"三废"特征的治理与资源化科学问题，揭示复杂物相中污染物的转化与分离机制，阐明污染物从环境中来又归于环境的科学规律，为"三废"污染物的减量化、资源化、无害化提供理论基础。

d. 废物利用与处置过程风险评估

我国冶炼废物含有大量有毒危险废物，依据现有的危险废物管理办法，危险废物经特定处理后，仍然属于危险废物，需要进入危废填埋场进行处理。在当前我国的国情下，危险废物的处理处置效率十分有限，导致有色冶炼危险废物处理现状极为严峻；而在发达国家如美国，已经建立了较健全的废物管理法规及废物利用与处置过程风险评价体系。目前，我国"危险废物排除管理和豁免管理"刚起步，急需开展废物利用与处置过程风险评价基础理论体系研究，构建基于冶金毒性废物处理与处置过程的风险评价指标体系、评价方法、评价模型等，以支撑国家制定与修改《危险废物排除管理清单》《危险废物豁免管理清单》，支撑与推动冶金废物的大宗消纳、冶金废物处理技术开发与应用。

　　e. 冶炼污染场地治理与修复

　　冶炼厂停产搬迁、历史遗留渣料堆存产生了大量的冶炼污染场地，亟须治理及生态恢复。冶炼污染场地在污染状况、污染物赋存性及迁移转化规律存在较大差异，研究难度大。本研究领域主要围绕冶炼污染场地的特征科学问题，揭示污染场地中污染物的迁移转化关键机制及污染输入模式，建立污染物通量模型，阐明冶炼场地生态恢复的科学规律及后评估体系，为冶炼场地治理及生态恢复技术提供理论基础。

　　5) 冶金与材料新工艺

　　冶金与冶金材料制备一体化在"十三五"期间已被列为继火法冶金、湿法冶金和电化学冶金之后，有色金属冶金学科一个新的重要学科方向，也是我国冶金学科在国际上的优势学科，一直在引领着该学科方向的发展趋势。与传统的冶金过程相比，外场冶金具有效率高、能耗低、产品质量优等特点，其在低品位、复杂、难处理的矿产资源开发利用上以及在复杂矿和二次资源尾矿的综合利用方面显示出强大优势。近年来非常规外场(如电磁场、微波场、超高瞬变温度场或超重力、超高化学浓度场、特种介质场)获取技术与装备智能控制水平的发展，极大促进了外场冶金绿色新工艺、新技术快速发展和突破，尤其是冶金材料制备一体化短流程突破，提升了现代冶金过程效率和产品品质，对解决我国"卡脖子"的基础原材料开发和关键制备技术突破具有极大促进作用。

　　6) 冶金热能工程

　　冶金热能工程已初步形成了较完整的基础研究、技术开发与产业技术体系，是冶金工程重要的组成部分。冶金热能工程的科研支撑条件主要分布在高等院校、中国科学院和工业部门研究院所。围绕学科发展方向和国家重大战略需求，冶金热能工程领域的学科发展布局将从以下两个方面开展。

　　(1)加强冶金热能工程学科建设及其在基础科学研究方面的投入，跟踪节能减排领域的热点和前沿问题，在国家重点研发计划、国家自然科学基金和重大项目上设立专项资金，增大节能减排等基础研究课题的资助力度，推进冶金热能工程学科的健康发展。

(2)完善能源数据统计方法和评价指标体系,编制中长期节能规划,及时反映冶金工业的节能减排情况。

1.5.4 学科的发展目标及其实现途径

1. 钢铁冶金工程学科目标与途径

1)总体目标

《国家中长期科学和技术发展规划纲要(2006—2020年)》指出今后15年科技工作的指导方针是:自主创新,重点跨越,支撑发展,引领未来。在该方针的指导下,钢铁冶金学科的发展战略原则是:立足国内,面向世界,注重创新,结合应用。目标是探索和发展冶金过程的新概念、新理论、新规律、新方法,为我国冶金工业可持续发展提供理论和技术基础支持,在10～20年的时间内达到国际先进水平,特别是在复杂矿资源的高效利用、节能减排、高品质冶炼方面,取得重要的科学理论和技术创新成果。

a. 到2025年的目标

①科学研究

冶金物理化学方面:获得高/低合金或关键金属冶炼过程热力学性质和热物性数据,建立合理的热力学模型,正确预报工艺参数;明确我国复杂共生矿分离和提取过程的相结构和物质转化规律;掌握渣-金间可控氧流冶金技术及熔盐电解短流程提取制备高品质金属基材料的基础理论;揭示多相快速反应体系的粒子(分子、离子、原子、团簇等)混合机理及过程强化规律;形成同位素示踪的冶金反应机理的现代冶金物理化学研究方法;建立并逐步完善我国特色资源高效利用必需的基础数据体系,开发一系列低品位、复杂矿的绿色高效冶炼新方法。

钢铁冶金学科:依托深厚基础的科学创新,建立面向未来的技术储备,形成引领世界的研发格局。具体来说,要加强钢铁冶金学科基础理论研究,为研制和开发新工艺、新技术、新产品提供理论依据,促进钢铁冶金学科与其他学科的交叉,基本达到以日本、韩国、德国为代表的国际先进水平,为我国逐步成为钢铁强国提供基础支撑。

反应工程学与冶金过程装备方面:针对钢铁冶金、有色冶金、环境工程工艺技术,融合流体力学、应用数学、人工智能,以反应-分离强化和新型冶金反应器设计为目标,通过多尺度反应工程学研究,建立系统的冶金过程单元数学物理模型,优化冶金过程单元技术,提升冶金过程自动控制水平,为传统冶金技术升级换代和信息化控制管理提供核心软件,同时为新工艺、新装备的开发提供理论依据。

外场冶金与特种冶金方面：采用多模式、可调控和可裁剪电磁场，与温度场、流场、浓度场等耦合，低消耗、精确、高效调控冶金与材料制备过程，发现全新的现象和机制，大幅提升冶金产品的综合性能，开发全新结构和性能的新材料；基于磁场的能量效应，构建磁场下冶金物理化学过程的热力学和动力学理论基础。为了提升我国特种冶金产品的市场竞争力和附加值，在中短期(至 2025 年)应该进一步加强特种冶金学科的应用基础理论研究，提升我国特种冶金装备和工艺技术水平，加快老旧设备的智能化改造升级，提高工艺和产品质量的稳定性。同时，加强新技术的开发和推广应用，为我国高端装备制造提供高质量的特殊钢、特种合金材料以及大型铸锻件，保障我国重大工程、重大装备以及国防军工建设的稳健发展。到 2025 年，使我国部分特种冶金的技术水平达到国际先进水平。

智能制造的应用为冶金工业的发展带来新的历史机遇，诸如人工智能、大数据与云服务等技术在冶金工业领域的充分结合，形成各种工序单元间数据采集、数据分析、模型工具等关键技术，达到生产工艺优化、流程控制精准和节能降耗等目标。

冶金史及古代矿物科学方面：阐释中国矿冶金技术及其产业从先秦时期至改革开放的发展历程，揭示各项技术形成的产业，围绕中国冶金发展过程及其对中华文明乃至人类文明进步的影响这一中心主题，延伸出冶金与社会生产力的关系、冶金与政治制度的关系、冶金与思想文化的关系、冶金与生态环境的关系这样几组重要关系，探讨冶金发展对人类文明进步带来的巨大贡献。要实现以上发展目标，需要综合应用现代冶金、材料、矿业、管理、考古等学科的先进技术与最新成果，发现并科学揭示古代矿物资源开发与金属生产的技术内涵，还需要重视对冶金史重点人物和重大事件的研究；注重揭示冶金技术与中华文明形成和发展的社会背景和内在机制，以加深对中国传统文化与社会的认识；重视近现代冶金技术传播与工业兴衰的环境和政策分析，以理解工业文明与生态文明发展的阶段性特征。

②人才、基地和行业贡献

从整体上看，我国冶金领域，无论是从业人员数量，还是科学研究水平，都已具有了很好的发展基础。但是，我国 2010 年以来对待传统产业有"重生产轻科技"的倾向，在科技支持和人才培养方面，对冶金学科重视不够，造成能够产生重大原创性学术思想的拔尖人才较少。随着我国冶金科学技术的发展和国家实力的增强，到 2025 年将培养出 10 名左右的世界级冶金学家和一批优秀人才，引领我国冶金科技的发展。同时在现有国家级研究基地的基础上，再建立一批国家级研究基地。

对于行业发展,到 2025 年,在金属材料冶炼方面,将为国民经济建设急需的高端金属材料生产提供冶炼技术,技术水平将达到日本、韩国、德国的先进水平;在冶金节能减排、资源综合利用方面,为达到国际先进水平提供理论和技术支持;为我国特色资源冶金提供理论和技术原型,达到国际领先水平。

b. 到 2035 年的目标

(1)在冶金物理化学基础科学方面:冶金反应的数据集成,向大数据冶金发展;提出适合我国冶金特点的新概念、新理论、新方法;多相反应体系的多尺度分散相形成机制与物质在界面的传递规律。

(2)在钢铁冶金技术方面:在钢铁冶金新工艺基础理论和新流程研究方面取得突破,形成若干原创性的新技术及新工艺,实现引领发展;在节能减排和资源利用方面,钢的洁净化、均质化和质量稳定性控制,短流程近终形制造技术等方面全面达到和超越以日本、韩国、德国为代表的国际先进水平,实现特色复杂铁矿资源的大规模综合高效利用,使我国成为世界上钢铁冶金学科的研究中心。

(3)在反应工程学与冶金过程装备方面:全面提升冶金装备智能化、高效化和节能化保服役水平,保证设备服役的可靠性,开发我国冶金关键核心技术、核心装备、核心部件、高精密元器件,达到国际先进和领先水平。

(4)在外场冶金和特种冶金方面:我国外场冶金和特种冶金技术将全面达到国际先进水平,部分技术达到国际领先水平,将建成若干个具有国际先进水平的研发中心和生产基地,为世界提供绿色化和自动化的特种冶金系列装备、工艺技术和产品。满足大飞机用超高强度钢、燃气轮机用高温合金转子、700℃先进超超临界火电机组用高压锅炉管和转子等对大型自耗铸锭的需求,这是最终目标。

2)标志性成果

形成低碳冶金和资源循环利用理论体系,建立完善的特殊资源冶金体系的基础物化数据库及熔体、溶液冶金性能,挥发性炉渣、熔盐、金属熔体的冶金物化性能,冶金反应器优化设计、过程强化与控制方法,形成外场冶金和特种冶金工艺、技术和装备体系,实现特种冶金过程的智能化操作。突破我国特色资源综合利用冶金技术和多数高端材料冶炼技术。培养造就 10 名左右具有国际影响力的冶金科学家,100 名左右的国家级领军人才,建成 5 个左右有重要国际影响力的冶金工程领域的研究中心。

清洁低碳炼铁国家示范工程(或工业试验平台):针对传统高炉炼铁工艺过程多相、多流体、多场交叉作用复杂系统及其大规模、大迟滞、强耦合、非均一、"黑箱"特性,阐明系统物质-能量-环境转换作用机制、碳消耗反应机理以及碳排放生命周期评价方法,揭示以碳化学能利用最大化为目标的高炉炼铁系统碳消耗反应体系重构理论和技术途径,研究现有高炉炼铁副产煤气循环、CO_2

脱除、固定、再利用原理和新方法，发展现有高炉炼铁工艺碳减排达极限值的理论和技术；针对一次铁矿资源高效低碳利用，研究基于供热方式和不同还原剂匹配的炼铁工艺流程再造理论，低碳炼铁新工艺流程和核心反应器的设计、优化原理和技术方法，多尺度阐明低碳炼铁条件下关键工序多元、多相、多场耦合作用机制，建立低碳炼铁新工艺环境负荷预测理论和方法，形成合理的低碳炼铁新工艺流程和新技术；建立炼铁系统能源结构多元化理论与方法，以及氢冶金热力学与动力学理论，形成基于氢冶金的新工艺和技术；发展炼铁系统二次资源(能源)高效清洁再利用理论和炼铁与煤化工工艺耦合的新方法；完善和形成炼铁系统主要排放物生成、迁移、演变、脱除、再利用理论，建立炼铁系统超低排放的合理评价标准体系，开发和应用主要排放物超低排放技术方法；创新发展炼铁全系统大数据挖掘和数据孪生理论和方法，建立炼铁大数据技术应用平台，形成智能化炼铁技术；通过建立清洁低碳智能化炼铁理论和技术体系，实现炼铁工艺技术革新以及绿色化、低碳化、智能化炼铁，为实现我国《巴黎协定》提出的 2030 年单位国内生产总值的 CO_2 排放比 2005 年下降 60%～65% 的目标发挥重大作用。

先进汽车钢铁材料近终形制造国家示范工程：构建高拉速条件下钢液初始凝固过程中结晶器温度场-流场-应力场-传热-保护渣(介质)膜-铸坯表面质量相互关系模型，建立在线检测实验体系以及钢种初始凝固大数据；明确高拉速条件下复杂成分保护渣熔体结构单元、聚集状态的演变过程，以及对理化性能的动态影响规律，构建保护渣的动态结晶、控热、润滑及其与铸坯质量的相互关系模型及数据特征；形成高温、多相、瞬时、动态传质条件下，保护渣组分-连铸参数-钢种初始凝固行为预测模型；阐明快速凝固下钢中第二相与非金属夹杂物分布、偏析及合金元素析出行为规律，构建非平衡(亚)快速凝固和直接轧制条件下铸坯组织及性能瞬时动态演变规律机制和遗传特性；通过对高拉速、非平衡快速凝固以及直接轧制条件下钢铁凝固特性、形变、热处理组织性能控制理论以及大数据预测模型的建立，阐明近终形制造先进钢材的多相强化和增塑机理，实现工业化应用前景的低成本、高强韧先进钢材的冶金理论，以及一体化近终形智能制造技术的创新研究及应用技术预测与评判。

先进制造用特殊钢高洁净高均质超细晶高精准冶金国家示范工程：研究和揭示高品质钢洁净化、精准化、均质化和细晶化的基础理论问题；补充和完善多合金脱氧热力学数据库，计算多元体系下钢中各类夹杂物生成的热力学，补充和完善固体钢中不同温度下夹杂物新相生成的热力学数据；在"钢液-渣相-合金-夹杂物-耐火材料-气氛"多相多元体系下钢液成分、渣成分和夹杂物成分与数量变化的热力学与动力学；揭示钢中非金属夹杂物的形核、长大和去除机理，通过与钢液的三维流动相结合，建立时间从纳秒到百秒，夹杂物尺寸从纳米到毫米，并耦合米尺度下宏观流动条件的多尺度模型；明确钢中夹杂物尺寸的瞬态变化并确定影响因素；建立多元反应动力学和钢液流动相耦合的数学模型，完善夹杂物被钢凝固前沿捕捉的理论并与三维流动相结合，预测连铸坯和钢产品中夹杂物数量、成分和尺寸的三维空间分布；揭示稀土等添加元素对钢洁净化、精准化、均质化和细晶化的影响机理和定量影响；揭示钢中非金属夹杂物、不同元素、不同偏析度、晶粒大小对钢性能的影响机理和定量影响。

探明高能束下熔体中杂质分离和元素分离及其外场强化机理：揭示多物理外场下合金熔体中夹杂物与气泡运动、聚合、分散等基本规律，揭示合金凝固中杂质元素偏析、夹杂物和气体析出及其外场作用机理；从原子层次阐明外场控制合金结晶过热度机理，研究外场控制下传热和凝固机制；建立外场与流场、温度场、浓度场及凝固耦合作用基本模型；提出和解决电磁场等外场控制和作用下连铸坯表面质量改善原理、铸坯凝固柱状晶向等轴晶转变和细化晶粒机理、铸坯凝固末端压下复合控制宏观偏析原理、铸坯裂纹机理等系列基础科学问题；选择先进制造用重大装备急需的关键特殊钢，针对夹杂物、杂质元素、成分偏析组织粗大和表面缺陷与裂纹等严重影响材料品质的关键问题，综合运用冶金精炼、铸造凝固的新技术，建立起示范工程，解决关键技术难题，形成一整套核心技术，进而推广应用。

冶金大数据建设与应用国家示范工程：基于炼铁-炼钢-轧钢的钢铁冶金全流程生产，通过采集生产线数据、发掘企业历史数据、挖掘文献数据以及获取实验数据等手段，建立包含炼铁-炼钢-轧钢全流程的钢铁生产一体化大数据集成与分析平台；通过数据挖掘、数据建模和数据自开发等技术手段，利用基于人工神经网络和支持向量机等模型的机器学习方法，深度解析工艺参数、设备参数与产品质量参数等关键数据之间的关系；通过对生产过程大数据进行分析建模，实现关键工艺参数的透明化管控，以数据为基础提高数学模型设定和质量控制精度，实时分析生产过程参数与产品质量的关系，实现钢铁产品品质的智能化在线控制；建立基于大数据技术的生产操作优化设计方法和基于跨尺度全流程集成计算、过程模拟的制造工艺优化方法，实现生产质量的稳定控制、现有工艺的升级换代、生产智能化的提升以及新材料新工艺的开发；以工业互联网数据集成、智能机器人为着力点，开展冶金生产流程的智能化研究，实现生产过程无人化、生产流程控制精准和节能降耗等目标；根据冶金大数据实现对钢洁净度、均质度、晶粒度和钢性能的定量预测和智能预报。

3)实现途径

冶金工业是我国国民经济建设和发展的支柱产业，但面临着巨大的节能减排压力、严重的资源短缺问题和迫切的高端产品生产技术需求。要解决这些制约我国冶金工业可持续发展所面临的问题，在加强国家产业政策调整与引导的同时，必须加强基础理论研究与创新技术研发，开发具有自主知识产权的新工艺、新技术，推动冶金工业技术进步。

我国冶金工程科学的发展要立足国内，面向世界，结合应用，注重创新。特别是在"十四五"时期，要以国家重大需求为导向，紧密围绕碳素能源高效转化、冶金资源高效利用、高端材料高效生产等关乎我国冶金工业可持续发展的基础理论和关键新工艺、新技术，开展系统深入的科学技术研究。

冶金工程是一个综合性学科，内容涉及化学、物理、反应工程、材料、环保等科学技术的各个门类，因此要大力提倡在研究中打破门户之见，突破学科束缚，鼓励学科交叉和新技术应用，以创造性的工作推动学科发展。根据目前我国冶金工程学科的优势研究领域和潜在的可能形成的优势研究领域，国家应从政策上、资金上予以大力支持，尤其是把前沿重大课题纳入国家规划，加强对重点学科和创造性学术梯队的支持，稳定研究队伍。根据冶金工程学科的多学科交叉特点，加强协同创新，充分利用已有的协同创新中心、国家重点实验室、工程研究中心等平台，形成从校企合作、高校合作到学科合作以及团队之间的协同合作，强化其创新能力。从多方面入手加大对于创新的鼓励力度，按照科学研究的规律做事，包括从鼓励科研课题立项的创新，以及允许课题研究中的不如预期甚至失败，等等。制定科学的、符合实际的人才激励政策，包括人才引进、人才流动的政策。关心和改善中青年研究人员的科研条件，适当提高他们的生活待遇。办好冶金科学研究刊物，提高论文质量。目前我国冶金工业学科的高水平论文都是送国外刊物发表。这与我国冶金学科的国际地位不相称。我们应设法改变这种情况，提高我国冶金学术刊物的质量，提高我国刊物的国际地位，扩大其影响，使其与我国冶金学科的国际地位相匹配。

2. 钢铁冶金工程学科优先发展领域

1) 冶金物理化学

a. 冶金热力学方向

针对战略性关键金属资源、稀土资源及复杂低品位特色资源，利用现代实验技术和方法，准确可靠地获取相关体系的基本热力学性质、相图、相平衡数据，建立满足我国高端金属生产所需的基础热力学数据库。

针对一些"卡脖子"工程涉及的铁基、镍基高合金及新型轻量化高锰高铝高强度超低温用钢的冶炼和产品质量控制，实验测定这些高合金体系中活泼脱氧、脱硫元素及微合金元素、稀土元素之间或它们与合金基体元素之间相互作用的基础热力学数据,补充完善高合金体系热力学数据库,尝试建立系统的高合金体系热力学理论。

针对外场(如电场、磁场、辐照等)和极端条件下的冶金过程,完善外场作用下的热力学理论,准确获取一些典型外场作用冶金体系的基础热力学数据,逐步构建外场冶金需要的热力学数据库。

基于先进的现代物质微观结构研究手段,结合大数据和人工智能的发展,将计算热力学向更微观、更接近物理本质的方向推进,开发第一性原理计算、微观物理模型与大数据和人工智能相结合的现代计算热力学。

针对传统冶金过程,以提高产品质量、降低能耗和排放为目标,开展金属的熔炼和精炼过程中复杂多相(渣、金、气、夹杂物及耐材)体系的热力学基础研究,为构建节能合理的洁净钢生产工艺提供科学依据。

针对湿法冶金过程,以近零排放绿色新工艺新流程的开发为目标,开展中低温复杂溶液体系的热力学基础研究,为清洁提取工艺的开发提供科学依据。

针对冶金二次资源和固体废弃物,以有价金属的分离提取和近零排放新流程开发为目标,研究复杂冶金固体废弃物体系中有价组元的热力学行为,为冶金二次资源和固体废弃物的大宗化、资源化、高值化清洁利用新方法、新工艺开发提供科学依据。

b. 冶金动力学方向

动力学理论和模型方面,在反应机理研究的基础上,将不可逆热力学和混沌理论引入复杂冶金体系的动力学研究中,在微观反应动力学与宏观反应动力学之间建立联系。针对复杂多变的冶金反应体系,建立更接近实际的、可描述的复杂反应过程动力学模型。

针对高品质钢的生产,围绕夹杂物的生成、运动和去除,利用第一性原理构建钢中夹杂物的形核初始阶段的热力学模型,结合经典的热力学数据,研究钢中夹杂物的生成机理,并设计实验研究夹杂物长大过程的动力学及其运动规律和去除方法。开展包括钢液和熔渣的化学组成、精炼和/或连铸的工艺、耐火材料的化学及相组成、流场和温场等多种因素影响的动力学研究,明晰各种因素的影响机制,建立相关的动力学模型。

针对低品位特色资源和二次资源,研究低含量有价元素在复杂冶金体系中的迁移机制和重构规律,获取相关的动力学基础数据,为相关资源中有价金属提取工艺的设计提供基础数据。

针对环境友好的氢冶金过程,开展我国特色铁矿资源氢还原过程的动力学研究。

c. 冶金与能源电化学方向

金属空气电池以活泼的金属作为阳极,具有安全、环保、能量密度高等诸多优点,具有良好的发展和应用前景,甚至被寄予厚望替代当前新能源汽车主要的动力电池类型——锂离子动力电池。为此，针对有望应用的铝空气电池、镁空气电池、锌空气电池、锂空气电池等进行系统研究。

针对电化学电池、燃料电池及电解池等电化学过程，研究电解质及电极组成、结构、性能关系，表面与界面，电化学反应、物质和电子传递与迁移规律及机理，催化剂及催化机理，建立电池、电解池体系理论模型。

针对将要爆发增长的废弃锂电池(2020 年我国废弃的锂电池超过 250 亿只，总重超过 50 万 t)，开展废弃锂电池的绿色、清洁回收方法的研究，实现废弃锂电池中有价金属的分离、提纯和再利用。

电解水制氢、电解重整制碳氢化合物是一种环境友好的制氢及碳氢化合物途径，是整合多种分散、不可控、难以经济利用的可再生能源转化为便于储运的氢能的有效途径。为此，开展利用核电、水电、风力及地热等可再生能源大规模制氢，开发利用氢能源的基础和技术研究。

d. 冶金物理化学研究方向

冶金熔体的热力学性质和热物理性质是冶金物理化学非常重要的研究内容之一。传统研究方法以实验测量为基础，然后以实验数据为依据建立相关性质的计算模型。建立适应性强、预报准确的物理模型需要以熔体的结构信息为支撑，如果缺乏熔体的结构信息数据，则只能建立经验或半经验的模型。由于冶金熔体温度高，缺乏合适的熔体结构研究手段，关于冶金熔体微观结构方面的研究一直非常薄弱。这已经极大地制约了冶金熔体理论的发展。

非常可喜的是，"十三五"期间我国建成了多个研究物质微观结构的大科学装置，如北京先进光源、上海光源、中国散裂中子源等，这些大科学装置为深入研究熔体结构提供了很好的手段。为此，急需以这样大科学装置为依托，开展熔体微观结构的研究。研究液态金属、熔渣、熔盐和熔锍的结构，建立结构与热物理性质、结构与热力学性质间的理论模型。理论模型将熔体结构与第一性原理计算和分子动力学模拟、相场模拟相结合，研究对象包括非均相体系(如异相质点、多相流体等)、非牛顿流体等特殊体系的物理化学性质。

界面现象与冶金过程中夹杂物的去除、渣/金/耐材多相反应、硫磷等杂质元素的脱除等密切相关。由于实验难度大、影响因素多，高温界面现象的研究非常欠缺。近年来，和频振动光谱技术已被广泛用于反馈界面微观信息，在很多常温界面现象的研究中取得成功。为此，急需将和频振动光谱引入高温熔体界面现象的研究中。研究金属与熔渣、夹杂物与钢液、夹杂物与渣、夹杂物与耐火材料、钢液与耐火材料、钢液与气泡等界面的微观信息。

气流携带法可用于测定挥发组元的蒸汽压，从而获得这些元素在基体(固体或液体)中的溶解热力学数据，对钢或高合金中杂质元素的去除是非常有用的。近年来该方法被扩展应用到钢的精炼和高合金中杂质元素的去除，还用于渣性质的研究和渣成分的控制。应系统开展铁基合金和镍基合金中挥发组元的蒸汽压等基础热力学数据的测试研究，使方法系统化并开发相应的仪器，获取高温下多种合金体系中相关元素的蒸汽压数据。

冶金熔体尤其是合金体系高温黏度的测定一直是比较困难的，问题在于含活泼脱氧元素或合金元素的液态金属中的 Al、Zr、Ti 等元素极易被气氛氧化形成固态夹杂物悬浮于液态金属中，影响黏度的准确测定，所得数据不能真实反映现实。开发可在超低氧气氛下测量高温冶金熔体黏度的装置对准确获得合金熔体的黏度数据非常必要。

2)冶金反应工程学

(1)冶金反应器内化学反应、质量与能量传输、相分离过程的耦合。研究包括反应器内的多相流动及流场分布，多颗粒体系填充床、流化床、多孔体内的质量与热量传递；反应器内传递现象的物理模拟，反应过程的数值模拟。

(2)冶金反应器数学模型和操作解析。结合传输现象和宏观动力学研究结果，对反应器内发生的各种现象和子过程及其相互关系进行综合分析，建立反应器操作过程数学模型。

(3)冶金反应器设计与放大理论。掌握冶金反应的"特性"与反应器的"特征"相"匹配"原则，研究其规律并建立数学方程。建立反应器放大过程中的核心相似准数，建立数值模拟、物理模拟与工程实践协调统一的方法。

(4)多尺度反应工程学研究。建立系统的冶金过程单元数学物理模型，优化冶金过程单元技术，提升冶金过程自动控制水平，为传统冶金技术升级换代和信息化控制管理提供核心软件，同时为新工艺、新装备的开发提供理论依据

(5)冶金过程多元反应动力学耦合计算。冶金过程反应非常复杂，同时发生且相互影响，有必要对冶金反应器内的各个组元间的反应进行耦合计算，预测不同时刻反应器内各个组元的成分变化。

(6)低碳环保冶金装备研发。随着低碳生产工艺的深化，以及氢能源冶金生产的初见端倪，需要加强冶金装备的研发，促进冶金低碳节能绿色生产。

(7)模拟仿真在冶金生产过程中的应用。基于流体力学、固体力学等基础理论，结合冶金生产过程涉及的物理化学反应、传输现象、相变等，对冶金生产过程进行模拟仿真研究。

(8)冶金过程以及冶金终点的智能预测。通过理论模型开发、冶金过程数值模拟仿真、冶金全流程大数据平台建立和智能分析等手段，实现对冶金生产终点质量的预报以及对生产过程的反馈。

(9)智能制造体系架构设计与优化。

(10)冶金流程成分、温度、压力、凝固组织在线检测与过程控制技术。

(11)高温冶金过程数字化解析、智能化控制及其装备。

(12)全面提升冶金装备智能化、高效化和节能化水平，保证设备服役的可靠性，开发我国冶金关键核心技术、核心装备、核心部件、高精密元器件。

3) 钢铁冶金

(1)多元铁酸钙高温物理化学基础数据库的构建及应用。在常规四元复合铁酸钙基础上，系统掌握氧化铝和氧化钛对复合铁酸钙结构及性能的影响规律，测试五元铁酸钙热力学数据，构建五元及六元复合铁酸钙相图。在此基础上，完善复合共生矿高效烧结基础理论，系统掌握高氧化铝或氧化钛含量的复合铁酸钙物理化学规律，开发新型高氧化铝铁矿和钒钛磁铁矿高效烧结技术。

(2)高效低碳烧结与烟气多污染物协同减排理论技术。阐明烧结原料颗粒的运动、混合及颗粒长大行为，明确燃料燃烧行为及调控机制，设计开发新型烧结混合及制粒装备，结合超厚料层烧结、烧结烟气循环处理、富氢燃料喷吹等途径，构建高效低碳烧结理论技术体系；同时，通过研究烧结过程烟气排放规律，烟气 NO_x 和二噁英等污染物的产生行为、催化降解机理和过程多尺度表征，建立烧结烟气控制原则，研发基于胺类抑制剂的烧结过程 NO_x 和二噁英低成本降解技术，同时研发末端尾气新型高效催化剂，获得烟气排放多维调控手段和多污染物协同减排技术。

(3)优质氧化球团制备理论与技术。研究新型黏结剂制备理论及强化机制，从官能团组装层次设计黏结剂分子构型，研发含亲水基团、亲矿基团和合理聚合度的高性能黏结剂，揭示其强化黏结和热稳定性的途径。同时，针对氧气高炉、氢冶金气基竖炉新技术开发需求，深入研究球团固结机理、冶金行为和性能演变机制，获得生产工艺和装备技术的优化，使我国球团生产达到世界先进水平。

(4)炼焦煤成焦机理、焦炭性能合理评价及炼焦新工艺开发。通过阐明配合煤热解和成焦过程不同煤种的炼焦性质演变规律和改质机制，明确煤种性质-工艺参数-焦炭性能的定量关系，建立焦炭结构控制机制和质量预测模型；通过阐明焦炭不同层次结构的理化特性与焦炭在高炉内递变行为之间的关系，揭示高炉对焦炭性能的真实需求，以及其与配煤炼焦和工艺操作参数之间的关系，建立焦炭性能合理评价机制；通过阐明炼焦煤与非煤的共炭化成焦机理，探明社会含碳废料绿色处理、弱黏煤/不黏煤改质、高反应性铁焦强度提升的有效方法和过程强化手段，研发绿色、高效炼焦新工艺技术。

(5)低碳智能化高炉炼铁理论技术。阐明炼铁系统物质-能量-环境转换作用机制、碳消耗反应机理以及碳排放生命周期评价方法，揭示以化学能利用最大化为目标的炼铁系统反应体系重构理论和技术途径，研究现有炼铁炉顶煤气循环、二氧化碳捕集利用原理和新方法，发展现有炼铁工艺碳减排达极限值的理论和技术，开发氢气(或富氢介质)喷吹、复合铁焦、炉顶煤气循环、氧气高炉等优化匹配的低碳高炉炼铁技术。同时，针对高炉过程"大迟滞、强耦合、非均一、黑箱"特性，发展炼铁全系统大数据挖掘和数据孪生理论和方法，研发高炉信息物理系统，建立炼铁大数据技术应用平台，开发智能化高炉炼铁技术。

(6)基于氢冶金的气基竖炉短流程新工艺理论技术。通过解决炼铁能源结构多元化理论与方法、能量转换机制、氢冶金物理化学理论、制氢-氢还原-电炉短流程新工艺环境负荷预测理论和方法等基础科学问题，开发涵盖大规模低成本氢气制备储运、氢冶金用矿加工造块、氢气竖炉还原的氢气竖炉直接还原短流程低碳冶炼技术，并形成工程示范或工业应用。

(7)基于氢冶金的熔融还原新工艺理论。以冷态除杂的超纯铁精矿为原料，实现源头减排。通过氢气预还原和高能量密度铁浴熔融还原，直接获得高洁净钢水，再经连铸连轧得到高品质钢铁材料。针对氢冶金熔融还原-材料一体化短流程新工艺，重点研究复杂体系氢还原机理及协同强化途径，多元多场耦合作用机制和冶炼过程特性，杂质组元迁移转变行为与强化去除机制，物质流和能量流耦合优化及动态调控机制，核心反应器设计、优化原理和技术方法，完善氢冶金熔融还原理论体系，为氢冶金熔融还原新技术的开发奠定基础。

(8)优化炼钢、精炼、连铸工艺，大幅降低转炉冶炼终点钢水氧含量、温度，攻克 RH 精炼吹氧脱碳、二次燃烧、喷粉脱硫等关键技术，有效控制连铸二次氧化，厚板连铸采用凝固重压下等，主要工序工艺技术指标总体上达到欧美钢厂水平(国际先进)，部分高水平钢厂达到日韩钢厂水平(国际领先)。

(9)为了国内废钢供应逐步"富余"形势，及早开展全废钢电炉高效冶炼工艺技术、转炉高废钢比冶炼工艺(KOBM、二次燃烧、喷吹煤粉等)、废钢带入混杂元素(铜、锡等)脱除与控制技术等方面研究。

(10)以连铸为中心，强化品种钢连铸坯质量控制，研发高均质与致密化连铸坯的新一代凝固控制技术，解决制约铸轧一体化、高端产品生产成本高及质量不稳定等瓶颈问题。

(11)固体废弃物基本"零排放"：高 CaO、CaS 含量的铁水脱硫预处理渣返回炼铁，由高 CaO、高 P_2O_5 含量的炼钢炉渣中提取磷、铁资源，炉外精炼炉渣返回转炉或高炉，连铸中间包覆盖渣、结晶器保护渣(高 CaO、CaF_2，Na_2O，Al_2O_3)返回炉外精炼。

(12)加强炼钢、精炼、连铸关键工艺技术创新，在长寿转炉底吹有效搅拌技术、高碳钢大方坯与厚板坯连铸重压下控制中心偏析及缩松、薄带连铸生产高级取向硅钢、规格不同铸坯同时连铸等关键工艺技术创新方面取得突破，改变我国钢铁关键工艺技术创新能力弱的局面。

4)外场冶金与特殊冶金

a. 电磁冶金

(1)多模式电磁场控制流动技术。基于电磁场的频率、幅值、相位、波形不同的磁场及其组合对液体金属和熔渣等多相流动的影响作用,开发应用于精炼、连铸等过程的多模式电磁场控制流动技术与相应设备。

(2)高效大尺寸电磁约束成形与悬浮技术。基于电磁场对大尺寸液体金属的约束成形和悬浮的控制作用,开发冷坩埚和结晶器的新材料和新结构,降低对磁场的屏蔽效应,研发相应特殊的磁场发生电源设备,实现钢铁等材料的大尺寸悬浮和约束成形。

(3)电磁场控制大尺寸合金锭凝固组织和消除冶金缺陷技术。研究各类电磁场(交变、脉冲)对凝固中固液两相区内流动、溶质传输和界面生长及稳定性、组织形态演化等影响机制,开发多物理场和多尺度凝固作用下复合电磁场控制凝固组织技术,解决夹杂超标、凝固成分宏微观偏析和凝固组织、强化相粗大与不均等冶金缺陷问题。

(4)静磁场下材料相变及其组织演变机理的理论研究。研究10T以上强静磁场对金属材料液固相变和固固相变影响机理,建立强磁场下凝固组织和固态相变组织演化的基本理论。

(5)强静磁场强化冶金单元反应机理的理论研究。研究强静磁场和电磁场对冶金单元过程如浸出、氧化还原、电解沉积、萃取、固液/气液/固固分离过程的强化和影响机制,建立不同物质体系和形态在不同温度和介质环境下的基本物性数据库(磁化率、磁导率、介电系数、磁吉布斯自由能),进而丰富电磁场下的冶金热力学和动力学理论。

b. 微波冶金

(1)钢铁冶金废渣微波资源化高效利用。高炉瓦斯泥(灰)、烧结窑头灰作为钢铁工业的副产品,富含锌、铟、银等贵金属的高炉瓦斯泥。这些高炉瓦斯泥(灰)、窑头灰若直接作为炼铁原料回用,其中的锌在高炉内循环富集,影响高炉的使用寿命;若将高炉瓦斯泥(灰)、窑头灰废弃,不但浪费了大量的有价金属原料,而且会加重我国钢铁工业、锌冶炼行业原料日益紧缺的现状。但目前尚未形成高效利用高炉瓦斯泥(灰)、窑头灰的绿色冶金技术。因此需开展如下研究: 高炉瓦斯泥(灰)、窑头灰有价组分微波高效分离、提取理论与方法,微波冶金强化分离提取新工艺、新技术及新装备的研发。

(2)微波直接还原铁。直接还原铁是利用铁精矿粉或氧化铁在炉内经低温还原形成化学成分稳定、杂质含量少、可用于电炉炼钢的直接还原产品。目前的隧道窑直接还原工艺存在生产周期长、物料还原温度分布不均匀、煤气发生装置投资高、占地大等缺点。利用微波选择性内部加热方式有望解决常规直接还原铁生产工艺存在的弊端,但亟待理论和基础研究支撑。相关研究包括:微波加热铁精矿行为及其与微波的耦合机制,微波加热与多元多相复杂体系矿物相界面的作用机理以及有价金属矿物的选择性催化与高效提取机制。

(3)微波冶金反应器放大设计理论及模块化组合技术。微波加热不同的"三传"模式需要反应器放大过程中的核心相似准数,建立数值模拟、物理模拟与工程实践协调统一的方法;同时需要提高工程化应用检修和更换的便捷性,形成微波工程装备的模块化组合。微波反应器内温度、功率密度及参数控制关联以及多场协同耦合机制。大功率微波工程装备模块化组合、设计规律及整体匹配研究。

c. 特种冶金

(1)特种冶金过程复杂的渣金反应、物质流、能量流的迁移转换理论及凝固控制基础。

(2)高端特种材料超纯熔炼、均质化凝固组织调控与其服役性能的因果关系理论基础。

(3)以凝固质量提升为核心的多功能特种熔炼技术及近终形特种熔炼装备和技术基础。

(4)多模式外场调控下电渣重熔、真空电弧重熔和真空感应熔炼技术。

5)冶金资源、能源与环境

a. 冶金过程二次能源回收利用

受全球经济下行的影响,能源与环境问题已经成为冶金工业发展道路上不可逾越的鸿沟。钢铁生产过程是铁-煤化工过程,其可抽象为铁素流在碳素流推动作用下,按照设定的程序,沿着一定的流程网络,实现从原材料到最终产品的动态-有序运行。其主要特点之一是过剩的能量流推动着物质流,因此,能量过剩是钢铁生产的必须。而这些过剩的能量将以各种形式的余热余能来体现。钢铁企业余热余能,主要体现为产品的余热、外排废气的显热、高炉炉顶煤气的压力能等,这些构成了钢铁企业二次能源的主体。目前钢铁工业生产用总能约70%可以转换为二次能源,约30%的能源尚未得到充分回收利用。回收余热余能是降低各工序能耗进而降低吨钢总能耗的主要方向与途径。钢铁行业结构调整推动了节能降耗向深层次发展,即由单体设备节能向工艺系统优化节能转变,由单一抓能耗量降低向抓能耗量降低和用能费用降低相结合的方向转移。

我国钢铁企业二次能源回收利用的主要工艺技术如下:在焦化工序方面,焦炭干法熄焦、炼焦煤调湿技术、焦炉煤气上升管余热回收、烟道气和初冷水余热回收等;在烧结工序方面,红烧结矿显热回收、烟气余热回收;在球团工艺方面,红球团矿显热回收、烟气和冷却水余热回收等;在炼铁工序方面,高炉炉顶煤气余压发电、热风炉废气余热回收、冲渣水余热回收、高炉煤气脱除 CO_2 循环利用技术等;在转炉工序方面,转炉煤气回收、转炉蒸汽回收、炉渣显热回收等;在电炉工序方面,废气余热回收、炉渣显热回收等;在轧钢工序方面,加热炉蓄热式燃烧技术、钢坯热送热装技术等;在动力工序方面,空气压缩机余热、锅炉废气余热回收、各类换热器冷却水余热回收、外排蒸汽蒸馏水回收等。

参考《钢铁工业调整升级规划(2016—2020 年)》,"十四五"期间我国钢铁工业二次能源的优先发展领域如下。

(1)能源优化调控技术(升级版):开展关键理论研究和技术攻关,实施能源管控中心升级改造,具备电力、煤气、蒸汽、氧气等能源介质的短期预测、预报、预警功能,实现能源介质智能调控和企业能效综合评估。

(2)竖(罐)式烧结矿显热回收利用技术:开展竖式移动床气固两相动量传输、热量传递及其耦合机理研究,攻克烧结矿顺行、出口热载体焓提升、余热锅炉参数提升等关键技术问题,借此服务于工程实施的设计与已有工程参数的优化,为这项技术的实施和推广打下良好铺垫。

(3)高炉渣余热回收和资源化技术:开展颗粒堆积体系内"流-质-力"的相互作用机理、颗粒绕流换热面的流动-传热-磨损的多场耦合特性、移动颗粒群流场温度场的协同控制策略等气固流动与传热等问题的研究,借此开展高炉渣余热回收与利用工艺的研究,攻克强化气固换热等关键技术,为高炉渣余热回收奠定理论基础。

(4)焦炉上升管荒煤气显热回收利用技术。荒煤气带出的有效能占焦炉总输出有效能的 18%。研究其关键科学问题,通过上升管换热器结构设计,采用纳米导热材料导热和焦油附着,采用耐高温耐腐蚀合金材料防止荒煤气腐蚀,采用特殊的几何结构保证换热和稳定运行有机结合,将焦炉荒煤气利用上升管换热器和除盐水进行热交换,产生饱和蒸汽,将荒煤气的部分显热回收利用。

b. 能源管控中心

随着钢铁制造流程连续化、自动化和信息化水平的不断提高,生产工序间的衔接、能源介质的供需匹配、生产调度等均发生了本质变化,能源管理的智能化成为当前钢铁生产过程节能降耗的关键环节之一。

进入 21 世纪以来,中国大多数钢铁企业建设了水平不一的能源管控中心(或能源管控系统),普遍实现了数据采集、能源监控、潮流显示、事件及故障记录等功能,具备了较好的网络和数据基础,但是在能源管理智能化模型方面仍十分欠缺,尤其是能源动态预测、优化调度等模型的开发应用。因此,钢铁企业迫切需要在信息化基础上提升智能化水平,进行能源系统的精细化管理,加强供给侧、需求侧管理,实现两化融合深度发展。但是钢铁生产过程工艺复杂,能源系统随生产状况波动频繁,用能设备数量多,能源介质种类多,煤气、蒸汽、电力等能源介质之间又相互耦合、相互影响,是一个复杂多变的系统。如何结合钢铁生产工艺要求、能量流网络运行规律,并借助工业大数据分析技术深度挖掘工业生产数据内部的潜在规律,构建智慧能源体系,从而提高钢铁全流程能源系统的管控水平,降低能源介质的放散,提升能效,成为当前能源管理研究者的重要工作。

随着"中国制造 2025"、智能制造工作的推进,钢铁企业能源管理的智能化成为未来一段时期的重点工作。

随着钢铁工业绿色化、智能化发展,建设无人值守、集约化管控、智能化管理与优化调度的钢铁企业先进能源管控系统将得到进一步加强和推进,逐步形成以系统高效运行为基础,以系统节能为目标,协同推进物质流与能量流网络的动态调控,以及以"三流一态"为核心的能源精益化运行体系。重视开展能源管控中心核心功能和优化运行的研究。

"十四五"期间着力进行以下核心科学问题的研究。

(1)能源管控系统智能化运行的顶层设计。研究能源管控系统核心功能、优化运行的基础问题,进行顶层设计,实现能源的高效利用。

(2)能源互联网模式在能源管控系统的进一步落地,实现钢铁企业综合能源系统高效运行。

(3)能源流网络构建及能源流动态预测与优化调度研究。着力构建物质流、能量流耦合模型,以能源流动态预测与优化调度为基础,实现网络畅通、能源有序、高效利用。

(4)机理与数据协同驱动的能源模型构建,结合工业大数据挖掘技术实现能源的可视、可控、可管,提高能效,减少能源放散损失。

c. 工业炉热工理论及热过程智能控制

工业炉作为重要的工业加热设备是现代工业制造装备重要的支撑,也是国家整体装备制造水平的标志。工业炉是能量消耗的直接载体,担负着国家节能减排的重要使命。火焰炉作为热加工企业主要的耗能设备,承载着重要的节能减排份额。我国各企业能源消耗的排序中,火焰炉仅次于发电、供暖,排名第三位,其燃料能源的消耗量占整个生产过程消耗量的60%以上。随着我国装备水平的提高,火焰炉设计及施工水平也随之提高,但相关支撑理论及技术的研发存在滞后。以钢铁行业为例,因适应国情需要,蓄热式火焰炉在钢铁行业被大量采用,然而蓄热式火焰炉相关理论及技术研究远远没有跟上,伴随着我国冶金行业能源和环境限制日益严峻,亟须开展蓄热式火焰炉的炉内传热、传质现象,火焰组织及节能减排等基础研究。另外,目前大多钢铁行业工业炉窑处于人工操作或半自动化操作水平,致使生产过程严重依赖操作工人经验,浪费大量能源,钢坯加热质量参差不齐,因燃烧组织不力造成了 NO_x 排放超标、钢坯氧化加剧、脱碳严重、温度过热、过烧等问题,严重阻碍了钢铁行业生产过程全流程智能化进程。

以轧钢加热炉为例,加热炉生产过程是极其复杂的,其间包括物理的、化学的和热力学的各种过程,本质上也是一个具有典型的大滞后、多变量、强耦合、时变、非线性、大惯性等特点的复杂工业控制系统。同时,现场又存在炉温控制不均匀、炉温分布难以测量、炉温设定不合理、外界扰动因素等许多问题，而传统的燃烧控制或炉温控制很难解决这些问题。这些问题的存在严重影响了钢坯加热质量，造成钢坯氧化现象严重，浪费燃气资源，并最终影响企业的效益。为此，需要综合考虑各方面的因素，如技术、节能环保、安全性等，通过研究新的方法来解决钢坯加热过程的质量、产量和能耗等多目标非线性问题。不断与其他学科交叉与融合，综合运用材料、能源、环境、计算机信息学等多学科知识，研究冶金炉窑热过程智能化的综合性科学与工程，探索我国钢铁工业提高能源利用效率、优化用能及实现污染物减量化的有效措施与途径，推动我国冶金工业的可持续发展。

"十四五"期间着力进行以下核心科学问题的研究。

(1)炉内强化传热的基础研究。研究炉内强化传热的优化设计方法、定向辐射方法、强化被加热工件的受热方法等，实现能源的高效利用。

(2)新兴炉窑炉内燃烧现象的机理及机制研究、NO_x生成规律研究及低燃烧污染机理研究。

(3)工业炉全生命周期的资源、能源与环境的系统集成与优化，建立全生命周期设计及运行系统评价理论和方法，利用大数据收集、协同理论，实现设计绿色化及运行智能化。

工业炉窑热过程智能控制研究具有较强的学科交叉背景，为此需要交叉融合信息技术、控制工程等领域及专业理论，开展以下研究。

(1)工业炉窑在线参数模拟系统搭建机制，炉子热过程温度场的关键影响参数基础数据库；非灰炉气情况下，炉膛总括热吸收率机理研究及其反向辨识技术；相关参数辨识与在线智能补偿机制。

(2)炉内火焰组织方式对坯料温度均匀性与断面温差的影响机理；炉温分布与温度场之间的演化机理；炉内气氛、温度对氧化烧损、脱碳层深度、NO_x排放的影响规律及控制原理与方法；基于产品优质、生产节能与减排的最优加热制度基础数据库搭建及开发加热制度在线智能评价与自动温控理论。

(3)基于数据及机理混合驱动方法建模、参数特征提取、在线闭环控制的新方法及新技术。

d. 冶金过程物质流、能量流和信息流耦合优化及动态运行

(1)冶金行业优化运行研究。我国冶金行业(尤其是钢铁、铝等)产量高、能耗高、物耗高、排放高，是个大问题。全国上下都很关注，报刊上发表了不少评论。但是，大家的看法很不一致，甚至有些看法是针锋相对的。例如，关于钢铁行业存在的主要问题，有人认为是过于分散，有人认为是产能过剩。关于钢铁行业改革的方向，有人认为是转变政府职能，利用市场机制化解产能过剩；有人认为应加强中央政府的宏观调控力度，控制地方政府投资。总之，对我国冶金行业的现状和改革方向等，尚未形成共识。这种情况，对于解决我国冶金行业现存问题的

症结，十分不利。为此，对这个问题需要深入透彻地研究。以我国冶金行业(主要是以钢铁、铝等)为对象，定量地分析人口、国内生产总值、在役量、产量和时间等基本参数对冶金行业能耗、物耗、废物排放量的影响，研究影响以上每个基本参数的各因素及它们之间的相互关系，提出降低冶金行业资源消耗与废物排放的方向和途径、合理产量以及可能得到的效果，形成一套自成体系的理论和方法。从初步试用的情况看，这套理论和方法较为实用，用起来也很方便，可作为我国钢铁、有色、水泥等基础材料行业宏观调控的重要参考。

(2)冶金生产过程动态优化运行研究。冶金生产过程伴随着巨大的物质和能量消耗。目前我国重点钢铁企业平均能耗与国际平均水平的差距为 10%～15%，因此仍具有较大的节能减排潜力，在铝等行业差距更大。较低的余热余能回收利用率和技术集成度是制约我国冶金工业发展的重要瓶颈，突破这些瓶颈对冶金生产能耗和排放的降低有重大促进作用。考虑到单体组件和工序性能优化的局限性，需要从流程整体角度对冶金生产过程进行优化。冶金反应热/动力学和"三传一反"等冶金基本理论仅能对单体组件和冶金过程的优化工作提供指导，并不能在流程层次指导冶金生产流程的优化工作。因此，将一些新兴的优化理论，如冶金流程工程学、有限时间热力学理论（或熵产最小化理论）、构形理论、协同论等引入冶金生产流程优化非常必要。将有限时间热力学、构形理论等现代热学理论与冶金流程工程学、协同论等相结合，提出冶金生产流程广义热力学优化理论；研究流程单体组件、工序模块、功能子系统和整体系统的功能特点、热力学和动力学特征，建立全流程的系统仿真平台，开展流程资源、能源消耗和环境影响的综合评价；基于冶金生产流程广义热力学优化理论研究物质流-能量流-环境作用机理，实现多学科、多目标的广义热力学优化，为冶金生产流程高效节能的系统集成和运行调控奠定科学和技术基础。

e. 冶金过程多相流理论和技术

多相流动指由固、液、气三相中任何两相或两相以上(包括异质同相)不互溶物质的混合流动。多相流动学科包括牛顿流体与非牛顿流体的各种不同类型的组合，即气液、固液、气固、气液、气液固、气液液等。实际工程及理论研究表明，多相流动是比单相流动更为复杂的流动现象，不仅多相流动系统具有在结构及分布上特殊的不均匀性，流动状态的非平衡性和多值性，以及各相间存在可变形相界面等多相流动最重要的流动特征，而且由于流动过程中相界面的随机变动，所引发的流型变化特征与各相的物性、流量、流动参数、管道几何形状及几何位置等许多因素密切相关，使得多相流动学科成为热流体学科最具有挑战性的重要学科。多相流动及其随机变动的相界面和流动特性使得多相流动的数学模型的建立、求解、预测等难度极大。在钢铁冶金过程中，广泛存在着多相流动现象，如高炉下部渣铁流与煤气流动、转炉炼钢顶底复吹气-液-渣多相流动、炉外精炼过程的气体搅拌、结晶器水口氩气喷吹等过程，其流动和传热传质行为对装置或工序的正常有效运行有着重要影响。由于钢铁冶炼装置庞大且高温高压等工作条件多数又伴随机械搅拌、气体喷射或电磁感应等操作，冶炼过程处于非平衡(各组分的化学反应处于一种非平衡状态)、非均一(各种参数在体系中的空间分布不均匀)、非稳定(由于操作或其他因素影响致使各种参数处于不停地变化或波动之中)和非线性(工作过程中各参数多为非线性变化)的"四非"状态，这也使得冶金过程中的多相流动尤为复杂。为了更好地认识发生在钢铁冶炼过程中的各类现象及内在的相互联系，解析设备内过程机理，对现有工艺过程进行诊断，优化装置设计及改善操作，掌握冶金熔池内多相流动行为以及多相反应，发展高温熔体多相流动理论与技术对钢铁冶炼过程和设备效率以及节能降耗起着十分重要的作用。

　　20世纪上半叶至今，人们对两相流(气液、气固、液固等)的流动规律进行了大量的实验研究，在流型分布、转变和流型图的制定等领域取得了很大的进展，为两相流科学的发展和换热设备工业设计、制造、应用提供了可靠的数据依据。但随着科学技术的飞速发展，实际工程中越来越多的多相流问题尚未解决，严重影响相关学科的发展。钢铁冶金领域内关于多相流动的研究起步较晚，第一阶段出现在2000年左右，而在此之前只考虑钢液的单相流动。最早出现应用多相流数学模型结合水模型实验测试处理冶金反应器内气液两相流动问题，这一时期采用的多相流数学模型为均相流模型，该模型采用含气率守恒方程计算反应器内含气率分布和气液两相的流动行为，两相区内流体密度用气液两相平均密度表示。同时期还出现应用 VOF 模型求解冶金反应器内的多相流动问题，与均相流模型相比 VOF 模型可以更准确地捕捉气液两相之间的界面，但该模型的缺陷是无法考虑到气液两相的相对流动速度，得到的是气液两相的混合速度，因而无法准确描述气液两相区的结构。而后多相流理论和模型得到了飞速发展，相继出现了 Euler-Euler 模型和 Euler-Lagrange 模型，这些模型对每一相进行单独求解守恒方程，相间相互作用通过相间作用力来描述，计算精度较高，但由于模型复杂，需要消耗大量计算资源。数年来，应用此类模型对冶金过程中存在的多相流动问题进行研究的有关报道不胜枚举，这些研究在不同程度上为认识、改进和发展钢铁冶炼基本原理和实践效果提供了宝贵的信息。然而，由于钢铁冶炼过程是一个涉及多相流动和多种物理化学反应的复杂非线性过程，现有的多相流数学模型还有不足，大量的过程和现象还远非目前的模型所能描述，各工序热量、质量、动量等传输过程与复杂化学反应过程耦合问题需要更多深入研究。我国作为钢铁大国正在向钢铁强国迈进，面临的技术挑战可想而知，而高温熔体多相流技术是制约钢铁冶炼过程效率提升，降低能源消耗的关键技术之一，同时近年来我国在钢铁工业多相流领域取得了长足的发展，这些为未来进一步深化高温熔体多相流技术研究提出了需求和挑战。

"十四五"期间,我国钢铁冶金工业多相流技术优先发展领域如下。

(1)多相流动中的复杂湍流问题,如湍流多尺度、湍流脉动量、相间湍流修正等。湍流是多尺度、有结构的不规则运动,在相当大的空间和时间尺度范围内存在脉动,具有高度不稳定性、随机性和非均匀性。以往大多数冶金学者一般采用RANS(雷诺方程)湍流模型描述钢液的稳态流动,抹平了湍流运动中的若干微小细节,只能提供湍流的平均信息。随着计算机技术的发展和数值计算方法的不断改进,LES(大涡模拟)方法的优势体现出来。在单相流动中,LES方法已经有了巨大进展;但对于预测包括气液、气固、液固或者气液固流动的复杂多相流的运动特性,LES方法的应用才刚刚开始,存在诸多问题需要解决。

(2)复杂多相系统问题,如固液模糊区系统、气液系统、多尺寸气泡喷进熔体问题等。处理这类问题的重点在于两相界面和相间相互作用,以最常见的气液两相流为例,相间相互作用以及气泡的聚并和破碎机理相当复杂,存在着巨大的挑战,是目前的研究热点。

(3)冶金过程多相流动介尺度模型发展,冶金过程贯穿了原子-分子-颗粒-物料-设备-流程等多个尺度,如何建立能够描述跨越多尺度问题的多相流动数学模型及介尺度多相流模型是冶金多相流领域未来的发展方向之一。

f. 冶金过程低碳与新能源应用

能源是国民经济发展的重要物质基础,近年来,煤炭、石油、天然气等能源被大量开采和过度使用,造成传统能源逐渐消耗殆尽,全球普遍出现能源短缺及环境污染问题,威胁着人类的生存和可持续发展。另外,我国目前冶金工业整体技术水平,尤其是高品质金属材料的生产技术同发达国家相比还有较大差距,现有冶金技术能源利用率不高、污染物排放水平过大问题较为突出。1981年联合国提出以新技术和新材料为基础,大力开发可再生的清洁新能源以应对当前的能源危机。目前,我国的能源现状主要存在两个问题,一是能源结构不合理,主要是煤炭消费量高(占比超过了能源消费总量的50%)、可再生能源消费量低,对国家生态环境安全造成重大威胁;二是能源需求大、依存度高,我国是全球最大的能源消费国,也是最大的能源进口国,这也会对国家能源安全产生负面影响。因此,国家提出实施绿色能源战略,进行能源结构的优化和调整。另外,冶金行业的节能减排也是国家能源战略的重点。新能源的开发和传统高能耗领域能源的高效利用是我国解决能源困境的主要突破口。因此,一是发展国家绿色能源战略,大力发展太阳能等新能源产业;二是煤炭等传统能源的清洁高效利用和新型节能技术。但是,相对于发达国家能源产业的发展状况,我国新能源产业的市场化程度和传统能源的利用率都还处于较低水平,技术性瓶颈是制约我国能源产业发展的根本原因。其中高性能新能源材料的研发和传统高能耗领域的节能减排技术是限制我国新能源产业发展的核心问题,成为国家发展绿色能源战略的重大需求。

开发高性能新能源材料和应用技术是一个复杂的系统工程，需要在能源利用和能量转化理论与技术以及材料的结构设计和组织调控方面形成高度协同,但是,新能源材料的新颖性和特殊性对传统材料制备技术提出了挑战。新型材料制备技术与能源利用技术的交叉有望实现突破。该领域的发展目标是结合新型材料制备技术来实现能量转换材料的可控制备与能量转换效率的提升，主要包括能源转换效率的提高、新型能量转换材料与转换形式的研发、新能源材料制备成本的降低等;掌握新能源材料性能提高和材料结构可控制备的机理;实现能量转换材料与技术在能源领域的成果转化。另外，发展新型清洁、高效、绿色冶金技术也是提升我国冶金技术水平，实现冶金行业生产节能、减排的突破口。其中利用电磁场等外场调控金属材料的冶金过程，开发新型冶金技术是提升我国冶金技术水平的有效途径之一。在新型材料制备技术与能源利用技术和电磁场控制新型冶金技术上创新突破，可以使我国掌握新能源基础材料研究领域的核心技术具备自主科技创新能力，提高我国在国际上的核心竞争力，提供安全可靠的能源保障。

"十四五"期间，我国钢铁行业低碳与新能源利用优先发展领域如下。

(1)高效低成本热电薄膜材料研发与应用技术研究。一是新型高效低成本热电薄膜材料研发，采用外场辅助等方法，结合纳米复合技术，实现电声耦合的协同调控，揭示热电参数的去耦合化途径与机理，提出高效低成本热电薄膜材料研发的颠覆性技术。二是探索热电薄膜复合发电应用新途径，根据低品位余热利用难点，应用于冶金行业低温烟气余热的回收和光伏-热电复合发电等。

(2)高效高稳定钙钛矿薄膜太阳能电池研究。针对高效钙钛矿薄膜太阳能电池的低稳定性问题，在钙钛矿光-电转换薄膜的沉积过程中施加外场等调控手段，研发新型薄膜制备技术，实现对薄膜结构的设计和优化，开发出结构稳定的钙钛矿薄膜太阳能电池，提高太阳能发电技术在冶金领域的应用比例。

(3)高效储能材料与应用技术研究。设计和制备具有高效储能、低成本、环境友好的电极，其对离子电池的发展有重要的科学意义和应用价值。采用外场调控储能用纳米材料的制备过程，研发新型材料制备技术，开发过渡金属氧化物纳米结构一体化电极等新型离子电池电极材料及器件，发展出高性能低成本离子电池电极制造技术，提高储能技术在冶金领域的应用比例。

(4)高效磁-机械能量转换材料与应用技术研究。稀土-铁基化合物等磁致伸缩材料具有应变大、能量密度高、换能效率高等优点，是实现电-磁-机械能量转换的理想磁功能各向异性材料。利用外场调控材料制备过程，研发新型各向异性块体材料制备技术，开发出高性能稀土-铁基化合物等磁致伸缩材料。

(5)新型电磁冶金技术的开发与应用研究。为进一步降低企业的生产成本，满足日益严苛的钢材生产与质量要求，发展更高效、更节能、更绿色的电磁冶金新技术迫在眉睫。采用电磁场控制钢铁连铸过程的钢包出钢和结晶器钢液凝固过程，开发绿色无污染电磁感应加热出钢技术,开发优化结晶器内流场、提高钢材质量的电磁旋流水口出钢技术,开发抑制钢包内旋涡提高钢液利用率的电磁防旋技术。

6)冶金史及古代矿物科学

(1)古代金属制品制作技术及其发展与传播。围绕古代冶金生产所涉及的原料、加工技术、生产流程等问题,建立和发展分析技术方法体系,准确表征古代金属制品及相关生产遗物的理化特征,揭示其原料特征及加工技术面貌,探索探寻可反映技术特点、指示产地来源等关键信息的特征性指标,比较不同地区、不同文化背景下冶金技术的传播及其与社会发展的关系,揭示冶金技术的起源、发展及其演变规律与内在社会动因以及相互关系。

关键科学问题:古代冶金遗物理化特征与冶金反应过程及冶炼工艺的关系;铜、锡、铅等冶金物料产源特征的确定与科学表征;不同青铜文化区青铜冶金产业格局相互关系;中国冶铁技术的起源、生铁冶炼及生铁制钢的炉渣特征、生铁冶炼炉内气氛控制机制、炒钢技术的出现及其判定标准、煤和焦炭炼铁对钢铁制品的影响等问题的再研究。

(2)古代冶金炉等生产设施研究。"陶冶"与中华文明的关系受到关注,但是目前"陶"与"冶"的关系仍然不够清楚,特别是中国古代冶金炉型、耐火材料与最重要的生铁冶炼发明创造之间的关系。拟对各种类型古代制铁遗址进行系统调查,利用流体力学进行冶金炉内多相流场和温度场的数值模拟,实现炉型结构复原与冶铁工艺过程仿真;用现代耐火材料分析方法进行理化检测分析,并开展模拟实验;综合研究古代制铁炉型结构及耐火材料的各项物理化学性能,探讨其与冶铁技术进步的关系,为冶铸遗址的保护与利用提供科学依据,也为现代冶金反应器设计及改进提供新思路。

关键科学问题:冶金炉型结构及耐火材料对中国生铁冶炼技术发明的影响;古代炉壁耐火材料与炉渣的反应过程;熔铁炉和冶铁炉砌筑工艺。

3. 有色金属冶金工程学科目标与途径

我国有色冶金行业目前面临资源综合利用率低、环保压力大等诸多挑战,开发清洁、高效有色金属冶金新技术,综合利用复杂矿产资源,清洁高效利用有色金属二次资源势在必行。另外,随着我国国防军工、航空航天、通信等高技术的快速发展,对高纯有色金属及化合物半导体材料的需求不断增加,但目前这些核心技术主要掌握在发达国家手中,并且对我国技术封锁,极大制约了我国社会经济的快速发展,开发新技术,突破国外技术封锁,实现国产替代迫在眉睫。

有色金属冶金工程学科总体目标是探索和发展有色金属冶金过程的新概念、新理论、新规律、新方法,为我国有色金属冶金工业可持续发展提供理论和技术基础支持,在10~20年的时间内达到国际先进水平,有色金属冶金、战略性关键金属资源开发利用、资源循环利用、冶金环境工程、冶金与材料新工艺、冶金热能工程等方面取得重要的科学理论和技术创新成果。

1) 总体目标

a. 到 2025 年的目标

有色金属冶金：加强新能源新体系冶金、可控精准提取、产品短流程制备、过程强化等相关技术基础研究，构建绿色冶金理论体系，提出原创性绿色冶金技术。研究大型低电压运行电解槽高电流效率工艺及理论基础。

战略性关键金属资源开发利用：完善主要战略性关键金属的提取、二次资源再生技术体系，为我国制造业提供基本原料保障。以资源高效利用为核心，清洁生产和节能减排为前提，针对稀有稀土提取分离过程重要科学问题开展基础理论研究，建立绿色高效提取与超常富集理论，阐明冶炼分离过程元素分布定向调控机制，实现伴生有价资源综合回收利用；探究稀有稀土冶炼分离提纯新技术、新方法、新工艺；构建多元多相复杂体系相图及物性体系，为开发超高纯稀有稀土化合物及金属材料提供理论指导。

资源循环利用：形成有色金属冶炼废渣、"城市矿产"等资源化处理技术体系，提出有色金属二次资源绿色高效利用的新理论和新方法，构建有色金属二次资源冶金-材料一体化理论及方法。

冶金与材料新工艺：探索以节能减排为目的，以外场强化技术为手段的材料冶金与材料冶金制备短流程新概念、新理论、新方法；重点在电磁冶金、自蔓延冶金、微波冶金、加压冶金、超重力冶金、等离子体冶金、微重力冶金、矿浆电解、真空与相对真空冶金、气体冶金(包括富氧冶金、氯冶金、氢冶金、二氧化碳冶金)等外场冶金新技术装备，冶金材料制备一体化制备新技术装备等方面实现突破。

冶金热能工程：联合能源学科的科技力量，有效整合冶金热能工程团队及平台的资源，构建冶金热能工程学科发展的新模式与新机制，进一步完善我国冶金热能工程学科的理论、方法和原理体系。从关键技术引进向消化吸收再创新转变，从注重单一技术研究开发向系统集成创新转变，提高冶金能源进行系统的技术原型研发，进一步解决和突破制约我国冶金过程能源高效利用和新型节能技术发展的瓶颈问题，全面提升冶金过程能量高效利用和新型节能领域的工艺、系统、装备、材料、平台的自主研发能力，取得基础理论研究的重大原创性成果，突破重大关键共性技术。

b. 到 2035 年的目标

有色金属冶金：冶金新工艺基础理论和新流程研究方面取得突破，实现跨越式发展；产品质量、节能减排和资源利用，全面达到国际先进水平，使我国成为世界上有色金属冶金学科的研究中心。开展大型铝电解槽低电压高电效工艺及理论、低品位铝资源高效清洁利用及赤泥、铝电解危险固体废弃物综合利用基础科学研究，短流程绿色镁冶金基础理论研究。

战略性关键金属资源开发利用：建立富集、提取、高纯、材料化的完整体系，为我国高新技术产业发展提供全面的原材料供应。在稀有稀土冶金新工艺基础理论和新流程研究方面取得突破，实现跨越式发展；开展复杂稀有稀土矿物与二次资源高效清洁提取与分离提纯技术研究，提出稀有稀土冶金材料生态化、一体化设计的理论，该领域成为世界上稀有稀土冶金与材料研究中心。

资源循环利用："城市矿产"、废旧高温合金、失效动力电池中有价金属回收及高值化利用、二次资源与原生资源搭配处理、有色冶炼烟气余热高效回收及污酸减量等理论、方法和技术成为世界范围内优势研究领域。

冶金环境工程：聚焦原始创新和颠覆性技术创新，围绕国家战略目标，突出重点，从根本上转变学科"跟跑"科技创新模式，形成国际上有色冶金行业绿色发展的技术研发"并行"甚至"领跑"方式，形成引领冶金环境工程学科学术发展的创新方向，产出对冶金环境领域有重要影响的原创成果，攻克制约冶金环境领域的主要瓶颈问题，形成有色冶金行业绿色发展的新模式。冶金与材料新工艺：构建完善的外场冶金、冶金材料制备理论方法体系，重点研究外场冶金过程的热力学和动力学及其研究方法；多场耦合下冶金多相复杂界面化学反应、物质迁移和能量交换规律，多场耦合的外场冶金反应过程新型反应器及其放大理论；冶金材料制备一体化与外场强化调控理论方法以及关键制备技术装备等；力争在高性能特种合金(钛合金、高熵合金、难混溶铜基合金)自蔓延冶金制备，高蒸气压金属相对真空还原连续制备，高新材料微波合成、高性能粉体新型等离子体制备，新型介质冶金体系等方面取得理论方法原创性突破，引领材料化冶金的国际发展趋势。

冶金热能工程：建立冶金炉窑优化设计的理论与方法、冶金炉窑的均匀加热与强化传热技术理论、冶金炉窑及系统与过程工艺装备间的物质流-能量流-信息流的协同优化理论、炉窑能源深度梯级利用与超细颗粒物深度净化耦合的节能减排新技术应用理论。

2) 标志性成果

a. 科学研究

有色金属冶金：形成低碳有色金属冶金和资源循环利用理论体系，建立完善的有色冶金物理化学数据库、有色冶金反应器优化设计、过程强化与控制方法。突破我国特色有色金属资源综合利用冶金技术和多数高端材料冶炼技术。

战略性关键金属资源开发利用：形成从资源到产品全产业链技术体系，实现高品质战略性关键金属供应国产化。形成稀土绿色开发和资源循环利用理论体系，实现绿色低碳冶金。

资源循环利用：形成资源循环利用理论方法和体系，建立"城市矿产"资源循环大数据系统，形成复杂二次资源高效清洁冶金新理论和新方法。

冶金环境工程：建立冶金污染源解析、源头减排与过程污染控制等清洁生产集成关键技术及基础理论；拓展冶炼过程污染控制的污染防治理论及技术原型；形成工业废水深度净化与回用、工业废渣治理与资源化、大气污染物治理与利用等重大技术需求领域的基础科学理论与关键技术体系；研发重点行业场地污染源解析、风险管控和修复治理、赤泥土壤化处置、农田重金属污染阻控与修复等共性技术体系。

冶金与材料新工艺：揭示外场作用下冶金过程热力学特性和动力学强化机制，构建多场耦合作用下提取有色金属的基础理论体系，开发非常规物理场(高压力场、超重力、电磁场、超高瞬变温场、微波场、超声波、激光、电子束等)冶金、非常规介质场(电渣、矿浆、生物/细菌)冶金、超高浓度化学场(氢、氧、氯、亚熔盐等气氛中)冶金强化关键新技术与装备。

冶金热能工程：构建完整的冶金热能工程学科的知识结构，建立完善的科学理论体系和完善的、成熟的学科人才培养机制。重点构建可再生能源应用于熔池熔炼的冶金低碳冶金理论体系，研发冶金过程强化与调控新方法。

b. 人才和基地

有色金属冶金：培养造就 10 名左右具有国际影响力的冶金科学家，100 名左右的国家级领军人才。建成 5 个左右有重要国际影响力的冶金工程领域的研究中心。

战略性关键金属资源开发利用：建立从产业到科研、从企业到高校的完整队伍，促进工艺生产与科学研究的互相交流。建立产学研为一体的共享平台。培养造就 10 名左右具有国际影响力的战略性关键金属专家，50 名左右的国家级领军人才。建成 5 个左右有国际影响力的国家级研究中心。

资源循环利用：培养 10 名左右具有国际影响力的资源循环利用领域科学家，形成一批契合国家战略需求且具有鲜明特色的资源循环利用创新团队，打造 3～5 个具有重要国际学术影响力的国家级基地或平台，推动学科创新发展及科研成果转化。

冶金环境工程：培养一批包含院士、国家杰出青年、国家优秀青年等在内的国家级高层次人才梯队及创新群体。依托国家重点优势学科研究单位，联合国内大型有色冶金企业集团，进一步打造重金属污染控制化学国家重点实验室等 3～5 个新的国家级创新基地与平台。

冶金与材料新工艺：培养造就 15～20 名具有国际影响力的外场冶金与冶金材料制备领域的科学家，建立 5～10 个外场冶金与冶金材料制备领域有重要国际学术影响力和引领作用的研究中心。

冶金热能工程：培养造就 3～5 名具有国际影响力的冶金热能工程科学家，5～

10 名国家级领军人才，建立 1～2 个在冶金热能工程领域有重要国内影响力的研究中心。

3) 实现途径

a. 有色金属冶金

有色金属冶金是我国国民经济建设和发展的支柱产业。

在"十四五"时期，要以国家重大需求为导向，紧密围绕有色金属资源高效利用、有色金属冶金过程强化等基础理论和关键新工艺、新技术，开展系统深入的科学技术研究。大力提倡在研究中打破门户之见，突破学科束缚，鼓励学科交叉和新技术应用，以创造性的工作推动学科发展。根据目前我国有色金属冶金工程学科的优势研究领域和潜在的可能形成的优势研究领域，国家应从政策上、资金上予以大力支持，尤其是把前沿重大课题纳入国家规划，加强对重点学科和创造性学术梯队的支持，稳定研究队伍。加强协同创新，充分利用已有的协同创新中心、国家重点实验室、工程研究中心等平台，形成从校企合作、高校合作到学科合作以及团队之间的协同合作，强化其创新能力。

b. 战略性关键金属资源开发利用

我国战略性关键金属资源开发要立足国内，以绿色为根本，以应用为导向，注重创新，紧密围绕资源高效利用、化工材料循环利用、元素高值化利用，开展新技术、新工艺及基础理论。战略性关键金属资源的开发利用是一门综合性学科，内容涉及物理、化学、反应工程、材料、环保等科学技术的各个门类，提倡打破门户限制，鼓励学科交叉和新技术应用，国家从政策上、资金上予以大力支持，尤其把前沿重大课题纳入国家规划，加强对重点学科和创造性学生梯队的支持，稳定研究队伍。加强行业内外国家及重点实验室、工程研究中心、工程实验室等协同合作，加强上下游产业链合作，建立"开放、流动、合作"的研究体制，实现资源共享。

通过现代矿物学、物理学、化学、信息学等学科交叉，开展共伴生复杂金属矿物清洁高效利用共性基础问题研究，突破若干共性科学问题，攻克共性关键技术与关键装备，为解决我国复杂多金属、复杂共生矿清洁高效利用提供源头创新的理论和方法支撑。

面向湿法冶金学科发展的新挑战，深入研究目标元素与介质中活性组分的微观热力学、介尺度物质能量传递调控规律及多场强化原理，形成以有价金属高效选择性提取及污染源头控制为目标的湿法冶金反应新体系、新方法、新装备，建立共生矿清洁高效利用理论体系，获得共伴生复杂矿物高效清洁利用方法，引领湿法冶金学科发展，支撑我国战略性关键金属资源提取加工产业生态化发展。

提出冶金分离资源循环利用新方法；建立和完善现代微观冶金学基础理论体系，完善微细粒矿物、多元多相复杂体系分离机制与方法，形成具有国际影响的冶金分离理论体系。战略性关键金属的提取与分离在现有学科基础上，可通过溶剂萃取、离子交换、电化学冶金进一步拓展其在该类金属冶炼中的应用。

c. 资源循环利用

在深入解析二次资源特征和属性的基础上，开展资源大数据、二次物料绿色协同提取与过程强化、毒害元素无害化与资源化、协同提取过程仿真及优化控制、高性能材料绿色高端再造等方面的基础研究，使资源领域由资源粗加工朝精细化、深加工、高值化方向发展，逐步实现有色金属资源循环利用高端再造。系统深入认知有色金属二次资源特性，建立有色金属资源循环利用新理论和资源循环技术原型。研究金属提取过程强化的基础科学问题，提出有色金属资源循环的新方法。

主要体现在以下几方面：资源循环大数据；源头智能分类及实时动态监测；清洁协同提取与过程强化；有毒有害元素无害化处理与资源化利用；协同提取过程仿真及优化控制；新型高效反应器的设计开发；高性能材料绿色循环再造。

d. 冶金环境工程

(1)推进冶金环境工程学科的规范发展。通过政策引导、经济倾斜等方式，提升科学研究人员、工程技术人员及管理和组织机构等对冶金环境工程学科的认知与倾向，加大人力、物力及财力等综合投入，并通过冶金环境工程学科研究的成功案例，展示学科在解决复杂有色冶炼行业污染问题时所具有的优势，充分推动中南大学、昆明理工大学等有色冶金强势学科单位的资源整合及交叉，推进冶金环境工程学科列为国家自然科学体系中冶金学科主要的二级学科之一。

(2)加大人才培养力度，形成研究规模。完善冶金环境科学与工程人才培养体系。通过项目申报、学科引导等方式，逐步修订、调整学科研究人员聚焦冶金环境工程领域重大技术需求方向，大力培养适应学科发展需求的高层次科研及工程技术人员；同时吸纳和培养一大批国内外创新型人才，从事冶金环境工程研究工作。基于优势学科单位及创新研究平台，逐步培养一批具有深厚学科知识和创新能力的研究队伍，填补创新人才需求，形成规模化的研究团队及创新群体。

(3)强化研究基地和成果转化基地建设。充分发挥现有冶金环境工程领域国家级研究平台的优势，进一步加快国家重点实验室等机构的建设，形成具有国际竞争力的研究平台；加快冶金环境工程技术和科技创新步伐，坚持企业主体、市场主导，鼓励产学研用联合创新，支持龙头企业牵头重大科技项目，拓展国际创新合作渠道，促进科技创新突破和成果转化。

(4)依靠国家政策扶持，推进建设多环节跨领域合作渠道。制定切实可行的冶金环境工程中长期发展规划，充分整合政府部门、高校、科研院所及企业等资源，加强冶金环境工程基础理论研究，构建多层次科研合作渠道。引导企业和社会增加投入，突出"硬科技"研究，努力取得更多原创成果。

(5)加大资金投入力度。充分结合国家、社会、企业等多方面优势，实现政产学研用等高效结合，拓展资金融入渠道及方式，设立国际合作、区域等多方位研究基金支持，调动科研工作者的创新能力，在规划时间内大幅提升成果创新力度及产出力度，以全面提升学科领域的总体科技实力。预计 5～15 年内，逐步投入5 亿～10 亿元资金，支持学科重大科学问题及技术瓶颈问题的研究攻关，形成完善的学科发展模式。

e. 冶金热能工程

冶金工业面临的节能减排形势严峻，任务艰巨。冶金热能工程学科能全面地研究冶金工业的能源利用理论和技术，为达到冶金工业节能减排的目标服务。随着科学技术的发展，冶金热能工程要担负着推动冶金工业能源利用达到更高水平的使命。关于学科发展的实现途径主要有以下几个方面。

(1)加强冶金热能工程学科建设及其在基础科学研究方面的投入，依靠国家政策扶持，充分利用和整合政府部门、高校、科研院所以及企业的冶金热能工程科研资源，跟踪冶金节能减排领域的热点与前沿问题，在国家自然科学基金面上项目和重大项目上设立专项资金，增大节能减排等基础研究课题的资助力度，推进冶金热能工程学科的健康发展。

(2)充分发挥中国金属学会、中国钢铁工业协会、中国有色金属学会和中国有色金属工业协会在冶金行业中的组织和桥梁作用；协助政府加强企业的能源管理。

(3)建设各级研究基地和加快成果转化力度，完善冶金热能工程人才培养体系，积极发现、举荐、培养科技人才和科研骨干，吸纳国内外优秀创新人才充实学科队伍，特别注重加强冶金热能工程学科青年科技人才队伍的建设。

(4)与国际接轨，加强与国际知名高校的合作，借鉴他人的优秀方法和科研成果。

4. 有色金属冶金工程学科优先发展领域

1)中长期(2035 年)优先发展领域

a. 有色金属冶金
(1)复杂难处理有色金属资源清洁提取分离理论。
(2)短流程材料化技术理论。
(3)绿色低碳智能铝冶炼新理论与新技术。
(4)多场耦合及高浓介质强化冶金理论。
(5)复杂熔盐体系电解直接制备功能化合金。

b. 战略性关键金属资源开发利用
中长期(2035 年)的发展主要围绕稀散金属的超常富集、共伴生元素的综合回收、相似元素的深度分离等方向。具体优先发展领域如下。

(1)非常规介质冶金体系的反应/流动/传递规律与装备量化放大。研究非常规介质冶金反应器内复杂多相过程气固液三相流动、混合、传递和反应的机理和规律，查明反应器内温度、压力、流场分布的尺度结构效应，发展反应器内多相流复杂传递过程的模拟计算新方法，建立复杂多相反应、流动、传递过程的微观-介观-宏观多尺度效应相互关联数学物理模型，实现多相复杂体系动力学过程精准调控。针对非常规介质体系冶金新过程反应分离关键设备，基于纳微尺度、颗粒和多颗粒尺度及宏观设备尺度的多相流动、微观和宏观混合及传递规律，建立多组分复杂体系反应分离设备的量化放大方法，强化设备的反应分离效率。

(2)基于传质强化的生物浸出。研究生物浸出过程中微生物生长、矿物生物浸出反应动力学和矿浆中气液传质规律；微生物氧化硫化矿的作用机理及关键调控机制；在此基础上优化反应流程，开发新的充气、搅拌形式，提高生物密度和气液传质效率，实现高电位浸出，提升生物冶金反应器效率。研究硫化铜矿氧化过程中的阻碍层形成及消除机制；利用改进的滴流床模型对堆内流动情况进行模拟计算，通过冷模实验结合化学工程数学模型方法研究矿堆中的流动和传质情况，查明影响生物浸堆内部气液流动的规律，可以改进筑堆方式，优化通气管道和喷淋设备排布，获得更高的浸取效率。

(3)高价值金属同位素精深分离与批量制备。重点研究高价值金属稳定同位素原料批量分离技术与装备、高价值金属稳定同位素原位轰击制备机制，高价值金属放射性同位素批量制取机制，同位素金属高效冶炼、提纯、加工技术，以及同位素金属材料特殊性能研究及应用探索，以实现高价值金属同位素的批量制取，将其作为材料而非元素使用，发挥金属制品的致密、延展、强度、韧性等优点，促进高端科研、国防材料等领域的跨越式发展。

(4)稀土绿色高效提取分离。研究复杂稀土矿物资源清洁提取与高效分离理论，二次资源再生及循环物理化学，稀土冶金、材料一体化过程的基础理论。

c. 资源循环利用

(1)复杂二次资源清洁高效回收及整体化高值化利用。

(2)二次资源与原生资源搭配熔炼处理及过程强化。

(3)有毒有害元素无害化处理与资源化利用。

(4)有色冶炼烟气余热高效回收及污酸减量处理。

d. 冶金环境工程

(1)冶金过程污染物形成与调控机制。针对冶金工艺流程复杂、反应条件剧烈、污染物成因与控制机制不明的问题，重点突破高温熔炼、高温电冶金等极端冶炼反应过程中，铅砷汞等重金属、硫化物、氟化物、细颗粒物等污染物结构、形态及流向精细刻画，污染物动态发育过程原位表征，冶炼过程污染形态物相控制理论，冶炼过程污染物定向富集与除去技术理论，为实现绿色冶金提供理论支撑。

(2)冶金污染物形态结构解析及转化理论。针对冶金"三废"污染物量大、种类多、性质复杂的特征，研究水、气、固、土壤等多介质中典型污染物的赋存与归趋规律；解析污染物精细成分组成及结构特征、表面原子结构与性质；探究复杂条件下污染物界面性质及界面反应机制；阐明外场作用促进污染物结构变化规律、分离技术及理论基础，为无废冶金提供理论基础。

(3)多相多介质污染物冶金污染物协同治理与资源化。研究复杂物相中污染物的转化与分离机制，重金属冶炼烟气颗粒物、汞等多污染物协同治理，烟气中硫、颗粒物高效脱除与资源利用，有价元素的高效定向分离与产品化技术原型，复杂烟气余热利用与深度净化，冶金渣有价组分深度提取-低价组分协同资源化，废水多污染物协同治理及有价组分选择性高效捕集回收，为循环冶金提供理论支撑。

(4)冶金过程复杂环境污染物监测与大数据。针对高温高硫等冶金过程复杂环境条件，研究烟气中砷、镉、汞等污染物的现场快速/原位实时监测理论与方法，冶炼熔渣原位采集与污染监测方法，实现熔渣中污染物实时、动态、高分辨表征，开发自动控制、数据采集以及基于互联网+的远程数据传输方法，建立冶金过程复杂环境污染物监测数据集成及数字化表征方法，为培育数字化冶金提供理论和方法。

(5)冶金重金属污染风险与生态、健康效应。探明冶金重金属污染物的生物毒性效应，解析生态系统对污染物的传递过程与作用机制，建立基于污染物生物有效性风险评估方法；探究冶金重金属污染物的人体暴露风险源识别方法、人体暴露组学、健康危害机制等，建立冶金重金属污染物健康风险评估技术方法和模型，发展基于"大数据+互联网+人工智能"的冶金重金属污染风险综合分析系统，为冶金智慧管理提供理论和方法学。

(6)冶炼场地土壤-地下水可持续修复。开展融合物联网、大数据的冶炼场地土壤-地下水污染防治基础研究，人工智能在冶炼场地修复应用的理论与技术；基于风险管控思维，利用现代化技术和方法，模拟和解析单一和多个技术的修复规律，优化完善场地修复技术，实现场地安全利用与价值功能最优化，构建冶炼场地-地下水可持续修复基础理论体系，形成冶炼场地土壤-地下水修复新理论，为生态冶金提供理论支撑。

e. 冶金与材料新工艺

(1)重点研究外场作用下冶金过程热力学特性和动力学强化机制；多场耦合作用下冶金过程中多相多尺度界面冶金行为、传质和传热规律与强化机制；矿物中不同组元在冶炼过程中矿相转变规律、界面迁移规律和高效分离理论；开展在特殊外场作用下提取有色金属的基础理论系统研究。开发非常规物理场(高压力场、超重力、电磁场、超高瞬变温场、微波场、超声波、激光、电子束等)冶金、非常规介质场(电渣、矿浆、生物/细菌)冶金、超高浓度化学场(氢、氧、氯、亚熔盐等气氛中)冶金强化关键技术与装备。

(2)开展特殊冶金过程中反应器、尺度效应及多场耦合强化作用规律的研究。

开展相适应的核心设备的新型冶金反应器设计、优化和放大规律研究；新型反应器的传质传热规律、尺度效应和多场耦合强化规律以及反应工程学。

(3)低品位及深地资源高效开发是未来研究的重点，超级浸矿微生物选育与调控、战略性关键金属强化浸出、深层多力场条件下金属矿溶解行为等是战略性关键金属微生物冶金技术发展的瓶颈难题，需重点突破。

(4)锑、铋等重金属硫化矿是我国重要的战略优势资源，开展锑、铋等重金属硫化矿熔盐电解技术及基础理论研究，建立相关技术的理论支撑体系并形成技术原型，为我国相关领域提供急需的低碳、短流程冶金新技术；深入理解和探索有色金属硫化矿熔盐电解机理，发展高温离子熔体电化学冶金新理论。

(5)实现基于平衡相结构转变的源头阻断零排放清洁生产氧化铝，重点研究短流程、多目标有价元素同步提取的体系设计，多元复杂体系中钙化-碳化法零排放清洁生产氧化铝中矿相重构和矿相高效分离，多相共存时的粒子结晶过程调控原理、高活性氧化铝定向转化机制。

(6)铝电解节能、环保与智能化技术开发是未来研究的重点，深度清洁与超高效能铝电解技术是铝电解领域下一步清洁绿色生产与低能耗的关键技术，重点在关键保温材料的开发、电解槽结构设计与优化、电解槽余热与净化系统开发、数字化全智能电解槽等方面突破。

(7)以典型稀有金属钨、钼、钒、钽、铌、锂、镓、铟、锗为研究重点，以生产高纯金属或金属化合物产品为研究目标，开发针对多种低品位矿物的超常富集方法与相似元素深度分离技术，在有价元素高效转化提取与高纯材料化等方面进行重点研究。

(8)以镍、钴、铜、钛、锡、钒等资源作为潜在的应用对象，以高性能电池材料、电子材料为应用范例，采用"材料化冶金"思路，开展金属化合物的氯化、溶液定向净化、金属氯化物高温热解的基础研究，形成全氯循环材料化冶金的基础理论和新方法。

(9)为实现我国丰富的钒钛磁铁矿资源中铁、钒、钛等有价组元的高效协同提取，开展钒钛磁铁矿直接熔融还原冶炼的新型非高炉冶炼新工艺研究，形成铁、钒、钛的高效协同提取以及钒、钛组元冶金提取与材料制备的短流程突破。

(10)开展相对真空气氛下连续快速还原新理论、新方法研究以及核心装备研制；研究相对真空还原过程的热力学特性与动力学机制和强化规律，揭示相对真空条件下连续还原装备的流动特性、传质传热规律，开发相对真空气氛下连续还原关键技术与核心装备，实现金属镁、钙、稀土、锂、锡等低沸点金属的快速连续还原的工艺理论突破，最终形成基于相对真空的快速连续还原理论、方法体系与技术装备原型。

(11)冶金-材料制备一体化新方法、新理论。对冶金过程进行调控，直接制备特殊物性功能的材料。

　　f. 冶金热能工程

　　(1)有色金属多金属协同熔炼过程多相流动、传质传热机理。

　　(2)冶金炉窑系统物质流-能量流-信息流的协同优化及动态运行机制。

　　(3)中低温烟气高效回收和余热梯级利用。

　　(4)清洁能源和可再生能源在熔炼过程中的应用理论与技术。

　　2)"十四五"规划(2025年)优先发展领域

　　a. 有色金属冶金

　　(1)难处理复杂矿冶过程优化的基础理论。拟解决的关键科学问题有：多金属矿可控提取与分离技术装备基础理论；以国内外典型复杂矿物为研究对象，初步形成复杂矿冶炼过程优化的基础理论模型，建立典型过程的仿真系统。目标及研究内容：典型冶金提取过程"最小化学反应量"基础理论及过程优化；高效冶金装备大型化基础科学与设计优化；过程环境风险元素控制及应用基础理论；新能源结构下工艺优化基础研究。

　　(2)绿色低碳智能铝冶炼新理论与新技术。针对我国氧化铝工业赤泥排放量巨大的老大难问题以及生产原料多样化(包括非传统铝资源、进口铝土矿资源等)带来的技术挑战，解决原料矿相重构与伴生元素综合分离提取等关键科学问题；针对我国铝电解工业碳排放总量巨大的问题，解决超低能耗与超低排放型铝电解槽在新结构与新电极条件下的柔性运转工艺技术体系及多物理场最优化分布的综合构建等关键科学问题，为建立绿色低碳铝冶炼新理论与技术体系提供重要理论支撑。针对氧化铝生产，重点研究非石灰拜耳法基础理论、难溶铝矿物的矿相控电位定向转化、多矿物超细嵌布团聚体活化解离与分离方法、面向钢铁/水泥等多产业协同的有害元素预调控等，从而突破赤泥源头减排与高值高效利用新途径，并解决生产原料多样化所带来的系列技术难题；针对铝电解生产，重点研究可大幅提升铝电解槽密闭化程度的新型保温材料及其腐蚀机制、可实现高温烟气热/质回收利用的槽结构变革方法及新型槽结构下的铝电解槽多物理场特性、面向"风-光-水"等绿色能源消纳的铝电解槽柔性运转工艺、以消除阳极过程二氧化碳排放为目标的铝电解惰性电极及其长寿命与低能耗运转机制、绿色低碳及柔性运转条件下的生产过程智能控制与智能优化制造理论与技术等，最终通过建立综合研发与应用示范平台，形成绿色低碳智能铝冶炼技术体系和标准规范。

　　(3)复杂铅锌废渣高效低耗冶金理论和技术体系。通过研究冶金过程中矿物反应和新相形成机理，明确物相转化过程中结构重组、元素富集与界面交互作用机制和匹配关系，提出冶金过程中物质转化定向调控方法，建立复杂铅锌废渣高效低耗冶金理论和技术体系。

　　(4)铜铅锌冶炼危险固体废弃物无害化清洁利用理论。针对镉渣、砷渣、氰化渣及电镀污泥等有色危险固体废弃物的清洁利用问题,以多组分的同步/异步可分离性转化为核心,重点研究有色危险固体废弃物多组分可分离性转化的化学体系设计原理,多元多相体系组元间相互作用、物相重组规律与调控机制,有色危险固体废弃物转化后组分的分离基础与过程强化机制;提出溶出过程中实现元素富集、物相解离的技术原型;建立组分同步/异步转化-综合回收有价成分的有色危险固废清洁利用理论基础。

(5)二次资源清洁提取理论。针对动力电池、废催化剂等高值二次资源综合利用,重点研究精准分离提取、短流程材料化基础理论。

(6)海洋冶金基础理论。针对深海金属矿资源特点及开发利用技术需求,开展海洋冶金基础理论研究。

(7)核动力关键结构材料性能老化在线修复技术及理论。研究循环电磁外场修复-老化(至少三个循环)过程中纳米尺度缺陷的变化过程。检测不同循环状况下材料的脆化速率,建立电磁外场作用下压力容器及一回路主管道的寿命预测模型。将真实工况下的样品进行电磁外场处理,通过力学检测手段评价恢复效果,研究电磁外场对真实工况样品中纳米尺度缺陷的影响。优化相关处理参数,对实际工况中的材料进行中试处理,模拟在役压力容器及一回路主管道性能修复,为实现在线原位修复提供可参考的科学依据和技术参数。

b. 战略性关键金属资源开发利用

在“十四五”期间,优先发展的领域如下。

(1)湿法冶金反应微观热力学及非常规化学体系强化物质转化原理。构建矿物元素热力学大数据库;多元组分的溶解、解离与化学反应热力学;非常规介质及外场强化多元组分分解反应机制;多元组分(氢、碳)氧化还原反应及其强化机制;亚熔盐体系的活性氧组分生成机制、量化调控规律与介质反应/分离/传递过程强化。

(2)多场强化湿法冶金反应新原理新方法。研究多元组分在溶液中的化学或电化学反应机理,如矿浆中的电化学反应强化;探讨外场与非常规介质强化溶液反应作用机制(亚熔盐、微波、超声等),如钒铬尖晶石在亚熔盐活性氧强化分解反应过程中转变为可溶性盐,实现反应强化;分析多元矿物组分高温氧化还原反应过程动力学,如钒钛磁铁矿在高温碳还原条件下,采用钠化剂和微波辐射强化反应,实现钠化和还原反应。

(3)稀土分离提纯理论。研究风化壳淋积型稀土矿绿色提取与富集理论;稀土伴生钍、氟资源清洁提取机制;稀土分离提纯的新流程、新理论、新方法;稀土中杂质元素深度分离方法与理论基础。

在战略性关键金属资源开发利用方面,短期内发展目标有:大直径超高纯金属、氧化物靶材的制备;锑铋化合物半导体的制备;离子型稀土矿的高效清洁提取;柿竹园钨锡铋多金属矿的综合利用;硫化锑矿的高效绿色提取;高镍低钴锂电材料、钽铌锂云母的高效绿色提取；高镁锂比盐湖卤水的高效绿色提取；金川镍钴铂族金属复杂矿的高效绿色提取。

c. 资源循环利用

(1)智能识别与精细分选方法。二次资源的智能识别与精细分选，是基于二次资源不同物质理化性质的差异，开发自动化处置技术，实现资源智能识别、快速分类、自动拆解与分选，得到初级产品的系统技术。

(2)多金属高效富集与梯级分离。针对多金属复杂二次资源，研究外场强化浸出过程有价金属热力学行为及动力学调控措施，探讨多金属强酸/强碱溶液中有价金属分离富集机制，建立相似元素高效分离新方法。

(3)冶金材料一体化。建立资源循环与先进材料制备理论与方法，制备高纯金属、高品质粉体材料、新能源材料、钛粉末合金、梯度结构硬质合金。

d. 冶金环境工程

(1)冶金过程重金属污染物形成与调控机制。冶炼过程中镉、汞、铅等重金属在气-液-固相中的分布规律；重金属元素在高温熔炼过程中的热力学分配模型；高温冶炼过程重金属细颗粒物的形成机制；复杂烟气条件下污染物之间相互作用机理及界面作用机制；重金属物相转化与调控原理。

(2)砷等污染物高值化利用基础。砷的形态与生物毒性的关系解析；高纯砷基导热、导磁、半导体材料可控合成技术及生长机制；优异磁学、电学、光学、催化性能砷基合金纳米材料合成新技术及生长机制；砷基原子级材料合成新方法和新技术及应用新途径；冶炼过程污染成分形态和转化规律；发展污染成分冶金过程同步分离与材料化新技术，发展冶金过程污染成分高值化新理论。

(3)冶炼大气污染物来源、转化及超净排放基础。冶炼过程中大气污染物的形成、释放、迁移和分布特性；烟气重金属均相非均相反应机制与形态转化；烟气重金属的定向调控方法与选择性捕集；挥发性有机物的大容量吸附/高效催化氧化及无害化处置；烟气高效脱硫协同脱硝与资源化利用；全氟化碳低温催化氧化分解；烟气颗粒物梯级回收与PM2.5深度净化；烟气砷、汞、铅、镉等挥发性元素资源化回收与污染物协同控制的共性科学问题。

(4)冶炼废水溶液结构化学及污染控制基础。冶炼废水排放规律及分类处理/回用的科学依据；水溶液中重金属行为与定向去除；水溶液重金属络合物的光谱学表征及强化去除；氟/氯循环、转化规律及选择性去除；重金属废水处理与沉淀污泥调控机制；冶炼复杂废水资源化治理与循环利用；基于冶炼废水特征的新型环境材料结构设计与应用基础；冶炼污酸资源化治理新方法；复杂废水高效处理反应器结构与去除性能的关系。

(5)冶炼固废中重金属赋存特征解析及其分离调控与稳定转化基础。冶炼渣、冶炼烟尘、酸泥、水处理污泥等冶炼固体废弃物中重金属的物相结构、赋存状态及其在渣中的嵌布特征；多金属复杂共沉淀物微观结构表征及多金属共存机制；共沉淀物界面调控强化脱水与固-固分离机制；多金属共沉淀物中有价/有毒金属梯级分离与资源回收；火法冶炼渣渣相结构调控及其与重金属迁移转化的关系；火法冶炼渣矿相重构与调控强化分离；固体废弃物中胶凝组分活性激发机理及重金属稳定转化机理；冶炼固体废弃物湿法处理过程中重金属形态调控与迁移转化机制；冶炼固体废弃物中重金属形态、物相、赋存特征与环境稳定性的关系；固体废弃物中重金属形态、物相、赋存特征调控强化固体废弃物环境稳定性的机制。

(6) 多重金属污染土壤原位强化绿色修复。针对有色冶炼污染场地铅、镉、砷、铅等多种重金属共存，研究土壤-微生物体系对土壤中重金属的稳定、积累、代谢、转化等调控过程，研究土壤环境的自修复作用机理；开发基于微生物和天然原料的绿色修复材料制备新技术，建立修复材料全生命周期评价与定向管控方法；研究冶炼场地重金属污染物的原位强化生物修复与化学原位成矿稳定化基础理论；开展基于信息化技术的场地环境时空演变和修复后评估方法等。

(7) 重金属在线监测理论与方法。复杂烟气条件下重金属在线监测校准方法；液相复杂多重金属环境下高性能传感器材料制备与开发；监测仪器小型化、数字化与信息化；多元素瞬时浓度连续定量测量方法优化等共性科学问题。

e. 冶金与材料新工艺

(1) 外场冶金/特殊冶金新理论、新技术与装备，多场、多相、多尺度复杂冶金反应过程的优化、模拟与高效放大。

(2) 深层金属矿物溶解多场力学行为与规律，深层原位溶浸液气渗透规律、过程模拟与阻隔系统的设计；数字化、智能化矿山建设与大数据冶金。

(3) 原生硫化金矿生物预氧化-浸金耦合机制；酸性体系非氰高效浸金剂的研制，无机固废的微生物定向编辑-有价金属高效浸出-毒害离子无害化固定的基础研究与工艺；多力场选育超级浸矿微生物菌群的基础研究；深层战略性关键金属资源原位溶浸生物-化学耦合作用机理。

(4) 锑、铋硫化矿熔盐电解冶金基础研究；铝电解槽新型密闭保温结构仿真优化及关键保温材料的研发；连续阳极与智能铝电解槽的开发；深度清洁与超高效能电解槽新工艺与全数字化智能技术开发；氧化镁低能耗直接电解新技术开发。

(5) 基于平衡相结构转变的源头阻断的零排放清洁生产氧化新方法 (CCM法)；赤泥无害化、资源化低成本大规模利用过程中矿相高效分离的原理；铝资源的矿相重构和高效回收利用，氧化铝提取和粒子结晶过程中界面性质及调控机制；高分解率和氢氧化铝品质协同调控原理。

(6) 相对真空下连续快速还原炼镁新方法与装备；相似稀有轻金属元素锂镁的

电化学分离。

(7)高温熔体中元素的迁移富集规律;低品位二次资源中有价元素的转化提取;稀有金属钨钼的深度分离与产品高纯化;钒钛磁铁矿的熔融还原直接冶炼提取新方法、新工艺开发。

(8)低品位复杂有色金属矿/二次资源的氯化反应热力学与动力学;多元金属氯化物的分离与组元调控原理;多元金属氯化物的高温热解、直接电解转化新理论、新方法。

(9)材料化冶金过程中材料的结构演变规律;能量转换与储存材料的短流程直接制备技术;光电化学冶金等冶金新原理、新工艺和新技术。

(10)"城市矿产"清洁处置与全量利用中的共性技术开发。

f. 冶金热能工程

(1)冶金炉窑及系统节能减排。重点研究冶金炉窑高温定向强化传热机理、富氧清洁燃烧技术、余热资源深度梯级利用热力系统及技术,研发炉窑及系统智能控制模型及网络化监控平台,构建以最小能源消耗和环境代价实现富氧强化冶炼的高效冶金炉窑及系统。

(2)基于多功能吸附剂协同脱硫脱碳的有色冶金烟气资源化利用。研究多功能吸附剂材料的理性设计、可控制备及性能调控,实现功能性吸附剂材料设计,明晰吸附剂材料与协同脱硫脱碳间的构效关系;进行新型多功能吸附剂的热力学筛选与量子化学机理计算,研究多功能吸附剂材料的协同脱硫、脱碳以及有色冶炼烟气高值化利用的耦合规律。

(3)再生金属短流程循环利用产业链生态效率评价体系。研究再生金属短流程循环利用产业链物质流、能量流和环境流关系,研究建立再生金属资源材料一体化产业链生态效率评价指标体系,综合评估产业链生态效率;建立三稀金属二次资源失效-再生调控方法,形成多金属特殊复杂体系下微量有价组分物相重构精控分离、精制的原创性理论。

1.6 材料工程学科

1.6.1 学科的战略地位

1. 学科定义及特点

1)学科定义

a. 金属凝固

金属由液态转变为固态的过程称为凝固,包括由液态转变为晶体或非晶体。

凝固是物理、化学和工程相结合的学科方向，涉及几乎所有的材料种类。对凝固过程的认识和控制是根据热力学、动力学、物理冶金学、流体力学、传热学等的原理，采用数学解析、科学实验与数值模拟方法等，研究金属材料制备、铸造、熔焊等过程中液-固相变原理与过程控制技术，实现对材料成分、组织及性能控制与优化的技术学科领域。

除粉末冶金制品以外，几乎所有的金属制品在制造过程中均要经历凝固过程。金属凝固过程一方面赋予金属制品一定的形状，另一方面对材料的组织和性能产生重要影响。凝固是铸件、铸锭和铸坯(以下统称铸件)形成过程的核心，它决定着铸件的组织和铸造缺陷的形成，以及铸件内的成分分布，因而也决定着铸件的性能和质量。凝固形成的材料和构件小到几微米、大到数百吨，既可以作为后续加工的母材，也可以作为直接应用的构件。对于凝固后直接用作构件的材料，凝固过程中形成的组织和缺陷对构件的使用性能具有决定性的作用；对于凝固后尚需后续加工的材料，凝固中形成的组织和缺陷不仅影响其最终性能，而且影响后续加工工艺的选择。对凝固过程研究的目的是揭示物质凝固的基本原理和规律，发展控制凝固过程的新方法，以满足材料组织和性能的需求。因此，研究和控制金属凝固过程是提高金属制品品质的重要手段。在新材料研发中凝固也具有重要作用，特别是在制备单晶、微晶、非晶以及复合材料过程中，凝固过程控制往往决定了材料制备的成败。

b. 材料成形与加工

材料成形与加工主要通过各种外场作用改变材料的组织、性能、表面质量和形状尺寸等。材料成形与加工主要依靠材料在塑性状态下的体积转移，而不是通过部分地切除材料的体积，因而材料的利用率高，流线分布合理，生产效率高。材料经过成形后，其组织性能都能得到改善和提高，特别是对于铸态材料，强度等性能提升更加显著。通过采用先进的材料成形技术和设备，可以获得精度高和形状复杂的工件，达到少切削或无切削的目的。材料成形与加工学科是以成形技术为手段，以材料为加工对象，以过程控制为质量保证措施，以实现产品制造为目的的学科。以成形技术为手段的特点要求本学科具备机械工程基础理论，以材料为加工对象的特点决定了材料科学成为本学科的基础知识，而以过程控制为质量保证措施的特点决定了控制理论成为本学科基础知识的重要组成部分。随着科学技术的发展和学科交叉，本学科比以往任何时候都更紧密地依赖诸如数学、物理、自动化、计算机与现代化管理等各门学科及其最新成就。

材料成形与加工学科的主要特点包括：具有应用基础学科的属性；实践与需求牵引理论深入；理论的产生和成熟推动技术的发展；不断产生新方法、高性能材料、先进工艺与前沿技术；成形与加工持续智能化；通过学科交叉提升水平和拓展内涵。材料成形与加工学科已成为一个业务领域宽、知识范围广的名副其实的宽口径学科，继续进行深入研究，准确界定学科内涵，对学科的发展具有重要的意义。

c. 粉末冶金与粉体工程

粉末冶金与粉体工程是制取金属粉末或以金属粉末(或金属粉末与非金属粉末的混合物)为原料，经过成形和烧结，制造金属材料、复合材料以及各种类型制品的工艺技术。粉末冶金与粉体工程作为一项集材料制备与零件成形于一体的先进制造技术，具有节能、节材、高效、近净成形、少/无污染等特点，不仅能够制备出无宏观偏析、组织均匀、晶粒细小、各向同性、热加工性能优良的合金和复合材料，而且能够实现零部件的近终成形，还能制造出传统铸造无法制备的材料和部件。粉末冶金制件在机械制造、航空航天、汽车家电、化工能源等民用和国防军工等领域均有广泛应用。

d. 界面结合冶金(焊接冶金)

焊接冶金是依据冶金物理化学的基本原理，研究加热、加压(或二者并用)条件下，采用或不采用填充材料，使工件达到原子间结合的加工原理的一门学科。焊接冶金主要包括焊接化学冶金和焊接物理冶金。其中，焊接化学冶金主要研究各种焊接工艺条件下，冶金反应与焊缝金属成分、性能之间的关系及其变化规律；焊接物理冶金主要研究材料受焊后的组织、性能、化学成分的变化和产生缺陷的原因及内在规律。

焊接冶金过程大多是极端条件下的非平衡过程，主要涉及金属(包括黑色金属和有色金属)及其合金、金属间化合物、金属基复合材料等多种材料自身及异质材料结合过程中的物理和化学冶金问题。与基体材料制备时所经历的冶金过程相比，焊接冶金通常具有局部性、瞬时性和非均匀性的特点，一般在焊接接头的有限区域内快速完成。这一过程中元素的化学和物理行为并不完全符合基体材料冶金过程的一般规律。此外，焊接冶金过程中缺陷的萌生和演变行为也具有特殊规律。与基体材料相比，焊接区的组织和性能变化梯度较大，在宏观上表现为组织和性能的不均匀性；焊接组织和性能强化、退化及接头寿命演变规律等也具有特殊性。

e. 外场与特殊冶金

随着现代技术的不断发展和学科间的交叉融合，新的冶金方法和理论不断出现。电磁学、微波物理、超声波物理、等离子体物理、激光物理、自蔓延合成、富氧和制氢技术等渗透到冶金过程的各个领域，在此基础上出现了有别于传统冶金的新方法——特殊冶金，即外场作用下的冶金过程，尤其是在非常规外场(常规外场为重力场、温度场、浓度场)，或者多场耦合等苛刻条件下冶金基本理论以及冶金过程等，达到利用一切可利用的资源和先进技术手段，制备国民经济发展所必需的各类材料，并逐步实现冶金-材料一体化、冶金过程绿色化和材料多功能化的目标。特殊冶金是目前冶金学科最活跃的研究领域之一，依据所涉及外场的性质可划分为电磁冶金、微波冶金、超声波冶金、等离子体冶金、自蔓延冶金、失重冶金、高压冶金、富氧冶金、氢冶金等。

f. 表面工程

表面通常指气相(或真空)与凝聚相之间的分界面，也指结构、物性与体相不相同的整个表面层。表面粒子(分子或原子)在材料外侧没有邻居粒子，其物化特性与内部呈不连续性。

表面工程涉及材料、物理、化学等多门学科领域，学科交叉性强，技术种类多，已经成为综合性工程学科，研究范围涉及表面体系(宏观热力学)、表面原子结构和表面电子结构三个不同的物质结构层次，以及与之相对应的微米、亚微米、纳米尺度范围。

g. 喷射沉积

喷射沉积(spray deposition)也称喷射成形(spray forming)，是将熔融金属或合金在惰性气体中借助高压惰性气体或机械离心雾化形成固液两相的颗粒喷射流，并直接喷到较冷基底上，产生撞击、黏结、凝固而形成沉积坯。它是把液态金属的雾化(快速凝固)和熔滴的沉积(动态致密化)自然结合，在一步操作中完成了以较少工序直接从液态金属制取整体致密材料的技术。喷射沉积过程通过气体喷雾器将液体金属雾化为微米级的液滴，大颗粒液滴依然是液态，小颗粒液滴在雾化过程中凝固，中等尺寸的液滴为半固态。在雾化气体的作用下经高速冷却(10^3K/s)，这些颗粒沉积到预成形靶上并开始凝固、预成形，较高液相分数的液态和半固态液滴由于撞击而分裂，而较高固相分数的固态和半固态颗粒则会分离为碎块，靠半固态微粒的冲击产生足够的剪切力打碎其内部枝晶，凝固后成为颗粒状组织，形成非枝晶组织，经再加热后，获得具有球形颗粒固相的半固态金属浆料。在喷射沉积过程中，一部分固相颗粒重熔和再凝固所经历的时间较长，在预成形靶表面典型的局部凝固时间为 10^{-2}s 数量级。采用喷射沉积法制备具有非枝晶结构的锭坯，能得到一般熔铸条件无法实现的细晶组织及高合金成分，尤其是均匀弥散的颗粒增强金属基复合材料；其次喷射沉积得到的预成形毛坯料，可为半固态成形大的复杂零件做好准备。目前该方法已应用到工业生产中，对高温合金、铝合金、黑色金属和金属基复合材料进行了成功的试验和生产。沉积坯还可以通过后续致密化加工得到性能优异的材料，它既保持了粉末冶金快速凝固的优点，同时又克服了粉末冶金易受污染、成本高等缺陷，近年来被广泛用于研制和开发高性能航空航天用结构材料，在国内外得到快速发展。

2) 学科结构

a. 金属凝固

金属凝固属于工程科学，该学科的发展与生产实践和社会需求密切相关。同时，该学科的一个显著特征是多学科交叉，其发展水平和研究内容随着热力学、动力学、物理学、化学、材料、机械等学科的进展而不断拓展、深化。从总体上看，凝固过程及组织控制朝着超纯净化、超均质化和超细晶化的方向发展。

从凝固过程冷却速度的不同可分为近平衡凝固、亚稳凝固、快速凝固等。从凝固过程中存在的相变类型可分为单相合金凝固、共晶合金凝固、包晶合金凝固、偏晶合金凝固等。从温度场特点可分为定向凝固、顺序凝固和同时凝固等。从凝固得到的相和组织的特点可分为晶体凝固、非晶体凝固、复合材料凝固。近年来又发展出在特殊物理场下的凝固，如磁场下凝固、微重力下凝固、超重力下凝固、高压下凝固、电场下凝固、超声场下凝固等。

b. 材料成形与加工

材料成形与加工涉及的材料种类主要包括钢铁、有色金属及其复合材料，并适用于各类新材料。材料成形与加工的基础研究主要涉及材料制备加工全过程的液/固转变、固态流变、塑性与蠕变，以及热处理的组织性能、形状精度与残余应力形成的科学原理，成形加工多种物理场作用规律与创新方法。材料成形与加工方向未来的突破点，主要在于材料成形加工全过程组织性能与工艺优化设计及控制，多外场下极端尺寸规格材料成形加工中的复杂组织和缺陷及残余应力演变的精确模拟与仿真，材料成形与加工一体化，材料智能化成形加工，难加工及高性能材料短流程近终形高效连续成形加工，先进热处理等。其主要代表性内容包括以下几个方面。

在塑性成形方面，以发展高性能大型/复杂件高效节约型精确成形一体化制造技术为主要目标，包括轻质高强钢、铝合金等板材刚性模具整体冲压成形，柔性增量成形，基于管坯的内高压成形和多约束成形，体积坯料整体加载成形与局部加载成形形状变化，微观组织与宏观性能变化的关系，大型高性能构件省力成形一体化制造，低成本批量微成形，多场耦合成形全过程多尺度的建模、仿真与优化。

在材料改性方面，以发展各种整体及表面处理技术与装备来实现对材料及成形零件成分、组织结构和性能与变形的精确调控为主要目标，包括材料组织结构设计与精密热处理改性技术，虚拟热处理技术，材料纳米改性技术，以及基础材料构件组织结构、性能与可靠性评价与表征。

c. 粉末冶金与粉体工程

粉末冶金与粉体工程已由一种传统工艺技术发展成为集冶金、材料、机械制造等交叉的新兴前沿学科领域。该学科的研究方向包括粉体制备与改性、粉末成型以及粉末烧结三大分支；研究内容主要包括粉末的制备原理、特性及其表征和控制，粉体、粉末增塑体或多孔预成形坯在成形过程中的流动变形规律，粉末体、多孔预成型坯在外场(温度场、电场、磁场、力场等)作用下物质的迁移机制与致密化规律，粉末冶金材料组分、微观组织和性能的关系，以及制备过程中粉末及粉末冶金制品的形状尺寸精度、孔隙结构、缺陷控制理论及技术等。

粉末冶金与粉体工程学科的资助范围应该包括以下三个方面：粉末制备新工艺、粉末成形新技术以及粉末冶金新材料。目前，新材料技术、计算机仿真、新能源和生物技术的发展带动了粉体冶金学科研究内涵及应用水平的不断深入与提升。粉末冶金技术不仅是单一学科的发展进步，而是在新的技术平台上与材料科学、化学、物理、机械、力学、生物、医学等学科的交叉融合。新材料、新工艺的不断深入应用，也在不断促进着粉末冶金材料设计、制备、零件研制所需的关键系统与装备的更新换代。此外，粉末合金制件的冶金质量评判标准与控制也是重要的研究内容。

d. 界面结合冶金(焊接冶金)

焊接冶金方向的学科结构主要包括以下几方面。

(1)焊接冶金过程的热力学和动力学，新型连接材料的设计与制备。

(2)材料连接原理及界面结合技术。

(3)材料的受焊行为，焊接接头的组织，性能表征及调控技术，结构寿命演变规律及评价技术。

e. 外场与特殊冶金

特殊冶金学科的主要科学问题及研究内容包括：①外场作用下焙烧矿物的微观结构的变化及其传质规律。由于不同外场对矿物焙烧过程的作用力不同，矿物微观结构的变化也不尽相同。②特殊外场作用下的物理化学与界面现象。通常热力学参数及其性质都是在常压和重力场下测定的，因此，在特殊外场下尤其是在超强磁场下物质的热力学性质的研究显得十分必要。③外场作用下的物质迁移传输参数与传输规律，通常扩散系数、传热系数是在重力场中测得的，当外场达到一定强度时，这些参数就会变化，从而影响传递规律。④多场(电磁场、高压、微波、超声波、热场、流场、浓度场等)协同作用下的多相耦合及反应过程规律，多个反应间的耦合过程中各种反应动力学间和传质动力学匹配问题，多种极端条件下(高温、高压、高浓度)物质传递规律进行研究。⑤特殊外场作用下新型冶金反应器理论，包括多元多相复杂体系多尺度结构与效应(微米级固相颗粒、气泡、颗粒团聚、设备尺度等)，新型冶金反应器的结构特征及优化。

f. 表面工程

表面工程兴起于20世纪80年代。它是指表面经过预处理后，通过表面涂覆、表面改性或多种表面技术复合处理，改变固体金属表面或非金属表面的形态、化学成分、组织结构和应用状况，以获得所需表面性能的系统工程。主要包括表面涂镀和表面改性两种基本类型，具体有物理和化学气相沉积、电刷镀、热喷涂、堆焊、载能束表面改性、表面热处理等。

g. 喷射沉积

喷射沉积的学科结构主要包括液态金属雾化、熔滴快速凝固、熔滴的快速组织演变、沉积和致密化过程等，涉及传热学、流体力学、材料学和凝固等多个学科，以及材料制备、加工成形及分析表征等多个方面。

3) 学科主要基础科学问题

a. 金属凝固

金属凝固涉及的主要基础科学问题是：金属材料凝固组织演变、缺陷形成、组织与性能控制方法；金属材料在极端条件多场耦合作用下的凝固组织和性能演化；利用夹杂物促进金属形核的基础理论与技术；夹杂物与金属熔体的相互作用；凝固过程夹杂物弥散强化的机制和条件等；凝固过程中合金组元的相互作用和相形成；外场对合金组元和相的作用机理；复合外场作用凝固过程的调控机制；凝固路径选择的微、宏观表达与调控；凝固过程跨尺度表征与计算；异质形核的微观界面与熔体状态的相关性；凝固过程的实时成像表征。

b. 材料成形与加工

材料成形与加工应主要围绕产品尺寸形状精准控制的理论与方法、产品组织性能控制理论与方法来开展基础研究工作，主要基础科学问题包括：材料成形加工先进工艺与精确控制；短流程近终成形、高效成形加工原理与方法；非线性理论在材料成形与加工中的应用基础；成形过程的多场耦合、多尺度模拟仿真方法；高强度钢材冷却过程多场耦合及残余应力预测分析；基于多外场跨尺度模拟的材料成形加工基础与技术；复合轧制工艺及界面结合理论；非约束或半约束成形理论与技术；材料成形与加工的一体化理论与技术；新一代控制轧制及控制冷却理论；成形加工过程中组织演变与性能智能预测及控制；集成计算材料工程理论与应用基础；外场作用下成形加工过程在线监控新技术；基于全流程监测的内应力演变与板形控制理论；外场对成形加工过程的影响规律及机理；材料成形工业大数据全维度、多层次智能解析理论与方法；成形加工过程建模与实时协调优化理论；苛刻服役条件下有色金属合金材料开发及制备加工技术；新兴领域特殊功能有色金属合金材料开发及制备加工技术。

c. 粉末冶金与粉体工程

粉末冶金与粉体工程涉及的主要基础科学问题是：多场作用下纳米晶粉末制备、组织和性能评价的基础理论；多场作用下高性能粉末冶金材料制备、组织和性能评价的基础理论；多场作用下高性能粉末冶金零件的近净成形技术基础研究；多场作用下粉末近净成形装备设计、模拟、制造的基础理论；新型成分和结构设计原理；近净成形制备过程粉末与成形剂的相互作用规律；固结过程超精细结构演变规律与控制原理。

d. 界面结合冶金(焊接冶金)

焊接冶金过程涉及的主要基础科学问题是：极端非平衡条件下界面结合冶金过程的热力学与动力学；焊接材料冶金设计原则及材料成分纯净化和精准化控制理论；焊接熔池的多尺度、多学科凝固过程建模与仿真；新材料及异种材料连接界面的反应及调控机制；界面结合冶金过程中的缺陷萌生及演变理论；严酷条件下结合界面的寿命表达方法与评定理论；热电材料低温连接机理及石墨烯界面强化机制；智能焊接多能场耦合的能量强化机制；焊接接头的多尺度组织表征及非均匀组织对性能的影响机制。

e. 表面工程

表面工程涉及的主要基础科学问题是：极端环境下涂层材料演变规律及表面退化行为；纳米材料和亚稳材料的移植沉积技术研究和开发；多能量场耦合作用下金属玻璃材料动态沉积成层组织演化研究；纳米改性中间层对新型先进材料厚涂层的影响机制；新一代超音速火焰喷涂涂层的结合机理及其制备理论；从界面反应热力学和动力学设计金属基复合材料中的扩散障涂层；新型"环保""智能"型防护涂层的设计与制备。

2. 学科的战略地位及需求

1) 金属凝固

本学科主要研究材料的熔化、凝固过程与控制，按成分分类包括金属材料和无机非金属材料，按用途分类包括结构材料和功能材料，按原子结构分类包括晶体材料和非晶体材料。可见本学科研究的对象非常广泛，这些材料是各行业的重要基础。这些材料冶金加工过程的一个重要技术途径是熔化与凝固，在熔化与凝固过程中有大量问题需要机理支撑、规律支持、方法保证，本学科既重要又复杂。表象上看熔化与凝固过程就是固态加热转变为液态、液态冷却转变为固态，很常见、很普通，但当涉及高品质材料制备时，熔化与凝固问题得不到有效控制将无法满足重大工程应用，因此成为高品质材料制备的瓶颈问题。

金属材料熔化与凝固是制备高质量材料重要的基础，是支撑国家重大工程建设，促进传统产业转型升级，构建国际竞争新优势的重要保障。21 世纪以来，我国在装备制造、航空航天、海洋工程、轨道交通、能源和机电等产业飞速发展，使得国民经济、国防军工和国家综合实力水平显著提高，对金属材料的性能和功能提出了重大需求。但是，我国在高品质金属材料的生产和新型功能金属材料的开发和制造上仍与国际先进水平有一定的差距，严重制约了我国高新技术产业的发展。传统材料制造和加工方法已无法适应工业快速发展的步伐，甚至可能成为制约我国产业进步的瓶颈。大幅度提升金属结构材料的使役性能和开发金属功能材料的新型功能成为解决问题的关键，进而对金属材料的制造和加工技术提出了持续优化和创新的新要求和新挑战。

为了实现上述目标,往往需要在材料制备和加工过程中应用新思想、新技术、新工艺和新装备等,因此在材料制备过程中引入超高压、超高温、强电场、强磁场等物理场,成为开发新材料、优化传统材料的重要途径。

材料的熔化过程涉及目标成分是否能实现,熔体结构预置是否合理,材料的凝固过程涉及形核率的有效控制、生长方式的调控与选择。具体内容包括:熔体微观结构演变与调控;利用夹杂物促进金属形核的基础理论与技术;凝固路径选择的微、宏观表达与调控;跨尺度表征与计算;异质形核的微观界面与熔体状态的相关性;夹杂物与金属熔体的相互作用;夹杂物弥散强化的机制和条件等;凝固过程中合金组元的相互作用和相形成;凝固组织演变、缺陷形成、组织与性能控制方法;在极端条件多场耦合作用下的凝固组织和性能演化;外场对合金组元和相的作用机理;复合外场作用的调控机制;凝固过程的实时成像表征等。

2)材料成形与加工

材料成形与加工既是制造业的重要组成部分,又是材料科学与工程的四要素之一,对国民经济的发展及国防力量的增强均有重要作用。现今我国制造业面临巨大挑战,因而加强材料成形与加工技术及学科基础研究,广泛采用先进制造技术对国民经济的发展具有重要意义。世界上几乎所有的高新技术的发展与进步,都以材料和材料技术的突破与发展为前提,而新材料的研制和发展无一例外地得益于材料成形与加工技术的进步。任何一种材料要获得实际应用,必须采用合理的成形加工工艺,对组织性能进行调控,并使其具有所要求的形状尺寸和表面质量。高新技术材料的出现,将加速发展以"精确成形"及"短流程"为代表的材料加工工艺,包括全新的成形加工方法与工艺,以及传统成形加工方法的改进。"模拟仿真"是产品计算机集成制造、敏捷制造的主要内容,是实现制造业信息化的先进方法。并行工程已成为产品及相关制造过程集成设计的系统方法,以计算机模拟仿真与虚拟现实技术为手段的虚拟制造设计将是先进制造技术的重要支撑环境。网络化、智能化是现代产品与工艺过程设计的趋势,绿色制造是现代材料加工技术的进一步发展方向。

材料成形与加工的科技创新发展,如连铸连轧、控温铸型连铸、智能化制备加工、冷-热连轧、分流模挤压、等温模锻、剧烈塑性变形、累积叠轧焊、包套精确成形、增量成形、爆炸成形、半约束塑性成形和蠕变成形等,不仅会有效地改进和提高传统材料的使用性能,在传统材料产业的升级换代中发挥着引领作用,而且对新材料的研发、应用和产业化具有决定性作用。发展材料先进成形加工技术,对于提高综合国力,保障国家安全,改善人民生活质量,促进材料科学技术的进步与发展都具有重要作用,也是国民经济和社会可持续发展的重大需求。

3) 粉末冶金与粉体工程

作为当代材料科学的国际前沿领域, 粉末冶金与粉体工程逐渐发展为包含材料设计、制造、加工和处理的全链条、跨领域的完整学科体系。粉末冶金材料立足于服务国家经济建设和国防的重大需求, 广泛应用于航空航天、国防、能源、医疗器械、汽车等领域。随着现代高技术领域的快速发展, 未来粉末冶金材料的发展趋势将是高性能、高精密、形状复杂、结构功能一体化。

《中国制造 2025》作为中国版"工业 4.0"规划了我国制造业自主发展的宏伟蓝图, 同时强调了加快制造业绿色改造升级、推进资源高效循环利用的绿色制造理念。粉末冶金具有近净成形、短流程、节能高效的特点, 是典型的绿色制造技术。国家对制造业创新发展的规划为我国粉末冶金材料及其制备技术的发展提供了广阔的空间, 同时也带来了全新的挑战。难熔、硬质、高温合金、钛合金等难加工材料的先进粉体制备技术与增材制造紧密结合是拥有巨大发展潜力的方向, 可望解决多年来传统产业的瓶颈问题, 因此亟须开辟的前沿新技术、培育新兴产业生长点, 满足我国高端制造业、航空航天、国防等重大战略需求。

4) 界面结合冶金(焊接冶金)

焊接冶金作为冶金研究的一个重要分支, 其研究和应用几乎涉及所有的工业门类, 包括能源、机械、航空航天、武器装备、电子和卫生健康等, 是国民经济、国防工业、科学技术发展必不可少的支撑学科。世界上工业发达国家都竞相发展焊接冶金过程的基础理论和技术水平。但令人遗憾的是, 目前焊接冶金过程基础理论和应用技术研究的滞后是制约我国国民经济、国防工业、科学技术发展的主要瓶颈之一。

例如, 我国是金属及其合金、金属间化合物、金属基复合材料等的生产和应用大国。2018 年我国粗钢产量占世界总产量的 51.3%, 焊接材料的产量达 415 万 t, 出口焊材 66.4 万 t, 进口焊材 6.2 万 t, 表观消费量 354.8 万 t。但由 2018 年我国焊接材料的进出口价格比(图 1-31)可见, 焊材的进口均价远高于出口均价。除此之外, 我国以铝、镁、钛等轻质金属材料为代表的有色金属的生产和应用也非常广泛。目前, 我国轨道交通行业每年需要铝合金焊丝 3000～4000t, 主要构件和关键焊缝需要的高端铝合金焊丝均为进口; 陆军兵器行业 90% 的铝合金焊丝也需要进口。

再如, 我国火电发电总量占总发电量的 60% 以上, 在未来相当长的一段时间内, 火电依然将保持其在发电领域的主导地位; 而核电作为一种低消耗的清洁能源, 也越来越受到社会的重视。火电/核电的安全、稳定、持久运行是电力持续供应的重要保证, 但电站设备关键部件(主要为焊接构件)的断裂失效一直是困扰发电机组安全运行的重要因素。因此, 开展耐热合金在焊接非平衡热作用和长期高

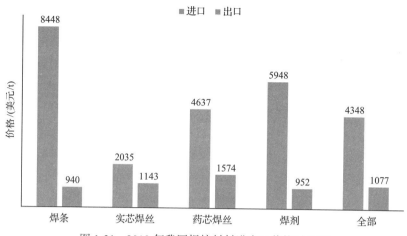

图 1-31　2018 年我国焊接材料进出口价格对比图

温服役条件下的传热传质、组织演化行为的焊接冶金研究对于揭示失效机理有着重要意义。在此基础之上，发展基于非平衡冶金行为的耐热合金的合金化原理，指导开发具有优良焊接性能和服役性能的耐热合金，对于提高发电机组的服役寿命，保证电力供应的持续和稳定性具有重要的战略意义。

　　总之，焊接冶金方向研究发展的战略需求主要体现在两方面：一方面是学科自身发展的需要。目前，我国在焊接冶金过程研究领域主要是跟踪研究，围绕焊接冶金的基础理论和应用技术方面的创新研究不多。要提升我国在这一领域的国际学术位置，丰富焊接冶金过程的基础理论，掌握焊接冶金研究和应用的核心技术，则应加强基础理论和应用技术的创新研究。另一方面是国家重大装备制造的需要。在民用和国防等国民经济许多领域的重大装备制造中，同质和异质材料焊接构件的应用非常广泛。加强焊接冶金过程的基础理论和应用技术的研究是提高我国重大装备制造水平的重要途径。

　　5) 外场与特殊冶金

　　特殊冶金的发展是以新技术(尤其是外场技术)和新型设备发展为前提。例如，电磁冶金的推广应用离不开大功率电磁场发生装置开发；而微波冶金要想推广应用，成熟的微波发生装置必须满足冶金工业的规模化要求；还有像激光冶金、等离子体冶金、超声波冶金等，它们要想推广应用，相应的发生器必须成熟，如自蔓延冶金核心反应装置的设计。因此，未来特殊冶金的发展方向如下。

　　(1)基础理论研究。必须探明各种特殊冶金技术的基本原理，尤其是各种场的作用机理，从而为实际生产提供理论指导，也为核心装置的设计提供理论依据。

　　(2)特殊冶金过程的研究。与传统的冶金过程相比，特殊冶金的条件通常比较苛刻，通常是在极端特殊场作用下进行的，因此必须对各种特殊冶金过程进行系统研究，包括外场作用下的物质迁移、能量传递、反应过程的研究，以及多场耦合协同作用下的反应过程及反应动力学。采用数值模拟手段对各种外场及多场协同作用下特殊冶金过程中的三场问题进行数值计算。

(3)核心装置的设计研究。在一定程度上讲，特殊冶金出现依赖于相应的技术及装置的成熟，但是要想推广应用，与冶金工艺过程相结合的核心装置的设计开发势在必行。

6)表面工程

1983 年国际上首次提出表面工程的概念，迅速发展的复合表面工程取得了"1+1＞2"的效果。我国在 20 世纪 90 年代末开展的纳米表面工程研究已处于国际先进水平。表面工程和冶金学科密切相关，新的增长点正在信息技术、生物技术、纳米科技等前沿领域中交叉发展。表面工程具有学科的综合性、手段的多样性、广泛的功能性、潜在的创新性、环境的保护性、很强的实用性和巨大的增效性，因而受到各行各业的重视。

7)喷射沉积

目前喷射沉积技术已应用到工业生产中，对高温合金、铝合金、黑色金属和金属基复合材料进行了试验和生产。沉积坯可以通过后续致密化加工得到性能优异的材料，它既保持了粉末冶金快速凝固优点，同时又克服了粉末冶金易受污染、成本高等缺陷，近年来被广泛用于研制和开发高性能航空航天用结构材料，在国内外得到快速发展。随着航空航天以及武器装备等重大需求的不断增长，对功能部件的结构和性能的要求越来越高。喷射沉积作为短流程、低成本制备技术可以实现高品质、高性能材料的制备，具有广阔的应用前景。其中雾化制粉技术还可为粉末冶金和增材制造提供高品质粉末原材料，满足国家航空发动机和复杂金属构件制备的战略需求。

1.6.2 学科的发展规律与发展态势

1)金属凝固

熔化与凝固是相反的过程，其内在的机理和规律不同，所需要的装备平台及控制方法也完全不同。材料熔化过程的研究主要是发展低能耗、高纯净度的熔化方法，一方面节约能源、减小排放，满足环境友好的要求；另一方面要避免熔化过程对熔体的污染，保证所有组元有效熔融在一起，避免熔体偏析。越来越多地依靠物理方法或化学方法对熔体进行预处理以达到控制其微观结构的目的。而对于凝固过程是期望获得所需的组织及性能，追求组织调控的自由度。研究者在下述问题上不断深入探索：金属熔体调控(熔体处理、液态结构转变等)及其对凝固组织和性能的影响，航空航天关键金属构件凝固过程控形控性一体化铸造技术，极端条件下材料的凝固组织与过程控制，多场协同作用下材料组织演变及缺陷控制，凝固过程中的三传规律以及复合外场对其影响，单相材料的异质形核及枝晶生长机制，多相材料的相选择及形态控制，近终成形产品(铸件、型材等)的凝固技术，利用凝固技术制备具有复杂组织和相变过程的新材料，复合外场下的凝固组织与过程控制，远平衡条件下亚稳相的凝固，新的加热和制冷方法对凝固过程的热平衡条件进行有效控制，化合物晶体材料凝固界面过程，凝固过程晶体结构缺陷的形成与演变，非晶材料的形成规律及调控，多尺度、多学科的凝固过程建模与仿真及其控制。

大量关键工程构件及特种材料的制备依赖于熔化与凝固过程。通过对熔化、凝固过程基本原理的研究发展新的材料制备、加工、合成及组织控制技术，不断满足工程需求。

2) 材料成形与加工

随着经济和社会的不断发展，人类对材料成形与加工新技术和新工艺的需求与日俱增，对材料成形与加工技术快速发展的要求更加迫切。大约公元前 4000 年，人类从漫长的石器时代逐步迈入青铜器时代，人类开始发掘并意识到材料加工给生活带来的重要影响，随着时代的发展进步，人类不仅学会了对自然资源进行加工利用，还逐渐开始对金属类工业材料进行加工和制作，这标志着我国冶金行业材料成形与加工技术开始萌芽。公元前 1350～1400 年，出现了大规模的炼铁技术和锻造技术，促使人类从青铜器时代进入铁器时代，生产工具和武器得到飞跃发展，劳动生产率大幅度地提高。18 世纪钢铁工业的发展，成为产业革命的重要内容和基础。19 世纪中叶，现代平炉和转炉炼钢技术的出现，使人类真正进入钢铁时代，与此同时铜、铅、锌也得到大量应用，铝、镁、钛等金属相继问世并得到应用。直到 20 世纪中叶，金属材料在材料工业中一直占有主导地位。20 世纪中叶以后，尽管人工合成高分子材料、陶瓷材料获得了迅猛发展，但具有上千年历史的金属材料在材料工业中仍然保持着重要地位。

钢铁工业是国民经济的重要基础产业，是国之基石。钢铁行业工业化和信息化相互促进与融合的程度不断加深，以设备数字化、过程智能化、管理信息化为发展方向，以"智能化"和"绿色化"为主题，在工艺装备、流程优化、企业管理、市场营销和节能减排等方面的自动化、信息化水平大幅提升，并加速向集成应用转变，逐步形成了多层次、多角度的信息化整体技术解决方案。

有色金属及其层状复合材料品种多、结构与功能兼顾、材料外形尺度跨度大，对航空航天、电子信息、交通运输等战略新兴产业和国防军工的发展具有不可替代的作用。高性能化、大规格化、高均匀化、材料/结构一体化、低密度化、绿色循环利用是当今有色金属及其层状复合材料发展的总体趋势。既需要探索极端尺寸规格材料纯净化、细晶化、均匀化与残余应力极小化的成形科学原理与创新方法，又需要深入认识材料尺寸规格极端化后，由多种外场非均匀作用所引发的成分与微纳结构及各类冶金缺陷的形成机理。尽管近年来在有色金属合金的研发已经有长足进步并取得一系列显著成果，极大地推动了在各领域的应用，但在进一步扩大应用领域与水平也存在巨大挑战。有色金属材料的熔炼、铸造、塑性成形、表面处理等制备工艺技术与设备仍然处于较粗放状态，其效率、安全性、自动化水平等亟待提高。

3) 粉末冶金与粉体工程

粉末冶金与粉体工程的发展与国家重大国防和经济建设对新材料的重大需求密切相关，对航空航天、核工业、重大军事工程、机械制造、交通运输等工业的可持续发展至关重要。虽然我国粉末冶金工业起步较晚，但经过近半个世纪的发展，我国在粉末冶金领域的多个方面已成为世界粉末冶金大国。尽管与世界粉末冶金强国相比，还存在一定的差距，但是随着我国工业化进程及装备制造业的快速发展，特别是交通运输、资源深度开发、新能源技术、国防军工等对粉末冶金新技术的迫切需求，未来 5～10 年将是我国粉末冶金高质量发展时期。

粉末冶金与粉体工程领域的发展重点是粉末制备、成形、烧结、致密化等工艺技术，表现在以下几个方面：①在粉末制备方面，重点向制备微细、纳米、复合结构和纯净/超细/球形活性金属粉末方向发展，特别是能满足增材制造以及特种性能要求的粉末批量制备技术，如真空气体雾化、等离子旋转电极雾化、等离子雾化、复合粉末制备技术等。②在成形技术方面，更加关注高性能、高效率和低成本。增塑流动、高精密、快速近净成形是重要方向，涉及的技术有粉末温压成形、注射成形、热等静压、粉末热锻、喷射成形、间接增材制造等。③在烧结技术方面，注重快速、低温、高致密化及环境友好。主要的技术有激光/电子束增材制造、超固相线烧结、微波烧结、电场辅助烧结等，同时注重开发成形烧结一体化技术，如热压烧结、放电等离子体烧结等。④在制备过程控制理论技术方面，重点发展模具设计与快速制造、成形过程模拟、智能控制技术以及相关模型、数据库及专家系统的建立等。

4) 界面结合冶金 (焊接冶金)

近年来，全球对先进材料的开发与应用、国防型号的研制、高端装备制造业的发展等越来越重视，这无疑对焊接材料的性质和焊接技术提出了更高的需求。例如，在《国家中长期科学和技术发展规划纲要 (2006—2020 年)》确定的 16 项重大专项中，大型先进压水堆及高温气冷堆核电站、大型油气田及煤层气开发、大型飞机、载人航天与探月工程等，均离不开焊接冶金技术。因此，解决焊接过程中的冶金学问题，是推进焊接材料及焊接技术向前发展的科学基础。

焊接冶金是以焊接过程中的冶金物理化学过程为研究对象，主要研究焊接过程中涉及的物理现象、化学反应、形成的晶体结构、接头成形成性原理、焊接缺陷，以及它们对接头力学性能及服役性能的影响规律。随着对焊接材料及焊接技术提出越来越高的要求，焊接冶金学科的发展也面临严峻的挑战，主要体现在以下几方面。

(1)高品质焊接材料设计与开发：面向焊接材料的数字化、绿色化和功能化发展，注重焊接材料成分的纯净化和精准化控制，有针对性地进行焊缝组织的优化设计，开发抗疲劳、耐腐蚀、耐热等功能性焊接材料，推动焊接材料的设计与开发走向高端化。

(2)高性能新材料及异种材料连接技术研究：重点研究新材料及异种材料连接界面的反应及调控机制、复合反应中间层的成分及添加方式、异种材料界面润湿反应机理及润湿铺展动力学、异种材料接头残余应力缓解机制，解决涡轮叶片的修补、发动机整体叶盘焊接、蜂窝壁板焊接等国防型号需求。

(3)新能源材料的连接技术及机理研究：通过对声子及载流子的选择性散射及界面原子的溶解、扩散行为进行分析，获得热电材料与电极的可靠连接技术，最终实现热电转换效率大于 10%的热电发电器的制造，为深空探测器供能装置的连接提供技术储备。

(4)高效智能焊接理论与关键技术研究：重点开展高能束及复合热源焊接、电弧物理及高效熔化焊接、机器人智能焊接的冶金研究，推动焊接行业向自动化、数字化和智能化方向发展，实现焊接生产的高效化。

(5)增材制造：重点开发增材制造专用的高性能钛合金、镍合金和铁合金丝材，研究增材制造过程中的冶金行为，探讨增材沉积层凝固结晶过程、柱状晶生长方式及晶粒尺寸的控制机制。

(6)超高强度焊缝金属的强韧化设计；着重发展屈服强度 960MPa 以上焊缝金属调控理论，利用多种强韧化机制的综合作用解决超高强度焊缝金属韧性恶化问题，以满足工程机械、海洋装备和国防军工领域的应用需求。

(7)异种金属界面附近的非平衡冶金行为研究；在核电和火电机组中，异种金属焊接接头由于镍基焊缝金属与耐热钢界面的非平衡冶金组织而失效。国际上关于其失效的机理明确：围绕界面处Ⅰ型碳化物形成蠕变空洞，空洞合并形成微裂纹导致断裂；在界面附近形成马氏体淬硬层，并耦合碳迁移，导致界面附近力学性能梯度极大，断裂在硬度低区域。但仍无法对界面组进行调控，需发展异种金属连接的非平衡冶金理论，建立微观组织在长期高温条件下热-动力学模型。

　　5)喷射沉积

喷射沉积属于工程学科，涉及传热学、流体力学、材料学和凝固等多个领域。1968 年，英国斯旺西大学的 Singer 教授最早提出喷射沉积的原理和概念。1974 年，英国 Osprey Metals 公司取得喷射沉积技术专利，标志着这一技术的工业化进程的开始。迄今为止，已用喷射沉积技术研究了铝合金、铜合金、特殊钢与高温合金、贵金属、镁合金、金属间化合物等，并已进入产业化应用生产的阶段。在工业发达国家，喷射沉积技术已用于制造高性能零部件，取得了可观的经济与社会效益，并有望形成一个立足于高新技术的强大支柱产业。随着喷射沉积技术的进一步研究与开发，它将成为一种主要的金属材料成形技术，挑战铸造、铸锭冶金以及其他传统工艺，并与它们竞争技术市场。

我国的喷射沉积技术研究始于 20 世纪 80 年代中后期，国内已有多家著名大学和研究所投入大量人力、物力、财力，从事喷射沉积技术研究和喷射沉积产品开发，并取得较大进展，但与国际先进水平相比，我国喷射沉积技术的理论与实际研究工作仍然存在较大差距，尤其是在喷射沉积过程的实时监测与智能化控制以及产业技术应用方面，亟待进行大量细致的研究工作。

1.6.3　学科的发展现状和发展布局

1. 学科发展现状

1）金属凝固

自青铜时代以来，金属凝固一直是冶金铸造技术领域中一个至关重要的工艺过程，凝固科学技术是冶金与材料领域的重要基石。第一次和第二次工业革命使金属材料成为经济社会发展的支柱产业，也带动了金属凝固研究从传统工艺转变为现代科学的一个分支学科。20 世纪后半叶是凝固科学技术发展的黄金时期。首先，Turbull 于 1945 年前后建立了经典的晶体形核理论。其次，航空工业对单晶高温合金叶片的重大需求直接驱动了定向凝固技术的发展，随之形成了系统的"CS 组成过冷理论"。此后，基于激光和深过冷快速凝固的实验研究，Kurz, Trivedi 及其合作者建立了"LKT 快速枝晶生长理论"和"TMK 快速共晶生长理论"。同时，快速凝固技术促成了 1982 年铝锰合金中准晶的发现以及 1992 年多元锆基合金中大块非晶的成功制备。这半个世纪也正是我国工业体系的建设和成形时期。舒光冀、周尧和、傅恒志、胡壮麒、柳百成、李庆春、胡汉起和陈熙琛等老一辈著名学者共同开辟了我国金属材料凝固科学技术研究领域，并带领各自的团队逐步走向国际学术前沿。

21 世纪以来，虽然各类新型材料层出不穷并且发展日新月异，但是金属材料在经济社会建设中仍然发挥着不可替代的脊梁作用。相应地，凝固科学技术也进入一个转型发展的新时期。一方面，世界范围内材料技术的不断进步和材料供给侧结构性改革使得传统凝固技术研究队伍大规模裁员。另一方面，交通、信息和能源等全球经济发展的支柱领域对传统金属材料性能提升要求日益苛刻，因此，材料界必须保有一支规模适当的高水平凝固技术研究队伍。此外，按照学科自身发展规律，液态合金作为物质科学的一类重要研究对象，其凝固过程研究将与凝聚态物理和高温化学深入交叉并相互融合。而且,许多新型材料的制备和成形也必须依赖超常凝固过程。这表明凝固科学技术的研究领域反而将会显著拓宽。

我国具有最大规模的金属材料产业,而大多数金属材料的冶金加工都经历熔化与凝固过程,因此我国也非常重视该方面的研究,自 2000 年以来,我国关于凝固方面的高水平论文发表量居世界领先地位。但由于对熔化与凝固过程复杂问题还没有完全理清,对金属材料的品位难以提高,与发达国家相比存在较大差距。

我国是金属材料的生产大国,但在高品质金属材料的生产上仍与国际先进水平有较大差距,致使每年仍进口大量高端金属材料,严重制约我国航空航天、核电、高铁等领域高端装备的发展。究其原因之一是材料的熔化和凝固是一个复杂的过程,很多基础问题还没有理清,同时缺乏有效的调控手段,导致材料的组织和缺陷调控等存在差距,致使金属材料的品位难以提高。近 20 年来,我国加大了该领域的研究支持力度,尤其是国家自然科学基金(图 1-32),相应地论文产出量增加幅度显著(图 1-33)。

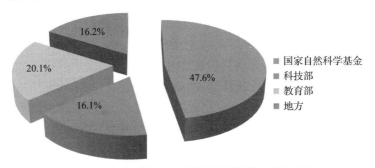

图 1-32　我国不同机构对凝固领域科研工作的支持

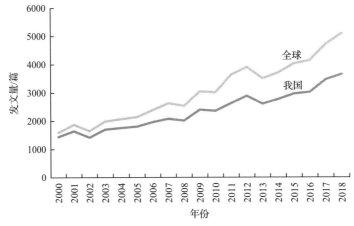

图 1-33　2000 年以来全球及我国关于凝固领域的高水平论文发文量

2000 年以来国内在凝固领域内开展研究工作而发表高水平论文比较多的单位如图 1-34 所示。发文量较多的单位一般都有稳定的研究团队，而且拥有专业化的研究平台，如国家重点实验室或省部级重点实验室。

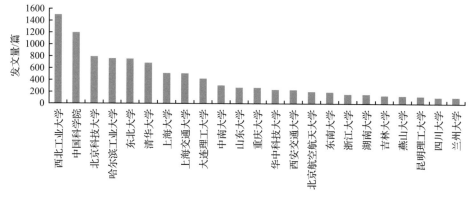

图 1-34　我国在凝固领域开展研究工作的院校高水平论文发文量

近 20 多年来，同步辐射和中子散射等高能物理实验技术为原子层次上探索液态合金的微观结构和实现晶体形核与生长过程可视化研究提供了全新的分析路径。空间模拟方法使系统测定高温亚稳合金熔体的热物理性质及其快速凝固动力学特征参量成为现实。高强物理场作用下可以进行定向甚至快速凝固过程中组织演化的主动调控。高能束熔凝与数控技术的高效耦合促成了具有颠覆技术特征的增材制造这一超常凝固过程。分子动力学和相场模拟理论等数值分析方法的广泛应用形成了计算凝固科学新方向。凝固过程的主要研究对象从纯金属和简单合金转变为多元复杂合金体系，研究目标一方面与物质科学不断交叉融合，另一方面与新型材料制备成形协同发展。

可以预期，其未来发展将会呈现以下新特点：①人工智能技术和机器学习方法为计算凝固科学带来全新的技术途径，并在大数据和云计算背景下实现全过程的动态计算仿真；②超常凝固过程研究不断深入，从而促进传统金属材料性能的跨越式提升，带动新型先进材料的原创设计，并孕育颠覆性制备成形新技术；③同步辐射和高能衍射等分析技术更广泛应用于熔体结构和凝固过程研究，在微观层次上系统揭示晶体形核与组织形成规律，为人工调控固液界面运动和新材料合成奠定重要基础；④基于新兴凝固过程各自的特殊规律研究，逐步归纳总结形成具有普遍意义的新时代凝固理论体系。

绿色发展的要求给熔化与凝固过程带来巨大的挑战，必须走创新发展的道路，而且全世界都在积极探索创新。

从目前的研究趋势分析，外场作用下的熔化与凝固控制[超声场凝固细化和均值化、脉冲磁场下凝固组织细化和均质化、电磁场(交变电磁场、电场、强静磁场)

下凝固及定向凝固、微重力凝固、超重力凝固]、复杂合金凝固(多相合金、高熵合金、非晶合金、金属功能材料凝固)、增材制造微尺度超常凝固、材料无容器处理技术等为重点研究方向,同时加强对凝固过程可视化与表征的研究、满足特定需求的精细化研究,既注重深层次的基础问题,也要应对国家任务的重大需求。

2) 材料成形与加工

长期以来,工业发达国家高度重视材料先进成形与加工技术,并形成了技术领先优势。我国对材料成形与加工的基础研究和应用开发研究工作也十分重视。近年来,在材料成形与加工领域投入了大量的科研经费。在一些方向的研发方面取得了重要进展,所开发的部分新技术已经达到国际先进水平或领先水平,对产业科技进步和国家经济建设的发展发挥了重要作用。

在绿色化方面,我国 CO_2 排放量占全球排放量的 28.21%,其中钢铁工业 CO_2 排放量占全国排放总量的 16.02%,我国钢铁企业将长期承受巨大的碳减排压力。对于钢铁产业的选择,除了压缩产能、逐渐提高废钢比外,应逐渐由传统长流程转向"绿色制造"的钢铁生产短流程。经过多年生产和研发实践,我国在气基竖炉直接还原、超洁净钢冶炼、无头轧制等短流程技术与装备方面不断探索并积累大量经验,为钢铁工业绿色转型发展奠定了良好的基础。"铸轧材一体化技术"是当前钢铁、有色技术发展的重要趋势。

在智能化方面,我国已建成全球产业链最完整的钢铁、有色工业体系,品种结构调整取得成效,产品质量明显改善,大部分品种自给率达到 100%,有效支撑了下游行业和国民经济的平稳较快发展。借助新的计算机技术和建模技术,成套的计算机控制系统可以实现高精度的热轧、冷轧及后续处理线的高精度自动化生产,热轧带钢厚度控制精度可达±20μm,温度控制精度可达±15℃,冷轧硅钢的横向厚差小于 5μm。另外,美国大河钢厂、宝钢、首钢、鞍钢、沙钢、南钢等智能工厂的建设,极大地推动了智能化轧制技术的研发和应用,轧线产品质量、生产效率大幅提升,生产成本大幅下降,产线人员配置大幅减少。

在高端化方面,我国特种冶金技术长期落后于西方发达国家,在特种冶金基础理论研究、大型装备关键技术及高端产品等方面与国外还存在一定的差距。但近些年来也取得了突飞猛进的发展,取得了一些显著的成绩,通过引进消化和自主创新相结合,我国特种冶金装备的设计和制造水平有了较大的提高,已经能够制造中小型的设备,但大型特种熔炼设备仍然缺乏核心技术,真正国产化仍需时日。特种冶金基础理论不断完善,特种冶金工艺不断创新,装备和控制水平不断提高,真空熔炼特殊钢和特种合金用途拓展迅速,产能急剧增加。特种冶金产品的数量、质量和品种均有了快速的发展,有力支撑了我国国民经济各个领域,尤其是基本满足了航空航天和国防军工对高端特殊钢和特种合金材料的需求。

我国钢铁、有色行业持续高速发展的同时,在先进钢铁材料、高性能有色金属、高质量复合材料等行业中，影响国民经济主战场未来发展的能源、资源、现代交通、节能减排与绿色成形加工科学技术方面，与国际科技发达国家相比，我国的总体水平还有相当的差距。尤其是对一些先进技术掌握的系统性、成熟度和稳定性方面还有一定差距，主要表现如下。

（1）资源和环境制约。一方面，重要矿产资源、能源等供应难以适应钢铁、有色生产高速发展的要求；另一方面，我国以长流程为主再加上钢铁、有色科技研发水平等因素，难以使我国钢铁、有色生产的单位资源和能源消耗大幅降低到工业发达国家的先进水平。综合考虑我国资源条件和国外短流程发展经验，短流程绿色化清洁生产应是我国钢铁、有色行业发展的重要方向。

（2）信息化建设亟待完善。一方面，缺乏原始理论与技术创新，大数据、云计算、人工智能等在实际行业中的应用仍需加强；另一方面，钢铁、有色行业内及行业间智能制造水平差别很大，推动全行业的智能化升级需要制定差异化路径。

（3）产品结构性失衡。一方面，国内钢铁、有色企业的主导产品生产能力严重过剩；另一方面，高附加值和高技术难度的品种有的国内不能生产，有的虽然能生产，但能力严重不足且质量稳定性差，产品供不应求，每年需要大量进口。

另外，人才培养机制、组织管理理念、企业文化和长效机制等也不够完善。

3）粉末冶金与粉体工程

图 1-35 和图 1-36 分别是 1999～2019 年粉末冶金领域论文发文量趋势图及前十国家，从中可以看出我国已成为世界粉末冶金大国。我国粉末冶金市场较发达国家增长快，近 10 年钢铁粉末产销量年平均增速约为 9.9%，2009 年超过日本成为亚洲最大的粉末冶金生产国，2013 年我国的钢铁粉末产量达到 38.82 万 t，已超过北美的铁粉出货量。然而，我国仍然不是粉末冶金强国，我国的铁基粉末冶金

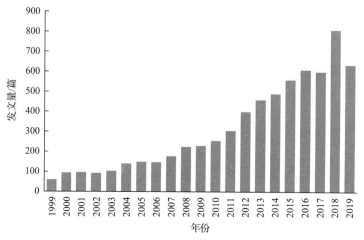

图 1-35　1999～2019 年粉末冶金领域发表论文趋势图

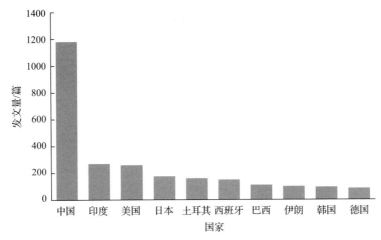

图 1-36　　1999～2019 年粉末冶金领域论文发文量前十国家

制品产量约为粉末产量的 40%，不仅低于北美、日本的水平，而且仍以中低密度的产品为主。在粉末冶金零部件的分布领域，汽车零部件销售量占总销售量的比重仍徘徊在 50%，与欧美日等工业发达地区的汽车粉末冶金零件占比有较大差距，像粉末冶金连杆、大扭矩同步器齿毂和齿套、高强度齿轮及链轮等关键零部件，仍依赖进口或采用传统机械加工件。

难熔金属、硬质合金、高温合金、钛合金等难加工材料的粉体制备/改性与增材制造紧密结合是拥有巨大发展潜力的方向，可望解决多年来传统产业的瓶颈问题。近年来美国、日本、德国等相继投入开发难熔金属、硬质合金、高温合金、钛合金等大型、形状复杂或极端条件下使用的增材制造产品，其关键是满足增材制造工艺要求的特种粉末批量制备技术，该前沿核心技术国际上鲜有报道。我国占据资源优势，须尽快布局发展难熔金属、硬质合金、高温合金、钛合金等增材制造专用特种合金粉末的规模化制备技术，实现从传统粉末冶金向特种合金粉末增材制造的产业转型升级，开辟前沿新技术、培育新兴产业生长点，满足我国高端制造业、航空航天、国防等战略需求。

硬质合金是现代工业不可缺少的工具材料，广泛应用于切削刀具、矿用钻具和耐磨零部件等，被誉为现代工业的"牙齿"。硬质合金是仅次于铁基结构材料的第二大类粉末冶金产品，据中国有色金属钨业分会讨论会的统计数据，2011 年全球硬质合金产量为 6.3 万 t，欧洲、美国和日本分别占全球总量的 27%、16% 和 11%。我国生产的硬质合金占全球总量的 37%，居世界第一，但总产值不及瑞典山特维克(Sandvik)公司的 1/2，尤其是高技术硬质合金产品不到世界发达国家的 10%，长期依赖进口。硬质合金制造所需的钨、钴等元素都是战略合金元素。我国的钨资源储量超过全球储量的 50%，在硬质合金开发上具有一定的资源优势，而钴资源相对贫乏。但是，近年国内的无序开采和盲目出口使钨资源浪费严重，情况不容乐观，今后须提高资源利用效率，在增大硬质合金产量的同时提高产品的性能与质量。

由于常规的热喷涂粉末用于增材制造还存在很多不适用性，增材制造粉末的制备方法主要有气雾化法、等离子旋转电极法、等离子熔丝雾化法、等离子球化法等。我国对多种活性和高熔点金属进行了气雾化法和等离子旋转电极法制备技术研究和开发，但在高品质钛合金、镍基高温合金和稀有金属粉末的规模化稳定制备方面还有差距。目前，我国在增材制造用金属材料粉末的成分设计、颗粒尺寸和形貌控制等方面的研究还不够系统。对于高性能的粉末冶金材料开发，需推动超微/纳米/复合粉末制备技术、快速凝固以及机械合金化制粉等技术的研究与应用。

4) 界面结合冶金(焊接冶金)

目前，一些欧美发达国家和地区围绕焊接冶金的研究方向已形成队伍固定、分工比较明确的研究团队，这些团队在焊接冶金学科的相关研究方向进行了长期研究，并取得显著和持续的创新。近些年，全世界在焊接冶金方向发表的论文数量总体上稳步增加，特别是 2006 年以后围绕该研究方向发表的论文数量增长较快，如图 1-37 所示。

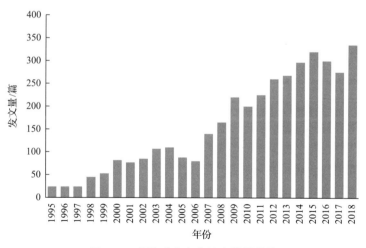

图 1-37 焊接冶金方向论文数量趋势

我国在焊接冶金学科的研究方向有比较完善的实验室研究条件和工业应用基础，在焊接冶金领域的研究一直处于世界前列。从 1995 年以来，围绕焊接冶金研究方向，我国的论文数量在国际上占比 19.2%，位居第一，远超位居第二的美国(6.9%)，如图 1-38 所示。从文献资料的统计情况可以看出，焊接冶金方向主要涉及的研究方向包括工程学、冶金工程、材料科学等，如图 1-39 所示。特别是，根据在 Web of Science 中对关键词 "metallurgy" 并含 "welding" 的检索，我国 2014～2018 年发表论文总数位居世界第一。我国关于焊接冶金的基础研究的前沿领域主要包括：轻质金属焊接冶金、高能束流下的焊接冶金、钎焊及扩散焊中的焊接冶金、焊接冶金过程数值模拟等。

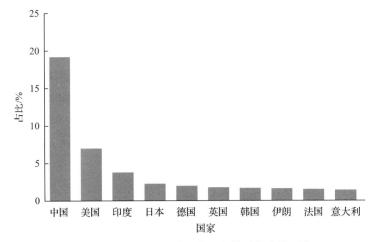

图 1-38　焊接冶金学科发表论文数量前十的国家

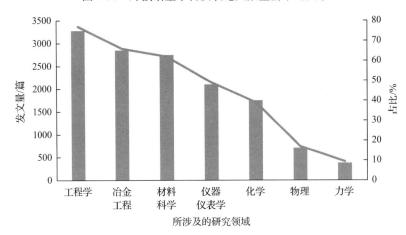

图 1-39　焊接冶金方向文献涉及的研究方向

与国际发展水平相比，我国关于焊接冶金机理的研究仍存在瓶颈。例如，钎焊过程的反应润湿理论研究，国内只有个别高校和科研院所开展了少量研究；高能束焊接中熔池与小孔动态行为的理论研究，尤其是对小孔界面的追踪，国内的研究还不够深入；国内注重焊接组织模拟，但对于焊接凝固过程等冶金现象本身分析不够深入，原创性模型建立的研究也相对薄弱；现行的焊接冶金理论及焊材设计理念落后于现代钢铁冶金理论，难以指导新型焊接材料的研究与开发；屈服强度达 960MPa 以上级别的超高强钢在工程机械、深海装备和军事装备上应用时，其配套的焊接材料强度无法满足等匹配要求，焊缝金属成为焊接结构性能薄弱区域；目前还没有专门开发的电弧增材制造专用丝材，仅依托相应的焊材进行增材制造，导致电弧增材制造零件的组织性能各向异性明显、表面尺寸精度低等一系列问题。

5）表面工程

近年来，与先进制造和再制造的有机结合，为表面技术提供了一次新的发展机遇，即通过新产品零件的表面设计使表面工程纳入产品的表面与整体的同步设计和制造中，使表面工程与环境友好、资源节约等紧密联系在一起。

6）喷射沉积

a. 国外喷射沉积领域研究

由于喷射沉积具有快速凝固等许多优点，已被用来研究和开发多种快速凝固材料，如铝合金、钢和高温合金，现状如下。

①铝合金

喷射沉积铝合金主要应用部门为汽车制造，所研究的铝合金体系主要是 Al-Si 等。喷射沉积技术由于快速凝固作用，增加了合金坯件中硅的固溶含量，同时细化组织，消除粗大的第二相质点，降低偏析，从而提高铝合金的耐磨、强度等综合性能。日本住友轻金属工业株式会社的喷射沉积高硅铝合金 Al-17Si-6Fe-4.5Cu-0.5Mg 已应用于马自达 Eunos 800 型汽车发动机零件。德国 PEAK 公司制备的高硅铝合金棒坯，经变形和机械加工后制成成品零件，用于戴姆勒-奔驰新一代 V6 和 V8 发动机。

②钢

喷射沉积对于提高钢尤其是高合金化工具钢、模具钢、高速钢等特殊钢的性能是有益的，已得到工业部门的广泛重视。可以利用喷射沉积快速凝固，解决传统工艺方法制备合金中较易出现的偏析、一次碳化物粗大、热加工性差等问题。Sandvik 利用喷射沉积特点，在碳钢上沉积 Sanicro65（Ni-21Cr-8.5Mo-5Fe）制备复合管用于废物焚化炉中蒸发器和过热器材料。为了推进工业化生产喷射沉积特殊钢，以实现其潜在的经济效益，英国特冶产品公司、丹麦钢厂、德国曼内斯曼·德马克公司、Osprey 金属公司等在欧洲共同体煤钢联盟和丹麦钢厂的共同资助下，在丹麦钢厂研制成功了一台 Osprey 大型卧式喷射沉积装置，用以研究是否可用低成本在工业规模上实现实验室喷射沉积材料所具有的冶金优势。1994 年英国锻造轧辊公司、英国制辊公司、Osprey 金属公司及谢菲尔德大学等联合进行了一项 4 年计划的研究，目标是利用喷射沉积直接制备热轧机或冷轧机用的覆层轧辊。喷射沉积技术实际应用是日本住友重机械工业株式会社生产的喷射沉积轧辊,其最大尺寸为 800mm×500mm。由于晶粒细化、碳化物分布均匀、合金化程度提高,材料的耐磨性、硬度、韧性等性能提高。磨损测试表明,喷射沉积轧辊的磨损量仅是普通铸造轧辊的 1/6～1/2,其寿命是普通工艺方法的 2～3 倍。

③高温合金

喷射沉积应用的一个重要方面和难点是高温合金的喷射沉积。1982～1983年,英国 Evans 对高强度难变形叶片合金 Nimonic115 和含钽、铪的高强度铸造叶片合金 Mar M002 的喷射沉积坯的试验分析,表明合金成分均匀,晶粒及 γ′相细化,性能得到改善,热加工塑性提高。1984～1985 年,美国麻省理工学院对 P&W公司粉末涡轮盘合金 IN100 和 MERL 76 进行了试验研究,喷射沉积合金的性能与相同成分的粉末合金性能可比。同一时期,美国通用电气公司对不同工艺 René80进行了对比试验评价,也证明了喷射沉积高温合金所具有的优势和潜力。由于喷射沉积高温合金的应用对象是航空航天飞行器动力系统以及舰艇水下武器系统等承力结构件或涡轮盘一类重要承力结构件,材料的技术要求高,零件质量控制严,试验周期长,尽管对它的研究起步并不晚,但比起铝合金、钢的应用相对滞后。

目前实际形成以下几个应用方向。

(1)大口径厚壁管。大口径厚壁 IN625 管坯用于舰艇鱼雷发射管、尾轴及轴密封套等。美国海军水面武器中心,1984 年引进 Osprey 实验装置和专利技术,对耐海水腐蚀的 IN625 高温合金管坯的成形进行了研究,表明喷射沉积 IN625 高温合金管成形工艺大大简化,组织性能优于常规工艺生产的管材,技术经济效益显著。特别是,通过对管坯沉积的芯棒表面加热,解决了管内壁严重疏松这一技术关键,经过直径 400mm、壁厚 50～100mm、长 4000mm 的大尺寸厚壁管坯的研制过渡到建成能沉积直径 800mm、壁厚 100mm、长 8000mm 的大型装置。同时,为提高产品质量,提高工艺的稳定性,降低废品率,研制成功具有 5 个以上自由度的沉积器和以模糊逻辑为基础的人工神经网络控制系统。

(2)大直径宇航环形件。美国 Howmet 公司在 Osprey 专利技术基础上,发展出 Spraycast-x 工艺。20 世纪 80 年代后期,引进 250kg Osprey 装置,通过热等静压 HIP 和环轧消除疏松,制成不同形状、尺寸的环形件,最大尺寸达850mm×500mm。其中喷射沉积(+热等静压+环轧)IN718 的 PW4000 高压涡轮(HPT)机匣已通过了发动机试车。其工序少、原材料利用率高,比常规铸造+锻造和粉末冶金的成本降低约 30%。目前,Howmet 公司与 P&W 公司合资成立了喷射沉积国际公司,专门从事航空发动机环形坯生产,设备容量达 2700kg,沉积坯重达 2200kg,环件直径达 1.4m,壁厚 400mm。

(3)航空发动机涡轮盘。1984 年以来,美国通用电气公司用 Osprey 装置和技术对 IN718 合金和 René95 合金喷射沉积小型盘件成形和组织性能进行了较全面的试验和评价。锻造盘件取样的拉伸、持久等常规力学性能与粉末合金相当，低周疲劳性能也达到粉末合金的水平，但因非金属夹杂物造成较大分散。为了保证涡轮盘安全和可靠性，通用电气公司以电渣重熔和水冷导流管相结合的方案，解决了坯件的夹杂污染，提高了纯洁度。通用电气公司与 Teledyne Allvac、Osprey、ALD 等合作于 1995 年建成 1t 级涡轮盘专用的雾化沉积装置，获得了纯洁的液体金属流。

(4) 国外其他高温合金喷射沉积领域的研究。德国不来梅大学进行了喷射沉积高温合金 Inconel718、Udimet720 环形件的研究，得到了重 100kg、外径 500mm 的环形件，并针对雾化沉积工艺对沉积坯疏松的影响、疏松的形成机理及预测、喷雾颗粒测量等方面进行了深入研究。

瑞典的 Sandvik 公司利用喷射沉积技术生产的复合钢管(内层为碳钢，外层为镍基高温合金)，经挤压与冷轧后作为市政废物焚化炉用材料，具有耐腐蚀和膨胀系数小等优点，该公司镍基合金管厚 25~50mm、直径 400mm、长 8m。在垃圾焚烧炉应用中，复合管的使用寿命可达 10 年，大大降低了成本。

英国牛津大学开展了喷射沉积工艺模拟和 Inconel718 坯件的制备研究。伯明翰大学交叉学科中心与 Rolls Royce 公司合作，通过离心喷射沉积(centrifugal spray deposition，CSD)工艺制备 Inconel718 环形件，经过热等静压、环轧和热处理后，其强度、塑性与变形 Inconel718 合金性能相当，能够满足航空发动机的技术要求。

欧盟第六框架计划，把高温合金喷射沉积技术作为其重要研究内容，欧洲的 ITP、MTU、Turbomeca、Bremen、Oxford 等 9 家企业和研究机构在欧盟第六框架计划的资助下，对航空发动机高温合金零件的喷射沉积技术进行了系统研究，目标是采用喷射沉积技术制备高性能航空发动机用高温合金环形件。

b. 国内喷射沉积领域研究

国内自 1990 年一直在进行喷射沉积技术及喷射沉积高温合金的研究。北京有色金属研究总院、中南大学、哈尔滨工业大学、中国科学院金属研究所、中国兵器工业集团第五二研究所等科研院所，针对喷射沉积工艺和材料进行了大量的研究工作。中国航发北京航空材料研究院自行设计、研制了我国第一台高温合金雾化沉积装置，对喷射沉积材料制备的一些关键技术进行了深入细致的研究，主要包括喷射沉积专用雾化喷嘴的研究、多功能沉积器的研究、低压雾化沉积技术研究等，并对雾化沉积过程所涉及的两相流流动规律、热量传输规律等进行了研究。对多个材料进行了喷射沉积试验研究，主要涉及的合金有铸造高温合金(K403、K405、K406、K417)、粉末高温合金(René95、Rene88DT)、变形高温合金(GH742)、金属间化合物(IC218、IC6)及颗粒增强金属基复合材料(IC6/TiB2)等。江苏豪然喷射成形合金有限公司自主开发了喷射沉积成套装备，研发的超高强 7055 铝合金、高硅铝合金、铝锂合金等在航空航天领域已有成熟的应用。

2. 学科发展布局

材料工程领域已初步形成了较完整的基础研究、技术开发与产业化体系，是矿业与冶金学科创新体系的重要组成部分。材料工程的科研支撑条件主要分布在高等院校、中国科学院和工业部门研究院所，其中包括国家重点实验室 24 个、国家工程研究中心 33 家、国家工程技术研究中心 43 家、国家新材料产业化基地 52 个、国家火炬特色产业基地 103 个、国家高技术产业基地 7 家，特别是高校在本领域的科研支撑中占据重要位置。目前设立材料工程学科的高校主要包括：北京科技大学、清华大学、北京航空航天大学、中南大学、上海交通大学、西北工业大学、浙江大学、东北大学、哈尔滨工业大学、华南理工大学、华中科技大学、西安交通大学、吉林大学、天津大学、湖南大学、上海大学、北京工业大学、大连理工大学、中国人民解放军陆军装甲兵学院等。研究院所和工程中心主要包括：北京有色金属研究总院、钢铁研究总院、西北有色金属研究院、中国航发北京航空材料研究院、中国科学院金属研究所、广东省工业技术研究院、硬质合金国家重点实验室、国家钨材料工程技术研究中心等(以上排名不分先后)。

围绕学科发展方向和国家重大战略需求，材料工程领域的学科发展布局将从以下五个方面展开。

1) 金属凝固

学科总体布局上，明确三个层次。

第一层次：针对学科前沿理论问题，采用基因组、外场、激光和同步辐射等先进技术，发展具有国际影响的熔化与凝固领域的理论和方法，在基础研究方面拓展新领域。

第二层次：针对国家重大需求的材料和构件，发展具有中国特色的熔化与凝固组织控制技术、装备和方法，为全面提升我国基础工业和装备制造业技术水平奠定基础。

第三层次：面向国家新兴行业及尖端科技需求，开展特种环境(如高压、微重力、超重力、气氛)材料制备及特种凝固技术研究。

2) 材料成形与加工

在学科发展布局上，明确四个方向。

a. 需要加强的优势方向

(1)基础件用高品质特殊钢长寿命化技术研发工作。重点开展不同特征载荷作用形式下基础件及其用钢的长疲劳寿命化机理研究，包括材料冶金质量与接触疲劳寿命的定量关系，接触应力作用下组织演变规律，接触疲劳模拟研究；不同钢种(强度)的无害化临界夹杂物尺寸、组织因素对疲劳启裂和裂纹扩展规律的影响研究；超高周疲劳机理及其与拉压疲劳对应关系，氢与疲劳作用机理研究；应力分布及夹杂物分布研究等，为基础件长寿命化和稳定化提供基础技术支撑。

(2) 加强高端金属材料制备关键工艺技术。采用电磁振荡、电磁脉冲及力学冶金方法，改善钢的偏析、疏松、带状及夹杂物分布，提高钢材、有色金属服役性能，发展均质化高性能钢材、有色金属的物理冶金方法及应用技术。研究高性能、高精钢铁、有色金属在线和离线热处理技术，实现大规格钢管、棒线材、型材的在线等温淬火、在线回火、在线球化规模应用；实现板材在线常化及在线回火等，改善材料力学性能或深加工产品服役性能。发展微纳米表层及全尺度钢材的制备及应用技术，采用新型物理冶金方法制备工业规模微纳米表层及全尺度钢材，并实现应用。研究零磁致伸缩高硅钢的批量化制造与应用技术，实现低能耗、低噪声、高强度高硅钢的批量轧制，解决温轧、切割及深加工难题，实现高转速电机及节电器件应用。

b. 需要扶持的薄弱方向

(1) 金属材料近终形制造技术。薄板坯连铸连轧流程节能降耗效果显著，是一种绿色、环保的热轧板带生产工艺技术，其在高强钢、特殊钢、硅钢、铝合金等产品的开发上具有比较优势。薄板坯连铸连轧技术未来的发展趋势是进一步实现连续化。薄带连铸连轧工艺是一种布置更为简约、能耗更低、排放更少的技术。该技术未来的发展方向是不断提高制造过程的稳定性和作业率，降低关键耗材价格，从而降低制造成本，提高竞争力。平面流铸带(非晶)是极端条件下的近终形制造技术，该技术未来的发展趋势是开发高饱和磁感应强度(1.64~1.67T)、更高厚度、高叠片系数、低脆性的非晶材料；实现制带技术的自动化和智能化；开发高洁净母合金、高厚度带材制备工艺；拓宽非晶宽带的应用领域。

(2) 成形加工流程绿色化、智能化技术。进行基于钢铁、有色流程物理本质的运行规律的解析与持续优化和覆盖钢铁、有色全流程的监测技术及方法研究，突破钢铁、有色制造流程智能化建设相匹配的控制理论、仪器仪表、计算机控制、大数据分析和其他信息技术以及基于全流程寻优视野下的钢铁、有色流程自感知、自学习、自适应、自决策、自执行的智能窄窗口一体化控制技术，建立全流程工艺规则库、工艺控制参数群(大数据)及各类执行软件，实现钢铁、有色流程绿色化生产过程与产品质量提升进行有机融合，实现多目标协同优化。

(3) 极端服役环境下高品质钢铁、有色材料研究与开发。我国钢铁、有色材料开发长期以跟踪模仿为主，缺乏自主创新能力，导致超高温、超低温、超高压、超高速、强辐照、强腐蚀、高疲劳等一些极端服役环境下所需的高端钢铁、有色材料设计研发方面仍然与发达国家有一定差距，缺乏我国特有的一些多介质耦合复合载荷服役下的钢铁、有色材料评价方法与体系。开展面向极端服役环境的钢铁、有色材料研发，建立其服役评价方法与体系，提出适用于我国钢铁、有色材料服役环境的材料选择标准与规范,打通材料设计和生产、应用的全产业链,对提升我国钢铁、有色材料研发和制造水平意义重大。主要针对南海极端高湿热环境、超深井高温高压冲蚀极端环境、极地超低温服役环境、煤矿复杂介质耦合极端服役环境等。

(4)超高强度、极限规格、异形、异性等金属材料成形基础理论。超高强度、极限(极大、极小、极薄等)规格、异形、异性等金属材料制备过程中的弹塑形变形行为非常复杂,上下游工序遗传、宏观-微观-纳观耦合影响等致使产品质量缺陷的产生机理及演变规律不明确,制约材料制备原创工艺、装备、控制等关键核心技术的研发和升级,需开展材料微观组织演变以及微观非均质特性预测技术,跨加工链及跨尺度链的多场、多尺度耦合模拟,实现超高强度、极限规格、异形、异性等金属材料成形的集成计算。

c. 需要鼓励的交叉方向

(1)金属材料产品增材制造技术。金属材料产品增材制造技术是增材制造技术中最难以突破,也是发展最为缓慢的技术。目前,增材制造技术在国内外航空航天领域已有一些应用,尚有很大的研究与应用空间。高性能金属构件增材制造具有短周期、低成本、高性能、柔性、高效、数字化、材料制备/零件制造一体化等特点,而且使很多传统方法不能做出的复杂构件成为可能,其非常适合于价格昂贵、高性能、难加工、加工成本高的材料,以及结构复杂的大型构件,如钛合金、镍基合金钢等。其价值在于节省材料、时间、成本,也节省了模具制造环节,也不再依赖重型锻铸等基础工业装备,为高性能难加工大型金属构件的低成本快速成形制造提供了一种新的途径。

(2)基于新一代信息化技术的金属成形加工过程智能制造。建立成形加工过程的虚拟对象模型和数据平台,实现生产过程的产品数据、设备数据、生产数据、仿真数据等统一描述,并基于故障分析、生产经验、标准化规范、图纸文档等多种形式知识,构建工艺流程知识库,实现多因素的数据分析挖掘、知识累积和迭代以及多目标的自动生产优化控制。研究基于工业大数据全维度、多层次智能解析的信息深度感知理论与方法,解析工艺、设备、质量等关键参数之间的内在关系与变化规律,建立以信息深度感知为特征的高维非线性强耦合过程的统计学习理论、多指标逆映射建模方法,以及基于数据的知识学习与规则提取方法。

d. 需要促进的前沿方向

(1)复合材料制备理论和装备工艺研究。为实现层状金属复合材料的高效率、短流程制备,围绕热轧复合工艺和固-液铸轧复合工艺,开展特厚板真空热轧复合、不锈钢-碳钢复合板真空热轧复合工艺理论与实验研究;板带固-液铸轧复合理论和装备工艺研究,实现铜-铝、钢-铝、钛-铝、钢-铜两层及多层复合板的短流程近终成形;双金属复合管棒、纤维增强复合材料、颗粒增强复合材料以及异型截面产品成形理论和装备工艺研究。

(2)钢铁、有色生产全流程在线监测、工艺优化和智能控制理论研究。钢铁、有色生产是典型的流程工业过程,具有实时性、强关联性和遗传性,现有的质量控制主要集中于单一工序或者单一产品,工序间产品质量影响和调控机理不清、全流程产品质量综合调控和稳定控制技术缺失。开展冶金轧制产品质量在线监测和控制理论研究,主要包括:机理数据融合的板带生产全流程工艺优化理论研究;高端板带材全流程产品质量在线监测、智能诊断和协同控制理论研究。

3)粉末冶金与粉体工程

随着新技术、新工艺的不断涌现,粉末冶金技术正朝着高致密化、高性能化、集成化和低成本化的方向发展。建议学科发展应该从基础研究、核心技术研发、产业技术应用三个层次上布局。

a. 基础研究

针对学科前沿理论问题,发展粉末冶金材料设计、近净成形新原理和新技术、构型化复合新原理和新技术,增材制造新原理和新方法等,形成具有国际影响力的系统理论和先进技术。

b. 核心技术研发

针对国家重大需求,发展高性能粉末制备、粉末近净成形、特种复合技术、高精密高性能粉末冶金材料制备技术等,提升难熔金属、高强韧材料、硬质合金、高温合金、摩擦材料、铁基、钛基等粉末冶金材料的整体性能水平,攻克高性能粉末冶金材料制备的核心技术,服务于国民经济和国防建设。

c. 产业技术应用

针对我国粉末冶金行业大而不强的现状,开展产品制造过程的关键工艺技术、质量在线检测技术、材料制品回收技术等研究,促进粉末冶金产品的高性能化和绿色制造;根据新能源、交通运输、资源开采等行业对材料制品的新需求、新变化,加快粉末冶金产品的更新换代,发展新型粉末冶金结构、功能产品制备技术,提升行业的整体水平和影响力。

4)界面结合冶金(焊接冶金)

随着焊接生产与焊接技术的不断发展,对焊接质量的要求更加严格,而焊接冶金过程在很大程度上决定着焊接质量,起着至关重要的作用。目前,焊接冶金在航空航天、重大军事工程、机械制造等领域得到了广泛应用;未来,焊接冶金学科需要重点布局的方向如下。

(1)焊接冶金理论及高品质焊接材料设计。现行的焊接冶金理论及焊材设计理念难以指导新型焊接材料的研究与开发,急需发展高效的数字化、绿色化焊接材料设计方法,有针对性地进行焊缝组织的优化设计,调控焊缝合金系统,促进接头性能的有效提升，为开发高品质焊接材料提供理论基础。

(2)高效智能焊接冶金技术。当前焊接冶金的精密性和效率仍较低，需要结合先进的计算机技术，实现焊接冶金的自动化、数字化与智能化，降低产品成本与加工周期，提高复杂尺寸构件的使用性能与寿命。

(3)超高温结构材料的焊接冶金基础理论研究。目前新型航天发动机高温构件对TiAl、Nb-Si、轻质复合材料等超高温构件需求极高，但这些材料塑性低、加工困难，需要布局发展超高温新材料的焊接冶金技术，促进高温、高速应用条件下发动机构件焊接的基础理论研究。

(4)新材料尤其是新能源材料的焊接冶金基础理论研究。随着常规能源面临枯竭，需要开发新的可再生的能源及能源转换的技术。热电材料是深空探测器中热电功能装置的关键材料，但应用中出现元素扩散严重、接触电阻增加等问题，布局开展新能源材料制备及焊接冶金研究，可丰富新能源材料加工制备基础理论。

(5)增材制造焊接冶金原理。近年来焊接领域的热点论文均与增材制造相关。增材制造的冶金过程是在热-力-流多物理场耦合作用下进行，且熔池移动速度快、尺寸小，存在严重的热累积效应，需以材料物理冶金学、焊接冶金学、材料热力学等为基础进行研究，进而对增材工艺、构件组织和性能进行有效控制。

(6)异种金属界面非平衡冶金行为研究。研究异种金属连接过程中的非平衡冶金理论，建立微观组织在长期高温条件下的热-动力学模型，解决异种金属焊接接头失效问题，对提高核电和火电机组中异种金属焊接接头的服役寿命具有重要的现实意义。

5)表面工程

表面工程涉及材料、物理、化学等多学科领域，学科交叉性强，技术种类多，已经成为综合性工程学科。其研究范围涉及表面体系(宏观热力学)、表面原子结构和表面电子结构等三个不同的物质结构层次，以及与之相对应的微米、亚微米、纳米尺度范围。

6)喷射沉积

学科整体布局分为三个层次：基础研究、关键技术研发和技术应用示范产业化。

(1)基础研究：开展面向喷射沉积技术的新材料设计及开发，喷射沉积工艺熔体特性、熔体雾化、快速熔凝组织演变规律以及熔滴沉积界面特性等基础理论研究，形成具有国际影响力的新材料设计以及制备新原理。

(2)关键技术研发：针对国家急需的特种铝合金、高性能钢、高温合金等，开发具备高强、高模量、耐磨、耐热等特种高端材料，服务于国民经济建设。

(3)技术应用示范产业化：开发智能化、规模化喷射沉积成套装备及技术，培养为喷射沉积研究和产业服务的工程技术人员。

1.6.4 学科的发展目标及其实现途径

1. 学科发展目标

1) 金属凝固

a. 总体目标

面向高品质金属材料要求，发展基于金属熔体的精细化结构表征和液态熔体结构转变的精细化凝固组织调控新技术；引入强磁场等典型外场控制手段，开展外场作用下凝固组织和缺陷调控研究，发展新型高品质金属材料制备技术。基于非平衡凝固新技术的新材料制备基础，发展定向凝固、快速和亚快速凝固、微重力凝固、外场下凝固、尺度效应与熔体凝固、强迫孕育和调控变质凝固等非平衡凝固新技术，制备具有特殊性能和功能的新型材料。研究非平衡凝固制备过程中的成分设计、非平衡组织形成机制和演化规律、特殊性能和功能调控技术，建立非平衡凝固制备下成分、组织和性能的关系，丰富非平衡凝固理论和发展非平衡凝固制备新技术。

①到 2025 年目标

通过金属熔化和凝固过程的深入系统研究，推动熔体质量控制及凝固理论深度发展，促进金属液态近净成形、外场下金属凝固、大型铸锭和铸坯凝固组织及成分分布的定制化和高纯净化等若干方向进入世界前列。

②到 2035 年目标

造就一批在凝固领域具有世界影响力的优秀科学家和创新团队，提升我国在熔化与凝固领域的国际影响力和自主创新能力，为凝固技术领域的可持续发展奠定坚实的科学基础。

b. 标志性成果

基于非平衡凝固新技术的新材料制备基础，发展定向凝固、快速和亚快速凝固、微重力凝固、外场下凝固、尺度效应与熔体凝固、强迫孕育和调控变质凝固等非平衡凝固新技术，制备具有特殊性能和功能的新型材料。研究非平衡凝固制备过程中的成分设计、非平衡组织形成机制和演化规律、特殊性能和功能调控技术，建立非平衡凝固制备下的成分、组织和性能的关系，丰富非平衡凝固理论和发展非平衡凝固制备新技术。

面向高品质金属材料要求，发展基于金属熔体的精细化结构表征和液态熔体结构转变的精细化凝固组织调控新技术；引入强磁场等典型外场控制手段，开展外场作用下凝固组织和缺陷调控研究，发展新型高品质金属材料制备技术。

在熔体结构方面，揭示熔体结构演化规律及对凝固组织的影响规律；在凝固理论方面，揭示异质形核或晶种的选择机制及作用规律；在工程应用方面，进一步提高大铸锭组织成分均匀性、复杂构件组织细化及均匀性，实现增材制造组织性能可控性。

2) 材料成形与加工

a. 总体目标

材料成形与加工学科将根据我国国民经济建设的重大需求和国际材料成形与加工学科的发展趋势，以基础研究促进我国材料成形与加工研究的理论水平、技术水平和材料性能的快速提升，并带动整个材料产业的升级。

①到 2025 年目标

力争在钢铁、有色金属和特种合金等制备技术、成形新技术的新原理和新方法，以及高熵、中熵等难熔金属与硬质合金、摩擦材料、高温结构材料、高性能钛材料等成形方向的研究能进入世界前列。将在控制凝固与控制成形、非约束或半约束塑性成形、智能化成形加工、控温铸型连铸成形、组织性能与形状尺寸一体化控制成形、短流程近终成形、材料/结构一体化成形加工、极端尺寸规格的高性能材料均质制备、钢铁材料复合轧制、短流程生产等理论与技术方面，形成若干引领性的研究方向，形成上下游学科知识融合、前后加工过程衔接的研究团队和研究平台，在全球研究热点中占有一席之地。

②到 2035 年目标

通过对材料成形过程的系统深入研究，并利用大数据、移动互联网和新的计算模式等信息技术和计算技术，持续推进材料成形与智能制造等学科的深度融合，跨越式提升我国材料成形学科的自主创新能力，力争在控制凝固与控制成形、非约束或半约束塑性成形、智能化成形加工、控温铸型连铸成形、组织性能与形状尺寸一体化控制成形、短流程近终成形、材料/结构一体化成形加工、极端尺寸规格的高性能材料均质制备、钢铁材料复合轧制、钢铁短流程生产等理论与技术方向处于世界前沿；造就一批在材料成形领域具有世界影响力的优秀科学家、创新团队和研究中心，确立并巩固我国在材料成形领域显著的国际影响力和引领地位，使之在世界材料成形技术领域占有一席之地；提升我国在该学科的国际影响力和自主创新能力，为材料成形领域的可持续发展奠定坚实的科学基础。

b. 标志性成果

在控制凝固与控制成形、非约束或半约束塑性成形、智能化成形加工、控温铸型连铸成形、组织性能与形状尺寸一体化控制成形、短流程近终成形等方向将取得重大突破，打破传统的材料成形加工模式，缩短生产工艺流程，提高连续化生产效率。解决先进精密纯铜及铜合金材料、特种高质量有色金属层状复合材料以及高性能、难加工金属材料等的高效成形加工瓶颈问题；形成我国大规格、高性能铝合金材料均匀制备的成形科学理论体系，为国家重大工程所需的特大型厚板、薄板、型材、复杂铸件、大型铸件和锻件的均匀制备技术研发和缺陷、残余应力工程的检测方法、技术与装备研发提供理论支撑；构建我国信息化、智能化的钢铁产业升级技术。主要解决基于物联网和云技术的钢铁生产信息化技术、钢铁生产复杂流程智能化自动控制系统、基于产品全寿命周期的质量信息与质量控制技术、基于大数据技术的钢铁行业大数据库平台系统等问题。

3) 粉末冶金与粉体工程

"十四五"期间将根据国家重大需求和经济主战场以及国际粉末冶金学科的发展趋势，以基础研究促进我国粉末冶金与粉体工程学科的理论水平、技术能力和材料性能的快速提升，并带动整个粉末冶金产业的升级。力争在低合金铁基粉末冶金零部件、难熔与硬质合金材料、增材制造材料技术、高温结构材料及粉末冶金复合材料等研究能进入世界前列，满足国民经济和国防建设的需要。同时，加强粉末冶金与冶金物理化学、先进制造、信息、生物、新能源等学科的交叉融合，充分利用大数据、移动互联网、人工智能及最新信息技术和计算技术，推进粉末冶金零部件智能制造。造就一批具有世界影响力的优秀科学家和创新团队，提升我国粉末冶金与粉体工程学科的国际影响力。

4) 界面结合冶金(焊接冶金)

"十四五"期间将根据我国国民经济建设的重大需求和国际焊接冶金学科的发展趋势，以基础研究促进我国焊接冶金研究的理论水平、技术水平和材料性能的快速提升，并带动焊接相关产业的升级。

探寻高性能焊接材料制备及焊接接头处理的新原理和新方法，力争在高性能钢、钛、铜、铝、镁等材料焊接、高性能新材料及异种材料焊接、非常规尺寸(超大、超小)焊接、航空航天用材料焊接等领域进入世界前列。研究成果将引领本学科领域国际前沿和创新研究，争取承担一批国家重大基础与工程研究任务，焊接冶金总体水平达到国际一流。

完善焊接接头结合的冶金理论，提出焊接接头结合区组织和性能调控的科学方法；通过对焊接冶金过程中连接材料的新发现、新机理、焊接接头组织和性能演变规律的深入研究，建立组织性能可控的焊接冶金理论和高效焊接技术，在提升焊接材料品质、开发高性能材料及异种材料焊接技术、掌握焊接接头组织和性能调控的科学方法、提升焊接接头质量及产品的焊接效率等方面取得标志性成果。

5) 喷射沉积

a. 总体目标

①到 2025 年目标

"十四五"期间将面向我国航空航天等重大工程用关键结构材料的应用需求和喷射沉积方向的关键科学与技术问题，以重大应用需求为驱动，以基础研究为突破口，加快促进我国喷射沉积方向的理论水平、工艺水平以及材料和构件性能的快速提升,实现喷射沉积产业集聚与升级,基本形成我国在该方向上基础研究与产业技术的"领跑"地位。实现喷射沉积工艺、坯锭塑性加工与处理、构件加工与服役等全流程关键基础科学问题的突破,具体在喷射沉积溶体特性调控、熔滴雾化、熔滴极端非平衡凝固、沉积界面推移特性、喷射沉积坯锭塑性成形与热处理、规模化喷射沉积装备制造、喷射沉积新材料研发等方向建立完整的理论体系和科学研究范式。加强与同步辐射、散裂中子源等大科学装置的合作,积极拓展与大数据、智能控制、绿色制造、先进表征等学科方向的交叉融合,掌握溶体特性与喷射雾化行为、熔滴特征、工艺条件间的关联规律,实现熔滴飞行与沉积碰撞过程非平衡凝固行为的模拟与原位/准原位表征,在喷射沉积坯锭塑性成形、短流程近终成形、控形控性一体化加工、高合金化大规格尺寸高性能加工、时效热处理、短流程生产等的理论与技术方面,形成若干引领性的研究方向,建立有国际影响的上下游融合、喷射沉积与二次加工工程衔接的高水平研究团队和研究平台。在突破高合金化铝合金喷射沉积技术的基础理论与应用技术的基础上,扩展材料体系,掌握高温合金、高合金钢、高熵合金、梯度材料、非晶等新材料的喷射沉积规律,初步构建起面向喷射沉积新材料研制的组织、工艺、性能、装备数据库平台,基本突破喷射沉积技术流程长、成本高、性能不稳定等技术难点,在为重大工程提供安全可靠低成本批量化关键结构材料的基础上,逐步将喷射沉积技术扩展到民用领域。

②到 2035 年目标

在喷射沉积研究方向上,我国将形成 10~20 名在国际上有重要影响的科学家、若干个处于国际领跑水平的研究中心,形成基础研究对产业应用的高质量支撑,促进喷射沉积产业的良性发展。跨越式地提升我国在新材料配方设计的自主创新能力,使我国在世界高端材料制备领域具有更广泛的影响力。

b. 标志性成果

研究面向喷射沉积技术的新材料设计基础理论,形成喷射沉积特种铝合金、高合金钢、高温合金等高性能材料新体系,开发智能化、规模化喷射沉积成套备及技术,建立材料设计-制备-加工-应用-评价标准体系及专家数据库。

2. 应加强的优势方向

(1)液态金属近净成形的技术基础。金属材料制备和加工技术正朝着高效、低耗、精密、低成本和环保的方向发展,近净成形制造技术成为研究热点。该方向包括高性能大型复杂汽车和机器铸件的近净成形轻量化制造技术,也包括薄板、薄带等冶金产品的近终成形制造技术。涉及包括工艺技术的基础研究,特别是更注重在这些工艺过程中凝固组织形成规律和控制的新技术的基础研究。

(2)大型铸锭和厚大铸坯凝固组织形成规律和细晶化、均质化技术。大型铸锭和厚大铸坯是我国大型舰船和大型装备制造业的重大需求。但是，大型铸锭和厚大铸坯散热缓慢、凝固时间长，往往伴有组织粗大、宏观偏析严重等铸造缺陷，严重时甚至出现裂纹等铸造缺陷。大型铸锭和厚大铸坯凝固组织的细晶化和均质化，不仅可以提高其力学性能，减小宏观偏析，而且可以极大地改善其工艺性能。其研究内容包括大型铸锭和厚大铸坯凝固过程及组织形成规律、凝固组织细晶化和均质化技术。

(3)外场下金属凝固过程与组织调控技术。我国在该领域的研究水平处于国际前沿，特别是微重力下金属凝固过程、脉冲电流和脉冲磁场下金属凝固过程与凝固组织细化技术。为满足机械、汽车、冶金等制造业的需求，加强外场下金属凝固组织形成规律的基础研究，开发高效、绿色金属凝固组织细化和均质化新技术，这是我国具有重大需求的研究领域。

(4)强静磁场下金属凝固过程与组织调控技术。我国在传统微重力、交变电磁场和脉冲磁场凝固研究领域的研究水平处于国际前列。近年来研究表明强静磁场具有特殊的技术优势，在调控形核、凝固生长、组织形态和固态相变动力学等方面具有独到的优势，有望突破现有冶金技术瓶颈，成为新一代的冶金调控技术，服务于高品质金属材料。需要解决强静磁场引入后的磁场与温度场、应力场等多场共同作用下的相变形核、凝固生长、固相转变长大、组织形态演变规律和缺席控制等。

(5)金属凝固过程的热模拟技术。我国首先提出并开始研究原创性技术，该方法可以解决金属凝固过程"摸不得、看不见"的难题，为研究钢的凝固过程提供了独具特色的专业实验研究手段。该方法持续发展与完善，将有力推动钢铁生产技术的进步，为钢铁坯料凝固组织调控和产品质量提升提供有力支撑，为钢铁材料进步和工艺的优化提供持续性支持。

(6)针对常规钢铁生产流程，以"凝固-热轧-冷却-热处理一体化组织性能控制"为依据，实现炼钢、连铸以及绿色热轧领域的共性技术突破，通过再造一个绿色化的热轧钢材成分和工艺体系，实现热轧钢材产品的更新换代。

(7)针对基础件用高品质特殊钢长寿命化技术，围绕材料接触疲劳、弯曲疲劳、拉压疲劳(氢、超高周)、试样疲劳与零件疲劳，重点开展不同特征载荷作用形式下基础件及其用钢的长疲劳寿命化机理研究，包括材料冶金质量与接触疲劳寿命的定量关系，接触应力作用下组织演变规律，接触疲劳模拟研究；不同钢种(强度)的无害化临界夹杂物尺寸、组织因素对疲劳启裂和裂纹扩展规律的影响研究；超高周疲劳机理及其与拉压疲劳对应关系，氢与疲劳作用机理研究；应力分布及夹杂物分布研究等，为基础件长寿命化和稳定化提供基础技术支撑。

(8)针对高端金属材料制备关键工艺技术，采用电磁振荡、电磁脉冲及力学冶金方法，改善钢的偏析、疏松、带状及夹杂物分布，提高钢材服役性能，发展均质化高性能钢材的物理冶金方法及应用技术。研究高性能热轧钢材在线热处理技术，实现大规格钢管、棒线材的在线等温淬火、在线回火、在线球化规模应用；实现板材在线常化及在线回火等，改善钢材力学性能或深加工产品服役性能。发展微纳米表层及全尺度钢材的制备及应用技术，采用新型物理冶金方法制备工业规模微纳米表层及全尺度钢材，并实现应用。研究零磁致伸缩高硅钢的批量化制造与应用技术，实现低能耗、低噪声、高强度、高硅钢的批量轧制，解决温轧、切割及深加工难题，实现高转速电机及节电器件中应用。

(9)针对薄板坯连铸连轧与薄带铸轧一体化生产流程，突破薄板坯无头/半无头轧制+无酸洗涂镀的短流程加工理论和生产技术，开发出薄规格热轧带钢并形成批量生产能力，突破薄带连铸短流程生产工艺关键技术，形成薄带连铸硅钢织构控制理论体系和全新工艺流程、装备及产品技术。

(10)围绕热轧复合工艺和固-液铸轧复合工艺开展研究，主要包括：特厚板真空热轧复合、不锈钢-碳钢复合板真空热轧复合工艺理论研究；板带固-液铸轧复合理论和装备工艺研究，实现多层复合板的短流程近终成形；双金属复合管棒、纤维增强复合材料、颗粒增强复合材料以及异型截面产品成形理论和装备工艺研究；揭示界面微观组织特征和界面结合机制，实现对界面的有效调控。

(11)粉末冶金与粉体工程领域的重要发展趋势是高效、优质、低能耗、低成本、短流程、近净成形等，需要加强增材制造、高速成形、高速成形、微注射成形、无模成形、数控压制、热等静压等成形技术方面的研究。

(12)经焊接加工后，材料焊接区的组织和性能发生显著变化，对结构的整体性能和服役可靠性产生重要影响。目前，我国在焊接冶金界面组织和接头性能调控方面的研究与国际水平相当。焊接接头金相组织类型及其特征参数直接影响接头的各项性能指标，对接头组织进行定量分析，建立组织与性能的定量关系，可有效指导钎焊工艺的制定。因此，加强焊接接头成分、组织、性能之间理论研究的优势方向，特别是对接头成分、性能预测及焊接冶金组织模拟等具有重要意义。

(13)面向喷射沉积技术的新材料设计及开发基础理论。喷射沉积技术理论上可以实现合金成分任意配比下的锭坯成形，为新材料成分设计提供无限可能。国内喷射沉积大规格锭坯关键技术突破以及相关装备的自主设计和制造，为我国基于该技术的新材料设计与开发提供技术保障。依托标准化高通量与海量测试，建立材料基因信息大数据库，发展喷射沉积材料非平衡凝固相图理论，指导主合金元素和微合金元素的选择与组合。

(14)喷射沉积材料热处理过程中组织性能演变规律。热处理贯穿于从锭坯到产品加工制备过程，是调控材料微观组织结构和宏观性能的重要手段，是变形加工方式选择与加工工艺制定的首要考量，通常包括均匀化、固溶与时效热处理等。基于快速凝固的喷射沉积锭坯组织，相比于传统熔铸铸锭，在晶粒特征、宏微观组织均质性、溶质原子过饱和度以及第二相形成、形态、分布等方面均发生显著的变化。针对喷射沉积锭坯组织特征，需要开展各阶段热处理系统研究，理清热处理与合金成分、溶质原子析出与回溶、加工工艺等多因素关联性，建立基于喷射沉积组织特征和相应变形加工方式的热处理制度体系，发展新型、高效、低成本的热处理技术及其装备。

3. 应扶持的薄弱方向

(1) 基于形核调控的液态金属凝固过程控制。形核是晶粒细化的决定性环节。传统的凝固科学以晶体生长为核心，通过调整冷却速度和温度梯度等参数，可以实现晶体生长方式与形态的精确控制；而有关形核的理论还很不完善，对于形核过程也缺乏有效的调控手段，导致异质形核剂的形核效率非常低下。因此，应重点开展异质形核的微观界面、过冷熔体中的原子团簇与有序结构、形核粒子的集群行为等相关研究。

(2) 金属熔体结构转变机理及其对凝固组织影响的精细化调控。金属熔体内广泛存在着液态结构的转变成为近年来凝固领域研究者的共识。但是，目前国际上对金属熔体液态结构的转变研究尚不成熟，其影响机制和控制手段仍需深入研究。其研究内容涉及从大过热态到过冷态宽温域范围内金属熔体结构转变的动态精细化表征，液液结构转变热/动力学机理，熔体结构转变对金属形核、凝固组织和性能等的影响等。

(3) 高性能高端材料构件高纯净化熔炼-可控凝固-热处理一体化铸造技术。绿色、节能、可控是现代制造业的重要标志之一。高端装备对材料构件的要求越来越苛刻，要求原材料具有高的品质大多数需要高品质熔炼，要求整个凝固过程可控，从而保证组织和性能的稳定性，以及后续处理省时低耗，因而开发短程高效的铸造技术成为未来铸造技术的重要方向之一。该部分研究内容将高纯净化熔炼与凝固过程和后续热处理工艺相结合，涉及工艺的全流程控制，熔炼-凝固，凝固-热处理的自动化调控，该技术的应用对未来高端装备发展至关重要。

(4) 研究金属在亚快速凝固条件下的组织形成规律，探索获得热处理技术不能得到的亚稳相组织，以及用凝固的方法取代热处理直接获得凝固亚稳相超性能工程材料，可望为金属材料制造开辟新的工艺。

(5) 研究不同合金体系在快速凝固条件下的行为，应用快速凝固技术开发新型功能材料，具有重要的、现实的社会需求。

(6) 在智能化成形加工方向，构建材料成形加工过程工艺质量大数据平台，融合物理冶金学和生产数据实现产品组织-力学性能在线精准预报，实现工艺质量参数的在线状态感知。以成形过程工艺机理为基础，分析生产过程工艺、设备参数与产品质量的关系，研究数据驱动的轧制过程状态监控方法及容错运行策略。以数据为基础提高机理不明或复杂工况下的数学模型设定和质量控制精度，通过多工序协调匹配提高产品质量稳定性和生产效率。进行基于钢铁流程物理本质的运行规律解析与持续优化，以及覆盖钢铁全流程的监测技术与方法研究，突破钢铁制造流程智能化建设相匹配的控制理论、仪器仪表、计算机控制、大数据分析和其他信息技术，以及基于全流程寻优视野下的钢铁流程自感知、自学习、自适应、自决策、自执行的智能窄窗口一体化控制技术，建立全流程工艺规则库、工艺控制参数群(大数据)及各类执行软件，实现钢铁流程绿色化生产过程与产品质量提升的有机融合，实现多目标协同优化。

(7)在钢铁近终形制造技术方向，薄板坯连铸连轧流程节能降耗效果显著，是一种绿色、环保的热轧板带生产工艺技术，其在高强钢、特殊钢、硅钢等产品的开发上具有比较优势。薄带连铸连轧工艺是一种布置更为简约、能耗更低、排放更少的技术。该技术未来的发展方向是不断提高制造过程的稳定性和作业率，降低关键耗材价格，从而降低制造成本，提高竞争力。实现制带技术的自动化和智能化；开发高洁净母合金、高厚度带材制备工艺；拓宽非晶宽带的应用领域。

(8)在金属材料各向异性塑性成形理论研究方向，外界温度场、电磁场、应变场以及晶体内部的各向异性等因素会引起金属材料的宏观各向异性行为，直接导致后续变形加工困难。为了解决金属材料各向异性塑性成形过程中的瓶颈问题，开展金属塑性成形过程中的各向异性演变研究，构建广义各向异性屈服准则与强化法则，创建畸变强化和新型加载路径相关的畸变强化本构模型，揭示金属材料各向异性本质。

(9)在极端服役环境下高品质钢铁材料研究与开发方面。

(10)在超高强度、极限规格、异形、异性等金属材料成形基础理论方面。

(11)开展新型轧制成形基础理论研究。随着新材料和新装备的发展，微制造、汽车、航空航天、核电等高新技术领域对新型轧制产品提出新的要求，传统的轧制理论不再适用，急需开展宏观-微观-介观尺度新型轧制成形理论基础研究，主要包括：超高强钢板带轧制及板形控制理论研究；极薄箔带材轧制理论工艺研究；变厚度板轧制理论工艺研究；超大型异形截面筒节轧制理论工艺研究；特大型钢轧制理论工艺研究；特厚板轧制及矫直理论工艺研究。

(12)粉末制备技术。高质量粉末原料是制造高性能粉末冶金产品的重要基础，而制粉技术的发展引领着粉末冶金材料的升级换代。目前，我国在增材制造用金属材料粉末的成分设计、颗粒尺寸和球形度控制等方面的研究水平还较为落后。一些特殊需求的增材制造用金属粉末完全依赖进口，不仅价格昂贵，而且严重阻碍了核心技术自主化的进程。开展增材制造用国产金属粉末材料设计、制备和表征分析等关键技术的研究势在必行，开发具有自主知识产权的先进粉末制备技术，研究粉末成分、粒度及分布、形貌、流动性、松装比等稳定性控制技术，力争制备出适于医疗、航空、航天、国防等高端领域的增材制造用金属粉末。

(13)多元多相材料体系的设计与结构-性能稳定性调控基础研究。目前在粉体制备/改性、粉末成形、粉末烧结的协同优化设计方面,极其缺乏真正实现跨尺度、多尺度计算预测的模型和算法,不同尺度的模拟计算之间难以进行数据传输,同类参量在不同尺度之间难以进行数据融汇。在基础研究方面急需构建材料成分-组织-工艺-性能之间内禀关联的多尺度计算模型,需要突破的关键科学问题是从粉末到块体材料全链条的一体化设计和高效、准确的材料性能预测评估。

(14)难熔金属与硬质合金材料的强韧化与极端环境服役行为研究。经历几十年的发展,在难熔金属与硬质合金的工程应用中,材料硬度和耐磨性基本已能满足服役性能的要求,而断裂强度和冲击韧性是目前难熔金属与硬质合金拓展应用尤其是高端应用的瓶颈。关于其强韧化途径、机理及其在高温、高压、疲劳、腐蚀等极端服役环境下的高性能化基础研究,亟待加强。相关研究方向包括:高强韧难熔金属复合材料与硬质合金材料的成分和组织结构设计;难熔金属复合材料与硬质合金的多组元扩散行为及多相组织演变;难熔金属复合材料与硬质合金中各类界面的结构稳定化机理及调控方法;难熔金属复合材料与硬质合金在苛刻环境多重因素作用下服役行为与失效机制。

(15)成形-固结一体化。现代粉末冶金工艺的发展趋势是短流程、低能耗、高效率与低成本,这促进了各种粉末冶金新技术的不断涌现,其中典型的成形-固结一体化技术,如喷射成形与增材制造技术,成为当前开发新材料的研究热点。增材制造技术顺应了材料一体化设计与智能化控制制造技术的发展潮流,在制造形状结构复杂、批量较小以及难加工金属材料的方面具有独特优势。我国虽然在增材制造成形技术和应用方面与国外水平接近,但在原料粉末、核心器件、软件等方面受制于人,需在基础研究、核心技术、工程应用创新等领域不断努力突破。

(16)粉末冶金多孔材料的成形与控制基础。粉末冶金多孔材料由于孔隙的存在而引发了一系列功能特性,如过滤与分离、吸声降噪、流体分布与控制、阻尼减振、导热与隔热等,已成为航空航天、能源环保、生物医疗、海洋工程等领域不可或缺的结构功能一体化材料。然而,在孔结构基础理论方面还比较薄弱,需要加强在孔结构的表征方法与理论、跨尺度孔结构形成与控制基础及孔结构特性与材料性能之间的映射关系方面的研究。

(17)高性能复合材料焊接冶金过程及行为研究。为满足高性能复合材料的使用要求,其焊接需求越来越迫切。而高性能复合材料本身结构复杂、成分多样、表面易碎不平整,且部分复合材料的性能受其结构完整性影响较大,从而导致焊接过程中接头成分复杂、焊接界面难以结合等问题。发展复合材料表面预处理、焊接中间层设计、新型焊接材料等技术对增强高性能复合材料的焊接质量有重要意义。

(18)新型功能材料(热电材料、光敏材料、形状记忆材料)焊接冶金过程及行为研究。新型功能材料本身组织、结构是其实现特殊功能的重要因素,而焊接冶金过程导致的成分扩散及结构破坏严重影响其本身功能,焊接接头结合不良制约了功能材料的应用场景。应加强对焊接接头组织的细微调控,在不影响功能材料自身特点的情况下实现其与其他材料的可靠连接。

(19)高能束及复合热源焊接技术开发与应用。由于传统焊接方法较为单一(熔化热源),限制了更高性能、更大尺寸及更新结构的焊接接头实现。结合电、磁、力、热等多物理场作用,可以实现对接头组织、熔池流动、熔滴形状等细微调控,因此积极发展高能束及复合热源焊接技术具有重要意义。

(20)我国焊接冶金理论的创新与应用。我国焊接冶金理论基本上是在 20 世纪40 年代到 80 年代所形成的理论,近年来虽有一些增删和补充,但限于试验条件和研究投入较少,其进展已经落后于现代钢铁冶金理论的进展。以前源自苏联及日本的焊接冶金理论,实际上都借鉴了20 世纪50 年代到 60 年代的钢铁冶金理论。因此,应借鉴现代钢铁冶金理论,结合焊接冶金的特点,融合相关学科的先进理念进行试验研究,以求创新及应用。

(21)面向喷射沉积的熔体特性控制基础理论。熔体的物理性质、热力学性质、表面性质、传输性质以及相图与快速组织演变与相变等方面对喷射沉积工艺参数有重要影响。一方面,喷射沉积面向新的材料设计体系,需要建立新的熔体特性数据库;另一方面,喷射沉积区别于传统材料制备方法,熔体转移过程呈小流量、高精度、窄窗口特征,对熔体控制有更高的要求。利用现代试验测试技术方法以及理论模型计算,获取相关体系新材料的基本热力学性质和物性数据,研究熔体特性对喷射沉积工艺的影响规律,建立熔体特性与喷射沉积工艺参数的相互关联理论模型,对喷射沉积工艺开发以及喷射沉积材料性能提升有重要意义。

(22)液态金属的雾化及熔滴特性调控基础理论。液态金属的雾化是喷射沉积技术的核心物理过程之一。该过程存在复杂的多场、多相流、多参数共同作用控制,并涉及气体动力学、传热学、凝固理论、数值模拟和优化等多学科领域。发展和完善液态金属的破碎雾化机理、雾化过程动力学特性、雾化气体流场特性等雾化过程基础理论体系,研究熔体特性、雾化参数、雾化气体介质等对熔滴尺度、形貌及分布的作用机理和影响规律,建立熔滴尺寸及其分布特性的理论/经验模型,研究熔体雾化多变量优化方法,形成相应的数值模拟和仿真优化工具,为熔滴特性调控提供理论支撑。在常规环缝式/环孔式雾化器结构基础上,发展针对喷射沉积圆锭、板坯/扁锭、管坯/环件等坯件形式的高效雾化器结构。

(23)熔滴沉积界面特性及再凝固控制基础理论。熔滴特性(包括温度、大小、速度)与沉积面的特性,决定了熔滴与沉积面,熔滴与熔滴之间的界面特性,新熔滴在沉积面上凝固、破碎、重熔再凝固,形成新沉积面并不断生长,从而构成沉积坯。通过开展熔滴沉积界面特性对沉积坯的组织、性能以及缺陷特征的影响规律研究，形成相关基础理论以及技术标准，开发沉积面实时表征以及动态监测技术，建立"界面特性-组织特征-控制参数"专家数据库，为大规格多喷嘴喷射沉积工艺、喷射沉积材料组织调控以及缺陷控制奠定理论基础，提高喷射沉积材料一致性及稳定性。

(24)喷射沉积材料析出相变与强韧化理论。析出相变行为及强韧化机理是从本质上理解、提升、开发材料的共性基础问题。喷射沉积技术理论上可以实现合金成分任意配比的锭坯成形，为开发新合金材料提供了广阔的空间。合金成分的扩展设计将在材料中形成新的第二相，以及喷射沉积快速凝固所导致的溶质原子在宏微观组织中分布与过饱和度变化，都可能造成材料中析出动力学、析出相变和强韧化机制发生变化。深入理解喷射沉积合金的析出相变行为及强韧化机制是指导高性能铝合金成分设计、微结构构筑，建立和完善理论体系与模型框架的理论基础，也是开发高性能新合金材料的关键基础。

(25)喷射沉积材料塑性成形与加工技术基础理论。开展喷射沉积材料塑性成形与加工技术的基础理论研究。揭示喷射沉积内应力大小与分布、空隙分布、塑性加工过程的微观结构演变规律，建立喷射沉积构件的精确调控理论，阐明成形加工工艺对喷射沉积材料变形能力的影响。研究喷射沉积材料的塑性流变行为、微观组织演化、不同服役环境下的损伤失效行为，发展喷射沉积材料塑性成形的新原理与新方法，初步构件喷射沉积材料塑性加工组织、性能、服役特性的数据库平台。深入研究喷射沉积材料塑性变形理论和塑性加工新技术，研究外场在热加工全流程中的作用及其协同。开发高合金化材料高效变形加工的工业化技术原型。突破高强高韧铝、镁及其复合材料的制备关键技术。开发喷射沉积材料的低成本制备与成形加工技术，研究多元高合金化大规格构件的成形加工技术。

(26)喷射沉积材料智能制造基础研究。发展喷射沉积合金材料智能制备成形技术，建立理论与技术基础，发展全流程组织性能与形状尺寸精确控制的新原理和新方法。在加工成形全流程的模型建立、工艺方案优化、成分与组织的在线控制、成形过程的精确控制等方面，奠定组织-性能-构形的智能化控制技术基础。引入智能制造和绿色制造的理念，以喷射沉积材料性能最优化和资源消耗最低化为目标，综合协同热加工各环节，研究喷射沉积材料与构件的低成本短流程高效加工制造的基础理论。

4. 鼓励交叉的研究方向

(1)多尺度、多学科、多物理场下的凝固过程建模与仿真。数值模拟是揭示金属凝固过程及组织形成规律的重要手段，近年来对凝固涉及的流场、温度场、溶质场、应力场的数值模拟正逐渐成熟，热、电、磁、力等多物理场作用下的凝固过程研究逐渐深入，对深化认识凝固基本规律、实现智能化制造具有非常重要的促进作用。今后的研究重点是多尺度、多学科、多物理场下的凝固过程建模与仿真，并发展热物理实验模拟技术，两者相互补充和印证。

(2)智能制造技术在铸造过程中的应用。通过加强自动化、可视化等过程控制的提高，将高纯净化熔炼、凝固过程的组织控制和后热处理过程直接结合，开发一体化熔炼铸造与组织控制技术，缩短铸造工艺流程，节约时间和能源消耗。

(3)基于集成计算材料工程的金属凝固工艺和技术。在集成计算材料工程时代背景下，开展金属凝固工艺和技术的数字孪生范式的研究，重点揭示极端条件下的传热、传质规律和组织演化规律，推进算法、软件等领域的创新，提升凝固工艺全流程的数据智能采集、数据库管理、数据挖掘和利用的综合技术水平，推进传统凝固工艺流程的数字化、网络化和智能化技术水平，为推进新一代智能制造技术在金属凝固工艺和技术中的应用示范提供数据基础和技术支撑。

(4)面向喷射沉积的熔体特性控制基础理论。

(5)液态金属的雾化及熔滴特性调控基础理论。

(6)熔滴沉积界面特性及再凝固控制基础理论。

(7)喷射沉积材料析出相变与强韧化理论。

(8)喷射沉积材料塑性成形与加工技术基础理论。

(9)喷射沉积材料智能制造基础研究。

(10)难熔稀缺粉末冶金材料高效利用的新原理、新方法。难熔稀缺粉末冶金材料高效利用指通过建立难熔稀缺金属的物质流向图，为实现高效循环利用提供依据。建立金属生产及资源循环过程多产品系统环境影响分配及评价系统，开发稀缺金属资源循环中组元高效分离原理及新技术。开发适用于难熔稀缺金属二次资源的基本物化性质数据库，建立多介质金属分离理论体系，研发绿色冶金新技术和难熔稀缺金属资源的高效高附加值利用技术。引进现代新技术的交叉学科研究，结合生态环境材料制备技术，提高资源利用、降低能源消耗和改善环境。

(11)多场作用下粉末冶金材料制备的基础理论。传统材料制备方法采用单一(或两种)外场作用，限制了更高性能、更大尺寸、更新结构的合金材料制备。采用电、磁、力、温度等多场作用下的粉末成形和烧结技术，具有高效、优质、低成本等优势，研究多场作用下材料制备的基础理论，发展制备过程中的新概念、新理论、新方法，可以为制备高性能新材料奠定理论基础。

(12)计算机与焊接冶金学科交叉。数值模拟是揭示焊接熔池金属凝固过程及组织形成规律的重要手段，近年来对凝固涉及的流场、温度场、溶质场、应力场的数值模拟正逐渐成熟，对深化认识凝固基本规律、实现智能化制造具有非常重要的促进作用。现代计算机技术及相关数值模拟、图像处理、人工智能、神经网络自学习等技术应用于焊接冶金过程中，实现从"理论—试验—生产"转变为"理论—计算机模拟—生产"，大大提高焊接工艺的科学水平，节省大量试验所需的人力、物力。在焊接残余应力和变形的数值模拟计算方面，随新材料、新工艺的推陈出新，焊接应力应变仍然是今后很长时期内的研究对象。

(13)超常规尺寸结构设计与焊接冶金学科交叉。在未来较长时间内，材料研究将向两个方向不断发展：小到纳米尺寸及原子量级，大到大型和超大型结构。随着国民经济及国防科技的发展，对大型装备的焊接制造提出了许多新的要求，如大型结构的整体焊接制造技术中所涉及的特有焊接工艺、焊接变形控制、接头性能调控以及焊接结构完整性评价等。电子产品正向高功率、高密度、高可靠性以及绿色封装等方向特别是小型化(甚至是纳米尺寸化)方向迅速发展。同时对连接件的性能要求愈来愈苛刻，需要微连接和纳连接制造的结构或器件数量迅猛增多，因此微-纳连接结构尺寸设计、连接材料、接头可靠性评估等方面的学科交叉，已成为研究热点之一。

(14)材料冶金凝固理论与焊接学科交叉。电弧熔丝增材制造是近年来迅猛发展的先进制备手段，其冶金过程决定了打印产品的组织与性能。面向国家核电、海洋工程等重点行业的重大工程需求，应重点研究熔池的凝固特性、凝固组织调控及增材制造专用丝材制备技术。此外，增材制造如同铸造一样有尺寸限制，需要研究其热影响区组织和性能的变化、组织基因的变化等。

(15)大规格复杂构件控形控性技术基础理论。为满足航空航天等国家重大装备对喷射沉积坯件结构和规格的要求，进行大规格圆锭、扁锭、管坯、复杂形状构件的喷射沉积技术研究。开展不同坯件结构的沉积生长模型、雾化器运动模型、多雾化器协同喷射及布局优化、沉积表面形状及坯件形貌控制、物质分布状态及层间结合机理等关键基础研究。探索三维复杂构件的喷射沉积近净成形技术，研究收集器多轴联动及多雾化器联动控制模式。

(16)规模化喷射沉积智能制造装备设计、模拟、制造基础理论。喷射沉积装备的性能、功能、规模化、智能化是喷射沉积工艺实现、材料组织性能的稳定可靠性、高效化生产的保证。开展喷射沉积装备数字化、柔性化、模块化、集成化设计理论和方法研究，涵盖熔体处理、熔体小流量转移及控制、雾化沉积、机构运动、惰性保护、冷却、过喷粉末安全收集和洁净化收集等，形成圆锭、扁锭、管坯、复杂形状坯件的喷射沉积成套智能制造装备设计的基础理论和自主设计能力。基于红外、激光、机器视觉、人工智能、大数据、数据挖掘等开展高温、高粉尘恶劣工况下的喷射沉积过程状态在线检测与监控、喷射沉积全参数智能优化、精确控制和工艺过程虚拟仿真等方面的研究，构建喷射沉积材料体系的工艺专家库。

5. 应促进的前沿方向

(1)极端条件多场耦合作用下的凝固组织与过程控制。从毫克级雾化粉末到数百吨特大型铸件,金属的凝固行为有着巨大的差异。在极端条件下通过控制材料的凝固过程,是获得优异新材料的重要途径,故在超高压、快速凝固、微重力、超真空等极端条件下,结合应力场、温度场、电场、磁场等多场耦合作用,开展金属的凝固行为和组织控制研究,将大大拓展和丰富金属凝固理论。

(2)面向增材制造的金属粉末熔化与凝固。增材制造是近年来迅猛发展的先进制备手段,面向金属制品增材制造的需求,研究金属微滴的凝固特性、极端非平衡条件下凝固组织形成规律与凝固组织调控及具有均匀尺度特种金属粉末的制备技术。

(3)铸造金属复合材料凝固组织控制。突破现有传统金属复合材料制造技术,形成以液态金属凝固过程控制为核心,探索发展多学科交叉型的原创新型金属基复合材料制造科学与技术。

(4)高性能高端材料构件高纯净化熔炼-可控凝固-热处理一体化铸造技术。

(5)基于金属熔体微观结构转变的凝固过程精细化调控。金属材料多数都要经由液固相变过程制备,液态金属微观结构和宏观性质对固态合金最终组织形态及其应用性能有着极为重要作用。因此,液态合金结构和性质研究一直是凝聚态物理和金属材料科学领域的重要研究方向之一。基于金属熔体微观结构性质和结构转变过程的研究,可以对材料凝固过程的形核、生长等过程进行精细化调控,从而获得具有更高组织和相稳定性的材料。

(6)强静磁场下金属凝固过程与组织调控技术。

(7)钢铁材料短流程物理冶金过程的凝固、形变、相变理论基础,成分-组织-性能-表面适配关系。基于金属熔体高效净化、快速凝固、固-液复合铸轧、超高温黏塑性形变、多阶耦合相变等超短流程物理冶金过程的基础理论,探索其与成分、组织、性能调控机制的适配关系,形成洁净度控制、凝固控制、成形控制、相变控制及其一体化控制的原理、调控方法与工艺技术。

(8)基于工业大数据全维度、多层次智能解析的信息深度感知理论与方法。解析钢成形过程工艺、设备、质量等关键参数之间的内在关系与变化规律,建立以信息深度感知为特征的高维非线性强耦合过程统计学习理论、多指标逆映射建模方法以及基于数据的知识学习与规则提取方法。

(9)基于材料基因组原理的新材料逆向设计。通过信息物理系统、数字孪生和工业大数据分析技术,实现产品研发与材料设计过程中数字化、可视化和智能化,最终实现产品、工艺、质量三位一体的在线协同优化,大幅度缩短产品研发周期,降低研发成本,提高产品质量。

(10)钢成形过程工业数据及知识自动化。建立钢成形生产过程的对象模型和数据平台,实现生产过程的产品数据、设备数据、生产数据、仿真数据等统一描述,基于故障分析、生产经验、标准化规范、图纸文档等多种形式知识构建知识库,实现多因素的数据分析挖掘、知识累积和迭代以及多目标优化控制。

(11)复合材料制备理论和装备工艺研究。

(12)粉末冶金材料设计与制备工程智能化控制理论。材料智能化制备与成形加工技术是应用人工智能技术、数值模拟仿真技术和信息处理技术,以一体化设计与智能化过程控制方法取代传统材料制备与加工过程中的“试错法”设计与工艺控制方法,实现材料组织性能的精确设计与制备加工过程的精确控制,获得最佳的材料组织性能与成形加工质量。目前正在开展具有潜在应用前景的材料智能化制备与成形加工技术的研究,包括粉体制备、粉末注射成形、烧结、热等静压、喷射沉积、激光快速成形等材料制备技术,主要研究内容包括材料智能化制备与成形加工相关基础理论的建立、材料微观组织演化的模拟与仿真等。

(13)特粗晶硬质合金的制备科学与综合高性能化机理。随着国家对基础设施建设及能源开采投入力度的不断加大,我国采掘行业日益繁荣,对采掘机等掘进设备需求不断提高,而特粗晶硬质合金是采矿挖掘装备机械的核心材料,其开发的成熟程度决定了整个采掘装备产业的生产效率。重点研究特粗晶硬质合金粉末制备技术、WC 晶粒度和晶格缺陷控制技术、超高温烧结中组织结构演化机理、特粗晶硬质合金断裂韧性及在复杂环境的服役行为等,促进我国硬质合金行业向高端发展,满足我国基础设施建设的重大需求。

(14)粉末冶金材料复杂成分、结构集成高通量设计与制备。粉末冶金材料的成分、结构复杂,与铸锭冶金材料明显不同,存在大量非平衡结构、界面结构、假合金化、非均质结构等。传统的材料设计方法和理论不能完全满足粉末冶金材料的复杂结构和复杂功能优化。因此,在现有粉末冶金材料热力学、动力学数据库的基础上,融合大数据、机器学习等信息技术,针对典型粉末冶金材料,如铁基材料、硬质合金、摩擦材料等,建立基于海量数据的快速成分-性能设计方法;发展高通量的粉末冶金材料制备技术,如多喷头打印、多构件压制成形,加快高性能材料的筛选。通过上述研究,产生一批具有高性能、多功能、复杂成分结构的粉末冶金新材料。

(15)智能焊接冶金技术。针对航空航天、核电、海洋工程等国家重大工程,开展智能焊接冶金基础理论研究,开发材料-工艺-智能焊接装备一体化系统集成技术,最终降低产品成本与加工周期,提高产品焊接质量。

(16)超高温材料的焊接冶金技术。针对武器装备发展急需开发的异种材料超高温构件焊接需求,研究异种超高温材料的焊接冶金技术,揭示异质焊缝强韧化机理和界面润湿、冶金反应及残余应力的调控机制,为武器装备异种材料超高温构件提供可靠的焊接冶金技术。

(17)新材料尤其是新能源材料的焊接冶金技术。为提高能源利用率同时开发环保型新能源,需开发可靠的方钴矿基热电材料与金属电极钎焊、扩散连接技术,研究界面原子扩散动力学行为,揭示界面原子扩散阻隔机制,阐明接头界面组织冶金演化规律,揭示界面连接机理,可为新能源材料加工制备提供核心基础理论和关键技术支持。

除此之外,在焊接冶金学科中还建议优先关注及开展非平衡热过程中元素分配、相变的热-动力学理论研究及计算建模、焊接冶金理论及高品质焊接材料设计;超高强度焊缝金属的强韧化机理及设计理论;电弧增材制造焊接冶金原理及配套专用丝材设计;极端非平衡条件下焊接冶金过程的热力学与动力学;焊接冶金过程中的缺陷萌生及演变理论;复杂能场下的焊接冶金理论;严酷条件下焊接接头组织性能的表征及延寿与寿命评价理论等前沿方向。

(18)基于大数据的喷射沉积新材料设计开发。以大数据作为支撑,采用高通量设计、制备和表征技术,促使材料研究从传统的“试错法”模式转向低成本、快速响应新模式,利用喷射沉积逐层生长、快速凝固的技术优势,制备具有成分梯度均质的复合材料,结合高通量表征技术,快速建立材料的成分-结构-性能关系以加速新材料开发和研究,为建立新的预测成分-相-结构-性能的理论体系提供大量的实验结果和理论验证。

(19)短流程连喷连轧技术。连喷连轧技术能为金属加工业提供一种节能节材、短流程的高性能板带材制备方法,为促进合金材料的开发开辟新的途径,在国内外引起了广泛的关注,但目前的研究仍处于实验室研发阶段,并且综合理论研究深度不够,难以有效指导实际应用。作为一项新的快速凝固近净成形技术,连喷连轧工艺需要系统的研究。

6. 学科优先发展领域

1)中长期(2035年)优先发展领域

a. 金属凝固

金属材料多数都要经由液固相变过程制备,液态金属微观结构和宏观性质对固态合金最终组织形态及其应用性能有着极为重要作用。因此,液态合金结构和性质研究一直是本领域的重要研究方向之一。基于金属熔体微观结构性质和结构转变过程的研究,可以对材料凝固过程的形核、生长等过程进行精细化调控,从而获得具有更高组织和相稳定性的材料。

基于集成计算,开展金属凝固工艺和技术的数字研究范式,重点揭示极端条件下的传热、传质规律和组织演化规律,推进算法、软件等领域的创新,提升凝固工艺全流程的数据智能采集、数据库管理、数据挖掘和利用的综合技术水平,推进传统凝固工艺流程的数字化、网络化和智能化技术水平，为新一代智能制造技术在金属凝固工艺和技术中的应用示范提供数据基础和技术支撑。

b. 材料成形与加工

①材料智能化成形加工技术

材料智能化成形加工技术是一种先进的材料加工技术，被认为是 21 世纪前期材料成形加工新技术中最富潜力的前沿研究方向。材料智能化成形加工技术的发展目标，是实现材料生产循环的在线设计和闭环控制，即实现在线设计材料的成分、组织性能及最优的工艺参数，并自动以最优的工艺参数完成材料的成形加工过程，最终达到对产品形状尺寸、表面质量和组织性能的在线精确控制。

需要解决的关键科学问题如下。

(1)材料成形加工过程的非定常和非线性问题。

(2)外场作用下材料成形加工工艺的基础理论。

(3)基于人工智能的过程模型建立及精确模拟仿真。

(4)材料智能化成形加工过程的多因素作用、多尺度控制理论。

(5)材料成形加工在线检测、决策规划及控制理论和方法。

(6)材料智能化成形加工的关键装备设计理论及集成方法。

主要研究方向如下。

(1)难加工金属材料智能化无约束柔性成形理论与技术。

(2)高性能金属材料智能化半约束塑性成形理论与技术。

(3)先进金属材料智能化增材成形理论与技术。

②面向全流程质量稳定控制的综合生产技术

量大面广的钢材产品质量档次低和稳定性差，是目前钢铁行业产品质量面临的主要问题。为适应国家产业转型升级的需要，钢铁行业在未来较长时间内的产品结构调整任务主要是提高产品质量和稳定性。因此，有必要开展新一代的钢铁生产过程控制技术研究，解决控制系统在生产批次之间、品种规格之间的适应性问题，大幅度提高复杂工况下产品质量的控制能力和稳定性。

主要研究内容如下。

(1)基于智能建模及数据挖掘的产品质量优化及决策支持。

(2)微观组织及力学性能的在线闭环控制。

(3)生产异常检测及故障诊断等。

③高精度、高效轧制及在线热处理成套装备技术

为适应产品质量提高、品种开发能力增强对工艺装备提出的更高要求，具有高精度轧制能力及多功能在线热处理能力的成套技术和装备就成为重要的发展方向，尤其是关键装备的国产化及产业化。

主要研究方向如下。

(1)高精度轧制和在线检测技术。

(2)高性能交直交轧机主传动技术。

(3)先进的全流程板形控制技术。

(4)新一代轧制模型控制技术。

(5)新一代控轧控冷技术。

(6)多功能柔性超高强钢冷轧板连续退火生产技术。

(7)真空低压渗碳/氮清洁热处理精准控制技术。

(8)无头与半无头轧制技术。

(9)铸轧一体化高效控制技术。

④材料/结构一体化

瞄准航空航天、交通运输等高端装备所需的大型、复杂、轻质、多功能关键材料/构件,开展跨材料成形与构件制造学科(或学部)交叉研究,探索创新原理与方法,解决型/性协同的多尺度结构与连接界面的形成机理与多物理场作用规律等关键科学问题,满足我国重大工程与战略新兴产业持续发展对大规格材料/结构一体化的需求。

需要解决的关键科学问题:型/性协同的多尺度结构与连接界面的形成机理与多物理场作用规律。

主要研究方向如下。

(1)大型复杂结构壁板蠕变时效型/性协同的多尺度结构形成机理与多物理场作用规律。

(2)超轻质多孔结构与材料热处理状态影响抗冲击行为及吸能特性的机理。

(3)同质/异质材料性能与连接界面对混杂结构承载及吸能的影响规律与作用机理。

(4)超轻质材料/结构的创新设计原理与制备方法。

c. 喷射沉积

在突破喷射沉积技术规模化和低成本制造技术的基础上,加强与先进制造、大数据、人工智能、新材料等学科的交叉融合,充分利用智能制造、绿色制造、大数据等先进技术实现对喷射沉积技术的再塑造与再升级。造就一批具有世界影响力的优秀科学家和创新团队,奠定喷射沉积技术的科学基础和技术优势,抢占喷射沉积技术的国际学术与应用制高点,解决我国重大工程对喷射沉积材料与构件的迫切需求。通过对喷射沉积技术的系统研究,将装备制造与工艺控制紧密结合,力争在喷射沉积溶体特性调控、熔滴雾化、熔滴极端非平衡凝固、沉积界面推移特性、喷射沉积坯锭塑性成形与热处理、规模化喷射沉积装备制造、喷射沉积新材料开发等方向处于世界领先水平。重点突破熔滴飞行与沉积过程极端非平衡凝固行为的原位表征与实时调控，实现复杂形状构件的低成本高效变形加工与热处理强韧化，利用大数据方法实现高熵合金、梯度材料等新材料的高通量研发；借助先进制造与智能控制技术，力争突破连喷连轧装备与工艺技术，实现喷射沉积材料的短流程绿色制造。

d. 表面工程

①纳米改性中间层对新型先进材料厚涂层的影响机制

基于精密连接工艺的作用，以高强度金属为基体，通过研究纳米改性中间层的设计与影响机制，开展微纳米化表面活性处理，在外加复合能场的作用下，实现基体与高耐磨的增韧陶瓷等新型先进材料厚涂层牢固的精密连接。具体研究内容包括：纳米改性中间层的设计与影响，改善陶瓷与金属基体润湿性的表面活性处理，外加能量多场耦合作用下陶瓷与金属精密连接，多能量场耦合作用的表面熔敷层质量调控机理，轻合金材料的激光-电弧复合热源高效堆焊机理等。

②多能量场耦合作用下金属玻璃材料动态沉积成层组织演化研究

针对航空航天与武器装备战略产业用高性能大型复杂轻合金构件高完整性成形和高性能成形的科学难题，结合我国航空航天领域战略发展对轻质高强、高可靠性和功能高效化本体结构的紧迫需求，主要研究基于服役环境效应的高非晶含量铝基金属玻璃覆层、多组元微合金化高熵合金覆层、异质界面新型钛铝基覆层设计、载能束与沉积成形材料间的交互作用行为、载能束诱发沉积成形材料组态演化机制等，为新型超轻结构综合防护提供基础支撑。

③新一代涂层的高强度结合机理及其制备技术

采用模拟仿真和聚焦离子束扫描电镜微观观察技术相结合，分析粉末粒子碰撞过程中能量分配和转移过程，阐明粒子共沉积行为；分析粒子有效塑性分布和界面微区温度演化；研究涂层内三类界面的相组分、结合方式、结合率等粒子微观中间参量，建立中间参量与结合强度之间的力学模型；归纳总结复合涂层的设计准则；发展制备高结合强度涂层的技术和装备。

④"空天海"极端环境下光学元件的多功能保护涂层的研发

研究涂层材料的关键光学性质(透射、反射或吸收)在极端环境下的退化过程和机理；通过理论计算与实验相结合的方式，理解结构对关键光学性质的影响规律与物理机制；研究设计和制备新型纳米结构的复合涂层，实现关键光学性质与其他性能(耐磨耐蚀、抗粒子撞击、抗辐射、防污染等)的集成；利用物理气相沉积技术制备"智能"涂层，将其应用于极端环境下光学元件的损伤防护。

2) "十四五"规划(2025 年)优先发展领域

a. 金属凝固

①金属凝固过程的多尺度原位实时表征

应发展基于超快 X 射线成像和散射的原子及纳米尺度的相及非平衡结构演变

过程的原位实时多维定量分析技术，在此基础上建立适用于 X 射线实时观测的增材制造实验装置及凝固组织控制优化技术。

②微纳尺度金属液滴的凝固特性研究

随着金属增材制造等新型材料制备技术的出现及材料多尺度条件下不同物性体现，对于微纳小尺度金属液滴的凝固特性研究及其组织控制就显得尤为必要和迫切。系统开展微纳液滴凝固形核特性、凝固组织演变规律、不同微滴凝固过程的相互作用机制等，对于充分认识从传统大尺度到微纳小尺度金属熔体凝固以及验证经典凝固理论在微纳尺度内的可适性，均具有重要的科学价值。

未来重点方向：微纳液滴形核机制、凝固特性、组织调控等方面的基础研究，需要重点关注实现上述研究目的的特种研究手段，如原位组织观察和原位热力学物性参数的检测手段等。

③强磁场下金属凝固理论与过程控制

强磁场对物质具有独特的增强洛伦兹力、磁化力、磁力矩、磁偶极相互作用、磁化能等多种力和能效应。各效应间高效和多变的协同效果可以在宏观(熔体区)至微观(糊状区)再到纳观(原子团簇)全尺度范围内对高温非磁性金属熔体内的流动、溶质传输、固相迁移、晶体生长等行为产生显著影响，进而对金属材料的凝固过程产生特殊作用效果，实现对材料的组织和性能调控(图 1-40)。因此，利用强磁场调控金属凝固过程，有望发展革新性凝固控制技术，突破传统材料制造和加工技术的瓶颈，实现高性能金属结构材料的性能优化和新型金属功能材料的功能开发，不仅有助于深化该领域的基础性研究，而且会对国民经济的发展和国防安全的提升起到重要推动作用。另外，随着磁场强度的提高，将会产生新的前沿性研究方向，对科学的发展和新技术、新材料的开发以及应用都具有非常重要的

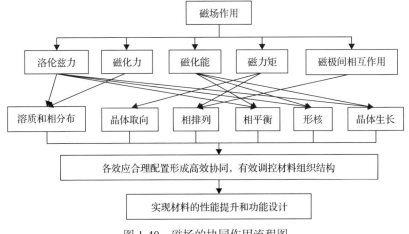

图 1-40　磁场的协同作用流程图

意义。因此，无论从基础研究角度还是从实际应用角度考虑，强磁场下的金属材料凝固行为研究都具有非常重要的科学和实践意义。

该领域的发展目标：构建完整的强磁场环境下金属凝固理论研究实验平台；建立强磁场下金属凝固理论；开发强磁场下金属凝固理论的新型金属材料液态成形技术；实现强磁场凝固控制技术在高性能金属结构材料和新型功能材料开发的应用。

该领域的主要研究方向：经过多年探索性研究，已经基本明确强磁场对金属凝固过程及凝固组织的作用效果和规律。为了最终实现强磁场凝固控制技术在金属材料制备的最终应用，需要在明确强磁场对金属凝固行为作用机制的基础上建立强磁场下金属凝固理论，通过系统测量强磁场下高温金属熔体物性参数来建立数据库，在实现对强磁场作用效果的数值模拟和可靠预测基础上，实现强磁场冶金和材料制备技术的装备研发和工艺设计。为此，该领域需要开展以下研究方向。

(1) 强磁场下高温金属熔体的黏度、电导率、磁化率、润湿性等物理性能的测量及数据建库。

(2) 强磁场下金属凝固过程的原位观测，包括利用同步辐射、中子衍射等技术对高熔点金属凝固过程的原位观测，以及利用光学技术对低熔点透明合金凝固过程的原位观测。

(3) 强磁场对金属凝固过程作用机制的探索，包括金属的自由凝固、定向凝固、深过冷凝固、快速凝固等；从流动和传输行为演变-液/固界面结构演变-凝固组织演化的金属凝固全流程出发，探索强磁场影响金属凝固过程热力学和动力学的物理机制。

(4) 采用强磁场凝固控制技术制备各向异性、梯度功能、增强相复合、晶粒细化、高纯均质等高性能金属结构材料和新型金属功能材料。

该领域的核心科学问题：强磁场力和能的多效应协同对金属凝固过程中传输行为-固/液界面稳定性-凝固组织演变的影响机制。

④基于特征单元的凝固热模拟技术

金属凝固是非平衡、耗散、自组织过程，加上高温、不透明等特点，金属的凝固过程(包括组织生长、偏析、裂纹和孔洞等缺陷的形成过程及条件)研究成为世界性难题。而规模生产条件下连续化大吨位的特点，使面向生产流程的研究成果甚少。基础研究的不足导致基础数据和基本物理模型极度匮乏，严重制约了钢凝固过程及缺陷的合理调控和新品种、新流程的开发。

金属凝固过程的研究手段主要有数学解析、数值模拟、物理模拟、原位观察等方法。数学解析法和数值模拟法难以解决热物性参数不足和边界条件准确及稳定性等因素的限制。物理模拟法主要有几何模拟和物质模拟两大类，属于以小见大和以此见彼的方式，与原位观察方法相似，具有较高理论价值，但无法用于生产工艺过程的认识和优化。近年来,上海大学提出基于特征单元的热模拟技术受到冶金学者的青睐。

基于特征单元的热模拟技术是选取能够反映铸坯或铸锭凝固过程与组织的最小单元体作为特征单元,以传热一致性为基础,离线再现特征单元在铸坯或铸锭中的凝固过程,从而将数十吨至数百吨的铸坯或铸锭的凝固过程"浓缩"到实验室,用数百克至数十公斤金属进行研究。基于特征单元的热模拟技术将结束钢的凝固过程难以研究的历史,实现组织预测和热模拟技术的持续发展,将有力推动金属生产技术的进步,为凝固组织调控和稳定产品质量提供有力支撑,为金属材料进步和工艺的优化提供持续性支持。

未来重点方向:开发智能化、远程可控的钢凝固过程物性参数、热应力及热裂倾向、凝固组织形成过程的新一代智能化、一体化热模拟技术和装备;构建完整且可靠的金属凝固特性及工艺-组织关系数据库,指导高品质金属凝固组织的调控。

⑤超细晶超均质化铸坯铸锭生产技术

组织及成分均匀性一直是困扰国际冶金界铸坯和铸锭质量提升的瓶颈问题,随着电磁搅拌、轻压下、重压下和脉冲磁致振荡(pulse magneto-oscillation,PMO)等技术的发展和应用,这一问题可望在近 10 年得到很大的改观。PMO 处理后的GCr15 轴承钢连铸坯轴向偏析和缩孔得到显著改善,实现连铸坯均质化。然而,随着制造业的发展进步,对钢铁材料质量必将提出更高的要求。从铸坯质量看,除对宏观偏析有更加严格的限制,一次枝晶和二次枝晶偏析、分散疏松必将引起关注,这就倒逼铸坯和铸锭不仅要有足够的等轴晶比,还要有更细小的晶粒尺寸,从而减小甚至消除枝晶间偏析和分散疏松等缺陷。单纯采用电磁搅拌和压下技术难以获得这样的效果,必须强化钢液形核,在此基础上配合搅拌及压下等手段。

电磁声力耦合凝固超细晶均质化原创技术有望解决冶金工业界钢铁材料难以均质化的共性难题,在钢的凝固过程中实现超细晶和均质化,不仅显著提高钢铁材料的力学性能和均匀性,还可以显著降低铸造缺陷,实现钢铁材料品质的飞跃,为我国钢铁工业的发展做出重要贡献。

未来重点方向:开展多物理场(电、磁、声、力)耦合细化钢凝固组织基础研究,包括单一及多物理场耦合对钢液的物理效应,及其对钢液异质形核行为、温度及流动行为、溶质迁移行为的影响,探讨应用多物理场耦合作用大幅度细化钢凝固组织的可能性、机制和规律,为多场耦合改善铸坯质量奠定理论基础。

⑥凝固亚稳相超性能工程材料

短流程制造一直是冶金行业梦寐以求的目标,从模铸、连铸、板坯连铸、薄板坯连铸到薄带连铸,短流程制造技术不断发展,生产成本和周期也在不断降低。这里值得关注的是,以往短流程制造主要体现在近终形上,没有在近终形的同时追求近终性。如果能够在近终形的同时实现近终性,将会进一步缩短钢的生产流程。

所有的金属制品在其生产过程中都要经历一次或多次凝固过程，如果通过控制凝固过程直接制备出高性能工程材料，结合近终形工艺则可大幅度简化热处理和扎制等工序，从而节约能源、减少污染并且提高生产效率。基于(亚)快速凝固细化组织、减少偏析、可获得亚稳相等特点，利用亚快速凝固直接得到超细凝固亚稳相组织制备性能优于传统工艺生产的钢铁材料。而亚快速凝固的双辊薄带技术工业化应用使成形中钢液的整体冷却速率由 100～102K/s 提高到 103～104K/s，为凝固亚稳相超性能工程材料绿色制备新工艺的工业化应用提供了平台支撑。

凝固亚稳相超性能结构材料制备技术将突破钢铁材料传统制备工艺能耗高、效率低的瓶颈，利用制备亚稳相实现结构材料超性能这一技术思想，构建凝固亚稳超性能工程材料的组织、性能调控体系，创建节能、环保、经济、高效的超性能工程材料制备新工艺，实现钢铁冶金的绿色持续发展。

未来重点方向：构建通过(亚)快速凝固直接从液相获得高性能亚稳工程材料组织性能调控理论，研究凝固亚稳高性能工程材料绿色制备关键配套技术和超性能工程新材料，开发兼具近终形连铸和直接成型(少无热处理)的节能、环保、高效的超短流程钢板制造流程和超性能材料体系。

⑦铁基功能复材的新型冶金制造技术

钢铁作为结构材料功能单一、附加值低，考虑到功能型合金规模化应用与冶金制造技术的创新发展密切相关，提前布局铁基功能复材的冶金制造研究，开发新冶金制造技术。如铁基磁制冷功能合金 LaFeSi(83at.%Fe)广受关注，德国(2012～2017 年)启动了室温磁制冷技术应用及磁制冷合金成形研究国家优先研发计划；美国 2016 年成立了包括磁制冷技术在内的颠覆性能源材料研发联盟。日本、法国、加拿大、丹麦、中国等已研制出近千台室温磁制冷样机。一些大型集团企业也积极参与其中，2015 年中国海尔集团联合德国巴斯夫集团和美国宇航公司共同推出全球首款磁制冷酒柜。但这类铁基功能合金普遍存在力学性能较差的共性关键难题，限制了研究成果落地应用。目前复材制造技术无法解决增强相团聚、剧烈界面反应等问题，因此需要继续在力学强韧化复材冶金制造科学与技术方面取得创新性突破。

未来重点方向：基于铁基功能材料共性力学强韧化需求，探索研制具有原始创新性的复材冶金制造原型装置，发展铁基功能复材的冶金制造新工艺及组织与性能调控方法，形成典型铁基功能合金复材冶金工程化示范制造。

b. 材料成形与加工

①材料短流程近终形高效成形理论与技术

随着经济的发展和世界资源、能源的日趋紧张，可持续发展战略与环境保护已受到各国的普遍重视。材料成形与加工是能源、资源消耗的大户，其产品的成形加工过程、使用与回收再利用对环境有重大的影响。因此，以下几个方面已成为材料成形与加工技术的主要发展方向。

(1)打破传统的材料成形与加工模式，缩短生产工艺流程，简化工艺环节，以实现近终形、短流程的连续化生产，提高生产效率。

(2)发展先进的成形加工一体化的短流程成形与加工技术，实现组织与性能的精确控制，以提高传统材料的使用性能，或改善难加工材料的加工性能，开发高附加值材料。

(3)发展材料设计、成形与加工一体化技术，实现先进材料与零部件的高效率、近终形、短流程成形。

近年来，短流程、近终形、高效率、高性能等材料成形与加工新技术及新工艺受到美国、日本、英国等工业发达国家乃至世界各国材料科学与工程界的高度重视，成为研究开发的热点之一，并得到较快发展。《国家中长期科学和技术发展规划纲要(2006—2020年)》的多个重大专项都涉及材料成形与加工问题，其中短流程近终成形是重点发展方向。

需要解决的关键科学问题如下。

(1)成形加工过程的流变、塑变、相变与界面耦合作用规律及控制理论。

(2)成形加工全过程的组织形成、演化与遗传特征及控制理论。

(3)成形加工中组织-性能-构形的一体化控制理论与技术。

主要研究方向如下。

(1)金属材料控制凝固及控温铸型连铸新原理与新技术。

(2)金属材料控制成形及半约束塑性成形理论与新方法。

(3)材料成形与加工新理论、新技术、新工艺。

②大规格高性能材料均质制备

建立适应我国有色金属材料加工实际情况的大规格高性能材料均质制备全过程的铸锭均质化、变形与热处理组织均匀化、残余应力极小化的系统原理与方法，形成成分与制备多场对组织性能均匀性、残余应力极小化的作用规律与机理的理论体系，在大规格高性能材料均匀制备的基础理论研究方面满足国家重大工程的紧迫需求。

需要解决的关键科学问题：成分与制备多场对组织性能均匀性、残余应力极小化的作用规律与机理。

主要研究方向如下。

(1)大规格铸锭/坯组织与成分宏/细观不均匀性及内应力的形成规律与机理。

(2)大幅度改变传统轧制、锻造、挤压等加工方式的应力-应变场、温度场均匀性，促进变形组织宏/细观均匀性的成形加工创新方法。

(3)大规格高性能合金材料热处理过程中温度场、应力场及多相组织对过饱和固溶体时效析出行为的影响规律及非均匀作用机理。

（4）淬透层深度与淬火残余应力的相互影响规律与机理，创新残余应力极小的调控、表征原理与方法。

（5）大规格材料成形全过程的多尺度结构、内应力非均匀形成与演变的跨尺度模拟、仿真与表征。

c. 粉末冶金与粉体工程

①增材制造专用高品质金属粉末的规模化制备

增材制造作为一种新型成形技术，是利用激光或电子束等热源将粉末加热至一定程度的熔化状态，进而烧结制备出块体材料，可以实现三维复杂造型结构件或功能梯度材料的整体近净成形，并且所制备的块材或构件可具有优异的力学性能或功能特性，能够真正实现数字化、智能化加工。作为一种先进粉末冶金近终成形技术，金属粉末增材制造在金属零部件制造领域受到高度重视，为粉末冶金学科注入新的活力和内涵，广泛用于航空航天、国防军工、汽车、医疗器械等领域。

难熔金属、硬质合金、高温合金、钛合金等难加工材料是增材制造技术应用于金属材料领域最能发挥优势、拥有巨大发展潜力的方向。美国"America Makes"、欧盟"Horizon 2020"和德国"INDUSTRIE 4.0"等均将增材制造列为提升国家竞争力、应对未来挑战亟须发展的先进技术。空客、波音、通用电气等公司走在金属增材制造工业应用的前列，已经将增材制造技术用于航空航天零部件制造。美国国家航空航天局发起了金属增材制造技术在太空发射系统 Space Launch System 运载火箭的应用，欧洲航天局推出了涉及欧洲 28 个学术和工业合作伙伴名为 AMAZE 的增材制造研发项目。

我国政府也高度重视增材制造的发展，发布实施了《国家增材制造产业发展推进计划(2015—2016 年)》，并将其作为《中国制造 2025》《"十三五"国家战略性新兴产业发展规划》等计划，重点支持增材制造装备、软件、工艺及零件制造方面研究。以北京航空航天大学、西北工业大学、华中科技大学、清华大学、中南大学、南京航空航天大学、华南理工大学、西北有色金属研究院为代表的科研单位较早地开展了金属增材制造研究，在以上项目支持下使我国金属增材制造工艺、仿真、装备及软件技术与国际先进水平保持同步。

目前，增材制造专用高品质金属粉末的规模化制备仍然是全球增材制造主要技术瓶颈之一，表现在：①专用合金缺失。目前无增材制造专用合金配方牌号，增材制造沿用传统铸锻合金配方导致易开裂、力学性能不佳，如增材制造铝合金、高合金钢、镍基合金、高熵合金等。②粉体质量差。现有气雾化球形粉面临氧含量高、空心粉多、卫星粉多、粒度分布不均、细粉收得率低等难题，气雾化制粉原理与技术亟待提高。③粉体成本高。目前增材制造金属粉末大都采用坩埚熔炼真空气雾化、旋转电极雾化、无坩埚气雾化技术制备的预合金粉末，增材制造粉末粒度区间窄、粉末收得率低，导致成本较高，因此亟待研发低成本粉体材料。

基于以上，关于增材制造专用高品质金属粉末领域的主要研究方向包括：①增材制造专用难熔金属、硬质合金等特种合金粉末的批量制备技术；②增材制造专用高熵合金粉末成分设计及构件强韧化原理；③增材制造专用轻质钛、铝合金成分设计及高品质粉末制备；④低成本增材制造元素混合粉末设计、制备及评价。通过开展增材制造专用高品质金属粉末的研究，尽快突破特种粉末的规模化制备技术，满足我国高端制造业、航空航天、国防以及民用设施等重大需求，并有利于实现国家优势资源的高效优质利用。

②先进粉末冶金材料近净成形制备技术及超精细结构控制

先进粉末冶金材料，如高性能硬质合金、先进金属基复合材料、高温合金、高强韧钢铁合金等，在航空航天、能源交通、工业装备、信息产业等领域发挥着不可替代的作用。随着国民经济和国防军工的发展，对高性能先进粉末冶金材料的需求不断增加。粉末冶金近净成形技术顺应了粉末冶金工业高效、优质、低能耗、低成本发展趋势。材料内部的组织和精细结构向物理冶金基础理论提出了挑战。这是当前材料领域研究的热点，粉末冶金制备超精细结构材料具有不可替代的优势，因而该方向将引领粉末冶金的发展。因此，开展高性能粉末冶金材料的超精细结构可控的近净成形技术的基础研究，对开发高端粉末冶金材料，提升粉末冶金工业整体水平有重要的促进作用。

我国在粉末注射成形、激光或电子束快速成形等近净成形制备技术方面处于国际先进水平。随着增材制造、粉末微注射成形等技术的迅速发展，以及具有精细结构的粉末冶金材料应用的拓展，迫切需要研究这些具有精细结构的先进粉末冶金材料近净成形制备和材料精细结构调控技术。另外，难熔金属、高温合金、钛合金、纤维/陶瓷颗粒增强金属基复合材料等温塑性差、加工成形困难，传统的粉末压制-烧结，以及冷、热机械加工技术，原材料浪费大，加工周期长，产品尺寸精度不高，难以成形三维结构复杂的零件。一些薄壁、微细、三维结构复杂的零件也难以采用传统机械加工的方法制备，需要开发先进粉末冶金材料的近净成形制备技术。

亚微米晶、纳米晶及非均匀等超精细结构赋予材料更优异的性能，如高强度、高韧性或者兼而有之，但普遍存在块体材料尺寸过小，难以满足实际应用的需求，且常规烧结工艺难以控制粉末中晶粒的快速长大及精细结构等问题，成为目前制约其发展和应用的主要问题。超精细结构的设计和制备过程中精细结构的控制是高性能先进粉末材料制备的关键。近年来提出的在外加电场、磁场、温度场、应力场等多场作用下的粉末成形烧结方法，可有效利用多个外场作用实现粉体的高效成形固结，通过控制晶体相的形核和长大过程，制备出细晶化、等轴晶化、晶粒多尺度化、结构复合化的高性能粉末冶金材料及复合材料,对开发高端粉末冶金产品、提升粉末冶金工业整体水平具有重要作用。

先进粉末冶金材料近净成形制备技术及超精细结构控制领域的主要研究内容包括:①超精细结构多相粉末的制备和成形的新原理、新方法;②粉末冶金近净成形和烧结过程超精细结构演变规律与控制方法;③含纳米相的多元多尺度粉末冶金材料成分和结构设计理论。通过上述研究,发展先进粉末冶金材料近净成形制备技术及超精细结构控制,力争使我国在轻质高强韧(铝、镁、钛)、高强高导(铜、铝)和难熔金属(钨、钼、铌、钽)粉末冶金材料及复合材料、特种结构金属陶瓷(超细晶、超粗晶材料等)方向的研究占有国际领先地位。

③粉末高温合金及其构件的制备技术

粉末冶金材料具有粉末细小、合金成分均匀、制件性能稳定、热加工变形性能较好以及合金化程度高等优点,被用于制备高温合金涡轮盘,使涡轮盘的屈服强度和抗疲劳性能得到了显著提高。目前,国际上仅美国、俄罗斯、法国、英国等国家掌握了粉末高温合金自主成分设计和关键制备技术,最典型的航空发动机核心部件粉末高温合金涡轮盘,其成分及制造技术一直被上述国家严密封锁、高度垄断并禁止出口。随着现代航空航天事业的迅速发展,对高温合金的性能要求也越来越高,高性能粉末高温合金已经成为制约我国航空发动机发展的瓶颈之一。

自 20 世纪 60 年代粉末冶金技术被用于制取高温合金涡轮盘,目前已经经历了四代粉末高温合金的发展历程。具有代表性的第一代粉末高温合金是 GEAE 公司研发的 René95,通过降低碳含量并加入适量的铌、铪等元素研制而成。1977年美国国家航空航天局通过在变形粉末合金 René95 中加入适量铪和碳元素,研究结果显示,铪和碳的浓度对 René95 合金的性能有着显著影响。20 世纪 80 年代,开始研究的第二代粉末高温合金是 René88DT 高温合金,具有较高的蠕变强度、高裂纹扩展抗力以及高损伤容限,最高使用温度 700～750℃,已经被大量应用于航空发动机制造领域。20 世纪末以来,随着新一代航空发动机对合金材料性能的要求越来越高,研制开发性能更优的第三代粉末高温合金势在必行。目前报道的第三代粉末高温合金主要有美国的 CH98、Alloy10、ME3 和 LSHR 等以及法国的NRx 系列合金等。近年来,随着航空事业的飞速发展,对粉末高温合金的性能要求及量的需求也越来越大。因此,世界各国的专家学者在总结了前三代粉末高温合金的经验基础上,开始研究能适应更高温度的新一代粉末高温合金。第四代粉末高温合金的发展目标是,在继承前几代粉末高温合金的高强度、高损伤容限的基础上,提高其工作温度,以期制备一种高强度、高损伤容限及高工作温度的合金。第四代粉末高温合金的研究现在还处于探索阶段,尚未有相关成功研制的产品展示。

我国粉末高温合金的研究始于 1978 年,目前我国已成功研制出三代共四个牌号的粉末高温合金。FGH4095(相当于美国René95)是我国研制成功的第一个粉末高温合金,用其制作的涡轮盘挡板已成功应用于某型号发动机并批量生产,使用温度可达650℃。我国在使用温度为800℃以上的具有高强度和高损伤容限特性的第三代粉末高温合金FGH98也取得了突破性进展。经过40多年的发展与研究,我国在制粉、粉末处理、制备工艺等方面取得了一定的进展。但是与欧美国家相比,仍然存在着很大的差距,特别是大尺寸、复杂形状粉末高温合金制件的制备以及增材制造在粉末高温合金制备中的应用。

粉末高温合金领域的主要研究方向包括:①高温抗蠕变疲劳的粉末高温合金成分设计;②全流程制备过程缺陷控制、组织调控及其仿真模拟;③组织对强度、蠕变和疲劳等关键性能的影响规律及其寿命预测;④粉末高温合金复杂零件的增材制造。因此应该在现有研究的基础上,加快先进技术和先进设备的引进,通过系统研究,以期在粉末高温合金领域取得更多突破性成就。

④高性能粉末冶金多孔材料制备及其孔结构精确控制技术

高性能粉末冶金多孔材料,如高强低模医用多孔钛合金、高强高韧镍基合金多孔材料、高强高韧钛合金多级孔材料等,广泛应用于医疗、航空航天、国防装备等领域。同时,制造业、煤化工、多晶硅、核工业等行业的高速发展对高性能多孔材料的需求量呈逐年递增趋势。然而,孔结构是高性能多孔材料实现规模应用的关键因素,因此,需要优先开展高性能多孔材料的新型制备技术及其孔结构精确控制技术方面的基础研究,对开发高端粉末冶金多孔材料,提升粉末冶金工业整体水平具有重要的促进作用。

粉末冶金多孔材料的传统制备方法主要包括模压成形-烧结、冷等静压成形、松装烧结、粉末轧制、粉末增塑挤压、粉浆浇注等。21世纪初,粉末冶金多孔材料成形方法的研究受到高度重视,开展了高过滤精度成形、孔结构精确控制成形、快速制造等新理论、新技术的研究,包括离心沉积技术、空间占位法、模板法、热爆法、元素原位反应法、增材制造技术等,开发高性能、低成本、短流程制备技术成为粉末冶金多孔材料的重要发展趋势。特别是近10年来提出的增材制造技术,可有效利用电子束或激光的高能量作用,实现多孔材料的高效成形,尤其可实现复杂构型多孔材料的精确制备。

围绕制约高性能粉末冶金多孔材料制备及其孔结构精确控制技术发展的瓶颈,以增材制造技术、元素原位反应法等制备方法的基础理论为切入点,结合材料结构设计与优化、材料成分设计与优化、制备工艺,通过解决多孔材料制备及孔结构精确控制过程中的关键科学问题,形成高性能粉末冶金多孔材料制备及孔结构精确控制制备技术,满足国家急需。同时,培养一批在粉末冶金多孔材料领域具有国际影响力的优秀科学家和创新团队,提升我国在粉末冶金多孔材料领域的国际影响力和自主创新能力,为多孔材料的持续发展奠定坚实的科学基础。

该领域的主要研究方向和核心科学问题包括超细粉体制备、组织与性能评价的基础理论，高性能粉末冶金多孔材料的制备、组织与性能评价的基础理论，孔结构的形成与精确控制的基础理论，孔结构的遗传机理，孔结构与材料性能的映射关系基础理论，异质材料多孔结构的制备理论。

d. 界面结合冶金(焊接冶金)

焊接冶金学科立足焊接工艺，并重点关注结合的机理。焊接冶金学科是材料科学中的重要一环，焊接冶金的发展对于打开我国材料加工的瓶颈具有重要的意义。从顶层设计的角度，焊接冶金未来的优先发展领域应当具有一定的精准性与前瞻性，从而保障把有限的技术资源投入当代最难以解决的焊接冶金领域中的关键难题上，并保证焊接冶金学科优先发展的领域能够面向未来国际上的核心科技。针对这样的原则，我国焊接学科优先发展领域主要应为以下三方面。

①高效智能焊接理论与关键技术

随着当今世界经济的迅速发展，带动了制造业的快速发展，这对焊接效率提出了更高的要求，实现焊接生产高效化、智能化已成为焊接发展的必然趋势之一，因此急需开展高效智能焊接理论与关键技术。但我国焊接自动化技术与发展国家相比，具有较大提升空间，因此需要加强相关基础知识研究。主要开展高能束及复合热源焊接、电弧物理及高效熔化焊接基础理论、机器人智能焊接、金属增材制造等技术与系统的研究。

②新材料及异种材料的连接技术

进入 21 世纪后，材料应用体系发生了显著变化，特别是高性能新材料及轻质材料的开发与应用，对新材料及异种材料的连接技术提出了新的挑战。例如，有些高性能材料在常温下韧性差，难以加工制备成形状复杂的构件，因此常常需要采用连接技术制备高性能材料与其他异种材料的复合构件，以充分发挥它们各自的优异性能。但现有的焊接技术导致连接界面润湿性差、化学反应生成脆性化合物、接头残余应力大，使得接头常有缺陷产生，因此主要围绕连接界面与表面行为基础理论和应用进行研究。

化石能源作为人类主要能源来源，推动了人类社会快速发展，但受化石能源的环境不友好和不可再生等问题困扰，新能源成为未来的希望，因此解决新能源的焊接技术可为助推新时代能源转型提供技术储备。但目前我国新能源焊接技术的研究还处于起步阶段，尚未有成熟的焊接技术。开展新能源材料(热电材料或石墨烯)与金属的先进连接技术研究，坚持理论与应用研究并重，为包括载人登月计划和火星探测计划在内的深空探测器供能装置及石墨烯散热器的连接提供技术储备。

随着科学技术的发展，现代焊接技术使用的焊接热源在最初的能源基础上，开发出电磁、激光等新能源方式。在电、磁、力、热等多物理场复合作用下，可以实现对接头组织、熔池流动、熔滴形状等细微调控，因此可获得高质量焊接接头。研究多场耦合作用下熔池动态行为监测、多能场耦合焊接能量强化机制、焊接等离子体产生机制及调控、焊缝高精度在线跟踪与检测等焊接冶金技术，对获得高可靠连接接头具有重要意义。

综合上述领域的国际、国内发展态势，未来5～15年在焊接冶金学科中建议优先开展以下方向：①高效智能焊接理论与关键技术，主要开展高能束及复合热源焊接、电弧物理及高效熔化焊接基础理论、机器人智能焊接、金属增材制造等技术与系统的研究。②新材料及异种材料的连接技术，主要围绕连接界面与表面行为基础理论和应用进行研究。③多场耦合作用下的焊接冶金技术，主要开展熔池动态行为监测、多能场耦合焊接能量强化机制、焊接等离子体产生机制及调控、焊缝高精度在线跟踪与检测研究。

e. 喷射沉积

①面向喷射沉积技术的新材料设计及开发

随着国防军工和国民经济的发展，对高性能先进材料的需求不断增加，自主可控的高性能先进材料制备，成为急需解决的关键问题。喷射沉积技术可以极大地拓宽传统熔铸技术配方设计范畴，建立新的配方设计原理，如传统熔铸铝合金配方中，铁元素一般作为杂质元素控制，但在喷射沉积领域，可在铝合金中添加高于10%铁，形成新的耐热铝合金体系；在传统熔铸铝合金中，一般无硅含量超过20%的牌号，但通过喷射沉积技术，硅含量可以设计到70%，形成新的轻质低膨胀合金体系；对熔体冷却速度要求极高的高熵合金、非晶合金等合金体系，因难以制备大规格块体材料，其产业化应用受限，而喷射沉积逐层快速凝固、沉积生长的技术特征，是大规格块体高熵合金以及非晶合金制备可行方向。特种钢，镍基高温合金，高熔点、高反应活性的钛合金，镍铝金属间化合物，高含锂量的铝锂合金均是航空航天和国防用重要材料，可望率先冲破老牌号的限制，以充分发挥喷射沉积的技术特点，建立全新的合金体系。

需要解决的关键科学问题：面向喷射沉积技术的新材料设计及开发基础理论。主要研究方向如下。

(1)喷射沉积特种铝合金：开展超高强铝合金、耐热铝合金、高锂含量轻质高强铝合金、高耐磨铝合金等新材料设计研究。

(2)喷射沉积特种钢。

(3)喷射沉积高温合金。

(4)喷射沉积高熵合金设计。

(5)喷射沉积非晶合金设计。

②喷射沉积技术基础理论

喷射沉积技术包含金属释放、气体雾化、喷射、沉积、沉积体凝固多个阶段，由于复杂的多体、多参数共同作用控制，并涉及气体动力学、传热学、凝固理论、材料学、数值模拟、检测与控制等多个学科领域，发展并掌握喷射沉积技术，必须系统深入研究喷射沉积各个阶段的基础理论以及各种工艺参数的优化、检测和控制，合金的凝固组织与性能，雾化器结构以及沉积系统的传动与控制。

需要解决的关键科学问题：面向喷射沉积的熔体特性控制基础理论、液态金属的雾化及熔滴特性调控基础理论、熔滴沉积界面特性及再凝固控制基础理论。

主要研究方向如下。

(1)研究熔体特性对喷射沉积工艺的影响规律,建立熔体特性与喷射沉积工艺参数的相互关联理论模型。

(2)研究雾化参数、雾化气体介质等对熔滴尺度、形貌及分布的作用机理和影响规律。

(3)研究熔滴沉积界面特性对沉积坯的组织、性能以及缺陷特征的影响规律。

(4)研究三维复杂构件的喷射沉积近净成形技术,收集器多轴联动及多雾化器联动控制模式。

(5)研究高温、高粉尘恶劣工况下喷射沉积过程状态在线检测与监控、喷射沉积全参数智能优化、精确控制和工艺过程虚拟仿真技术。

③喷射沉积材料变形热处理基础理论

喷射沉积材料与传统熔铸材料形成的变形热处理理论和技术规范不完全适应，要求发展相适配的变形和热处理工艺技术。随着产业化规模的喷射沉积工艺与装备的不断完善，航空航天、国防军工、交通运输等领域对自主高性能材料的广泛需求，基于喷射沉积合金设计及研究的推进，均为喷射沉积制备高性能新材料提供良好机遇和要求。提升现有变形热处理全过程的精准化控制，发展新型变形热处理理论、技术及装备，发展变形热处理全过程精确模拟，为开发喷射沉积新材料做好保障。

主要研究方向如下。

(1)基于喷射沉积材料的均匀化、固溶、时效热处理工艺。

(2)基于喷射沉积高合金化材料热处理对溶质原子、第二相影响规律。

(3)热处理过程中组织演变模拟。

④喷射沉积材料应用基础研究

喷射沉积主要涉及高合金化程度、高性能特种材料，在产品的实际应用中，焊接、残余应力控制、喷射沉积粉末的循环利用等技术的开发，已成为其产业化快速推广急需解决的问题。

需要解决的关键科学问题：喷射沉积材料焊接特性、高合金化材料残余应力演变及控制机理、喷射沉积材料和制品评价体系。

主要研究方向如下。

(1)基于喷射沉积工艺高合金化焊丝配方设计及细晶焊丝制备新工艺。

(2)喷射沉积材料焊接特性及焊接新工艺。

(3)高合金化材料残余应力演变及控制机理。

(4)喷射沉积粉末特性研究及循环利用新方法。

(5)喷射沉积材料和制品的评价技术、性能表征、数据分析新方法。

f. 表面工程

①多功能复合智能结构涂层设计和制备成形一体化技术

研究包括 800℃以上抗高温氧化、高硬高韧、抗冲刷与钛合金基材结合优异的纳米结构涂层；新型耐盐雾和海水腐蚀、优异的热稳定性、抗磨损、高温下超硬高韧的压气机叶片纳米结构保护涂层；微细晶粒结构涂层复合制备；金属基复合材料的扩散障涂层设计和制备；新一代超音速火焰喷涂涂层；新一代热障涂层的设计和制备；适用于管材内壁涂敷的物理气相沉积技术等研究。

②等离子喷涂-物理气相沉积技术的研究和开发

重点实现形状复杂、多联涡轮叶片高性能涂层的高效均匀沉积；满足固体氧化物燃料电池、光催化、热电转换等器件的不同功能膜对涂层结构的特殊要求，实现功能膜层组件的一体化制备。

1.7 交叉前沿学科

1.7.1 学科的战略地位

1. 学科定义及特点

1)学科定义

a. 智能冶金与材料智能制造

智能冶金与材料智能制造是计算机技术、大数据与人工智能、数据库技术和先进控制技术等与冶金和材料制造相结合形成的交叉前沿学科分支。在全球产业竞争格局正在发生重大变革的形势下，我国冶金与材料制造业面临严峻挑战。由于冶金与材料制造工艺烦琐、过程精确控制难度大等原因，该领域工艺优化、过程精确控制和智能化水平显著落后于其他制造业，迫切需要向精准化、数字化和低消耗的方向发展，缩短研发周期，降低生产成本，以满足《中国制造2025》的战略要求。

b. 战略资源高效分离与提取

我国的稀土、铌(钽)、锆(铪)、铍等战略性稀有金属资源普遍存在低品位、共伴生、难选冶等共性，传统选矿-冶金-材料工艺思路难以解决此类资源分离与提取过程利用率低、能耗及物耗高、"三废"量大等矛盾，需要将逐步细分的相关学科技术合并式地交叉融合，贯通式地综合考虑，提高分离、提取效率，形成交叉前沿学科分支。

c. 资源冶金材料一体化

资源冶金材料一体化是基于资源成分、性质、结构等特点，借助各种物理、化学方法等，研究由矿物或二次资源短流程制备金属材料或非金属材料的工程性学科。

资源冶金材料一体化是资源利用领域的交叉学科，研究对象包括金属矿、非金属矿、煤炭、各类二次资源等，涉及矿物学、矿物加工学、化学、物理、冶金工程学、化学工程学、材料科学与工程、计算机科学、系统工程与控制技术等多学科。学科交叉融合是资源冶金材料一体化学科最重要的特点。

d. 冶金科技前沿

冶金过程传统的强化手段——三高一强(高温、高压、高浓度、强搅拌)已趋极限，采用特殊外场手段来强化冶金过程，如电磁场、超声、微波、激光、微/超重力等，成为冶金科技的前沿领域。特殊外场的施加主要强化冶金过程的动力学。然而，对于强磁场、微波等极端物理场条件下，极强的磁吉布斯自由能以及分子受激震动能量甚至能影响到冶金过程的热力学，如改变金属及合金、化合物的相变点，改变冶金化学反应的方向和趋势等。这些特殊手段的施加，涉及物理、化学、流体力学、冶金、材料等多学科交叉，将显著影响到冶金过程，有望产生全新的技术和理论原型，甚至制备出全新的冶金产品和新材料。微/超重力等极端环境的研究，将开辟全新的太空冶金领域，为未来的太空资源战略提供技术储备。

2) 学科结构

a. 智能冶金与材料智能制造

智能冶金与材料智能制造属于交叉前沿学科，其学科结构仍处于不断发展之中。目前发展较为迅速的方向包括：冶金智能化生产技术，冶金智能化过程控制，冶金智能化装备，冶金信息化系统，智能化铸造，智能化焊接，智能化热处理，热成型智能化技术，材料热加工集成计算工艺数据库等。

b. 战略资源高效分离与提取

近年来，难选冶矿种已成为我国主力资源，难分离、难提取战略性稀有金属资源伴随我国加工、制造业整体技术水平提升，逐步形成了特色研究方向，包括：战略性稀有金属元素地球化学行为及超常富集成矿理论，选矿-冶金-材料全过程矿物特性、物相演变、元素迁移微观尺度贯通式研究，稀土及伴生资源选冶一体化清洁高效提取与利用，化学性质极为接近战略性稀有金属资源差异性放大方法，低品位共伴生战略性稀有金属资源选择性反应、高效分离技术等。

c. 资源冶金材料一体化

(1)资源属性评价与一体化材料设计。运用各种先进测试技术与模拟计算方法，研究资源主要成分、分布、晶体结构、赋存形态、嵌布关系等；从材料化角度对资源属性进行分类和评价，建立适用于可材料化冶金的资源数据库；以制备战略新型材料为导向，依据组分相图理论，面向资源冶金材料一体化目标开展材料成分与制备工艺设计。

(2)资源材料化冶金过程物理化学。研究资源材料化冶金过程反应热力学、动力学，探明采用冶金方法从资源直接制备目标材料过程的主要化学反应、物质转化、能质传递规律，查明材料化冶金过程的反应方向、途径、限度、效率等。

(3)资源材料化冶金反应工程学。以资源材料化冶金反应过程为对象，研究伴随能质传递过程的化学反应规律，并以解决工程问题为目的，探讨实现材料化冶金反应的各类反应器和系统性问题；重点关注材料化冶金过程模拟与解析、反应器设计与放大、材料化冶金过程优化与控制等。

(4)资源冶金材料一体化过程工程学。研究材料化冶金过程多元组分反应历程、物相演变规律、元素迁移与转化行为；研究多场(加热、加压、还原、氧化、真空、微波场、等离子体等)协同强化材料化冶金过程的机制，查明多场作用下多元组分的反应特性及其分配调控原理；研究合成新材料的分离、提纯与深加工方法，并辅以改性、掺杂、活化等技术，研制各种特殊用途新材料。

d. 冶金科技前沿

在冶金科技前沿方面，目前研究比较深入的领域包括电磁冶金、超声冶金、微波冶金、微/超重力冶金等。电磁冶金是指利用电磁场独特的无接触力能效应，来强化冶金熔体的流动、传热、凝固形核生长等，强磁场极强的磁吉布斯自由能效应还将影响冶金化学反应、相变的趋势和程度，有望形成全新的磁化学冶金新领域。超声冶金主要利用超声波的空化效应和微观高压效应，来强化冶金过程中颗粒的碰撞、聚合、沉降等，以及液固相变中的晶体形核、生长、枝晶碎断。微波冶金主要在足够强度的微波能量密度下，通过在物料内部的介电损耗直接将能量传递给反应的分子或原子从而实现微波加热，这种原位能量转换方式使得微观区域得到快速的能量累积，它不需要由表及里的热传导，可以实现选择性加热、升温速率快、加热效率高、对化学反应有催化作用，能够降低反应温度，缩短反应时间，促进节能降耗等，有望改造某些传统的冶金工艺和技术，提升冶金产品的深加工水平。微重力冶金主要考虑在太空、月球、火星的微重力环境下，冶金物理化学过程演变的基本规律，为未来的太空冶金提供技术支撑。超重力冶金则是在人为构造的超重力环境下，利用超重力效应来实现冶金过程以及相变过程中的快速分离，影响相变过程中的形核、长大、取向等，有望制备出高致密、高对称甚至梯度材料或特殊结构的新材料。

3)学科主要基础科学问题

a. 智能冶金与材料智能制造

智能冶金与材料智能制造涉及的主要基础科学问题是：冶金与材料加工制造过程组织的遗传行为与演化规律；材料"成分-结构-工艺-性能"内禀关系与构效

模型；冶金与材料加工制造过程中的扰动与非定常、非线性行为；基于过程模型与智能控制的材料虚拟制造原理及方法；基于集成计算与知识驱动的热成形质量控制原理及方法；基于人工智能技术的材料设计与工艺优化方法；基于生产数据的智能决策与工艺在线调控方法。

b. 战略资源高效分离与提取

战略资源高效分离与提取的主要基础科学问题是："成矿-选矿-冶金-材料"全过程战略稀有金属元素迁移、富集规律；溶液、熔盐固-液-气多相体系微观表界面物理、化学行为；战略稀有金属元素间及与伴生元素间微观尺度相互作用关系；化学性质极为接近元素间差异性放大机理及技术。

c. 资源冶金材料一体化

以多金属矿物、非金属矿物、煤炭、二次资源等为研究对象，以资源冶金材料一体化为指导思想，主要基础科学问题如下。

(1) 资源冶金材料一体化过程矿物学与分子调控机制。从原子和分子层次多尺度表征资源成分的结构、形态和赋存关系；矿物表面性质与分子调控规律、矿物微观结构调控与矿物改性关系；资源冶金材料一体化过程有价元素分离、提取、合成行为与调控原理；资源冶金材料一体化过程有害组分迁移行为、定向转化与调控机制。

(2) 资源冶金材料一体化过程的能势关系与调控机制。资源冶金材料一体化过程的多元、多相体系反应热力学行为；多元、多相体系热力学参数状态图(相图)；多元组分间相互作用的能势转换与调控规律。

(3) 资源冶金材料一体化过程动力学与传输规律。资源冶金材料一体化过程能、质传递及转化规律；外场与综合能量场作用机理；外场作用下材料微观结构与宏观性能演变规律；资源冶金材料一体化过程多相反应过程与能质传输过程的耦合规律；新型反应器的设计等。

d. 冶金科技前沿

冶金科技前沿涉及的主要基础科学问题是：与传统的化学冶金不同，强物理场下的冶金过程不但强化其动力学过程，还对某些体系的热力学产生显著影响，但相关的热力学理论和动力学理论尚未建立，因此无法深入了解其微观机制；不同温度下单一物相、化合物、离子、离子团、介质体系的体积磁化率、介电系数等基础数据极为匮乏，导致相关理论计算无法进行；强物理场下以及微/超重力条件下的冶金物理化学过程及传输机制尚需要深入研究。

2. 学科的战略地位及发展需求

1) 智能冶金与材料智能制造

冶炼、铸造、锻压、焊接、轧制与热处理是金属材料加工制造(冶金材料工程)

的传统基础工艺,在机械制造、航空航天、交通运输、海洋工程、能源、环保、武器装备等领域发挥了巨大的作用。但包括热制造在内的冶金与材料制造是知识经验密集型和资源能源密集型的行业,需要依靠大量的时间与资金堆集逐步试错探索工艺。传统的解析模型在应用中遇到重大障碍,理论的发展远远不能满足实践的需求,因此迫切需要转变传统的研发模式,发展能快速引领我国冶金与材料制造水平实现跨越式进步的新原理、新方法。

目前,国际上在基于智能冶金与材料制造研究及应用方面仍处于起步阶段,人工智能技术融合发展不足,核心技术与软件支撑能力薄弱,缺乏数字化理论模型与方法,孤岛控制,对冶金与材料制造成形过程控制认识不够,这也为我们赶超国际先进水平提供了重大机遇。

2)战略资源高效分离与提取

战略性稀有金属资源是保障国家经济安全、国防安全和战略性新兴产业发展需求的关键物质基础。我国已成为世界第二大经济体,稀土、铌(钽)、锆(铪)、铍等战略性稀有金属资源需求量、消费量均居世界前列,但开发利用技术水平与大宗传统金属资源相比明显落后。

稀土是我国的优势战略资源,储量居世界第一,但稀土资源开发过程一直存在综合利用率低、环境污染严重等问题。混合型轻稀土资源占全国83%,其选矿与冶金技术均成型于20世纪80年代,在选矿回收利用率长期不足10%的情况下,精矿尚含30%以上杂质,冶金过程产生360万 m^3/t REO HF、SO_3、SO_2废气,42m^3/t REO 硫酸铵废水,2.5t/t REO 放射性废渣,"三废"处理成本占冶金过程总成本50%以上。

铌(钽)、锆(铪)、铍是我国短缺型战略性关键金属,国内已探明相关资源多呈分散状态赋存,同一矿体内同种元素的矿物种类多,同种矿物的颗粒性质差异大,嵌布粒度微细,连生、包裹关系紧密,传统选矿手段难以实现矿物精细分离,有效供给水平明显不足,对外依赖严重,安全保障压力巨大。白云鄂博矿的铌储量(达到工业品位)居世界第二,仅次于巴西,但利用率至今为零,传统铌(钽)冶金对精矿品位要求大于 30%(Nb_2O_5+Ta_2O_5),而目前的选矿技术只能得到品位约4%精矿,回收率小于10%,冶金无论火法还是湿法均不合适。我国是世界最大的锆生产和消费国,但锆资源匮乏,年进口锆精矿超过100万 t,冶金采用的一酸一碱工艺成型于20世纪80年代,工艺技术落后,装备水平低,"三废"问题亟待解决。铍多用于航空航天、国防军工领域,高品质块状铍精矿依赖进口,冶金工艺几十年来一直采用浓硫酸焙烧法,冶炼过程废水、废盐、废渣量大,铍为有毒、两性元素,导致几乎所有固体废弃物都是危废,处理难度极大。

我国对稀土、铌(钽)、锆(铪)、铍等战略性稀有金属资源仍有强大而稳定的需求空间,加快战略资源高效分离与提取学科发展,对产业绿色转型,尽快摆脱长期生产、环保成本倒挂局面具有重要意义。

3) 资源冶金材料一体化

矿产资源是国民经济发展的命脉，是国家综合国力的象征。目前，我国仍处于工业化的发展阶段，今后几十年我国对矿产资源的需求仍呈快速增长的趋势，特别是国家战略新兴产业及航空航天、国防军工、船舶、电子信息领域对传统金属、非金属产品及新材料还有较大需求。

由矿物资源制备各类材料的传统流程需要经历采矿、选矿、冶炼、加工等工序，不仅工艺流程长、过程复杂，而且在此过程中一些对材料有益或必需的元素在选矿和冶炼时被视为"杂质"去除或分离，而在其后的材料化过程中又需要重新添加。这直接导致生产流程长、资源利用率低、成本高、环境污染大。发展资源综合利用短流程加工技术，实现资源冶金材料一体化，是高效合理利用矿产资源、降低生产成本、实现清洁生产的迫切需要。

我国矿产资源虽然储量大、种类齐全，但存在禀赋差、品位低、共生关系复杂等共性问题，国内超过 90%的矿产为多金属共伴生复杂资源，如攀西地区的钒钛磁铁矿、内蒙古白云鄂博地区的稀土铁矿、金川地区的铜镍多金属矿等。随着我国经济建设和社会的快速发展，高品位、易处理的矿石资源正以前所未有的规模消耗并日趋枯竭，低品位、复杂共伴生资源日渐成为开发利用的主要对象。历经数十年研究攻关证明，该类资源采用传统选矿、冶炼方法仍难以有效利用，而资源冶金材料一体化方法已展示良好应用前景和极大潜力。资源冶金材料一体化已成为高效利用复杂难处理资源、支撑国民经济持续发展的战略需要。

当前，我国冶金材料工业面临着优质资源短缺、品种少、质量差、能耗高、污染大的严峻挑战，亟须矿业工程-冶金工程-材料工程学科的交叉融合，构建新的资源高效短流程制备材料的理论与技术体系。资源冶金材料一体化不以单一金属冶炼为目的，可同时制取包括多种金属、多元合金或化合物等高附加值材料产品，具有独特的短流程、低能耗、多元素利用最大化等优势，对解决我国冶金材料工业面临的挑战意义重大。

4) 冶金科技前沿

冶金科技前沿领域代表了未来冶金发展的前沿方向，兼具挑战性、创新性和突破性，然而在理论基础方面、与传统理论结合方面、微观机制方面仍然需要开展深入的研究。同时新技术的孕育和发展，突破冶金领域普遍存在的维度效应，需要高校和科研院所、生产企业的紧密合作，同时需要足够的经费投入。一旦前沿技术取得突破，将对传统冶金工业产生巨大的促进，形成战略领先优势。国内电磁冶金、超声冶金、微波冶金、微/超重力冶金领域已经形成局部国际领先、整体国际先进水平的趋势，如何形成引领和保持优势，将成为本领域极为紧迫的问题。

1.7.2　学科的发展规律与发展态势

1)智能冶金与材料智能制造

随着全球能源和资源的严重短缺,材料制造与加工过程中的能耗、资源利用率制造成本与质量控制等问题异常严峻,开展智能冶金与材料智能制造,促进冶金、材料、先进制造与人工智能学科交叉,是满足材料的高性能化与高质量化、构件的复杂化与轻量化、生产的高效化与低成本化等重大需求的必由之路。

2)战略资源高效分离与提取

矿物分离、冶金、材料等工程学科理论基础共源于物理、化学、数学,因加工、转化过程涉及的对象、理论、方法、装备等侧重不同而逐步细分,形成彼此有交叉也有不同的各学科及学科分支、方向,并且仍在持续发展、变化,体现了科学技术的进步。战略性稀有金属资源因其资源禀赋差,元素间化学性质极为接近,单一学科技术无法实现其高效分离与提取,需要将多学科技术高度交叉融合并创新,寻找共性,放大差异性,提高选择性,缩短工艺流程,减少转化次数,是战略资源高效分离与提取学科的发展趋势。

3)资源冶金材料一体化

矿产资源种类繁多、性质各异,不同类型资源在一体化方面的发展规律、发展路线与态势不同。

a. 金属矿产资源冶金材料一体化

金属矿产种类繁多,不同类型的金属矿产发展不平衡、发展阶段不一致。

低品位难选氧化矿的处理催生了资源-冶金一体化技术的发展。低品位金矿直接浸出提金的应用已达一个世纪,湿法生物冶金用于从难选低品位矿、废石和尾矿中直接浸出提取铀和铜,缩短了工艺流程,扩大了可利用的资源范围,在国外应用也已超过半个世纪。低品位氧化铅、锌矿,稀、贵金属矿资源-冶金一体化技术的发展方兴未艾。铁矿直接还原-电炉炼钢短流程省掉传统长流程中的烧结、高炉、焦化工序,投资节约40%以上,能耗降低60%以上,废气排放减少80%以上,是钢铁冶炼未来发展的重要方向。

近年来,随着社会快速发展和科技进步,对功能材料的需求迅速增加,以难选难冶多金属矿为对象直接制备多品种新型材料(如金属、纯化合物、多元合金、铁氧体材料、半导体材料、新能源材料、催化材料、磁性材料、陶瓷材料等)得到快速发展,并成为重要发展趋势。

我国复杂共生铁矿资源储量巨大,除主要元素铁以外,还伴随含量不等的钛、钒、锡、镍、锰、铬、硼、铌、钪、稀土等有价成分,综合利用价值极高。采用传统工艺处理,不仅加工过程能耗高、污染大,而且有价元素分散流失、资源综合回收率低,如攀西地区钒钛磁铁矿资源,钒总回收率和钛总回收率不足 20%。针对我国特有共生铁矿资源,利用其中伴生金属制备合金材料,用于优质钢、特殊钢生产,已在复杂钒钛磁铁矿和低品位红土镍矿的综合利用中取得突破。

b. 非金属矿资源材料一体化

非金属矿的加工利用一般不需提取冶金步骤,资源材料一体化发展速度较快,目前已形成相对独立和体系完善的学科分支——矿物材料学。矿物材料以天然非金属矿物或岩石为主要原料,通过物理和化学加工技术将矿物直接制成材料产品,并辅助改性、掺杂技术,实现矿物直接制备功能化材料。非金属矿物资源材料一体化始于 20 世纪 80 年代,我国矿物材料学建立于 2000 年前后。目前,全国从事该领域研究开发的大专院校和科研院所达上百家。国内许多学者在开发矿物材料制备新技术的同时,对机械化学、超微细加工、界面化学、掺杂改性等过程的基础问题进行了深入探讨。随着新能源、电子、信息等产业的发展,许多学者尝试在非金属矿物材料化过程引入金属矿,采用冶金的方法实现二者耦合,在制备多功能新型材料方面已取得突破。

c. 煤炭资源材料一体化

炭材料不是煤炭,是煤炭加工产物,主要成分是碳,如金刚石、石墨、石墨烯等。煤炭含碳量高,储量丰富,价格低廉,以煤为主要原料制备煤基材料,是实现煤炭近零碳排放、清洁利用的重要发展方向。

d. 稀贵等金属二次资源材料一体化

我国铂族金属每年需求量达 100t 以上,70%用于铂族金属催化剂产业。我国又是全球最大铂族金属二次资源产出大国,如失效汽车尾气净化催化剂、石油重整催化剂、精细化工催化剂等。我国在铂族金属回收及其催化剂制备技术和产业化应用领域,与发达国家比较仍存在较大差距,主要体现在基础研究薄弱、技术和产业滞后、很多产品尚不能满足我国市场发展需求,已严重制约我国相关下游产业发展。铂族金属二次资源高效再生并直接制备工业催化剂材料,已成为稀贵等金属二次资源循环利用重要发展方向。

资源冶金材料一体化的研究总体来说经历了从简单利用物化性能到材料设计与功能组分定向调控的发展过程。资源冶金材料一体化以矿产和二次资源为对象,制备各类新型材料,这些材料在国民经济和科学技术等方面发挥的作用越来越大。

综合来看,资源冶金材料一体化的发展态势如下。

(1)短流程。缩短传统资源制备材料必需历经的选矿富集、冶金分离、材料合成等长流程,实现资源到材料的短流程高效制备。

(2)资源利用最大化。最大化利用复杂矿产资源中的多元有益组分。

(3)功能化。以材料产品功能、性能为导向,通过原料调控、过程调控与功能调控,制备多品种新型功能材料。

(4)绿色化。减少工艺流程中有毒、有害原料的使用和过程污染物的减排,实现清洁化生产。

4)冶金科技前沿

随着我国综合国力的强大以及国民经济建设的巨大需求,对冶金产品的质量提出日益苛刻的要求,而能利用的冶金矿产资源品位更低、共伴生复杂矿处理难度显著加大,加上环保的限制,对开发全新的冶金技术提出了迫切需求。强物理场下的冶金过程,其利用的是冶金体系的物理性质,因此相较于化学冶金,其具有更优越的环境兼容性和高效性,且随着强物理场技术的发展而发展,也是目前国内外尚未深入的前沿领域,其中蕴含的机制更为深刻,有望开发出突破性的冶金新技术和全新的理论。电磁冶金领域目前正朝向精细调控电磁场和冶金传输过程方向发展,而可以利用的磁场强度已经达到 30T,甚至 45T,脉冲强磁场甚至达到 100T 以上;而超导技术的快速发展,又使得大孔径、高磁场、低能耗的磁场发生技术变得可能,从而大大提升其工业应用的前景。微波冶金领域目前正朝着更高功率、多尺度、高选择方向发展。微/超重力冶金则朝着更高的重力加速度、更长的微重力时间方向发展,获得微/超重力时间和空间也大大增加,有望这一领域的研究形成飞速发展。

1.7.3 学科的发展现状与发展布局

1. 学科发展现状

1)智能冶金与材料智能制造

国际上美国能源部正在资助开展精密铸造全流程数字化成形技术的研究,实现 4000 个工艺参数的监控。欧洲"地平线 2020"计划资助了"数据驱动智能金属成形模拟"项目。英国伯明翰大学在英国工程与自然科学研究理事会资助下开展了精密铸造基本原理的研究,旨在提升数字化智能化凝固理论与铸造技术。同时,英国罗罗公司在镍基高温合金构件的集成计算材料工程方面已走在国际前列。美国普惠公司在研制过程中采用数据挖掘与智能控制方法,成功优化了喷气涡轮发动机转子的设计和制造,降低成本并改进了系统性能。

美国加利福尼亚大学伯克利分校 Gerbrand Ceder 教授最早提出"使用计算模型和机器学习进行材料预测与设计"的理念。近年来,机器学习等人工智能技术在材料科学中已经得到了快速发展与应用,如进行材料结构、相变及缺陷的分析,辅助多维材料表征,指导新材料设计等。

国内在智能冶金与材料智能制造方面有一定的研究基础,整体上尚处于起步阶段。在钢铁冶金领域,人工智能技术开始应用于冶金自动化系统、冶金专家系统、冶金智能机器人、高炉智能控制系统等的研发，提高冶金智能化生产水平。在铸造领域，物联网、信息化系统和增材制造、机器人等技术结合，建设面向铸造行业、区域制造业的工业云平台，打造了绿色智能铸造示范工厂，开展了航空领域复杂构件精密铸造成形过程的集成计算与智能化工艺优化研究。在材料智能化近终成形加工技术方面，围绕智能化无模拉拔和大型构件局部控温控流锻造成形，实现了全流程虚拟制造和产品形状尺寸和性能的精确控制。

2) 战略资源高效分离与提取

战略资源高效分离与提取学科的逐步形成，是为了应对国内此类矿产资源日益贫化、复杂的现状，为了满足持续增长的资源需求和日益严格的环保要求。近年来，随着相关学科技术的显著提升，战略资源开发利用技术的相关研究逐渐向微观纵深、精细化发展，部分基础研究已推动了产业化技术进步。混合型稀土资源选冶一体化技术逐步面向工业化，高选择性氯化冶金呈现"抱团"攻关态势，熔盐、亚熔盐高反应活性体系得到更精细、更广泛地拓展，流化床快速反应技术及装备在多个领域逐渐走向成熟。

3) 资源冶金材料一体化

国外对资源冶金材料一体化的研究起步较早。在非金属矿物材料领域，苏联、日本、欧美等国家和地区对天然矿物材料(蒙脱石、埃洛石、高岭石等黏土矿物)开展了较深入全面的基础理论和应用技术研究。我国于2000年前后建立了矿物材料学方向，目前全国已有数十所院校具有矿物材料或矿物材料工程专业硕士和博士学位授予权。近10年来，非金属矿物材料领域的科学研究和技术开发十分活跃，从事该领域研究的科技人员，以及大专院校的博士生和硕士生逐年增多，高水平论文发表数量、发明专利申请数和授权量逐年快速增长。研究领域已非常广泛，如新能源材料、磁性材料、光学材料、吸波材料、催化材料、吸附材料、环保材料、生态与健康材料、装饰材料、生物(药用)功能材料等。

在金属矿产资源加工利用方面，欧美国家虽没有明确提出资源冶金材料一体化学科名称，但在机构设置、人才培养和科学研究方面，自20世纪80~90年代已开始逐步实现资源冶金材料一体化概念。美国犹他大学冶金工程系包含传统的矿物加工、提取冶金和材料加工等学科，密歇根理工大学将传统矿物加工、提取冶金和材料加工集于一体，设立材料工程研究所。美国科罗拉多矿业大学冶金与材料工程系涵盖矿物加工、提取冶金和材料科学与工程等学科，20世纪70年代就成立Kroll提取冶金研究所，专门研究金属矿物资源短流程提取和加工。近年来，美国能源部组织爱荷华州立大学、科罗拉多矿业大学、普渡大学等高校和橡树岭、埃姆斯、爱达荷等国家实验室，发挥各自在矿物加工、提取冶金、材料加工等领域的优势，联合成立战略材料研究所，开展从战略二次资源高效制备新型材料的国际前沿研究。卡耐基-梅隆大学早在 20 世纪60～70 年代率先开展铁矿直接还原-电炉炼钢短流程研究,近 10 年来又进一步开展直接还原-冶炼和连铸一体化研究。

我国在金属矿产资源冶金材料一体化方面发展较晚,但近 20 年发展较为迅速。代表性高校和科研机构有中南大学、北京科技大学、东北大学、昆明理工大学、中国科学院过程工程研究所、北京有色金属冶金总院等。早在 21 世纪初,中南大学冶金工程学科率先在国内设立材料化冶金二级学科方向。在黑色金属矿产加工方面,开发出适合我国资源和能源特点的直接还原炼铁新工艺,通过自主研发和引进消化实现了熔融还原炼铁在我国的工业生产。针对我国特有铁钒钛共生资源,历经 20 余年的不懈努力,开发了多个基于直接还原的综合利用短流程,转底炉还原-电炉冶炼短流程已建成示范工厂,竖炉还原-电炉熔分工艺已完成工业试验。在有色金属矿产加工利用方面,我国自主研发的生物冶金技术已在低品位铜矿和难处理金矿资源利用领域获得大规模应用。在特种功能材料制备领域,如锂云母矿制取电池级碳酸锂、红土镍矿制备锂离子电池正极材料、碳酸锰矿浸出-电解生产电池级氧化锰、辉锑矿真空蒸馏制备太阳电池光吸收层、硒碲浸出液电解沉积化合物半导体薄膜,部分研究已达国际先进或领先水平。

虽然国内外在资源冶金材料一体化方面都开展了大量研究和实践,并且非金属矿物资源材料先行一步,但金属矿产资源冶金材料一体化学科建设与发展比较落后,主要表现在对学科内涵和关键共性科学问题总结提炼不够,尚未形成包含金属矿产资源在内的相对独立学科。先选后冶再制备材料的传统观念以及我国现有的学科、专业设置,一定程度上限制了该学科的发展。

4)冶金科技前沿

自进入 21 世纪以来,强物理场和微/超重力场下的冶金过程、相变过程的研究受到广泛的关注,电磁冶金领域已经开发出电磁搅拌、电磁制动、电磁净化、电磁控流、多频感应加热等多项新技术,在工业生产中发挥了不可替代的作用。还有众多的新技术,如螺旋电磁搅拌、磁控电渣重熔等,也已经取得初步的效果。对于强磁场下相变过程的研究,国家自然科学基金设立了重大项目,在热电磁流、磁场能量影响相变过程等方面取得了全新的进展。微波冶金在有色冶金领域实现产业化应用,形成了院士领衔的专业研究团队。超声场在合金凝固组织控制、赤泥沉降等方面取得了显著的效果。随着我国航天技术的发展,空间站、返回式太空舱中已经开展了微重力场下合金液固相变的研究。超重力场下冶金反应、合金相变、分离过程的研究也受到重视,国家自然科学基金、科技部重点研发专项等设立了相关的重点课题,而随着我国超重力研究中心的设立,为开展这一领域的冶金反应过程研究提供了有利的条件。中国科学院强磁场科学中心(合肥)目前的稳态强磁场可达到 42T,未来还将建设 50T 以上的稳态强磁场;国家脉冲强磁场科学中心(武汉)已经实现 100T 的脉冲强磁场；中国科学院电工研究所研制的超导磁体已经达到 32.5T 的磁场强度，这为开展超高强磁场下冶金过程研究提供了极为优越的条件。

2. 学科发展布局

1) 智能冶金与材料智能制造

智能冶金与材料智能制造的学科发展布局，整体上应明确基础研究、关键技术、产业示范应用三个层次。发展融合材料计算模拟、大数据、人工智能、先进制造等前沿技术的冶金与材料智能设计制造基础理论，建立几种智能化设计制造新方法，研发智能化的铸造、锻造、增材制造和流程加工工艺技术，并实现其在航空发动机高温合金关键结构件、航空轻量化高性能钛合金结构件、下一代超大规模集成电路引线框架高强高导铜合金等若干关键高性能金属材料研发中的示范应用。

2) 战略资源高效分离与提取

从战略性稀有金属资源特征，特别是我国已探明却难以利用的大量此类资源的复杂性、特殊性来看，创建面向未来矿产资源绿色开发的新型模式，将战略资源高效分离与提取作为新的交叉前沿学科分支，形成完整的基础研究-技术装备-成果转化学科发展体系，具有重要意义。在基础研究方面，建立选矿-冶金-材料全过程矿物特性、物相演变、元素迁移微观尺度贯通式研究方法，以及具有普适性的浮选、浸出、熔炼等多相界面微区原位化学、物理行为表征手段；在技术创新方面，重点以研究战略性稀有金属资源元素选择性反应及差异性放大机理为突破口，开发源头创新的短流程清洁选冶一体化分离提取技术，实现低品位、共伴生战略性稀有金属资源清洁高效分离提取，以及选冶过程中间物料资源化、减量化、无害化转化。

3) 资源冶金材料一体化

由于矿产和二次资源种类繁多，发展资源冶金材料一体化需结合我国资源特点，以国家急需战略新型材料为导向，以我国特色优势资源和难选难冶资源为重点对象，汇集多学科研究人员和研究力量，形成集团优势，争取在若干重点方向率先取得突破，推动资源冶金材料一体化学科的快速发展。

黑色金属复杂矿产资源：以我国特有复杂共生铁矿、铁锰矿等金属氧化矿资源为对象，研究资源冶金材料一体化短流程、增值化加工利用过程的新原理、新流程、新方法。

有色金属矿产资源：以镍钴锰等多元金属氧化矿为对象，研究直接制备新一代能源材料的新理论和新方法；以我国优势资源辉锑矿、辉钼矿、辉铋矿等有色金属硫化矿为对象，研究短流程制备化合物半导体材料的新理论和新技术。

非金属矿产与煤炭资源：以典型非金属矿和煤炭资源为对象，研究短流程高效制备陶瓷材料、节能材料、环保材料、生态与健康材料、阻燃材料、绝缘材料等功能矿物材料，以及碳基先进材料等。

稀贵等金属二次资源：以典型废旧稀贵等金属二次资源绿色再生及短流程制备铂族金属催化剂材料为主线，开展相关工业催化材料设计，研究不同铂族金属催化剂等前驱体的合成原理、新方法和新工艺。

4)冶金科技前沿

重点研究强物理场下的有色冶金反应过程，合金材料的液固、固固相变过程，固液/固固/液液甚至气液/气固分离过程的动力学和热力学，开发强物理场下的冶金反应单元装置以及基础数据采集装置。

1.7.4　学科的发展目标及其实现途径

1. 学科发展目标

1)到 2025 年目标

(1)智能冶金与材料智能制造。面向量大面广的钢铁、有色金属冶金以及传统铸、锻、焊、热处理等热制造智能化工艺提升的技术需求，发展基于信息融合、工业大数据的智能建模与分析方法，构建智能化冶炼、智能化铸造、智能化锻造、智能化焊接、智能热处理等技术原型，引领和促进高性能金属材料智能冶金与热制造的研究，提升智能制造水平。

(2)战略资源高效分离与提取。鉴于我国稀土、铌(钽)、锆(铪)、铍等战略性稀有金属资源禀赋差，分离与提取过程效率低的现状，将其矿物分离、冶金、材料等多学科技术高度交叉融合，拓展地球化学、工艺矿物学、界面化学等理论，形成选矿-冶金-材料全过程矿物特性、物相演变、元素迁移微观尺度贯通式研究方法。

(3)资源冶金材料一体化。进一步拓展现有学科内涵和应用领域，通过与相关学科知识融合，发展和完善材料化冶金过程基础理论体系。

(4)冶金科技前沿。形成强物理场下、微/超重力场下冶金反应、材料制备的动力学和热力学理论框架，建设不同温度下单一物相、化合物、离子、离子团、介质体系的体积磁化率、介电系数等基础数据库。

2)到 2035 年目标

(1)智能冶金与材料智能制造。以变革传统的"试错法"研究开发模式，发展融合材料计算模拟、大数据、人工智能、先进制造等前沿技术的冶金与材料智能设计制造基础理论为重点，突破材料加工制造过程组织的遗传行为与演化规律、"成分-结构-工艺-性能"内禀关系与构效模型、加工制造过程非定常与非线性行为、基于过程模型与智能控制的材料虚拟制造原理与方法等关键科学问题，建立基于大数据技术、跨尺度全过程集成计算、过程模型和人工智能的制造工艺优化方法，实现以产品及服役性能需求牵引的材料与工艺的逆向设计，引领和促进冶金和材料智能设计制造的研究，提升原始创新研究水平。

（2）战略资源高效分离与提取。建立具有普适性的浮选、浸出、熔炼等多相界面原位化学、物理行为表征手段，开发稀土、铌(钽)、锆(铪)、铍等战略性稀有金属资源高效分离与提取的换代技术及装备，实现全产业链创新。

（3）资源冶金材料一体化。形成具有国际影响力的资源冶金材料一体化学科，总体达到国际先进水平。为国民经济建设急需的高端金属材料、多元合金材料、功能陶瓷材料、多功能铁氧体材料、半导体材料、催化材料等的生产，提供新的技术途径，并为我国特色矿产资源的短流程加工利用提供理论和技术原型。

（4）冶金科技前沿。在强物理场下冶金、太空冶金等前沿领域形成一批原创性的重大科研成果，引领和带动相关领域的研究，为传统冶金行业的转型升级提供理论与技术储备。

2. 应加强的优势方向

1) 钢铁智能冶炼

随着我国经济结构调整及转型升级的深度及广度日益增加，目前钢铁产品的实物质量稳定性、可靠性和耐久性与国外先进水平差距较大，无法满足航空航天、国防军工、海工船舶、能源装备、轨道交通等行业重大技术装备和重大工程的用钢需求，成为制约我国经济建设与国防安全的"卡脖子"问题。钢铁智能冶炼是稳定冶炼过程操作、减少质量波动、提升产品性能与提高劳动生产效率的重要手段。由于目前钢铁冶炼过程存在关键工艺参数检测不及时、过程控制模型孤岛化、工艺模型适用性差以及缺少关键边界条件、冶炼数据无法有效利用等基础问题，钢铁冶炼水平未能满足智能化要求。如何提高冶炼过程关键工艺参数在线检测，并在此基础上进行冶炼过程控制与质量优化是钢铁智能冶炼亟须解决的关键问题。主要研究：高精度、高可靠、低延时的冶炼过程温度、成分、气体等关键工艺参数在线检测新技术，高容积、大迟滞、非线性高炉冶炼过程质量波动性形成机制及智能调控，基于实时检测数据与冶炼机理相融合的炼钢微尺度智能调控及优化，以过程控制模型和过程管理模型为核心的连铸质量智能控制系统，钢铁冶炼全流程质量智能联动控制模型等。通过提高钢铁冶炼智能化水平提升钢铁产品的质量稳定性、可靠性和耐久性，从而满足国家经济建设与国防安全等战略需求。

2) 材料智能热制造

"智能化制造"既是我国未来高端制造业的必然发展趋势，也是全球关注和竞争的焦点。近年来由于计算机技术与模拟软件的快速发展，"数字化仿真+智能控制"研发模式正在发展,虚拟制造技术得到越来越多的应用。铸造、锻造、焊接等热制造是高端装备制造的基础技术。国内关于材料热制造智能成形加工技术的研究起步较晚,铸造、锻造等热加工领域对国外虚拟制造基础软件存在严重依赖,成为制约我国产业安全的"卡脖子"问题。在这一方向应加强的研究内容包括:基于材料基因工程的高通量、多尺度材料计算模型与高效算法,热制造过程多工序、全流程的组织模拟与性能预测,热制造过程多源异构数据知识图谱及智能算法,智能热制造工业大数据建模与分析方法,智能热制造生产线全流程协同仿真与优化控制,基于生产数据的智能决策与工艺在线调控,融合产品设计和服役性能评价的热制造集成计算系统等。

3) 稀土及伴生资源选冶一体化清洁高效提取技术

稀土是我国的优势战略资源,但实现稀土的清洁化提取是国际性技术难题。近年来国外启动的稀土项目达数百项,但都因环保问题而停滞不前。虽然我国在稀土资源湿法冶金领域具有一定的资源和技术优势,但没有充分实现资源的综合回收和环境保护,今后面对日益严重的环保问题,必须进行深入系统的基础研究,开发新工艺,取代目前的工艺,实现稀土冶金的转型,实现伴生资源的全回收,从源头上治理"三废",保持稀土冶金方面的国际领先水平。

4) 复杂共生铁矿短流程制备多元合金

国内复杂共生铁矿资源储量巨大,其中除主要有价元素铁以外,还具有含量不等的钛、钒、锡、镍、锰、铬、硼、铌、钪、稀土等有价成分,综合利用价值高。利用其中的伴生金属制备合金原料,用于优质钢、特殊钢生产,对支撑我国钢铁工业持续健康发展意义重大。在铁氧化物固态还原过程中,部分伴生金属化合物,如镍、锡、钴、镓、锗等可同时被还原成金属,进而富集于金属铁相中形成合金,其他元素在固态还原条件下仍以氧化物形式存在,从而实现复杂共生铁矿短流程制备合金化。主要研究:短流程合金化过程物理化学、合金化过程反应原理与调控机制、合金化产品分离提纯与深加工等;需要重点解决固态还原条件下复杂共生铁矿中物相重构、元素迁移、金属氧化物还原过程与金属合金化过程的耦合及其定向调控等关键科学问题。

5) 有色金属硫化矿短流程制备化合物半导体材料

化合物半导体是促进我国产业经济结构升级和国防安全的关键材料之一。硫化锑、硫化钼和硫化铋等有色金属硫化物是一类重要的化合物半导体,在能源、电子、催化、信息和探测传感等高新技术领域应用广泛。这些有色金属硫化物一般采用基于纯金属硫化的方式制备,存在制备流程长、制备工艺复杂、能耗高等问题。利用我国辉锑矿、辉钼矿和辉铋矿等有色金属硫化矿优势资源,经分选和提纯后直接制备硫化物半导体材料,可以缩短制备流程、降低制备能耗和成本。

在制备过程中，可以针对性地对材料物理化学性质进行调控和优化，实现其在能源转换、电催化和光电探测等领域的应用。主要研究：有色金属硫化矿的深度提纯理论与技术、硫化物半导体制备过程中化学计量组成和微结构的调控原理与手段、杂质对化合物半导体材料结构与性能的影响等，需要重点解决杂质在深度提纯和材料制备过程中的迁移规律及其对半导体材料性能的影响机制。

3. 应扶持的薄弱方向

1) 基于过程模型与智能控制的材料虚拟制造原理与方法

研究面向材料加工制造的数据采集与挖掘、知识推理与繁衍、多因素与多目标综合控制、系统优化理论与方法等基础问题，以及决策树、支持向量机、模糊粗糙集、深度神经网络等多种智能建模方法，基于过程模型和机器学习的多目标（组织、工艺、性能）综合优化和自主控制原理，实现虚拟制造，突破材料与构件加工制造全流程综合优化的难题。

2) 基于人工智能技术的材料设计与工艺优化

对材料成分-工艺-组织-性能及缺陷、服役条件等的特征参数进行表征与提取，基于高通量计算数据、实验与生产数据，采用先进机器学习与人工智能技术，获得特征参数间的关联性及遗传规律，建立先进材料热制造数据库与知识库。对性能特征、微观组织特征、工艺特征、成分特征等进行聚类，建立材料特征参数之间的映射解析关系，揭示材料成分、微观组织、生产工序与产品性能间的关联规律，并在产品问题分析、新产品开发上得到有效应用。

3) 稀有多金属资源氯化分解及熔盐精馏分离理论、技术与装备

长期以来，稀土、铌（钽）、锆（铪）、铍等战略性稀有金属资源均采用浓硫酸焙烧法或烧碱法进行分离提取，此类方法对精矿品位要求高，转化效率低，"三废"量大。同时，我国的稀土、铌（钽）、锆（铪）、铍等战略性稀有金属资源往往具有低、贫、杂及共伴生等难选冶特性，选矿难以得到高品质精矿，传统冶金过程需要经历多次酸碱沉淀、溶解转化过程，成本高，物耗大，常含有一定的放射性元素钍、铀或有毒有害元素，"三废"难治理，亟待研发此类资源高效分离提取的整体换代技术。氯化冶金具有极高的选择性和反应效率，是符合原子经济性的方法，并可以利用氯化物显著的熔沸点差异，在固相或液相体系中进行精馏分离提纯，其原理与真空冶金、化工精馏、分馏萃取一致。近年来，我国在氯化法钛白粉及镁氯循环制备海绵钛方面形成具有自主知识产权的集成创新。在此基础上，丰富和拓展氯化冶金相关理论、技术、装备，加强学科交叉，按氯化冶金需求重构矿物分离方案，以熔盐为载体实现较高熔沸点多种元素的连续分离、提纯，是本方向选矿-冶金-化工跨学科优先领域。

4)多金属复合铁矿直接制备多功能铁氧体功能材料

铁氧体功能材料是现代工业生产和发展的基础性材料。然而，现有制备方法普遍存在对原料要求苛刻、工艺流程长、效率低、能耗高等问题。以我国铁锰矿、铁锡矿等特色优势资源为原料，基于工业应用广泛的固相反应法，通过控制焙烧和外场强化，使铁锰矿、铁锡矿等资源中的铁氧化物与锰、锡等氧化物在较低温度下焙烧即快速反应生成铁氧体材料，并在合成过程中选择性掺杂锌、镍、钴、铜等元素，实现铁氧体材料性能调控，产品可用作软磁材料、磁性吸附剂、分解 CO_2 催化剂等。主要研究：多金属复合铁矿固相合成铁氧体物理化学，影响铁氧体材料形成、结构和性能的关键因素，掺杂对铁氧体材料晶体结构与性能的影响机制等；需要重点解决固相反应过程杂质组分对金属氧化物反应历程及铁氧体材料结构和性能的影响规律。

5)稀贵金属二次资源高效低成本制备工业催化剂

铂族金属是国内外公认的战略资源，但我国该类资源稀缺，迫切需要从废旧铂族金属催化剂中高效回收。铂族金属催化剂的制备主要将铂族金属溶解，然后以单一铂族金属化合物或多种铂族金属混合溶液为前驱体，通过调整化合物组分，再采用合适加工工艺处理，制备出不同种类的均相催化剂和多相催化剂。重点开展废旧稀贵金属二次资源短流程直接制备工业用催化剂，主要以回收过程铂族金属浸出液为基础，开展相关工业催化材料的产品设计，通过对不同铂族金属催化剂前驱体及合成工艺研究，开发出如含铂钯铑汽车尾气净化用催化剂、石油化工用铂/钯氧化物载体催化剂、有机铑/铱均相催化剂等产品；需要重点解决铂族金属在整个工艺流程中的分配规律及其调控机制。

4. 学科优先发展领域

1)智能冶金与材料智能制造

(1)冶金过程智能控制与智能装备。

(2)基于材料基因工程的热制造过程高通量、多尺度计算模型。

(3)基于集成计算材料工程的热加工工艺数据库。

(4)热制造过程多工序、全流程的组织模拟与性能预测。

(5)热制造过程数字孪生系统与工艺实时调控。

2)战略资源高效分离与提取

(1)稀土及伴生资源清洁高效提取新理论、新工艺。

(2)稀有多金属资源氯化分解及熔盐精馏分离理论、技术及装备。

(3)复杂稀有多金属矿产资源同步分解、高效分离理论及技术。

(4)超低浓度有用或有害元素溶液的高效分离提取理论及技术。

3) 资源冶金材料一体化

优先开展重要战略矿产资源的开发及其应用研究，以及战略金属二次资源的高效回收。以我国特色优势的多金属共/伴生复杂铁矿资源、多金属硫化矿、稀贵金属二次资源、镁锂资源、镍钴资源等的高效、短流程利用和增值加工为目标，重点开发多元合金材料、金属材料、多功能铁氧体材料、化合物半导体材料、先进陶瓷材料、催化材料、碳基材料等，同步实现资源综合利用和材料性能的提升。

4) 冶金科技前沿

(1) 不同温度下单一物相、化合物、离子、离子团、介质体系的体积磁化率、介电系数等基础数据采集与数据库建设。

(2) 强物理场、微/超重力、微波冶金、超声波冶金等条件下冶金反应综合实验平台建设。

(3) 强物理场、微/超重力、微波冶金、超声波冶金等条件下冶金及材料制备过程的热力学和动力学。

(4) 太空冶金的基础理论框架建立以及模拟太空环境下单元过程的基础试验研究。

第2章 学科交叉的优先领域

2.1 深部资源采选(冶)一体化及原位转化

2.1.1 科学意义与国家战略需求

地球深部蕴藏的资源和能源是维系万物生存的物质和能量基础。地球浅部煤炭资源已逐渐趋向枯竭,煤炭资源开发不断走向地球深部,千米级深部开采已是常态。目前,世界上煤炭开采深度已达1500m,地热开采深度已超3000m,有色金属矿开采深度超过4350m,油气资源开采深度达7500m。学者研究预测:如果我国固体矿产勘查深度达到2000m,探明的资源储量可以在现有基础上翻一番。然而,地球资源开采领域所面临的共性问题是:人类深部岩体工程活动大大超前于基础理论研究,传统的采矿学、固体力学等理论面对深部开采活动出现理论失效,导致深部资源开采活动普遍存在着相当程度的盲目性、低效性和不确定性,灾害事故频发,难以预测预报和控制。面对深部地层环境与极限开采深度的限制,传统采矿学与固体力学等理论难以解决深部煤炭开采出现的技术难题,深部煤炭绿色安全高效生产面临严峻挑战。

深部矿产资源开采难度加大、生产成本增加,传统资源开发方法不再适用,要使我国成为地球深部探测领域的"领跑者",特别是要在深地煤炭资源绿色安全开发领域成为国际上的"领跑者",就必须颠覆现有的矿产资源开发理论与技术,通过研究新的深部资源开发方式,提升我国深部资源获取能力。深部矿产资源采选(冶)一体化及原位转化是一种颠覆性的深部资源开发模式,将传统的地下采矿、地面分选、地面冶金三个相对独立的生产链紧密衔接为地下采选(冶)一体化生产系统,仅提取有用矿物及电热气,将分离出的废弃物就地充填,实现固体废弃物无害化处理,推进矿区生态文明建设,实现绿色矿业、智能矿山、循环经济和可持续发展。同时,在此过程中出现的新理论与技术难题也是人类走向地球深部必须面对和优先探索的基础性科学问题。

2.1.2 国际发展态势与我国发展优势

20世纪中期,美国、南非、乌克兰、亚美尼亚等国家就开始将部分金属矿山的选矿厂建于地下,原矿经井下运输到井下选矿厂进行分选,分选后的尾矿脱水后用管道输送到采空区进行充填。我国针对井下原煤采选一体化技术开展了大量研究，并在 20 世纪 90 年代实现了煤矿井下动筛跳汰法分选的工业化应用，随后又开展了多种地下分选工艺的研究和实施。近几年，国内针对金属矿山也提出了地下采选一体化的理念，并对铁矿、铅锌矿等进行了地下采选系统的设计。在此基础上，我国还率先提出了地下采选(冶)一体化及原位流态化开采资源的构想，为提升我国深部资源获取能力提供了切实可行的途径。

2.1.3　发展目标

通过建立基于流态化开采的深部资源原位采选(冶)一体化理论与技术体系，实现对深地固态资源采、选、充、冶的原位、实时和一体化开发，提高深地煤炭资源的开发效率、运输效率和利用转换效率，转变传统的煤炭资源的开发模式和运输模式，实现"地上无煤、井下无人"的绿色环保开采终极目标，开辟新型采矿工业模式，引领矿产资源开采技术革命，实现固态矿产资源开采深度上的突破及深地矿产资源清洁高效和生态友好开发利用，为我国可采资源总量翻一番提供技术支撑。

2.1.4　主要研究方向及核心科学问题

1. 主要研究方向

研究深部煤矿、金属矿无人化、智能化开采、分选、充填、冶金等过程的一体化，建立固体资源原位流态化开采理论与方法，形成传统的地面分选、冶炼等过程全部在井下原位实现的模式，提出仅提取有用矿物及电热气，废弃物不出地面留在井下用于充填的方法。

主要研究方向如下。

1) 地质构造探测及地质保障技术

地质构造探测及地质保障技术是地下矿产资源开采的重要基础，主要有三维地震、地球物理测井等地面物探技术，井下电磁法勘探、瑞利波、直流电法技术，深井钻探探测技术与装备等。可查明矿产赋存状态、矿区(井田)资源条件及矿井大中型地质构造、岩浆侵入体，以及采空区、小构造及陷落柱等超前探测和预报等。深入研究热力破碎、激光钻进、中子束钻进等新型岩石破碎机理和方法，研发深部取心钻进工艺和装备，为研究地球深部基本科学规律提供技术、装备手段。在地质构造探测及地质保障技术的基础上加强信息获取和融合处理，建立详细、准确的三维地理信息模型及全信息可视化平台，为智能化开采提供地质信息基础。

2) 基于复杂地形空间导航定位的深部矿产资源智能化开采

精确描述井下设备的位置及方向是建立自动化、智能化开采系统的核心技术。矿井内部封闭复杂空间没有 GPS 卫星信号，无法建立类似于地面的导航系统；并且井下环境复杂,围岩粗糙表面漫反射、大功率设备干扰、松散岩体吸收等都使得无线信号衰减非常严重。目前,井下可采用激光雷达定位导航系统、惯性导航系统、超宽带定位及无线 Mesh 网络导航系统等,重点研究各种定位技术的定位算法、滤波技术及其误差分析修正算法,以确保信号传输的可靠性,定位的及时性、准确性。深部矿产资源智能化开采需在上述基础上,进一步建立不随时间、环境条件变化而漂移的井下独立导航系统,以高精度的井下空间多维、多尺度高性能导航原型系统为保障,确保截割装备在地下三维空间精准前行,从而支撑深部矿产资源智能化开采。

3)深部原位采选(冶)体一体化技术与装备研制前沿探索

开展深部原位采选(冶)一体化技术与装备研制前沿探索,将固体资源转变为液态、气态和电能进行开发,实现地下矿产资源无人智能开采和就地能量转化;研究盾构掘进、矿物分离、就地冶金与利用等创新性技术,利用多维、多尺度深地空间分布式导航原型系统进行矿产资源精准开采,研究井下小型化破碎选矿及冶炼装备,在井下破碎、分选或冶炼出有用矿物成分。研究就地充填工艺与装备,将转化后的矿渣进行混合加工,形成充填材料回填采空区,用以控制岩层运动与地表沉陷,实现安全、绿色开采。

2. 核心科学问题

核心科学问题:建立深部开采岩体结构参数的透明化表征方法,构建矿产资源流态化开采的储层评价理论与方法;构建固体资源流态化开采的原位岩体力学理论;发展多场多相耦合条件下近场围岩稳定性、多相反应、介质输运、原位充填的理论与方法,揭示原位固体资源流态化开采扰动下近场围岩温度场-渗流场-应力场-裂隙场-化学场耦合作用机制;构建深部资源多组分、多相介质原位多元转化的冶金动力学原理与方法,创新发展深部资源的原位智能化分选与有用矿物提取方法,建立深部资源原位流态化开采的冶金动力学与分选理论。

1)深部开采岩体结构参数的透明化表征方法

针对深部开采扰动下深部岩体破裂结构、原位应力以及开采扰动下的岩体应力场-裂隙场-渗流场演化的特征,借助分形重构、3D 打印、应力冻结等物理实验方法和技术,研究探索流态化开采下"三场"的透明化及可视化表征方法,包括:建立深部岩体非连续结构的分形重构算法;研制与深部岩层基本力学性能相一致的三维应力可视化材料,借助 3D 打印技术,构建高清透明并具有良好光折射能力的深部岩体的三维物理模型,直观地显示天然岩体内部复杂的裂隙结构与空间形态,建立深部岩层非连续结构可视化物理模型;同时,发展三维应力冻结技术与提取方法,建立深部岩体开采扰动下的应力场、裂隙场和渗流场的定量表征方法与可视化理论,直观地再现深部煤炭开采过程中的非连续结构演化、应力场重分布、应力场和渗流场相互作用机制,以及岩体灾变全过程等各种物理现象的发生机理、时空演化规律。利用建立的深部岩体应力场-裂隙场-渗流场的可视化理论,预先对深部资源开采进行"透明推演",直观、定量地显示整个开采过程中矿体破碎,应力与能量转移,灾害发生的形式、位置、时间、量级,从而达到预判、预警、预解的目标,改变目前矿山开采随采随治的作业模式和被动局面。在"透明推演"的基础上,实现深地矿产资源流态化、智能化与无人化开采,为最终实现消除或避免深地资源开采灾害以及有效防治灾害提供基础理论与技术支撑。

2) 固体资源流态化开采的原位岩体力学理论

深部固体资源在开采过程中,工程扰动作用下岩石受力应遵循实际开采活动的应力空间变化路径,基于开采扰动应力路径的岩石力学理论是深部资源开采活动的重要理论基础。作为颠覆常规方式的流态化开采方法,地下岩体在智能化无人盾构机的作用下发生破碎,建立矿产资源开采、就地转化和运输的通道,首先在岩体破碎方式和方法上与常规采矿方式具有本质差异。此外,流态化开采中固体资源还需要进行就地气化、液化、电气化,流态化转化过程所产生的一系列扰动都会影响原位岩体的损伤、变形和破坏规律。由此可见,在流态化开采条件下,深部岩体将会出现一系列不同于常规开采方式的力学行为,传统的岩体力学及采动岩体力学理论或许难以适用甚至被颠覆,急需突破现有的采动岩体力学框架,构建基于流态化开采扰动的原位岩体力学理论。

发展固体资源流态化开采的原位岩体力学理论,核心是要探索不同深度下的岩体物理力学行为的差异与变化规律,关键是要突破深部原位高保真取心与测试的理论与技术,系统研究保真(保压、保温、保湿、保光、保质)取心的原理与方法,发展原位、移位、原位恢复保真取心核心技术与装备和保真岩体力学测试的新标准体系。探索深部岩体在原位状态和流态化开采全过程下的应力重分布特征及演化规律,提炼基于流态化开采的工程扰动应力路径的加卸载试验原理,在实验尺度下还原流态化开采全过程的原位岩体破坏规律、弹塑性状态转化条件,以及岩体非线性力学行为的响应机制。从能量角度分析流态开采扰动作用下岩体稳定与破裂扩展演化的关联性,揭示流态开采中原位岩体本构行为的力学本质特征,构建不同流态化开采方式下原位岩体力学灾变准则,从而建立流态化开采扰动下岩体动力灾害致灾判据。

3) 固体资源流态化开采扰动下的多物理场耦合理论与近场围岩温度场-渗流场-应力场-裂隙场-化学场耦合作用机制

深部固体资源流态化开采的核心是原位转化,它是一个多相介质(固、液、气)共存,多物理场(温度场、渗流场、应力场、损伤场、裂隙场)相互耦合的过程。

借助一系列的力学、化学和微生物手段将固态的矿产资源进行原位气化、液化及电气化,这与常规的采矿方式具有本质的不同。深部岩体除了受到应力-温度-渗透的耦合作用外,还需要进一步考虑固态资源相变转化的化学反应以及微生物转化反应等因素的影响。需要在充分考虑流态化开采扰动下的固、液、气、电多相并存的开采环境,揭示固态资源流态化转化过程的化学及微生物作用对深部岩体微观结构和原位应力的影响机制,建立包含微-细-宏观跨尺度的裂隙结构、固、液、气、电等并存的多相环境,以及应力-温度-渗流-化学-微生物多种作用机制的多物理场耦合模型,揭示不同流态化开采方式下岩体本构行为、渗流机制、变形破坏规律,最终形成深部矿产资源流态化开采扰动下的多物理场耦合理论。

4)深部资源多组分、多相介质原位多元转化的冶金动力学原理与方法

固体资源的流态化转化是实现深部矿产资源流态化开采的关键,直接关系到流态化开采技术能否成功实施和工业化应用。流态化开采的关键在于:一是矿产资源是否具有足够高的流态化效率(液化、气化、流态化冶金过程等),从而满足工业化开采的需求;二是矿产资源中的有用组分是否能够最大限度地转化或者萃取出来,从而大幅度提高深部矿产资源的开采效率,达到经济高效的开采目标。因此,需要进一步发展和建立固态资源流态化转化理论,揭示固态资源流态化转化的化学及生物机制。

研究高温高压环境下矿产资源快速液化机理以及催化剂的催化机制,揭示温度、压力及反应时间对固态资源液化速率的影响机理,建立深部矿产资源快速液化的调控方法。研究深部地质环境下流态化冶金过程中有用组分高效浸出的热力学和动力学机理。研究矿物的化学组分在新型超临界萃取溶剂中的溶解和扩展机理,分析溶解后的矿物组分在超临界萃取溶剂中的运移规律,探索利用原位高温干热岩调控超临界萃取溶剂的溶解矿产资源的化学机制。探索深部原位外源高效菌种的培养和激活技术,揭示菌群与矿产资源相互作用机制,研究菌液和菌气转化原理及其控制机理,形成深部矿产资源微生物原位开采的理论与技术体系。通过上述方式,探索固体资源流态化转化过程,掌握流态化转化机理与控制方法,构建深部矿产资源流态化开采的转化理论体系,从而为实现深部矿产资源流态化开采提供理论指导。

5)深部资源的原位智能化分选与有用矿物提取方法

目前,矿物分离研究主要是针对常规的地面生产系统,聚焦于宏观层面矿石的解离、分级和分选过程强化机理与调控机制,而针对深部资源原位分选、从微观尺度揭示矿物分离过程的动力学机制的研究较少。开展深部资源原位分选过程基础研究,不仅有利于指导工程实践,还有利于衍生新的适应特殊环境与分选要求的矿物分离理论与技术,从而为构建深部资源采选(冶)一体化体系提供理论与

技术支撑。为此，针对深部井下高地温、高地应力、强扰动、强流变等特点，研究适应深部特殊环境的高效率、短流程、智能化、洁净化、安全可靠的矿物分选、提取理论与技术。

研究深部资源流态化开采的原矿形貌特征，揭示不同矿物组分嵌布规律与内部结构缺陷失效机理；研究矿物的超细粉碎过程能量作用规律与颗粒形貌成因，阐明与不同矿物组分物性相匹配的精准解离与精确筛分/分级机理。

研究(超)重力场、磁重复合力场、摩擦静电、光电效应等条件下矿物流态化分选过程，探索复合力场下具有不同特征的气固、气液固流态化分选环境的演变规律与形成机理，阐释外加激励下矿物与分离环境在不同尺度(微观、介观、宏观)上的能量输配机制和跨尺度响应行为，揭示多相、多尺度复杂矿物颗粒群在复合力场流态化体系中的扩散、分离机制。

研究矿物不同组分的微观理化特性、介观力学特性与复杂组分识别方法，提出矿物界面微结构的精准调控策略，揭示微细杂质组分脱除过程的量子/分子动力学基础；基于微波辐射、助剂溶解、生物降解、超临界萃取等多种手段强化深部资源有用矿物富集过程，揭示矿物中有用矿物、微量元素的选择性提取与固化封存机制。

研究深部资源原位分选与有用矿物提取过程的全尺度-全流程精确表征、实时检测与稳态调控方法，建立矿物加工跨媒体感知计算、人机混合智能融合、自主协同与决策计算模型，构建深部资源原位分选和有用矿物提取的全过程智能化体系。

2.2　智能钻采和智能油田开发理论与技术

2.2.1　科学意义与国家战略需求

随着油气勘探开发的快速推进，我国油气勘探开发逐渐向深层深水、非常规等复杂油气领域迈进，存在资源劣质化、勘探多元化、开发复杂化等难题，致使我国油气勘探开发在安全、效率、经济、环保等方面面临巨大挑战。在大数据、云计算和物联网等信息技术的推动下，以数字化、智能化和纳米技术为主要特征的第五次油气生产技术革命正在来临。目前，国内油田整体正处于从数字建设到智能建设的关键阶段。智能钻采和智能油田开发融合了大数据、机器学习等新一代变革性理论和技术，通过应用地面智能装备和井下智能执行机构等，可以实现超前探测、闭环调控、精准制导和智能决策。基于大数据和机器学习的智能钻采和智能油田开发理论与技术已经成为行业的重要发展方向，有望为大幅度提高我国复杂油气藏勘探开发水平，推动我国石油科技创新水平的跨越式发展提供战略支撑。随着油气管道"全国一张网"的形成,通过大数据、人工智能与管网运行及维护技术的融合,将在管网安全维护、动态调控、可靠供应方面取得重大突破,为油气管网运营技术全面升级提供战略支撑。

2.2.2　国际发展态势与我国发展优势

基于大数据和机器学习的智能钻采和智能油田开发理论与技术的研究已经成为石油产业发展趋势。国际能源机构预测该技术可使现有油气生产成本下降 20%、采收率提高 5%以上。全球高校及大型石油公司等相继发布人工智能发展规划,南加利福尼亚大学设置智能油田技术研究方向;壳牌公司宣布在石油行业大规模推进人工智能应用,方向为机器学习和问答/对话机器人领域;美国贝克休斯公司年发布了行业内第一款自适应智能钻头,可以根据地层岩石的情况,智能调节钻头切削深度,从而可以减少钻头的震动、黏滑和地层对钻头的冲击,大幅度提高钻井速度;英国石油公司也在认知计算和知识图谱领域重金投入,开发了基于知识图谱的问答式查询服务以及基于深度神经网络的仿真建模;而哈里伯顿公司则聚焦边缘计算、智能机器人、自然语言处理等方向,希望将人工智能技术整合到油气勘探和生产生命周期中。在国内,"十三五"期间国家层面提出大数据战略,应用深度融合信息技术来推动传统石油工业实现智能化产业升级。国内高校成立人工智能学院/研究院。中国石油、中国石化等将人工智能作为发展战略。我国人工智能的研究已经进入爆发期,在大数据、互联网、5G 等一些领域处于世界前沿,但是人工智能与石油学科交叉研究比较滞后,智能钻采和智能油田开发理论与技术研究目前仍然处于初期阶段,整体研究水平与国际仍存在差距。因此,亟须推进我国人工智能与石油学科的交叉融合,加快智能钻采和智能油田开发基础理论研究,建立完善的智能钻采和智能油田开发技术体系,进一步加强油田企业与科技信息企业的融合,对接软硬件技术平台,以实现复杂油气藏经济高效开采,促进我国石油科技创新水平跨越式发展。近年来我国智慧管网建设发展势头迅猛,在框架设计与设施智能化建设方面取得了进展,但是在核心算法研究方面尚有差距。因此,需要深入研究复杂油气管网智能输送的基础理论,形成油气管网智能运营核心技术体系,支撑我国油气储运行业智能化转型升级。

2.2.3　发展目标

发展目标是实现人工智能学科与油气钻采与开发工程学科交叉融合,形成智能钻采、智能油田开发、智能管道工程学科,培养一批支撑我国成为能源强国的石油领军人才,形成专业的智能钻采、智能油田、智慧管道开发科研团队,研发一批具有自主知识产权的智能化油气勘探开发储运高端设备,形成适用于不同复杂油气领域的智能钻采、智能油田开发、智能储运新理论与新技术,从而建立一体化油气藏智能钻采、开发、储运技术平台，解决油气田开发设计、实时油井钻采、实时问题诊断、开发生产优化、剩余产能挖潜、经济节能减排、管网智能调控等问题，提高我国整体油气产量，减小油气对国外进口依赖，保障石油工业安全可持续发展，提高油气供给保障水平。

2.2.4　主要研究方向及核心科学问题

1) 复杂地层钻完井探测响应机制及预警识别理论与处理技术

复杂地层和工程数据响应机制复杂，数据量庞大，高效分析处理十分困难。该研究通过分析井下智能传感器的响应机理，建立多源数据井下智能感知系统，研究复杂地质体地球物理探测地层响应，结合多尺度海量地质信息，对复杂油气储层要素进行刻画表征，建立油气藏三维地质模型，发展基于深度卷积神经网络的自动初至拾取理论，基于神经网络实时修正地质模型，实现复杂地层智能动态评价，发展多灾种耦合事故风险演化与灾变智能化识别理论，形成井下智能预警和处理方法，从而为钻完井超前探测、闭环调控和智能决策提供重要地层依据。

2) 复杂地层钻完井工程参数监测与闭环调控研究

现有的大多数钻井分析计算模型计算准确度低，不能反映实际钻井过程中的动态变化，无法满足对井下工况准确、及时模拟的需求。该研究通过分析地面-井筒-地层多参数闭环响应机制，建立钻完井参数智能监测方法，形成钻完井多目标多参数物理模型，基于人工智能实时修正钻完井物理模型，结合智能全局优化算法，优化钻完井工程参数，建立地面-井下钻完井工程参数智能闭环控制模型，形成复杂地层钻完井工程参数智能闭环调控平台，有利于分析处理地下众多不确定因素，为地质工程一体化、大幅度提高油气储层钻遇率、采收率提供重要科学方法。研发环境响应智能材料，构建自适应智能钻井液体系，建立钻井液数据库，探索形成智能钻井液性能设计、评价、调控一体化的人工智能远程判断与决策系统，形成钻井风险智能闭环调控方法，最终实现对复杂地层钻完井风险的多参数智能调控。

3) 基于大数据和人工智能的工程参数智能决策技术

油田开发中产生了大量的数据，目前缺乏的是将海量的数据与工程实际应用有机融合。该技术基于油田大数据，结合云计算、深度学习等人工智能方法，对钻完井过程中的大数据构建信息库，结合多元海量数据智能分析利用技术，实时评价钻完井参数动态变化，通过智能优化算法得到最佳控制参数，形成多事件体机制下的钻完井过程全工况智能协调控制策略，建立基于深度学习的钻完井方案智能决策平台，从而对现场钻完井进行实时智能分析、诊断并提供自适应的调控方案，实现钻完井方案的智能化决策。

4) 海量数据双向高效实时传输及分析处理技术与平台

由于地下储层物性极其复杂,钻采及开发工程数据获取、传输、融合难度大。该研究通过研发一批智能化油气勘探钻采开发高端设备,实现油田开发过程中超前探测、随钻测量、数据传递等海量数据双向高效传输,为智能钻采及智能油田开发提供关键数据支撑,利用海量数据智能流动、多尺度融合与自我净化技术,结合基于大数据和尝试学习的油田全生命周期智能优化方法,建立"大数据+云决策"平台,从而可以针对各种复杂工况及时处理提供高效方案,有效减少高风险性开发因素。

5) 油气井压裂增产智能优化、诊断及调控理论与技术

压裂改造已成为油气井提高采收率的重要手段之一,特别是非常规油气高效采出的核心关键。然而,压裂增产属于典型的复杂系统工程,多影响因素、多物理场耦合、地质与工程的不确定性是其主要特征。基于严格数学模型的压裂优化设计与诊断技术难以适应日益复杂的非均质储层及三维缝网系统,同时仍缺乏井下智能压裂装置及参数智能闭环调控模型与方法。该研究旨在发展以地质工程数据为基础、以压裂增产理论为指导、以人工智能技术为手段的数据-理论-方法融合,构建压裂智能设计-诊断-装置-闭环调控理论体系,实现压裂前层段优选与参数优化设计,压裂过程中井下参数实时感知与诊断,压裂参数闭环调节与装置闭环控制,最终达到安全高效压裂增产。

6) 油气藏开发智能高效模拟及动态历史拟合

传统的基于网格体系的数值模拟计算复杂、运算量大,且需要烦琐的地质建模流程,同时受到模型质量和收敛性等影响,优化过程难以维持,实际应用受到极大的限制,很难真正意义上实现开发方案的实时优化和决策。该研究旨在发展智能高效的油藏模拟技术与历史拟合方法,结合油田大数据得到地质模型或满足物理规律的数学模型,实现快速准确的油藏模拟,同时利用历史拟合反演得到更加精细的模型,降低油藏模型的不确定性,从而提供实时有效的油藏动态预测。因此,该研究对于缩短决策周期、加强预警、高效管理和开发油藏至关重要。

7) 油气藏开发生产智能调控优化技术

油藏生产优化是一个涉及多变量、多约束、强非线性的复杂动态最优控制问题,传统的基于人工的方法或数值差分法难以求解和应用。该研究通过发展智能优化方法与算法,结合数据驱动、机器学习、人工智能等方法,耦合各类油藏数值模拟技术,拓宽大系统动态优化、离散与连续并行优化问题解决思路,结合现有的油田大数据平台及物联网技术,实现自动优化注采方案,智能调控生产设备,形成优化方法(注采、井型井网井位、水平井缝网等)、优化措施(如调剖、堵水等)

和优化时机实时一体化优化方式。该研究能够有效满足不同油藏尺度、变量规模、开发类型(如水驱、化学驱、聚驱、蒸汽驱、微生物驱等)等生产优化问题求解，最终优化得到油田从投产到开发末期的全过程开发方案，实现油田开发的实时优化与智能决策。

8) 油气藏分布式光纤温度声波应变监测解释技术

在油气井日常生产及油气藏开发的各个阶段，高效获取实时、准确的各类井下监测数据并进行实时解释分析是实现智能钻采、智能油田开发的基础保障。该研究与材料、通信、安全领域最新研究方向"分布式光纤传感技术"相结合，重点研究如何在非常规资源开发中将分布式光纤的温度、声波和应变传感技术应用于水平井多段多簇压裂增产监测过程，实现压裂液分布剖面、裂缝起裂扩展特征、压后效果的实时反演解释等；同时研究分布式光纤的温度、声波和应变传感技术与海上平台注采井、稠油热采井等实时监测相结合，发展基于实时多分量大数据的现代试井解释技术，减少海上平台作业测试代价，为油气藏开发方案调整优化与智能决策提供依据。

9) 油气管网智能输送理论与技术

油气管网属大型开放式系统，不可控风险因素多，系统动力学机制复杂，传统依赖离线仿真与人工经验的运行调控模式难以实现精细化动态管控。该研究基于油气管网物联网、云平台及自动控制系统，将油气管道输送理论与人工智能、数据科学、系统科学相结合，探索复杂油气管网的智能运营调控理论与技术。主要包括：①结合油气管网运行大数据与油气管道输送模型，建立油气管网运行状态自感知与自推理方法，实现管网系统输送状态的实时预测；②耦合系统工程学、人工智能理论及智能控制理论，发展数据与模型协同驱动的油气管网调度优化与控制理论，支撑复杂管网的动态决策与实时响应；③引入环境、油气资源、用户的大数据，建立多时域复杂油气管网动态保供方法，提高复杂油气管网的保供韧性。最终形成以油气管网输送技术为核心的智能化管网运营技术体系，为从本质上提高复杂油气管网运行与供应的可靠性提供理论支撑。油气管网智能输送理论与技术研究的核心科学问题如下：①基于数据科学的复杂油气管网状态演化预测模型；②大数据与运筹模型协同驱动的大区域复杂油气管网调度优化方法；③大规模油气管网多点超前自适应控制方法；④复杂油气管网智能韧性保供理论与方法。

智能钻采与智能油田开发的核心科学问题如下。

(1) 钻完井数据的智能流动、多尺度融合和净化方法。

(2) 基于大数据的钻完井工程参数智能闭环调控模型。

(3) 基于人工智能的钻完井工程方案智能优化与决策。

(4)基于大数据加物理驱动的钻采及开发模型研究。

(5)分布式光纤温度声波应变监测机理与解释模型。

(6)油藏开发闭环调控优化理论与智能决策。

2.3 全过程事故情景分析、风险评估与综合研判理论及方法

2.3.1 科学意义与国家战略需求

安全生产状况与一定时期内社会经济发展有着密切的关系。安全生产关系着社会稳定大局，关系到社会经济快速健康持续发展。已有研究和经验表明，世界整体安全生产状况随着社会经济的发展不断得到改善。近年来我国在安全科学与工程学科建设、技术创新、标准和规范制定、应急体系及安全管理制度建设等方面取得了一系列标志性成果。但是，我国社会正处于高速发展期，工业化、城市化进程仍在快速推进，新的安全事故、灾难易发领域在增加，高危险的大型化工园区、能源储运区等大量涌现等。

2.3.2 国际发展态势与我国发展优势

与发达国家相比，我国尚需在多灾种致灾理论、多技术协同防灾及其影响机制等方面开展系统、深入的研究。目前，国内外学者对于事故、灾难的研究大都局限于单个灾种，对多灾种共同作用导致的事故、灾难的发生机理、发展规律及其预测预报、风险评估理论等方面的研究甚少，尚缺乏系统的知识结构和完整的理论体系；单个灾种的信息数据库及其背景数据库比较完善，但多个数据库数据共享、信息融合，特别是大数据挖掘分析等方面的研究开展较少，尚缺乏数据共享机制及信息融合与分析方法等。此外，多参数耦合作用下事故、灾难的致灾机理和发展规律等方面的研究亦需得到重视。我国社会经济发展面临的安全问题不但涉及面广、影响因素复杂，且仍会有新问题不断出现，这就要求安全工程学科必须面向我国社会经济发展的主战场，进一步加强学科建设，培养更多的高层次人才；持续锐意创新，深化认识各类事故、灾难的致灾机理和发展规律，完善相关理论和模型，特别是重视新问题、新情况的研究。

2.3.3 发展目标

系统开展多灾种安全风险综合评价理论与方法的研究，形成我国政府、企业多层次多灾种安全风险评价的理论体系，发展具有自主知识产权的安全风险数据采集和集成的方法，构建多灾种安全风险评估的信息集成平台，开发基于物联网、虚拟仿真、大数据处理等技术的安全风险动态评价系统，培养一批高素质的安全风险评价开发研究队伍，建立适应可持续发展的安全风险评价科学体系。

2.3.4　主要研究方向及核心科学问题

主要研究灾害事故全过程情景分析理论与方法，综合考虑突发事件基于情景分析的多维度风险评估理论及方法，基于事件链演化规律和多灾种耦合的风险评估原理与方法，复杂条件下的应急决策生成、动态调整理论及方法，突发事件应急综合研判理论及方法，基于多主体理论的多部门配合与冲突解决机制，信息不对等和不确定性条件对各层面功能的影响机理，部分功能破缺情况下的区域自组织与功能恢复机制，多渠道多向交叉应急信息流的分解与反馈机制。

核心科学问题如下。
(1) 灾害链的时空尺度演化与量化表征。
(2) 多灾种耦合安全风险表征与评价方法。
(3) 基于信息技术的安全风险动态评价系统。
(4) 事故灾害安全风险情景模拟。
(5) 多灾种耦合安全风险综合研判。

2.4　离子型稀土资源开发残留浸矿剂的生态环境效应及机制

2.4.1　科学意义与国家战略需求

稀土元素具有独特的磁、光、电、催化等性能，被广泛用于高科技领域，几乎每隔 3～5 年，科学家就能够发现稀土的新用途。稀土是 21 世纪科技的关键元素，特别是铕、铽、镝、铒、镥、钇等中重稀土更是高性能磁性材料、发光材料、陶瓷材料、激光材料、磁制冷材料、磁致伸缩材料等的关键组成部分，广泛应用于汽车、机械制造、能源、交通、电子、陶瓷等各个国民经济领域，以及卫星导航、精确制导武器、原子能、激光、超导、智能电话等国防军工及高科技产业领域。

我国有丰富的稀土资源，占全球稀土资源的 36%，主要有氟碳铈矿、独居石及南方离子型稀土矿。南方离子型稀土也称风化壳淋积型稀土，稀土以水合离子态吸附在风化的黏土矿物上，品位极低（0.03%～0.1%），富含高价值的铕、铽、镝、铒、镥、钇等中重稀土元素，如中钇富铕型离子型稀土中的中重稀土元素含量占 50% 左右，高钇重稀土型稀土中的中重稀土含量高达 92%～94%，该类资源主要分布于江西、广东、广西、福建、湖南等地区。

离子型稀土为江西省地质局 908 大队与江西有色冶金研究所于 1969 年首次在江西龙南县发现，1970 年根据矿物的性质首次命名为离子吸附型稀土矿，50 余年时间内，离子型稀土资源提取技术的发展经历了从无到有、从易到难、从粗到精的多次关键性突破，经历了池浸工艺和堆浸工艺，现已发展到原地浸矿工艺，使我国离子型稀土资源提取技术成为具有中国特色的产业技术。在实施原地浸矿工艺提取离子型稀土资源过程中，大量浸矿剂残留在矿体内，经过各种迁移转化过程，最终形成含铵离子、硝酸盐、硫酸盐等多组分污染特征的污水进入矿区环境中。特征水污染物经进一步地迁移、转化、耦合，进而影响相关流域的地下水环境、地表水环境与生态系统，威胁流域地表水生态的安全。

离子型稀土资源分布与我国南方红壤丘陵山地生态脆弱区高度重叠，区域生态环境承载力低。稀土开采后的山体有效土层、风化层全部剥离，基岩裸露，导致严重的水土流失，植被和土壤破坏以及环境污染，加剧了区域脆弱生态系统的退化。作为离子型稀土的主要产地，江西赣州稀土矿区近 6000km²，废弃稀土矿区 302 个，尾砂(废土)累计积存量达 1.91 亿 t，毁坏土地面积达 97.34km²。土壤作为地球上生命密度最大、生命物质能量最高的表生带是生态系统结构和功能的核心，稀土资源提取严重影响了土壤生态系统的结构和功能，污染物在土壤中的累积以及在生态链中的传递，严重威胁区域农产品安全，加剧人体健康和生态环境风险。

2.4.2 国际发展态势与我国发展优势

离子型稀土是最早在江西发现的一类独特的在高技术领域起重要作用的战略资源，且我国的选冶技术一直处于国际领先水平。虽然国外也发现这类资源，且已开始了工业提取，但所用技术均来自我国。一些浸取研究报道的观点和方法均未超越我国 20 世纪的水平。

稀土元素主要吸附在黏土颗粒表面，在原地浸矿过程中，受黏土颗粒的表面吸附作用，大量浸矿剂残留在矿体内。采用硫酸铵作为浸矿剂实施原地浸矿时，提取 1t 稀土消耗浸矿剂 8～12t，回收低品位资源时，浸矿剂消耗超过 15t，按照每年提取 3 万 t 离子型稀土资源计算，预计残留浸矿剂超过 30 万 t/a，浸矿剂释放周期长达数年，并且由于原地浸矿过程改变了矿块内的土壤环境，浸矿剂协同重金属迁移。目前已开展了浸矿过程的离子交换、渗流规律、浸出过程的强化机制，但是对浸矿剂的残留形态和释放机制缺乏深入研究，有关浸采作业结束后浸矿场内重金属协同反应机理和迁移规律方面的研究也鲜有报道。

残留浸矿剂缓慢释放后，协同重金属在矿体内迁移，原地浸矿的典型污染物进入矿区周边及其流域，将发生稀土离子、硫铵等在水-土界面分配平衡等一系列过程，土壤中的 pH、硬度、无机盐和有机质等组分发生相应变化，进而影响周围环境，存在生态环境风险。因此，对浸矿过程中典型污染物在矿区的环境界面交换过程环境行为规律进行全面研究，弄清迁移转化规律尤为必要。有学者对此开展了相关研究，但大多集中在稀土离子、氮元素等的扩散和累积规律，对典型污染物在水-土界面间迁移驱动因素、作用过程和环境行为等方面缺乏全面系统的研究，难以详细阐明典型污染物时空分布、环境胁迫过程和污染释放规律，需要进一步深入研究。

离子型稀土开发区流域地表水环境问题虽早在 20 世纪 90 年代初期就引起了一些研究人员的注意，但只限于关注水环境中稀土金属的含量、形态分布问题，而对于氨氮、硫酸盐、硝酸盐、稀土金属等多组分污染物胁迫下的地表水生态环境问题却少有人研究，特别是污染物的形态转化、耦合，对水生生物群落结构、典型水生生物生理特性等影响的研究更是缺乏。另外，对于稀土开发过程中导致的人体健康和生态环境风险缺乏系统、深入的研究，开展与生态安全密切相关的风险评估，建立稀土资源开发过程典型污染物的生态风险基准和安全阈值，是区域生态风险管控的核心前提和理论依据。

2.4.3　发展目标

(1)揭示残留浸矿剂释放规律及其协同重金属迁移机理，建立浸矿场典型污染物的饱和-非饱和迁移理论体系。

(2)研究确定典型污染物在水-土界面上物理化学作用特性，建立动力学模型，阐明典型污染物在水-土界面的迁移转化规律。

(3)研究确定土壤中电子供体和受体及无机物化学变化特性，以及土壤中微生物对典型污染物生化作用特性，揭示典型污染物在水-土界面上的环境化学行为机理。

(4)揭示离子型稀土资源开发产生的特征水环境污染物在流域地表水环境中的迁移、转化和归趋，以及水环境质量的变化规律；掌握多组分特征污染物协同胁迫下流域水生生态系统在生物多样性、群落结构等方面的效应特征。

(5)探明典型污染物对不同生态受体的剂量-效应关系，基于敏感物种分布和无效应浓度建立典型污染物生态毒性阈值的预测模型，进而推导生态风险阈值，为离子型稀土资源密集区的生态环境保护提供理论基础和政策依据。

2.4.4　主要研究方向及核心科学问题

主要研究方向如下。

(1)浸矿场典型污染物的饱和-非饱和迁移与时空分异规律。研究黏土矿物复杂表面形貌对稀土离子和浸矿剂离子的吸附-解吸过程的影响，分析浸矿剂残留形态和解吸滞后机理，建立源汇速率方程组；研究浸矿场中含铅等重金属与浸矿剂、稀土形态离子的协同反应机理和迁移规律；研究矿体复杂孔隙结构影响溶质运移的水动力学过程，分析优先流发展过程和条件，建立浸矿场饱和-非饱和渗透过程的污染物运移理论体系。

(2)典型污染物在水-土界面物理作用过程。稀土资源密集区土壤成分复杂，在受到典型污染物作用后，水-土界面一直发生着污染物的吸附、解吸与分配平衡过程。研究水-土界面上表面能对典型污染物的吸附作用特性，分析土壤颗粒中的有机物质在水相的配分特性，建立物理分配平衡动力学模型，阐明典型污染物在水-土界面间的迁移规律。

(3)典型污染物在水-土界面生物和化学作用过程。在水-土界面上发生的复杂氧化-还原(微生物作用)反应直接影响着典型污染物的环境化学行为。研究土壤环境中电子供体、受体和SO_4^{2-}、溶解氧等化学反应和微生物硝化反硝化、分解和转化作用驱动因子变化特性，研究土壤颗粒物表面氧化-还原电位变化特性，揭示典型污染物在水-土界面上的环境化学行为机理。

(4)典型污染物对水生生物多样性、群落结构的影响。研究离子型稀土开发导致的多组分特征污染物氨氮、硝酸盐、硫酸盐等进入地表水体后的形态转化过程及其形态分布规律；研究多组分污染物之间在水生生态系统中的耦合过程；研究流域地表水环境质量在离子型稀土开发特征污染物影响下的空间特征；研究多组分污染物协同胁迫下水生生物的多样性、群落结构等效应特征。

(5)资源密集区的土壤生态阈值及风险评价。针对我国土壤中稀土元素的生态毒理数据少，已有数据分散、缺乏系统性，无法满足推导生态阈值的数据要求。通过生态毒理实验获取稀土元素在土壤-生态受体间的形态分布、富集特性及毒理效应数据，建立稀土元素不同生态受体的剂量-效应关系。基于物种敏感性、土壤性质、污染的生物有效性等因素分析，建立基于不同评价终点的预测模型推导稀土元素毒性阈值，构建土壤生态风险基准和安全阈值，评价污染物在生态系统水平上的整体生态效应。

核心科学问题如下。

(1)浸矿场中浸矿剂的残留形态、释放机制及协同效应。

(2)稀土资源密集区典型污染物的环境界面行为与迁移转化机制。

(3)区域表生带中典型污染物的生态阈值及风险评估。

(4)离子型稀土资源开发典型污染物对流域地表水、地下水环境的生态效应及过程。

2.5　矿物分离和加工过程中固体废弃物资源化利用科学与方法

2.5.1　科学意义与国家战略需求

矿物的分离和加工是化学工程、冶金工程、材料科学与工程等领域的基础，是人类社会发展的基石。但在矿物分离和加工过程中常伴随大量固体废弃物的产生,我国目前年排放量已超过 30 亿 t,利用率仅为 50%左右。这些固体废弃物的堆存不仅占用大量的良田好土,很多已成为空气、水体和土壤污染的源头,对生态环境造成了极其严重的破坏,有的甚至已危及人类的生命财产安全和经济社会可持续发展,因此矿物分离和加工中排放的固体废弃物利用是亟待解决的问题。虽然我国在固体废弃物利用技术方面已取得了较大的进展,但由于固体废弃物种类繁多、物性差异大、可利用领域广,在利用中需对固体废弃物中有用和有害物质分离热力学与动力学、有害物质的迁移机制、固体废弃物利用工程科学、固体废弃物制品全生命周期的环境安全评价方法等科学问题与方法开展深入研究,为固体废弃物资源化利用和生态环境保护提供科学方法和理论指导。

对矿物分离和加工过程中固体废弃物利用科学与方法研究,符合中共十九大报告"坚持人与自然和谐共生"中"必须树立和践行绿水青山就是金山银山的理念,坚持节约资源和保护环境的基本国策","加快生态文明体制改革,建设美丽中国"中"加强固体废弃物和垃圾处置","加快建设创新型国家"中"加强应用基础研究"的精神;符合《中共中央　国务院关于全面加强生态环境保护坚决打好污染防治攻坚战的意见》中提出的"强化固体废物污染防治"要求。

2.5.2　国际发展态势与我国发展优势

世界各国由于各自矿产资源禀赋条件及对环境保护要求的差异,对矿物分离和加工过程中固体废弃物利用科学与方法的研究参差不齐。相关研究主要趋向于从固体废弃物的物性特征出发,结合化学、物理化学、化学工程与技术、计算机科学与技术、环境科学、材料科学与工程、数学等学科的相关理论和方法,借助飞行时间二次质谱仪、原子力显微镜、电子计算机断层扫描、激光剥蚀原位质谱仪、显微激光拉曼光谱仪、原位 X 射线衍射仪等现代分析测试手段,对固体废弃物的表面结构与特性、固体废弃物中的有害杂质存在形式及固体废弃物全组分在不同环境条件下的迁移机制与控制方法、固体废弃物的结构重整、固体废弃物的反应热力学与反应动力学等进行研究,以期建立固体废弃物中有害物质的分离、固体废弃物安全堆存和工程利用的科学体系,为有效减少固体废弃物对生态环境的影响和规模化利用奠定基础。随着我国对生态环境保护要求的不断提高和科学技术的进步,以化学、矿物学、材料科学与技术、计算机科学与技术、环境科学及数学等优势学科为基础,我国在固体废弃物利用的研究方法、研究手段等方面得到了长足的发展,已成为固体废弃物利用的研究大国,在固体废弃物资源化利用领域已取得了一些标志性的成果,在固体废弃物利用的工程科学研究方面具有比较大的优势;但在固体废弃物堆存与利用方面急需固体废弃物中有用和有害物质分离、有害物质的迁移机制与干预方法、固体废弃物及其制品全生命周期的生态环境属性等方面的科学理论和方法支持,为固体废弃物资源化利用奠定科学基础。

2.5.3　发展目标

巩固固体废弃物利用的工程科学优势方向，鼓励固体废弃物资源化利用的基础理论研究，促进固体废弃物中有用和有害物质分离原理和方法、有害物质的迁移机制与干预方法、固体废弃物及其制品全生命周期的生态环境属性评价方法的研究。

(1)深入认识固体废弃物微观本质结构,固体废弃物资源化利用研究领域由粗放式大宗资源化利用向精细化的高质利用方向发展，实现固体废弃物资源化利用的绿色化与高效化，提出固体废弃物资源化利用学科资源高效利用新方法。

(2)建立和完善固体废弃物矿物学基础理论体系，完善固体废弃物中有害物质的迁移机制与分离方法以及固体废弃物及其制品全生命周期的生态环境属性评价方法，形成具有国际影响的固体废弃物利用学科理论体系。

2.5.4　主要研究方向及核心科学问题

主要研究方向如下。

(1)固体废弃物中有用和有害物质分离的热力学机制与过程动力学。研究固体废弃物中有害物质的赋存状态；研究固体废弃物平衡系统中有用和有害物质之间及其与其他组分之间的热力学关系；运用过程动力学方法研究固体废弃物中相关组分的强化分离理论与方法。

(2)固体废弃物中有害物质的迁移机制与干预方法。研究固体废弃物中晶体内有害物质的迁移与转化机制；研究固体废弃物微粒表面有害物质的吸附与脱附机制；研究固体废弃物微粒表面有害物质的协同反应；研究固体废弃物中有害物质迁移阻隔方法。

(3)固体废弃物利用工程科学基础。研究固体废弃物的物理化学变化及其反应强化机制和设计大型化基础；研究基于固体废弃物组分的多元化利用方法；研究固体废弃物在气/液相体系中流场对其能量、热量和质量传递的影响行为与设计大型化基础。

(4)固体废弃物及其制品全生命周期的生态环境属性。研究在不同环境条件下固体废弃物中有用与有害组分对生态环境的影响及其评价方法；研究固体废弃物及其制品在应用中有害物质限量的评价方法；研究固体废弃物制品生命周期对生态环境影响的评价方法。

核心科学问题如下。

固体废弃物中有害物质的迁移机制与干预方法；固体废弃物利用设备的流场、能量和热量传递的设计大型化基础；面向分子水平的固体废弃物结构重整理论与方法；固体废弃物及其制品全生命周期的生态环境属性评价方法；固体废弃物表面与界面调控理论及方法；反应过程中固体废弃物晶体的结晶学；基于多元利用的固体废弃物组分与结构调控方法；固体废弃物形成的反应分子动力学模拟。

2.6 选矿、冶金、材料一体化科学基础

2.6.1 科学意义与国家战略需求

未来 5~10 年是我国制造业向中高端迈进的关键时期。高性能先进材料是支撑高端制造业发展的重要基础。然而，我国电子级高纯金属及合金靶材、大飞机用高性能铝合金等高端制造业必需的高性能关键材料还严重依赖进口，在当前中美贸易战等严峻的国际形势下，随时面临"卡脖子"的困境。解决这些重要领域的"卡脖子"问题，事关国家安全和可持续发展，具有极其重要的战略意义。然而，高端材料的制备极其复杂，往往涉及矿物分离、冶炼、提纯和制备加工的全过程，仅靠单一学科很难彻底解决，必须从矿物分离、冶炼、提纯到制备加工全过程一体化着手，突破传统单一学科的研发模式，通过多学科交叉研究、一体化协同攻关才能解决。相关领域的研究对构建矿物分离、冶炼、提纯和制备一体化基础理论，发展全新的交叉学科具有重要的意义。

2.6.2 国际发展态势与我国发展优势

欧洲、美国、日本等发达国家和地区的学科体系与我国不同，矿物加工、冶金和材料工程之间没有明显界限，呈现一体化发展的态势。例如，美国的矿石、金属与材料学会(The Minerals Metals & Materials)和英国的材料、矿物与矿业学会(Institute of Materials, Minerals and Mining, IOM3)均是全球材料和矿业界的领先权威机构，研究涵盖矿业、冶金和材料工程全过程。我国的矿物加工、冶金和材料工程是三个独立的学科，分别属于矿业工程、冶金工程和材料科学与工程三个一级学科。经过几十年的发展，我国的矿业、冶金和材料学科在国际上占有重要地位。但多年来三个学科之间的交叉却较少，严重制约了涉及三个学科复杂问题的解决。因此，需要发挥我国的制度优势，从国家层面进行政策引导，推动矿业、冶金、材料学科之间的内部交叉，形成多学科协同攻关的模式。

2.6.3 发展目标

针对电子级高纯金属及合金靶材、大飞机用高性能铝合金等"卡脖子"的高性能关键材料制备难题及我国资源特点，从矿物分离、冶炼、提纯、凝固与制备全流程一体化入手，通过多学科交叉，建立选矿、冶金、材料一体化理论体系，发展全新的交叉学科，突破高端金属材料制备关键技术难题，满足国家重大需求。

2.6.4　主要研究方向及核心科学问题

主要研究方向：研究涵盖矿物绿色高效精准分选、复杂多元素高效精确提取与冶炼、绿色氢能冶金与控纯原理，多场协同智能化精确控制制备全过程的一体化新方法，开发金属分离提纯新技术、新工艺，建立高端金属材料全流程绿色化、智能化精确制备理论体系，发展全流程精确化、智能化控制关键技术。

核心科学问题：复杂资源基因诊断方法；基于量子化学、反应分子动力学模拟与高精度原位测试表征方法联合的矿物分离过程机理；智能化、精确化矿物分离过程控制基础理论；矿物分离与冶金过程强化理论、热力学与动力学；矿物分离、冶炼、提纯与材料制备全过程金属和杂质元素的分离、富集、遗传和演化规律；冶金与制备过程精准化和智能化控制理论及技术；多场耦合条件下，材料的成分、组织、性能形成机制与精确控制方法。

2.7　材料短流程近终形高效成形理论与技术

2.7.1　科学意义与国家战略需求

随着经济的发展和世界资源、能源的日趋紧张，可持续发展战略与环境保护已受到各国的普遍重视。材料成形与加工是能源、资源消耗的大户，其产品的成形加工过程、使用与回收再利用对环境有重大的影响。因此，以下几个方面已成为材料成形与加工技术的主要发展方向。

(1)打破传统的材料成形加工模式，缩短生产工艺流程，简化工艺环节，以实现近终形、短流程的连续化生产，提高生产效率。

(2)发展先进的成形加工一体化的短流程成形加工技术，实现组织与性能的精确控制，以提高传统材料的使用性能，或改善难加工材料的加工性能，开发高附加值材料。

(3)发展材料设计、成形与加工一体化技术，实现先进材料与零部件的高效率、近终形、短流程成形。

2.7.2　国际发展态势与我国发展优势

近年来，短流程、近终形、高效率、高性能等材料成形加工新技术与新工艺受到美国、日本、英国等发达国家和世界材料科学与工程界的高度重视，成为研究开发的热点之一。一批以工艺过程精确控制为特点的先进制备加工技术得到快速发展和应用，如快速凝固、定向凝固、半固态加工、复合铸造、等温成形、增材制造成形、喷射成形等，不仅实现了传统金属材料的高性能化和高质量化，大幅度提高了使用性能，实现了节能降耗、降低成本，而且有力促进了非晶合金、脆性金属间化合物、双金属复合材料、高性能零件和构件等的发展和应用,满足了经济社会建设快速发展,以及航空航天、新能源、交通运输、国防军工等高新技术领域对高性能金属材料的需求。《国家中长期科学和技术发展规划纲要(2006—2020 年)》的多个重大专项都涉及材料成形与加工问题,其中短流程、近终形成形加工是重点发展方向。

2.7.3　发展目标

针对传统材料制备加工过程工艺流程长、工序多、设备多、厂房大、投资大、工艺废料多、成材率较低、能耗大、环境负荷重等问题,通过对金属的“凝固-形变-相变-工艺-组织性能”的交互作用与遗传演化实施一体化的协同、精确控制,发展一系列高效加工新技术、新工艺,实现金属材料/构件的高性能化、传统加工工艺的短流程化、脆性难加工材料的可加工化,促进新材料、新技术的研发和应用。

2.7.4　主要研究方向及核心科学问题

主要研究方向如下。
(1)金属材料凝固控制及控温铸型连铸新原理与技术。
(2)金属材料控制成形及半约束塑性成形理论与新方法。
(3)材料成形加工新理论与新技术、新工艺。
核心科学问题如下。
(1)凝固与成形过程交互作用机制与规律、一体化控制理论与方法。
(2)分散凝固-逐步成形等材料设计-制备-成形一体化过程的精确控制理论与方法。
(3)凝固-形变-相变-工艺制度-组织性能之间的交互作用、遗传演化特性与规律。
(4)凝固与成形加工过程组织与性能演化模型的建立,基于过程模型的精确控制理论和方法。
(5)全过程、多变量、多目标精确控制的新原理和新方法,包括智能化制备加工技术的基础理论和控制方法。
(6)外场强化辅助高效加工原理与技术。

2.8　智能冶金与材料智能制造

2.8.1　科学意义与国家战略需求

高端关键材料与构件的制备是我国先进制造业“短板中的短板”,不能满足航空航天、石油化工、交通运输等领域的重大需求。虽然引进了大量的国外先进加工装备和仪器，但即使材料牌号和成分完全公开，也难以制造出完全合格的构件，往往只能采用"让步使用"的方式解决急需。另外，我国材料制备加工技术的发展整体上滞后于新材料的研发，导致工业条件下批量制备出的材料性能与实验室制备出的材料性能往往存在明显的差距。其中最重要的原因是对加工制备过程的研究不深入、不系统，缺乏健全的理论体系和系统的数据支撑，过程控制水平较低，迭代改进的经验不足，造成材料内部冶金缺陷、外形尺寸超差、残余应力大等诸多问题长期和普遍存在，产品质量的一致性、稳定性差，无法满足国家战略需求。亟须通过材料加工与智能制造、信息技术、大数据、人工智能等多学科的深度交叉，发展并建立高性能构件加工成形全过程综合优化、精确控制的基础理论和方法，引领和促进本领域智能加工制造的基础研究和共性关键技术的发展，提升原始创新研究能力和水平。

2.8.2　国际发展态势与我国发展优势

20 世纪 90 年代开始，新材料、高端装备和信息技术等的快速发展推动了材料制备加工技术的新变革，其特征之一是在材料设计、制备、成形与加工处理的全过程中，对材料的组织性能和形状尺寸实行智能化精确控制，其目标是以一体化设计与智能化过程控制方法取代传统材料制备与加工过程中的"试错法"设计与工艺控制方法，获得最佳的材料组织性能与成形加工质量。以 1985 年美国国防部最初提出的大直径砷化镓单晶智能化制备、快速凝固钛粉和钛铝合金粉热等静压智能化成形、碳纤维增强碳复合材料智能化制备以及钛基复合材料研发等几个智能化成形加工项目为代表，材料智能成形加工技术受到学术界和企业界的极大重视，被认为是 21 世纪前期材料制备与成形加工新技术中最富发展潜力的前沿研究方向。近年来，美国国家航空航天局发布的《2040 愿景：材料体系多尺度模拟仿真与集成路径》中，提出采用混合数字孪生技术对制造工艺过程进行分析和改进。欧洲诺瑞肯集团采用数字化和人工智能技术，将一家铸铁厂的废品率降低了50%。韩国启动了"制造业创新 3.0"战略，韩国工业技术研究院提出了压铸大数据分析平台的体系结构和系统模块，以实现中小型企业的工厂智能化。

在国内，关于材料智能成形加工技术的研究起步较晚，研究报道较少。早期报道的代表性研究工作有哈尔滨工业大学、清华大学、天津大学等单位针对智能焊接机器人和焊接技术开展的一些工作，取得了较多研究与应用成果。北京科技大学、上海交通大学等在国家自然科学基金重点项目的支持下，开展了无模拉拔、辊弯成形和粉末注射成形等典型近终成形加工技术的智能化控制研究。在"十三五"国家重点研发计划中部署了"材料基因工程关键技术与支撑平台"专项，围绕材料高通量计算设计、数据库技术和数据库平台建设取得了很大的进展，也为

"十四五"期间开展材料智能制备加工与精确控制研究,突破多物理场耦合作用、成形加工过程时变扰动、内禀关系非线性、多变量和多目标等复杂问题的数字建模和全过程建模提供重要方法与手段。2017 年国务院发布《新一代人工智能发展规划》以后,我国在人工智能技术方面也取得了显著成绩,但如何加快在应用场景落地已成为发展的共识,这也为发展材料成形加工全过程综合优化、智能调控新原理和新方法提供了重要机遇。

2.8.3　发展目标

以变革传统的"试错法"研究开发模式,发展融合材料计算模拟、大数据、人工智能、先进制造等前沿技术的材料智能设计制造基础理论为重点,突破材料加工制造过程组织的遗传行为与演化规律、"成分-结构-工艺-性能"内禀关系与构效模型、加工制造过程非定常与非线性行为、基于过程模型与智能控制的材料虚拟制造原理与方法等关键科学问题,建立基于大数据技术、跨尺度全过程集成计算、过程模型和人工智能的制造工艺优化方法,实现以产品及服役性能需求牵引的材料与工艺的逆向设计,引领和促进材料智能设计制造的研究,提升原始创新研究水平。

2.8.4　主要研究方向及核心科学问题

主要研究方向如下。
(1)材料加工过程智能控制理论、方法与智能装备。
(2)材料加工过程多层次、跨尺度计算理论、模型与方法。
(3)材料加工过程多工序、全流程的组织模拟与性能预测。
(4)材料成分-加工工艺-组织性能一体化设计理论与方法。
(5)材料加工全过程建模与多目标优化。
核心科学问题如下。
(1)材料加工制造过程组织的遗传行为与演化规律。
(2)材料"成分-结构-工艺-性能"内禀关系与构效模型。
(3)材料加工制造过程中的扰动与非定常、非线性行为。
(4)基于过程模型与智能控制的材料虚拟制造/数字孪生原理与方法。
(5)基于数据驱动与人工智能的材料设计与工艺优化原理与方法。
(6)基于生产数据的智能决策与工艺在线调控方法。

第 3 章　国际合作优先领域

3.1　深地/深海/深空矿产资源开发基础理论与技术

3.1.1　该领域的科学意义与战略价值

地球上无法再生的矿产资源正在被过度消耗，部分矿产资源陆地开采供应的难度越来越大，甚至到了难以为继的程度。深海采矿成为新一轮全球矿产资源开发竞争的焦点，美国、日本、德国等国家在 20 世纪 70 年代末进行了深达 5500m 的锰结核联合开采试验。太空采矿也正在成为矿产资源勘探开发的前沿阵地，进入 21 世纪以来，美国、俄罗斯、欧盟纷纷启动了太空采矿计划，从而带动了相关学科的发展。

从矿业学科自身发展需求看，随着矿产资源的开采深度逐渐增加以及由陆地向深海延伸，开采难度和安全风险大幅增加，极地资源的勘探开发也给传统的矿业学科提出了严峻的挑战。从经济社会发展趋势看，物联网、云计算、大数据、人工智能、移动互联网、机器人化装备的飞速发展，给传统矿业学科带来了颠覆性变革。在这一背景下，深地、深海、深空矿产资源开发必将成为未来矿业学科的重要方向。当前我国深地、深海、深空矿产资源开发还处于起步阶段，面临诸多发展瓶颈问题。有必要加强国际交流合作，利用智能遥感、自主导航、人工智能和通信技术对深地、深海、深空矿产资源进行先锋挖掘，力争走到深地、深海、深空矿产资源勘探与开发的世界前列。

3.1.2　该领域的关键科学问题

发展深地、深海、深空矿产资源勘探与评估方法；建立深地、深海、深空矿产资源开发基础理论，尤其是深地、深海、深空保真取心与原位岩石力学理论，深海采矿系统的动力学理论，低重力与极端温度下太空采矿理论；研发深地、深海、深空矿产资源开发技术与装备，尤其是深地、深海、深空矿产资源智能化、无人化开发技术与装备。

1. 深地、深海、深空保真取心与原位岩石力学理论

深地、深海和深空具有丰富的矿产资源和能源。从深地、深海和深空获取矿产资源和能源是解决地球浅部资源逐渐枯竭现状的有效途径。深部资源由于其特

殊的赋存环境导致其开采理论与浅部资源开采理论迥异，获取深部资源必须充分考虑深部原位环境，探索不同赋存深度岩石物理力学行为规律，而获取深部岩心是先决条件。虽然在深地领域已进行了科学钻探，但是均采用的是传统取心技术，该技术破坏了岩心地应力信息和孔隙压力信息的真实性，不能保持岩心原始地温，也不能避免钻井液对岩心的污染，使得岩心已经完全散失原位赋存的孔隙压力、温度、湿度、微生物等关键信息。虽然在可燃冰开采领域尝试进行了保持原位环境的取心，但这种保真取样技术实际上仅是传统的"保真取心"概念，只是维持原位水压的密闭型取心，不是真正意义下的原位保真取心。在深空取心领域，保真取心更是理论和技术空白。这导致目前岩石力学的研究均是采用未保真的"普通岩心"进行的，无法考虑不同赋存深度岩石物理力学行为的差异，更无法进行不同深度原位环境条件下岩石物理力学的分析、测试与建模，难以发展适用于深地、深海和深空矿产资源和能源开发的新技术。

重点研究内容包括以下几点。

(1)深部岩石原位保真取心技术。创新"保压、保温、保湿、保质、保光"取心的原理，研制适用于深地原位环境条件下的保真取心系统，构建深地、深海和深空原位环境模拟舱率定保真取心系统的性能，真正实现保持原位环境的取心。

(2)深部原位保真测试技术。研发深部原位环境重构理论和技术，实现在原位环境下标准岩心的制备；研制保真的非接触测试装置，测定保真岩心在原位环境下的孔隙率、渗透率、波速等物理参数；研发针对保真岩心的实时加载测试装置，实现对保真岩心力学性质的测试。

(3)深部原位岩石力学理论。通过原位保真取心测试，获取不同赋存深度岩体原位特征物性参数和力学参数，研究原位状态下岩石力学参数的非常规变化、非常规力学行为以及非常规本构理论，探索深部岩体原位力学行为、岩体非线性力学行为响应机制，揭示深部岩体和浅部岩体在力学行为特征上的本质差异，实现深部条件或者极深条件岩体力学行为初步预判与描述，突破经典岩石力学理论框架，构建适用于深部资源开发的原位岩石力学理论体系。

2. 深海采矿系统的动力学理论

海洋蕴含极其丰富的资源，是 21 世纪世界经济与科技发展的重点，也是经济全球化的重要影响因素。我国已在国家层面提出了"提高海洋资源开发能力，发展海洋经济，保护海洋生态环境，维护国家海洋权益，建设海洋强国"的发展目标。海洋产业迅速发展，为深海采矿的发展提供了基础。在《中国制造 2025》中，将"海洋工程装备与高技术船舶"列入十大重点发展领域，这为深海采矿的发展奠定了良好的行业基础。

(1)水面母船设计的水动力理论。深海采矿系统水面母船基于海洋工程中的钻井船或钻井平台。考虑深海采矿对水面母船(平台)稳性的要求，以及深海条件下复杂海洋风、浪、流等环境载荷，需要分析水面母船在矿区海域海洋环境中的运动响应，以及母船运动特别是水面母船的升沉运动对软管的运动响应及应力的影响，通过采矿系统和母船的耦合分析，优化母船方案，优化采矿系统和船舶的连接方案。具体包括：①采矿船舶动力学设计及科学计算方法；②发展型幅值响应算子(response amplitude operator，RAO)计算方法；③管线-柔性(或弹性)连接装置-水面船舶体系中，网络动力学分析方法。

(2)系统中管道的动力学特性。深海采矿工程的输送系统主要为弹性软管，它连接中间舱与海底集矿机。软管系统需要满足安全与作业要求，其动力学特性的研究是技术重点。通过理论分析和数值模拟，得到预防或减小输送软管对集矿机不良影响的措施和其本身在不同海况下的最优受力状况。具体包括：①拟合软管线形分析悬链线计算分析理论；②关于小应变大位移的柔弹性力学计算理论；③关于软管空间形态控制理论。

3. 低重力与极端温度下太空采矿理论

宇宙深空浩瀚无穷，蕴藏着丰富无比的矿产资源。随着地球资源的日益枯竭，以月球、火星为目标开展的深空资源探测与开采成为矿业工程学科的前沿热点，太空采矿将是人类未来资源探索与开发的必然方向。然而，由于太空环境具有极端复杂性(极端温度、低重力、强辐射、真空低气压与昼夜温差大等)，太空采矿在技术层面上面临着巨大挑战。现有的地球采矿理论与技术已难以适用，迫切需要全面考虑低重力、极端温度等复杂环境，构建适用于太空环境的采矿理论与技术，重点攻关以下研究内容。

(1)太空矿产资源精准探测技术。针对太空中的特定矿产资源，采用太空望远镜技术、遥感探测与原位取心矿物分析等先进手段综合分析太空星体的矿物组分，结合理论研究与试验手段探明矿产资源的赋存形式、分布潜力与采掘方式，形成太空资源勘探的新理论、新方法、新技术。重点探测分析月球及火星上水、氧等人类生存必需资源存在的可能性，研究太空特殊环境下水、氧等人类生存必需物质的制备方法，形成月球等水、氧资源的探测、制备与提取理论体系。

(2)太空原位保真取心与智能探矿技术。目前，人类仅能通过普通取心方式获得少量的月球浅部样品，难以准确分析星体内部的真实地质矿藏信息。针对太空原位保真取心探矿技术的缺失，迫切需要研究太空原位保真取心探矿新理论与新技术，突破自动保真取心机器人关键技术，进一步形成深空大深度取心及返回地球的理论体系与技术实施方案，为人类深空原位保真取心与资源探测提供技术支撑，也为人类未来构建太空基地奠定重要基础。

(3)太空资源地下开采与地下空间利用技术。为克服月球及火星表面恶劣的自然条件以及露天开采带来的诸多问题(如月球表面太阳辐射作用和超高真空带来的采矿危害等),创新提出太空资源地下开采与地下空间综合利用新技术,形成面向太空矿产资源的高效破岩与矿物提取关键理论与技术,并利用太空星体地下空间实现矿产资源原位直接开采、原位地下储存与原位加工利用。通过微波熔化和化学涂层技术处理采空区,建造太空地下仓库、太空加工厂以及人类居住空间,形成月球及火星等地下采矿与地下空间开发利用的新理论、新技术、新方案。

4. 深海资源开发技术与装备

深海拥有多金属结核、富钴结壳、热液硫化矿床等丰富的矿产资源,开采这些资源需要各种针对性的装备,如水下勘察作业装备、深海矿产资源开发装备等。水下勘察作业装备主要为载人潜水器、无人潜水器等。深海矿产资源开发装备,有拖斗式采矿、连续绳斗式采矿装备、连续穿梭艇式采矿等,目前国际上推崇的是海底采矿车+管道水力提升这种形式,其适应性好、效率高,但采矿车形式多样、形式复杂、技术难度也比较大。

深海集矿机是整个深海采矿系统最关键的部分。集矿机要求在稀软并有障碍物的海底进行高效采集,同时要求在约 60MPa 的高压环境中无故障连续作业大于2000h 以满足商业化开采要求。因此,集矿机不仅要适应海底不同地形,而且要适应深海高水压的环境,同时集矿机还不能对深海底环境产生过度破坏。20 世纪90 年代,我国开始研究深海集矿机,通过 5 个五年计划,在集矿、扬矿和遥控方面取得较大进步,我国已完成采矿系统的技术设计与样机的加工制造。2001 年,采用尖三角齿特种合金履带板在云南抚仙湖进行湖试,完成了湖底模拟多金属结核的采集和输送。2016 年,国家高技术研究发展计划项目深海扬矿系统海试进行了扬矿清水与扬矿物料输送试验,已初步达到预期目标,但仍未完全掌握深海底质土的流变和黏附特性对集矿机行走特性的影响,仍有大量工作如深海底质土的黏附和流变特性、集矿机行走稳定性与安全性评价、集矿机行走效率的提高等尚需进行深入研究。

3.2　油气开发人工智能及关键仪器与装备

为了解决超深超高温超高压、非常规、深水极地油气资源勘探与开发及老油田极限挖潜过程中的"卡脖子"问题,石油工程学科"十四五"规划的国际合作优先领域为"人工智能及关键仪器与装备",下设"石油工程人工智能""石油工程关键仪器""石油工程关键装备"三个专题,针对油气勘探、钻井、测井、试油与完井投产、储层改造、采油气、地面集输等石油工程需要,根据勘探开发一体化、钻完井一体化、井下地面一体化趋势,每个专题提出开展国际合作研究的内容、研究目标、拟解决的关键科学问题,并简要阐述开展该项研究的意义及国内外研究现状。

3.2.1 该领域的科学意义与战略价值

人工智能是计算机科学的一个分支,人工智能技术产品能以人类智能相似的方式做出最优化决策与反应。现代人工智能技术基于海量大数据分析,研究领域包括机器学习、计算机视觉、图像识别、语言识别、自然语言处理和专家系统及机器人等。近年来,国内外学术界和工业界以及政府部门对人工智能技术给予了高度关注,人工智能正在与各行各业快速融合,助力传统行业转型升级、提质增效,在全球范围内引发全新的产业浪潮,全球科技产业巨头都在全力抢占人工智能相关产业的制高点,使得人工智能成为引领未来的战略性技术。在石油工程领域,人工智能技术的应用范围从管理渗透到勘探开发作业的各个环节,成为新一轮石油工程科技革命和产业变革的核心力量,正在推动油气产业升级换代。

同时,石油工程的发展有赖于相关关键仪器与装备的发展。例如,要确定具体的构造位置、目的层位置,离不开相关勘探与测井仪器;要开发页岩油气、致密油气必须要采用水平井加分段体积压裂技术,而钻水平井及提高水平井钻遇率,离不开随钻测试仪及导向钻井工具;要开发超深超高压超高温油气藏,离不开耐高温高压井下及井口工具;要提高采油气效率及最终采收率,离不开智能井下检测仪器及智能完井工具;要保障极端苛刻工况下井筒及油气管道的完整性,离不开井筒与管道监测及注采/输运参数调控装置。目前,存在元器件的差距、加工制造水平的差距、研发体系的差距,以及国内石油工程关键仪器与装备的研发能力和技术储备与国际先进水平的差距,亟须加强国际合作,持续推动人工智能和油气关键仪器与装备的深度融合,以形成具有自主知识产权的核心仪器与装备,提高我国石油工程智能化水平,保障油气勘探与开发的安全、效益与环保,并打造具有国际先进水平的石油工程智能仪器与装备研发团队。

1. 石油工程人工智能

早在 20 世纪 70 年代的国际石油工程师协会论坛上就已经有人提出人工智能在石油工程领域的应用议题。此后,由于计算机技术尤其是数据量和计算速度的限制,人工智能技术在石油工程领域的应用速度发展较慢。进入 21 世纪后,随着计算机性能的提高,以及互联网、大数据、机器学习的发展,人工智能技术在石油工程领域的应用得到了快速发展。2009 年,国际石油工程师协会成立了人工智能与预测分析分会,定期组织相关研讨,推动了人工智能技术在油气领域的应用进程。文献调研表明,从 2000 年开始,石油工程人工智能的研究热度逐渐升温,2010 年后公开发表的论文数量大幅增加。从应用方法的选择上来看,人工神经网络、模糊逻辑和遗传算法是石油工程领域应用最广泛的人工智能技术，机器学习、支持向量机、功能网络和基于案例推理等方法的应用也在不断增加。2014 年国际油价断崖式下跌以来，油气企业为了提升竞争力和抗风险能力，都希望通过数据分析、实时监测和自动化来寻求可持续发展。人工智能技术以其独特的优势，以决策软件、智能装备、作业平台及专项服务等多种形式渗透到从管理到勘探开发施工现场的各个作业环节。

近年来，随着油气勘探开发领域由常规油气资源向低渗透、深层超深层、海洋深水、页岩油气等非常规油气资源拓展，通过将人工智能与石油工程进行跨界融合，实现复杂油气勘探开发过程的超前探测、闭环调控、精准制导、实时监控和智能决策，提高油气井和油气输送管道的完整性，提高石油工程关键仪器的检测/监测精度，提高石油工程关键装备的自动化水平，已经成为全球油气行业发展的前沿热点和必然趋势。通过石油工程智能化集中攻关，建立完善的油气智能地质、油气智能物探测井、油气智能钻完井、油气智能开采、油气储层智能改造、油气管道智能管控理论和技术体系，可以大幅度提高油气产量和采收率，提高复杂油气资源开发的安全性、经济性。

从全球科技发展和国家发展战略层面来看，当前全球科技正朝着数字化、信息化、智能化方向迅速发展。2016 年 10 月，美国发布了《为人工智能的未来做好准备》和《国家人工智能研究与发展战略规划》。2018 年 4 月，英国、法国、德国等 25 国共同签署了《人工智能合作宣言》。在国内，2017 年 7 月，国务院颁布了《新一代人工智能发展规划》，提出到 2030 年人工智能理论、技术与应用总体达到世界领先水平。2018 年 4 月，教育部印发《高等学校人工智能创新行动计划》。随后，清华大学、天津大学、中国石油大学(北京)等相继成立人工智能学院/研究院。2018 年 11 月，中国石油天然气股份有限公司发布了勘探开发梦想云平台，旨在打造"共享中国石油"。我国人工智能的研究逐渐进入到爆发期，加强石油工程与人工智能理论及技术的跨界融合，将有利于大幅度促进我国油气产业升级，推动我国油气科技创新水平跨越式发展，为保障我国油气能源安全提供科技支撑。

目前，国外的人工智能技术在石油工业的应用方面已经实现了技术上的突破，并取得了显著的效益。道达尔能源公司已经开始与谷歌云联合发展人工智能技术；哈里伯顿公司初步实现了智能导向钻井，现场试验的中靶率几乎是 100%；斯伦贝谢公司的智能完井可以对每一口井的不同目的层进行实时的信息监测和控制；壳牌公司基于人工智能初步建立了智慧油田管理系统，实现了上百口生产井和注水井的自动调控。

由于我国人工智能技术起步较晚，虽然在智能支付、智慧城市方面取得了一定的进步，但总体来说，我国在人工智能前沿理论创新方面尚处于"跟跑"地位，基础研究、原创成果与世界领先水平还有明显差距，人工智能与油气产业具体应用有待进一步融合发展。在全球科技创新开放环境下，加强国际合作是推动我国前沿技术发展的重要动力，能充分补足我国在人工智能技术方面的短板，加快人工智能与油气产业深度融合，实现石油工程智能化产业"弯道超车"。

2. 石油工程关键仪器

仪器是地下油气勘探开发的"眼睛"，是探测与决策依据信息获取的主要来源。围绕深层、深水、极地油气勘探开发，低产、低渗、水合物、页岩油、致密油气藏等非常规油气藏以及老油田油气开发，配套仪器的研究与开发成为关键，主要包括：非常规油气藏水平井钻井过程中实现地质导向的前方和侧方远探测仪器，倾斜层/断层/斜井/多层界面/非均匀地层等复杂地质条件下电磁与声波远探测数值模拟、参数反演与解释模型及仪器；超深井超高温环境下井况与地层参数测量仪器；老油田过套管远探测仪器；深井开采智能测量与控制系统；井下可视化与智能检测仪器；深井与非常规油气多源集输理论，以及测量与控制系统。目前，我国上述领域的研究比较薄弱、不够系统。以中国石油集团测井有限公司为代表的国内石油工程仪器公司及相关院所在国家"十一五"、"十二五"和"十三五"重大测井技术与仪器专项支持下，虽然取得了一定进步，但与斯伦贝谢等国外公司的石油仪器依然有代差，急需通过国际合作来弥补差距，以突破国外对我国技术、材料和元器件的封锁。

国外斯伦贝谢、贝克休斯、哈里伯顿、威德福等公司在裸眼井、套管井、随钻测井、油气集输管道检测和智能巡检等方面开展了一系列仪器技术理论基础研究，生产出了先进仪器。基于电磁波和声波的远探测技术，如 deepVISION、VDR、PeriScope 15、APR、EDAR 等，随钻前视技术，如 IriSphere、RAB、GVR、MicroScope等，并配套开发了大型智能化软件系统。贝克休斯公司的远探测随钻测井仪器，DeepTrak、EDAR/VisiTrak、VisiTrak 等具有井眼上下多界面实时成图功能和地层远边界探测功能，并具有一定的前视预探能力。贝克休斯公司在油气集输管道检测和智能巡检方面，具有整套方法、理论体系和机器学习的算法模型。在井下可视化方面，短波红外、超声以及 X 射线井下可视化检测是目前国内外研究的重点。此外，国外的休斯敦大学、斯坦福大学、得克萨斯农工大学、赫瑞-瓦特大学及科研机构相继开展了相关技术研究。在国内，电磁波、声波远探测测井技术研究起步较晚，还未见有成熟的方位远探测测井技术的报道。适用于水井的可见光可视化技术已成熟，但还急需研发油气井的短波红外、超声以及 X 射线井下可视化检测仪器与技术。因此，为了打破国际上的技术垄断，从我国油气勘探开发与集输的实际情况出发，基于国际合作，开展关键仪器基础理论研究及研制势在必行。

3. 石油工程关键装备

石油工程装备是为石油工程发展服务的，目前石油工程的总体发展趋势是勘探开发一体化、钻井完井一体化、井下地面一体化。同时，为了提高超深超高压超高温、深水极地、老油田极限挖潜和非常规油气勘探开发的安全性、经济性，目前，勘探、钻井、完井、采油气、地面集输处理的数字化、信息化、自动化、智能化是石油工程和石油工程装备的发展趋势。

自 20 世纪 80 年代以来，智能钻完井技术开始进入人们的视野，信息技术、微电子技术、机器人技术和通信网络技术与钻完井工程不断紧密结合和集成化发展，大大促进了石油钻采技术的革新，决定了石油工程科技的未来。复杂地质条件下的复杂结构井、超深井、超大位移井、深水钻井和特殊工艺井，经常遇到非均质性、不确定性、非结构性难题，因此，借助信息技术、智能技术和当代高端科学技术，催生了智能钻完井技术和智能钻完井装备。

实现智能钻井的关键在于钻井自动化，包括地面钻机自动化(智能钻机)，地下智能钻柱系统(地质导向系统、旋转导向系统)，以及地面和井下系统之间的智能闭环控制系统，以实现双作业、连续起下钻、连续循环、连续下套管和自动控压钻井等功能。其中，钻头是钻井破岩的关键工具，钻头质量及性能直接影响钻井的效率，具有优质性能的智能钻头(如随地层性质改变而改变钻头齿面结构的混合钻头)是钻井智能化的一个重要体现。

石油钻井数据量大且高度复杂，利用深度学习、云计算等热门技术对钻井数据进行预处理，对地面钻压与井底钻压数据关系进行优化建模，并实现模型的快速计算也是钻井智能化研究方向之一。准确的井底钻压预测是通过智能钻机、智能钻柱、智能钻头实现智能钻井的必要条件。随钻测控技术与装备是钻井技术的重要工具，更是现代化钻井的千里眼和顺风耳，对于顺应钻井自动化、智能化发展趋势具有里程碑意义和革命性作用。

智能完井技术与装备主要包括井下动态监测系统、井下流体控制系统和井下优化开采系统。井下动态监测系统又包括井下信息采集传感系统、井下数据传输及连通系统。其中，信息采集传感系统主要涉及高性能温度/压力传感器、流量及流体组分传感器、储层成像技术与设备。光纤传感器是智能完井的热点，威德福公司已经开发出适用于井下的光纤式压力、温度、流量传感器。此外，美国石油生产和油田服务公司与得克萨斯大学奥斯汀分校合作开发的纳米传感器也已经投入使用。威德福公司 2013 年推出的 OmniWell 系统可避免修井作业，改善油藏管理，其含有电子硅绝缘片计量表、光学传感器及石英压力计等，可监测压力、热量、流量和地震活动，能够进行数据采集、信息管理以及井型分析，帮助作业者更准确地认识油藏。斯伦贝谢公司 WellWatcher 油藏及井下状况实时监测系统、贝克休斯公司 MultiNode 全电动智能井地面控制系统、哈里伯顿公司地面监测控制系统均已先后投入使用。当然,我国的光纤监测技术也以飞快的速度向前发展。中国石油勘探开发研究院开发了一套智能完井系统,包括井下可遥控控制阀和管缆穿越式封隔器等关键装备,通过引进威德福公司的井下电子动态监测系统,与国产光纤动态监测系统相互验证。

井下流体控制系统主要包括层段控制阀和封隔器,如 WellDynamics 公司层间控制阀(IV-ICV、HV 系列控制阀、CC-ICV 等)、井下流量控制阀(HS-ICV、MC-ICV、eRED-HS、sSteam 蒸汽注入阀门等)、产层隔离装置(HF-1 可回收套管完井封隔器、MC 套管井封隔器等)、CheckStream 化学药剂注入控制阀、EquiFlow AICD 以及其他智能完井辅助配件等。此外,比较有代表性的还有斯伦贝谢公司井下多产层流量控制阀(TRFC-HN、WRFC-H 等)、隔离封隔器(XHP、XMP 等)和 HLWM 液控管线湿式连接工具,贝克休斯公司的 HCM-Plus、HCM-A 滑套和 AFCD 井下流量控制装置,威德福公司的远程操控层段控制阀和 RFID 压裂滑套工具,以及中国石油勘探开发研究院的井下液控多级可遥控控制阀和穿越式封隔器等。

代表性的井下优化开采系统有哈里伯顿公司的 SCRAMS 远程油藏分析和管理服务系统、Expro 公司的 CaTS 无线遥测控制系统以及斯伦贝谢公司的 Manara 生产和油藏管理系统和 IntelliZone Compact 多产层管理控制系统。斯伦贝谢公司2015 年推出的 Manara 生产和油藏管理系统能够对井下情况进行永久监控,并对每一井眼分支的不同目的层进行实时的流量控制,每一层位都有集成性的监测与控制组件,可对含水率、流速、压力和温度进行测量,识别一口井内不同层位的开采特征。该系统的电感耦合器嵌入套管/油管接头中,将数据在井下和地面之间进行无线传输。单一的电力控制线将每个监测控制组件连在一起,将整个系统连接到井口,大大简化了井口设备。

由于关键元器件与高端设计、制造技术的差距,以自动化/智能化钻机为核心的智能钻井装备系统、以智能检测调控为基础的智能完井工具、依靠智能井下机器人送入的大位移水平井连续油管装备、有赖超高温超高压封堵与检测的井完整性保障技术与装备、依托智能巡检的输油气管线完整性智能监控系统等方面,国内与国外差距较大,急需通过国际合作和消化吸收基础上的自主研发来弥补差距、突破瓶颈。比如,挪威国家石油公司研发的无人化智能钻机,基于远程控制技术,钻井专家只需在公司总部监控室就可以对钻井全过程进行远程监控,而我国刚刚初步研制出自动化钻机样机。

此外,在海洋石油(井口)装备方面,我国的整体技术水平与国外差距也很大,严重影响我国深水油气资源开发进程。从 20 世纪 80 年代起,海洋石油(井口)装备经历了从浅海到深海,从水上到水下的发展历程,海底丛式井口、海底计量装置、全电气控制技术等相继得到开发,水下增压、水下油气处理、海洋控压钻井、水下高效修井与增产等创新技术逐步进入现场试验和工业化应用阶段。截至 2018 年底，全世界水下完井数达 7000 多口，作业水深达 3000m，输送距离达 200km。目前，我国海洋石油(井口)装备在浅水领域基本实现国产化。在深水领域，依托多个国家科技计划的支持，相继完成了深水隔水管、深水防喷器、水下采油树的维修本地化，水下电液控制系统、水下管汇和连接器的国产化，但与国际先进水平相比仍有较大差距，输送距离较短(79km)、适应水深较浅(1480m)。

3.2.2　该领域的关键科学问题

1. 石油工程人工智能

将人工智能与石油工程进行跨界融合，建立完善的油气智能地质、油气智能物探测井、油气智能钻完井、油气智能开采、油气储层智能改造、油气井完整性智能设计与管控、油气管道完整性智能设计与管控理论和技术体系，实现复杂油气的超前探测、闭环调控、精准制导、实时监控和智能决策，提高油气井和油气输送管道的完整性，提高石油工程关键仪器的检测/监测精度，提高石油工程关键装备的自动化水平，提高油气产量和采收率，提高复杂油气资源开发的安全性、经济性，直至建立智慧油田管理系统，是石油工程人工智能国际合作的关键科学问题。具体合作专题研究建议如下。

(1)海量数据的智能流动、多尺度融合和净化方法。石油工程数据量庞大，信息获取、传输、融合、响应机制复杂，国内外数据高效分析处理存在差异与瓶颈，有必要对海量数据的智能流动、多尺度融合和净化进行国际联合攻关。通过拓展多源数据获取渠道，进一步建立井下随钻测录导智能一体化协同机制，发展海量数据双向高效实时传输理论；然后研究基于物联网的大数据智能流动方法，建立基于深度学习的油田大数据多尺度融合机制；研究多源海量数据条件下信息分析方法，建立石油工程"大数据+云计算"综合信息处理平台，最终形成多源海量数据自我智能净化方法，从而为石油工程超前探测、闭环调控和智能决策提供关键信息支撑。

(2)基于人工智能的石油工程闭环调控方法。复杂地质条件下钻井易发生漏、喷、塌、斜等井下复杂事故，为及时调控和优化石油工程参数，实现油气资源安全、高效、经济勘探开发的目标，需要就石油工程智能闭环调控进行国际联合攻关。通过研究地面-井筒-地层多参数闭环响应机制，建立复杂工况或事故的智能化识别理论与处理方法，发展基于人工智能的石油工程多目标多参数控制理论，研究复杂地层的工程参数闭环调控响应机制，形成基于大数据和深度学习的钻完井工程参数优化技术，建立石油工程参数的智能闭环优化调控方案。

(3)石油工程人工智能与传统方法的耦合理论及算法。由于油田开发系统的复杂性和时变性，应用传统理论方法计算效率低，计算结果偏离实际。如何将人工智能技术与行业内传统理论方法相结合形成优势互补是提高油田开发效率与经济效益的一个关键科学问题。传统方法是在真实物理过程上建立模型并进行一定的简化和假设,内部有一些经验系数或闭合关系,然而当工况发生明显变化时计算结果可能会出现较大偏差。人工智能技术的优势在于基于给定数据或事实,计算机能自动寻找规律进行模型的自我修正,经过训练后的模型能预测未来变化,然而由于没有考虑油藏参数之间的相关性及物理规律,预测的结果随机性强。要让传统方法与人工智能形成优势互补,需要从理论模型和智能算法层面耦合人工智能技术与传统方法,将大数据与传统油藏数值模拟、数据+物理模型驱动进行深度融合。油藏开发中产生的海量数据为人工智能模型训练提供了样本基础,在油藏钻采与开发中根据真实物理过程得到的实际动态进行模型的实时自我修正,从而极大地提高模型预测效率与准确度。

(4)信息不确定条件下的智能优化决策策略。油气开发的最大难题在于数据可靠性差和地下信息的不确定性,如何利用人工智能技术在现有方法基础上提高对地下信息的认知程度并做出科学的决策是一个关键的科学问题。复杂地下情况或恶劣工作环境会带有大量噪声数据,信息具有不确定性,需要整合该类数据并从中提取准确和有用的信息用于决策。传统的决策分析方法难以准确地处理模型参数的时变性及相关性,对于具有高度不确定性的油藏系统难以实时跟踪并做出准确可靠的评估。利用人工智能技术,建立输入信息不确定条件下的最优化决策理论及模型,可以对现有决策方法实现本质上的突破与提升,极大推动油藏智能实时优化进程。

(5)油气藏工程地面井下人工智能数据融合策略。基于人工智能技术,对海量地震、电磁、重力等地面物探数据进行分析,从海量数据中寻找规律,获取构造运动和沉积演化规律,实现基于人工智能的地球物理反演、地震层位自动追踪;基于深度学习等人工智能技术进行三维、四维地震解释,减少数据丢失,进行高精度、高速度的构造、断层、层序解释,实现多维度叠前和叠后数据分析,减少地震解释的不确定性,实现更为精确、更为高效的地震属性分析、岩相识别、地震反演、断层识别;利用人工智能技术,进行测井与试井解释,与相应地震解释技术相结合,实现井震联合智能反演,实现基于大数据和人工智能的剩余油气分布确定、测井数据反演、储层对比分析、产能预测;综合利用地震数据和井筒数据,生成概率岩相模型,更好地了解储层非均质性,减少地震解释结果的不确定性;基于人工智能的智能工作流,开展多学科、多环节协作工作平台技术研究,形成相互支撑的应用层面协同研究平台、生产管理平台、经营管理平台和决策支持平台,基于地质-油藏-工程一体化协同工作,优化工作流程,提高工作效率和决策质量,实现各个环节实时监测数据智能分析、一体化协同可视化展示、数据降维、结构化、分类、聚类等核心技术应用。

(6)油气井工程人工智能数据挖掘与决策策略。现代油气井工程的趋势是基于储层精细探测与描述的钻完井一体化、完井智能化，为此，需要发展基于人工智能的钻完井数据处理与挖掘技术。根据钻完井数据特点，探究作业过程中的数据规律，分析其在真实情况下的实际意义以及对钻完井作业的影响，发展数据预处理、数据离群点分析、数据清洗、无效特征去除、无效样本去除等数据处理技术，利用机器学习、深度学习等人工智能算法进行钻头优选、机械钻速预测及井漏、井涌、卡钻等风险预测和钻完井风险动态控制；需要发展地质-工程一体化智能钻完井协同决策技术，构建地质-工程集成数据应用平台和知识案例管理平台，解决钻完井领域专业软件的信息孤岛问题，最大化挖掘、发挥现有专业软件的作用，通过基于人工智能的地质-工程信息融合、三维地质力学模型建立、设计方案仿真评估、专家知识库、案例库、实时监测与预警、可视化和虚拟现实技术，研发基于云平台的协同决策系统，实现数据为中心向应用为中心转移，提高钻完井作业决策水平；发展智能完井技术，通过井下监控、数据传输、远程调控，实现完井-油藏一体化智能控制；发展基于人工智能的钻完井优化设计技术，针对老油田极限挖潜井网密集、非常规油气井工厂大井组、海洋深水、超深超高温超高压等复杂环境，开展密集井网条件下自动寻优设计、大井组三维批量自动设计及海洋深水、超深超高温超高压井及非常规油气水平井井壁稳定预测及井身结构优化设计等关键性技术研究。

2. 石油工程关键仪器

围绕深层、深水、极地油气勘探开发以及低产、低渗、水合物、页岩油、致密油气藏等非常规油气藏以及老油田油气开发仪器配套需要，为了缩小与斯伦贝谢等国外公司的关键仪器代差，通过国际合作来弥补差距，以突破国外对我国技术、材料和元器件的封锁，需解决的关键科学问题在于：针对勘探测井工程，解决非均匀介质与各向异性复杂地层中的电磁波、声波的传播响应机理和正演数值模拟问题，不同尺度和高维反演问题，建立大数据与人工智能交叉融合解释评价理论。针对钻完井工程，将钻井、测井、信息采集、控制技术、人工智能和数据解释紧密结合，构建数据的模型、分析、处理、解释，以及钻前预测等多技术集成的一体化勘探开发理论体系，为最大限度地勘探、开发、利用、保护油气藏提供理论基础。针对采油工程，建立智能井开采过程中多输入环境变量(井下温度、压力、振动等)、多输出生产参数变量(含水率、产液量、出砂率)条件下的多源信息融合与分析理论。针对油气集输工程，考虑超深超高温超高压超低渗透与致密油气田地面集输以及油气管道集输工况，建立管道数字化探测、智能巡检以及集输设备故障诊断与预警机理和信息融合理论，为油田开发站场撬装化集输和长输油气管道智能化运行提供理论支撑。在井下可视化新领域，解决适应油气井下不同介质环境的可视化成像原理、方法及装备。仪器装备关键部件及其高温、高压、小型化设计,二维、三维图像重建及定量描述方法。

研究目标是:针对勘探测井工程仪器,实现裸眼井、套管井、随钻测井的电磁波、声波远探测测井仪器研发及应用,开发基于人工智能的石油勘探大数据处理软件。针对钻完井仪器,形成一种钻井、测井、信息采集、控制技术、人工智能和数据解释的多技术集成的一体化勘探开发仪器与技术。针对采油气工程仪器,建立井下自发电、井下生产参数无损感知与分析处理理论以及极端情况下生产井开采状况评价方法。针对油气集输仪器,形成超低渗透与致密油气田开发地面集输以及油气集输系统检测与预警理论,构建站场撬装化集输技术和长输油气管道数字化探测、智能巡检以及能量计量理论体系,实现油气开发地面集输智能化与智慧化。针对井下可视化检测仪器,形成油气水井下各种复杂环境下的可视化成像理论体系,建立关键技术及关键部件的高温、高压、小型化设计方法。

具体国际合作的关键石油工程仪器技术如下。

(1)新一代前视和侧视远探测地质导向随钻测井关键仪器与技术。深度大于40m 的前视和侧视远探测电磁波与声波测量仪器的理论、方法、设计机器应用;倾斜层/断层/斜井/多层界面/非均匀地层等复杂地质条件下电磁与声波远探测数值模拟、高维地层和几何参数反演与解释方法;采用偶极横波、电磁波电阻率等技术研究远探测弱反射信号成像方法、微弱反射信号的提取、反射体的成像增强、远探测成像的方位验证,实现井眼上下多界面实时成图功能和地层远边界探测,有效追踪地层界面的相对空间位置,探测钻头附近地层的上下边界,提高钻井施工的精确度和钻进效率。

(2)老油田套管井间电磁波、声波远探测仪器设计理论及应用。小尺度源、大计算范围井间测井响应三维数值计算技术,高维和多尺度正演与反演方法。

(3)随钻测量和导向钻井仪器与技术。发展近钻头测量技术、电磁随钻测量技术和导向钻井技术,提高仪器抗高温能力、可靠性和精度,增加地层参数测量,满足气体欠平衡钻水平井需要,满足软硬地层中旋转导向钻井工具良好导向性能的需要,解决高陡构造、断层和盐层等复杂易斜地质条件下深井防斜打快的难题。

(4)非常规油气检测与计量方法。非常规油气与常规油气在地质环境、开发生态要求方面差异很大,需要在其流动机理的基础上,构建一种新的适应极端工况的油气多相流检测理论,研发相应仪器与计量方法。

(5)深水/极地井下智能自发电与储能理论与仪器。对于智能井来说,井下智能仪器设备较多,需利用仪器设备运行产生的能量,进行自发电,并存储所产生的能量,保证所有的测试与控制环节在井下远端完成。

(6)老油田智能分层采油参数无损感知理论与仪器。针对现有的一体化智能开采设备,构建无损感知理论,研制适应国内小井眼环境的传感器。

(7) 极端苛刻工况下集输工艺参数检测及方法。超深超高温超高压超低渗透与致密油气受地质结构和开发工艺影响，对地面集输工艺与设备的要求苛刻，需要构建一套新的适应极端工况的油气多相流检测理论，形成地面集输工艺参数检测及智能诊断控制方法。

(8) 油气集输系统实时监测与故障诊断机理及预警机制。研究地质灾害、管道动态应力、设备实时振动当前应力检测、管道实时应力及工艺状态参数的监测仪器与方法，确定油气集输系统故障诊断机理，构建油气集输系统完整性风险评价模型，建立油气集输系统工况预警理论。针对复杂地形多相流长输油气管道，研发高精度油气管道变形检测 (智能测径) 和智能球微泄漏、金属损失缺陷、管体缺陷非开挖探测仪器与方法，实现长输油气管道机器人和无人机智能巡检。

(9) 短波红外、超声以及 X 射线井下可视化检测关键仪器与技术。短波红外、超声及 X 射线散射成像的机理及关键部件研制；可视化成像探头的材料、耐温、耐压、小型化设计；相机校正方法及成像质量的改善；可视化检测图像的二维、三维重构及定量标定。

3. 石油工程关键装备

为了提高超深超高压超高温、深水极地、老油田极限挖潜和非常规油气勘探开发的安全性、经济性，目前，勘探、钻井、完井、采油气、地面集输处理的数字化、信息化、自动化、智能化是石油工程和石油工程装备的发展趋势，同时，石油工程的总体发展趋势是勘探开发一体化、钻井完井一体化、井下地面一体化。石油工程关键装备国际合作的关键领域及科学问题如下。

(1) 智能钻井系统及装备。主要包括深井超深井高效快速钻井技术与装备、随钻地震波测量技术及高温随钻测量装备、连续起下钻井关键技术装备、高效辅助破岩工具 (钻头) 及超高温旋转自动脱挂尾管悬挂器、高压气井井下安全阀、超高温高压封隔器、完井试油一体化工具，以及高强低密度油井管、膨胀管等。

(2) 智能钻头、提速工具及闭环控制系统。这些是实现智能化高效钻井的关键装置，国外初步推出智能钻头及工具等，可以根据地层性质变化主动调节破岩参数，现场应用已经取得良好效果，国内目前主要处于概念及初步研制阶段。因此，为了实现安全高效智能化破岩，亟须在智能钻头、提速工具及闭环控制系统方面进行国际联合攻关，开展复杂条件下智能破岩作用机理研究，分析智能钻头破岩参数动态响应机制，形成钻速智能优化技术，研制近钻头结构参数智能控制系统，建立智能钻头优化设计方案，研发智能化振动冲击及水力脉冲等提速工具，研究地面参数沿井筒作用机理，建立地面-井下参数闭环控制模型，形成地面-井下智能闭环控制系统。

(3) 智能导向钻井装备及调控系统。智能导向钻井装备及调控系统是确保实际井眼轨迹沿最优化设计轨道进行高效钻进的关键装置,国外 21 世纪初进行了旋转导向钻井系统的商业应用,近期推出了智能导向钻井系统,国内初步研发了旋转导向钻井系统,开展了现场试验,但系统智能化水平与国际相比还有较大差距。因此,为了实现最优化定向钻井,大幅度提高复杂油气储层钻遇率,亟须在智能导向钻井装备及调控系统方面进行国际联合攻关,建立地层参数智能表征模型,研究钻头-储层空间关系智能判别技术,形成井眼轨迹钻完井工程适应性智能评价方法,建立基于实时地质模型的井眼轨迹智能优化方案,发展井眼轨迹智能滑动导向控制技术,研制井下智能导向钻井工具,开发基于深度学习的井下高性能处理器,建立井眼轨迹智能分析与调控系统。

(4)钻完井数据智能化采集与传输系统。钻完井数据智能化采集与传输系统是实现钻完井工程数据化管理的关键装置,国外已经推出了智能传感器、智能钻杆等,国内主要处于"跟跑"阶段。因此,为了大幅度提升钻完井大数据采集和传输能力,为智能钻完井提供重要数据支撑,亟须对钻完井数据智能化采集与传输系统方面进行国际联合攻关,研究井下智能传感器响应机制,开发高精度、无人化、自适应安全智能采集装备,研究实时随钻前探技术,形成智能化"一趟测"测井技术及装备,建立基于深度学习的智能录井方案,发展多通道增容传输技术,研制大数据双向高效传输智能钻杆,建立一体化数据智能采集与传输系统。

(5)智能完井装备及调控系统。智能完井装备及调控系统是建设智慧油田的关键装置,国外已经进行了成功的现场应用,国内尚处于起步阶段。因此,为了对油田开发进行动态智能优化,大幅度提高单井产量和采收率,亟须对智能完井装备及调控系统进行国际联合攻关,搭建油气藏开发数据库,研究油气藏实时状态智能评价技术,形成基于分布参数模型的智能完井控制技术,建立智能完井协调控制策略,开发智能化层间隔离工具,研制井下流量智能控制装备,形成基于大数据和深度学习的智能完井及调控系统。

(6)钻完井工程协同优化及智能决策系统平台。钻完井工程协同优化及智能决策系统平台是整个钻完井作业的核心装置,为钻完井全过程提供关键技术支撑。国外初步实现了无人化远程操控,国内技术水平仍存在较大差距。因此,为了大幅度提升钻完井效率,亟须在钻完井工程协同优化及智能决策系统平台方面进行国际联合攻关,建立复杂地层钻完井风险智能预警与诊断方法,形成井筒稳定性多参数协调控制技术,发展钻完井工程实时可视化技术及装备,研究一体化集成操控和信息统一管理技术及装备,形成钻完井工程协同优化方案,建立多事件体机制下的钻完井过程全工况智能协调控制策略,形成钻完井工程智能决策平台。

(7)油气井/管道机器人工作理论及控制机制。根据油气地质检测、钻完井、取心、修井、油气集输管道检测作业需要,尤其是考虑大位移水平井油管下入需要,考虑高温高压、空间狭窄、介质有毒有害等复杂特征,针对我国油气集输管道/井下检测/牵引机器人可靠性差、定位精度低、检测误差大、牵引力不足的缺点，查明三维空间轨迹-智能机器人-工作介质的非线性流固耦合动力学特征，建立基于油气井/管道机器人大数据信息感知与监测理论，建立油气井/管道机器人多参数、复杂工艺工况快速响应自适应智能控制机制，攻克电液阀件等关键零部件的小型化、安全性和长寿命难题，实现复杂工艺和工作环境下油气井/管道机器人结构设计和模块化集成。通过石油工程、机械工程、电子信息、力学等多学科交叉，可以在油气井/管道机器人工作机理、关键部件、力学特性、数据融合、控制机制等方面取得创新性研究成果，为油气井/管道机器人等智能石油装备研发奠定基础，并培养一批具有国际影响力的中青年学术骨干和带头人，提升油气井/管道机器人的整体创新能力和国际影响力。

(8)采油采气纳米机器人。采油采气纳米机器人是集油藏传感器、微动力系统、微信号传输系统为一体的微型油藏探测与开采设备。功能性纳米器件可以随注入水进入地层，沿途感知并实时记录油藏、井筒及流体信息，并存储或实时传送到地面，实现采油采气过程智能化。主要包括纳米机器人传感器件与装置、纳米机器人动力器件与装置、纳米机器人信号传输器件与装置、纳米驱油技术装备。纳米机器人是根据分子水平生物学设计制造的在纳米空间进行操作的"功能分子器件"，已广泛应用于医疗和军事领域。近年来提出的采油纳米机器人在驱替过程中，能够了解井间基质、裂缝和流体性质，以及与油气生产相关变化；测量油藏的储层参数、液体参数、流体和地层界面的空间分布等。纳米机器人的作用已被沙特阿美公司2010年6月在Arab-D地层中注入的纳米机器人取得里程碑式的研究进展所证实。但油藏中如何布置纳米机器人、如何对纳米机器人在油藏中进行遥测和定位、纳米机器人如何探测注入(渗流)通道以外的油气资源等问题有待解决。尽管在储层改造、清蜡降黏、油层解堵、原油驱替、污水处理等采油工程技术领域真正应用的纳米机器人还有一段距离，但正是纳米机器人在石油工程领域近乎无限的可能性，有助于延长油井开采时间和减缓油田自然递减。

(9)极端苛刻环境下油气集输管道应力检测及健康监测理论。以铁磁材料磁力学特性为理论基础，利用油气管线钢特有的磁力学性能，探索极端环境下在役油气管道应力检测的理论及应用基础，通过理论分析、仿真模拟、试验研究、现场测试，建立在役油气管道安全运营监测系统的理论及应用基础。主要包括以下研究：不同牌号管线钢的磁力耦合机理，不同管径和管壁厚的油气管道工作应力与磁感应参量的对应关系，应力检测数学模型；管壁多种应力状态对磁感应参量(感应磁通量、磁感应强度、磁阻、磁滞等)的影响，更高线性度、更高灵敏度的参量信息，多维度磁感应信息融合的应力检测理论模型；传感、通信、控制、报警及数据传输等一体化安全运营监测系统集成理论及应用策略。通过上述研究，揭示油气管线钢磁力耦合机理，建立外应力对油气管线钢磁化曲线影响的理论模型；提出一套完整的基于磁力耦合效应的油气管道无损在线应力检测理论应用基础；得到极端服役环境下在役油气管道安全运营健康监测系统的理论基础和应用策略。

(10)深水高温高压高效油气藏水下井口设备及其控制。利用考虑随机性、退化性和可维护性的水下高温高压容器稳健性设计方法，探明关键零部件高温、高压条件下材料摩擦磨损、腐蚀规律和深水井筒动态压力调控方法，探明复杂条件下气液固多相流流动规律和分离机制以及深水环境动态密封机理，找到适应深水复杂时变工况的高精度全闭环智能控制方法，建立深水长距离通信传输和运行调度理论与方法以及水下电力系统的规划、控制和保护理论与方法，查明深水井筒重大事故灾难的形成机理及演化规律、监测监控和预警理论、防控技术原理及多技术协同作用机制，建立多灾种耦合作用致灾机理分析理论与方法。据此开展下列深水井口装备的国际合作与消化吸收和自主研发：高温高压水下井口和水下通钻采油树、海底电潜泵、多通阀连接、水下快速连接设备；耐腐蚀、耐磨蚀、高绝缘性高温高压材料；深水高温高压钻井隔水管、水下防喷器、水下快速连接器以及配套安装工具；深水精细控压钻井固井设备；水下管道式在线分离器、紧凑型水下旋流分离器、水下高效静电聚结油水固分离器；水下回注技术、水下在线计量仪器、水下轻型修井及增产系统；水下多相混输增压泵、水下湿气压缩机；全电气控制技术、新型水声通信技术、光纤通信、复合电力载波通信和数值传输技术；远距离交直流输送技术，水下高压变压技术，水下变频技术，水下高压湿式电接头技术，高压磁饱与谐波技术；深水井筒数字孪生技术、井口装备多故障诊断预测技术，深水钻完井重大事故全过程情景构建风险评估技术，灾害事故下生命和环境安全保障技术及设备。

3.3 全方位、立体化城市公共安全网建设理论与方法

3.3.1 该领域的科学意义与战略价值

我国正处在公共安全事件易发、频发和多发期，维护公共安全的任务重要而艰巨。随着工业化、信息化、城镇化、市场化和国际化快速推进，各种变革调整速度之快、范围之广、影响之深前所未有。公共安全问题总量居高不下，复杂性加剧，潜在风险和新隐患增多，防控难度加大，给公共安全工作提出新的挑战。公共安全建设对于构建和谐社会、推动全面小康建设乃至于中华民族的伟大复兴都具有非常现实和深远的意义。

未来智慧城市的建设就是以智慧化为导向，以大数据、物联网、云计算、人工智能等技术为支撑，从根本上改变城市的运行、管理、服务方式。针对新技术

发展变革带来的城市安全发展潜在问题,需要我们全方位、立体化的公共安全网建设,利用智能遥感、信息化、人工智能和学科交叉技术对未来智慧城市公共安全进行有效保障,加速不同领域(城市、矿山、石油、化工等)安全科技融合、科技-产业-管理协同发展。力争我国走到未来智慧城市公共安全的世界前列。

3.3.2　该领域的关键科学问题

(1)城市立体空间承灾载体灾变机理与链式演化机制。

(2)有限空间次生-衍生与多灾种耦合致灾机理和动力学演化。

(3)基于 AIot、5G+、云计算、大数据等的公共安全预防准备、监测预警、态势研判、救援处置、综合保障的关键理论。

(4)智能化预防监控、快速反应和应急决策方法。

(5)智慧城市全生命周期安全、城市生命线安全保障的关键技术及方法。

(6)形成智慧城市公共安全网理论体系。

3.4　城市深地空间利用安全关键技术

3.4.1　该领域的科学意义与战略价值

地下空间的开发利用已成为解决城市资源与环境危机的重要措施,有序合理地开发利用城市地下空间,是巩固城市战略地位的重要途径之一,也是科学有效地拓展城市空间、维持和改善地面人居环境、保护城市的有效途径。我国城市地下空间开发系统性仍旧不足,且主要集中于浅表层地下空间,对于地下空间的竖向分层规划尚无明确思路,导致整体空间利用效率低,严重影响城市未来地下空间开发潜力。目前,上海、北京提出了开发利用深层地下空间的需求,城市深地空间利用面临复杂地质条件带来的各类安全和污染难题,因此开展城市深地空间利用安全关键技术研究是我国大城市立体空间综合利用的关键,具有重要的战略价值。

3.4.2　该领域的关键科学问题

(1)地下有限空间次生-衍生与多灾种耦合致灾机理和动力学演化。

(2)多灾害(火灾、水灾、地震等)作用下,深层地下空间的结构安全与人员逃生。

(3)地下空间的智能化预防监控、灾害预警、快速反应、应急决策与快速救援关键理论。

(4)城市深地空间基础设施风险评估、安全运行与安全保障理论。

(5)城市深地空间生命线安全保障技术。

3.5　生产环境与健康风险评估关键理论与技术

3.5.1　该领域的科学意义与战略价值

"人民健康是民族昌盛和国家富强的重要标志",党的十九大报告提出了实施健康中国战略。[①]改革开放以来,我国人民生活水平普遍提高,居民健康状况明显改善,但与此同时,由于经济结构、经济增长方式、全球化、人口压力和城市化进程等因素的综合影响,我国环境污染问题日益突出,环境污染对健康带来的危险开始显现。习近平总书记提出:"没有全民健康,就没有全面小康。"[②]而全民健康离不开生态安全。党和国家实施健康中国战略,要求我们必须采取切实有效的策略和措施应对环境健康危险。因此深入研究生产环境与健康风险评估的关键理论与技术,掌握生产环境与健康水平及其影响因素,对于加强环境健康风险管理,推进"美丽中国""健康中国"建设具有重要意义。

3.5.2　该领域的关键科学问题

(1)生产环境中危害物质存储、使用及安全环保处置中的环境扰动及其对人员健康影响的风险特征。

(2)典型生产场所环境污染物的富集效应及风险评估方法。

(3)工业制造流程中化学物质的反应性安全机理。

(4)典型生产污染物的实时监测与评估关键理论。

(5)国家危险化学品动态储运风险防护技术。

3.6　矿物分离界面理论研究

3.6.1　该领域的科学意义与战略价值

随着经济的发展,已探明的优质矿产资源接近枯竭,未来我国面临金属材料总量供应短缺的问题将日益严峻,而且因为"难选、难治"的复杂低品位矿石或者二次资源逐步成为主要原料后,对传统的矿物加工技术将提出愈发严峻的挑战。未来工业的发展迫切需要适应未来资源特点的新理论与新技术。矿物加工是一种界面调控过程,矿物界面构成矿物加工过程的基础,矿物加工技术的进一步发展

---

① 央广网. 全面实施健康中国战略. https://baijiahao.baidu.com/s?id=1620799805999664505&wfr=spider&for=pc. 2018-12-25.
② 许宝健, 石伟. 没有全民健康, 就没有全面小康. http://theory.people.com.cn/n1/2020/0513/c40531-31706723.html

需要对矿物界面有更加系统、深入的认知。然而，目前的矿物加工研究远未实现原子、分子层面的矿物微界面调控，矿物分离方法的精度和准确度难以适应愈发复杂和贫细杂资源利用的要求。随着理论计算化学与高性能计算的飞速发展，使得建立原子/分子水平的矿物分离界面作用理论成为可能，可以借助从头算量子化学、反应分子动力学模拟等先进理论计算手段并结合高精度原位表征方法，准确揭示矿物界面作用的原子/分子机理，进而实现矿物界面作用的精准调控，以开发面向原子/分子识别的高精度资源利用方法与技术。未来复杂资源的提取过程还需要借鉴其他相关学科最先进的技术，以拓展现有的矿物加工理论，使矿物加工分离精度由宏观向微观纵深发展。

随着学科交叉、渗透与融合不断深入的同时，国内外研究都更加注重从原子-分子水平探究矿物分离过程的界面变化及其动力学，即矿物分离界面理论，其已成为矿物分离与加工领域研究的驱动力。界面理论为矿物高效分离提供了核心方法、研究手段和理论基础。当前，自然资源高效利用领域中许多令人兴奋的研究方向显示了界面理论不仅在矿物分离学科，而且在冶金、能源和环境等重大科学领域中发挥着越来越不可替代的作用。界面理论是矿物分离学科的主要理论框架，也是从原子-分子水平研究矿物分离过程的变化及其动力学的有效方法和手段以及坚实的理论基础。切实把握界面理论研究发展动向，加强国际合作，对矿物分离学科领域的发展具有重要的意义。

3.6.2 该领域的关键科学问题

建立极度复杂矿物分离体系下，多相界面、多种矿物、多种难免离子和多种分离提取药剂等溶液、界面行为和复杂相互作用的全尺度（微观、细观和宏观）精确模拟与原位表征方法；建立高精度多维度的定量构效关系预测模型，实现对极度复杂矿物加工体系下矿物界面原子及电子结构的精准调控；建立完善的原子/分子层次矿物分离界面理论。

3.7 浮选胶体化学及调控

3.7.1 该领域的科学意义与战略价值

随着优质矿产资源的逐渐枯竭，低品质矿及煤的大规模提质利用已成为解决我国资源供需矛盾的战略选择。浮选作为低品质矿及煤炭分选提质的最有效手段，入料低品质化对浮选作业效率提出了更高的要求。浮选矿浆是由水、矿物颗粒、气泡及浮选药剂组成的典型应用胶体体系，胶体颗粒间的相互作用直接决定了浮选效率的高低，如颗粒-气泡的碰撞、黏附、脱附，气泡间的兼并及颗粒间分散絮凝等均是典型的胶体相互作用单元。但与传统胶体化学不同的是，上述相互作用发生在复杂的浮选溶液化学及流体力学环境中，可以说浮选胶体化学是矿物加工学、胶体化学、界面化学、流体力学及表界面力学多学科交叉形成的新领域，将在矿物分离与加工领域扮演越来越重要的角色。

随着矿物加工学、胶体化学、界面化学、流体力学理论的纵深发展与表界面力学的兴起，浮选胶体化学已成为领域内的最前沿热点，德国马普高分子研究所、艾伯塔大学、昆士兰大学、犹他大学、弗吉尼亚理工大学等众多知名选矿高校和科研院所均在此投入了大量的研究精力，以其为抓手揭示浮选分离机制已经成为领域内学者相互追逐的理论制高点。深入研究浮选胶体化学理论及其调控方法势必对浮选基础理论的发展及新型过程强化方法的提出具有重要意义。

3.7.2　该领域的关键科学问题

浮选胶体化学领域包含的关键科学问题有：颗粒-气泡碰撞的流体力学原理及调控；颗粒-气泡相互作用的表界面力学机制；颗粒-气泡间液膜薄化破裂动力学及黏脱附机理；气泡兼并与颗粒絮凝的胶体化学作用。

3.8　选矿、冶金与材料制备加工智能化、绿色化、循环化的科学基础

3.8.1　该领域的科学意义与战略价值

经过多年的快速发展，我国已成为世界上具有重要影响的矿业、冶金与材料大国，2018年粗钢产量已超过9亿t，约占世界粗钢产量的一半；铝、铜、锌、铅等十余种有色金属产量居世界第一。但我国面临产业大而不强、能耗过高、资源枯竭、环境约束加大等严峻挑战，绿色化、循环化、生态化、高端化成为我国矿业与冶金行业发展的内在要求和必然趋势。同时，新一轮工业革命正在酝酿，人工智能、大数据等新兴技术正以前所未有的方式影响和改变传统产业。因此，在今后一个时期，我国矿业与冶金学科必须适应国际上绿色化、循环化、智能化发展的重要趋势，为行业转型升级和绿色可持续发展提供新的理论和技术支撑，推动我国经济从中低端向中高端的跨越式发展。

相比而言，发达国家已经经历了以绿色化为特征的新型工业化发展阶段，在人工智能方面的研究总体上也领先于我国。因此，积极加强国际合作，充分学习、借鉴和利用发达国家在绿色化、智能化方面的人才、技术和工业实践等相关先进技术和经验，对提升我国在该领域的研究水平，实现与国际上"并跑"甚至"领跑"具有重要的战略意义。

3.8.2　该领域的关键科学问题

　　绿色化、循环化矿物高效分离与冶金新理论新方法；智能化矿物分离过程控制与虚拟仿真基础；包含冶金全流程的一体化大数据集成与分析平台构建；基于数据挖掘、数据建模、数据自开发、机器学习等人工智能技术的关键数据（如工艺参数、设备参数与产品质量参数等）分析方法；基于大数据技术、跨尺度全流程集成计算与过程模拟的制造工艺优化方法；基于冶金与材料生产过程大数据分析建模、生产过程参数与产品质量实时在线监测、关键工艺参数自主控制的智能化控制理论与技术；基于工业互联网数据集成、智能机器人技术，可实现生产过程无人化、生产流程控制精准化和节能降耗等目标的矿物分离、冶金与材料生产流程智能化理论与技术。

3.9　基于人工智能技术的材料设计与工艺优化

3.9.1　该领域的科学意义与战略价值

　　近年来，利用人工智能进行材料研究的成果呈现井喷式增长，以数据驱动的研发模式加速新材料研发正在成为全球范围的共识与前沿热点。在人工智能领域，由于强大的资本、工业生产和技术创新能力以及人才储备等优势，美国依然处于"领跑"地位；英国和德国保持了在这一领域的传统优势，而法国、瑞典、日本、韩国、印度等国家也非常重视人工智能的发展。在基础研究领域通过国际合作，可以取长补短，在材料智能设计与制备的新理论与新方法方面产出原创性成果，引领学科发展方向。

3.9.2　该领域的关键科学问题

　　(1)基于机器学习和人工智能技术的材料设计与工艺优化模型。
　　(2)冶金与热制造过程智能预测-自主决策智能控制原理和方法。

3.10　高端材料外场冶金与制备的科学基础

3.10.1　该领域的科学意义与战略价值

　　当今科技的发展，对材料的性能提出了极为苛刻的要求。如半导体材料硅、锗等，其纯净度需要达到 9N 甚至 11N 的要求，同时要制备出 12 寸①甚至 15 寸的

---

　　① 1 寸=(1/30)m≈0.033m。

无缺陷单晶体；此外，航空航天、高速轨道交通、海洋和深海资源开采、微电子、新能源等领域也急需高强度、高塑韧性、高电导率、高导热性、高弹性的高端"卡脖子"材料，而采用常规的冶金和制备手段很难达到要求。与此同时，强物理场如强磁场、超重力、微重力等环境中，冶金过程和制备过程展现出一系列全新的现象，对冶金和材料制备中的液固相变、固固相变、电化学过程、扩散过程、变形过程、成型过程等，均产生显著的影响，甚至将影响到物理化学过程中的热力学。因此，将强物理场与高端材料的冶金与制备过程结合，有望开辟全新的制备技术，大幅提升材料的力学和功能性能，甚至有望开发出具有更高性能或独特结构的新材料，这对于冶金工程学科、材料加工学科而言，无疑具有重要的现实和战略意义。

强物理场下冶金过程研究，严重依赖于强物理场的产生条件。以强磁场为例，我国已在合肥建立中国科学院强磁场中心，在武汉建立了国家脉冲磁场科学中心，但是在磁场的维持时间和磁场强度方面，仍然不如发达国家，如法国的强磁场国家实验室、荷兰的奈梅亨强磁场实验室、美国的塔拉哈西国家强磁场实验室。而冶金反应时间往往较长，因此与他们合作将对提升我国的研究进度极为有利。另外，上述国家在强物理场下的冶金过程、材料制备过程、化学反应过程等具有坚实的研究基础，在基础理论方面也具有领先优势。因此通过国际合作，在上述领域形成跟随、进而引领和保持优势，将具有重要的战略意义。

3.10.2　该领域的关键科学问题

(1)多模式磁场下冶金熔体运动行为和传输行为。

(2)超高强磁场下冶金反应和相变冶金热力学和动力学。

(3)冶金物料微波电磁参数的在线精准测量。

(4)外控参数对冶金物料微波电磁参数的非线性耦合调控机制。

(5)电渣重熔、电弧重熔熔池中温度场、流场、电磁场耦合下的传输行为数值和物理模拟研究。

(6)外场作用下的金属凝固行为。

3.11　二次资源开发与氯化冶金的科学基础

3.11.1　该领域的科学意义与战略价值

我国是矿产资源较为丰富的国家之一，但80%的矿产资源都属于共伴生矿物，且铌、锆、钪、铍等贵金属更是常常作为伴生元素出现，品位极低，难以有效提取，以及生态环境问题日益凸显，也造成资源浪费和国家战略失衡。因此，开发二次资源，综合回收铌、锆、钪、铍等贵金属具有十分重要的战略意义。国外的二次资源开发及铌、锆、钪、铍等贵金属提取较我国早一些，相关理论及设备比较先进和完善，尤其是沸腾氯化、熔盐氯化等领域处于领先地位，因此，加快二次资源开发与氯化冶金领域的国际合作，对于保护矿产资源储备，提升工艺技术整体水平，加快相关企业转型具有重大的意义。

3.11.2　该领域的关键科学问题

(1)特色钢铁稀土产业二次资源开发中特征元素的迁移、释放及污染成因机理。

(2)氯化法处理铌、锆、钪、铍等贵金属的界面化学形成及调控机制。

(3)特殊设备工业转型及产业化推广。

(4)极端条件下元素迁移规律，物相转变过程，探究提取及去除的理论极限。

(5)多元复杂体系下，矿物的溶解特性、伴生元素的协同浸出机理。

(6)含氯残渣再资源化的理论与技术。

3.12　金属材料集成计算材料工程的科学基础

3.12.1　该领域的科学意义与战略价值

发展集成计算材料工程在金属凝固工艺与技术中的示范应用，不但有利于化学与材料科学领域和数学、计算机科学和工程学领域、物理领域的交叉融合，还有助于继续保持我国优势领域的先进性和创新性。通过融合大数据、云计算、数据挖掘技术等计算机技术，发展机器学习和人工智能在材料优化和设计中的应用，建立其成分-工艺-组织-性能-服役之间的关系，实现物理空间和数字空间的智能融合和孪生，实现"人类-信息-物理"空间有机融合，实现新型材料的目标性能导向设计，为我国 2035 先进制造提供重要的数据基础和技术支撑，进而提升我国材料研发、设计和制造的绿色技术水平。

3.12.2　该领域的关键科学问题

(1)从动力学角度阐明极端条件(高温、高压、力场、电场、磁场等)下金属凝固工艺过程中的传热、传质和组织演化机理。

(2)从热力学角度阐明极端条件(高温、高压、力场、电场、磁场等)下金属凝固工艺过程中的体系自由能对结构遗传性及组织演化影响规律。

(3)金属凝固过程中实验和理论模型与机器学习知识库间关联的构建。

(4)凝固工艺全流程的数据智能采集、数据库管理、数据挖掘和利用。

(5)凝固工艺流程的数字化、网络化和智能化。

第4章　政策保障措施

4.1　政策层面的建议

4.1.1　设立专项基金和军民融合项目

1. 设立学科优先发展领域专项基金

在整合现有科研力量、技术资源、研究平台基础上，设立学科优先发展课题专项资金，实施高等院校和科研机构共同参与的联合攻关。吸引海外优秀人才参与，鼓励高层次国际合作，对重要科学基础问题、具有引领世界先进水平的关键核心理论与方法等进行重点支持。

2. 设立军民融合研究项目

在高精尖的智能化技术领域，如高精度定位导航、无人机技术、设备群的实时协同控制、图像高精度识别等领域设立军民融合研究项目，充分利用军民融合契机，促进部分军用高精尖技术与装备在矿业工程学科、石油工程学科、安全工程学科的联合研发与应用，大幅提升矿业工程学科、石油工程学科、安全工程学科的智能化水平。

4.1.2　制定科学的评价制度与考核标准

制定科学、合理、公正的成果评价制度与考核标准，针对需要解决的科学问题，重点考核科学家具体解决问题的实际情况。鼓励基金申报者，特别是青年科学家要熟悉现场，要从工程实际中发现并凝练、升华、抽象科学问题，专注关键科学问题，深耕有发展前途的研究方向，形成特色鲜明独一无二的专业学术研究方向，最终解决科学问题。注重创新，特别是原创。即基础研究(应用基础研究)，做到独一无二。由于研究的周期比较长，应考虑到客观情况变化的情况，对目标做适当的调整。制定科学、符合实际的成绩业绩考核办法，鼓励创新，肯定实质性的成绩，不单纯以论文发表期刊的影响因子论成绩。

4.1.3　人才队伍建设

(1)建立和完善与矿业与冶金学科发展相适应的人才教育与培养体系，加强对矿业与冶金科研人员特别是高级专业人才的锻炼、培养和任用，充分发挥高等院校、科研院所在人才培养中的骨干作用，并创造利于人才成长的良好社会氛围，营造人尽其才，才尽其用的用人环境。在稳定科研队伍的基础上，加强对优秀人才的发现与培养，注重科研人员的知识更新，全面提高人才素质。

(2)政府相关部门修订完善学科发展战略规划，进一步追加资金，调整人员，以项目或基地形式重点培养安全科学与工程学科研究人才。遴选一批在矿业与冶金学科领域有一定建树的专家学者作为领军人物，从政策上支持鼓励他们的研究方向，并在国家各级创新团队和教学团队建设项目中优先支持其团队建设，增强这些团队人才培养的力度。

(3)注重高层次、复合型人才的培养，鼓励相关学科人才的交叉培养。要在研究生教育层面，特别是在博士研究生教育中增加安全科学与工程的选题和研究内容，在高层次人才培养中多出成果、锻炼人才，促进学科发展。加强青年人才的培养，对一些有潜力、有想法的青年学者可以从国家自然科学基金青年科学基金项目、优秀青年科学基金项目等方面给予优先资助，加快他们的成长步伐。在重大项目和重点项目中把发现、培养和稳定优秀人才作为重要的考核指标，加大力度促进跨学科、跨单位、跨地域合作，形成高水平科研创新团队，尤其在青年人才联合申报项目方面予以倾斜支持。

(4)以项目为依托，培养一批热爱矿业与冶金学科、基础知识扎实、科学研究素养较高的研究队伍，鼓励多学科的研究人员协同合作，建设知识结构合理、团队成员稳定的研究团队。对重点研究方向、重点研究问题、特殊科学问题，在申请与结题时间、经费额度、研究者合作方式等方面采取更加灵活的资助政策，充分发挥国家杰出青年科学基金获得者的学术带头人作用，提高科研团队的能力，提升研究成果的水平。

(5)以国内现有条件为基础，整合优势资源，在相关高等院校和科研院所建立若干各具特色的"科学与工程创新平台"，有效提高学科在科学研究和人才培养方面的创新能力，为满足国家安全科学水平的提高提供有力的人才和科技支持。

(6)创造宽松自由的科研环境，形成和谐诚实的科学文化。将国家自然科学基金发展战略的源头创新类的研究项目系列、科技人才类的人才培养系列、创新环境类的科研环境建设等方面有机融合、相辅相成，形成更加明确的国家研究团队；同时在人才的培养使用、科研管理、薪酬待遇等方面具有灵活、实用的政策，参考国外基金项目管理的先进经验，以科学家为中心，实行科学家对研究项目的"负责制"，使真正的科学家在优越的科研环境中能够一心一意地从事科学研究。

(7)引导人才队伍投入本学科基础研究。将国家发展战略、研究热点问题与现场实际凝练的科学问题有机结合，使得基础研究或应用基础研究成为有源之水，并具有明显的前瞻性，吸引人才投入本学科基础研究。培养本学科人才队伍具有国际视野，理论抽象的思维方式，能将具体工程问题抽象为学术问题并具有使其模型化的能力。

(8)鼓励青年学者形成特色研究方向。鉴于矿业与冶金学科应用性较强的特点，鼓励青年学者深入工程实际发现并凝练、升华、抽象科学问题，形成特色鲜明的研究方向。

4.1.4　经费投入保障

(1)审视国际创新政策和基础研究投入发展趋势，分析我国矿业与冶金学科基础研究的发展形势，着眼于保障我国矿业与冶金学科基础研究持续稳定发展，夯实自主创新科学基础，科学预测经费需求，积极争取中央财政持续稳定增加投入，建立以财政资金为主的多元化资金支持体系。

(2)争取经费来源多元化。促进国家创新体系各单元的协同发展，进一步加强与国家相关科技管理部门、社会团体、地方科技管理部门和企业的战略协作，吸引生产企业、社会团体、中介机构等部门的资金投入；完善联合资助机制，充分发挥科学基金的辐射效应，积极引导社会资源投入基础研究，调动多方面积极性，促进科技资源共享，推动"产学研用"，增强科学基金引导科技资源配置的能力。

(3)规范财务管理。健全项目资金的使用管理制度，加强资金的使用监管，使项目资金依法、高效、快捷、方便地支付，杜绝经费浪费，提高项目资金的使用效率。健全科学基金财务管理体系，提高科学化、精细化管理水平。坚持量入为出、收支平衡的原则，认真编制预算，提高预算的科学性、完整性和可行性。规范预算执行，健全动态监控机制，保障项目经费准确、及时、安全拨付。进一步完善资助项目经费的财务管理制度，通过抽查审计强化依托单位的监管责任，保障项目经费依法、高效、合理使用。建立健全内部财务管理制度，加强行政经费和项目组织实施经费的管理与监督，严格控制各项管理性支出，努力降低管理成本，提高管理效率。

(4)加大基础研究经费的投入。一方面扩大研究项目的资助量，另一方面应增加项目的资助强度，同时宽容失败。提高项目经费中人员费用，特别是研究生科研补助的比例。结合行业发展和国家重点工程或重大装备制造的现实需求，设立联合基金或专项基金，扩大资助需求引导的专项创新。在整合现有科研力量、技术资源、试验平台的基础上，设立优先发展课题专项资金，实施高等院校和科研机构共同参与的联合攻关。

(5)吸引海外优秀人才参与，鼓励高层次国际合作。对重要科学基础问题、具有引领世界先进水平的关键核心技术研发等进行重点支持。

4.1.5　宣传贯彻活动

(1)利用多种形式的宣传工具,加强公益宣传教育,使企事业单位及广大人民群众认识到安全科学与工程对安全生产的促进和推动作用。鼓励从事安全科学与工程的教育和科研单位参与该类公益宣传节目的创作,增加宣传教育的科学性和生动性,便于群众理解。

(2)遵循科学的发展规律和创新人才成长规律,改进科技创新研究的评价体系,防止简单量化、重数量轻质量、急功近利等倾向,努力营造平等竞争、鼓励探索、宽容失败、激励创新的学术文化氛围,加强以尊重科学、公正透明、激励创新为核心理念的科学基金文化建设,不断提升科学基金的文化凝聚力。大力弘扬求真务实、勇于创新的科学精神,不畏艰险、勇攀高峰的探索精神,团结协作、淡泊名利的团队精神。引导科技管理人员和科研人员形成符合科学发展观的政绩观和价值取向,促进科学道德和科学伦理建设,推动基础研究健康发展。

(3)宣传和维护科研诚信。大力倡导和促进科学道德和科学伦理建设,科研人员应以科学至上为宗旨,以诚信为本,推动基础研究健康发展。加强学术规范建设,提高科研实践能力。

4.1.6　过程监督管理

(1)制定政策措施的实施管理办法,明确各项措施的执行标准,增强政策的可操作性。管理办法还应该包括政策执行的过程监控内容,要明确谁来监控、何时监控、监控什么等内容,保证制定的各项政策能够真正得到落实。

(2)完善规划计划机制,统筹把握科学前沿发展趋势和国家战略需求,不断提升战略调控能力,提高科学项目资助政策的针对性和灵活性,促进学科均衡协调、可持续发展和创新人才培养。

(3)加强战略决策咨询,健全咨询工作组织管理机制,实现科学民主决策。完善专家咨询工作机制,定期听取科技界对该学科发展的战略与政策的咨询意见,充分发挥咨询专家的作用。加强立项咨询,充分发挥科学家群体和有关学术团体的决策咨询作用。凝聚多领域专家的智慧,组织开展学科布局与建设的政策调研,加强学科前沿动态与发展趋势战略分析,引导学科全面布局与健康发展。

(4)完善评审机制。积极探索创新评审机制,及时资助具有潜在深远影响力、高创新价值或具有变革意义的研究,提升原始创新能力。加强评审专家库建设,建立专家信誉评价机制,保障评审质量和效果。推进评审制度化和规范化建设。建立对同行评审发展状况定期跟踪监测与评价的制度,完善同行评审监测体系。

(5)改进项目管理。充分利用科学基金信息服务与共享平台开展项目管理工作,完善项目研究结果公开评价管理机制。采取多种形式开展项目结题审查,简化工作程序,减轻科研人员和评审专家负担。加强科学基金资助项目的成果管理,充分利用科学基金信息服务系统和国际化数据平台,实现成果数据的共享和向社会公众的开放。鼓励科学家在国内期刊发表优秀成果,促进学术交流。加强研究成果有效集成,积极开展自主创新成果宣传。

(6)加强绩效评估。建立和完善尊重基础研究发展规律、体现科学基金工作特点的绩效评估机制。完善绩效信息反馈体系和工作机制,持续改进科学基金管理工作,提升管理科学化和规范化水平。实施绩效公开制度,提高管理透明度和绩效信息监测水平,加强信息披露的力度,提高科学基金绩效管理能力。

(7)强化信息服务。进一步完善网络化、数字化以及安全、可靠和高效的科学基金业务支撑服务体系和信息共享环境。

4.1.7　国际合作

依托国家自然科学基金设立的各类国际合作项目,大力推动实质性的"以我为主、强强联合"的国际合作。基金重大国际(地区)合作研究项目为我国基础研究实质性的国际合作提供了重要的资助渠道,但目前在基金项目中所占比例还非常小,其他双边国际合作与交流项目的资助强度都较低。应针对我国未来矿业与冶金领域可能引领性的基础研究方向,强化国际合作项目指南的引导性作用,大幅提高重大国际合作研究项目的比例,通过国际强强合作使我国具有较好发展潜力的方向快速由"跟从"转向"引领"。同时,应考虑与国外专家合作,设立面向与外国科学家开展实质性合作的基础性研究引智计划,以及设立国家基础研究国际合作基地计划,推动我国逐步形成对等、合作、发展和主导为主要特征的全方位、实质性、多层次的国际合作格局。

4.2　学科层面的建议

基础研究应着眼于国计民生,因此建议国家自然科学基金的学科规划应该紧紧围绕国家的中长期科技发展规划,同时兼顾自由探索基础研究项目。应与国家大工程计划和我国相关产业发展紧密配合,有针对性地组织国内优势研究力量开展关键基础科学问题的研究和共性瓶颈技术的攻关,同时大力推进研究成果的快速产业化和工程应用。

统筹做好科学的总体规划。在广泛征求意见的基础上,形成结合国家需求、跨部门、协同发展的总体规划,增强战略规划的严肃性,克服短期行为和防止利益分割。在规划编制过程中,注意面向国家需求,瞄准矿业与冶金学科的发展趋势,凝练能够突破的重点发展领域,重点突破发展过程中的瓶颈和共性的关键技术问题。

4.2.1　学科培养方案调整

(1) 目前，我国政府管理机构及相关学科目录中，安全学科的地位没有突显。如国家自然科学基金委员会的申请代码中，安全科学与工程的学科目录亟须修订和完善；学科的研究条件，也需要得到多方支持。

(2) 矿业学科是一个涉及岩石力学、采矿学、岩层控制、机械设计、控制技术、安全技术、计算机等多学科的综合学科，因此，建议进行矿业学科与其他学科的交叉融合发展，建议教育主管部门对矿业人才的招生给予扶持，在高等院校建立以学生就业为导向的人才培养计划，开设采矿智能化、人工智能、深海采矿、绿色矿用等相关课程，学科设计适当增加现场实践环节，提高对井下工程的认识，培养一批具有矿业工程、软件工程、信息工程、人工智能等相关知识的高端人才，高校和企业合作共建实训基地，提高从业人员知识技能水平与素质，从政策、制度层面上提高企业招收从业人员的入职门槛和薪酬待遇，促进矿业学科的发展进步。

4.2.2　设立重大专项

设立国家自然科学基金重大专项、科学仪器重大专项等，深入开展井下海量多源异构数据融合分析，复杂环境与开采系统耦合机理，对井下智能地质探测仪器、高可靠性智能采掘装备、井下防爆作业重载机器人和应急救援机器人等短板技术进行攻关，解决制约复杂条件煤矿智能化发展的理论与技术短板。开展深部资源流态化开采，井下海量多源异构数据融合分析，深海绿色智能采矿过程中动力学、协同控制策略、环境响应与大数据融合方法，以及月球和火星等深空资源探测、开采与综合利用。

基于重大专项、科学仪器重大专项，开展"水合物/页岩油/致密油高效开发基础理论与钻采关键技术""深水/极地油气资源高效开发模式与关键工程技术""老油田极限挖潜理论与纳米智能驱油技术""超万米钻探成井理论与关键技术""极端苛刻环境下天然气管网系统安全与智能调控理论"等研究，其目的是紧跟国家重大战略需求，瞄准国际工程技术前沿，应用最新科技成果，交叉融合，开展基础理论研究，解决油气勘探与开发过程中的"卡脖子"问题。

4.2.3　推动行业特色高校建设

地质、矿业、石油类高校应加快进入双一流建设高校，以推动建设世界一流高校和一流学科，以培养新时代高端人才。

4.2.4　增加公共财政投入比例

我国矿业与冶金学科领域的科技研发经费投入主要来源于相关企业，国家公共财政投入的相关科技研发经费占比较小，而国家自然科学基金每年资助的相关项目经费所占比例可能不足 0.5%，主要用于资助相关基础研究(面上、重点、重大及国际合作等)与优秀人才培养(人才基金类资助)。

4.2.5 统筹做好科学的总体规划

在广泛征求意见的基础上，形成结合国家需求、跨部门、可协同发展的总体规划，加强战略规划的严肃性，克服短期行为和防止利益分割。在规划过程中，将生产安全、公共安全、自然灾害防治、职业卫生、消防工程、应急救援等学科方向整合，形成安全学科群；加强安全学科在国防军工方面的人才培养，与军队建立联合人才培养；将传统矿山安全技术向城市地下空间安全保障领域转化与转移；注重本土交叉学科人才培养与海外新兴领域人才引进并重，成立专项科研基金，优先资助军民融合、矿城融合等研究方向。

4.2.6 设立人才培养专项基金

设立矿业与冶金学科人才培养专项基金。吸引高端创新人才投入到学科的研究工作中，进一步梳理完善学科基础理论体系，优化合并或新建相关的学科方向，与传统和新兴学科进行交叉，推动矿业与冶金学科的持续创新发展。例如，与大数据技术、人工智能技术结合，通过高水平、高质量的科学研究推动人才培养、学科发展，让科研成为一种高水平人才培养模式。

4.3 其他方面的建议

4.3.1 项目管理方面的建议

(1)继续加大基础研究方面的科技投入力度。国家相关部门对基础研究的长期、稳定投入是加强基础研究的根本保障，加大投入力度不但可以使基础研究不断深入，还能加快研究成果的更快工程化和产业化。

(2)提高项目经费中人员费的比例。研究生是科研工作的生力军，是科研计划和项目的直接执行者，因此需要大幅度提高参与科研工作的研究生补贴标准，提高人员费在项目总经费中的比例。

(3)设立联合基金资助。基础研究与工程实践有着非常密切的关系，通过开展与地方政府、大型企业的联合资助，或与大型企业联合成立研究基地，在技术攻关过程中凝练基础科学问题，在突破关键技术难题的同时，推动基础理论的发展。

(4)制订明确的科学基金发展规划，使各类科学基金定位准确、分工明确。在国家科技规划的基础上，对各类科学基金进行合理分工，使其各有重点，各司其职，协同"作战"。国家自然科学基金围绕国家目标，以国家重点科研机构和高等院校的优势项目、优秀人才为主要资助对象，根据"强优"原则，采取重点投入的方式，集中优势力量进行科学攻坚；部门、行业、地方的科学基金作为国家自然科学基金的辅助力量，以国家科研计划的配套研究、辅助研究为主要资助对象，并且要避免与国家自然科学基金资助的项目重复；社会团体科学基金和单位科学基金要把国家自然科学基金、部委及地方科学基金项目的孵化作为主要目标。

(5)促使科学基金与其他科技投入计划密切合作。围绕国家的优先资助领域，加强国家自然科学基金与国务院有关部门的合作，做好与国家重大科技计划的衔接工作，并积极推荐项目和人才，在重大需求领域开展联合资助工作；与大型企业合作，建立联合研究基金和专项合作基金，促进以企业为主体的技术创新体系建设；与中西部省份合作，加大地区科学基金的资助力度和强度，重点解决西部大开发和中部崛起过程中的基础科学问题；而部门、地区和行业的科学基金也要在同一层次上与其他科技投入计划开展合作，实现科技资源整合。

(6)完善资助格局，明确项目定位，不断提高科学基金资助效益。按照资助格局的总体战略布局，准确把握各类项目的功能定位，深入调研，分类指导，稳步推进，抓紧修订和完善相应管理办法，改进资助管理模式，加强资助成果管理，不断提高科学基金资助效益。

(7)同行参与，凝聚共识。对重大项目或重点项目，同行的参与和贡献对项目最终研究成果的水平有重要影响。在立项前应组织研讨，就研究内容和研究目标凝聚同行的共识。在项目执行期间，应组织同行进行专题研讨，一方面展示前期的研究成果，另一方面就后续研究进行咨询。对重点项目和其研究成果应及时公示，使同行可共享其研究成果，避免重复立项和重复研究。

4.3.2　项目评审方面的建议

建立过程监督管理机制和相适应的专家库，充分发挥本学科领域学术带头人和资深专家的重要作用，对于重点、重大等重要项目进行跟踪检查与指导，并通过随机抽查、阶段评估及验收评估等形式，对项目实施情况进行绩效评估分析并及时提出调整或奖惩建议。同时，建立人才基金资助项目数据库，对获资助的优秀人才跟踪检查，结合后续资助的评审活动，优胜劣汰。

这一环节在近年来争议比较大，也确实存在需要改进的地方。评审过程中的漏洞、泄密和不公正会极大地损害国家自然科学基金的公信力。为此，提出以下建议。

(1)建立促进源头创新的评审标准和评审方式。评审标准上要重视选题的长远意义，以及申请团队的创新能力和潜力，对"非共识"和交叉学科项目，要作为特殊现象制定"例外"评审标准和规则。评审方式上要利用现代通信技术和网络技术，提高评审效率，同时重视评审程序的规范性，建立严肃的评审纪律和保密制度，并有明确的奖罚措施；尝试并扩大匿名评审的规模，同时研究解决项目评审中的知识产权问题。

(2)遴选优秀评审专家，建立评审专家的信誉档案，培养高素质的评审专家队伍。通过一定的方式和规则对基层单位推荐的评审专家进一步遴选，让学术思想敏锐、视野宽广和科学道德良好的专家进入评审队伍。同时探索建立专家质量评估指标体系，对专家的水平、能力、学术修养和道德进行评估，建立专家信誉档案，通报认真负责的成果鉴定专家名单。

(3)邀请海外专家参与项目评审工作，推进评审国际化。评审能否做到公开、公平、公正，不仅影响科技工作者的研究热情，而且关系到自主创新的成败。

(4)对于近年来呼声很高的基金盲审机制，即申请书中不体现申请人的任何个人信息，对此不赞同。因为研究者本身的学术地位、所处平台的研究实力以及以往的论文发表记录是申请者研究实力的综合体现，也一定程度上决定了研究项目的执行质量。因此完全屏蔽研究者本身信息的做法是不科学的，也是不合理的。

4.3.3　项目资助环节的建议

在项目资助环节，突出问题是参与项目研究的研究生劳务费问题。要充分调动研究生的积极性，就要妥善解决这个问题。由于我们国家的特殊体制，研究生的劳务费一直处于很低的水平，而美国院校中部分专业可以从美国国家科学基金中给研究生和博士后发放的劳务费甚至超过80%的比例。作为社会关注的国家自然科学基金，应该有"敢为天下先"的精神，将可发放给研究生(博士生、硕士生)和博士后的劳务费比例大幅度提高，给全社会率先垂范，给予付出创造性工作的青年研究人员实质性的尊重和肯定，支持他们以更加饱满的热情投入到研究工作中。

对于近年来新出台的"连续两年面上项目未获资助者暂停一年申请资格"调整为"连续两年面上项目未上会者暂停一年申请资格"更为合理。如果某研究人员连续两年获得上会资格，说明申请书获得函审专家的肯定，但由于种种原因未能通过会审，剥夺其继续申请的权利不是十分合理。因此建议对该规则进行调整。